JN299895

数学の女王

歴史から見た数論入門

Jay R. Goldman 著
鈴木将史 訳

The Queen of Mathematics

A Historically Motivated Guide to Number Theory

共立出版

The Queen of Mathematics

*A Historically Motivated
Guide to Number Theory*

Jay R. Goldman

Copyright © 2004 by A. K. Peters, Ltd.

All rights reserved. No part of the material protected by this copyright notice may be reproduced or utilized in any form, electronic or mechanical, including photocopying, recording, or by any information storage and retrieval system, without written permission from the copyright owner.

Japanese language edition published by **KYORITSU SHUPPAN** Co. Ltd.

我が両親の思い出に捧げる

フリーダ&ジョー　ゴールドマン

序　文

　高校生の頃，エリック・テンプル・ベル (Eric Temple Bell) の『数学の偉人たち (*Men of Mathematics*)』を読んだ私は，それ以来数学者たちの生涯や数学の歴史のとりこになってしまった．いろいろなアイデアが発展して現代数学の多くの定義や定理へとつながっていく様子を理解することは，それらの重要性を浮き彫りにするばかりでなく，数学理論の目標や未解決問題へのより深い視点を与えてくれるのである．

　なかでも数論は，ガウスが「数学の女王」と名づけたものだが，とりわけ歴史的に理解することが重要な分野である．1986 年の秋から，私は数論と数学史への興味を組み合わせて，数学史的視点から見た数論の 1 年コースの授業を行ってきた．そのコースでは，歴史的に重要なポイントを示すことでさまざまな話題の発展を明らかにするとともに，有名な数論学者たちの生涯に関する議論も交えている．このコースの講義ノートを，もっと正式な形のノートに手直しして生まれたのが本書である．ただし本書の精神も，題材の構成も，もとの講義そのままである．

　本書は自己完結的にはなっていない．あえて証明なしに定理を述べているところがある．しかしこのことによって，専門家しか必要としない細かい議論を避けながら，広い視点を与え，重要な概念を導入することができる．また時には，議論が新しいアイデアを必要とするため，証明なしの結果を他の定理の証明に用いることもある．

　本書の第 1 部（第 1 章〜第 6 章）は，フェルマー，オイラー，ラグランジュ，そしてルジャンドルの業績にあてられている．これらの数学者は，ガウスと合わせて，現代数論を作り上げた主人公であり，現在関心をもたれているほとんどすべての理論（2 次形式，相互法則，素数の分布，有限体上の方程式，代数

的整数論，曲線上の有理点，など）が，これらの数学者たちのアイデアに由来をたずねることができる．ここでは彼らの発見の多くについて例とともに説明し，体系的な展開はあと回しにしてある．ただ，連分数の理論についてだけはやや深く議論した．これは古代ギリシャに起源をもつ理論で，たいていの数学者には知られていないものでありながら，アルゴリズム的手法への現代的関心に大変よく合った理論である．

次はガウスと彼の著作『整数論 (*Disquisitiones Arithmeticae*)』である．これは間違いなく，かつて書かれた最も重要な数学の書物のひとつである．1801年に出版された『整数論』は，厳密な現代的スタイルで数論を提示した初めてのものである．ガウスは合同の概念を導入して整数の可約性を扱ったが，より大切なのは，合同の記号を導入したことである．ガウスはすでに知られていた成果を研究し直して，平方剰余の相互法則の最初の証明を見出すといった古い問題を解決するとともに，2次形式に対する種や合成といった新しい概念を加えた．さらに彼は，定規とコンパスによる正多角形の作図可能条件を見つけるという大昔からの問題をも解決し，円分論という数論の新しい分野を開いた．

本書の第2部では，数論の基本的要素への体系的入門を与える．ガウスの『整数論』における構成に従うが，その詳細をすべて追うわけではない．ガウスの仕事を概観し，彼の人生について解説した（第7章）あと，『整数論』の第1章を紹介し，合同の概念を，基本的な性質といくつかの応用とともに導入する（第8章）．ガウスはこの章を大変明快に，現代的なスタイルで書いたため，この話題に関するほとんどの初歩的な書物の最初の章を，これで置き換えることができるほどである．それから群と環という統一的な代数的概念を利用して，その構想を現代的文脈に位置付ける．結局合同の理論は，これらの代数的概念を導入するための本来の動機のひとつだったのである．次に平方剰余の相互法則の2つの証明を含めた合同理論の更なる発展について（第9～11章），また2元2次形式の算術理論への入門（第12章），形式の幾何学的理論（第13章，部分的にはガウスより後の理論も含む）について述べる．最後に平方剰余の相互法則の第3の証明と第4の証明のアウトラインを含め，円分論への導入を与える（第14章）．

これら14の章は，初歩的な数論への，やや教養的な，歴史を重視した入門となっている．

数論の創始者たち（フェルマー，オイラー，ラグランジュ，ルジャンドル，ガウス）は，数論学者であっただけでなく，その時代の数学全般にわたって貢献した．しかしガウス以降，大量の数学的知識が速いペースで生み出され，今日我々が見る専門分化ほどではないものの，ほんのいくつかの分野に，より多くの数学者が集中するようになってきた．数論は大変巨大になり，1冊の本では数論のすべての面について基本的な導入を示すことすらできなくなってしまった．そこで，本書の最後の部については，いくつかのテーマを選択した．一般的な代数的整数論の原型としての2次の代数的整数論（第15～17章），曲線の算術（第18～20章），数の幾何学（第22章），p進数と付値（第23章），そして無理数および超越数とディオファントス近似の相互に関連した話題（第21章）である．これらのテーマは互いにかなり独立しているので，どういう順番で読んでもよい．独立性を増すために，定義を繰り返しているところもある．しかしながら，これらの話題はすべて第1～14章を理解していることを仮定している．

　第21章は私のお気に入りの章で，私が本書で成し遂げたかったことのよい例となっている．この話題の歴史は複雑なものではなく，そこに織り込まれた数学は，簡単に入り込めて，しかも重要な結果や未解決問題を見わたすことができる．この主題は数学のうちでも最も難しいもののひとつで，少数の大変深い結果と，難しいがあまり抽象的ではない証明（それらの多くは微積分を知っているだけで理解できる）がある．また，容易に述べることができる未解決問題もたくさんある．たとえば，$e+\pi$と$e\pi$の少なくともひとつが無理数でなければならないことは示されている．どちらも無理数であることが証明できればすばらしいし，当然誰もがそう信じているのだが，その証明はいまだ存在しない．

　私のもともとのコースは，専門的なコースというよりは，数論への幅広い手引きを求める大学院生や進んだ学部生のために計画されたものであった．私はまた，背景や例，そして抽象的な発展のための動機付けを与えることによって，数論や代数幾何学をより進んで研究しようと思う学生の興味をも引こうと努めた．これが本書を書くに当たって私が思い描いた読者像である．私は本書が，現代の数論の刺激的な進歩に魅了された数学者やアマチュア数学家にとっても興味を引くものであると期待する．

本書をほぼ完全に理解するためにあらかじめ必要なものは，学部コースの抽象代数（群，環，イデアル，体，ベクトル空間の基本的知識），1変数および多変数の微積分，そして少し高度な微積分である．第19.7および19.8節では複素解析学のいくらかの知識が役に立つが，それがなくても基本的なアイデアは理解できる．抽象代数を学んだことがなくて，あらかじめ必要な「ある程度の数学的素養」が怪しい人でも，第1～15，18，21，22章と第23章の一部は「賢明な飛ばし読み」によって読める．私はまた，本書の最初の12個の章に対する姉妹編として，ハロルド・ダヴェンポート (Harold Davenport) の『*The Higher Arithmetic*』をお勧めする．これは高価でない宝物で，数論に興味のあるすべての人の本棚に置くべき本である．

数論は発展の黄金期にある．私は本書が数論の多くの成果の風味を，少しでも伝えていることを期待する．

ジェイ R. ゴールドマン (Jay R. Goldman)
ミネアポリスにて

個人的謝意

本書を書くことはビッグ・プロジェクトであり，感謝すべき多くの方々がいる．

James Vaughn にどう感謝すべきであろうか？ 彼の励ましと Vaughn 財団の基金がなければ，本書を書こうとは思いもしなかったであろうし，このプロジェクトを始める時間もなかったことであろう．

出版元である Klaus Peters は，私が実現しようとしてきた，歴史的な観点から数学を説明しようというやり方に，深い信頼を寄せてくれている．いくつかの章の最初の版を見たとき，彼は直ちに契約を申し出てくれた．何年にもわたる執筆期間中，Klaus は私の遅れを我慢してくれ，私には価値あるゴールがあるとつねに主張して，私を机に縛り続けた．出版社のすべての人々が，可能な限りの方法で私を助けてくれた．

Barry Cipra と故 Garrett Birkhoff は私のノートの初期の版を読んでくれた．Barry の詳細なコメントや，構成，目標，歴史の組み込み方に関する Garrett

の注意は，ノートを本にするに当たって大きな助けとなった．

　Debbie Borkovitz は私が基本的に最終版の原稿と考えていたものを読んでくれた．彼女の訂正，鋭い質問，そしてかけがえのない忠告により，私はほとんどすべての章を書き直すことになった．彼女が最後のできばえを気に入ってくれることを期待したい．

　George Brauer は，4次剰余の相互法則や他の数学的成果に関するガウスの2つのドイツ語論文の英訳をくれることで多くの時間を節約させてくれた．

　私は Larry Smith, Steve Sperber, Mike Rosen, Bill Messing に，多くの原稿訂正や何年にもわたる価値ある数学的議論について感謝したい．

　Victor Grambsch と，彼の Electric Images 社のスタッフは，多くの下手な図をきれいに描き直してくれた．

　Sarah Jaffe は，MacWrite II で書かれた原稿を，フィルム化可能な最終の TeX 文書に直してくれた．4～5ヵ月の仕事と言っていたのが，私の遅れにより2年以上にもわたってしまった．彼女の忍耐とすばらしい仕事に本当に感謝する．

　最後に私の妻 Anne に感謝したい．彼女は原稿の多くの部分を読んで，一生懸命私の文体を改善しようとしてくれた．過去3年間，彼女は繰り返し「あとどれぐらいかかるの？」と尋ね，私の「先週もそう言ったね」という答えに対する彼女の反応は，私が優柔不断を克服して有限の時間で本を仕上げるようにしてくれた．

改訂第2刷への言葉

　この第2刷で多くの訂正を許可してくださった出版社に謝意を表したい．しかしながら，これは訂正版であって，第2版ではない．ほとんどの訂正は数学あるいは英語の誤植である．9.6節にあるシュヴァレーの定理の誤った証明は訂正した．ヤコビ記号に関する11.8節が，この本への唯一の追加部分である．参考文献や索引には訂正箇所はまったくない．

　本書の内容に関して，また本書が歴史的動機付けを用いていることに関して，肯定的な意見を寄せてくださった方々，そして正誤表や第2版への提案を

送ってくださった方々に感謝したい．特に Gareth and Mary Jones と Mara Neusel は，きわめて詳細なリストを作ってくださった．ここに謝意を表したい．

本書には，素数の分布とそれに関連する解析的整数論の分野についてはほとんど述べられていない．この方面に興味がある読者は，Hardy and Wright の [Har-Wri]，Tom Apostol の『*Introduction to Analytic Number Theory*』(Springer-Verlag, 1976)，そして歴史的視点から Ellison and Ellison の [Ell, W-Ell, F] をお勧めする．

謝　　辞

以下の著者や出版社に対して，下に掲げる著作からの引用を許可してくださったことを感謝したい．

C. Reid, *Hilbert*, copyright 1970, Springer-Verlag Inc., New York Heidelberg Berlin; 1996, Springer-Verlag, Inc., New York (Copernicus Imprint). All rights reserved. Reprinted with the permission of the publisher and the author.

H. Edwards, *Fermat's Last Theorem*, copyright 1977 by Harold M. Edwards. Published by Springer-Verlag New York, 1977. All rights reserved. Reprinted with the permission of the publisher and the author.

Dictionary of Scientific Biography, Vol.V, copyright 1972 by the American Council of Learned Societies, Published by Charles Scribner's Sons (NY). All rights reserved. Reprinted with the permission of the American Council of Learned Societies.

Dictionary of Scientific Biography, Vol.VIII, copyright 1973 by the American Council of Learned Societies, Published by Charles Scribner's Sons (NY). All rights reserved. Reprinted with the permission of the American Council of Learned Societies.

G. Polya, *Mathematics and Plausible Reasoning*, Vol. 1, Induction and Analogy in Mathematics, copyright 1990, Princeton University Press. All rights reserved. Reprinted with the permission of the publisher.

F. Klein, *DEVELOPMENT OF MATHEMATICS IN THE 19th CENTURY (English Translation)* copyright 1979 by Robert Hermann, MATH - SCI PRESS. All rights reserved. Reprinted with the permission of the publisher.

J. W. S. Cassels, " Mordell's Finite Basis Theorem Revisited", Mathematical Proceedings of the Cambridge Philosophical Society, Vol. 100 (1986). Copyright by the Cambridge Philosophical Society. All rights reserved. Reprinted with the permission of the publisher.

H. Weyl, "David Hilbert and his Mathematical Work", Bulletin of the AMS, Vol. 50 (1944). All rights reserved. Reprinted with the permission of the American Mathematical Society.

C. F. Gauss, *Disquisitiones Arithmeticae* (English Edition), copyright 1966 by Yale University Press, revised translation issued by Springer-Verlag 1986. All rights reserved. Reprinted with the permission of the Yale University Press.

記号と番号付け

Z は，整数全体の集合を表す．
Q は，有理数全体の集合を表す．
R は，実数全体の集合を表す．
C は，複素数全体の集合を表す．

式 (3.6.7) は，第 3 章第 6 節の式番号 7 を表す．
式 (6.7) は，現在の章の第 6 節の式番号 7 を表す．
式 (7) は，現在の節の式番号 7 を表す．

9.5 節は，第 9 章の第 5 節を表す．
5 節は，現在の章の第 5 節を表す．

図は各章の中で順に番号を付ける．

目　次

序　文 　v

第 1 部　フェルマーからルジャンドルまで

第 1 章　創始者たち　1
- 1.1　数論のはじまり　1
- 1.2　フェルマーの数学的背景　6
- 1.3　ピタゴラス数　9
- 追記：整数の性質　12

第 2 章　フェルマー　15
- 2.1　フェルマー (1601–1665)　15
- 2.2　無限降下法　16
- 2.3　フェルマーの最終定理　18
- 2.4　ペル方程式　20
- 2.5　$y^3 = x^2 + k$　23
- 2.6　平方和　24
- 2.7　完全数とフェルマーの小定理　26
- 2.8　フェルマーの誤り　28

第 3 章　オイラー　29
- 3.1　オイラー　29
- 3.2　数の分割　32

3.3 解析的整数論の始まり；素数, ゼータ関数, ベルヌーイ数 ・・・ 35
3.4 数論的関数 ・・・・・・・・・・・・・・・・・・・・・・ 44
3.5 代数的整数論の始まり ・・・・・・・・・・・・・・・・・ 46

第4章 オイラーからラグランジュへ；連分数の理論 51
4.1 導入 ・・・・・・・・・・・・・・・・・・・・・・・・・ 51
4.2 基礎概念：有限連分数と無限連分数 ・・・・・・・・・・ 52
4.3 初期の歴史 ・・・・・・・・・・・・・・・・・・・・・・ 58
4.4 有限連分数の代数 ・・・・・・・・・・・・・・・・・・・ 59
4.5 有限連分数の計算 ・・・・・・・・・・・・・・・・・・・ 63
4.6 無限連分数 ・・・・・・・・・・・・・・・・・・・・・・ 67
4.7 ディオファントス近似と幾何 ・・・・・・・・・・・・・ 71
4.8 2次の無理数 ・・・・・・・・・・・・・・・・・・・・・ 75
4.9 ペル方程式 ・・・・・・・・・・・・・・・・・・・・・・ 80
4.10 一般化 ・・・・・・・・・・・・・・・・・・・・・・・・ 83

第5章 ラグランジュ 87
5.1 ラグランジュとその業績 ・・・・・・・・・・・・・・・ 87
5.2 2次形式 ・・・・・・・・・・・・・・・・・・・・・・・ 89

第6章 ルジャンドル 93
6.1 ルジャンドル ・・・・・・・・・・・・・・・・・・・・・ 93
6.2 円錐曲線上の有理点 ・・・・・・・・・・・・・・・・・・ 94
6.3 素数の分布 ・・・・・・・・・・・・・・・・・・・・・・ 94
6.4 平方剰余と相互法則 ・・・・・・・・・・・・・・・・・・ 95

第2部 ガウスと『整数論』

第7章 ガウス 99
7.1 ガウスとその業績 ・・・・・・・・・・・・・・・・・・・ 99
7.2 『整数論』概観 ・・・・・・・・・・・・・・・・・・・・109

第 8 章　合同式の理論〔1〕　　**111**

8.1 『整数論』第 1 節 ・・・・・・・・・・・・・・・・・・・・・・・・・・・・・・ 111
8.2 剰余類 ・・・・・・・・・・・・・・・・・・・・・・・・・・・・・・・・・・・・・・・ 116
8.3 合同と代数構造 ・・・・・・・・・・・・・・・・・・・・・・・・・・・・・・・ 118
8.4 応用 ・・・ 120
8.5 1 次合同式 ・・・・・・・・・・・・・・・・・・・・・・・・・・・・・・・・・・・ 124

第 9 章　合同式の理論〔2〕　　**127**

9.1 導入 ・・・ 127
9.2 既約剰余類 ・・・・・・・・・・・・・・・・・・・・・・・・・・・・・・・・・・・ 127
9.3 $\mathbf{Z}/n\mathbf{Z}$ の構造 ・・・・・・・・・・・・・・・・・・・・・・・・・・・・・・・・ 129
9.4 高次合同式 ・・・・・・・・・・・・・・・・・・・・・・・・・・・・・・・・・・・ 132
9.5 高次合同式と多項式関数 ・・・・・・・・・・・・・・・・・・・・・・・ 138
9.6 多変数の合同式；シュヴァレーの定理 ・・・・・・・・・・・・ 141
9.7 合同式の解と方程式の解；ハッセの原理 ・・・・・・・・・・ 143

第 10 章　原始根と累乗剰余　　**145**

10.1 原始根 ・・・・・・・・・・・・・・・・・・・・・・・・・・・・・・・・・・・・・・ 145
10.2 指数 ・・・・・・・・・・・・・・・・・・・・・・・・・・・・・・・・・・・・・・・ 148
10.3 k 次の累乗剰余 ・・・・・・・・・・・・・・・・・・・・・・・・・・・・・ 149

第 11 章　2 次合同式　　**153**

11.1 導入 ・・ 153
11.2 平方剰余の初歩的性質 ・・・・・・・・・・・・・・・・・・・・・・・・ 154
11.3 ガウスの補題 ・・・・・・・・・・・・・・・・・・・・・・・・・・・・・・・ 156
11.4 $\left(\frac{a}{p}\right)$ の計算 ・・・・・・・・・・・・・・・・・・・・・・・・・・・・・・・・・ 158
11.5 平方剰余の相互法則 1 ・・・・・・・・・・・・・・・・・・・・・・・・ 163
11.6 平方剰余の相互法則 2 ・・・・・・・・・・・・・・・・・・・・・・・・ 168
11.7 歴史と他の証明 ・・・・・・・・・・・・・・・・・・・・・・・・・・・・・ 174
11.8 ヤコビの記号 ・・・・・・・・・・・・・・・・・・・・・・・・・・・・・・・ 177

第12章　2元2次形式〔1〕：算術的理論　　**179**

12.1　導入 ・・・・・・・・・・・・・・・・・・・・・・・・・・・・ 179
12.2　形式の同値 ・・・・・・・・・・・・・・・・・・・・・・・・ 180
12.3　行列表現と判別式 ・・・・・・・・・・・・・・・・・・・・ 182
12.4　被約形式と同値類の個数 ・・・・・・・・・・・・・・・・ 184
12.5　表現と同値 ・・・・・・・・・・・・・・・・・・・・・・・・ 187
12.6　表現と平方剰余 ・・・・・・・・・・・・・・・・・・・・・ 188
12.7　正式同値 ・・・・・・・・・・・・・・・・・・・・・・・・・ 192
12.8　定符号形式と不定符号形式 ・・・・・・・・・・・・・・・ 193
12.9　正の定符号形式 ・・・・・・・・・・・・・・・・・・・・・ 195
12.10　原始的形式と類数 ・・・・・・・・・・・・・・・・・・・ 197

第13章　2元2次形式〔2〕：幾何学的理論　　**203**

13.1　導入 ・・・・・・・・・・・・・・・・・・・・・・・・・・・・ 203
13.2　2次形式の根 ・・・・・・・・・・・・・・・・・・・・・・・ 204
13.3　正の定符号形式と上半平面 ・・・・・・・・・・・・・・・ 208
13.4　1次分数変換 ・・・・・・・・・・・・・・・・・・・・・・・ 211
13.5　基本領域 ・・・・・・・・・・・・・・・・・・・・・・・・・ 212
13.6　形式と上半平面再考 ・・・・・・・・・・・・・・・・・・・ 220
13.7　自己同型と表現の個数 ・・・・・・・・・・・・・・・・・・ 222
13.8　不定符号形式，$D > 0$ ・・・・・・・・・・・・・・・・・・ 225
13.9　2次形式の合成 ・・・・・・・・・・・・・・・・・・・・・・ 229
13.10　種 ・・・・・・・・・・・・・・・・・・・・・・・・・・・・ 231
13.11　『整数論』第5節および第6節 ・・・・・・・・・・・・・ 233

第14章　円分論　　**235**

14.1　『整数論』第7節への導入 ・・・・・・・・・・・・・・・・ 235
14.2　作図可能性と方程式論 ・・・・・・・・・・・・・・・・・・ 239
14.3　正五角形とガウス周期 ・・・・・・・・・・・・・・・・・・ 241
14.4　平方剰余の相互法則に戻って ・・・・・・・・・・・・・・ 244
14.5　合同式の解の個数；有限体上の方程式 ・・・・・・・・・ 254

  14.6 『整数論』に関する最後の注意 ･････････････････････255

第3部 代数的整数論

第15章 代数的整数論〔1〕: ガウス整数と4次剰余の相互法則 257
  15.1 ガウスと4次剰余の相互法則 ･･･････････････････････257
  15.2 ガウス整数 ･････････････････････････････････････262
  15.3 合同式と4次剰余の相互法則 ･･･････････････････････268
  15.4 $\mathbf{Z}[i]$ のゼータ関数と L 関数 ･････････････････････････272

第16章 代数的整数論〔2〕: 代数的数と2次体 277
  16.1 代数的整数論の発展 ･････････････････････････････277
  16.2 代数的整数 ･････････････････････････････････････288
  16.3 2次体 ･･･････････････････････････････････････290
  16.4 2次の代数的整数 ･･･････････････････････････････291
  16.5 幾何学的表現, 可約性と単元 ･･･････････････････････295
  16.6 2次体における素因数分解 ･････････････････････････299
  16.7 ユークリッド整域と一意分解 ･･･････････････････････300
  16.8 非一意分解性とイデアル ･･････････････････････････303

第17章 代数的整数論〔3〕: 2次体のイデアル 307
  17.1 I_d におけるイデアルの算術 ･･･････････････････････307
  17.2 格子とイデアル ････････････････････････････････310
  追記: 格子 ･･･314
  17.3 イデアルのさらなる算術 ･･････････････････････････316
  17.4 イデアルの一意分解性 ･･･････････････････････････318
  17.5 一意分解の応用 ････････････････････････････････322
  17.6 有理素数の素因数分解 ･･･････････････････････････324
  17.7 類構造と類数 ･････････････････････････････････326
  17.8 類数の有限性; イデアルのノルム ･･･････････････････332
  17.9 基底と判別式 ･････････････････････････････････336
  17.10 形式と体の間の対応 ････････････････････････････338

xx 目次

17.11 対応の応用 ・・・・・・・・・・・・・・・・・・・・・344
17.12 有理素数の分解再考 ・・・・・・・・・・・・・・・346
17.13 一般相互法則 ・・・・・・・・・・・・・・・・・・・・352
追記：ディリクレと 19 世紀の数論 ・・・・・・・・・・・・・・354

第 4 部　曲線の算術

第 18 章　曲線の算術〔1〕：有理点と平面代数曲線　　357

18.1 導入 ・・・・・・・・・・・・・・・・・・・・・・・・・・・357
18.2 直線 ・・・・・・・・・・・・・・・・・・・・・・・・・・・359
18.3 円錐曲線 ・・・・・・・・・・・・・・・・・・・・・・・360
18.4 3 次曲線と幾何学的形式でのモーデルの定理 ・・・365
18.5 射影幾何学の必要性 ・・・・・・・・・・・・・・・・369
18.6 実射影平面；同次座標 ・・・・・・・・・・・・・・・372
18.7 射影平面の代数曲線 ・・・・・・・・・・・・・・・・377
18.8 体上の幾何学；高次元と双対性 ・・・・・・・・・・384

第 19 章　曲線の算術〔2〕：有理点と楕円曲線　　389

19.1 導入 ・・・・・・・・・・・・・・・・・・・・・・・・・・・389
19.2 曲線の交差；ベズーの定理 ・・・・・・・・・・・・・389
19.3 群の法則と代数的形式でのモーデルの定理 ・・・・393
19.4 双有理同値；ワイエルシュトラス標準形 ・・・・・396
19.5 特異点と種数 ・・・・・・・・・・・・・・・・・・・・・401
19.6 楕円曲線と群の法則 ・・・・・・・・・・・・・・・・・407
19.7 楕円関数と楕円曲線 ・・・・・・・・・・・・・・・・・414
19.8 有限位数の複素数点 ・・・・・・・・・・・・・・・・・419
19.9 初期の歴史 ・・・・・・・・・・・・・・・・・・・・・・421

第 20 章　曲線の算術〔3〕：20 世紀　　431

20.1 ポアンカレからヴェイユへ ・・・・・・・・・・・・・431
20.2 有限位数の点；ルッツ・ナゲルの定理 ・・・・・・437
20.3 定理のやさしい部分 ・・・・・・・・・・・・・・・・・440

20.4	定理の難しい部分	441
20.5	モーデルの定理；証明の概要	449
20.6	いくつかの予備的結果	453
20.7	高さ関数	456
20.8	モーデル・ヴェイユの弱定理	461
20.9	有限体上の方程式；曲線のゼータ関数と L 関数	466
20.10	虚数乗法	469

第5部　その他の話題

第21章　無理数と超越数，ディオファントス近似　473

21.1	初期の歴史	473
21.2	オイラーからディリクレまで	474
21.3	リウヴィルからヒルベルトへ；超越数論の始まり	479
21.4	同時近似；クロネッカーの定理	487
21.5	トゥエ：ディオファントス近似とディオファントス方程式	489
21.6	20世紀	493
21.7	他の結果と問題	495
21.8	文献	497

第22章　数の幾何学　499

22.1	問題の動機；2次形式	499
22.2	ミンコフスキーの基本定理	502
22.3	格子に対するミンコフスキーの定理	508
22.4	2次形式に戻って	513
22.5	2つおよび4つの平方数の和	515
22.6	1次形式	519
22.7	1次形式の和と積；八面体	521
22.8	ゲージ関数；凸体の方程式	525
22.9	逐次最小	531
22.10	他の方向性	532

第23章　p進数と付値　　533

- 23.1　歴史 ・・・・・・・・・・・・・・・・・・・・・533
- 23.2　p進数；形式ばらない導入 ・・・・・・・・・534
- 23.3　正式な展開 ・・・・・・・・・・・・・・・・・542
- 23.4　収束 ・・・・・・・・・・・・・・・・・・・・546
- 23.5　合同とp進数 ・・・・・・・・・・・・・・・・552
- 23.6　ハッセの原理；ハッセ・ミンコフスキーの定理 ・・・・・・・・・554
- 23.7　付値と代数的整数論 ・・・・・・・・・・・・560

参考文献　　563

訳者あとがき　　583

索　引　　585

第1章

創始者たち

1.1 数論のはじまり

数論とは，整数や有理数について，日常の計算における通常の操作の程度を超えた性質を研究する学問である[1]．

現代数論の創始者は，フェルマー (Fermat)，オイラー (Euler)，ラグランジュ (Lagrange)，ルジャンドル (Legendre)，そしてガウス (Gauss) である．フェルマーが数論を研究し始めた 1630 年頃から，ガウスが 1801 年に『整数論 (*Disquisitiones Arithmeticae*)』を出版するまで，これら数学界の巨人たちはそれぞれ，先人たちの仕事を踏まえて，その時代の数論に対して主要な貢献を成しとげた．

<u>1601 Fermat 1665</u>　　　<u>1707　Euler　1783</u>

　　　　　　　　　　　　<u>1736 Lagrange 1813</u>

　　　　　　　　　　　　　　<u>1752 Legendre 1833</u>

　　　　　　　　　　　　　　　<u>1777　Gauss　1855</u>

　　　　<u>1642　Newton 1727</u>　（参考のため）

これらの数学者たちは数論の基礎を築き，多くの基本的な定理を発見，証明するとともに，今日でもいまだにいろいろと考えることができる問題を数多く提起した．上の図は彼らの生涯と，互いに影響しあった可能性を示している．ガウス以降は数学の知識が急速に増加したため，数学者は限られた領域の専門

---

[1] いくつかの基本的な概念や記号についてはこの章の追記を参照のこと．

家にならざるを得なかった．そのため一人の人間がこの分野を支配するということはもうありえない．この本の前半は主として彼らの業績の説明にあてられているが，それはまた数論の基礎理論への入門にもなっている．

　言うまでもないことだが，フェルマーは何もないところから研究を始めたわけではない．歴史を通じて，ほとんどすべての主要な文明は，整数の性質に魅せられて数論学者を輩出している．古代から中世の時代においても，常に幾何学者（数学者）たち，あるいはより一般的な学者や暦を計算する人たち，天文学者や占星術師たち，僧侶や魔術師たちが存在していたのである．

　中国の神話では，紀元前3000年という昔の人々の数に対する関心が語られているが，当時の文書は残っていない．今日知られている最古の数学的文書は，古代エジプト（第12王朝—紀元前2000年頃）のゴレニシェフ (Golenishev)・パピルスとリンド (Rhind)・パピルスである．後者は大英博物館に，前者はモスクワで展示されている．これらの文書は，エジプト人たちがどのようにして幾何学の問題を解いたか，そして算数の問題を解くのにどのように分数を用いたかを示している（[New, J] および [Rob-Shu] を参照）．

　今日得られている最古の数論的記録は，バビロニアで出土した石板（紀元前1900年〜1600年頃）で，そこには長さが整数の辺からなる直角三角形の表，すなわち方程式 $x^2 + y^2 = z^2$ の正の整数解（今では**ピタゴラス数**と呼ばれている）の表が書かれている．これらの解のいくつかは，たとえば4961, 6480, 8161のようなとても大きな数で，それらが試行錯誤によって見出されたとはとても信じられない．明らかにバビロニアの学者たちは，ピタゴラス (Pythagoras) よりも優に1000年以上も昔にピタゴラスの定理を知っていたのであり，また大きな数を計算することができたのである（[Neu] および [Neu-Sac] を参照）．

　アレキサンドリアのユークリッド（Euclid，紀元前300年頃）とアレキサンドリアのディオファントス（Diophantus，西暦250年頃）は，古代における最もよく知られた数論学者である．

　ユークリッドの『原論 (*Elements*)』は，13巻からなる [Euc]．そのうちの3つの巻は正の整数の数論に関するものであるが，すべてが幾何学の言葉で述べられている．ユークリッドが示している結果のなかには，整数の可約性の性質に関するものがあり，偶数と奇数の概念や，2つの整数の最大公約数を求める

方法（互除法）を含んでいる．彼はまた，有限な等比数列の和や，すべてのピタゴラス数を求める公式を導いている．さらに彼は素数の概念を導入し，「2つの整数の積がある素数で割り切れるならば，2つの整数の少なくともどちらかは，その素数で割り切れる」ことを証明した．「素数は無限個ある」という命題に対するユークリッドの証明は大変簡潔である（素数が有限個しかないとするとき，それらを $p_1, p_2, \cdots, p_k$ と呼ぶと，$p_1 p_2 \cdots p_k + 1$ は素数であるか，素数の約数をもつかのどちらかであるが，いずれもどの p_i でもあり得ないので，仮定に矛盾する）．これらの結果については，あとでもっと詳しく議論することにしよう．

ディオファントスの『算術 (*Arithmetica*)』は，もっぱら数論のみを扱った書物としては，今日知られる最初のものである．この本の現代まで残っている部分 ([Hea], [Ses]) には，具体的な数値例を使って解かれた約150の問題が載っているが，なかには著者が一般的な解法を知っていたのではないかとうかがわせる部分もある．ディオファントスは主として正の有理数で方程式を解くことに関心をもっていたのだが，今日では整数解をもつ方程式のことを**ディオファントス方程式**と呼んでいる．方程式の有理数解の研究は，曲線の算術に関する数論の現代的理論へと発展した（第18～20章）．

数論の初期の歴史に関する概要を終えて現代への橋渡しを与えるために，ルジャンドルの『整数論 (*Theory of Numbers*)』[Lej] の初版 (1798年) への序文から勝手に引用させてもらうことにしよう．聞きなれない用語については，後のいくつかの章で説明する．

> 「ユークリッドのものとされている断片や手書き原稿にある結果から判断すると，古代の哲学者たちは数の性質についてかなり広範囲にわたる研究をしていたように思われる．しかしそこには数論の深みに到達するのに必要な2つの道具が欠けていた．1つは記数法である．これがあれば数をとても簡単に表すことができる．もう1つは代数である．代数は結論を一般化させ，既知数でも未知数でも同じように操作することができる．これら2つの技術の発明は，数に対する研究の発展に大きな影響を与えた．また，アレキサンドリアのディオファントスの仕事を見てみよう．彼は今日知られている最も古い代数の本を書いた人である．その研究はもっぱ

ら数に対して捧げられており，難しい問題を豊富な知識とテクニックで解決している．

ディオファントスからヴィエト (Viète) やバシェ (Bachet) の時代に至るまで，数学者たちはずっと数のことを考え続けたもののあまり成功せず，この分野に目に見える進歩はなかった．

ヴィエトは代数に新たな完成度を加えることにより，数に関するいくつかの難しい問題を解決した．バシェは『愉快で楽しい問題集』（実際の題名は『数に関する愉快で楽しい問題集―算術を用いるあらゆる好奇心ある人にとって大変有用』である）という題の本の中で，1次の不定（ディオファントス）方程式を，一般的かつ大変巧妙な方法で解いた．ディオファントスについてのすばらしい解説書もバシェによるものであり，これは後にフェルマーの欄外への書き込みにより，さらに充実したものになった．

新しい微積分学の発見を加速させるのに大いに貢献した幾何学者たちの中にあって，フェルマーは数論を開拓して非常な成功を収め，新しい道を切り開いた．フェルマーのおかげで大変多くの新しい定理が得られたのだが，彼はそのほとんどすべてに証明をつけていない．いろいろな問題を互いに出し合って相手に挑戦するというのが当時の風潮で，ときには自身と国家の勝利を確保するために，自分の方法を隠してしまうこともしばしばあった．というのも，フランスとイギリスの幾何学者たちは大変なライバル意識をもっていたからである．こうしてフェルマーの証明のほとんどが失われ，残った少しの証明も，残念ながら我々が必要とするものではないのである．

フェルマーからオイラーまでの時代の幾何学者たちは，新しい微積分学の発見や応用にすべてを費やし，数論には見向きもしなかった．この分野に愛着をもったのはオイラーが最初である．ペテルブルグ・アカデミー論集などで，オイラーが数論に関して出版したおびただしい数の論文を読むと，他のほとんどの数学の分野にもたらしたのと同様の進歩を，オイラーが魂を打ち込んで，数論の分野にももたらしたことがわかる．またオイラーは，興味をもったほとんどのことで成功しているが，数論の研究は特に好みであり，熱中して研究に打ち込んでいたと信じられている．いずれにしても，彼の優れた研究により，フェルマーが見出した以下の2つの主

要な定理の証明が得られた．
i) a を素数，x を a の倍数でない数とするとき，$x^{a-1}-1$ はつねに a の倍数である
ii) $4n+1$ の形の素数は 2 つの平方数の和で表される

オイラーの論文には，ほかにも以下のような数多くの重要な発見が見出される．$a^n \pm b^n$ の約数の理論，「数の分割」などの論文，不定方程式の解における無理数や虚数の因数の利用，特殊解を既知としたときの 2 次の一般不定方程式の解，数の累乗に関する多くの定理の証明，なかでも「2 つの立方数の和や差は立方数ではない」「2 つの数の 4 乗の和や差は平方数ではない」というフェルマーの否定命題の証明といったものである．さらに，オイラーの著作の中で，大変多くの不定（ディオファントス）方程式が，実に巧妙な解析的技巧によって解かれているのも見出される．

オイラーは長い間，数論に関心をもった唯一の幾何学者であったが，やがてついに，ラグランジュが同じ舞台に姿を見せる．彼はこの分野の研究を始めるとすぐに，彼がそれまでの研究ですでに成し遂げていたのと同様の，実に卓越した成功を収めた．2 次の不定方程式の有理数による解法，そしてさらに困難な，整数解を見出す方法は，この傑出した学者の最初の大きな成功であった．それからすぐに，この分野の解析に連分数を応用した．彼は「2 次の有理方程式の解の連分数展開は周期的である」ことの証明を初めて与えた．さらに彼は，「方程式 $x^2 - Ay^2 = 1$ に関するフェルマーの問題はつねに解をもつ」と結論付けた．この方程式については，何人かの幾何学者が解法を与えていたものの，このような命題はそれまで厳密に確立されていなかったのである．

ラグランジュはまた，ベルリン・アカデミー論集にある後年の研究で，「すべての整数は 4 つの平方数の和で表される」ことの最初の証明を与えた….」

数論の一般的な歴史に関する重要な参考文献としては，Weil の [Wei] や Dickson の [Dic]，そして Ellison たちによる長い論文 [Ell, W-Ell, F] がある．

1.2 フェルマーの数学的背景

フェルマーの業績を理解するには，彼の数学的背景についてある程度知ることが重要である．彼はギリシャのユークリッド，ディオファントス，アルキメデス (Archimedes) の研究を学び，また整数や有理数の基本性質，現在整数に使われているアラビア数字の記数法や計算アルゴリズム，そしてルネッサンス期に発達した代数についても知っていた．

フェルマーは (n から $n+1$ へという) 標準的な形式の数学的帰納法を知っていた．彼はまた，自分で「無限降下法」(2.2節) と名づけた方法の中で，整数の整列可能性，すなわち「正の整数のどんな集合も，最小の要素をもつ」という性質を用いた．整列可能性は帰納法と同値である (演習)．

フェルマーは間違いなく，しばしば「算術の基本定理」と呼ばれる整数の素因数分解の一意性に気づいていた．一意分解性については，ガウス以前には一度もはっきりと述べたり証明したりされていないようであるが，すべての創始者たちは確かにこれを用いている．あまりにも明らかなことなので述べるまでもないと思ったのでなければ，これはやや不思議なことである．ルジャンドルはガウスよりも前に素因数分解の存在について明示的に述べているが，一意性は述べていない．もちろん一意性は，「2つの数の積がある素数で割り切れるならば，一方はその素数で割り切れる」というユークリッドの結果から直ちに導かれるのであるから，上の疑問に対する答えはおそらく，数論を厳密に表現するのに何が必要か認識した最初の人がガウスであったということなのであろう．

フェルマーの数学的背景に関するより詳しい議論については，Weil [Wei] を参照のこと．

さて，フェルマーもよく利用していた，数論の初期の話題をいくつか紹介しよう．ユークリッドの『原論』における最も基本的な数論的結果のひとつが**除法定理**である：

a と b が整数であるとき，$a = bq + r$ （ただし $0 \leq r < |b|$）となるような整数 q と r が存在する．

これは，「a は b の倍数であるか，b の2つの倍数の間にあるかのいずれかで

ある」ということを言い換えたに過ぎない．$a, b > 0$ と仮定して，qb を b の倍数のうち a 以下である最大のものとしよう．そして $r = a - qb$ と置けば，$qb \leq a = qb + r < (q+1)b$, すなわち $0 \leq r < b$ が得られる（図1）．a または b が負の数である場合も，本質的には同じである．

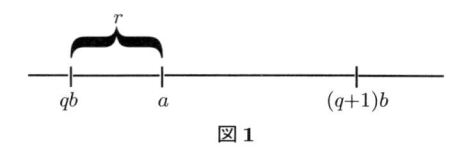

図1

ユークリッドは正の整数のみを扱ったということを思い出そう．しかしながら，ひとたびルネッサンス期に負の整数やゼロの概念が確立すると，基礎的な結果のほとんどが簡単な方法で拡張された．

最大公約数の存在を証明する（そしてそれを計算する方法も与える）ために，ユークリッドに従って除法定理を繰り返し適用してみよう．これが**ユークリッドの互除法** である：

整数 a と b が与えられたとき，等式の列

$$a = q_1 b + r_1$$

$$b = q_2 r_1 + r_2$$

$$r_1 = q_3 r_2 + r_3$$

$$\vdots$$

$$r_i = q_{i+2} r_{i+1} + r_{i+2}$$

$$\vdots$$

を作る．ここで q_i と r_i は除法定理によって決まる数である．

$b > r_1 > r_2 > \cdots > 0$ であることから，これはいつか終了するので，これを

$$r_n = r_{n+1} q_{n+2} + r_{n+2}$$

$$r_{n+1} = r_{n+2} q_{n+3} \qquad (r_{n+3} = 0)$$

と表す.

$r_{n+2} = \gcd(a,b)$ であることを，r_{n+2} が最大公約数のための 2 つの条件を満たしていることを示すことによって証明しよう.

はじめに r_{n+2} が a と b の公約数であることを示す．まず最後の式から $r_{n+2} | r_{n+1}$ が得られる．そしてその前の式を見ると，r_{n+2} は自身と r_{n+1} の約数であるから，左辺 r_n の約数でもあることがわかる．そしてこの推論を繰り返しつつ等式の列をさかのぼることにより，$r_{n+2}|a$ と $r_{n+2}|b$ が示される.

さて，次にある整数 e が a と b の公約数であるとしよう．このとき $e|r_{n+2}$ となることを示せばよい．最初の式において，$e|a$ かつ $e|b$ であるから $e|r_1$ である.

2 番目の式において，$e|b$ かつ $e|r_1$ から $e|r_2$ がわかる．次々とこの推論を繰り返すと，最後から 2 番目の式において $e|r_{n+2}$ がわかり，したがって $r_{n+2} = \gcd(a,b)$ である.

ユークリッドの互除法から始めて，次の演習問題により素因数分解の一意性が証明される.

演習 ユークリッドの互除法における式 $r_{n+2} = r_n - r_{n+1}q_{n+2}$ から始めて，1 つ上の式を代入することを繰り返すことにより，$\gcd(a,b) = ka + mb$ となるような整数 k, m が存在することを示せ．特に a と b が互いに素であるときは，$ka + mb = 1$ となる．この結果にさらに少しの推論を加えると，次のことが成り立つ.

i) ディオファントス方程式 $ax + by = 1$ は，$(a,b) = 1$ のとき，かつそのときにのみ解をもつ.
ii) p が素数で $p|ab$ ならば，$p|a$ または $p|b$ であることを示せ.

それでは算術の基本定理を証明せよ．すなわち，

iii) 存在：すべての正の整数は素因数に分解されることを示せ.
iv) 一意性：1 つの正の整数に対するどんな 2 つの素因数分解も，素数の順序を並べ替えれば同じになることを示せ.

上の演習問題から，一般の 2 元 1 次ディオファントス方程式の解が導かれる.

演習 ディオファントス方程式 $ax+by=c$ は，$\gcd(a,b)|c$ のとき，かつそのときにのみ解をもつことを証明せよ．$d=(a,b)$ と置き，x_0,y_0 を方程式の 1 つの解とするとき，すべての解は

$$x=x_0+k\left(\frac{b}{d}\right),\quad y=y_0+k\left(-\frac{a}{d}\right),\quad k=0,\pm 1,\pm 2,\cdots$$

で与えられる．

1.3 ピタゴラス数

すべてのピタゴラス数を見出すという問題を思い起こそう．これはバビロニア時代までさかのぼる問題で，整数の長さの辺をもつすべての直角三角形，すなわち方程式 $x^2+y^2=z^2$ に対するすべての正の整数解を求めるというものである．これは数論の最も古い問題のひとつで，フェルマーの最も有名な'主張'（2.3 節）への動機でもあり，現代数論の大部分の先駆けともなった問題であるから，ここで完全な解を示しておこうと思う．ここでは現代的な代数的方法で解を示すが，本質的にはユークリッドが幾何学的な方法で示したものと同じである [Euc, Book 10, 命題 29 への補題 1]．

正の整数 x,y,z が方程式 $x^2+y^2=z^2$ を満たすとしよう．もし $d|x,y,z$ ならば方程式の両辺を d^2 で割ることができるから，$\gcd(x,y,z)=1$ と仮定してよい．そのような解は **原始解** と呼ばれる．逆に，(x,y,z) が解だとすると，(dx,dy,dz) も解である．したがって，原始解がわかればすべての解がわかる．そこでここでは，「我々の解 (x,y,z) は原始解である」と仮定して，そのようなすべての 3 つ組を見つけることにする．

1) $(x,y)=(y,z)=(x,z)=1$ が成り立つ．

〔証明〕 x と y がある素数 p で割り切れれば，x^2 と y^2 も割り切れ，したがって z も p で割り切れる．これは原始解であることに反する．他の組についても同様である． □

2) z は奇数で，x,y の偶奇は異なる．

〔証明〕 i) x,y,z がすべて偶数ならば，原始解であることに反する．

x, y, z がすべて奇数 $\implies x^2, y^2, z^2$ もすべて奇数 $\implies$ 奇数 + 奇数 = 奇数 となり矛盾である．

2つが偶数ならばもう1つも偶数で，これも矛盾になるから，結局 x, y, z の2つが奇数で1つが偶数である．

ii) z が偶数で x, y が奇数であるとして，$z = 2n$, $x = 2k+1$, $y = 2r+1$ と置く．すると $x^2 = 4(k^2 + k) + 1$, $y^2 = 4(r^2 + r) + 1$, $z^2 = 4n^2$ であるが，$x^2 + y^2 = z^2$ であることより $4n^2 = 4(k^2 + k + r^2 + r) + 2$, つまり $4(n^2 - k^2 - k - r^2 - r) = 2$ となり，矛盾となる．したがって z は奇数で，x か y のどちらか一方が偶数である． □

私が意識的に「合同」の概念を避けていることに注意してほしい．「合同」は1801年にガウスによって導入された概念で，我々の推論を簡潔にすると思われるが，ガウスの仕事を論ずるまでは，このまま「合同」を使わないでおこうと思う．今使っているのは，フェルマーがやったと思われる方法である．

3) x が偶数で y と z が奇数であるとする．すると $x^2 = z^2 - y^2 = (z-y)(z+y)$ で，$z-y$ と $z+y$ は偶数であるから，結局 $x, z-y, z+y$ はすべて偶数となる．

そこで
$$x = 2u, \ z + y = 2v, \ z - y = 2w$$
と置くと，
$$(2u)^2 = (2v)(2w) \text{ つまり } u^2 = vw$$
である．ここで $(v, w) = 1$ であることに注意しよう．なぜならば，ある素数 $p | v, w$ とすると，$p | v + w = z$ かつ $p | v - w = y$ となり，したがって $p | x$ となる．ところが原始解であることから，結局 $p = 1$ でなければならない．

主要段階 素因数分解の一意性より，
$$u^2 = vw, \ u, v > 0, \ (v, w) = 1 \implies v, w \text{ は平方数である．}$$
すなわち，ある正の整数 p, q により
$$v = p^2, \ w = q^2$$
と表される．こうして
$$z = v + w = p^2 + q^2, \ y = v - w = p^2 - q^2$$

となり，$x^2 = z^2 - y^2$ より，$x = 2pq$ となる．

$y > 0$ より $p > q$ である．また $d|p,q$ であれば $d|z,y$ となるが，上の性質 1) により，これは $d = 1$ を意味しているから，$(p, q) = 1$ である．さらに，p と q は偶奇が逆である．そうでないと y と z が両方とも偶数になってしまうからである．

まとめ

x, y, z が $x^2 + y^2 = z^2$ の正の整数解で x が偶数であるならば，y と z は奇数であり，互いに素で偶奇の異なる p, q が存在して $p > q, (p, q) = 1$ そして
$$x = 2pq, \ y = p^2 - q^2, \ z = p^2 + q^2$$
となる．y が偶数であるときは，x と z は奇数であり，x と y を入れ替えた同じ式が成り立つ．

逆は
$$(2pq)^2 + (p^2 - q^2)^2 = (p^2 + q^2)^2$$
であることから明らかである．

このようにして，x と y の交換の可能性を考慮に入れつつ，方程式 $x^2 + y^2 = z^2$ のすべての正の解が，原始解であるなしにかかわらず，
$$x = d(2pq), \ y = d(p^2 - q^2), \ z = d(p^2 + q^2)$$
で得られることになる．ここで d は任意の正の整数である．

x, y, z の符号を変えても $x^2 + y^2 = z^2$ の整数解が得られるから，$p > q$ と $d > 0$ という条件を落とせば，すべての整数解が我々の公式に含まれることに注意しよう．

次の演習問題は，ピタゴラス数についての我々の公式を導く別の方法を，解析幾何学を使って与える．

演習 z^2 で割れば，$x^2 + y^2 = z^2$ の整数解は $\left(\dfrac{x}{z}\right)^2 + \left(\dfrac{y}{z}\right)^2 = 1$ あるいは $X^2 + Y^2 = 1$ の有理数解に対応している．ここで $X = \dfrac{x}{z}, Y = \dfrac{y}{z}$ である．したがって，有理数解は単位円 $X^2 + Y^2 = 1$ 上の有理点（有理数の座標をもつ点）に対応する．逆に，単位円上のすべての有理点は，分母を払うことにより，$x^2 + y^2 = z^2$ の整数解に対応している．

L を点 $(-1, 0)$ を通り傾きが t であるような直線とし，この直線が単位円と交わる点を (x', y') とすると，直線の方程式は $y = t(x+1)$ である．(x', y') は t の有理関数であり，したがって t をパラメータとして単位円をパラメータ表示することができることを示せ．

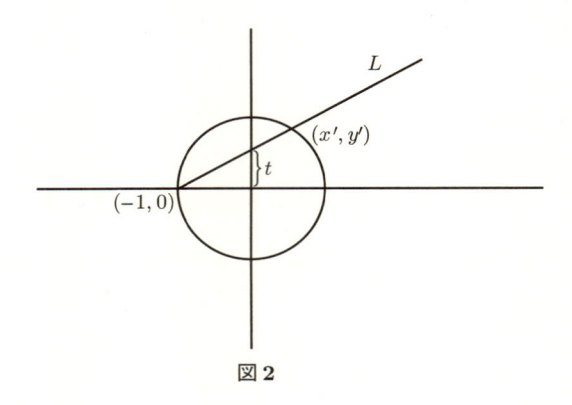

図 2

t が有理数 $\iff (x', y')$ が有理点となることを証明せよ．

このようにして円上の有理点についての公式が得られるが，これを使ってピタゴラス数に関する我々の公式を導け．

円ではなく円錐曲線についてはどんなことが言えるであろうか（その円錐曲線が少なくとも 1 つの有理点をもつとして）？ この例は曲線上の有理点という後のテーマ（第 18～20 章）の基礎となるであろう．

追記：整数の性質

この章では，Davenport [Dav, chap. 1, sec. 1 - 3] に示されるような整数の基本的性質について，読者がよく知っているものと仮定している．ここでは我々の記号や用語を整えるために，いくつかの点について振り返っておきたい．

整数 a が整数 b の約数であるとき，すなわち，ある整数 c によって $b = ac$ と表されるとき，$\boldsymbol{a|b}$ と表す．一方 $\boldsymbol{a \nmid b}$ は，a が整数 b の約数ではないことを意味する．また，x が $x_1, x_2, \cdots, x_n$ それぞれの約数であるとき，$\boldsymbol{x|x_1, x_2, \cdots, x_n}$

と書く．

整数 a と b が与えられたとき，正の整数 d が a と b の**最大公約数** であるとは

i) $d|a$, $d|b$,
ii) $e|a$ かつ $e|b$ ならば $e|d$ である

という2つの条件を満たすときを言う．

a と b の最大公約数は存在して一意である．存在については2節で示されている．一意性は，性質 ii) から得られる．この性質は d が a と b の最大の公約数であることを言っているからである．したがって $\boldsymbol{a, b}$ の**最大公約数**について述べることができ，これを $\mathbf{gcd}(\boldsymbol{a,b})$, あるいは混同の恐れのないときは $(\boldsymbol{a,b})$ だけで表す．

$\gcd(a,b) = 1$ であるときは，a と b は **互いに素**であると言う．同様に，整数の有限集合 $\{a_1, a_2, \cdots, a_n\}$ にも最大公約数が一意的に存在し，$\gcd(a_1, a_2, \cdots, a_n)$, あるいは単に $(a_1, a_2, \cdots, a_n)$ で表す．

正の整数 p が **素数**であるとは，1 と p 以外に約数をもたないことを言う．

第2章

フェルマー

2.1 フェルマー (1601–1665)

ピエール・フェルマー (Pierre Fermat) は，解析幾何学，微積分学，代数学，光学，そして確率論における仕事により，その時代における最も有名な数学者の一人とされている．彼は輝かしい業績を生み出し，今では現代数論の創始者の最初の人とみなされているが，フェルマーの時代には数論の研究は貧弱なもので，デカルト (Descartes) やパスカル (Pascal) といった大家も彼のことを正しく評価してはいなかった．

フェルマーはトゥールーズに近い小さな町で生まれた．裕福な中流階級で生涯を送り，5人の家庭を築いた彼は，法律学を修めてトゥールーズ地方議会の議員となり，ピエール・ド・フェルマー (Pierre de Fermat) と呼ばれる権利を得た．年月を重ねてより高い地位へと昇進しても，彼は死ぬまで法律家を続けたと言われている．

フェルマーの人生には，際立った刺激や冒険は見出しにくい．多くの言語を習得し，収集していたギリシャ語の写本の専門家として相談を受けたりもしたが，彼が自分の本当の情熱と創造力を捧げたのは，彼の数学に対してであった．フェルマーは20代の後半に数学に興味をもつようになったが，彼の重要な仕事の大半は30代に始まっている．曲線の長さを求める方法に関する小論を，友人の本の付録として匿名で出版したのを例外として除けば，フェルマーは数論では一つとして著作を出版していない．彼は手書き原稿を配布したり，他の数学者たちと文通したり，彼がすでに知っている定理を証明するよう挑戦したりした (1.1節で紹介したルジャンドルとの対論を思い起こすとよい)．数論において，彼自身の証明はほとんど一つも残されていない．残されているの

は，彼が自分の結果のほとんどについて証明をもっていたと信ずるに足るヒントや記述のみである．

フェルマーが最も一貫して文通を続けた相手は，マラン・メルセンヌ (Marin Mersenne) とピエール・ド・カルカヴィ (Pierre de Carcavi) であった．二人とも創造力のある数学者ではなかったが，数学に対する意気込みは大変なもので，同時代の主要な科学者の多くと文通を交わし，新しいアイデアが広まるための情報交換所の役割を果たしていた．この二人は間違いなくフェルマーの業績の支持者であった．

フェルマーの数論の仕事に関する我々の知識は，バシェが翻訳したディオファントスの本の余白にフェルマーが書き込んだ注釈と，彼の手紙のやり取り [Fer] から得られるものである．Heath[Hea] には，ディオファントスの本とフェルマーの多くの書き込みの英訳，そして彼の手紙のいくつかが収められている．フェルマーの数論とその影響に関する総合的な議論については [Wei 1] と [Edw 1] を，また彼のそれ以外の数学や生涯については [Bel 1]，[Bel 2] そして [Mah] を見よ．

ここではフェルマーの重要な結果の大部分についてお話しする．ほとんどすべて，後の重要な新しい発展へとつながっていくものばかりである．

2.2 無限降下法

バシェの翻訳によるディオファントスの『算術』の余白に，フェルマーは「各辺の長さが有理数である直角三角形の面積は，有理数の平方にはなり得ない」という命題と，その証明を述べている．これが，フェルマーが数論の結果について，ヒントだけではなく詳細に至るまで完全に記した，知られている唯一の証明である．

フェルマーはまず次のように述べている（[Hea, pg. 293] による翻訳）：

> ここに述べる命題は私自身が発見したものだが，大変苦労して知恵を絞って，ようやく証明することに成功した．ここにその証明を与えておく．それは，この方法によれば数論における驚くべき発展が可能になるからである．

2.2 無限降下法

こう述べてから彼は，このような三角形が存在することが平方数に関するある主張と同値であることを示し，そこから矛盾を導くのである．彼は続ける：

> このようにして，和と差の両方が平方数になるような2つの（互いに素である正の整数の）平方が存在するならば，同じ性質をもち，和がより小さくなる，別の2つの（互いに素である正の整数の）平方がまた存在する．同様にして，さらに和が小さくなるものが見つかり，同じ性質をもつもっともっと小さい平方数を，際限なく見つけ続けることができる．しかしながらこれは不可能である．なぜなら我々が望むいかなる整数をとっても，それより小さい（正の整数の）無限列は存在しないからである．完全で詳細にわたる証明を与えるにはこの余白は小さすぎる．

（この証明の詳細については [Edw 1] を参照せよ．）

傍点をつけた最後の記述が，フェルマーが無限降下法と呼んだものである．文通の中で彼は，数論における彼の結果のほとんどすべてをこの方法で証明したと主張している．正式には2通りに述べることができる．

無限降下法：ある正の整数が一組の性質を満たすという仮定から，より小さい正の整数がこれらの性質を満たすことが示されるならば，これらの性質を満たす正の整数は存在しない．同値の主張として，正の整数の無限減少列 $n_1 > n_2 > \cdots$ は存在しない．

証明は直ちに得られる．正の整数の整列可能性（1.2節）により，与えられた性質をもつ正の整数の集合は最小の要素をもつが，これはさらに小さい要素が存在するという仮定に反する．

なぜこのような，帰納法と整列可能性をちょっと変形したに過ぎないような簡単な主張に，大騒ぎするのであろうか？ フェルマーの天才は，この変形により，整数に関する深い結果を証明するための強力な方法が得られるということを認識した点にあるのである．

この方法をすぐに用いてみよう．

2.3 フェルマーの最終定理

フェルマーが『ディオファントス』の本に書いたもう 1 つの注釈として,「与えられた平方数を 2 つの平方数に分けよ」というディオファントスの問題 (ピタゴラス数—1.3 節) の隣に, フェルマーは今や有名になり最もよく引用される, 次のような注を書き込んだ ([Hea, pp. 144–145] による訳):

> 「一方, 立方数を 2 つの立方数に分けること, 4 乗数を 2 つの 4 乗数に分けること, そして 2 乗以外の何乗についても一般的に, 同じベキの 2 つの数に分けることはいずれも不可能である. 私はこのことについて真に驚くべき証明を発見したが, この余白はそれを記すのには十分でない.」

フェルマーの主張を記号で書くと,「任意の整数 $n > 2$ に対し, 方程式

$$x^n + y^n = z^n$$

は正の整数の解をもたない」となる. これは, どれか 1 つが 0 であるというような自明なもの以外には整数の解はないということである. この予想は 350 年間にわたり数学の最も有名な未解決問題だったもので, 一般には**フェルマーの最終定理**と呼ばれる. これを証明しようとする試みは, 大変多くの重要な数学的発展のきっかけとなった. たとえば代数的整数論 (第 3, 15〜17 章) や代数曲線の理論 (第 18〜20 章) である. [Edw 1] は, この最終定理とその代数的整数論の発展における影響を扱ったものである.

1983 年に, ゲルト・ファルティングス (Gerd Faltings) がモーデル (Mordell) 予想を証明した [Fal]. これは 2 変数の多項式方程式の有理数解に関する大変一般的な定理で, そこからすぐに, $n > 3$ であるそれぞれの n に対して, 方程式 $x^n + y^n = z^n$ は高々有限個の原始解しかもたないことが得られる. 有理数解については第 18〜20 章で議論しよう.

1995 年になってついに, フェルマーの主張から 350 年の時を経て, アンドリュー・ワイルズ (Andrew Wiles) が, (リチャード・テイラー (Richard Taylor) の助力で) フェルマーの最終定理を証明した ([Wile], [Wile-Tay]). その証明は多くの分野の数学を利用しているが, 主として代数曲線の理論 (第 18〜20 章) に基づいており, この本の程度を超えている. ワイルズの証明の背後にあるアイデアへの手引きとしては, A. van der Poorten による最近の本 [Poo 2] が,

2.3 フェルマーの最終定理

この本の後半部分程度のレベルで書かれていて，最適である．ワイルズの証明は，20世紀の数論における頂点と考えても間違いではないだろう．

本章や他の幾つかの箇所で，フェルマーの最終定理（しばしば **FLT** と表す）の特別な場合について議論していくことにしよう．

もとの予想は任意の n についてであるが，これは $n=4$ の場合と $n=p$（p は素数）の場合に帰着されることに注意しよう．なぜなら，d が n の約数であるとすると，

$$x^n + y^n = \left(x^{\frac{n}{d}}\right)^d + \left(y^{\frac{n}{d}}\right)^d$$

となるからである．

フェルマーは一般の n に対する定理の証明には達していなかったと広く信じられている．文通において彼は $n=3,4$ の場合に言及しているに過ぎないからである．オイラーの章で $n=3$ の場合を扱い，さらになぜフェルマーが一般の場合の証明を得たと考えたかについて議論することにしよう．フェルマーが $n=4$ の場合について証明していたのは確かなようである．というのは，これは有理直角三角形に関する定理の彼の証明から得られるからである（2節および [Edw 1] を参照）．ここではもっと直接的な証明を示そう．

$x^4 + y^4 = z^4$ ならば $x^4 + y^4 = (z^2)^2$ であるから，$n=4$ の場合は以下のより一般的な定理の系となる．

定理 $x^4 + y^4 = z^2$ は正の整数の解をもたない．

〔証明〕 主なアイデアは，ピタゴラス数についての我々の公式（1.2節）を使って調べ尽くすことである．

無限降下法を用いる．x, y, z が正の整数の解であるとしよう．このことから別の正の整数解 X, Y, Z で，$Z^2 < z^2$ となるものが存在することが示されれば，無限降下法により解はひとつも存在しないことになる．

A　ピタゴラス数のときと同様の考えにより，$\gcd(x,y,z) = 1$ で，どの2つの数も互いに素であると仮定してよいことがわかる（原始解と呼ばれる）．

B　$x^4 + y^4 = z^2$ ならば $(x^2)^2 + (y^2)^2 = z^2$ であるから (x^2, y^2, z) はピタゴラス数である．A) により，これは原始解であると仮定してよい．したがって（必要なら x と y を入れ替えて）$p > q > 0$ かつ $(p,q) = 1$ となる p, q

が存在して，p と q は一方が偶数で他方が奇数であり，かつ

(i) $x^2 = 2pq$,
(ii) $y^2 = p^2 - q^2$,
(iii) $z = p^2 + q^2$

を満たす．$y^2 + q^2 = p^2$ かつ $(p, q) = 1$ であることから $\gcd(p, q, y) = 1$ であり，(y, q, p) は原始的なピタゴラス数である．

ピタゴラス数の一般的な結果から，p は奇数でなければならず，したがって q は偶数，y は奇数である．したがって $(a, b) = 1$, $a > b > 0$ で，偶奇の異なる正の整数 a, b が存在して

$$q = 2ab, \quad y = a^2 - b^2, \quad p = a^2 + b^2$$

を満たす．(i) より

$$x^2 = 2pq = 4ab(a^2 + b^2) \tag{1}$$

a, b と $a^2 + b^2$ がすべて平方数であることを示す．まず (1) より，$ab(a^2 + b^2) = (\frac{x}{2})^2$ は平方数である（x が偶数であることを思い起こそう）．ある素数 p が ab の約数であるならば，$(a, b) = 1$ であるから，p は a または b の約数であるが，両方の約数ではない．そこで p が a の約数であるとしよう．すると p は $a^2 + b^2$ の約数ではないから $(ab, a^2 + b^2) = 1$ である．$(a, b) = 1$ で，かつ互いに素である整数 ab と $a^2 + b^2$ の積が平方数であるから，これらはすべて平方数である．

$a = X^2$, $b = Y^2$, $Z^2 = a^2 + b^2$ と置くと，$X^4 + Y^4 = Z^2$ となる．こうして $x^4 + y^4 = z^2$ を満たす正の整数 x, y, z が存在するならば，正の整数の新しい組 (X, Y, Z) で，$X^4 + Y^4 = Z^2$ となるものが存在する．しかし

$$Z^2 = X^4 + Y^4 = a^2 + b^2 = p < p^2 + q^2 = z < z^2$$

であるから，無限降下法が始まり，矛盾が得られる．

2.4 ペル方程式

数論への興味を，特にイギリス人の間にかき立てることを望んで，フェルマーは以下の問題を数学者たちへの挑戦として出題し，彼自身はこれを解いた

2.4 ペル方程式　21

と主張した（[Hea, pp. 286–287] による翻訳）:

「純粋に算術的な問題を提起する人はほとんどなく，その問題を理解する人もほとんどいない．このことはこれまで数学が幾何学的に扱われ，算術的に扱われてこなかったという事実によるのであろうか？実際，古代の数学においても現代の数学においてもずっとそうであった．ディオファントスも例外ではない．というのも，彼は自分の解析を有理数の範囲に制限したことで，他の数学者たちよりも幾何学から解放されたが，それでもなお幾何学を完全になくしてしまったわけではなかった．このことはヴィエートの Zetetica によって十分に示されているが，そこではディオファントスの方法が連続的な大きさにまで拡張され，したがって幾何学へと拡張されているのである．

さて算術は，整数論という，いわば独特の特殊な領域をもっている．これはユークリッドの『原論』で軽く触れられただけで，その後の数学者はあまり十分に研究しなかった（おそらくディオファントスの本には含まれていたが時間の破壊により失われたということ以外には）；算術家たちは，したがってこれからこれを発展させるか，あるいは復活させなければならない．

したがって算術家たちに対して，後に続く道を照らすために，以下の証明すべき定理や解決すべき問題を提示する．彼らが証明や解を見つけ出すことに成功したときには，この種の問題が，幾何学のもっと有名な問題と比べても，美しさや難しさ，証明法の点で見劣りするものではないことがわかるであろう．

《平方数でない任意の数が与えられると，無限個の平方数の集合が与えられ，その平方数にはじめの数を掛けて1を加えたものがまた平方数になるようにすることができる．》」

フェルマーの主張は，d が整数の2乗でなければ，方程式

$$dy^2 + 1 = x^2$$

は無限に多くの整数解をもつということである．彼は続ける：

「例として，与えられた数を3としよう．これは平方数ではない．この

数を平方数1に掛けて1を加えると，答えは4で，平方数である．

　同じ3を，平方数16に掛けたあと1を加えると，49になり，平方数である．

　そして1と16以外に同じ性質をもつ無限個の平方数を見出すことができる．

　しかし私が求めるのは，平方数でない任意の数が与えられたときの，解を与える一般的な規則である．

　たとえば，平方数で，149や103，あるいは433といった数との積に1を加えた結果がまた平方数となるようなものを見つけることが要求されているのである.」

英国の数学者ブラウンカー (Brounker) とウォリス (Wallis) がこの挑戦に興味をもったが，なぜか彼らはフェルマーの問題の記述だけを見て，その前書きを読んでいなかった．そのため彼らはこの問題を，有理数解を見つける問題と解釈し，以下のような簡単な方法を与えた．

$$x = 1 + \left(\frac{m}{n}\right) y$$

とすると，

$$dy^2 + 1 = x^2 = 1 + \frac{2m}{n}y + \frac{m^2}{n^2}y^2$$

となる．これを y について解き，さらに x を求めると

$$y = \frac{2mn}{dn^2 - m^2}, \quad x = \frac{dn^2 + m^2}{dn^2 - m^2}$$

を得る．

　解が「整数」でなければならないと聞いたときブラウンカーとウォリスは，フェルマーが問題を変えたと不満を漏らし，整数解など価値がないと言った．これに対するフェルマーの答えは，「分数の解ならどんな初心者でも見つけられるのであるから」[Wei 1, pg. 92]，そんな当たり前の問題を出すと思う方がおかしいというものであった．数ヶ月後，フェルマーは彼らから完全な整数解を受け取ったが，後にホイヘンス (Huygens) に宛てた手紙の中でフェルマーは，この英国人たちが解を求める方法は示したものの，解が常に存在すること

の証明は与えていないと指摘している．フェルマーは解の存在を無限降下法ですでに証明していたと述べたが，これは無限降下法を使って肯定的な結論を導き出した一例である．

後にオイラーはこの方程式を，誤って「ペル方程式」と名づけた（ペル (Pell) は英国人だがこの問題とは何の関係もない）．フェルマーからおよそ 100 年の後，ラグランジュが解の存在証明を出版した．これは後で連分数の応用として示すことにしよう（4.9 節）．現代的な用語で言えば，この解は「実 2 次体の単数」を定める（17.11 節）．

ペル方程式の特殊な場合に対する興味は，アルキメデスの昔にまでさかのぼる．これに対する重要な貢献はインドの数学者たちによってなされた．ブラーマグプタ（Brahmagupta, 紀元前 600 年頃）は線形なディオファントス方程式の一般解を与えるとともに，特別な場合のディオファントス方程式 $x^2 - Ay^2 = 1$（A は正の整数）を扱った．また，バスカラ (Bhaskara)（12 世紀）はこの方程式の解を見つける一般的な方法を知っていた．歴史や解法についてのより詳しいことは，Edwards [Edw 1], Heath [Hea], Weil [Wei 1], Weil の論文 [Wei 2]，そしてフェルマー選集 [Fer] を参照せよ．

2.5　$y^3 = x^2 + k$

フェルマーは次のように述べた．

$y^3 = x^2 + 2$ の解は $x = 5, y = 3$ だけであり，
$y^3 = x^2 + 4$ の解は $x = 11, y = 5$ と $x = 2, y = 2$ だけである．

彼はどこからこのような結果が出るのか，まったくアイデアを与えなかった．あとで上の最初の問題に対するオイラーの挑戦について述べよう．

方程式 $y^3 = x^2 + k$ の有理数解についての研究は，今日に至るまで数論において中心的な役割を果たしている（[Mor 1] や [Mor 2] を見よ）．方程式の有理数解に対するフェルマーの関心については 19.9 節で議論する．

2.6 平方和

ディオファントスやバシェの研究から，フェルマーは「どんな正の整数も高々4つの平方数の和で表される」，すなわち「すべての正の整数 m に対して，方程式
$$m = x^2 + y^2 + z^2 + u^2$$
は非負整数の解をもつ」という予想について知っていた．

1654年のパスカルへの手紙（[Fer] や [Ell, W - Ell, F] を見よ）において，フェルマーは彼が4平方数予想を含むより一般的な定理を証明したこと，そしてその定理を証明するには以下の5つが必要であることを述べている．

(a) $4n+1$ の形をしたすべての素数が2つの平方数の和となることを示し，

(b) 任意の素数 $p = 4n+1$ に対してこれら2つの平方数を見出す一般的な方法を明らかにし，

(c) $3n+1$ の形をしたすべての素数が $x^2 + 3y^2$ と表されることを示し，

(d) $8n+1$ または $8n+3$ の形をしたすべての素数が $x^2 + 2y^2$ と表されることを示し，

(e) 各辺の長さが有理数で面積が有理数の2乗であるような直角三角形は存在しないことを示す．

フェルマーは4平方数定理について自身の証明を記述することはなかった．オイラーもこれを証明することはできなかった．この定理は1770年にラグランジュによってついに証明され，その証明はのちにオイラーによって簡略化された．

演習 $4n+3$ の形をした素数 p は，2つの平方数の和では決して表されないことを示せ．ヒント：2つの平方数の偶奇を調べよ．

(a), (b), (c) の結果はのちにオイラーによって証明された．実際，数を2つの平方数の和で表すという (a) の結果は，その後の発展において中心的な役割を果たしたので，いくつかの証明を与えておこうと思う．フェルマーはこの定理を無限降下法で証明したと述べ，どんな数についてもそのような表現は一意的であるということまで証明できたと主張した [Wei 1, chap. II, sec. VIII,

IX]. (c) の結果は, $n = 3$ のときの FLT に対するオイラーの証明において, 主要な役割を果たした [Edw 1, 第 2 章]. 2.2 節で議論したように, (e) の結果はフェルマーによって証明されたが, 実は数論においてフェルマーが完全に書いた証明は, これひとつだけである.

上の結果は自然に次のより一般的な問題へとつながった: 与えられた正の整数 n に対して, どのような正の整数 m が, 整数 x, y によって

$$m = x^2 + ny^2$$

という形で表されるのか, そして何通りの表し方があるか, そしてどのようにしてその表現を見出すか? 数論におけるフェルマーの仕事の大きな部分がこれらの問題に向けられたのである.

この問題に対するひとつのアプローチは, $x^2 + ny^2$ の形をした素数を研究し, これらの結果を等式

$$(a^2 + nb^2)(c^2 + nd^2) = (ac - nbd)^2 + n(ad + bc)^2$$

を利用して合成数へと一般化することである.

フェルマーの結果は, 2 次形式による数の表現論という, 数論の発展における中心テーマのひとつの始まりに当たるものである. 我々は最終的には彼の多くの結果を証明することになるが, フェルマーの天才は次のような結果からも明らかである. フェルマーは以下のように予想した.

素数 p_1 および p_2 がともに $4n + 3$ の形をしていて, どちらも一の位が 3 か 7 であるならば,

$$p_1 p_2 = x^2 + 5y^2 \text{ は解をもつ}$$

これは彼の初期の結果と比べ, 新しい次元の困難さをもつ重要な結果であり, ラグランジュによって最初に証明された [Lag, Vol. 3, pp. 788 - 789]. この種の結果が自然なものになるのは, ガウスによる 2 次形式の合成の理論との関連においてである (13.9 節および [Edw 1, sec. 1.7, 8.6] を見よ).

演習 $4n + 3$ の形をした素数の一の位が 3 か 7 になるのは, その素数が $20k + 3$ または $20k + 7$ の形のときだけであることを示せ.

演習 $4n + 3$ の形をした素数は, $x^2 + 5y^2$ の形では表されないことを示せ.

David Cox による『*Primes of the Form $x^2 + ny^2$* ($x^2 + ny^2$ の形をした素数)』[Cox 1] は，これらの素数についての研究が，現代数論のある非常に深い分野の発展において果たした役割について追求しているが，本書よりもずっと高度である．

2.7 完全数とフェルマーの小定理

正の整数 n は，その数のすべての真の約数（n 以外の約数）の和に等しいとき完全数と呼ばれる．たとえば $6 = 1 + 2 + 3$ や $28 = 1 + 2 + 4 + 7 + 14$ は完全数である．ユークリッドは $1 + 2 + 2^2 + \cdots + 2^{n-1} = 2^n - 1$ が素数であれば $2^{n-1}(2^n - 1)$ は完全数であることを証明した（演習）．18 世紀にオイラーは，すべての偶数の完全数はこの形でなければならないことを示した．おそらく数論における（そしてひょっとすると数学における）最も古い未解決問題は次のものである：

奇数の完全数は存在するか？

オイラーの定理からは「どのような n に対して $2^n - 1$ は素数になるか？」という疑問が生まれる．$2^n - 1$ の形をした素数は，フェルマーの文通相手であったマラン・メルセンヌにちなんで**メルセンヌ素数**と呼ばれる．この問題を研究するうちに，フェルマーはのちの数論の発展において最も重要な定理のひとつとなった以下の定理へとたどり着いた．

フェルマーの小定理：

(i) p が素数で a が整数であるならば，$p | a^p - a$ である．あるいは同値であるが，

(ii) p が素数で a が $p \nmid a$ となる整数であるならば，$p | a^{p-1} - 1$ である．

最初に発表された証明はオイラーによるもので，2 つの証明を与えている．ここでは彼の最初の証明を示すことにしよう．それには次が必要である．

補題 整数 a, b と任意の素数 p に対して，

2.7 完全数とフェルマーの小定理

$$p|(a+b)^p - a^p - b^p, \quad \text{すなわち}, \quad (a+b)^p - a^p - b^p = mp$$

となる整数 m が存在する.

〔証明〕 二項係数

$$\binom{p}{k} = \frac{p(p-1)\cdots(p-k+1)}{k!}$$

は, p 個の要素をもつ集合の, 大きさ k の部分集合の個数であるから, $0 < k < p$ に対して整数であることがわかる. 因数 p は分子にはあるが分母にはない. したがって, 一意分解性により, $0 < k < p$ に対して

$$p \mid \binom{p}{k}$$

である. あとは二項定理により示される. □

〔(i) の証明〕 $a < 0$ の場合は $a \geq 0$ の場合からすぐに導かれるから, $a \geq 0$ の場合について証明すればよい. 任意の固定した p に対し, a についての帰納法で示す.

$a = 0$ ならば $p|0$ である.

$a = k$ のとき (i) が成り立つとすると, $a = k+1$ のとき, 補題により

$$(k+1)^p = k^p + mp + 1$$

したがって

$$(k+1)^p - (k+1) = (k^p - k) + mp$$

となる. しかし帰納法の仮定より $p|k^p - k$ であるから,

$$p|(k+1)^p - (k+1)$$

となり, 証明が終わる. □

オイラーの第二の証明は, 本質的には「有限な群に対して, 部分群の位数は群の位数の約数である」というラグランジュの定理の証明である (8.2 節およびオイラーの論文の英訳 [Eul 1] を見よ).

2.8 フェルマーの誤り

フェルマーの主張の中には，誤りが1つある．彼は

$$F_k = 2^{2^k} + 1 \quad \text{がすべての } k \geq 0 \text{ に対して素数である}$$

ことを証明し，そしてその結果，素数の値しか取らない式を見つけたと主張した．$2^n + 1$ が素数であるのは，ある k によって $n = 2^k$ となるときのみであることに注意しよう（証明：n が奇数の約数 q をもつならば，$n = qm$ で，$2^n + 1 = (2^m + 1)(2^{m(q-1)} - 2^{m(q-2)} + \cdots + 1)$ と分解される）．

オイラーは $641 | 2^{32} + 1$ を示してフェルマーの主張に反例を与えた．しかしながら，素数になるような値 F_k は**フェルマー素数**と呼ばれ，後のガウスによる定規とコンパスを使った多角形の作図可能性の理論において主要な役割を果たした（第14章）．

F_1 から F_4 まではすべて素数で，F_5 から F_9 まではこれまでに素因数分解されている．F_9 は実に155桁の数で，1000を超えるコンピュータを用いた大変な計算により，1990年に完全に素因数分解された（[Cip] を参照）．

第3章
オイラー

1642　Newton　1727

1601　Fermat　1665　　　1707　Euler　1783

3.1　オイラー

　数学的にフェルマーとオイラーの間の橋渡しをしたのはニュートン (Newton) だが，彼自身は特に数論に興味があったわけではない．その意味で，フェルマーの真の後継者と言えるのはオイラーである．

　レオンハルト・オイラー (Leonhard Euler) は驚異的な人物である．彼は間違いなく 18 世紀の最も偉大な数学者であり，おそらく科学界全体でみても第一人者であった．そのため 18 世紀はしばしば科学と数学の両方の分野で「オイラーの時代」と呼ばれてきた．オイラーは，同時代の純粋数学および応用数学のあらゆる分野で貢献し，数理物理学の基礎を築くとともに，科学技術における多くの問題について研究した．古今を通じて最も多産な数学者であり，集められて世に出された彼の業績は全部で 70 巻以上にも及ぶが，それでもまだ彼の仕事のすべてではないのである．この並外れた生産力は，彼の目が完全に光を失った，生涯最後の 12 年間にわたっても続いた．オイラー全集の中で数論にあてられているのはわずか 4 つの巻に過ぎないが，たとえこれらが彼の数学的貢献のすべてであったとしても，オイラーは数学史の中で偉大な人物に数えられたことであろう．

　オイラーはスイスで生まれ，教育を受けた．彼が最初の一般的および数学的教育を受けたのは父親からであった．父親はプロテスタントの牧師だが，バーゼル大学でヤコブ・ベルヌーイ (Jacob Bernoulli) による数学の講義を受

けたことのある人物であった．C. ルドルフ (Rudolph) の難解な代数の本を数年勉強したのち，オイラーはアマチュア数学者ヨハン・ブルクハルト (Johann Burkhardt) とともに個人的に数学を研究した．

やがてオイラーは 13 歳でバーゼル大学に入学した．ヨハン・ベルヌーイ 1 世 (Johann Bernoulli I)（ヤコブの弟）が数学の教授であったが，彼は初等的な話題について公開講義をするのみであった．彼にはオイラーに個人レッスンをする時間はなかったが，難しい数学の本を勉強するように勧めるとともに，わからないところがあったら教えてあげるから，土曜の午後に訪ねて来てもよいと言ってくれた．これは若き数学の天才にとってはまたとない機会であり，オイラーはこれこそ「数学で成功する最高の方法」[You] だと思った．そしてオイラーは最初の研究を 18 歳で始めることになる．

1725 年，ニコラス・ベルヌーイ 2 世 (Nikolaus Bernoulli II) とダニエル・ベルヌーイ (Daniel Bernoulli)（いずれもヨハンの息子）が当時ロシアにできたばかりのペテルブルグ・アカデミーへ行き，ほどなく彼らはオイラーに職を用意してくれた．オイラーは 1727 年にペテルブルグへ移り，そこで 14 年間過ごしたが，1741 年にプロイセンのフリードリヒ大王は，彼をベルリン・アカデミーへ招き入れた．ベルリンにおける 25 年の歳月の後，今度はロシアのエカチェリーナ 2 世が彼を再びペテルブルグへ呼び寄せ，そこでオイラーは人生の残り 17 年を送った．アカデミーの果たした役割については，ラグランジュの生涯を振り返るときにもさらに述べる（5.1 節）．

オイラーの数論への興味は，クリスティアン・ゴルトバッハ (Christian Goldbach) によって刺激されたようである．ゴルトバッハは数論に魅せられたアマチュア数学者であるとともに，幅広い知的関心をもった人物であった．数学の世界では，「2 より大きい素数は 2 つの素数の和で表される」という未解決の予想によって記憶されていて，この予想は今日「ゴルトバッハ予想」として知られている．オイラーとゴルトバッハは数十年にわたって大がかりな文通を続け，その中でオイラーはしばしば数論上の新発見について議論している．

1729 年，オイラーの最初の書簡への返信で，ゴルトバッハは「$2^{2^n}+1$ で表されるすべての数は素数である」というフェルマーの予想に言及している．このときオイラーはこの予想に懐疑的で，あまり興味を示さなかったが，わずか 5 ヵ月後にはゴルトバッハに，フェルマーの仕事を読んでいると知らせている．

このときすでに彼は数論の虫に刺されており，その後の生涯を通じて数論への強い興味を保ち続けることになる．アンドレ・ヴェイユ (André Weil) が数論の歴史に関する魅力的な論文 [Wei 3] で指摘しているように，オイラーの研究の出発点は，自分が証明したと称することに関するフェルマーの謎めいた記述である．オイラーは，今では数論の初歩的教科書に載っているようなことも含め，あらゆることを再構築しなければならなかった．もちろんフェルマーの主張のうちどれが比較的容易でどれが大変深いかなど，到底知る由もなかった．

初等的な結果を再構築し，フェルマーのほとんどの記述を証明（あるいは反証）したのに加え，オイラーは数々の重要な新しい貢献をなした．彼の研究は数論のすべての部分にわたっている：n を法とする乗法群を含む整除性の理論，フェルマーの小定理（2.7 節）の一般化，平方剰余の相互法則，平方和と整数の 2 次形式によるより一般的な表現，ディオファントス方程式，連分数とペル方程式，楕円積分，ゼータ関数とベルヌーイ数，複素整数と代数的整数論，数の分割と形式的ベキ級数，そして素数の理論である．これらの話題のほとんどはこの本で後に述べる．Weil[Wei 1] は，オイラーの数論における業績の歴史的発展に 100 ページ以上をあてている．

すでにあげた書物や論文 ([You], [Wei 3], [Wei 1]) に加え，オイラーの人生と業績に関する情報源として，C. Truesdell の大変美しく，学識に富んだ伝記『レオンハルト・オイラー，至高の幾何学者』[Tru] をお薦めする．また E.T. Bell [Bel 1] は偉大なベルヌーイ家について述べている．

代数や微積分に関するオイラーの教科書は，今でも今日の教科書の原型であり，なおかつそれらの多くよりも優れている．最近再版されたオイラーの『代数学の初歩』（単にオイラーの『代数学』と呼ぶ）の英訳 [Eul 2] は，Truesdell による伝記の本質的な部分を含んでいる．『代数学』の第 1 部は体系的な入門で，最も初等的な原理から始まって 3 次，4 次方程式の解で終わっており，今日の高校教科書に出てくる多くの典型的な「文章題」が含まれている．第 2 部はディオファントス以降で最初のディオファントス方程式に関する論文である．この本は読んでいて楽しく，今でも大変学ぶところが多い本である．すべてがとてもはっきりと理解しやすい方法で説明されている．「これは容易にわかる」とか「明らかに」といった表現は，オイラーの語彙には存在しないようである．

オイラーの『無限解析入門 (*Introductio in Analysin Infinitorum*)』は最近

英語に翻訳された [Eul 3] が，微積分学前期の話題，無限級数，連分数，そして幾何学の問題がミックスされており，オイラーの意気込みと数式操作の手腕を体験するのに完璧な場となっている．Smith [Smi, D] や Struik [Str] の史料に収録されたいくつかの論文の英訳，[Pol, 第1巻第6章] のオイラー論集，そして彼の業績とその影響を描く7つの文章を載せた Mathematics Magazine のオイラー特集号（1983年，第56巻第5号）もお薦めである．

すでに述べたように，整数に関するどんな興味深い問題でも，オイラーが情熱を傾けると多様な成果を生み出した．ここでは少しだけ提示して，残りは本書全体を通じて議論していくことにする．

整除性に関するオイラーの結果から始めるのが自然であろうが，ガウスが導入した合同記号を用いると，この理論が非常に簡潔になるため，これについてはガウスの業績を論ずるとき（第8～11章）に示すことにしよう．

3.2 数の分割

1740年，ノーデ(Naudé) というベルリンの数学者がオイラーに宛てた手紙の中で，「与えられた正の整数 n を異なる r 個の正の整数の和で表すには何通りの方法があるか」という問題について尋ねた．オイラーはすぐにその問題を解決し，数ヵ月のうちにこの問題に関する論文をペテルブルグ・アカデミーへ送った．こうして彼は，何年にもわたって考え続けることになる数論の新分野を開拓したのである．彼は多くの美しい定理を証明し，それらの結果と数論の他の分野との間の関連を発見した．

初めにオイラーは，正の整数 n の r 個の**部分**への**分割**という概念を，1つの数列として導入した．その数列とは，$n_1 \leq n_2 \leq \cdots \leq n_r$ となる正の整数列で，$n = n_1 + n_2 + \cdots + n_r$ を満たす．この n_i が部分である．たとえば，4の分割は

$$1+1+1+1, \quad 1+1+2, \quad 1+3, \quad 2+2, \quad 4$$

である．

$\boldsymbol{p(n)}$ を，n の任意の個数への分割の数とする．なお，$p(0) = 1$ と置く．数列 $\{p(n)\}$ を調べるために，オイラーはその母関数 $\sum p(n)x^n$ を導入した．数列の性質を調べるための道具として数列 $a_0, a_1, \cdots$ の母関数，すなわちベキ級

数 $\sum a_n x^n$ が用いられたのはこのときが最初だったと思われる．

オイラーは，

$$1 + p(1)x + p(2)x^2 + \cdots = \frac{1}{1-x} \cdot \frac{1}{1-x^2} \cdot \frac{1}{1-x^3} \cdots \quad (1)$$

が成り立つことを証明した．これを示すために，右辺を等比数列の積に展開する：

$$\frac{1}{1-x} \cdot \frac{1}{1-x^2} \cdot \frac{1}{1-x^3} \cdots = \left(1 + x^{1\cdot 1} + x^{2\cdot 1} + x^{3\cdot 1} + \cdots\right) \cdot$$
$$\left(1 + x^{1\cdot 2} + x^{2\cdot 2} + x^{3\cdot 2} + \cdots\right)\left(1 + x^{1\cdot 3} + x^{2\cdot 3} + \cdots\right) \cdots \quad (2)$$

無限乗積の各項は，それぞれの因数から1つを選んだ，しかも有限個以外はすべて1である単項式の積で与えられることを思い出そう．たとえば，

$$x^{2\cdot 1} x^{1\cdot 3} x^{4\cdot 7} = x^{33}$$

は式 (1) の無限乗積の1つの項で，左辺における x^{33} の係数に1を加えている．一方，ベキ $2\cdot 1 + 1\cdot 3 + 4\cdot 7 = 33$ は整数 33 の分割

$$1 + 1 + 3 + 7 + 7 + 7 + 7$$

を表すと見ることができる．このようにして，積の各項がベキの数の分割を定める．すなわち，最初の因数から取った項が分割における1の個数を与え，第2の因数から取った項が分割における2の個数を与える，といった具合である．残りの因数から取った1は，x^0 ということであるから，その因数からは分割の部分を取らないことを示すことに注意しよう．だから上の例では，分割に $2, 4, 5, 6, 8, 9, 10, \cdots$ に当たる部分はないのである．逆に，ベキの1つの分割は積の1つの項を定める．この分割と無限乗積の項との間の1対1対応は，無限乗積が式 (1) の左辺に一致することを示している．

ここで我々は（そしてオイラーも）収束性については考慮していないということに注意しよう．この操作は，収束するかどうかにかかわらず，形式的ベキ級数と無限乗積の代数により正当化されるのである（[Wil]，[van L -Wil]，[Niv] を見よ）．

部分に何らかの制限を加えたときの分割数を数えようと思うときは，その制限に反する項を式 (2) の因数から取り除くことで，しばしば母関数を導くこと

ができる．たとえば，互いに異なる部分への n の分割数は，

$$(1+x)(1+x^2)(1+x^3)(1+x^4)\cdots \tag{3}$$

を展開してできる列における x^n の係数である．なぜなら，繰り返しの部分に当たる項を取り除いてあるからである．もちろんこれは，ノーデのオイラーへの質問に対するひとつの答えになっている．同様に，式 (2) から偶数の部分に対応する因数を取り除けば，

$$\frac{1}{1-x}\cdot\frac{1}{1-x^3}\cdot\frac{1}{1-x^5}\cdot\frac{1}{1-x^7}\cdots \tag{4}$$

が n の奇数の部分への分割数に対する母関数である．

式 (3) に

$$\frac{(1-x)(1-x^2)(1-x^3)\cdots}{(1-x)(1-x^2)(1-x^3)\cdots}=1$$

をかけて分子の項を並べ替えると，

$$(1+x)(1+x^2)(1+x^3)\cdots$$

$$=\frac{(1+x)(1-x)(1+x^2)(1-x^2)(1+x^3)(1-x^3)(1+x^4)(1-x^4)}{(1-x)\quad(1-x^2)\quad(1-x^3)\quad(1-x^4)}\cdots$$

$$=\frac{(1-x^2)(1-x^4)(1-x^6)(1-x^8)\cdots}{(1-x)(1-x^2)(1-x^3)(1-x^4)(1-x^5)\cdots}$$

となり，約分すると，

$$=\frac{1}{(1-x)(1-x^3)(1-x^5)}\cdots$$

となって式 (4) の右辺を得る．したがって，n を異なる部分に分割する数は，n を奇数の部分に分割する数に等しい．これは母関数の威力を示している．

オイラーは，分割数の理論を彼の偉大な数式計算力を使うのに最適な題材であると思い，多くの重要な等式を証明した．19 世紀には C.G.J. ヤコビ (Jacobi) が分割に興味を示し，また J.J. シルヴェスター (Sylvester) はこの問題に組合せ論的考えを導入した（それぞれの論文集を参照）．20 世紀になると，ハーディ (Hardy)，リトルウッド (Littlewood)，そしてラマヌジャン (Ramanujan)

が，$p(n)$ の漸近挙動に関する仕事で分割への興味を復活させ，現在でも数論学者や組合せ論学者たちにとって，大きな興味の対象となっている．

オイラーの『無限解析入門』[Eul 3, Vol. 1, ch. 16] は分割の理論への大変読みやすい導入となっており，Hardy and Wright[Har-Wri] はより現代的な導入を提示している．George Andrews の『*Theory of Partitions*（分割の理論）』[And 1] はこの話題に関して最も詳細な本であり，数論に関する彼の入門書 [And 2] を読むと，世界の第一人者が分割についてどのように考えているのかよくわかる．Stanton and White [Sta-Whi] は，現代の組合せ論的な進歩について議論している．

最近ではノーベル物理学賞を受賞したスティーヴン・ワインバーグ (Steven Weinberg) が，与えられた質量をもつ振動弦で起こる状態の数を計算するのに $p(n)$ についての情報を必要とした．分割数問題は，統計力学の問題においても生じている [Bax]．

分割理論の域を超えて，オイラーは数論においてベキ級数がもっとずっと広く利用できることを見出していた．ゴルトバッハへの手紙の中でオイラーは，

$$\sum a_n x^n = \left(\sum x^{n^2}\right)^4$$

における係数 a_n が，n を 4 つの平方数の和で表す表し方の個数であると記している．したがって，「すべての正の整数は 4 つの平方数の和である」というフェルマーの主張は，すべての n に対して $a_n > 0$ であることが証明できれば，正しいということになる．1800 年代にヤコビは，楕円関数の理論を用いて 4 平方数定理を証明するのにこの表現を用いた．

3.3 解析的整数論の始まり；素数，ゼータ関数，ベルヌーイ数

フェルマーの時代からオイラーの時代まで，数論には何の進歩もなく，基本的に何の興味ももたれなかった．この時期は主として解析学の進歩にあてられた時代であった．オイラーは数論を復活させただけでなく，その研究に解析的手法を適用した．ライプニッツ (Leibniz)，オイラー，そしてベルヌーイ家の数名（ヤコブ，ヨハン 1 世，ニコラス 2 世，ダニエル）は，ライプニッツによる

$$\frac{\pi}{4} = 1 - \frac{1}{3} + \frac{1}{5} - \frac{1}{7} + \cdots$$

のような結果に魅了され，無限級数の和を求めることにとりわけ興味をもった．

ヤコブ・ベルヌーイは平方数の逆数の和

$$1 + \frac{1}{4} + \frac{1}{9} + \frac{1}{16} + \frac{1}{25} + \cdots$$

を求めようとしたが，うまく行かなかった．オイラーはベルヌーイが失敗したところを受け継ぎ，ずっと先まで進めた．George Polya [Pol, Vol. 1, pp. 17–22] の説明に従って，この仕事について述べよう．オイラーが新しい結果を見つけ出すときに用いる実に大胆な推論が，見事に描かれているからである．

「彼は求める和に関するさまざまな表現（定積分や他の級数による表現）を見出したが，どれも彼を満足させなかった．これらの表現のひとつを用いて7桁まで数値的に計算もした (1.644934)．それでもこれは近似値に過ぎず，彼のゴールは正確な値を求めることにあった．オイラーは最後にはそれを発見した．そしてきわめて大胆な予想へと推論を広げたのである．

(1) オイラーの発見に不可欠な，初歩的な代数について振り返ることから始めよう．n 次方程式

$$a_0 + a_1 x + a_2 x^2 + \cdots + a_n x^n = 0$$

が相異なる解

$$\alpha_1, \alpha_2, \cdots, \alpha_n$$

をもつとき，左辺の多項式は1次因数の積

$$a_0 + a_1 x + a_2 x^2 + \cdots + a_n x^n = a_n (x - \alpha_1) \cdots (x - \alpha_n)$$

で表される．この等式の両辺について，x の次数が同じ項を比べることにより，よく知られている解と係数の関係を導くことができる．その中で最も簡単なものは

$$a_{n-1} = -a_n (\alpha_1 + \alpha_2 + \cdots + \alpha_n)$$

で，x^{n-1} の項を比べることで得られる．

1次因数による分解を見せるのにはもうひとつの方法がある．解 $\alpha_1, \cdots, \alpha_n$ のどれも0でない，言い換えれば，a_0 が0でないとき，

3.3 解析的整数論の始まり；素数，ゼータ関数，ベルヌーイ数

$$a_0 + a_1 x + a_2 x^2 + \cdots + a_n x^n = a_0 \left(1 - \frac{x}{\alpha_1}\right) \cdots \left(1 - \frac{x}{\alpha_n}\right)$$

であり，

$$a_1 = -a_0 \left(\frac{1}{\alpha_1} + \frac{1}{\alpha_2} + \cdots + \frac{1}{\alpha_n}\right)$$

となる．

さらにもうひとつ変形がある．方程式が $2n$ 次で，

$$b_0 - b_1 x^2 + b_2 x^4 - \cdots + (-1)^n b_n x^{2n} = 0$$

という形をしていて $2n$ 個の相異なる解

$$\beta_1, \ -\beta_1, \ \beta_2, \ -\beta_2, \ \cdots, \ \beta_n, \ -\beta_n$$

をもつとき，

$$b_0 - b_1 x^2 + b_2 x^4 - \cdots + (-1)^n b_n x^{2n} = b_0 \left(1 - \frac{x^2}{\beta_1^2}\right) \cdots \left(1 - \frac{x^2}{\beta_n^2}\right)$$

であるから

$$b_1 = -b_0 \left(\frac{1}{\beta_1^2} + \frac{1}{\beta_2^2} + \cdots + \frac{1}{\beta_n^2}\right)$$

となる．

(2) オイラーは方程式

$$\sin x = 0$$

あるいは

$$\frac{x}{1} - \frac{x^3}{1 \cdot 2 \cdot 3} + \frac{x^5}{1 \cdot 2 \cdot 3 \cdot 4 \cdot 5} - \frac{x^7}{1 \cdot 2 \cdot 3 \cdot 4 \cdot 5 \cdot 6 \cdot 7} + \cdots = 0$$

について考える．左辺には無限個の項があり，「無限次元」である．したがって，オイラーが言うには，無限個の解

$$0, \ \pi, \ -\pi, \ 2\pi, \ -2\pi, \ 3\pi, \ -3\pi, \ \cdots$$

があってもおかしくない．ここでオイラーは解 0 を捨て，方程式の左辺を解 0 に対応する因数である x で割る．すると方程式は

$$1 - \frac{x^2}{1 \cdot 2 \cdot 3} + \frac{x^4}{1 \cdot 2 \cdot 3 \cdot 4 \cdot 5} - \frac{x^6}{1 \cdot 2 \cdot 3 \cdot 4 \cdot 5 \cdot 6 \cdot 7} + \cdots = 0$$

となり，この方程式の解は

$$\pi, -\pi, 2\pi, -2\pi, 3\pi, -3\pi, \cdots$$

である．これは (1) において，1次式への因数分解の最後の変形を議論したときの状況によく似ている．そこから類推してオイラーは，以下のような結論を得るのである．

$$\frac{\sin x}{x} = 1 - \frac{x^2}{1 \cdot 2 \cdot 3} + \frac{x^4}{1 \cdot 2 \cdot 3 \cdot 4 \cdot 5} - \frac{x^6}{1 \cdot 2 \cdot 3 \cdot 4 \cdot 5 \cdot 6 \cdot 7} + \cdots$$
$$= \left(1 - \frac{x^2}{\pi^2}\right)\left(1 - \frac{x^2}{4\pi^2}\right)\left(1 - \frac{x^2}{9\pi^2}\right)\cdots,$$

$$\frac{1}{2 \cdot 3} = \frac{1}{\pi^2} + \frac{1}{4\pi^2} + \frac{1}{9\pi^2} + \cdots,$$

$$1 + \frac{1}{4} + \frac{1}{9} + \frac{1}{16} + \cdots = \frac{\pi^2}{6}$$

これはヤコブ・ベルヌーイの頑張りにも抵抗した級数であるが，大胆な結論であった．

(3) オイラーは，この結論が斬新なものであるということをよくわかっていた．「この方法は新しいもので，このような目的にはいまだかつて使われたことのないものであった」と10年後に書いている．オイラー自身にもいくつか納得できない点があったし，また彼の数学上の友人たちからも，初めは驚きと賛嘆の声が上がったものの，やがて多くの反論が巻き起こった．

それでもオイラーには，彼の発見を信ずるに足る理由があった．まず第一に，彼がかつて計算した級数の数値計算の値が，$\frac{\pi^2}{6}$ と最後の桁まで一致した．また，$\sin x$ を積で表す彼の表現式において，さらに先の係数を比べることで，彼はもうひとつの驚くべき級数，すなわち4乗の逆数の和

$$1 + \frac{1}{16} + \frac{1}{81} + \frac{1}{256} + \frac{1}{625} + \cdots = \frac{\pi^4}{90}$$

を見出した．再び数値を調べてみると，こちらもピタリと一致したのである．

(4) オイラーは彼の方法を他の例でも試した．そうする中でオイラーは，ヤコブ・ベルヌーイの級数に対する和 $\frac{\pi^2}{6}$ を彼の最初のアプローチを変形した多くの方法で再び導くことができた．オイラーはまた，ライプニッツによる重要な級数の和を，彼の方法で再発見することにも成功した．

この最後の点について述べよう．オイラーに従って，方程式

$$1 - \sin x = 0$$

を考える．この方程式は解

$$\frac{\pi}{2}, \frac{-3\pi}{2}, \frac{5\pi}{2}, \frac{-7\pi}{2}, \frac{9\pi}{2}, \frac{-11\pi}{2}, \cdots$$

をもつが，これらの解のすべてが二重解である．（曲線 $y = \sin x$ は直線 $y = 1$ とこれらの共有点において交わらずに接する．左辺の導関数は同じ x の値で 0 になるが，2 次導関数は 0 にならない．）したがって，方程式

$$1 - \frac{x}{1} + \frac{x^3}{1\cdot 2\cdot 3} - \frac{x^5}{1\cdot 2\cdot 3\cdot 4\cdot 5} + \cdots = 0$$

は解

$$\frac{\pi}{2}, \frac{\pi}{2}, \frac{-3\pi}{2}, \frac{-3\pi}{2}, \frac{5\pi}{2}, \frac{5\pi}{2}, \frac{-7\pi}{2}, \frac{-7\pi}{2}, \cdots$$

をもち，オイラーの類似の結論により，1 次の因数への分解

$$1 - \sin x = 1 - \frac{x}{1} + \frac{x^3}{1\cdot 2\cdot 3} - \frac{x^5}{1\cdot 2\cdot 3\cdot 4\cdot 5} + \cdots$$
$$= \left(1 - \frac{2x}{\pi}\right)^2 \left(1 + \frac{2x}{3\pi}\right)^2 \left(1 - \frac{2x}{5\pi}\right)^2 \left(1 + \frac{2x}{7\pi}\right)^2 \cdots$$

が得られる．両辺の x の係数を比較して以下の結論を得る：

$$-1 = -\frac{4}{\pi} + \frac{4}{3\pi} - \frac{4}{5\pi} + \frac{4}{7\pi} - \cdots,$$
$$\frac{\pi}{4} = 1 - \frac{1}{3} + \frac{1}{5} - \frac{1}{7} + \frac{1}{9} - \frac{1}{11} + \cdots$$

これはライプニッツの有名な級数である．オイラーの大胆な手法により，よく知られた結論へと導かれたのである．オイラーは言う．「我々の方法

は，なかには十分に信頼できないと見る人もいるかもしれないが，このことで大きな確証を得るに至った．したがって，同じ方法によって導かれる他のものについても，まったく疑いようがないのである．」

(5) それでもオイラーは疑いをもち続けた．(3) で見せたような数値的確認を続け，より多くの級数について，より多くの桁までの数値計算を行い，調べたすべての場合において一致を見たのである．彼はまた他のアプローチも試み，やがてついに，数値的にではなく，正確に，ヤコブ・ベルヌーイの級数の値が $\frac{\pi^2}{6}$ であることを立証することに成功した．新しい証明を発見したのである．この証明は巧妙ではあったが，より普通の考察に基づいていて，完全に厳密であると受け入れられた．こうして，オイラーの発見の中でも最も有名な結論が，満足に立証されたのである．

こうした議論を通じてオイラーは，自分の結論が正しいと確信したのである[3]．」

---

[3] ずっと後に，彼の最初の発見からほとんど10年後，オイラーはもう一度この主題に立ち返り，反論に答えて彼のもともとの発見的なアプローチをある程度完成させる形で，本質的に異なる新しい証明を与えた．『オイラー全集 (*Opera Omnia*)』ser. 1, vol. 14, p. 73–86, 138–155, 177–186, および p. 156–176 (この問題の歴史に関する Paul Stackel の注釈つき) を参照せよ．

オイラーはここで止まらず，より高次のベキの逆数の和について考え続けた．1736年にオイラーは，彼の最も美しい結果のひとつを発見した．

$$\frac{1}{1^{2k}} + \frac{1}{2^{2k}} + \frac{1}{3^{2k}} + \cdots = \frac{2^{2k-1}\pi^{2k}|B_{2k}|}{(2k)!}$$

B_{2k} はベルヌーイ数で，

$$\frac{x}{e^x - 1} = B_0 + \frac{B_1 x}{1!} + \frac{B_2 x^2}{2!} + \cdots$$

で定義される．

今日ですら，奇数乗の逆数の和に関しては，$\sum \frac{1}{n^3}$ が無理数であるという

アペリー (Apéry) の最近の証明以外には，ほとんど何もわかっていない（第 21 章および [Poo] を見よ）.

演習 $k > 0$ に対して $B_{2k+1} = 0$ となることを示せ．ヒント：$B(x) = \dfrac{x}{e^x - 1}$ を 2 回微分して，$x = 0$ と置いて B_1 を求めよ．さらに $f(x) = B(x) - B_1 x$ と置き，$f(x) - f(-x) = 0$ を示せ．

ベルヌーイ数はヤコブ・ベルヌーイが，彼の著書『推論法 (*Ars Conjectandi*)』(1713) において， $1^k + 2^k + \cdots + (n-1)^k$ を評価するために導入したものである．彼は

$$1^k + 2^k + \cdots + (n-1)^k = \frac{1}{k+1}\left((n+B)^{k+1} - B^{k+1}\right)$$

となることを示した．なお右辺は，展開したあと B^m をベルヌーイ数 B_m で置き換える．こうしてたとえば $k = 1$ のときは，

$$\begin{aligned}
1^1 + 2^1 + \cdots + (n-1)^1 &= \frac{1}{2}(n^2 + 2B^1 n) \\
&= \frac{1}{2}(n^2 + 2B_1 n) \\
&= \frac{1}{2}\left(n^2 + 2\left(\frac{-1}{2}\right)n\right) \quad \left\{B_1 = -\frac{1}{2}\right\} \\
&= \frac{n(n-1)}{2}
\end{aligned}$$

詳細については，[Ire-Ros], [Sch-Opo] そして [Kli] を見よ．

$\sum \dfrac{1}{n^{2k}}$ に関する結果を見出したあと，オイラーは**ゼータ関数**の研究を始めた．ゼータ関数とは，実数 s に対して，

$$\zeta(s) = \sum_n \frac{1}{n^s}$$

を s の関数と見たものである．

級数と定積分の比較判定（初等的な微積分の手法）により，$s > 1$ に対して

$$\frac{1}{s-1} = \int_1^\infty \frac{1}{x^s} dx \leq \zeta(s) \leq 1 + \int_1^\infty \frac{1}{x^s} dx = 1 + \frac{1}{s-1} \tag{1}$$

が得られる.

このように $\zeta(s)$ は,$s > 1$ に対して収束し,定義される.$\dfrac{1}{n^s}$ は s について連続で,また任意の $\epsilon > 0$ およびすべての $s > 1 + \epsilon$ に対して

$$\sum \frac{1}{n^s} < \sum \frac{1}{n^{1+\epsilon}}$$

であることから,$\sum \dfrac{1}{n^s}$ は $s > 1 + \epsilon$ において一様に収束し,$\zeta(s)$ は s の連続関数である.オイラーは一様収束については知らず,ただ $\zeta(s)$ は連続であると仮定した.

(1) より,$s \to 1^+ (s \to 1, s > 1)$ のとき $\zeta(s)(s-1) \to 1$ であり,$\lim\limits_{s \to 1^+} \zeta(s) = \infty$,すなわち $\zeta(s)$ は $s = 1$ で一意の極をもつことがわかる.

オイラーは無限乗積

$$\prod_{p\,:\,\text{素数}} \frac{1}{1 - \dfrac{1}{p^s}} = \prod_p \left(1 + \frac{1}{p^s} + \frac{1}{p^{2s}} + \frac{1}{p^{3s}} + \cdots\right)$$

について考えた.分割問題に対する無限乗積に関する論法から,積の各項は

$$\left(\frac{1}{p_1^{a_1} p_2^{a_2} \cdots p_k^{a_k}}\right)^s = \frac{1}{n^s},$$

という形をしている.ただし $n = p_1^{a_1} p_2^{a_2} \cdots p_k^{a_k}$ である.一意分解性より,すべての n が 1 回だけ現れることになる.

こうして

$$\zeta(s) = \sum \frac{1}{n^s} = \prod_p \frac{1}{1 - \dfrac{1}{p^s}}$$

が得られる.これは **オイラーの積公式** として知られており,本質的には一意分解性を解析的に述べ直したものである.

系 素数の個数は無限である.

〔証明〕 もし素数が有限個しかなかったとしたら,$s \to 1^+$ のとき,$\prod\limits_p \dfrac{1}{1 - \dfrac{1}{p^s}}$ は有限の値に収束しなければならない.しかしこれは $\zeta(s) \to \infty$ に矛盾する.
□

3.3 解析的整数論の始まり；素数, ゼータ関数, ベルヌーイ数

これはユークリッドがすでに実に初等的な推論で証明していた定理であり，それに比べるとやや難しい証明法のように見えるかもしれない．しかし 19 世紀にディリクレ (Dirichlet) は，ここで用いられた考えを大幅に発展させ，現代の数論における解析学の最も重要な応用への基礎を築いたのである．

定理（オイラー）$\sum_{p:\text{素数}} \dfrac{1}{p}$ は発散する．

〔証明〕
$$\lim_{s \to 1^+} \zeta(s) = \infty \implies \lim_{s \to 1^+} (\log \zeta(s)) = \infty \,.$$

しかし
$$\log \zeta(s) = \log \left(\prod_p \frac{1}{1 - \frac{1}{p^s}} \right) = \sum_p \log \left(\frac{1}{1 - p^{-s}} \right)$$

となり，テイラー展開により
$$= \sum_p \sum_{n=1}^{\infty} \frac{p^{-ns}}{n}$$
$$= \sum_p \frac{1}{p^s} + \sum_p \sum_{n=2}^{\infty} \frac{p^{-ns}}{n}$$

となる．ここで上の第 2 項が $s > 1$ となる s によらず有界であれば，$\lim_{s \to 1^+} \zeta(s) = \infty$ であることから，
$$\lim_{s \to 1^+} \sum \frac{1}{p^s} = \infty$$

が得られる．ところで第 2 項については
$$\sum_p \sum_{2}^{\infty} \frac{1}{np^{ns}} < \sum_p \sum_{2}^{\infty} \frac{1}{p^{ns}} = \sum_p \frac{1}{p^{2s}(1-p^{-s})} = \sum_p \frac{1}{(p^s(p^s - 1))}$$
$$< \sum_p \frac{1}{p(p-1)} < \sum_{2}^{\infty} \frac{1}{n(n-1)} < \sum \frac{1}{(n-1)^2} < \infty$$

となるから，証明が終わる． □

オイラーによるこの定理の証明は，じかに無限乗積 $\prod_p \left(1 - \frac{1}{p}\right)$ に基づくものであった [Edw 2, pg. 1]．

$\sum \frac{1}{n^2} < \infty$ であることに注意すると，上の結果から，素数は平方数に比べて「より密である」ことがわかる．

1930年代にポール・エルデシュ (Paul Erdős) は，「$\{a_n\}$ が $\sum \frac{1}{a_n} = \infty$ を満たす正の整数列であるならば，その数列はいくらでも長い等差数列を含む」ことを予想した．この予想はいまだに未解決であるが，数論とエルゴード理論の間に深い関係を発展させる動機となった [Fur]．

1859年に，リーマン (Riemann) がゼータ関数と素数分布に関する基本的な論文を発表したが，そこで初めて，$\zeta(s)$ が複素変数の関数として扱われた．この論文は，おそらく数学における最も有名な未解決問題である，ゼータ関数の複素零点の位置に関するリーマンの予想を暗に含んでいる．ゼータ関数には，通常リーマンによるとされる関数方程式があるが，少なくとも形式的な等式としては，およそ100年も前のオイラーの仕事の中に，潜在的な重要性に関する言葉とともにすでに現れている．Edwards[Edw 2] は歴史に基づいたゼータ関数に関する詳細な解説を与え，また Weil[Wei 1] はこの節の話題の詳しい歴史と，無限級数に関するオイラーの他の仕事との関連について述べている．

3.4　数論的関数

オイラーは以下のような関数を導入し，それらの性質を調べた．

$\varphi(n) = 1 \leq k \leq n$ および $(k,n) = 1$ を満たす正の整数 k の個数

$d(n) = n$ の正の約数の個数

$\sigma(n) = n$ の正の約数の和

$\varphi(n)$ は，**オイラーの φ 関数**として知られている．（演習：$\sum_{d|n} \varphi(d) = n$ であることを示せ．）

これらの関数はすべて乗法的である．すなわち，

$$(m,n) = 1 \implies f(mn) = f(m)f(n)$$

を満たす．この結果はこれらの関数の性質をさぐるひとつの方法であるが，ここでは証明しないでおく．（$\varphi(n)$ に関する証明については 9.2 節を，そのほかについては [Ada-Gol] を参照．）

乗法性を仮定すると，$\varphi(n)$ に関するある公式が得られる．$n = p_1^{a_1} \cdots p_m^{a_m}$（$p_i$ は相異なる素数）であれば，乗法性により

$$\varphi(n) = \varphi(p_1^{a_1}) \cdots \varphi(p_m^{a_m})$$

であるから，問題はすべての k とすべての素数 p について $\varphi(p^k)$ を求めることに帰着される．集合 $\{1, 2, \cdots, p^k-1, p^k\}$ の中で，p^k と互いに素でないのは p で割り切れる数のみである．これらは p^{k-1} 個の数 $\{ps; s = 1, 2, \cdots, p^{k-1}\}$ である．したがって，

$$\varphi(p^k) = p^k - p^{k-1} = p^k \left(1 - \frac{1}{p}\right)$$

となり，

$$\varphi(n) = p_1^{a_1} \cdots p_m^{a_m} \left(1 - \frac{1}{p_1}\right) \cdots \left(1 - \frac{1}{p_m}\right)$$
$$= n \left(1 - \frac{1}{p_1}\right) \cdots \left(1 - \frac{1}{p_m}\right)$$

が成り立つ．

オイラーはフェルマーの小定理（2.7 節）を一般化して，「$(x, m) = 1$ ならば $x^{\varphi(m)} - 1$ は m で割り切れる」ことを証明した（9.3 節を見よ）．

上と同じ記号と乗法性の仮定を使って，

$$d(n) = (a_1 + 1)(a_2 + 1) \cdots (a_m + 1)$$

が成り立つ．なぜなら，n の約数の素因数 p_i に対して，$p_i^k, 0 \leq k \leq a_i$ のどのベキを選んでもよいからである．$\sigma(n)$ に関する公式を導くのは簡単な演習問題である．

$\sigma(n)$ に関するオイラーのメモ [Pol, Vol. 1, pp. 91–98] には素数や分割問題に関連した多くの美しい結果が含まれている．これは，実験し，結果を予想

し，妥当性を検証し，そしてたとえ証明できなくてもそれらが正しいと確信するという，オイラーの手法を完璧に表現している．

以下の等式 [Zag, sec. 1.2]

$$\sum \frac{\sigma(n)}{n^s} = \zeta(s)\zeta(s-1) ,$$

$$\sum \frac{\varphi(n)}{n^s} = \frac{\zeta(s-1)}{\zeta(s)} ,$$

$$\sum \frac{d(n)}{n^s} = (\zeta(s))^2 $$

は，ゼータ関数と数論的関数を関連付けるものである．

オイラーがこれらの関係を知っていたかどうか定かでないが，これらの等式は数論的関数を研究するのに解析的方法を使うことを可能にしている．数論的関数に関するより詳しいことについては，Hardy and Wright[Har-Wri] を参照せよ．

3.5 代数的整数論の始まり

整数（や有理数）を，数論的に興味のあるより大きな数の体系へと拡張する最初のかすかな兆しが，ディオファントス方程式の解に関するオイラーの仕事に現れている．これが代数的整数論の初期の歴史を刻んでいる．オイラーは多くの結果を彼の『代数学 (*Algebra*)』の第二部の第 XI, XII, XV 章に示している．彼の解のいくつかについて述べよう．

188 節においてオイラーは，$a, b \in \mathbf{Z}, a > 0$ に対する方程式

$$z^3 = ax^2 + by^2 , \ a, b \in \mathbf{Z}, \ a > 0 \tag{1}$$

の整数解を見つける手法について議論している．193 節ではこれらの手法を特殊化して，$z^3 = x^2 + 2$ を解くために，$a = 1, b = 2$ かつ $y = \pm 1$ と置いている．ここではオイラーの方法を説明するために，後者の方程式を用いることにしよう．

まずオイラーは複素数上で方程式を因数分解する．すると

$$z^3 = x^2 + 2 = (x + \sqrt{-2})(x - \sqrt{-2}) \tag{2}$$

となる．そしてオイラーは，方程式を解くための主要な道具として，複素数の集合

$$\mathbf{Z}[\sqrt{-2}] = \{a + b\sqrt{-2} | a, b \in \mathbf{Z}\}$$

の算術的性質を用いるという非常に大胆な段階へと進む．（その時代のほとんどの数学者が，複素数を用いることに躊躇していたことを認識するのが重要である．）

A, B, C が整数で，A と B は互いに素，かつ $AB = C^3$ を満たすならば，A と B は整数の3乗である．オイラーは，同じことが $\mathbf{Z}[\sqrt{-2}]$ の数に対しても成り立つと仮定した．すなわち，$\alpha, \beta, \gamma \in \mathbf{Z}[\sqrt{-2}]$ が，α と β が互いに素（$\mathbf{Z}[\sqrt{-2}]$ に共通因数をもたない），かつ $\alpha\beta = \gamma^3$ であるならば，α と β は $\mathbf{Z}[\sqrt{-2}]$ の数の3乗であるという仮定である．彼はまた，u と v が互いに素な整数であるならば，$u + v\sqrt{-2}$ と $u - v\sqrt{-2}$ は $\mathbf{Z}[\sqrt{-2}]$ で互いに素であるということも仮定した．

x, z を方程式 (2) の整数解とすると，$x + \sqrt{-2}$ と $x - \sqrt{-2}$ は $\mathbf{Z}[\sqrt{-2}]$ において互いに素であり，$x + \sqrt{-2}$ は $\mathbf{Z}[\sqrt{-2}]$ のある数の3乗である．すなわち，$a, b \in \mathbf{Z}$ で

$$x + \sqrt{-2} = \left(a + b\sqrt{-2}\right)^3 \tag{3}$$

と表される．複素共役を取ると，$x - \sqrt{-2} = \left(a - b\sqrt{-2}\right)^3$ も得られる．したがって

$$z^3 = \left(a + b\sqrt{-2}\right)^3 \left(a - b\sqrt{-2}\right)^3$$
$$= (a^2 + 2b^2)^3$$

が成り立ち，

$$z = a^2 + 2b^2$$

となる．式 (3) の右辺を展開して虚数部分を比較すると，

$$1 = b(3a^2 - 2b^2)$$

となり，これから簡単に $b = 1, a = \pm 1, z = 3, x = \pm 5$ が導かれる．オイラーは証明なしでこう言う：「求める性質をもつ平方数は 25 以外にない．」

$x^2 = z^3 + k$ の形の方程式が，整数解と有理数解の両方に関して，数論の発展において果たした役割の更なる議論については，[Mor 1] を見よ．

次の節 (194) でオイラーは，同じアイデアをやや一般化したものを，方程式 $z^3 = 5x^2 + 7$ に適用している．初めにオイラーはこの方程式の因数分解

$$z^3 = 5x^2 + 7y^2 = \left(x\sqrt{5} + y\sqrt{-7}\right)\left(x\sqrt{5} - y\sqrt{-7}\right)$$

を考える．そして彼は $x\sqrt{5} + y\sqrt{-7}$ が $p\sqrt{5} + q\sqrt{-7}, p, q \in \mathbf{Z}$ の形をした数の3乗であると仮定する．すなわち $x\sqrt{5} + y\sqrt{-7} = \left(p\sqrt{5} + q\sqrt{-7}\right)^3$ である．これを展開すると，

$$x = 5p^3 - 21pq^2, \quad y = 15p^2q - 7q^3$$

となる．オイラーの言葉を引用しよう [Eul 2]：

> 「…我々の例において $y = \pm 1$ であるためには，$15p^2q - 7q^3 = q(15p^2 - 7q^2) = \pm 1$ となる．したがって q は 1 の約数でなければならない．すなわち $q = \pm 1$ である．結論として $15p^2 - 7 = \pm 1$ となり，このことから，どちらの場合にも p は無理数となる．しかしこのことからこの方程式が解けないと結論付けてはならない．なぜなら p と q が分数で，$y = 1$ かつ x が整数になっているのかもしれないからである．そしてこれが実際に起こっているのである．というのも，$p = \frac{1}{2}$, $q = \frac{1}{2}$ とすれば，$y = 1$, かつ $x = 2$ であるとわかるからである．しかし解を可能にするほかの分数は存在しない．」

オイラーは証明なしに，これらの方法により方程式 $z^3 = x^2 + 2$ や $z^3 = 5x^2 + 7$ のすべての解を見出すことができるとはっきり述べた．さらに彼は $z^3 = ax^2 + by^2, b < 0$ の形の方程式の解について議論を進めたが，彼の手法がなぜ $b > 0$ のときにはうまく行くのに $b < 0$ のときにはうまく行かないのか，満足な説明はできなかった．実際，オイラーが使える道具だけでは，彼の手法が有効である範囲を定めることは不可能だったであろう．より完全に扱うには，代数的数体における分解の深い知識が要求されるのだが，この主題はいまだに大きな研究の興味の対象であり，後に立ち返って述べる（第 15〜17 章）．

3.5 代数的整数論の始まり

オイラーは，複素数の代数的性質に関する彼の仮定を正当化することはなかった．整数の性質から類推するという彼の推論は，彼が $\sum \frac{1}{n^2} = \frac{\pi^2}{6}$ を発見するときに類推を用いたことの回想だったのである．

オイラーの証明にギャップがあることは，ここでは重要なポイントではない．重要な点は，整数についての情報を得るために複素数を用いたというオイラーの発想の大胆さなのである．

演習 オイラーの自由な推論をまねて，ピタゴラス数に関する我々の公式 (1.3 節) を見出せ．すなわち，$z^2 = x^2 + y^2$ のすべての整数解を求めよ．

のちに『代数学』第 XV 章において，オイラーは $n = 3$ の場合について，フェルマーの最終定理の証明を示している．すなわち彼は，方程式 $z^3 = x^3 + y^3$ には自明な解以外に整数解は存在しないことを証明したと主張したのである．彼は無限降下法と $\mathbf{Z}[\sqrt{-3}] = \{a + b\sqrt{-3} \mid a, b \in \mathbf{Z}\}$ の数についての推論を用いた．前の例のように，彼の議論にはギャップがあり，さらにこの場合には誤りもあった．エドワーズ [Edw 1, sec. 2.3, 2.5] はオイラーの議論を完全に分析し，オイラーが知っていた手法を用いて証明を訂正・完成させる方法を示した．整域における分解という，より現代的な文脈でのやや異なる証明については，[Gol, L] を参照せよ．

オイラーは彼の方法を大変誇りに思っていた．ラグランジュへの手紙の中で，オイラーはラグランジュが自分の手法を使ってくれたことに感謝を述べている．しかしながら，ガウスこそ，2 次形式や円分論，相互法則の研究において，厳密さの必要性と数論に複素数を導入することの大きな可能性を完全に認識した最初の人であった．代数的整数論の体系的な発展は，ガウスとその後継者たちによって始まったのである．

第 4 章

オイラーからラグランジュへ；
連分数の理論

4.1 導入

　さて，この章では連分数について考えよう．これが本書で深く扱う最初のテーマである．連分数の理論は，オイラーからジョセフ・ルイ・ラグランジュ (Joseph Louis Lagrange, 1736–1813) にいたる自然な流れをなす理論である．ラグランジュはオイラーに続く時代の偉大な数論学者であるが，彼の生涯の詳細については後に述べることにする．連分数の現代的理論を紹介した最初の書物は，オイラーの『無限解析入門』[Eul 3] である．ここではオイラーは，連分数の計算および無限級数との関連に力点を置いている．一方，ラグランジュがオイラーの『代数学』[Eul 2] につけ加えた追記は，連分数の理論を数論において系統的に導入した最初のものである．私はこれらの美しく書かれた論説をどちらもお薦めしたい．ここ 200 年ほどの数論の発展の中で，連分数の基礎理論は本質的には変化していない．優れた参考文献としては，[Dav]，[Har-Wri]，[Lan 1]，[Chr]，[Per]，[Hur-Kri] などがある．また本書では述べないが，Jones and Thron による [Jon-Thr] は，関連した話題である連分数の解析的理論に関する最新の解説である．

　後に見るように，連分数の理論は数論においてきわめて有用な手法である．というのは，他の方法が存在証明を与えるのみであるのに対して，連分数はしばしば問題の解を具体的に構成する方法を与えるからである．

4.2 基礎概念：有限連分数と無限連分数

$$a_0 + \cfrac{b_1}{a_1 + \cfrac{b_2}{a_2 + \cfrac{b_3}{a_3 + \ddots}}}$$

という形の（有限または無限の）表現を **連分数** という．ただし a_i, b_i は実数または複素数である．ここでは a_i と b_i が整数の場合のみを考えることにしよう．解析的理論においては，a_i と b_i が多項式であるような，もっと一般的な表現が扱われる．

スペースや印刷上の理由から，連分数を表現するには通常

$$\left[a_0; \frac{b_1}{a_1}, \frac{b_2}{a_2}, \cdots \right]$$

という表現を用いる．しかしながら，この章を初めて読む場合には，連分数をすべて書き出すことを私は強くお勧めする．また文献によっては

$$a_0 + \frac{b_1}{a_1+} \frac{b_2}{a_2+} \cdots$$

という書き方もしばしば用いられるが，本書では使わない．

有限連分数

$$\left[a_0; \frac{b_1}{a_1}, \cdots \frac{b_n}{a_n} \right] = a_0 + \cfrac{b_1}{a_1 + \cfrac{b_2}{a_2 + \cfrac{b_3}{a_3 + \ddots + \cfrac{b_n}{a_n}}}}$$

を，連分数の **n 次近似分数** という．

本書では主として $b_1 = b_2 = \cdots = 1$ かつ a_i がすべての $i > 0$ に対して正の整数である場合，すなわち

$$\left[a_0; \frac{1}{a_1}, \frac{1}{a_2}, \cdots \right] = a_0 + \cfrac{1}{a_1 + \cfrac{1}{a_2 + \cfrac{1}{a_3 + \ddots}}}$$

について考える．これらは**正則連分数**または**単純**連分数と呼ばれ，また a_i は連分数の**部分商**と呼ばれる．

以下においては，とくに断りのない限り，連分数はすべて正則連分数であるとする．

連分数というのは一見奇妙な表現に思われるが，実は自然に現れるものである．有限連分数を得るひとつの方法は，ユークリッドの互除法（1.2節）における一連の割り算を書き直すことである．たとえば $\gcd(60, 22) = 2$ を求めるために互除法を適用すると，

$$60 = \underline{2} \times 22 + 16$$

$$22 = \underline{1} \times 16 + 6$$

$$16 = \underline{2} \times 6 + 4$$

$$6 = \underline{1} \times 4 + 2$$

$$4 = \underline{2} \times 2$$

これらの式を次のように書き直す．

$$\frac{60}{22} = 2 + \frac{16}{22} = \underline{2} + \frac{1}{\frac{22}{16}}$$

$$\frac{22}{16} = 1 + \frac{6}{16} = \underline{1} + \frac{1}{\frac{16}{6}} \tag{1}$$

$$\frac{16}{6} = 2 + \frac{4}{6} = \underline{2} + \frac{1}{\frac{6}{4}}$$

$$\frac{6}{4} = \underline{1} + \frac{1}{2}$$

最後の式を3番目の式に代入し，3番目の式を2番目の式に，2番目の式を最初の式に代入すると，

$$\frac{60}{22} = \left[2; \frac{1}{1}, \frac{1}{2}, \frac{1}{1}, \frac{1}{2}\right] = 2 + \cfrac{1}{1 + \cfrac{1}{2 + \cfrac{1}{1 + \cfrac{1}{2}}}}$$

式 (1) の下線のついた数が部分商になる．

連分数から始めた場合は，最後の項から順に計算していくと，
$$1 + \frac{1}{2} = \frac{3}{2},\ 2 + \frac{1}{\frac{3}{2}} = \frac{8}{3},\ 1 + \frac{1}{\frac{8}{3}} = \frac{11}{8},\ \text{そして}\ 2 + \frac{1}{\frac{11}{8}} = \frac{30}{11} = \frac{60}{22}$$
となる．各ステップにおいて，対応する近似分数は既約分数である，つまり分母と分子が互いに素になっているということに注意しよう．このように連分数は 60 と 22 の最大公約数を直接与えてはいないものの，既約分数 $\frac{30}{11}$ が得られることによって，間接的にこの情報を示しているとも言える．5 節において，この例のように，近似分数がつねに既約分数であることを証明する．

同様に，gcd(−18, 7) を見つけるためにユークリッドの互除法を用いると，
$$-18 = -\underline{3} \times 7 + 3$$
$$7 = \underline{2} \times 3 + 1$$
$$3 = \underline{3} \times 1$$
したがって $\frac{-18}{7} = \left[-3; \frac{1}{2}, \frac{1}{3}\right]$ となる．

どんな有理数 $\frac{a}{b}$ に対してもユークリッドの互除法を用いて，上の例のように連分数を作り，gcd(a, b) を求めることができる．$\frac{a}{b}$ が正のときは，ユークリッドの互除法のすべての段階で，正の部分商が得られる．$\frac{a}{b}$ が負のときは，最初の部分商だけが負で，その他は正である．いずれの場合も連分数は正則である．こうして次の定理が得られる．

定理 すべての有理数は有限な正則連分数である．逆に，すべての有限な正則連分数は有理数である．

連分数の一意性については第 5 節で論じる．

演習 $\frac{23}{2}, \frac{23}{3}, \frac{23}{4}, \frac{23}{5}, -\frac{3}{5}$ そして $\frac{6}{33}$ のそれぞれの連分数を求めよ．また，近似分数がつねに既約分数であることを確かめよ．

有限な連分数は有理数であるから，無理数を連分数に対応させる自然な方法

があるならば，その連分数は無限であると思われる．

無限連分数が現れるひとつの方法は，特殊な 2 次方程式を使うものである．たとえば $x^2 - 2x - 1 = 0$ を考えよう．α をひとつの解とすると，$\alpha^2 = 2\alpha + 1$ より $\alpha = 2 + \dfrac{1}{\alpha}$ である．これを反復して用いると，以下のようになる．

$$\alpha = 2 + \frac{1}{\alpha} = 2 + \cfrac{1}{2 + \cfrac{1}{\alpha}} = 2 + \cfrac{1}{2 + \cfrac{1}{2 + \cfrac{1}{\alpha}}} = \cdots$$

これより無限連分数 $\left[2; \dfrac{1}{2}, \dfrac{1}{2}, \cdots\right]$ が導かれる．のちに数列 $2, \left[2; \dfrac{1}{2}\right], \left[2; \dfrac{1}{2}, \dfrac{1}{2}\right],$ $\left[2; \dfrac{1}{2}, \dfrac{1}{2}, \dfrac{1}{2}\right], \cdots$ が方程式の正の解 $1 + \sqrt{2}$ に収束することを示す．2 次方程式の解と無限連分数の間の関係については 8 節で探求することにする．そのために有理数と有限連分数の間の関係に話を戻そう．

最大整数関数 $[\alpha]$ とは，実数 α に対して

$$[\alpha] = k \leq a < k+1 \text{ を満たす唯一の整数 } k$$

として定義されることを思い起こそう．たとえば，$[2] = 2, [2.55] = 2, [-2] = -2, [-2.55] = -3$ そして $\left[\sqrt{11}\right] = 3$ である．

ここで一連の式 (1) のもうひとつの見方について考えてみよう．最初の式 $\dfrac{60}{22} = 2 + \dfrac{1}{\frac{22}{16}}$ は

$$\frac{60}{22} = \left[\frac{60}{22}\right] + \frac{1}{\alpha_1}, \quad \text{ただし } \alpha_1 = \frac{22}{16} > 1$$

と書き換えられ，第 2，第 3，第 4 の式は

$$\alpha_1 = [\alpha_1] + \frac{1}{\alpha_2}, \text{ ただし } \alpha_2 = \frac{16}{6} > 1,$$

$$\alpha_2 = [\alpha_2] + \frac{1}{\alpha_3}, \text{ ただし } \alpha_3 = \frac{6}{4} > 1,$$

$$\alpha_3 = [\alpha_3] + \frac{1}{\alpha_4}, \text{ ただし } \alpha_4 = 2 \text{ は整数}$$

と書き換えられる．この方法は直ちにすべての有理数 α へと一般化される．この書き方はラグランジュにならったものだが，より系統的な記号法を用いている．（オイラー，ラグランジュ，ガウスは添字を使うことを避けた．なぜ？印刷上の問題？）

連分数のアルゴリズム

A) α が整数のときは $a_0 = \alpha$ と置いて止める．

α が整数でないときは，
$$\alpha = a_0 + \frac{1}{\alpha_1}, \text{と置く．ただし } a_0 = [\alpha] \text{ で} \alpha_1 = \frac{1}{\alpha - a_0} > 1; \text{すなわち}$$
$$\alpha = \left[a_0; \frac{1}{\alpha_1}\right]$$

B) α_1 が整数のときは $a_1 = \alpha_1$ と置いて止める．

α_1 が整数でないときは，
$$\alpha_1 = a_1 + \frac{1}{\alpha_2}, \text{と置く．ただし } a_1 = [\alpha_1] \text{ で} \alpha_2 = \frac{1}{\alpha_1 - a_1} > 1; \text{すなわち}$$
$$\alpha = \left[a_0; \frac{1}{a_1}, \frac{1}{\alpha_2}\right]$$

$\vdots$

C) α_n が整数のときは $a_n = \alpha_n$ と置いて止める．

α_n が整数でないときは，
$$\alpha_n = a_n + \frac{1}{\alpha_{n+1}}, \text{と置く．ただし } a_n = [\alpha_n] \text{ で} \alpha_{n+1} = \frac{1}{\alpha_n - a_n} > 1; \text{すなわち}$$
$$\alpha = \left[a_0; \frac{1}{a_1}, \frac{1}{a_2}, \cdots, \frac{1}{a_n}, \frac{1}{\alpha_{n+1}}\right]$$

$\vdots$

すると，a_i の列は有限かも無限かもしれないが，$\left[a_0; \frac{1}{a_1}, \frac{1}{a_2}, \cdots, \frac{1}{a_n}, \cdots\right]$ は **α の連分数** であり，これを
$$\alpha = \left[a_0; \frac{1}{a_1}, \frac{1}{a_2}, \cdots, \frac{1}{a_n}, \cdots\right]$$

と表す．もちろん等号を使うことは，n 次の近似分数が

$$\left[a_0; \frac{1}{a_1}, \cdots, \frac{1}{a_{n-1}}, \frac{1}{a_n}\right] \longrightarrow \alpha \quad (n \to \infty \text{ のとき})$$

と収束するときにのみ意味をもつ．(列が有限のときは最後の極限は等号となる．) このことは 6 節で示す．

α が有理数のときは，このアルゴリズムは単にユークリッドの互除法を再定式化しただけで，同じ有限連分数が得られる．

α が無理数のときは，$\alpha_1 = \dfrac{1}{\alpha - a_0}$ も無理数である (a_0 は整数)．同様に，α_n が無理数ならば $\alpha_{n+1} = \dfrac{1}{\alpha_n - a_n}$ も無理数である．したがって数学的帰納法により，すべての α_i は無理数となり，無限連分数が得られる．

演習 すべての $i > 0$ に対して $a_i > 0$ となることを示せ．

α_i は連分数の **第 i 部分剰余** または **完全商** と呼ばれる．

例 $\alpha = \sqrt{2}$ とすると，

$$a_0 = [\alpha] = 1 \Longrightarrow \sqrt{2} = 1 + \frac{1}{\alpha_1}, \text{ ただし } \alpha_1 = \frac{1}{\sqrt{2} - 1} = \sqrt{2} + 1.$$

$$a_1 = [\alpha_1] = 2 \Longrightarrow \sqrt{2} + 1 = 2 + \frac{1}{\alpha_2}, \text{ ただし } \alpha_2 = \frac{1}{\sqrt{2} - 1} = \sqrt{2} + 1.$$

したがって $\alpha_1 = \alpha_2$ となり，このプロセスが繰り返されて，$\alpha_1 = \alpha_2 = \alpha_3 = \cdots$，つまり $\sqrt{2} = \left[1; \dfrac{1}{2}, \dfrac{1}{2}, \cdots\right]$ となる．この式の両辺に 1 を加えると $1 + \sqrt{2} = \left[2; \dfrac{1}{2}, \dfrac{1}{2}, \cdots\right]$ となるが，これは 2 次方程式 $x^2 - 2x - 1 = 0$ について考えたときの結果と一致している．

演習

$$\sqrt{3} = \left[1; \frac{1}{1}, \frac{1}{2}, \frac{1}{1}, \frac{1}{2}, \cdots\right] = \left[1; \overline{\frac{1}{1}, \frac{1}{2}}\right] \quad \text{かつ}$$

$$-1 - \sqrt{3} = \left[-3; \frac{1}{3}, \overline{\frac{1}{1}, \frac{1}{2}}\right]$$

であることを示せ．ただし，上に線が引かれた部分は周期的に繰り返される．これらの例における周期性は偶然ではない (8 節)．

例 ある数の小数展開を，連分数の項を求めるのに利用することもできる（[Eul 3, p.326] や [Eul 2, 第1章付録第8節] を見よ）．そのような結果のひとつは

$$\pi = \left[3;\ \frac{1}{7},\ \frac{1}{15},\ \frac{1}{1},\ \frac{1}{292},\ \frac{1}{1},\ \frac{1}{1}, \cdots\right]$$

である．この分母には知られたパターンはまったくない．これを確かめることは読者にお任せする．

実数の連分数は，その数のいかなる表し方にも依存しないという点で，自然なあるいは内在的なものであるということを強調しておきたい．一方，数の小数展開は，基数 10 の任意の選び方に依存するため，内在的とは言えない．

4.3 初期の歴史

連分数の理論は多くの数学者によって，ときにはお互いの仕事を知らずに発展させられてきた．連分数の理論で初めて一般的な代数公式を用いたのはオイラーである（たとえば『無限の解析』[Eul 3]）．先に述べたように，オイラーの『代数学』に対するラグランジュの補足が，数論における連分数理論への最初の系統的導入である．彼の解説の第2節で，オイラー以前の歴史についてラグランジュはまるで知っているかのように書いている：

"ブラウンカー卿こそ，連分数を考えた最初の人であったと確信する．円に外接する正方形と円との面積比を表すのに彼が作った連分数は以下のようなものであったことが知られている：

$$1 + \cfrac{1}{2 + \cfrac{9}{2 + \cfrac{25}{2 + \ddots}}}$$

しかし彼がどのようにしてこれを導いたかは知られていない．『無限の計算』に，このことに関するいくつかの研究が見いだされるのみである．そのなかでウォリスは，間接的だが天才的な方法で，ブラウンカーの表現と同値な $\dfrac{3 \times 3 \times 5 \times 5 \times 7 \times 7 \cdots}{2 \times 4 \times 4 \times 6 \times 6 \times \cdots}$ という表現を示している．

またウォリスは，あらゆる種類の連分数を正規連分数へと帰着させる一般的な方法を与えている．しかしこれらの偉大な数学者のどちらも，連分数の主要な性質や特別な利点については知らなかったようである．のちに見るように，これらの発見は，主にホイヘンスによるものである．

ラグランジュの述べている連分数の歴史は，到底完全とも正確とも言えるものではない．たとえば，16世紀のボンベリ (Bombelli) やカタルディ (Cataldi) の貢献 ([Smi, D] を参照) についてラグランジュは知らないようであるが，彼らこそ現代的形式による連分数の真の生みの親なのである．

私はこれまでずっと，連分数の歴史にはどこかあいまいなところがあると感じてきた．しかし最近出版された Claude Brezinski による『連分数とパデ近似の歴史』[Bre] は，現代的理論の歴史を提示する試みに成功した初めてのものである．

Weil[Wei 1] はこれらの発見の多くを数論の一般的発展と関連付けている．現代的な手法が発達する以前の，たとえばユークリッドの互除法のようなアイデアの進展については，Fowler による非常に興味深い歴史エッセイ [Fow] をおすすめしたい．Fowler は主として，ギリシャ数学の大部分に対する新しい解釈に関心をもっていた．カギになった論文で彼は，「連分数の概念は，さまざまな幾何学的な装いをもちながらも，ギリシャの数学的思考の中心であった」と述べている．

4.4 有限連分数の代数

ここで，a_i を独立変数としたときの $\left[a_0; \dfrac{1}{a_1}, \cdots, \dfrac{1}{a_n}\right]$ のいくつかの代数的性質について学んでおこう．これらの結果を応用すれば，直ちに連分数の算術的性質が得られるのである．

連分数を加えること：最初の3つの近似分数を計算すると，

$$\left[a_0; \frac{1}{a_1}\right] = a_0 + \frac{1}{a_1} = \frac{a_0 a_1 + 1}{a_1},$$

$$\left[a_0; \frac{1}{a_1}, \frac{1}{a_2}\right] = a_0 + \cfrac{1}{a_1 + \cfrac{1}{a_2}} = a_0 + \cfrac{1}{\cfrac{a_1 a_2 + 1}{a_2}} = a_0 + \cfrac{a_2}{a_1 a_2 + 1}$$

$$= \frac{a_0 a_1 a_2 + a_0 + a_2}{a_1 a_2 + 1},$$

$$\left[a_0; \frac{1}{a_1}, \frac{1}{a_2}, \frac{1}{a_3}\right] = a_0 + \cfrac{1}{\left[a_1; \cfrac{1}{a_2}, \cfrac{1}{a_3}\right]}$$

が得られ,さらに前の計算を使うと

$$= a_0 + \frac{a_2 a_3 + 1}{a_1 a_2 a_3 + a_1 + a_3}$$

$$= \frac{a_0 a_1 a_2 a_3 + a_0 a_1 + a_0 a_3 + a_2 a_3 + 1}{a_1 a_2 a_3 + a_1 + a_3}$$

となる.

同様にして

$$\left[a_0; \frac{1}{a_1}, \cdots, \frac{1}{a_n}\right] = a_0 + \cfrac{1}{\left[a_1; \cfrac{1}{a_2}, \cdots, \cfrac{1}{a_n}\right]}$$

であるから,数学的帰納法により,$\left[a_0; \frac{1}{a_1}, \cdots, \frac{1}{a_n}\right]$ は $a_0, a_1, \ldots, a_n$ の有理関数,すなわち多項式の分数である.この有理関数の分子を $\langle \boldsymbol{a_0}, \boldsymbol{a_1}, \cdots, \boldsymbol{a_n} \rangle$ で表すと,$\langle a_0, a_1, \cdots, a_n \rangle$ は a_i の多項式となる.たとえば,

$\langle a_0 \rangle = a_0$, $\langle a_0, a_1 \rangle = a_0 a_1 + 1$, $\langle a_0, a_1, a_2 \rangle = a_0 a_1 a_2 + a_0 + a_2$,

そして $\langle a_0, a_1, a_2, a_3 \rangle = a_0 a_1 a_2 a_3 + a_0 a_1 + a_0 a_3 + a_2 a_3 + 1$

である.

さらに,$\left[a_0; \frac{1}{a_1}, \cdots, \frac{1}{a_n}\right] = a_0 + \cfrac{1}{\left[a_1; \frac{1}{a_2}, \cdots, \frac{1}{a_n}\right]}$ だから,$\left[a_0; \frac{1}{a_1}, \cdots, \frac{1}{a_n}\right]$ の分母は $\left[a_1; \frac{1}{a_2}, \cdots, \frac{1}{a_n}\right]$ の分子にほかならない.したがって,

$$\left[a_0; \frac{1}{a_1}, \cdots, \frac{1}{a_n}\right] = \frac{\langle a_0, a_1, \cdots, a_n \rangle}{\langle a_1, a_2, \cdots, a_n \rangle} \tag{1}$$

となる．

オイラーもきっとそうしたに違いないが，ここまでの計算を分析してみれば，$n > 1$ に対して

$$\langle a_0, a_1, \cdots a_n \rangle = a_0 \langle a_1, \cdots, a_n \rangle + \langle a_2, a_3, \cdots, a_n \rangle \tag{2}$$

が成り立つことは容易に予想できるし，またこれを帰納法で証明することも簡単な演習に過ぎない．ただし〈空集合〉= 1 と置く．たとえば，$\langle a_0, a_1 \rangle = a_0 \langle a_1 \rangle + 1 = a_0 a_1 + 1$ である．式 (1) の右辺で約分が起こらないことは証明していないが，多項式についても整数についても約分は起こらない．我々には前者は不必要であるから，あとで後者について証明することにしよう．

オイラーは $\langle a_0, a_1, \cdots, a_n \rangle$ を直接計算する方法も与えている．

オイラーの法則 $\langle a_0, a_1, \ldots, a_n \rangle$ は以下の和として得られる：

(i) 積 $a_0 a_1 \cdots a_n$，
(ii) $a_0 a_1 \cdots a_n$ から任意の連続する 2 つの変数の組 $a_i a_{i+1}$ を除いてできる積のすべて，
(iii) $a_0 a_1 \cdots a_n$ から連続する 2 つの変数の重ならない 2 つの組 $a_i a_{i+1}$ と $a_j a_{j+1}$（ただし $j > i+1$）を除いて得られる積のすべて．以下同様．

n が偶数のときは，すべての $\dfrac{n}{2}$ 個の組を除いたところで終わる．n が奇数のときは，$\dfrac{n+1}{2}$ 個の組を除いて最後の空集合の積を 1 とする慣習を用いて終わる．

〔証明〕（演習問題—漸化式 (2) により帰納法を用いる）

この前に書いた $\langle a_0 \rangle, \langle a_0, a_1 \rangle, \langle a_0, a_1, a_2 \rangle$ の計算がオイラーの法則から導かれることも容易にわかる．

オイラーの法則は変数に関して対称であるから，

$$\langle a_0, a_1, \cdots, a_n \rangle = \langle a_n, a_{n-1}, \cdots, a_0 \rangle \tag{3}$$

が得られる．式 (2) の記号の列を $a_n, a_{n-1}, \cdots, a_0$ で入れ替えると，

$$\langle a_n, a_{n-1}, \cdots, a_0 \rangle = a_n \langle a_{n-1}, \cdots, a_0 \rangle + \langle a_{n-2}, \cdots, a_0 \rangle$$

となり，式 (3) により

$$\langle a_0, a_1, \ldots, a_n \rangle = a_n \langle a_0, a_1, \ldots, a_{n-1} \rangle + \langle a_0, a_1, \ldots, a_{n-2} \rangle \tag{4}$$

が得られる．

$p_m = \langle a_0, a_1, \cdots, a_m \rangle, q_m = \langle a_1, \cdots, a_m \rangle$，ただし $p_0 = a_0, q_0 = 1$ と置くと，

$$\frac{p_m}{q_m} = \left[a_0; \frac{1}{a_1}, \cdots, \frac{1}{a_m} \right]$$

である．すると式 (4) より，次の定理を得る．

定理 $m > 0$ に対し，p_m と q_m は次の **基本漸化式** を満たす．

$$p_m = a_m p_{m-1} + p_{m-2} \tag{5a}$$

$$q_m = a_m q_{m-1} + q_{m-2} \tag{5b}$$

ただし $p_{-1} = 1, q_{-1} = 0$ と置く．

これらがおそらく，連分数の性質を導くための最も重要な関係式であろう．特に，

$$\frac{p_m}{q_m} = \frac{a_m p_{m-1} + p_{m-2}}{a_m q_{m-1} + q_{m-2}} \tag{6}$$

となる．

最後に，連続する近似分数の間には，ある基本的な関係が成り立つ．

定理

$$p_m q_{m-1} - q_m p_{m-1} = (-1)^{m-1} \tag{7}$$

〔証明〕 m に関する帰納法を用いる．$\Delta_m = p_m q_{m-1} - q_m p_{m-1}$ と置く．

$m = 1$ のときは，$\Delta_1 = (a_0 a_1 + 1) \cdot 1 - a_0 a_1 = 1$ で定理は成り立つ．

$m = n$ に対して定理が成り立つ，すなわち $\Delta_n = (-1)^{n-1}$ と仮定すると，

$$\Delta_{n+1} = p_{n+1} q_n - q_{n+1} p_n$$

$$= (a_{n+1} p_n + p_{n-1}) q_n - (a_{n+1} q_n + q_{n-1}) p_n$$

となるが，式 (5) により

$$= -(p_n q_{n-1} - q_n p_{n-1})$$

ここで帰納法の仮定から，

$$= -(-1)^{n-1}$$
$$= (-1)^n$$

となる． □

式 (7) を $q_{m-1}q_m$ で割ることにより，次を得る．

系

$$\frac{p_m}{q_m} - \frac{p_{m-1}}{q_{m-1}} = \frac{(-1)^{m-1}}{q_{m-1}q_m} \tag{8}$$

4.5 有限連分数の計算

初めに，有限連分数の算術的性質を得るために，前節の結果を用いる．ある有理数が $\frac{a}{b} = \left[a_0; \frac{1}{a_1}, \cdots, \frac{1}{a_n}\right]$ （ただし $i > 0$ に対して a_i は正の整数）と表されるならば，4 節の記号を用いて，近似分数は

$$\frac{p_m}{q_m} = \left[a_0; \frac{1}{a_1}, \cdots, \frac{1}{a_m}\right] \quad (m \leq n)$$

である．ただし $\frac{p_0}{q_0} = \frac{a_0}{1}$ であり $\frac{p_n}{q_n} = \frac{a}{b}$ である．$q_{-1} = 0, q_0 = 1, q_1 = a_0$，かつ $i > 0$ に対して $a_i > 0$ であるから，式 (4.5b) により，$n \geq 2$ に対して

$$q_n = a_n q_{n-1} + q_{n-2} \geq q_{n-1} + q_{n-2} \geq q_{n-1} + 1$$

となる．すなわち，

命題 $1 = q_0 \leq q_1 < q_2 < \cdots$

式 (4.7) により，$d | p_m$ かつ $d | q_m$ ならば $d | (-1)^{m-1}$ であることがわかるから，

命題 $\gcd(p_m, q_m) = 1$, すなわち, $\dfrac{p_m}{q_m}$ は規約である.

近似分数と $\dfrac{a}{b}$ の関係はどうであろうか?

定理 $\dfrac{p_0}{q_0} < \dfrac{p_2}{q_2} < \cdots < \dfrac{p_n}{q_n} = \dfrac{a}{b} < \cdots < \dfrac{p_3}{q_3} < \dfrac{p_1}{q_1}$

〔証明〕 式 (4.8) により,

$$\frac{p_m}{q_m} - \frac{p_{m-1}}{q_{m-1}} = \frac{(-1)^{m-1}}{q_{m-1}q_m}$$

である. したがって, m が奇数ならばこの差は正であり, m が偶数ならばこの差は負である. $\{q_i\}$ は増加数列であるから, これらの差の絶対値は前のものよりも小さくなる. したがって,

$$\frac{p_0}{q_0} < \frac{p_1}{q_1},$$

$$\frac{p_0}{q_0} < \frac{p_2}{q_2} < \frac{p_1}{q_1},$$

$$\frac{p_2}{q_2} < \frac{p_3}{q_3} < \frac{p_1}{q_1}, \quad \text{以下同様.}$$

ここで $\dfrac{a}{b}$ は最後の分数である. □

上の定理は近似分数の相対的な位置を与えるに過ぎないが, $\dfrac{a}{b}$ からの距離に関しては, 次の定理が成り立つ.

定理 各近似分数は, その前のものよりも $\dfrac{a}{b}$ への距離が近い.

〔証明〕 [Har-Wri] を見よ.

この定理は, $\dfrac{a}{b}$ をもっと分母の小さい他の分数で近似する方法を示している (明確に定義された意味において, これらが最高の近似であることを後に示す). このことに刺激されて, 数学者・科学者のクリスティアーン・ホイヘンス (Christiaan Huygens, 1629–1695) は連分数を研究するようになった. ホイヘンスはプラネタリウムの建設に関心をもっていたが, 惑星の周期の比は非常に大きい分母をもった分数で表されていたため, たくさんの歯をもつ歯車を製

作しなければならず，それは極めて困難であった．しかし連分数を使うことにより，これらの分数を，もっと分母が小さい分数で近似することができ，その結果，歯の少ない歯車で，しかも惑星の動きをよく再現することができたのである．

話を数学に戻し，ユークリッドの互除法を応用して線形ディオファントス方程式（1.2節）を解く方法を定式化し直してみよう．

例 ディオファントス方程式 $ax - by = 1$

解が存在するならば，$(a,b)|a$ かつ $(a,b)|b$ であるから，結局 $(a,b) = 1$ でなければならないことを思い出そう．そこで，$(a,b) = 1$ と仮定する．$\frac{a}{b} = \left[a_0; \frac{1}{a_1}, \ldots, \frac{1}{a_n}\right]$ とすると，$(a,b) = 1$ かつ近似分数はつねに規約分数だから，$\frac{p_n}{q_n} = \frac{a}{b}$ である．式 (4.7) において $m = n$ と置くと，

$$aq_{n-1} - bp_{n-1} = (-1)^{n-1}$$

となるので，n が奇数ならば $x = q_{n-1}, y = p_{n-1}$ が $ax - by = 1$ の解である．
n が偶数で $a_n > 1$ のときは，

$$a_n = (a_n - 1) + \frac{1}{1}$$

と置くことで連分数を変化させて，あとは奇数のときと同様に進めればよい．すなわち，新しい連分数の最後から2番目の近似分数を用いて解を見出すのである．$a_n = 1$ で n が偶数のときは，$\frac{1}{0} = \infty$, $\frac{1}{\infty} = 0$, そしてすべての整数 k に対して $k + \infty = \infty$ という慣習を受け入れることで，この方法はやはりうまく行く（この場合の別の方法については [Dav] を参照）．

我々はここまで，どんな有理数 $\frac{a}{b}$ も有限の連分数展開をもつことを見てきた（4.2節）．では $\frac{a}{b}$ に対する別の有限連分数展開はあるのだろうか？ 以下の命題が示すように，それはないのである．

命題 （一意性）有理数 $\frac{a}{b} = \left[a_0; \frac{1}{a_1}, \cdots, \frac{1}{a_n}\right] = \left[b_0; \frac{1}{b_1}, \cdots, \frac{1}{b_m}\right]$ で，かつ $a_n, b_m > 1$ であるならば，$m = n$ かつすべての i に対して $a_i = b_i$ である．

〔証明〕 初めに,すべての $k \leq n$ に対して $\left[0; \dfrac{1}{a_k}, \cdots, \dfrac{1}{a_n}\right] < 1$ であることを示す.すべての $i > 0$ に対して $a_i > 0$ であり,また $a_n > 1$ であることから,

$$\dfrac{1}{a_n} = \left[0; \dfrac{1}{a_n}\right] < 1 \implies a_{n-1} + \dfrac{1}{a_n} = \left[a_{n-1}; \dfrac{1}{a_n}\right] > 1$$
$$\implies \left[0; \dfrac{1}{a_{n-1}}, \dfrac{1}{a_n}\right] < 1 \implies \cdots \implies \left[0; \dfrac{1}{a_1}, \cdots, \dfrac{1}{a_n}\right] < 1$$

が成り立つ.同様に,すべての $k \leq n$ に対して $\left[0; \dfrac{1}{b_k}, \cdots, \dfrac{1}{b_m}\right] < 1$ である.したがって,

$$a_0 + \left[0; \dfrac{1}{a_1}, \cdots, \dfrac{1}{a_n}\right] = \left[a_0; \dfrac{1}{a_1}, \cdots, \dfrac{1}{a_n}\right]$$
$$= \left[b_0; \dfrac{1}{b_1}, \cdots, \dfrac{1}{b_m}\right] = b_0 + \left[0; \dfrac{1}{b_1}, \cdots, \dfrac{1}{b_m}\right]$$

であることから,$a_0 = b_0 = \left[\dfrac{a}{b}\right]$ が得られる.

$\left[\dfrac{a}{b}\right]$ を両辺から引いて整理すると,

$$\left[a_1; \dfrac{1}{a_2}, \cdots, \dfrac{1}{a_n}\right] = \left[b_1; \dfrac{1}{b_2}, \cdots, \dfrac{1}{b_m}\right]$$

となり,前と同様 $a_1 = b_1$ となる.同様にして $a_2 = b_2$ などが得られる.

$n < m$ ならば,$a_n = [a_n] = \left[b_n; \dfrac{1}{b_{n+1}}, \cdots, \dfrac{1}{b_m}\right] = b_n + \left[0; \dfrac{1}{b_{n+1}}, \cdots, \dfrac{1}{b_m}\right]$ となるが,$0 < \left[0; \dfrac{1}{b_{n+1}}, \cdots, \dfrac{1}{b_m}\right] < 1$ で,かつ a_n と b_n は整数であることから,矛盾となる.したがって $n = m$ であり,すべての i に対して $a_i = b_i$ である.   □

$a_n, b_m > 1$ を仮定しなければ,この命題は正しくない.というのは,$a_n > 1$ ならば $a_n = (a_n - 1) + \dfrac{1}{1}$ となるからである.このようにしてたとえば,$\left[1; \dfrac{1}{2}, \dfrac{1}{3}\right] = \left[1; \dfrac{1}{2}, \dfrac{1}{3-1}, \dfrac{1}{1}\right]$ となる.したがって,1を除くすべての有理数は,$a_n = 1$ であるような有限連分数展開と,$a_n > 1$ であるような有限連分

数展開を，それぞれ1つずつもつことがわかる．次の6節では，無限連分数が有理数になり得ないことを証明しよう．

4.6 無限連分数

すでに示した連分数のアルゴリズム（2節）により，無限連分数は無理数と対応づけられる．すなわち

$$\alpha \longleftrightarrow \left[a_0; \frac{1}{a_1}, \frac{1}{a_2}, \cdots\right]$$

である．我々の最初の目標は，$\dfrac{p_n}{q_n} \longrightarrow \alpha$ となることを証明することである．

アルゴリズムの第 n ステップにおいて，

$$\alpha = \left[a_0; \frac{1}{a_1}, \ldots, \frac{1}{a_n}, \frac{1}{\alpha_{n+1}}\right]$$

となる．ただし $\alpha_{n+1} > 1$ は無理数である．

式 (4.1) における変数の値には何の制限も設けていないから，

$$\alpha = \frac{\langle a_0, a_1, \ldots, a_n, \alpha_{n+1} \rangle}{\langle a_1, a_2, \ldots, a_n, \alpha_{n+1} \rangle}$$

となり，式 (4.6) を適用すると，次の命題が得られる．

命題

$$\alpha = \frac{\alpha_{n+1} p_n + p_{n-1}}{\alpha_{n+1} q_n + q_{n-1}} \tag{1}$$

定理

(i) $\alpha - \dfrac{p_n}{q_n} = \pm \dfrac{1}{q_n (\alpha_{n+1} q_n + q_{n-1})}$

(ii) $\left| \alpha - \dfrac{p_n}{q_n} \right| < \dfrac{1}{q_n q_{n+1}}$

〔証明〕 (i) 式 (1) により，

$$\alpha - \frac{p_n}{q_n} = \frac{\alpha_{n+1} p_n + p_{n-1}}{\alpha_{n+1} q_n + q_{n-1}} - \frac{p_n}{q_n}$$

$$= \frac{p_{n-1} q_n - q_{n-1} p_n}{q_n (\alpha_{n+1} q_n + q_{n-1})}$$

となるが，さらに式 (4.7) により，

$$= \pm \frac{1}{q_n(\alpha_{n+1}q_n + q_{n-1})}$$

となる．

(ii) $a_{n+1} = [\alpha_{n+1}] < \alpha_{n+1}$ だから，（式 (4.5b) により）$q_{n+1} = a_{n+1}q_n + q_{n-1} < \alpha_{n+1}q_n + q_{n-1}$ であり，(i) から不等式が得られる． □

$\left|\alpha - \dfrac{p_n}{q_n}\right| < \dfrac{1}{q_n q_{n+1}}$ であり，$\{q_i\}$ は整数の増加列であることから，次の結論が得られる．

系

$$\lim_{n \to \infty} \frac{p_n}{q_n} = \alpha$$

$\lim_{n \to \infty} \dfrac{p_n}{q_n} = \alpha$ であるとき，無限連分数 $\left[a_0; \dfrac{1}{a_1}, \dfrac{1}{a_2}, \cdots\right]$ は α に収束するあるいは α に等しいという．

我々の次の目標は，有限連分数が有理数に対応するのと同様，無限連分数はただひとつの無理数に対応するということを証明することである．

ところでどんな無限連分数も，ある実数に収束するのであろうか？ 答えは「yes」である．

命題 どんな整数の列 $a_0, a_1 > 0, a_2 > 0, a_3 > 0, \cdots$ が与えられても，連分数 $\left[a_0; \dfrac{1}{a_1}, \dfrac{1}{a_2}, \cdots\right]$ はある実数に収束する．

〔証明〕 5 節より，近似分数は

$$\frac{p_0}{q_0} < \frac{p_2}{q_2} < \frac{p_4}{q_4} < \cdots < \frac{p_5}{q_5} < \frac{p_3}{q_3} < \frac{p_1}{q_1}$$

を満たす．

上 (下) に有界な実数の増加 (減少) 列は極限値，すなわち上限 (下限) をもつことを思い起こそう．これにより，下の方の増加列 $\left\{\dfrac{p_{2n}}{q_{2n}}\right\}$ は $\dfrac{p_1}{q_1}$ によって上に有界なので極限値 r_1 をもち，上の方の減少列 $\left\{\dfrac{p_{2n-1}}{q_{2n-1}}\right\}$ は $\dfrac{p_0}{q_0}$ によっ

4.6 無限連分数

て下に有界なので極限値 r_2 をもつ.

式 (4.8) により,数列の差 $\dfrac{p_n}{q_n} - \dfrac{p_{n-1}}{q_{n-1}} = \dfrac{(-1)^{n-1}}{q_{n-1}q_n}$ である. $\displaystyle\lim_{i\to\infty} q_i = \infty$ であるから, $n \to \infty$ のとき,この差は 0 に収束する.したがって $r_1 = r_2$ であり, $\displaystyle\lim_{n\to\infty} \dfrac{p_n}{q_n} = r_1$ である. □

定理 (一意性) 2つの無限連分数が等しい,すなわちどちらも同じ実数 α に収束するならば,これらの連分数は相等しい.

〔証明〕 $\alpha = \left[a_0; \dfrac{1}{a_1}, \dfrac{1}{a_2}, \cdots\right]$ としよう.ただしすべての $i > 0$ に対して $a_i > 0$ である.すると上の命題より, $\left[a_n; \dfrac{1}{a_{n+1}}, \dfrac{1}{a_{n+2}}, \cdots\right]$ は実数 α_n に収束する.すべての $i > 0$ に対して $a_i > 0$ であるから, $\alpha_n > a_n \geq 1$ である.さて,

$$\alpha = \lim_{N\to\infty} \left[a_0; \dfrac{1}{a_1}, \cdots, \dfrac{1}{a_N}\right] = a_0 + \dfrac{1}{\displaystyle\lim_{N\to\infty}\left[a_1; \dfrac{1}{a_2}, \cdots, \dfrac{1}{a_N}\right]}$$

$$= a_0 + \dfrac{1}{\alpha_1}$$

となり, $\alpha_1 > 1$ だから, $a_0 = [\alpha]$ である.同様に, $\alpha_1 = \displaystyle\lim_{N\to\infty}\left[a_1; \dfrac{1}{a_2}, \cdots, \dfrac{1}{a_N}\right]$

$= a_1 + \dfrac{1}{\displaystyle\lim_{N\to\infty}\left[a_2; \dfrac{1}{a_3}, \cdots, \dfrac{1}{a_N}\right]} = a_1 + \dfrac{1}{\alpha_2}$ となる.ここで $\alpha_2 > 1$ だ

から, $a_1 = [\alpha_1]$ である.これを繰り返して,一般に $\alpha_n = a_n + \dfrac{1}{\alpha_{n+1}}$ となるが, $\alpha_{n+1} > 1$ であることから, $a_n = [\alpha_n]$ である.こうして $\alpha = \left[a_0; \dfrac{1}{a_1}, \cdots, \dfrac{1}{a_n}, \dfrac{1}{\alpha_{n+1}}\right]$, すなわち,これらは本節の初めに使われたものと同じ a_i である.

同様に, $\alpha = \left[b_0; \dfrac{1}{b_1}, \dfrac{1}{b_2}, \cdots\right]$ と表され,すべての $i > 0$ に対して $b_i > 0$ であり,また $\left[b_n; \dfrac{1}{b_{n+1}}, \dfrac{1}{b_{n+2}}, \cdots\right]$ が β_n に収束するならば, $b_0 = [\alpha]$, $\beta_n =$

$b_n + \dfrac{1}{\beta_{n+1}}$, そして $b_n = [\beta_n]$ である.

さて, すべての i に対して $\alpha_i = \beta_i$ かつ $a_i = b_i$ が成り立つことを, 帰納法によって証明しよう. まず $a_0 = [\alpha] = b_0$ である. これと $a_0 + \dfrac{1}{\alpha_1} = \alpha = b_0 + \dfrac{1}{\beta_1}$ から, $\alpha_1 = \beta_1$ であり, したがって $a_1 = [\alpha_1] = [\beta_1] = b_1$ であることがわかる. そして $\alpha_n = \beta_n$ かつ $a_n = b_n$ ならば, $a_n + \dfrac{1}{\alpha_{n+1}} = \alpha_n = \beta_n = b_n + \dfrac{1}{\beta_{n+1}}$ であることから, $\alpha_{n+1} = \beta_{n+1}$ であり $a_{n+1} = [\alpha_{n+1}] = [\beta_{n+1}] = b_{n+1}$ が得られる. □

要約：無理数 α から連分数アルゴリズムによって得られる無限連分数は α に等しく, かつそれは α に等しい唯一の連分数である. さらに, すべての無限連分数はある実数に収束することもわかる. 無限連分数と無理数との対応を完成させるために, 次の命題を示そう.

命題 $\alpha = \left[a_0; \dfrac{1}{a_1}, \dfrac{1}{a_2}, \cdots \right]$ (ただしすべての $i > 0$ に対して $a_i > 0$) ならば α は無理数である.

〔**証明**〕 それぞれの a_i は, 連分数アルゴリズムによってただひとつに定められる. しかし, もし α が有理数であれば, このアルゴリズムが有限回のステップで終わることがわかっているから, 有限連分数となってしまい, これは矛盾である. □

連分数の性質が, 不定 2 元 2 次形式 (第 13 章) の研究において重要な役割を果たすということは指摘しておく価値があるだろう. 2 つの無理数 α と β が**同値**であるとは,

$$\beta = \frac{a\alpha + b}{c\alpha + d}$$

となるような, $ad - bc = \pm 1$ を満たす整数 a, b, c, d が存在するときを言う.

定理 (セレー (Serret)) 2 つの無理数 $\alpha = \left[a_0; \dfrac{1}{a_1}, \dfrac{1}{a_2}, \cdots \right]$ と $\beta = \left[b_0; \dfrac{1}{b_1}, \dfrac{1}{b_2}, \cdots \right]$ が同値であるということは, 正の整数 m, n が存在して部分剰余が $\alpha_{n+1} = \beta_{m+1}$ となること, すなわちすべての $k > 0$ に対して $a_{n+k} = b_{m+k}$ となること

（このとき2つの無理数は同じ末尾をもつ）と同じである．

証明については [Har-Wri] または [Lan 1] を参照せよ．

4.7 ディオファントス近似と幾何

ディオファントス近似とは，無理数を有理数で近似することであり，その近似の強さは近似分数の分母の関数で表される．この話題は連分数の応用として始まったものであるが，ここで少しだけ紹介しておこう．ここではいくつかの定理を証明なしで述べる（証明については [Har-Wri] や [Lan 1] が，いくつかの結果についてはラグランジュによる [Eul 2, appendix] が，よい参考書である）．第21章で，ディオファントス近似とその超越数との関連について，歴史に即した発展をより詳しく示すことにする．

前節において，無理数 α の連分数における近似分数が，

$$\left|\alpha - \frac{p_n}{q_n}\right| < \frac{1}{q_n q_{n+1}}$$

を満たすことを証明した．

例 円周率 π の連分数（2節）から，$\frac{p_1}{q_1} = \frac{22}{7}$ と $\frac{p_2}{q_2} = \frac{333}{106}$ が得られ，したがって $\left|\pi - \frac{22}{7}\right| < \frac{1}{7 \cdot 106} = \frac{1}{742}$ となる．このことは，なぜ $\frac{22}{7}$ が π の近似としてこれほどよく用いられるのかを示している．

q_i は増加数列をなすから，$\left|\alpha - \frac{p_n}{q_n}\right| < \frac{1}{q_n q_n}$ である．このように変形することにより，次の定理を示したことになる．

定理（ラグランジュ） $\frac{x}{y}$ が α の連分数の近似分数ならば，

$$\left|\alpha - \frac{x}{y}\right| < \frac{1}{y^2}$$

が成り立つ．したがってこの不等式は，x と y を変数と見れば，無限個の有理数 $\frac{x}{y}$ に対して成り立つ．

次の2つの定理は，いくつかの近似分数を用いるだけで，より強い近似が無数に得られることを示している．

定理 α の連続した近似分数が2つ与えられたとき，そのどちらかは

$$\left|\alpha - \frac{x}{y}\right| < \frac{1}{2y^2}$$

を満たす．

定理（フルヴィッツ (Hurwitz), 1891） α の連続した近似分数が3つ与えられたとき，そのどれかは

$$\left|\alpha - \frac{x}{y}\right| < \frac{1}{\sqrt{5}y^2}$$

を満たす．

$\alpha = \dfrac{\sqrt{5}-1}{2} = \left[0; \dfrac{1}{1}, \dfrac{1}{1}, \dfrac{1}{1}, \cdots\right]$ のときは，どんな $k > \sqrt{5}$ に対しても，不等式 $\left|\alpha - \dfrac{x}{y}\right| < \dfrac{1}{ky^2}$ は有限個の解しかもたないことから，これらの結果をこれ以上強くすることはできないということがわかる．

次の定理は，連分数の近似分数が，いかによい近似であるかということを示している．

定理

$$\left|\alpha - \frac{x}{y}\right| < \frac{1}{2y^2}$$

ならば，$\dfrac{x}{y} = \dfrac{p_n}{q_n}$ となる n が存在する．

近似に関するこれらの結果を道具として，変数を整数としたときの2元2次形式の最小値に関する結果が得られる．この関係は次の因数分解から起こるものである：

$$ax^2 + bxy + cy^2 = ay^2\left(\left(\frac{x}{y}\right)^2 + \left(\frac{b}{a}\right)\left(\frac{x}{y}\right) + \frac{c}{a}\right)$$

$$= ay^2\left(\frac{x}{y} - \alpha_1\right)\left(\frac{x}{y} - \alpha_2\right)$$

ただし，α_1 と α_2 は $z^2 + \frac{b}{a}z + \frac{c}{a} = 0$ の解である．

ラグランジュは近似の度合いを測るのに $|\alpha - \frac{p}{q}|$ ではなく $|q\alpha - p|$ という量を導入した．

$$0 < q' \leq q, \frac{p}{q} \neq \frac{p'}{q'} \implies |q\alpha - p| < |q'\alpha - p'|$$

が成り立つとき，$\frac{p}{q}$ を**最良近似**と呼ぶ．この量 $|q\alpha - p|$ はいずれ，より自然な幾何学的設定において示されるであろう．次に示す，この話題における基本定理のひとつは，最良近似を特徴づけるものである．

定理 実数 α に対する（有限または無限の）連分数の近似分数の集合は，$\frac{p_0}{q_0}$ を除き，α に対する最良近似の集合と一致する．

2つの量 $|q\alpha - p|$ と $\left|\alpha - \frac{p}{q}\right|$ の間の関係は，次の命題で与えられる．

命題 近似分数 $\frac{p}{q}$ が α の最良近似であり，さらに $n > 1$ かつ $0 < q' \leq q, \frac{p}{q} \neq \frac{p'}{q'}$ ならば，

$$\left|\alpha - \frac{p}{q}\right| < \left|\alpha - \frac{p'}{q'}\right|$$

である．

〔証明〕 $q' \leq q$ より，

$$|q\alpha - p| < |q'\alpha - p'| \implies \left|\alpha - \frac{p}{q}\right| < \left|\frac{q'\alpha}{q} - \frac{p'}{q}\right| = \frac{q'}{q}\left|\alpha - \frac{p'}{q'}\right|$$
$$\leq \left|\alpha - \frac{p'}{q'}\right| \qquad \square$$

これらの尺度も，平面上の**整数点**（座標が整数である点）を用いることによって幾何学的な意味をもつ．分数 $\frac{p}{q}$ を平面上の整数点 (q, p) で表し，直線 $L : y = \alpha x$ と $L' : y = \frac{p}{q}x$ を引く（図1）．すると，

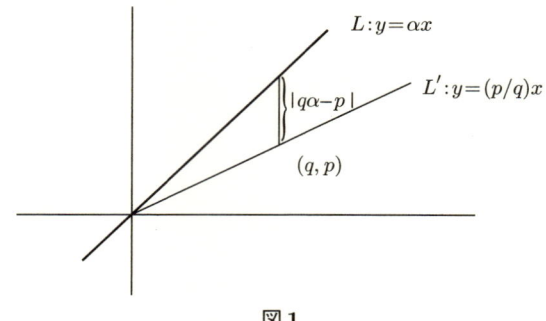

$|q\alpha - p| = $ 点 (q,p) から直線 L への垂直距離

$\left|\alpha - \dfrac{p}{q}\right| = L$ と L' の傾きの差

距離は傾きよりも「強い尺度」であるから，命題の証明の背後にある考えは，より直観的なものとなる．

近似分数を整数点で表すというこのアイデアは，大変強力なものである．Felix Klein[Kle 1, pp. 42-44] はこれを使って，連分数の理論を平面上のベクトルの理論として展開した．このアイデアはもっと前の H.J.S. Smith [Smi, H 1] や Poincaré [Poi] の仕事にも現れている．

$\left\{\dfrac{p_n}{q_n}\right\}$ を α の近似分数の列とすると，基本漸化式 (4.5) はベクトル方程式

$$(q_n, p_n) = a_n (q_{n-1}, p_{n-1}) + (q_{n-2}, p_{n-2})$$

へと翻訳される．クライン (Klein) は各点がどうやってその前の 2 点から幾何学的に作られるかを調べた．点列 $(q_0, p_0), (q_1, p_1), \cdots$ は直線 $y = \alpha x$ の下側と上側に交互に置かれ（このことは近似分数 $\dfrac{p_n}{q_n}$ が交互に α より小さかったり大きかったりするのに対応する），これらの点から直線への距離は 0 に収束する．

これらのアイデアのいくつかについては，Davenport [Dav, pp.111–113] に簡潔でわかりやすい説明がある．また幾何学的理論の完全で初等的な展開は，Stark [Sta] に与えられている．多くの点で，この 2 次元的描写は，元の 1 次元的展開よりもより自然な理論を与えている．[Min 1]，[Hur 1]，[Hum] は正規連分数と他のタイプの連分数の両方に対する幾何学的定式化を示している．

連分数に対する我々の仕事のすべては 2×2 行列によって述べ直すことができる．これは連分数と 2 次形式の間の関係を探求し（第 13 章），連分数を一般化する上で最も重要なことであり，またとても自然でもある．

$n \geq 0$ に対し，

$$A_n = \begin{pmatrix} 0 & 1 \\ 1 & a_n \end{pmatrix} \quad S_n = \begin{pmatrix} q_{n-1} & q_n \\ p_{n-1} & p_n \end{pmatrix} \quad S_0 = \begin{pmatrix} 0 & 1 \\ 1 & a_0 \end{pmatrix} = A_0$$

と置く．すると基本漸化式 (4.5) は

$$n > 0 \text{ に対して } S_n = S_{n-1} A_n$$

となり，これを繰り返して

$$S_n = A_0 A_1 \cdots A_n$$

を得る．

今まで述べてきたことの多くを，この記法を使ってより美しく扱うことができる．たとえば，$\det A_i = -1$ より，$\det S_n = p_n q_{n-1} - p_{n-1} q_n = (-1)^{n+1} = (-1)^{n-1}$ がわかる．

S_n が **ユニモジュラー**（行列式が ± 1 である行列）であるという事実は，これらの行列の平面上の整数点に対する作用を調べる上で大変重要であり，これまで述べた幾何学的議論と結びつくものである．たとえば，S_n がユニモジュラーであることから，点 $(0,0), (p_{n-1}, q_{n-1}), (p_n, q_n)$ でできる三角形はつねに面積が $\frac{1}{2}$ であることがわかる．詳しくは [Sta] を見よ．

4.8　2 次の無理数

連分数の最も初期の，そして最も成功した応用のひとつが，2 次の無理数の特徴づけである．**2 次の無理数**，あるいは **2 次数** α は，整数係数の規約な 2 次方程式の解，すなわち $r + s\sqrt{t}$ という形の数である．ただしここで，r と s は有理数，t は平方数でない整数である．この節では $t > 0$，すなわち α は実数と仮定しよう．

$\sqrt{2} = \left[1; \overline{\dfrac{1}{2}}\right]$ そして $\sqrt{3} = \left[1; \overline{\dfrac{1}{1}, \dfrac{1}{2}}\right]$ であることを思い出そう．ただし，**上に線が引かれた部分は繰り返される**．たとえば，$\sqrt{3} = \left[1; \dfrac{1}{1}, \dfrac{1}{2}, \dfrac{1}{1}, \dfrac{1}{2}, \cdots\right]$ である．他の例としては，次のようなものがある．

$$\frac{24-\sqrt{15}}{17} = \left[1; \dfrac{1}{5}, \overline{\dfrac{1}{2}, \dfrac{1}{3}}\right], \quad \sqrt{28} = \left[5; \overline{\dfrac{1}{3}, \dfrac{1}{2}, \dfrac{1}{3}, \dfrac{1}{10}}\right]$$

一般的に，連分数 $\left[a_0; \dfrac{1}{a_1}, \dfrac{1}{a_2}, \cdots\right]$ が**周期的**であるとは，正の整数 n, k があって，連分数が

$$\left[a_0; \dfrac{1}{a_1}, \cdots, \dfrac{1}{a_{n-1}}, \overline{\dfrac{1}{a_n}, \cdots \dfrac{1}{a_{n+k}}}\right]$$

という形をしているということである．

この周期的な現象が，2次の無理数を特徴づけているのである．

ラグランジュの定理 α が 2 次数である $\iff$ その連分数が周期的である．

〔証明〕 $\impliedby$)（容易な部分）

α の連分数が周期的であったとすると，

$$\alpha_n = \left[a_n; \dfrac{1}{a_{n+1}}, \dfrac{1}{a_{n+2}}, \cdots\right]$$
$$= \left[a_{n+k+1}; \dfrac{1}{a_{n+k+2}}, \cdots\right]$$
$$= \alpha_{n+k+1}$$

となるが，式 (6.1) より，

$$\alpha = \frac{\alpha_n p_{n-1} + p_{n-2}}{\alpha_n q_{n-1} + q_{n-2}} \tag{1}$$
$$= \frac{\alpha_{n+k+1} p_{n+k} + p_{n+k-1}}{\alpha_{n+k+1} q_{n+k} + q_{n+k-1}}$$
$$= \frac{\alpha_n p_{n+k} + p_{n+k-1}}{\alpha_n q_{n+k} + q_{n+k-1}} \quad (\alpha_{n+k+1} = \alpha_n \text{ だから})$$

方程式

$$\frac{\alpha_n p_{n-1} + p_{n-2}}{\alpha_n q_{n-1} + q_{n-2}} = \frac{\alpha_n p_{n+k} + p_{n+k-1}}{\alpha_n q_{n+k} + q_{n+k-1}} \tag{2}$$

の分母を払うと，α_n の 2 次方程式が得られる．そして α_n の係数をチェックすれば，この式が恒等的に 0 になることはないことがわかる．α_n は連分数が無限であるから，無理数である．したがって α_n は 2 次の数である．さらに (1) より，α は 2 次の数である．

$\Longrightarrow$)
 ラグランジュの証明を少し簡略化して（[Str] を見よ）述べる．主たるアイデアは，2 つの α_i が等しいことを示し，したがって後に続く部分商が等しくなることを示すというものである．
 $\alpha = \left[a_0; \dfrac{1}{a_1}, \dfrac{1}{a_2}, \cdots\right]$ とし，α は

$$A_0 x^2 + B_0 x + C_0 = 0$$

の解であるとする．ここでラグランジュは $a_0 = [\alpha]$ と置き，$\alpha = a_0 + \dfrac{1}{\alpha_1}$ と表した．すると上の方程式に代入することにより，α_1 の方程式

$$A_1 x^2 + B_1 x + C_1 = 0$$

が得られる．ここでさらに $\alpha_1 = a_1 + \dfrac{1}{\alpha_2}, a_1 = [\alpha_1]$ と置くと，α_2 の方程式

$$A_2 x^2 + B_2 x + C_2 = 0$$

が得られる．これを繰り返すと，整数係数で，α_n を解にもつ方程式の列

$$A_n x^2 + B_n x + C_n = 0, \quad n = 0, 1, 2, \ldots$$

が導かれる．直接計算を用いる帰納法により，判別式 $D_n = B_n^2 - 4A_n C_n$ は n によらない定数であることがわかるので，これを D と置く．α は実数だから $D > 0$ である．
 さてここで，すべての方程式の係数が n によらないひとつの定数で抑えられることを示そう．そうすれば上の列の中に異なる方程式は有限個しかなく，それらの解も有限個しかないことがわかる．したがって数列 $\alpha_1, \alpha_2, \cdots$ も有限個の値しかとり得ないことになり，2 つの α_i が等しくなって連分数が周期的とわかるのである．

78　第4章　オイラーからラグランジュへ；連分数の理論

有界性を示すために，
$$\alpha = \frac{\alpha_n p_{n-1} + p_{n-2}}{\alpha_n q_{n-1} + q_{n-2}}$$
を
$$A_0 \alpha^2 + B_0 \alpha + C_0 = 0$$
に代入すると，方程式
$$A_n \alpha_n^2 + B_n \alpha_n + C_n = 0$$
が得られる．ただし
$$A_n = A_0 p_{n-1}^2 + B_0 p_{n-1} q_{n-1} + C_0 q_{n-1}^2,$$
$$B_n = (省略),$$
$$C_n = A_0 p_{n-2}^2 + B_0 p_{n-2} q_{n-2} + C_0 q_{n-2}^2$$
である．
$$f(x) = A_0 x^2 + B_0 x + C_0$$
と置くと
$$A_n = q_{n-1}^2 f\left(\frac{p_{n-1}}{q_{n-1}}\right), \quad C_n = q_{n-2}^2 f\left(\frac{p_{n-2}}{q_{n-2}}\right)$$
となる．$f(x)$ の α の周りでのテイラー展開により，
$$A_n = q_{n-1}^2 f\left(\frac{p_{n-1}}{q_{n-1}}\right)$$
$$= q_{n-1}^2 \left\{ f(\alpha) + f'(\alpha)\left(\frac{p_{n-1}}{q_{n-1}} - \alpha\right) + \frac{f''(\alpha)}{2}\left(\frac{p_{n-1}}{q_{n-1}} - \alpha\right)^2 \right\}$$
となる．f は2次関数であるから高階の導関数は0となる．ところが $f(\alpha) = 0$ と仮定してある上に，$\left|\alpha - \frac{p_{n-1}}{q_{n-1}}\right| < \frac{1}{q_{n-1}^2}$ とわかっているから，
$$|A_n| \leq |f'(\alpha)| + \frac{|f''(\alpha)|}{2q_{n-1}^2}$$
である．同様に，
$$|C_n| \leq |f'(\alpha)| + \frac{|f''(\alpha)|}{2q_{n-2}^2}$$

も成り立つ．そして $i \to \infty$ のとき $q_i \to \infty$ であるから，$|A_n|$ と $|C_n|$ はある定数 L で抑えられる．一方

$$B_n^2 = D + 4A_n C_n$$

であるから，

$$|B_n^2| < D + 4L^2 \quad (D > 0 \text{ であることを思い起こそう})$$

あるいは

$$|B_n| < \sqrt{D + 4L^2}$$

である．したがって，ある定数 M が存在し，

$$\text{すべての } n \text{ に対して } |A_n| < M, \ |B_n| < M, \ |C_n| < M$$

となる．以上により，上記の方程式の列には有限個の方程式しかないことがわかり，証明が終わる． □

E. ガロア (Galois) は上の定理に別の証明を与え，**純周期的**連分数，すなわち

$$\left[\overline{a_0, \frac{1}{a_1}, \cdots \frac{1}{a_n}}\right] = \left[a_0; \frac{1}{a_1}, \frac{1}{a_2}, \cdots, \frac{1}{a_n}, \frac{1}{a_0}, \cdots, \frac{1}{a_n}, \frac{1}{a_0}, \cdots\right]$$

という形の連分数を特徴づけるのに用いた．一般的な結果を述べておこう ([Dav] を参照)．

定理 α が純周期的な連分数であることは，α が 1 より大きい 2 次の数で，その**共役数**（α に対する既約な方程式のもうひとつの解）が -1 と 0 の間にあることと同値である．またこのとき共役数は $\dfrac{-1}{\beta}$ で表される．ただし β は α において周期を逆にして得られる数である．

これより以下のことがすぐに成り立つ．

系 d が平方数でないとき，$\sqrt{d}$ は以下の形の"対称な"連分数である．

$$\sqrt{d} = \left[a_0; \overline{\frac{1}{a_1}, \frac{1}{a_2}, \cdots \frac{1}{a_2}, \frac{1}{a_1}, \frac{1}{2a_0}}\right]$$

すなわち，最後の項 $\left(\dfrac{1}{2a_0}\right)$ を除き，周期が中央に関して対称である．

例 $\sqrt{7} = \left[2; \overline{\frac{1}{1}, \frac{1}{1}, \frac{1}{1}, \frac{1}{4}}\right]$ そして $\sqrt{31} = \left[5; \overline{\frac{1}{1}, \frac{1}{1}, \frac{1}{3}, \frac{1}{5}, \frac{1}{3}, \frac{1}{1}, \frac{1}{1}, \frac{1}{10}}\right]$ が成り立つ.

$\sqrt{d}, d = 1, 2, \ldots, 50$ の表については Davenport [Dav] を見よ.

2次以外の無理数の連分数についてはほとんど何もわかっていない.

例 ランベルト (Lambert) およびオイラー

$$\text{(i)} \quad \frac{e-1}{e+1} = \left[0; \frac{1}{2}, \frac{1}{6}, \frac{1}{10}, \frac{1}{14}, \ldots\right]$$

より一般的には,

$$\text{(ii)} \quad \frac{e^{\frac{2}{k}} - 1}{e^{\frac{2}{k}} + 1} = \left[0; \frac{1}{k}, \frac{1}{3k}, \frac{1}{5k}, \ldots\right]$$

これらの例では, 部分商の列が等差数列になっていることに注意しよう. (i) を用いて, オイラーは

$$e = \left[2; \frac{1}{1}, \frac{1}{2}, \frac{1}{1}, \frac{1}{1}, \frac{1}{4}, \frac{1}{1}, \frac{1}{1}, \frac{1}{6}, \ldots\right]$$

を示した. このときの部分商は, ある等差数列に1を2つずつ挿入し, さらに $2; \frac{1}{1}$ を頭につけて得られる ([Lan 1, sec. V.2] を参照).

Hurwitz [Hur 2] は, 部分商が等差数列に1を挿入して得られる連分数について研究した. ほとんど何もわかっていないが, この話題はなかなか魅惑的である.

4.9 ペル方程式

ペル方程式の歴史については第2章ですでに論じた. 今度はこれを解いてみよう. これは連分数を利用することによって可能となる建設的方法のよい例となっている.

x, y を方程式

$$x^2 - dy^2 = 1 \quad (\text{ただし } d \text{ は平方数でない正の整数})$$

の正の整数の解とする．すると $\frac{x^2}{y^2} - d = \frac{1}{y^2}$ で，

$$\frac{x^2}{y^2} = d + \frac{1}{y^2} \implies \frac{x}{y} > \sqrt{d} \implies \frac{x}{y} + \sqrt{d} > 2\sqrt{d}$$

となる．しかし

$$x^2 - dy^2 = 1 \implies \left(x - y\sqrt{d}\right)\left(x + y\sqrt{d}\right) = 1$$
$$\implies \left|\frac{x}{y} - \sqrt{d}\right| = \frac{1}{y^2 \left|\frac{x}{y} + \sqrt{d}\right|} < \frac{1}{2y^2\sqrt{d}} < \frac{1}{2y^2}$$

を得る．

7節で，$\left|\frac{x}{y} - \sqrt{d}\right| < \frac{1}{2y^2}$ ならば $\frac{x}{y}$ は $\sqrt{d}$ の近似分数のひとつであることを見た．

つまりすべての解が近似分数を与えることがわかるから，あとはどの近似分数がペル方程式の解になるのか定めればよい．8節の系より，（対称性を無視すれば）

$$\sqrt{d} = \left[a_0; \overline{\frac{1}{a_1}, \frac{1}{a_2}, \cdots \frac{1}{a_n}, \frac{1}{2a_0}}\right] \tag{1}$$

となることがわかる．

$2a_0$ の前の2つの近似分数，すなわち $\frac{p_{n-1}}{q_{n-1}}$ と $\frac{p_n}{q_n}$ を見ると，

$$\sqrt{d} = \frac{\alpha_{n+1}p_n + p_{n-1}}{\alpha_{n+1}q_n + q_{n-1}} \tag{2}$$

となることがわかる．また，

$$\alpha_{n+1} = \left[2a_0; \frac{1}{a_1}, \cdots\right] = a_0 + \left[a_0; \frac{1}{a_1}, \cdots\right]$$
$$= a_0 + \sqrt{d}$$

となる．

式(2)に $\alpha_{n+1} = a_0 + \sqrt{d}$ を代入して1と $\sqrt{d}$ の係数を等しいと置くことにより，

$$p_{n-1} = dq_n - a_0 p_n,$$

$$q_{n-1} = p_n - a_0 q_n$$

が得られ，$p_n q_{n-1} - q_n p_{n-1} = (-1)^{n-1}$ に代入することにより，

$$p_n^2 - dq_n^2 = (-1)^{n-1}$$

となる．

したがって n が奇数のときは，$x = p_n, y = q_n$ がペル方程式の解である．(n が奇数となるような d を特徴づける問題は未解決である．)

n が偶数のときは，同じ理由により，式 (1) の次の周期を用いる．p_i と q_i は，今度は $(2n+1)$ 番目から選ばれ，

$$p_{2n+1}^2 - dq_{2n+1}^2 = (-1)^{2n} = 1$$

となる．

連続する周期を見れば，同様にして無限個の解を導くことができ，これらがペル方程式のすべての正の解を与えている [Sch-Opo]．x や y の符号を変えても解であるから，正でない解を作るのも容易である．

ペル方程式の解の集合には，さらに構造がある．$x^2 - dy^2 = (x+y\sqrt{d})(x-y\sqrt{d})$ に注意すると，次のことが証明できる：

(i) 最初に導いた解を (x_0, y_0) と呼ぶことにすると，これは $x + y\sqrt{d}$ を最小にするという意味で，最小の正の解である．(x_0, y_0) を基本解と呼ぶ．

(ii) すべての整数（負でもよい）n に対して

$$x_n + y_n \sqrt{d} = \left(x_0 + y_0 \sqrt{d}\right)^n$$

で定義される解 (x_n, y_n) が存在する．なぜなら

$$\begin{aligned}x_n^2 - dy_n^2 &= (x_n + y_n\sqrt{d})(x_n - y_n\sqrt{d}) \\ &= \left(x_0 + y_0\sqrt{d}\right)^n \left(x_0 - y_0\sqrt{d}\right)^n \\ &= \left[\left(x_0 + y_0\sqrt{d}\right)\left(x_0 - y_0\sqrt{d}\right)\right]^n \\ &= \left(x_0^2 - dy_0^2\right)^n = 1\end{aligned}$$

となるからである．ただしここで，$x + y\sqrt{d} = \left(a + b\sqrt{d}\right)^n \Longrightarrow x - y\sqrt{d} = \left(a - b\sqrt{d}\right)^n$ を仮定した（演習）．

(iii) ペル方程式のすべての解は (ii) で与えられた形のものである．

より一般的に，方程式
$$x^2 - dy^2 = \pm M, \quad 0 < M < \sqrt{d}$$
のすべての解 (p, q) が $\sqrt{d}$ の連分数における近似分数 $\dfrac{p}{q}$ に対応している．

これらのことの証明については，[Hua]，[Sch-Opo]，[Chr] を参照せよ．Chrystal は連分数の多くの側面について，最も徹底的に扱っている英語で書かれた本である．

ペルの方程式は 2 次体の研究の中心で，任意の個数の変数をもつ任意のディオファントス方程式が解けるかどうか判定するアルゴリズムは存在しないということの証明でも役割を果たす [Dav-Mat-Rob]．

4.10 一般化

数論の研究において，正則な連分数より広いクラスの連分数を考える方がしばしば有用である．**ユニタリー連分数**とは，すべての i に対して $|b_i| = 1$ を満たす連分数 $\left[a_0; \dfrac{b_1}{a_1}, \dfrac{b_2}{a_2}, \cdots\right]$ のことである．すべての $b_i = 1$ のときは，正則な連分数となり，すべての $b_i = -1$ ならば，**負の連分数**を得る．負の連分数は，連分数アルゴリズムにおける関数 $[\alpha]$ を $[\alpha] + 1$ で置き換えることで定義され，不定 2 元 2 次形式の分解理論においてきわめて有用である（[Zag] および第 13 章を参照）．

さまざまなクラスのユニタリー連分数の間の関係が，中間近似分数を導入することで見ることができる．4 節の式 (6) により，α の正則連分数の近似分数は漸化式 $\dfrac{p_n}{q_n} = \dfrac{a_n p_{n-1} + p_{n-2}}{a_n q_{n-1} + q_{n-2}}$ を満たす．$\dfrac{p_{n-1}}{q_{n-1}}$ と $\dfrac{p_n}{q_n}$ の間の**中間近似分数**とは，分数
$$\frac{p_{n,s}}{q_{n,s}} = \frac{s p_{n-1} + p_{n-2}}{s q_{n-1} + q_{n-2}}, \quad s = 1, 2, \ldots, a_n - 1$$
のことである．中間近似分数はディオファントス近似の問題において有用である（[Lan 1] を参照）．α の正則連分数における正則および中間近似分数がなす

数列 $\frac{p_0}{q_0}, \frac{p_{0,1}}{q_{0,1}}, \frac{p_{0,2}}{q_{0,2}}, \cdots, \frac{p_1}{q_1}, \frac{p_{1,1}}{q_{1,1}}, \frac{p_{1,2}}{q_{1,2}}, \cdots, \frac{p_2}{q_2}, \cdots$ は，α のフルヴィッツ列と呼ばれる．

すべての α に対し，$\frac{b_i}{a_i} = \frac{1}{1}$ または $-\frac{1}{2}$ となるようなユニタリー連分数 $\left[a_0; \frac{b_1}{a_1}, \frac{b_2}{a_2}, \cdots\right]$ を作ることができる．これは α の**完全連分数** と呼ばれ，α に収束する．完全連分数の近似分数列は，α のフルヴィッツ列である．さらに，α に収束する任意のユニタリー連分数の近似分数列は，α のフルヴィッツ列の部分列である．たとえば，α の負の連分数の近似分数列はちょうど，フルヴィッツ列の中の，α より大きいすべての分数である．この理論の詳細については Goldman [Gol, J 1] を見よ．

数論における重要性に加え，ユニタリー連分数は近年，エルゴード理論 ([Ser, C], [Moe]) や結び目理論 ([Con], [Gol-Kau 1, 2]) のような異なった分野でも有用であることがわかってきている．

連分数は実数の本質的な表現ではあるものの，算術的演算を記述するのに自然なものではないように思われる．α と β の正規連分数が与えられたとき，$k\alpha\,(k \in \mathbf{Z}), \alpha+\beta, \alpha\beta$ の連分数を求めるアルゴリズムはいくつかあるが，ほとんど理解できないものである．ゴスパー (Gosper) のアルゴリズムの説明については Fowler [Fow] を，また他のアルゴリズムについては Raney [Ran] や Hall [Hal, M] を見よ．

先に述べたように，2 次でない無理数の正規連分数についてはほとんど何もわかっていない．たとえば，$\sqrt[3]{2}$ の連分数における部分商は有界であろうか？ ヤコビ，ペロン (Perron)，エルミート (Hermite)，ミンコフスキー (Minkowski) らを含む 19 世紀，そして 20 世紀初期の多くの一流の数学者たちが，n 次の代数的数（整数係数の既約な n 次方程式の解）の特性を見出そうとして，連分数を一般化することに関心をもった．多くの人は，（近似分数の列が整数点で表現されたのと同様に）$\mathbf{R}^n$ や $n \times n$ 行列における点の有限集合の列を使ってうまく一般化できると信じていた．提案されたアルゴリズムには，次のようなものがあった．

(i) ユークリッドの互除法を一般化した，ヤコビ・ペロン・アルゴリズム

(ii) 最良近似の考えからスタートしたミンコフスキー・アルゴリズム

Fowler [Fow] は，これらの一般化のいくつかを論じて，初期および近年の研究の参考文献を与えた．

連分数を一般化するときには，次のような重要な性質を適切に一般化して保とうと考えるだろう．

- 代数的数の周期性
- よいディオファントス近似
- 求める数を効率的に計算する方法

もちろん，これらの性質のすべてがひとつの一般化されたアルゴリズムで達成されるかどうか，初めから明らかであるわけではない．

第5章
ラグランジュ

<u>1707　Euler　1783</u>
<u>1736　Lagrange　1813</u>

5.1　ラグランジュとその業績

　ジョセフ・ルイ・ラグランジュ (1736–1813) は，フランス革命の時期を含む，きわめて波乱に満ちた時代を生き抜いた数学者である．Jean Itard による伝記 [Ita 1] に従って，ラグランジュの人生を3つの時期に分けよう．

- 1736–1766　トリノで生まれ，30歳でそこを離れたあと，終生戻らず
- 1766–1787　フリードリヒ大王の下，ベルリン・アカデミーに在籍
- 1787–1813　フランス・アカデミーに在籍，ナポレオンの下で上院議員，伯爵を務め，エコール・ポリテクニクへ

　ラグランジュは彼の主な研究を初めの2つの時期に行い，その結果をまとめた大論文集を第3の時期に書いた．

　ラグランジュは18歳のときにオイラーと文通を始め，オイラーは直ちにラグランジュを第一級の数学者と認めて強く励ました．またこのころラグランジュは，彼の最大の業績のひとつとなる変分解析を作り始めていた．

　オイラーとダランベール (D'Alembert) から強い支持を受け，30歳でフリードリヒ大王のベルリン・アカデミーに，オイラーの代わりに入った（オイラーはロシアへ戻った）．フリードリヒ大王はラグランジュを迎えて大変喜んだ．実は大王は，宮廷の華やかさやエチケットに関心を払わないオイラーのことが

嫌いだったのである．ところがラグランジュはとてもうまく溶け込み，政治や陰謀を常に避けていた．彼は大変控え目で，自分に対して批判的な人間で，いつも自分のいくつかの論文について，出さなければよかったと言っていた．また大変計画的な人で，毎日夜の6時から12時まで研究を行った．

アカデミーは支配者によって保護された政府機関で，芸術や科学の分野の創造的な学者が雇われていた．一方大学ではほとんど研究は行われていなかった．エカテリーナ，フリードリヒ大王，ナポレオンといった指導者たちにとって，その時代を代表する科学者を直接の庇護の下に置くことは，特別に重要なことと考えられていたのである．

ラグランジュは大変用心深い人物であった．フリードリヒ大王が死んだあとベルリンは彼にとってよい場所ではなくなると考え（これは1786年に大王が死ぬ10年前のことである），新しい地位を求めて周囲をうかがい始めたのである．実際，フリードリヒ大王の死の直前，フランスの財務大臣がベルリンに使者としてミラボー (Mirabeau) 伯爵を送り，政治状況について報告した．ラグランジュと親しくなったミラボーは，手紙をフランスへ送り返し，多くのペテン師やばか者がフランス政府の支援を受けて贅沢をしていること，そしてそれほど多くない金額で，その時代の最も偉大な数学者であるラグランジュを，偉大な栄光あるフランスに仕えるために送ることができると報告した．その時代の政治家が，このように科学に関心をもっていたというのは驚くべきことである．

ミラボーやダランベールのおかげで，フリードリヒ大王の死後，ラグランジュはフランス・アカデミーへやってきた．フランス革命の間アカデミーは弾圧され，すべての外国人に逮捕の命令が出されたが，ラヴォアジェ (Lavoisier) がラグランジュのために間に入り，彼を救ってくれた．ナポレオンの下でラグランジュは上院議員を務め，帝国伯爵になり，そしてエコール・ポリテクニク（軍隊の士官を訓練するためにナポレオンによって創立された学校で，現在もなお，フランスの技術者やビジネスのリーダーを訓練する重要な場所となっている）の教授となった．

前に述べたように，Itard の伝記に加え，George Sarton がラグランジュの人間性について書いている [Sar]．

ラグランジュは数学のほとんどすべての部分で重要な貢献をなした．彼は変

分法を発明し，天体力学（有名な著書『$Mecanique\ Analytique$（解析力学）』がある），解析学（楕円積分を含む），代数学（彼の仕事がガロアの発見の下地となった），そしてもちろん数論の研究に取り組んだ．

ラグランジュの数論における業績は，主に 1767-1778 年の期間になされている．彼は初めてペル方程式の解の存在証明を発表し，後にそれを連分数の言葉で述べ直した（2.4 節，4.9 節）．前の章で述べたように，オイラーの『代数』にラグランジュがつけた追記は，連分数を系統的に提示した最初のものであった．4.8 節において，2 次の無理数の連分数を特徴づけるラグランジュの定理を証明した．

ラグランジュは 4 平方数定理（フェルマーが証明したと主張したもの—2.6 節），すなわちすべての正の整数は 4 つの平方数の和であるという定理の証明を初めて発表した．ラグランジュがディオファントス問題を解くのに無理数や複素数を用いるオイラーの手法を拡張したとき，オイラーはとても満足した．整除性の問題に対するラグランジュの貢献の中には，「$f(x)$ が n 次多項式で p が素数ならば，$f(k)$ が p の倍数となるような $-\frac{p}{2} < k < \frac{p}{2}$ を満たす k は，高々 n 個しかない」という事実の証明がある．オイラーとラグランジュにとって，これは大変難しい問題であった．しかしガウスの合同の記号を用いれば，きわめて容易な問題になることがわかるだろう．

ラグランジュの偉大な貢献のひとつは疑いなく，整数の 2 元 2 次形式による表現理論である．ここでは短い導入にとどめる．第 12 章，13 章において，ガウスによる多くの簡略化や新しい貢献を含む，より系統的で広範囲な扱いを示すことにしよう．

5.2 2 次形式

2 元 2 次形式の理論における基礎的な問題は，次のようなものである．

$a, b, c \in \mathbf{Z}$ に対して $ax^2 + bxy + cy^2$ という形式を考えるとき，どのような整数がこの形式によって**表現される**であろうか？ すなわち，どのような整数 n に対して，整数 x, y が存在して

$$n = ax^2 + bxy + cy^2$$

とできるだろうか？ それに加えて，そのような解がいくつあるか，また解を見つけるアルゴリズムについてもできれば知りたいのである．

例として，形式 $f(x,y) = 2x^2 + 6xy + 5y^2$ を考える．

$$2x^2 + 6xy + 5y^2 = (x+y)^2 + (x+2y)^2$$

に注意しよう．

$$X = x+y, \quad Y = x+2y \tag{1}$$

と置くと，この置換の下で我々の形式は

$$g(X,Y) = X^2 + Y^2$$

となり，x, y について解くと，

$$x = 2X - Y, \quad y = -X + Y \tag{2}$$

が得られる．

明らかに方程式 (1) と (2) は，整数の組 (x,y) と (X,Y) の間の 1 対 1 対応を定義している．したがって形式 f と g は同じ整数を表す．$X^2 + Y^2$ は直観的には 2 つの形式のうちで「より簡単」であるから，こちらの表現問題の方が解きやすいと考えるのがもっともである．（どの素数が 2 つの平方数の和になるかという問題に対するフェルマーの主張（2.6 節）を思い起こそう．）

より一般的には，

$$f(x,y) = ax^2 + bxy + cy^2$$

が与えられたとき，同じ整数を表す他の 2 次形式を見つけたいと思う．

$$\begin{aligned} x &= AX + BY \\ y &= CX + DY \end{aligned} \tag{3}$$

で与えられる線形変換 T を考える．当面，係数はすべて実数であるとする．このとき行列式 $\Delta = AD - BC$ である．(3) を $f(x,y)$ に代入すると，新しい形式

$$g(X,Y) = a'X^2 + b'XY + c'Y^2$$

が得られる．先の例のように，T が整数の組 (x,y) と (X,Y) の間の全単射を定めるようにしたい．そうすれば f と g は同じ整数を表すことになるからである．

$\Delta = 0$ とすると，$Y\Delta = Ay - Cx = 0$ となるため，X と Y が整数全体を動いたとしても，(x,y) はすべての整数値をとることはできない．したがって T は全単射ではない．そこで $\Delta \neq 0$ と仮定し，(3) を X と Y について解くことにより T^{-1} が得られ，

$$X = \frac{D}{\Delta}x - \frac{B}{\Delta}y$$
$$Y = \frac{-C}{\Delta}x + \frac{A}{\Delta}y \tag{4}$$

で与えられる．

式 (3) と (4) は，実数値変数としての (x,y) と (X,Y) について，すべての組の間の全単射を定めている．これがいつ整数の組の間でも全単射になるか調べるために，まずはそれが成り立つと仮定した上で問題を分析し，適切な必要条件を導き出そう．まず $(X,Y) = (1,0)$ あるいは $(0,1)$ と置くと，(3) から $A, B, C, D \in \mathbf{Z}$ がわかる．同様に $(x,y) = (1,0)$ あるいは $(0,1)$ と置くと，(4) から $\frac{A}{\Delta}, \frac{B}{\Delta}, \frac{C}{\Delta}, \frac{D}{\Delta} \in \mathbf{Z}$ がわかる．すると

$$\left(\frac{A}{\Delta}\right)\left(\frac{D}{\Delta}\right) - \left(\frac{B}{\Delta}\right)\left(\frac{C}{\Delta}\right) = \frac{AD - BC}{\Delta^2} = \frac{\Delta}{\Delta^2} = \frac{1}{\Delta} \in \mathbf{Z}$$

となり，したがって $\Delta = \pm 1$ が得られる．

逆に，$A, B, C, D \in \mathbf{Z}$ かつ $\Delta = \pm 1$ ならば，T は整数の組の間の全単射を定める．

このことから，ラグランジュの 2 次形式の理論における大きな貢献のひとつである，同値の概念が導かれる．$f(x,y)$ と $g(X,Y)$ が，式 (3) で関連づけられ，また $A, B, C, D \in \mathbf{Z}$ かつ $\Delta = \pm 1$ であるとする．ラグランジュはいつも新しい用語を導入するのが嫌いだったので，f と g を「互いに変換可能な形式」と呼んだ．一方，わかりやすい用語を作る名人だったガウスは，後にこれらを**同値な形式**と名づけた．同値な形式は同値関係である（演習）．ラグランジュは，そして後のガウスは，形式の同値類を研究し，たとえば，表現問題を簡単にするために，各同値類における「単純な」形式あるいは形式の集合を探した．これらのことについては第 12 章で再び振り返ることにしよう．

第6章

ルジャンドル

6.1 ルジャンドル

　アドリアン＝マリ・ルジャンドル (Adrien-Marie Legendre, 1752-1833) はフランスで人生を過ごし，ヨーロッパを代表する数学者に数えられてはいたが，彼と重なる時代に生きていたオイラー，ラグランジュ，ラプラス (Laplace) やガウスに匹敵する存在ではなかった．

　彼が好んだ研究分野は天体力学，楕円積分，そして数論であった．彼の名前は，ルジャンドル多項式，最小二乗法，数論のルジャンドル記号などの多様な話題に関連して見ることができる．ルジャンドルの教科書や本は大変定評があり，彼の幾何学の教科書は19世紀を通してヨーロッパやアメリカにおける幾何の教育で支配的な力をもっていた．

　彼の結果の多くはガウスによって独立に発見されていて，時に深刻な優先権論争を巻き起こした．Jean Itard によるルジャンドルの伝記 [Ita 2] を引用しよう．

> 「ガウスは，定理というものは最初に厳密な証明を与えた人のものになると考えていた．一方25歳年上のルジャンドルは，厳密性についてもっとずっと広く，あいまいな感覚をもっていた．オイラーの晩年の弟子であったルジャンドルにとっては，ただもっともらしいだけのような議論でも証明の代わりになるのであった．結果として，二人の優先権に関する議論はいつも，耳が聞こえない人の会話に似たものであった．」

　1798年に，ルジャンドルは『整数論』[Leg 1] を出版した．これは彼の最初の体系的な書物で，もっぱら数論だけを扱ったものである．この本は当時の数

学者たちに強い影響を与え，その後数回にわたって改訂された．しかしその最後の版（1830年）においても，ガウスによって展開された多くのより優れた方法を，彼は受け入れていない．

ここでは数論におけるルジャンドルのより重要な仕事について述べるだけにしておこう．

6.2 円錐曲線上の有理点

1.2節の演習問題において，ピタゴラス数と単位円上の有理点との関係について紹介し，他の円錐曲線上の有理点問題の探求へと読者を誘った．別の言葉で言えば，2変数の2次方程式の有理数解を求める問題である．ルジャンドルはそのような方程式が少なくとも1つの有理数解をもつかどうか決定するアルゴリズムを発見した．この問題については，曲線の算術（第18章）を論じるときに振り返ることにしよう．さらにあとで，ルジャンドルのアルゴリズムは p 進数（第23章）の言葉を用いると最も自然に述べられることがわかるであろう．

6.3 素数の分布

ルジャンドルは素数についていくつかの予想を立てたが，それらはあとに続く研究を大いに刺激し，それは今日にまで至っている．

予想 $\pi(x)$ を x より小さい素数の個数を表す関数とすると，定数 A, B が存在し，
$$\pi(x) \sim \frac{x}{A \log x + B}$$
が成り立つ．

($f(x) \sim g(x)$ は「$f(x)$ は $g(x)$ に漸近的である」と読み，$x \to \infty$ のとき $\dfrac{f(x)}{g(x)} \to 1$ となることを意味する．) 約100年後，$\pi(x) \sim \dfrac{x}{\log x}$ であることが証明された．

予想 $(k, m) = 1$ ならば，等差数列 $k, k+m, k+2m, \cdots$ は無限に多くの素数を含む.

この予想はディリクレによって1837年に証明され，数論における解析的手法の利用の真の始まりとなった.

予想 すべての $n > 1$ に対し，n^2 と $(n+1)^2$ の間に必ず素数が存在する.

これはいまだに未解決である.

6.4 平方剰余と相互法則

　フェルマーの小定理は，「$a^n - 1$ という形の数はどの素数で割り切れるか」という問いから起こったものである．オイラーは，それに伴うもうひとつの「$a^n + 1$ という形の数はどの素数で割り切れるか」という問題に大変興味をもつようになった．この問題がやがて平方剰余の研究になっていくのである [Wei 1].

　a をある整数，p を a の約数でない素数とする．ある整数 x が存在して $x^2 - a$ が p で割り切れるとき，a は p の**平方剰余**であるという．そうでなければ a は p の**平方非剰余**である．平方剰余は，素数 p が $x^2 - ay^2$ という形のものであるための強い必要条件を与える.

定理 p を素数，a を p の倍数でない整数とする．ある整数 x, y で
$$p = x^2 - ay^2$$
と表されるならば，a は p の平方剰余である.

〔証明〕 整除についての簡単な議論から，$(p, y) = 1$ が得られる（演習）．したがって，整数 k, m が存在して $kp + my = 1$ とできる．$my = 1 - kp$ を
$$pm^2 = x^2m^2 - ay^2m^2 = (xm)^2 - a(ym)^2$$
に代入すると，
$$pm^2 = (xm)^2 - a(1-kp)^2$$
あるいは
$$(xm)^2 - a = p(m^2 - 2ka + k^2pa)$$

となり，p は $(xm)^2 - a$ の約数になるから，a は p の平方剰余である． □

ルジャンドルは，今ではルジャンドル記号と呼ばれている $\left(\dfrac{a}{p}\right)$ という記号を，以下のようにして導入すると大変役に立つと考えた．

p が奇素数で整数 a の約数でないとき，

$$a \text{ が } p \text{ の平方剰余であれば } \left(\frac{a}{p}\right) = 1,$$

$$\text{そうでなければ } \left(\frac{a}{p}\right) = -1$$

オイラーは平方剰余について広範囲にわたる研究をしたが，その中に次のような結果がある．

定理（オイラーの判定条件） p を奇素数で，整数 a の約数ではないとすると，

$$p \,\Big|\, a^{\frac{p-1}{2}} - \left(\frac{a}{p}\right)$$

オイラーはルジャンドル記号の表現を知らなかったので，彼の定理はこれほど簡潔なものではなかった．

系 $\left(\dfrac{-1}{p}\right) = (-1)^{\frac{p-1}{2}}$

この定理は 9.3 節で証明する．系は簡単な演習問題である．

異なる奇素数 p と q について，p を $x^2 \pm qy^2$ と表現することに関する研究の過程で，ルジャンドルは $\left(\dfrac{q}{p}\right)$ と同時に $\left(\dfrac{p}{q}\right)$ も考えなければならないということに気づいた．これらの研究の結果ルジャンドルは，ついに有名な**平方剰余の相互法則**を，次のように定式化するに至るのである [Leg 1]．

「任意の（異なる奇数の）素数 m と n に対して，もし少なくとも一方が $4x+3$ という形の素数でなければつねに $\left(\dfrac{n}{m}\right) = \left(\dfrac{m}{n}\right)$ であり，もしどちらも $4x+3$ という形の素数であれば $\left(\dfrac{n}{m}\right) = -\left(\dfrac{m}{n}\right)$ である．これらの 2 つの場合を合わせると，公式

$$\left(\frac{n}{m}\right) = (-1)^{\left(\frac{m-1}{2}\right)\left(\frac{n-1}{2}\right)} \left(\frac{m}{n}\right)$$

となる.」

現代の書物では，これは通常

$$\left(\frac{m}{n}\right)\left(\frac{n}{m}\right) = (-1)^{\frac{(m-1)(n-1)}{4}}$$

のように書かれる.

ルジャンドルはこの法則の「証明」を，もし m が $4x+1$ の形の素数であるならば $\left(\frac{m}{n}\right) = -1$ となるような $4x+3$ の形の素数 n が存在するという仮定に基づいて与えた．そしてこの仮定が，等差数列における素数の分布に関する彼の予想（3節）から導かれるということも知っていたが，彼はそのどちらについてもついに証明することはできなかった（詳細については [Sch-Opo] と [Wei 1] を参照).

ルジャンドルも，また後に独立にこの法則を発見したガウスも知らなかったことであるが，オイラーもまた平方剰余の相互法則を，やや異なってはいるが同値な形で予想していたのである．これは1772年に発表された論文と，1783年の *Opuscula Analytica* に書かれている [Stru]．実際1742年に完全な法則の発見に近づいたとき，オイラーはクレロー (Clairaut) に宛てた手紙の中で次のように書いている：「私はこの話題を研究し尽くしたどころか，数に関する無数に多くのすばらしい性質が，まだ発見されずにいることは確かだと感じる」[Wei 1, p.187]

平方剰余の相互法則は数論の発展において重要なテーマであり続けた．あとで，もっと系統的な定式化，同値な形式やいくつかの証明を示すが，そうすればその一般化がどのようにして，代数的整数論の創造における重要な刺激となったかがわかるであろう.

第 7 章

ガウス

7.1 ガウスとその業績

　一般にアルキメデス，ニュートンとともに古今の三大数学者の一人とみなされているように，カール・フリードリヒ・ガウス (Carl Friedrich Gauss) の業績は，物理学，天文学，工学とともに，数理科学の全体にわたっている．

　ガウスの若年期について 2 つの記述を紹介しよう．1 つ目は May による伝記 [May]，2 つ目は Felix Klein の『19 世紀の数学の発展』[Kle 2] である．私は Walter Kaufmann Bühler によるガウスの伝記 [Kau]，特にガウスの時代のヨーロッパ文化に対するその洞察を大いにお勧めしたい．

> 「カール・フリードリヒ・ガウス（1777 年 4 月 30 日ドイツ・ブラウンシュヴァイクに生まれ，1855 年 2 月 23 日ドイツ・ゲッチンゲンに没す），数理科学．」

　ガウスの生涯は，履歴上は非常に単純なものであった．貧しく学問とは無縁の家庭で質素な子供時代を送っている間にも，彼は驚くべき神童ぶりを見せていた．14 歳のときにはブラウンシュヴァイク公爵から奨学金を得て知的興味に没頭できるようになり，それはその後 16 年間にわたって続いた．25 歳を前に，彼はすでに数学者，天文学者として有名になっていた．30 歳のとき彼はゲッチンゲンへ行き，天文台長になった．そこで彼は 47 年間を過ごし，78 歳を前にして亡くなるまで，科学上の仕事のとき以外はめったにゲッチンゲン市を離れることはなかった．

　単純な履歴とは対照的に，ガウス個人の人生は複雑で悲劇的なものであった．彼はフランス革命やナポレオン時代，そしてドイツ民主革命に伴

う政治騒動や財政的不安定に苦しんだ．彼には数学上の共同研究者というものは存在せず，一生の大部分を通して一人で研究を行った．好意的でない父親，最初の妻の早世，病弱な後妻，そして息子たちとの思わしくない関係といったことのために，晩年に至るまで家族は彼の安らぎの場所ではなかった．

このような難しい状況の中，ガウスは驚くほど豊かな科学的活動を維持し続けた．若いときの数や計算への情熱は，まず数論へと彼を導き，その後代数学，解析学，幾何学，確率論，そして誤差論へと発展していった．それと同時に，天体観測，天体力学，測量学，測地学，毛管現象，地磁気学，電磁気学，力学，光学，理科機器のデザイン，そして保険数理といった，科学の多くの分野にわたって，彼は理論と実験の両面にわたる研究を集中的に続けた．彼の出版物，膨大な量の手紙のやり取り，ノート，原稿等は，彼が古今におけるもっとも偉大な科学の大家の一人であったことを示している．

若年期：ガウスは，小作農から下層中流階級へと厳しい道を歩みつつある町の労働者の家に生まれた．彼の母親は大変知的な婦人ではあったものの，ほとんど読み書きのできない農家の石屋の娘で，ガウスの父親の2人目の妻になるまでお手伝いとして働いていた．一方父親は，庭師，いろいろな商売の労働者，水道工事の親方，商人の手伝い，小さな保険基金の収入役といった仕事をしていた．彼の親類の中で，多少なりとも知的才能と呼べるようなものをもっていたのは，織物の親方をしていた彼の母親の兄のみであった．ガウスは父親のことを"尊敬に値するが，横柄で礼儀知らずで荒っぽい"と表現している．彼の母親は，不幸な結婚にもかかわらず朗らかな性格を失わず，一人息子を献身的に支え続け，息子の家で22年を過ごした後97歳で亡くなった．

他の誰の知性も借りることなく，ガウスは話せるようになる前に計算を覚えた．よく認められている話によると，3歳のときに彼は，父親の賃金計算における誤りを正したという．彼は自力で読めるようになり，また算数の実験も集中的に続けていたに違いない．というのも，8歳のときに受けた最初の算数の授業で，1から100までの合計を求めよという時間つぶしの問題を一瞬のうちに解いて教師を驚かせたほどだからである．幸い，

彼の父親はこの計算の天才を商売目的に使おうなどという可能性は考えなかったし，彼の教師はこの少年に本を与え，知的発展を続けるよう励ますという洞察力をもっていた．

　高校2年生のとき，ガウスはマルティン・バーテルズ (Martin Bartels) と一緒に勉強した．この人物は当時補助教員だった人で，後にカザンでロバチェフスキー (Lobachevsky) の先生となった．ガウスの父親は1788年に，カール・フリードリヒがギムナジウムに入ること，そして家族を支えるためにあくせく働くのではなく，放課後に勉強を続けることを許すよう説得された．そしてギムナジウムでガウスは，あらゆる科目，特に古典文学と数学で，大部分は独力によって非常に早い進歩を見せた．当時地元のコレギウム・カロリヌムの教授をしており，後にブラウンシュヴァイク公爵の諮問委員となった E. A. W. ツィンマーマン (Zimmermann) が，交友と激励，そして王室のよい職を提供してくれた．そして1792年にカール・ヴィルヘルム・フェルディナンド公爵の援助が始まり，ガウスは独立するのである．

　1792年にブラウンシュヴァイクのコレギウム・カロリヌムに入ったとき，ガウスは科学と古典において，当時の17歳の通常レベルをはるかに超えた学識をもっていた．彼は初等幾何学，代数学，解析学に通じていた（しばしば重要な定理を，学習する前からすでに発見したりしていた）が，それに加えて豊かな算術的能力や多くの数論的洞察力をもっていた．膨大な計算を行い，時には数表として記録された計算結果を観察することで，彼は個々の数字と親しく付き合い，また一般化することでさらに計算能力を伸ばすことができた．彼の生涯にわたる発見のパターンはできあがっていた．すなわち，膨大な経験上の考察が予想や新たな洞察をもたらし，それがさらなる実験や観察へと導くというパターンである．このような方法で彼はすでに独立に，惑星の距離に関するボーデ (Bode) の法則，有理指数に対する二項定理，そして算術幾何平均を発見していた．

　コレギウムで過ごした3年間，ガウスは経験的計算を続け，あるときは巧妙な展開と補間を使って平方根を2つの異なる方法で小数点以下50桁まで求めた．また彼は等しくない近似を補正しようとしたり，素数の分布の規則を見つけようとしている間に最小二乗法の原理を定式化したよ

うである．1795 年にゲッチンゲン大学に入る前に，彼はすでに平方剰余の相互法則（1785 年にラグランジュによって予想されていたもの）を再発見し，算術幾何平均を無限級数展開に関連付け，素数定理（1896 年に J. アダマール (Hadamard) によって初めて証明された）を予想し，そして「ユークリッド幾何が正しくなかったとしたら」成り立つであろういくつかの結果を見つけていた．

ブラウンシュヴァイクで，ガウスはニュートンの『プリンキピア (Principia)』やヤコブ・ベルヌーイの『推測法 (Ars Conjectandi)』をすでに読んでしまっていたが，数学の古典的書物はほとんど入手できなかった．ゲッチンゲンでは，彼は名作や過去の雑誌をむさぼるように読み，自分の発見が新しいものではなかったことをしばしば見出した．凡庸な数学者の A. G. ケストナー (Kästner) よりも，すばらしい古典学者の G. ハイネ (Heyne) の方に魅せられて，ガウスは言語学者になろうと計画した．しかし 1796 年に，彼を数学者として決定付ける劇的な発見が訪れる．円分方程式（その解は，幾何学的に見れば，円を等しい弧に分ける）の組織立てた考察の副産物として，ガウスは正多角形を定規とコンパスのみで作図できるための条件を得て，正 17 角形は定規とコンパスだけで作図できると発表した．この問題における 2 千年間で初めての進歩であった．

ガウスの方法の論理的な要素はゲッチンゲンで成熟した．彼にとっての英雄はアルキメデスとニュートンであった．しかしガウスは，正確な定義と明示された仮定，そして完全な証明といったギリシャの厳密性の精神を，古典的な幾何学以外の形で取り入れた．オイラーのやり方に従って，ガウスは数値的に，また代数的に思索し，ユークリッドの厳密さの延長を解析学において具現化した．20 歳になるまでにガウスは，その後も多くの文脈で続けることになるパターンに従って，驚くべきスピードで前へ進んでいた．彼のパターンとは，大量の経験的研究を，集中的な思索と厳密な理論構築とに密接に結びつけるというものであった．

1795 年から 1800 年の 5 年間，あまりにも早く数学の考えが浮かぶので，ガウスはほとんどそれを書き残すことができなかった．1817 年 3 月の *Göttingische gelehrie Anzeigen* においてガウスは，平方剰余の相互法則の 7 つの証明のうちのひとつを振り返り，次のように自伝的に書いて

いる.

『整数論の特徴として，最も美しい定理の多くが，いともたやすい推量によって発見されるにもかかわらず，その証明となると，手近なところにまったく見つからないどころか，多くの実りのない考察ののち，深い解析と幸運な組み合わせによってやっと見出されるといったことがよくある．この意味深い現象は，この分野の数学における異なる理論の間の見事なつながりから起こるのであり，これにより多くの定理が，何年にもわたって証明が見つからなかったのちに，たくさんの異なる方法で証明されるということがよく起こるのである．推論によって新しい結果が見つかるとすぐに，最初に必要なこととして，あらゆる可能な方法によって証明を見つけることを考えなければならない．しかし整数論においては，そのような幸運のあとで考察が完結したと考えたり，他の証明を探すことを不必要な贅沢だなどと考えたりしてはいけない．

というのは，最も美しく簡潔な証明に最初は到達できなくても，整数論における真理のすばらしいつながりに目を向けるだけで研究に引き付けられ，しばしば新しい真理の発見へとつながるからである．このような理由から，すでに知られている真理の新しい証明を発見することが，少なくともその真理自体の発見に勝るとも劣らないほど重要なことであるということがよくある [Werke, II, 159-160]．』」

次の文章で，クラインはガウスの純粋数学における仕事を2つの時期に分けているが，その後半は1801年に終わっている．これはガウスが1801年以降純粋数学の研究を続けるのをやめてしまったということではない．ただ，数論を除いては，この頃の仕事の多くはより応用的な考察から起こっているのである．たとえば彼の微分幾何学は測地学における野外作業によって動機づけられたものであった．

「初めに，歴史以前の時代について述べる．日記が始まるまでの期間を私はそう呼びたい．

ある種の子供らしい好奇心とさえ言いたくなるような自然な興味が，最初に少年を数学的問題へと導いたのであり，それにはどんな外からの影響も無関係であった．実際初めに彼を引きつけたのは，ただ単に数字を使っ

た計算技術そのものであった．彼は人並み外れた勤勉さと疲れを知らない根気強さで，とにかく計算を続けた．この絶え間ない練習（たとえば小数を，信じられないような位まで計算するなど）によって，ガウスは計算技術の驚くべき名人芸を身につけ，それは彼を生涯にわたって特徴づけることになった．それだけでなく彼は，具体的な数値に関する膨大な記憶を蓄え，それによっておそらく後にも先にも誰ももたなかったような，数の世界を味わい，見通す力を得たのである．計算以外にも，彼は無限級数に対する演算に心を奪われた．数を使った活動，それもこのように帰納的で「実験的な」方法により，彼はきわめて早い時期に，数に関する一般的な関係や法則に到達していた．こうした仕事の方法についてはすでに黄金定理に関連して述べた．これは18世紀においては，たとえばオイラーにも見られるように，それほど珍しいものではなかったが，今日の数学者たちの通例とは際立った対照を見せているのである．

ガウスの発見意欲を刺激したもっとも初期の話題のひとつが，いわゆる**算術幾何平均**である．$m' = \dfrac{m+n}{2}$ と $n' = \sqrt{mn}$ という2つの平均の利点を，2つを混ぜ合わせることによっていわば結合させるために，彼はこれらの平均を作る方法を

$$m'' = \frac{m'+n'}{2}, \quad n'' = \sqrt{m'n'}$$

のように繰り返した．もちろん具体的な数値による計算，たとえば $m=1, n=\sqrt{2}$ のような場合の計算を行って，彼はこの操作によって得られる数値が，彼が定めた数値に小数点以下かなりの桁数まで近づくことに気づいた．この時点ではもちろん，この事実が楕円関数論において将来示すことになる重要性について，ガウスは予想もしていなかった．ここで我々は，奇妙な，確かに偶然とは言えない現象に直面するのである．これらの初期の知的ゲーム，それも彼一人の楽しみのために考え出されたゲームのすべてが，後になってようやく意識されるようになる偉大なゴールへの第一歩になっている．これは，鉱脈の中で金鉱が隠されているところに正確につるはしをいれること，それも深い意味を考えることもなく遊び半分で力を試しただけでそれができてしまうという，天才の先見的能力の一部なのである．

さて，1795年である．この年にはより詳しい証拠が残っている．ガウス自身の言葉によると，彼が最小二乗法を発見したのはこの年だということである．そして，まだゲッチンゲン時代の前ではあったが，整数に対する強烈な興味が，以前よりさらに強く彼を捉えた．このことは『整数論』の序文にはっきりと示されている．文献を知らなかったので，彼はすべてを一人で作り上げなければならなかった．ここでもまた，未知の世界へと道を開いたのは，疲れを知らない計算家であった．ガウスは膨大な量の数表を発表している：素数表，平方剰余・平方非剰余の表，そして $p=1$ から $p=1000$ までの数に対する逆数 $\frac{1}{p}$ の表などである．特にこの逆数の表は，循環するまで小数展開してあり，したがって時には小数点以下数百桁に及ぶものもあったのである！この逆数の表でガウスは，周期が分母 p にどのように依存するか定めようと試みた．今日の研究者の誰が，新しい定理を求めてこのような奇妙な道へと入っていこうとするであろうか？しかしガウスにとっては，ゴールへと導くのはまさに，前代未聞のエネルギーでたどるこの道であった．彼はその不断の努力だけは他の人と異なっていたと述べている．こうして，前の時代のオイラーのように，彼は平方剰余の相互法則，すなわち**黄金定理**を，計算による帰納的な方法で発見するのである．

1795年の秋に，彼はゲッチンゲンに移り，そこで彼の前に始めて現れたオイラーやラグランジュの仕事をむさぼり読んだはずである．そして1796年3月30日，ダマスカスへの旅の途中で，彼は変化を経験する．これが次の時期の始まりである．

第二期，規則正しく日記をつけたことで特徴付けられる，1796年から1801年までの期間である．長い間ガウスは1の n 乗根 $x^n = 1$ を彼の「原始根」の理論に基づいてまとめることに忙しく取り組んでいた．するとある朝突然，まだベッドにいる時に，正17角形の作図が彼の理論から導かれることがはっきりとわかったのである．すでに述べたように，この発見がガウスの人生の転換点となった．彼は言語学ではなく，もっぱら数学に専念することに決めたのである．この日が日記の始まりとなった．この日記こそ，ガウスの数学の発展に関する最も興味深い文書である．ここに

は，近寄りがたく孤独で，用心深い男は見出されない．ここで我々が見るのは，生きて偉大な発見を体験するありのままのガウスである．彼はその喜びや満足をきわめて生き生きと表現している．自分自身を祝福し，熱狂的な叫びをあふれさせているのである．数論，代数学，解析学における誇るべき一連の偉大な発見（もちろん，すべてではないが）が我々の前を行進して行き，『整数論』の創生へとつながっていくのを見ることができる．力強い天才の急成長の足跡に混じって，ガウスですらやらずに済ますことはできなかった，ちょっとした学校の練習問題なども発見され，心を打たれる．微分に関するまじめな練習の記録が見出されるし，レムニスケートの分割に関する部分の直前に誰もが練習しなければならない，まったく平凡な置換積分が書かれているのである．」

この集中的な時期のあと，1801年に『整数論』が出版された．クラインはさらに述べる．

「『整数論』においてガウスは，真の意味での現代的数論を作り上げ，それに続く発展の全体を規定した．ガウスがこうした思考の世界全体を，外からの刺激をまったく受けることなく，純粋に自分自身の中から，自分の力だけで創造したことを思うとき，彼の成し遂げたことに対する驚きはさらに増すのである．歴史研究によれば，これから述べるが，ガウスはその発見のほとんどすべてを，ゲッチンゲンで関係する文献を知る前に，すでに成し遂げていた．ゲッチンゲンの文献にはオイラー，ラグランジュ，ルジャンドルの仕事があったが，ガウスがそれらの仕事に激しく興味をもったのも，すでに自分自身で作り上げたものがあったからである．読書とたまに同僚のケストナーのもとを訪れたのを別にすれば，ガウスはゲッチンゲンで，創造しようというどうしようもない衝動による命令以外には何からも影響を受けなかったのである．」

クラインはガウスの日記から特徴的な記述を選んで示している（日記の英訳については [Gra] を見よ）．

「ここで日記の中からとりわけ特徴的なものを少し選んで示してみよう．番号は『ガウス全集(*Werke*)』の第10巻1章に従ってつけた．

1. 1796 年 3 月 30 日：円の 17 個の部分への幾何学的分割．

2. 1796 年 4 月 8 日：黄金定理の最初の完全な証明．8 つの異なる特殊な場合を含む，この極めて長い証明は，その手法の大胆な一貫性により，今でも大変注目すべきものである．クロネッカー (Kronecker) はこれを「ガウスの天才に対する強度試験」と呼んでいる．さらに，

51. 1797 年 1 月 7 日にレムニスケートに関する研究が始まり，次のノート

60. 1797 年 3 月 19 日．レムニスケートの分割の方程式において指数 n^2 が現れる理由を発見した．すなわち，複素領域を用いて，レムニスケート積分

$$\int \frac{dx}{\sqrt{1-x^4}} = \int \frac{dx}{\sqrt{(1-x)(1+x)(1-ix)(1+ix)}}$$

の二重周期性を彼は認識したのである．次のノート

80. 10 月には，代数学の基本定理の証明を見ることができる．1799 年に彼は，この仕事で学位を得ることになる．しかしそのときさらに

98. 1799 年 5 月 30 日，彼はきわめて重要な結果に到達した：算術幾何平均とレムニスケートの長さの間の関係を見つけたのである．そしてここでもまた彼は，$\dfrac{1}{[M(1,\sqrt{2})]}$ の値を小数点以下 11 位まで計算して用いるという，純粋に計算による方法を用いた．彼はまだその関係をはっきりと認識してはいなかったが，この発見の重要性は評価していた．すなわち，「解析学のまったく新しい分野を切り開いた」のである．それ以来，楕円関数の分野の発展は急速に前進した．最初ガウスはまだ「レムニスケート」関数，すなわち平行四辺形の中でも正方形の周期をもつ特殊な場合にとらわれていた．しかし次のノートでは

105-109. 1800 年 5 月 6 日〜6 月 3 日，一般の二重周期関数の発見が記録されている．ここでは正方形が一般の平行四辺形で置き換えられている．これにより，楕円モジュラー関数の理論全体が作り出された．それもあと一歩でアーベル (Abel) やヤコビすら乗り越えて発展するほどのもので

あった．

　ますます増え続ける天文学的活動とともに，この偉大な期間の発見は幕を引く．しかし次のことに触れておかなければならない．

144. 1813年10月23日，数論に $a+bi$ という数を導入することとともに，4次剰余の真の理論が与えられた．この発見はガウスを特別な喜びで満たしたようである．というのは，彼が7年間探し求めて発見できなかったこの解が，息子の誕生と同時に彼に与えられたという感想をつけ加えているからである．

　この比類ない文書の要約を終えるに当たり，一般的な性質のいくつかの言葉を加えざるを得ない．

　ガウスはすでに解決された問題に多くのエネルギーを費やしたため，克服済みであることがすでに科学の常識の一部となっているようなあらゆる困難な問題に，何の案内も手助けもなしに，再び打ち勝たなければならなかったのではないかと思う人たちもいるだろう．このような意見に対しては，私は独立した発見のすばらしさを強く力説したいのである．この例だけからも，個人がうまく成長するためには，知識を獲得することよりも能力を伸ばすことの方がずっと大きく寄与するという教育学的真理を学ぶことができよう．ガウスが一度選んだ道を進む頑固さ，目的に向かっていつも恐れることなく最も険しい道をたどる若々しい性急さ——これらの厳しい試練が彼の力をさらに強力にし，あらゆる障害を向こう見ずに乗り越える力を彼に与えたのである．それらがたとえ自分より前の研究によってすでに取り除かれたものであったとしてもである．」

　クラインがガウスの日記から選んだ結果のほとんどについて，これから論じることになる．すなわち，第11章で平方剰余の相互法則について，第14章で円分論について，第15章で4次剰余について，そして第19章で楕円関数について議論する．ガウスの楕円関数の仕事において算術幾何平均が果たした役割については，Coxの[Cox 2]を見よ．

　楕円関数に関するガウスの仕事は，彼の生前には何ひとつ発表されなかった．しかしながら彼のノートから，この話題におけるアーベルやヤコビの最も

重要な仕事の多くをガウスが予想していたことがわかる．ガウスは，彼がすでに得ていたが公表しなかった結果について，誰かが再発見して発表した後で，その優先権を主張する手紙を友人に送りつけるという非常にいやな癖をもっていた．彼の発表しなかったノートからわかるように，ガウスの主張は真実ではあったが，その主張は彼に先んじられた人たちをいやな思いにさせるものであった．ガウスはたとえば，彼の友人ヴォルフガング・ボヤイ (Wolfgang Bolyai) に宛てた手紙で，ボヤイの息子ヨハン (Johann) の非ユークリッド幾何に関する仕事に対して優先権を主張した．若いボヤイに対するガウスの「私の特別な尊敬の証」にもかかわらず，ガウスから公に何の評価も得られなかったことにがっかりしたヨハンは，それ以上数学の仕事をまったく探求しなくなってしまった（[Hal, T] を参照）．

　ガウスが若い数学者たちの手助けをしたという例もいくつかはある．彼はアイゼンシュタイン (Eisenstein) とディリクレの仕事に感嘆し，彼らを昇進させようと試みた．ガウスとディリクレの関係や彼らの交わした書簡については，D. E. Rowe による [Row] を見よ．

　すでに挙げた伝記に加え，Waldo Dunnington の [Dun] は，ガウスの私生活と職業生活について多くの情報を伝えている．

7.2　『整数論』概観

　『整数論』について少し論じて目次の表を示すことは，何らかの展望を我々に与えてくれるであろう．『整数論』は今では英訳 [Gau 1] が入手可能で，いまだに真剣な研究に十分値する書物である．

　彼の教育に資金を提供してくれたブラウンシュヴァイク公爵に対するガウスの忠誠心と感謝の思いは，祈りのようにも読める『整数論』の献呈の辞に明白である．しかしこれは，公爵の後援によってガウスが教育を受け地位を得ることができたことに対し，ガウスが心からの思いを表現したものととらえるべきであろう．

　『整数論』の前書きでガウスは，彼の発見について述べるとともに，彼がそれまでに多くを再発見していた，彼以前の学者たちの結果も含めて，高度な数学の主要な部分に対する完全な解説を提示したいという願望について述べて

いる.

『整数論』は3つの部分に分けられており（私によってではなくガウスによって），そのうち第2部が書物全体の60%を占めている．ガウスは『整数論』を7つの節（章）に分けており，全体で366の項目から成っている．

合同式

   I. 数の合同に関する一般的な事柄
   II. 1次合同式
   III. べき剰余
   IV. 2次合同式

2次形式

   V. 2次形式と2次不定方程式
   VI. これまでの研究のさまざまな応用

円分論

   VII. 円の分割を定める方程式

これはただの目次の表であって，366の項目のすばらしい豊潤さを説明する始まりにすらなっていない．我々はこのあとの7つの章を『整数論』の議論にあてようと思う．

第8章
合同式の理論〔1〕

8.1 『整数論』第1節

　合同式の理論を体系的に導入するため，『整数論』第1節（[Gau 1] からの翻訳）を再現することから始めよう．ここには，画期的な合同表記の導入と同時に，厳密性に対するガウスの念入りな配慮や，どんなに初歩的な概念も完全に提示しようとする姿勢がよく示されている．特に興味深いのは，現在の多くの初歩的教科書において，合同理論への導入部分が，ガウスによるこの節の内容といくらも違わないという事実である．

　ラグランジュによる代数方程式の研究とともに，ガウスによる合同に関する研究は，現代代数学の始まりと見なすことができる．

第 1 節

一般の合同数

合同数，法，剰余，非剰余

1. 数 b と c の差が数 a で割り切れるとき，b と c は a に関して合同であるといい，そうでないとき b と c は非合同であるという．数 a は**法**と呼ばれる．b と c が合同であるとき，片方はもう一方の**剰余**といい，二つの数が合同でないときこれらは**非剰余**という．

　ここに出てくる数は，分数でない正または負の整数でなければならない[1]．たとえば，-9 と $+16$ は 5 を法として合同である．-7 は法 11 に関して $+15$ の剰余であるが，法 5 に関しては非剰余である．-7 は法 11 に関して $+15$ の

---
[1] 法はもちろん符号なしの絶対値として取らなければならない．

剰余であるが，法 3 に関しては非剰余である．

0 はすべての数で割り切れるので，どの数もあらゆる法に関して自分自身と合同であるとみなすことができる．

2. a が与えられているとき，m を法とする剰余はすべて，$a + km$ という式で表される．ただし k は任意の整数である．この事実からすぐに，以下に述べるように，より簡単な命題がいくつか得られるが，これらは直接証明したとしても同じくらい容易である．

今後は合同を $\equiv$ という記号で，必要ならさらに括弧の中に法を記して，示すことにする．たとえば，$-7 \equiv 15 (\mathrm{mod.}\ 11)$，$-16 \equiv 9 (\mathrm{mod.}\ 5)$ である[2]．

3. **定理** 連続する m 個の整数 $a, a+1, a+2, \cdots, a+m-1$ と，もう 1 つの整数 A が与えられているとすると，これらの連続する整数の中に 1 つだけ法 m に関して A と合同な整数が存在する．

$\dfrac{a-A}{m}$ が整数のときは，$a \equiv A$ である．これが分数のときは，k をそれより大きい最小の整数とすると，$A + km$ は a と $a + m$ の間の数となり，したがってこれが求める数である．明らかに，すべての分数 $\dfrac{a-A}{m}$，$\dfrac{a+1-A}{m}, \cdots, \dfrac{a+m-A}{m}$ は $k-1$ と $k+1$ の間にあるから，そのうちの 1 つだけが整数である．

最小剰余

4. したがってどの数も，連続する数 $0, 1, 2, \cdots, m-1$ の中に 1 つの剰余と，連続する数 $0, -1, -2, \cdots, -(m-1)$ の中に 1 つの剰余をもっている．これらを**最小剰余**と呼ぶことにする．明らかに，0 が剰余である場合以外は，最小剰余はつねに 1 つの正の数と 1 つの負の数というペアで現れる．それらの絶対値が等しくないときは，片方が $\dfrac{m}{2}$ より小さくなり，そうでなければどちらも絶対値が $\dfrac{m}{2}$ となる．こうしてどの数も，絶対値が法 m の半分以下であるような

---

[2] 相等と合同の類似からこの記号を採用した．同じ理由からルジャンドルは，しばしば引用する機会のある論文において，相等と合同を表すのに同じ記号を用いている．ここでは混同を避けるためにあえて区別をつけた．

剰余をもつことになる．これを**絶対最小剰余**と呼ぶ．法 7 に関して，+5 はそれ自身の最小正剰余である．このとき −2 は最小負剰余であり，絶対最小剰余である．

たとえば，法 5 に関して，−13 は 2 を最小正剰余としてもつ．このときこれは絶対最小剰余でもあり，一方 −3 が最小負剰余である．

5. これらの概念ができ上がったところで，すぐに明らかな合同の性質をまとめてみることにしよう．
《合成数の法に関して合同な数は，その法のどの約数に関しても合同である．いくつかの数が同じ法に関して同じ数と合同であるならば，それらの数は（同じ法に関して）互いに合同である．》
このような法の同一性は，次のことからも理解できるだろう．
《互いに合同な数は同じ最小剰余をもち，非合同な数は異なる最小剰余をもつ．》

6. 《数 $A, B, C, \cdots$ と，ある法に関してこれらと合同な別の数 $a, b, c, \cdots$ が与えられている．すなわち $A \equiv a, B \equiv b, \cdots$ であるとする．このとき $A + B + C + \cdots \equiv a + b + c + \cdots$ が成り立つ．$A \equiv a, B \equiv b$ ならば $A - B \equiv a - b$ である．》

7. 《$A \equiv a$ ならば $kA \equiv ka$ も成り立つ．》

k が正の数ならば，これは前の項目 (6.) において $A = B = C = \cdots, a = b = c = \cdots$ とした特別な場合に過ぎない．また k が負の数ならば，$-k$ は正の数であるから，$-kA \equiv -ka$ であり，したがって $kA \equiv ka$ となる．

《$A \equiv a, B \equiv b$ ならば $AB \equiv ab$ である．》

なぜなら，上のことにより $AB \equiv Ab \equiv ba$ となるからである．

8. 《数 $A, B, C, \cdots$ と，これらと合同な別の数 $a, b, c, \cdots$ が与えられている．すなわち $A \equiv a, B \equiv b, \cdots$ であるとする．このときそれぞれの積も合同である．すなわち $ABC \cdots \equiv abc \cdots$ が成り立つ．》

前項により $AB \equiv ab$ であり，同じ理由で $ABC \equiv abc$ となる．このようにいくつでも因数をつなげることができる．

$A, B, C, \cdots$ をすべて等しくとり，また対応する $a, b, c, \cdots$ もすべて等しくとれば，次の定理が得られる：

《$A \equiv a$ で k が正の整数ならば，$A^k \equiv a^k$ である．》

9. 《X を，
$$Ax^a + Bx^b + Cx^c + \cdots$$
という形の，x を変数とする代数関数とする．ただしここで $A, B, C, \cdots$ は任意の整数，$a, b, c, \cdots$ は任意の負でない整数とする．このとき，ある法に関して合同な値を x に与えれば，結果として得られる関数の値 X も合同である．》

f, g を合同な x の値とすると，前項により $f^a \equiv g^a$ かつ $Af^a \equiv Ag^a$ であり，また同様にして $Bf^b \equiv Bg^b, \cdots$ である．したがって
$Af^a + Bf^b + Cf^c + \cdots \equiv Ag^a + Bg^b + Cg^c + \cdots$ となる．　　（証明終わり）

この定理をいくつかの変数をもつ関数へと拡張するのは容易である．

10. したがって，x にすべての整数を連続的に代入していき，同時に対応する関数 X の値を最小剰余に直していけば，こうしてできる数列では，m 個の項（m は法であるとする）の間隔の後に，同じ項が繰り返されることになる．すなわち，この数列は無限に繰り返される**周期** m の項から成るのである．たとえば，$X = x^3 - 8x + 6$ とし，法 $m = 5$ とすれば，$x = 0, 1, 2, 3, \cdots$ に対し，X の値は最小正剰余 $1, 4, 3, 4, 3, 1, 4, \cdots$ を作り出し，最初の5つの数 $1, 4, 3, 4, 3$ が無限回繰り返される．この数列が反対方向に続けられたら，すなわち x に負の数を次々と代入していけば，項の順序を逆にして同じ周期が現れる．このことから，この周期をなす項以外の項は，数列全体にわたって現れないこともわかる．

11. この例では，$X \equiv 0$ にも $X \equiv 2$ にもなりえない．ましてや $X = 0$ や $X = 2$ にはならない．このようにして，方程式 $x^3 - 8x + 6 = 0$ と $x^3 - 8x + 4 = 0$ は整数の解をもたず，したがって，わかるように，有理数の解ももたない．より一般的に，X を
$$x^n + Ax^{n-1} + Bx^{n-2} + \cdots + N$$

という形の，x を変数とする関数とする．ただし，$A, B, C, \cdots$ は整数で，n は正の整数である（すべての代数方程式がこの形に帰着されることが知られている）．ある法 m に対して合同式 $X \equiv 0$ が決して成り立たないならば，方程式 $X = 0$ が有理数の解をもたないことは明らかである．しかしこの判定法については 8 節でもっと完全な形で論じる[3]．この例からも，これらの研究が役に立つことが少しはわかるであろう．

12. 算術の専門書で慣習的に教えられている多くのことが，この節で詳しく述べた定理によっている．たとえば，与えられた数が 9 や 11, あるいはその他の数で割り切れるかどうか判定する方法である．法 9 に関して 10 のべきはどれも 1 と合同である．したがってある数が $a + 10b + 100c + \cdots$ という形をしているならば，法 9 に関して $a + b + c + \cdots$ と同じ最小剰余をもつ．このようにして，十進法で表された数のひとつずつの数字を，桁の位置にかかわらず加えたら，その和と元の数とは同じ最小剰余をもつことがわかる．したがって元の数が 9 で割り切れるならば数字の和も 9 で割り切れ，その逆も成り立つ．3 で割るときも同じことが成り立つ．また，法 11 に関して $100 \equiv 1$ であり，一般的に $10^{2k} \equiv 1, 10^{2k+1} \equiv 10 \equiv -1$ であるから，$a + 10b + 100c + \cdots$ という形の数は，法 11 に関して $a - b + c - \cdots$ と同じ最小剰余をもつことになる．このことからよく知られた方法がすぐに得られる．そして同じ原理から，似たようなすべての方法が導き出される．

　先に述べた議論から，計算を確かめるために普通使われる方法を成り立たせる基礎となる原理も見出すことができる．具体的に言うと，与えられた数から足し算，引き算，掛け算，あるいはべき乗によって別の数が導かれるとき，与えられた数を任意の法（よく使われるのは 9 や 11 である．というのはすでに見たように，十進法で剰余が見つけやすいから）に関する最小剰余で置き換える．こうして得られる数は，元の数から得られる数と合同になるはずであり，そうでなければ計算にどこか誤りがあるのである．

　しかしこれらの方法や類似の方法はよく知られているので，あまりこだわるのも無用である．

---

[3] ガウスは『整数論』に対して 8 つの節を書くつもりで，高次の合同を扱う 8 節を本質的には書き上げていた．しかしわずかの印刷費を抑えるために，7 つの節のみで出版することに決めたのである．著者の前書きを見よ．

8.2 剰余類

ここでは，統一的な代数学的概念である群，環，体を導入し，ガウスの章を補足する議論を行おう．『整数論』は，のちに有限アーベル群の理論へと発展する一連の基礎的な例を与えている．

前節の第1項と第2項でガウスは，合同の正式な定義を導入している．すなわち，整数 a, b は，$a - b$ が整数 n で割り切れるとき，n を法として**合同**であるといい，$a \equiv b \pmod{n}$ あるいは $a \equiv b\,(n)$ で表す．このことは，「a と b は，n で割ったときの余りが同じである」ということと同値である．

この実に実り多い記号が数論にもたらした革命的な影響については，十分に強調することが難しいほどであるが，これについてガウスは，合同と相等が似ているから採用したと言っている．合同の記号は，それ以前の大量の仕事を統一し，明確にしたばかりでなく，膨大な新しい研究分野を引き起こした．すなわち，数論や代数学の結果が，記号「$=$」を「$\equiv \pmod{n}$」で置き換えたとき，どの程度まで正しいのかという問題である．このアナロジーは，我々の合同に関する研究における統一的な筋道のひとつである．

第2項に対する脚注で，ガウスは合同に「$=$」という記号を用いたのはルジャンドルの功績であると認めている．しかしルジャンドルの『整数論』を急いでよく調べてみると，ルジャンドルはフェルマーの定理の証明において何気なくこの考えを用いているだけで，その重要性を認識してはいないことがわかる．この記号の利点に対する本当の功績は，やはりガウスにあるのである．

合同は整数 $\mathbf{Z}$ 上の 同値関係である．反射律 $a \equiv a \pmod{n}$ は明らかである．対称律 $a \equiv b \pmod{n} \implies b \equiv a \pmod{n}$，推移律 $a \equiv b \pmod{n}, b \equiv c \pmod{n} \implies a \equiv c \pmod{n}$ の証明も同様にすぐにできるが，これらは合わせて第5項の2番目の性質となる．a を含む同値類を $\bar{a}$ で表すと，これは単に

$$\bar{a} = \{a + kn \mid k \in \mathbf{Z}\}$$

というものである．

このように記号 $\equiv \pmod{n}$ は整数全体を，互いに交わりがなく正負両方向に無限に続く有限個の等差数列

$$\ldots a - 2n,\ a - n,\ a,\ a + n,\ a + 2n, \ldots$$

に分割する．記号 $\bar{a}$ には法 n が現れないことに注意しよう．法がいくつであるかは，前後の文脈から明らかであることがほとんどだからである．法を強調する必要があるときは，$\bar{a}$ の代わりに記号 $a \pmod{n}$ を用いることにしよう．n を法とする同値類は，一般に **n を法とする剰余類**または **n を法とする合同類**と呼ばれる．

ガウスは決して「剰余類」という言葉を用いなかった．彼はただ，「与えられた数または剰余に合同なすべての数」と言っただけである．これは特別に興味深いことである．というのは，彼が形式の合成の理論（13.9節）において同値類およびその演算を用いたのが，おそらくこの抽象的概念を用いた知られている初めてのものだからである．

割り算のアルゴリズムから，《n を法とする異なる剰余類は，ちょうど n 個存在する》ことがわかる．

整数が合同であることと剰余類が等しいことを言い換えるのに用いる，単純だが本質的な性質に次のものがある．

$$a \equiv b \pmod{n} \iff \bar{a} = \bar{b}$$

同値類の「異なる代表元の系」，すなわちどの同値類もその集合の元をちょうど1つずつ含むような数の集合を，**n を法とする完全剰余系**と呼ぶ．ガウスは第3項で，n 個の連続する整数はいつでも n を法とする完全剰余系をなすということを示している．実際，互いに合同でない n 個の整数をどのように取っても，1つの完全剰余系になる．なぜならこれらの数は皆異なる剰余類にあり，そして剰余類は n 個しかないからである．最もよく用いられる系は，以下のようなものである．

i) n を法とする最小非負剰余の全体：$\{0, 1, \cdots, n-1\}$
ii) n を法とする最小正剰余の全体：$\{1, 2, \cdots, n\}$
iii) n を法とする絶対最小剰余の全体：
　　n が奇数のときは $\left\{-\dfrac{n-1}{2}, \cdots -1, 0, 1, \cdots, \dfrac{n-1}{2}\right\}$ で，n が偶数のときは $\left\{-\dfrac{n}{2}+1, \cdots, -1, 0, 1, \cdots, \dfrac{n}{2}-1, \dfrac{n}{2}\right\}$ または $\left\{-\dfrac{n}{2}, \cdots, -1, 0, 1, \cdots, \dfrac{n}{2}-1\right\}$

特に断りのない限り，最小非負剰余の全体を用いることとする．

8.3 合同と代数構造

$\mathbf{Z}$ は加法に関するアーベル群であり，$\overline{0} = \{kn | k \in \mathbf{Z}\} = n\mathbf{Z}$ は部分群，そして剰余類 $\overline{a} = a + n\mathbf{Z}$ は部分群 $\overline{0}$ の剰余類である．したがって商群 $(\mathbf{Z}/n\mathbf{Z})^+$，すなわち，
$$\overline{a} + \overline{b} = \overline{a+b}$$
で加法を定義したときの剰余類の集合は，位数 n の有限アーベル群である．第6項のガウスの定理 $A \equiv a \pmod{n}$ かつ $B \equiv b \pmod{n} \implies A + B \equiv a + b \pmod{n}$ は，この演算が正しく定義できることを示している．

第7項の結果により，剰余類の積が $\overline{a} \cdot \overline{b} = \overline{ab}$ で定義できることもわかる．

これら2つの演算により，剰余類は環をなす．実際，$\mathbf{Z}$ は環であり，$n\mathbf{Z}$ は**イデアル**であるから，この環は商環もしくは剰余類環 $\mathbf{Z}/n\mathbf{Z}$ である．

残念ながら，我々の環は一般には体でも整域でもない．n が**合成数**（素数でない数）のときは，ゼロの約数が存在するからである．たとえば，$4 \cdot 2 \equiv 0 \pmod{8}$ であるから，$\mathbf{Z}/8\mathbf{Z}$ において，$\overline{4} \cdot \overline{2} = \overline{0}$ となってしまう．

次の性質は，$\mathbf{Z}/n\mathbf{Z}$ の研究において大変役に立つ．

演習

i) $a \equiv b \pmod{n}, m | n \implies a \equiv b \pmod{m}$.

ii) $(a,n) = 1, ax \equiv ay \pmod{n} \implies x \equiv y \pmod{n}$. 特に $n = p$ が素数のときは，$a \not\equiv 0 \pmod{p}, ax \equiv ay \pmod{p} \implies x \equiv y \pmod{p}$.

iii) $(a,n) = d, ax \equiv ay \pmod{n} \implies x \equiv y \pmod{n/d}$.

定理 $ax \equiv 1 \pmod{n}$ ($\overline{a}x = \overline{1}$ としても同値) が解をもつ $\iff (a,n) = 1$.

〔証明〕 $(a,n) = 1 \iff ua + vn = 1$ となる u, v がある
$$\iff au \equiv 1 \pmod{n} \iff \overline{a}\,\overline{u} = \overline{1} \qquad \square$$

$\impliedby$) についてはもっとよい別証明が，演習の (ii) から得られる：n 個の数 $0, a, 2a, \cdots, (n-1)a$ はどれも互いに合同ではないので，n を法とする完全剰

余系をなす．したがってそのうちの 1 つは $\equiv 1 \pmod{n}$ である．

$ab \equiv 1 \pmod{n}$ であるとき，b は n を法とする a の**逆元**であるという．演習 (ii) より，a のどの 2 つの逆元も n を法として合同であり，したがって $\overline{b}$ が $\overline{a}x = \overline{1}$ のただ 1 つの解であることがわかる．n を法とする a の逆元を記号 a^{-1} で表すが，これは n を法として定まるだけである．a が n を法とする逆元をもつならば，$\overline{a^{-1}} = \overline{a}^{-1}$ が成り立ち，これが $\mathbf{Z}/n\mathbf{Z}$ における $\overline{a}$ のただ 1 つの乗法的逆元である．

もちろん逆元が存在しないこともある．たとえば，2 は 4 を法とする逆元をもたない．3 も 6 を法とする逆元をもたない．しかし $n = p$ が素数で，$a \not\equiv 0 \pmod{p}$ ならば，$(a, p) = 1$ で，定理により，次の系を得る．

系 $a \not\equiv 0 \pmod{p}$ ならば，a は p を法とする逆元をもつ．

これを代数構造の言葉で述べ直すと次の系が得られる．

系 素数 p に対して，p を法とする 0 でない剰余類は乗法的逆元をもち，したがって群をなす．したがって $\mathbf{Z}/p\mathbf{Z}$ は p 個の元からなる体である．この体の乗法群の位数は $p - 1$ である．（体の理論により，有限体はそのサイズによって，同型をこめて一意に定まることを思い出すこと．）

ここからは，p 個の元をもつ有限体を $\mathbf{F}_p = \mathbf{Z}/p\mathbf{Z}$，その加法群を $\mathbf{F}_p^+ = (\mathbf{Z}/p\mathbf{Z})^+$，そしてその乗法群を $\mathbf{F}_p^\times = (\mathbf{Z}/p\mathbf{Z})^\times$ で表す．すると群，環，体の理論における結果から，数論の結果が導かれる．

例（フェルマーの小定理） 合同の記号の下では，2 つの形式の定理（2.7 節）は次のようになる．

1) $a \not\equiv 0 \pmod{p} \implies a^{p-1} \equiv 1 \pmod{p}$
   ($\overline{a} \neq \overline{0} \implies \overline{a}^{p-1} = \overline{1}$ と書いても同じ)，
2) すべての a に対し，$a^p \equiv a \pmod{p}$ ($\overline{a}^p = \overline{a}$ と書いても同じ)．

1) を証明するために，k を群 $\mathbf{F}_p^\times$ の元 $\overline{a}$ の位数，すなわち $\overline{a}^m = \overline{1}$ となる最小の正の整数 m とする．すると k は $\overline{a}$ によって生成される部分群 $\{\overline{a}\}$ の位数となる．しかし群論におけるラグランジュの定理より，部分群の位数は群の

位数の約数である．したがって $k \mid p-1$，すなわち，$p-1 = kt$ となる t が存在し，

$$\overline{a}^{p-1} = \overline{a}^{kt} = \left(\overline{a}^k\right)^t = \overline{1}^t = \overline{1}$$

となる．両辺に a をかければ 2) が得られる．構造的な観点から見ると，これがこの定理のもっとも自然な証明である．

おもしろい注意としては，ラグランジュの定理は彼の数論に関する仕事で得られたのではなく，方程式の理論における置換群の役割を研究するなかで得られたということである（[Edw 2] を見よ）．

8.4 応用

第 9 項において，ガウスは $f(x) = a_0 + a_1 x + \cdots + a_m x^m$ が整数を係数とする多項式であるとき，

$$x_1 \equiv x_2 \pmod{n} \implies f(x_1) \equiv f(x_2) \pmod{n}$$

となることを証明している．この事実は，

$$\text{すべての } n \text{ に対して} \quad a = b \implies a \equiv b \pmod{n}$$

ということと合わせて，ディオファントス方程式の解のための必要条件を見出したり，そのような解が存在しないことを示したりするための強力な方法を与える．ガウスはこれらの手法を第 11 項で説明している．これらのアイデアは，ガウス以前にもよく用いられていたのだが，合同の記法を用いることで，概念上も，また計算においても，とてつもなく大きな利点が生み出されたのである．

例 $x^3 - 4y^2 = 2$ を満たす整数 x, y が存在すると仮定すると，$x^3 - 4y^2 \equiv 2 \pmod{4}$，また $4 \equiv 0 \pmod{4}$ であるから，$x^3 \equiv 2 \pmod{4}$ である．しかし完全剰余系 $x \equiv 0, 1, 2, 3 \pmod{4}$ に対して，x^3 は 4 を法として $0, 1, 3$ という値しか取ることができず，矛盾である．したがってこの方程式は整数解をもたない．

例（2 つの平方数の和） $p \equiv 3 \pmod{4}$ が素数で，$p = x^2 + y^2$ は整数解をもつと仮定する．しかし 2 乗は 4 を法として 0 と 1 の値しか取れず，したがって

$x^2 + y^2$ は 0, 1, 2 (mod 4) でなければならず，仮定に矛盾する．したがって，$p \equiv 3 \pmod{4}$ を満たす素数 p は 2 つの平方数の和では書けない．

合同に関する議論は，肯定的な結果を導くのにも用いられる．

命題 (x, y, z) が方程式
$$x^3 + y^3 = z^3$$
の解であるならば，x, y, z のうち少なくとも 1 つは 3 で割り切れる．

〔証明〕 3 と 9 を法として議論を進めよう．$x^3 + y^3 = z^3$ だから，
$$x^3 + y^3 \equiv z^3 \pmod{9} \qquad (1)$$
かつ
$$x^3 + y^3 \equiv z^3 \pmod{3} \qquad (2)$$
である．フェルマーの小定理により $w^3 \equiv w \pmod{3}$ であるから，式 (2) より，
$$x + y \equiv z \pmod{3} \qquad (3)$$
すなわち，ある k に対して $z = x + y + 3k$ となる．

これを式 (1) に代入して 9 を法として簡略化すると，
$$x^3 + y^3 \equiv (x+y+3k)^3 \equiv x^3 + y^3 + 3x^2y + 3xy^2 \pmod{9}$$
すなわち $3xy(x+y) \equiv 0 \pmod{9}$ を得る．しかし

$3xy(x+y) \equiv 0 \pmod{9} \implies xy(x+y) \equiv 0 \pmod{3}$,

$\qquad\qquad\qquad \implies xyz \equiv 0 \pmod{3}$，（式 (3) により）

$\qquad\qquad\qquad \implies 3 \mid xyz$

$\qquad\qquad\qquad \implies 3 \mid x, y, z$ のうち少なくとも 1 つ

となる． $\square$

特殊だが有用な結果として次のものがある．

ウィルソン (Wilson) の定理 p が素数である $\iff (p-1)! \equiv -1 \pmod{p}$

この定理のガウスによる証明を示そう．

〔証明〕 $\Longrightarrow$) $1 \leq a \leq p-1$ であるどの数 a も，この集合 $\{1, 2, \cdots, p-1\}$ の中に逆元 a' をもつ．さて，$a = a' \Longrightarrow aa' = a^2 \equiv 1 \pmod{p} \Longrightarrow (a-1)(a+1) \equiv 0 \pmod{p}$ となるが，これが成り立つのは $a \equiv 1 \pmod{p}$ あるいは $a \equiv -1 \equiv p-1 \pmod{p}$ のときだけである．

その他の $p-3$ 個の数 $2, 3, \cdots, p-2$ については，互いに逆元となる2つの異なる数の組に分けられ，それぞれの組の積はいずれも $\equiv 1 \pmod{p}$ となる．よって，
$$2 \times 3 \times \cdots \times p-2 \equiv 1 \pmod{p}$$
となり，したがって，
$$(p-1)! = 1 \times (2 \times 3 \cdots \times p-2) \times p-1 \equiv p-1 \equiv -1 \pmod{p}$$
が得られる．

逆は簡単な演習問題である． □

ウィルソンの定理の直接の応用として，次の命題が得られる．

命題（オイラー） p を奇素数とすると，
$$x^2 \equiv -1 \pmod{p} \text{ が解をもつ} \iff p \equiv 1 \pmod{4}$$

平方剰余の言葉とルジャンドルの記号（6.4節）を使って書けば，この命題は以下のようになる．

-1 が p の平方剰余，すなわち $\left(\dfrac{-1}{p}\right) = 1 \iff p \equiv 1 \pmod{4}$

〔証明〕 $\Longrightarrow$) $x^2 \equiv -1 \pmod{p} \Longrightarrow x^{p-1} \equiv (x^2)^{\frac{p-1}{2}} \equiv (-1)^{\frac{p-1}{2}} \pmod{p}$ となる．フェルマーの小定理により $x^{p-1} \equiv 1 \pmod{p}$ であるから，
$$1 \equiv (-1)^{\frac{p-1}{2}} \pmod{p} \quad \text{つまり} \quad p \mid 1 - (-1)^{\frac{p-1}{2}}$$
となる．しかし $1 - (-1)^{\frac{p-1}{2}} = 0$ または 2 である．これが 2 であるときは，$p \mid 2$ となって，p が奇素数であるという仮定に矛盾する．したがって $1 - (-1)^{\frac{p-1}{2}} = 0$ であり，指数について
$$\dfrac{p-1}{2} \text{ が偶数} \iff \dfrac{p-1}{2} = 2k \text{ となる } k \text{ がある}$$

$$\Longleftrightarrow p-1 = 4k \Longleftrightarrow p \equiv 1 \pmod{4}$$

となる．$p \equiv 1 \pmod{4}$ という条件は多くの場面で起こるが，その理由はほとんどいつも $\dfrac{p-1}{2}$ が偶数でなければならないというものである．

証明のこの部分はウィルソンの定理とは無関係であることに注意しよう．

$\Longleftarrow$) p は奇数と仮定されているから $p-1$ は偶数である．したがって

$$(p-1)! = \left(1 \cdot 2 \cdots \frac{p-1}{2}\right) \cdot (p-1)(p-2) \cdots \left(p - \frac{p-1}{2}\right)$$

$$\parallel$$

$$\left(\frac{p-1}{2}+1\right)$$

$$\equiv \left(1 \cdot 2 \cdots \frac{p-1}{2}\right) \cdot (-1)(-2) \cdots \left(-\frac{p-1}{2}\right) \pmod{p}$$

$$\equiv (-1)^{\frac{p-1}{2}} \left(1 \cdot 2 \cdots \frac{p-1}{2}\right)^2 \pmod{p}$$

となるが，$p \equiv 1 \pmod{4} \Longrightarrow \dfrac{p-1}{2}$ は偶数で，

$$(p-1)! \equiv \left(1 \cdot 2 \cdots \frac{p-1}{2}\right)^2 \pmod{p}$$ が成り立つ．

$x = \left(1 \cdot 2 \cdots \dfrac{p-1}{2}\right)$ と置くと，ウィルソンの定理により

$$x^2 = \left(1 \cdot 2 \cdots \frac{p-1}{2}\right) \equiv (p-1)! \equiv -1 \pmod{p}$$

が得られ，方程式 $x^2 \equiv -1 \pmod{p}$ の解が見出された． $\square$

この命題は，「$(k,n) = 1$ ならば等差数列 $k, k+n, k+2n, \ldots,$ は無限に多くの素数を含む．言い換えれば，$p \equiv k \pmod{n}$ となる素数 p が無限に存在する」というルジャンドルの予想（ディリクレの定理）の特殊な場合を証明するのにも用いることができる．

命題 $p \equiv 1 \pmod{4}$ を満たす無限に多くの素数 p が存在する．

124　第8章　合同式の理論〔1〕

〔証明〕　我々の証明は，無限に多くの素数が存在することを示すユークリッドの証明（1.2節）の焼き直しにすぎない．

$p_1, \cdots, p_r$ を，$p \equiv 1 \pmod 4$ を満たす最初の r 個の素数とする．5 はそのような素数であるから，これは無意味な仮定ではない．その上で，もうひとつそのような素数 p が存在することを示そう．

$$N = (p_1 p_2 \cdots p_r)^2 + 1$$

と置く．p を N の素因数とすると，$N = (p_1 p_2 \cdots p_r)^2 + 1 \equiv 0 \pmod p$ となり，先の命題から $p \equiv 1 \pmod 4$ が得られる．しかしどの i についても $p_i | N$ とはならないから，$p \neq p_i$ である．こうして p が求める素数であることが示された． □

演習　$p \equiv 3 \equiv -1 \pmod 4$ を満たす無限に多くの素数 p が存在することを証明せよ．ヒント：$p_1, \cdots, p_r$ がそのような素数の最初の r 個であるとすると，$4(p_1 \cdots p_r) - 1$ のある素因数が，もうひとつのそのような素数であることを示せばよい．

似たような手法を他の値についても用いることができ，円分多項式の性質を使って，より一般的な $p \equiv 1 \pmod n$ という場合も証明することができる [Gol, L]．しかし，完全な形でのディリクレの定理についてこれまでに知られている証明はどれも，深い解析的手法を要求する [Ire-Ros]．

8.5　1次合同式

合同の定義により，$ax \equiv b \pmod n$ の解は，線形ディオファントス方程式 $ax - ny = b$ の解と同値である．$ax - ny = b$ の解の要点については，1.2節における一連の演習問題で，そしてまた4.5節では連分数を使って述べた．今度は合同の記号を用いて述べてみよう．

$ax \equiv b \pmod n$ となるような合同式の解の個数を求めるとき，n を法として合同であるような2つの解は同じものとして数えるので，完全剰余系における解の個数を求めるのと同じことになることに注意せよ．こうして我々は，$\bar{a}\,\bar{x} = \bar{b} \in \mathbf{Z}/n\mathbf{Z}$ という方程式を満たす，n を法とする剰余類の個数も

数えているのである．より一般的に，$(a,n) = 1$ ならば，前節の定理により，$ax \equiv b \pmod{n}$ は解 $x = a^{-1}b$ をもつ．この解は n を法として一意に定まる．なぜなら $ax \equiv ax' \pmod{n}$ かつ $(a,n) = 1$ ならば $x \equiv x' \pmod{n}$ だからである．

例 方程式 $3x \equiv 6 \pmod{18}$ を解いてみよう．$3x \equiv 6 \pmod{18}$ は $x \equiv 2 \pmod 6$ に同値であるから，後者の合同式の解，そして前者の解は，$2 \pm 6k$, $k = 0, 1, 2, \cdots$ である．しかし 18 を法とするので，異なる解は 3 つしかない．すなわち $2, 2+6, 2+2\cdot 6$ である．これを一般化すると次のようになる．

定理 $d = (a, n)$ とすると，
$$ax \equiv b \pmod{n} \text{ が解をもつ} \iff d | b.$$
さらに，x_0 がひとつの解で $n' = \dfrac{n}{d}$ ならば，この合同式はちょうど d 個の合同でない解をもち，それらは
$$x_0, x_0 + n', x_0 + 2n', \ldots, x_0 + (d-1)n'$$
で与えられる．

〔証明〕（演習とする．）

次の章では連立線形合同式を解くことにしよう．

第 9 章
合同式の理論〔2〕

9.1 導入

　ここまでは，『整数論』の第1節および第2節の一部に書かれている内容（整数の一意素因数分解と線形合同式の解）を示してきた．本章と次章の2つの章では，『整数論』の第2〜4節の内容から多くのことを紹介していこう．しかしここではガウスの展開の順序には従わないことにする．というのは，考えにある種の統一性をもたせるため，群や環の概念を「軽く使いたい」からである．たとえそのようにしても，これらのアイデアの歴史的発展を紹介しようという我々の目的から大きく外れるものではないということは強調したい．なぜなら，代数的一般化のほとんどは数論に動機づけられたものであるし，ここで述べる証明は，元の数論的証明をそのまま一般化したものであるからである．

　代数的概念をより体系的に用いて，これらのアイデアの初歩的入門を示した本としては，Ireland and Rosen による [Ire-Ros] を見よ．また，より洗練された，簡略な方法を用いていて，さらに進んだ結果も含む書物としては，Serre の [Ser] を見よ．

9.2 既約剰余類

　n が素数でないとき，n を法とする 0 でない剰余類の全体が乗法に関して群にならないことはすでに示した．しかし，これらから群になるような，ある重要な部分集合を選び出すことができる．

　$(x, n) = 1$ かつ $x \equiv x' \pmod{n}$ ならば $(x', n) = 1$ であることはたやすく示すことができる．これにより，あるひとつの剰余類の中で n と互いに素

ある数は,すべてであるかひとつもないかのいずれかであることがわかるから,同値類を「n と互いに素である」と呼ぶことは意味をもつ.剰余類 $\bar{a}$ は,$(a,n) = 1$ であるとき n と互いに素である.と言い,n と互いに素である剰余類の全体を,**n を法とする既約剰余類**と呼ぶ.また各剰余類から1つずつ任意の代表元を取って集めた集合は,**n を法とする既約剰余系**である.たとえば,1, 5, 7, 11 は 12 を法とする既約剰余系である.

$$(a,n) = (b,n) = 1 \iff (ab,n) = 1$$

だから,既約剰余類は乗法に関して閉じている.8.5 節で,$(a,n) = 1$ であることと $ax \equiv 1 \pmod{n}$ を満たす x が存在することが同値であることを示した.したがって既約剰余類は,乗法に関して逆元をもつ唯一の剰余類集合である.こうして次の定理が示された.

定理 n を法とする既約剰余類は乗法に関して群をなす.この群を $\mathbf{Z}_n^\times$ で表すことにする.この群は,環 $\mathbf{Z}/n\mathbf{Z}$ の乗法に関する部分群で最大のものである.

区間 $[1,n]$ 内にあり,n と互いに素であるような整数全体の集合は既約剰余系であり,その個数はオイラーの φ 関数 $\varphi(n)$ で与えられる(3.4 節).したがって次の系が得られる.

系 $|\mathbf{Z}_n^\times| = \varphi(n)$

このことから直ちに得られる結論に,フェルマーの小定理のオイラーによる一般化がある.

定理(オイラー)

$$(a,n) = 1 \implies a^{\varphi(n)} \equiv 1 \pmod{n}$$

$$(\bar{a}^{\varphi(n)} = \bar{1} \text{と書いても同値}) \tag{9.1}$$

〔証明〕 2通りの証明を示そう.

1) 本質的には 8.3 節におけるフェルマーの小定理の証明を真似たものである.$(a,n) = 1$ ならば,$\bar{a}$ は $\mathbf{Z}_n^\times$ の元であり,その位数 k は,$\bar{a}$ によって生成される部分群 $\{\bar{a}\}$ の位数である.ラグランジュの定理により,k は $\varphi(n)$,すなわち $\mathbf{Z}_n^\times$ の位数の約数である.よって $\varphi(n) = kt$ となる整数 t が存在し,

$$\overline{a}^{\varphi(n)} = \overline{a}^{kt} = (\overline{a}^k)^t = (\overline{1})^t = \overline{1}$$

となる. □

2) 我々の2つ目の証明は，フェルマーの小定理の J. Ivory による証明（1808年）を一般化したものである．

$r_1, r_2, \cdots, r_{\varphi(n)}$ を n を法とする既約剰余系のひとつとすると，$ar_1, ar_2, \cdots, ar_{\varphi(n)}$ も既約剰余系であり，したがって後者のそれぞれの項は並べ替えにより前者の各項と合同である．したがって $r_1 r_2 \cdots r_{\varphi(n)} \equiv (ar_1)(ar_2) \cdot (ar_{\varphi(n)}) \equiv a^{\varphi(n)} r_1 r_2 \cdots r_{\varphi(n)} \pmod{n}$ となり，消去することにより定理が得られる． □

p が素数のときは $\varphi(p) = p-1$ であるから，フェルマーの小定理はオイラーの定理の特殊な場合であることがわかる.

9.3　$\mathbf{Z}/n\mathbf{Z}$ の構造

さて，群 $\mathbf{Z}_n^\times$ と環 $\mathbf{Z}/n\mathbf{Z}$ の構造を明らかにするために，群と環のアイデアをいくつか用いることにしよう．証明なしに述べてあることは，すべて演習と考えてもらいたい．

R を，単位元 1_R をもつ可換環とする．$a, b \in R$ のとき，$b = ac$ となるような元 $c \in R$ が存在するならば，a は b を**割り切る**と言い，$a|b$ で表すことを思い起こそう.

$a \in R$ が 1_R を割り切るとき**単元**であると言う．$U(R)$ を，R の単元の集合とする．

命題　$U(R)$ は乗法に関して群をなす.

$\mathbf{Z}_n^\times$ が群であることに対する我々の証明は，次の命題のように述べ直すことができる.

命題　$U(\mathbf{Z}/n\mathbf{Z}) = \mathbf{Z}_n^\times$

こうして，より一般的な設定の下で考えると，既約剰余類が自然な研究対象であることがわかる．

我々の構造定理への鍵となる定理が次のものである．

中国剰余定理　整数 $m_1, m_2, \cdots, m_k$ がどの 2 つも互いに素であり, $m = m_1 m_2 \cdots m_k$ および $b_1, \cdots, b_k$ が整数であるとき, 連立合同式
$$x \equiv b_1 \pmod{m_1}, x \equiv b_2 \pmod{m_2}, \cdots, x \equiv b_k \pmod{m_k}$$
は, m を法としてただひとつの解をもつ.

紀元 2 世紀の中国の数学書『孫子算経』(「兵法」の孫子とは別) に, 我々の現代的な表記を使わない形で, この定理の特別な場合が載っている. 完全な形でこの定理を述べ, 証明した最初の人はオイラーである (歴史的詳細については [Dic, Vol. 2] を参照).

〔証明〕
(一意性)　$x' \equiv x \pmod{m_1}, \cdots, x' \equiv x \pmod{m_k}$ であるとすると, $(m_i, m_j) = 1 \ (i \neq j)$ より,
$$m_1, \cdots, m_k \mid x' - x \implies m_1 \cdots m_k \mid x' - x \implies x' \equiv x \pmod{m}$$
となる.

(存在性)　まず $k = 2$ のときに定理を示す.
$$x \equiv b_1 \pmod{m_1}, \ x \equiv b_2 \pmod{m_2}$$
とする. 第 1 の合同式の解は
$$x = b_1 + m_1 t, \quad t = 0, \pm 1, \pm 2, \cdots$$
と表される. このような x が第 2 の合同式を満たすのは, t が 1 次合同式
$$b_1 + m_1 t \equiv b_2 \pmod{m_2} \quad \text{あるいは} \quad m_1 t \equiv b_2 - b_1 \pmod{m_2}$$
を満たすときであり, かつそのときに限るが, $(m_1, m_2) = 1$ であるから, そのような t は必ず存在する.

任意の k に対してこの定理を証明するためには, 数学的帰納法を用いる. たとえば $k = 3$ のとき,
$$x \equiv b_1 \pmod{m_1}, \ x \equiv b_2 \pmod{m_2}, \ x \equiv b_3 \pmod{m_3} \quad (1)$$
を解くために, まず $k = 2$ の場合を使って
$$y \equiv b_1 \pmod{m_1}, \ y \equiv b_2 \pmod{m_2} \quad (2)$$

を満たす y を求めることができる．次に再び $k = 2$ の場合を使って

$$x \equiv y \pmod{m_1 m_2}, \ \ x \equiv b_3 \pmod{m_3}$$

を満たす x を求めることができる．すると

$$x \equiv y \pmod{m_1 m_2} \implies x \equiv y \pmod{m_1}, x \equiv y \pmod{m_2}$$

であるから，式 (2) より x は，我々が求める連立合同式 (1) の解である．
k から $k+1$ への帰納法のステップはすぐにわかる（演習）． $\square$

解の存在性に対するより直接的な証明は，次のようにして与えられる．
$n_i = \dfrac{m}{m_i}$ と置くと，$(m_i, n_i) = 1$ であり，したがって $d_i m_i + e_i n_i = 1$ を満たす整数 d_i, e_i が存在する．$r_i = e_i n_i$ と置くと，$j \neq i$ に対して $r_i \equiv 0 \pmod{m_j}$ であり，また $r_i \equiv 1 \pmod{m_i}$ であることに注意しよう．すると $x = \Sigma b_i r_i$ が解である．

もうひとつの証明と，コンピュータに整数を格納することへのこの定理の応用については，Knuth による [Knu] を見よ．

この節の残りの部分については，すべての環は可換で単位元をもつとする．
$R_1, \ldots, R_n$ を環とすると，**直和**は集合

$$R_1 \oplus R_2 \oplus \cdots \oplus R_n = \{(r_1, \cdots, r_n) \mid r_i \in R_i\}$$

であり，演算は

$$(r_1, \ldots, r_n) + (s_1, \ldots, s_n) = (r_1 + s_1, \ldots, r_n + s_n),$$

$$(r_1, \ldots, r_n) \cdot (s_1, \ldots, s_n) = (r_1 s_1, \ldots, r_n s_n)$$

で与えられることを思い出そう．
一方 $G_1, \ldots, G_n$ が群であるとすると，**直積**は集合

$$G_1 \times G_2 \times \cdots \times G_n = \{(g_1, \cdots, g_n) \mid g_i \in G_i\}$$

であり，演算は

$$(g_1, \cdots, g_n) \cdot (h_1, \cdots, h_n) = (g_1 h_1, \cdots, g_n h_n)$$

で与えられる．

命題 $R_1 \oplus R_2 \oplus \cdots \oplus R_n$ は単位元をもつ可換環である．

命題 $G_1 \times G_2 \times \cdots \times G_n$ は群である．

命題 $U(R_1 \oplus \cdots \oplus R_n) = U(R_1) \times \cdots \times U(R_n)$．

定理 $m = m_1 \cdots m_k$ と置き，すべての $i \neq j$ に対して $(m_i, m_j) = 1$ とすると，
$$\mathbf{Z}/m\mathbf{Z} \cong \mathbf{Z}/m_1\mathbf{Z} \oplus \cdots \oplus \mathbf{Z}/m_k\mathbf{Z}$$
である．ここで $\cong$ は環の同型を表す．

(ヒント：$n \mapsto n \pmod{m_i}$ で定義される準同型 $\pi_i : \mathbf{Z} \to \mathbf{Z}/m_i\mathbf{Z}$ および $n \mapsto (\pi_1(n), \cdots, \pi_k(n))$ で定義される準同型 $f : \mathbf{Z} \to \mathbf{Z}/m_1\mathbf{Z} \oplus \cdots \oplus \mathbf{Z}/m_k\mathbf{Z}$ を考え，中国剰余定理を用いよ．)

系 $U(\mathbf{Z}/m\mathbf{Z}) \cong U(\mathbf{Z}/m_1\mathbf{Z}) \times \cdots \times U(\mathbf{Z}/m_k\mathbf{Z})$．ここで $\cong$ は群の同型を表す．

系 相異なる素数 p_i に対して $m = p_1^{k_1} \cdots p_r^{k_r}$ と置くと，
$$U(\mathbf{Z}/m\mathbf{Z}) \cong U(\mathbf{Z}/p_1^{k_1}\mathbf{Z}) \times \cdots \times U(\mathbf{Z}/p_r^{k_r}\mathbf{Z}).$$

$|U(\mathbf{Z}/m\mathbf{Z})| = \prod_i |U(\mathbf{Z}/p_i^{k_i}\mathbf{Z})|$ であることから，次の系が得られる．

系 相異なる素数 p_i に対して $m = p_1^{k_1} \cdots p_r^{k_r}$ と置くと，
$$\varphi(m) = \prod \varphi(p_i^{k_i}).$$

φ 関数の乗法性は，このような代数的構造を用いなくても，中国剰余定理から直接証明することができる（演習）．

9.4 高次合同式

$f(x) = f_0 + f_1 x + \cdots + f_k x^k \in \mathbf{Z}[x]$ とするとき，$r \in \mathbf{Z}$ が合同式
$$f(x) \equiv 0 \pmod{n}$$

の根あるいは解であるとは，$f(r) \equiv 0 \pmod{n}$ が成り立つことである．同値な言い方として，$\overline{f_i}$ を n を法とする f_i の剰余類とし，$\overline{f}(x) = \Sigma \overline{f_i} x^i \in (\mathbf{Z}/n\mathbf{Z})[x]$ とするとき，$\overline{f}(\overline{r}) = \overline{0}$ ならば，$\overline{r}$ は方程式 $\overline{f}(x) = \overline{0}$ の根である．

そのような高次合同式が与えられたとき，3つの質問をしよう．

i) 解は存在するか？
ii) 互いに合同でない解（すなわち $\mathbf{Z}/n\mathbf{Z}$ における解）がいくつ存在するか？
iii) 解は何か？

$f(x)$ と n がどのように与えられたとしても，調べる必要があるのは有限個の場合に過ぎないから，明らかにこの質問は，多項式のクラスや整数の集合に対する一般的な結果を問うているのである．たとえば，正の整数 k と a が与えられたとき，どんな素数 p に対して $x^k \equiv a \pmod{p}$ が解をもつかと尋ねるかもしれない．これらの質問は，過去2世紀にわたって数論の大きな部分を発展へと導いてきたものであり，今でも大きな関心をもたれている．

これらの問題を2つの段階にわたって分解し，素数を法とする高次合同式を調べることへと帰着させることにしよう．

1) $n = p_1^{n_1} p_2^{n_2} \cdots p_k^{n_k}$ が n の一意な素因数分解であるとき，$f(x) \equiv 0 \pmod{n}$ について調べることを，すべての i に対して $f(x) \equiv 0 \pmod{p_i^{n_i}}$ を調べることへと帰着させる．
2) p を素数とするとき，$f(x) \equiv 0 \pmod{p^n}$ について調べることを，$f(x) \equiv 0 \pmod{p}$ について調べることへと帰着させる．

第1ステップ：すべての $i \neq j$ に対して $(p_i^{n_i}, p_j^{n_j}) = 1$ であるから，どんな x に対しても，

$$f(x) \equiv 0 \pmod{n} \iff \text{すべての } i \text{ に対して } f(x) \equiv 0 \pmod{p_i^{n_i}} \quad (1)$$

したがって $f \equiv 0 \pmod{n}$ のどの解も，$f \equiv 0 \pmod{p_i^{n_i}}$ の解である．逆に，x_i を $f \equiv 0 \pmod{p_i^{n_i}}, i = 1, \cdots, k$ の解とすると，中国剰余定理によって，合同式

$$x \equiv x_1 \pmod{p_1^{n_1}}, \cdots, x \equiv x_k \pmod{p_k^{n_k}} \quad (2)$$

の解 x が存在する．

しかし (2) からすべての i に対して $f(x) \equiv 0 \pmod{p_i^{n_i}}$ が成り立つことがわかるから，(1) により，x は $f \equiv 0 \pmod{n}$ の解である．

さて，x と x_i を，それぞれ n と $p_i^{n_i}$ を法とする最小の正の剰余解に限定しよう．すると，中国剰余定理の一意性により，
$$x \longleftrightarrow (x_1, \cdots, x_k)$$
という対応が全単射になる．特に，$f \equiv 0 \pmod{p_i^{n_i}}$ の合同でない解が N_i 個あるとすると，$f \equiv 0 \pmod{n}$ は $N = N_1 \cdots N_k$ 個の合同でない解をもつ．

第 2 ステップ：一般的な手続きを示すような例から始めよう．

例 合同式
$$\text{すべての } n \geq 1 \text{ に対して } x^2 \equiv 2 \pmod{7^n} \tag{3}$$
を考える．

$n = 1$ のとき，$x_0 \equiv 3 \pmod{7}$ と $x_0' \equiv -3 \pmod{7}$ という 2 つの合同でない解がある．

次に $n = 2$ とする．
$$x^2 \equiv 2 \pmod{7^2} \tag{4}$$
ならば，$x^2 \equiv 2 \pmod{7}$，したがって $x \equiv \pm 3 \pmod{7}$ である．$x \equiv 3 \pmod{7}$ とすると，x は $3 + 7t$ という形でなければならない．これを式 (4) に代入して，解を与える t を求めると，
$$(3 + 7t)^2 \equiv 2 \pmod{7^2},$$
$$9 + 6 \cdot 7t + 7^2 t^2 \equiv 2 \pmod{7^2},$$
$$7 + 6 \cdot 7t \equiv 0 \pmod{7^2},$$
$$1 + 6t \equiv 0 \pmod{7},$$
$$t \equiv 1 \pmod{7},$$
すなわち $t = 1 + 7u$, $u \in \mathbf{Z}$ となる．この変形はすべて逆にたどることができるから，$3 + 7(1 + 7u) = 3 + 1 \cdot 7 + 7^2 u$, $u \in \mathbf{Z}$ が式 (4) のすべての解である．しかしこれらの解はすべて 7^2 を法として合同であるから，$u = 0$ と置くと，
$$x_1 \equiv 3 + 1 \cdot 7 \pmod{7^2}$$

が，$x_1 \equiv 3 \pmod 7$ であるような，式 (4) の 7^2 を法とするただひとつの解である．(同様に，$x_1' \equiv -3 + 6 \cdot 7 \equiv 4 + 5 \cdot 7 \pmod{7^2}$ が，7 を法として -3 に合同な，式 (4) のただひとつの解である．)

$n = 3$ とする．
$$x^2 \equiv 2 \pmod{7^3} \tag{5}$$
ならば，$x^2 \equiv 2 \pmod{7^2}$ となり，x は 7^2 を法として，式 (4) の解のひとつと同値となる．$x \equiv x_1 \pmod{7^2}$ とすると，x は $x_1 + 7^2 t = 3 + 1 \cdot 7 + 7^2 t$ という形となる．これを式 (5) に代入して，解を与える t を求めると，
$$\left(3 + 1 \cdot 7 + 7^2 t\right)^2 \equiv 2 \pmod{7^3}$$
となり，$t \equiv 2 \pmod 7$ が得られる．したがって，$3 + 1 \cdot 7 + 7^2(2 + 7u) = 3 + 1 \cdot 7 + 2 \cdot 7^2 + 7^3 u$, $u \in \mathbf{Z}$ が (5) のすべての解である．しかしこれらの解はすべて 7^3 を法として合同であるから，$u = 0$ と置くと，
$$x_2 \equiv 3 + 1 \cdot 7 + 2 \cdot 7^2 \pmod{7^3}$$
が，$x_2 \equiv x_1 \pmod{7^2}$ であるような，式 (5) のただひとつの解である．(同様に，$x \equiv x_1' \pmod{7^2}$ と選べば，式 (5) のもうひとつの解を得る．)

この手続きを続けて，$x^2 \equiv 2 \pmod 7$ の解 a_0 ごとに，ただひとつの数列 $a_0, a_1, \cdots$, $0 \le a_i < 7$ を定めて，
$$a_0 + a_1 7 + a_2 7^2 + \cdots + a_{n-1} 7^{n-1}$$
を $x^2 \equiv 2 \pmod{7^n}$ の解とすることができることは，容易に示すことができる (演習)．この合同式のどの解も，$x^2 \equiv 2 \pmod 7$ のただひとつの解と 7 を法として合同であるから，これらがただひとつの解である．

形式べき級数
$$a_0 + a_1 7 + \cdots + a_n 7^n + \cdots$$
が，それぞれの n に対して $x^2 \equiv 2 \pmod{7^n}$ の解を含んでいるという事実は，いわゆる p 進数を作り出す動機のひとつとなっているが，これについては後に学ぶ (第 23 章)．

さて，任意の多項式 $f(x)$ を考え，すべての $n > 1$ に対して，$f \equiv 0 \pmod{p^n}$ の解が $f(x) \equiv 0 \pmod{p}$ の解から作られることを示そう．

n を固定すると，
$$f(x) \equiv 0 \pmod{p^{n+1}} \tag{6}$$
の解は
$$f(x) \equiv 0 \pmod{p^n} \tag{7}$$
の解でもある．

式 (7) の解のうち，式 (6) の解でもあるものを定めたいと思う．x_{n-1} を式 (7) の解，x_n を式 (6) の解とし，$x_n \equiv x_{n-1} \pmod{p^n}$ を満たすとすると，x_n は $x_{n-1} + tp^n$, $t \in \mathbf{Z}$ という形をしていることになる．式 (6) の解となるための t の値を見つけたい．すなわち，
$$f(x_n) = f(x_{n-1} + tp^n) \equiv 0 \pmod{p^{n+1}} \tag{8}$$
を満たす t を求める．

テイラーの公式，すなわち多項式に対して成り立つ等式：
$$f(x+h) = f(x) + f^{(1)}(x)h + f^{(2)}(x)\frac{h^2}{2!} + \cdots + f^{(k)}(x)\frac{h^k}{k!}$$
(k は f の次数) を思い起こそう．$f(x)$ が整数を係数にもつとき，任意の固定した整数 a に対して，$f(a+h)$ は整数係数をもつ．しかし $f(a+h)$ における h^i の係数 $\dfrac{f^{(i)}(a)}{i!}$ はテイラーの公式により一意に定まるから，すべての i に対して $\dfrac{f^{(i)}(a)}{i!}$ は整数である．

テイラーの公式において $x = x_{n-1}$, $h = tp^n$ とすれば，
$$f(x_{n-1} + tp^n) = f(x_{n-1}) + f^{(1)}(x_{n-1})tp^n + f^{(2)}(x_{n-1})\frac{(tp^n)^2}{2!} + \\ \cdots + f^{(k)}(x_{n-1})\frac{(tp^n)^k}{k!}$$
となる．

$i > 1$ のとき，$\left(\dfrac{f^{(i)}(x_{n-1})}{i!}\right)(tp^n)^i \equiv 0 \pmod{p^{n+1}}$ であることに注意しよう．すると，
$$f(x_{n-1} + tp^n) \equiv f(x_{n-1}) + f^{(1)}(x_{n-1})tp^n \pmod{p^{n+1}}$$

となるから，方程式 (8) の解を与える t を求めることは，

$$tp^n f^{(1)}(x_{n-1}) \equiv -f(x_{n-1}) \pmod{p^{n+1}} \tag{9}$$

の解を求めることと同値である．

$f(x_{n-1}) \equiv 0 \pmod{p^n}$ であるから，$\dfrac{f(x_{n-1})}{p^n}$ は整数であり，式 (9) は t の 1 次合同式

$$tf^{(1)}(x_{n-1}) \equiv -\frac{f(x_{n-1})}{p^n} \pmod{p} \tag{10}$$

と同値である．したがって $x_n = x_{n-1} + tp^n$ は，t が式 (10) を満たすとき，かつそのときにのみ，式 (6) の解となる．

ここに 1 次合同式に関する我々の定理 (8.5 節) を適用して，細かいところを解決しよう．

(i) $f^{(1)}(x_{n-1}) \not\equiv 0 \pmod{p}$ であるとき：

この場合は，p を法とする (10) のただひとつの解 t' が存在する．剰余類における整数 $t' \pmod{p}$ は，$t = t' + up$, $u \in \mathbf{Z}$ という形をしているから，

$$x_n = x_{n-1} + (t' + up)p^n = x_{n-1} + t'p^n + up^{n+1}$$

が式 (6) の解である．しかしこれらの解はすべて p^{n+1} を法として合同であるから，$x_n \equiv x_{n-1} \pmod{p^n}$ を満たす式 (6) のただひとつの解 $x_{n-1} + t'p^n$ が存在する．

(ii) $f^{(1)}(x_{n-1}) \equiv 0 \pmod{p}$ かつ $-\dfrac{f(x_{n-1})}{p^n} \not\equiv 0 \pmod{p}$ であるとき：

このときは式 (10) が解をもたず，$x_n \equiv x_{n-1} \pmod{p^n}$ を満たす式 (6) の解は存在しない．

(iii) $f^{(1)}(x_{n-1}) \equiv 0 \pmod{p}$ かつ $-\dfrac{f(x_{n-1})}{p^n} \equiv 0 \pmod{p}$ であるとき：

このときは すべての $t \in \mathbf{Z}$ に対して $x_n = x_{n-1} + tp^n$ が式 (6) の解となる．

こうして $f \equiv 0 \pmod{p^n}, n = 1, 2, \cdots,$ の解から $f \equiv 0 \pmod{p^{n+1}}$ の解を作れることが示されたので，したがってすべての n に対して，$f \equiv 0 \pmod{p^n}$ の解を $f \equiv 0 \pmod{p}$ の解から作ることができる．

整数 n を法とする一変数の高次合同式を解くという一般的な問題が，上のようにして，n のすべての素因数 p に対して $f(x) \equiv 0 \pmod{p}$ を解くことに単純化された．多変数の多項式に関する合同式に対しても，同様の単純化のステップを用いることができる．

2 次の場合ですら，合同式の解にパターンが存在するかというのは深い問題で，平方剰余の相互法則 (6.2 節および第 11 章) へとつながる．さらに高次の場合については，多くの未解決問題がある．ここで少しの間脇道にそれて，上の手続きにおける第 2 ステップに関連した最近の仕事をいくつか論じたい．

p をある決まった素数として，$f(x_1, x_2, \cdots, x_k)$ を整数係数の多項式とする．c_n を $f \equiv 0 \pmod{p^n}$ の解の個数とすると，f の**ポアンカレ (Poincaré) 級数** $P_{f,p}(t)$ が，形式的べき級数

$$P_{f,p}(t) = \sum_{i=0}^{\infty} c_i t^i$$

となる．ただし $c_0 = 1$ とする．この級数は 1950 年代に Borevich and Shafarevich [Bor-Sha, pg. 47] によって導入されたもので，このとき彼らはすべての多項式 f に対して $P_{f,p}(t)$ は t の有理関数であると予想した．これは 1975 年に井草 [Igu] によって，解析的方法と代数的方法，代数多様体の特異点解消を組み合わせることにより，ずっと一般的な形で証明された．井草の証明は構成的なものではなく，ポアンカレ級数の計算や，この結果を多様な方向へと拡張することは，現在大変な関心を集めている (たとえば [Den] や [Meu] を参照)．[Gol, J 2] と [Gol, J 3] において私は，k 変数の強非退化形式および大きなクラスの 2 変数多項式に対するポアンカレ級数を導くための，初等的な代数的組合せ論の手法を示した．

9.5　高次合同式と多項式関数

$\overline{f} = \Sigma \overline{f_i} x^i$ また $\overline{g} = \Sigma \overline{g_i} x^i$ を $(\mathbf{Z}/n\mathbf{Z})[x]$ における多項式とする．ただし f_i と g_i は整数であり，$\overline{f_i}$ と $\overline{g_i}$ は n を法とするそれらの剰余類である．方程式 $\overline{f} = \overline{g}$ は 2 つの意味をもつ可能性がある．

ひとつには，多項式の相等，すなわち次数が等しく，すべての i に対して

$\overline{f_i} = \overline{g_i}$ であるという意味である．2つ目は，どんな多項式 $\overline{f}(x)$ も $\overline{r} \longmapsto \overline{f}(\overline{r})$ によって関数

$$\overline{f} : (\mathbf{Z}/n\mathbf{Z}) \longrightarrow (\mathbf{Z}/n\mathbf{Z})$$

を定めるから，$\overline{f} = \overline{g}$ は関数の相等という意味にもなりうる．

有理数や実数，複素数上の多項式については，これらの2つは同値である．しかし有限環や有限体上の多項式についてはそうではない．明らかに，多項式の相等からは関数の相等が導かれる．しかし逆は真ではない．たとえば，フェルマーの小定理により，すべての $x \in \boldsymbol{F}_p$ に対して $x^p - x = \overline{0}$ だが，$x^p - x$ と $\overline{0}$ は，多項式としては等しくない．

しばらくの間，$\overline{f} = \overline{g}$ は関数の相等を表し，$\overline{f} =_x \overline{g}$ は多項式の相等を表すということにする．$\mathbf{Z}/n\mathbf{Z}$ における相等を n を法とする合同で置き換えて，多項式に対してさらに，n を法とする同様の区別を与えることにしよう．

$f(x) = \Sigma f_i x^i$ と $g(x) = \Sigma g_i x^i$ を $\mathbf{Z}[x]$ の元とする．すべての整数 i に対して $f(i) \equiv g(i) \pmod{n}$ であるとき，**$f(x)$ は n を法として $g(x)$ に合同である**と言い，$\boldsymbol{f(x)} \equiv \boldsymbol{g(x)} \pmod{\boldsymbol{n}}$ で表す．これは関数の相等に対応している．

またすべての整数 i に対して $f_i \equiv g_i \pmod{n}$ であるとき，**$f(x)$ は n を法として $g(x)$ に x-合同である**と言い，$\boldsymbol{f(x)} \equiv_x \boldsymbol{g(x)} \pmod{\boldsymbol{n}}$ で表す．定義から，

$$\boldsymbol{f(x)} \equiv_x \boldsymbol{g(x)} \pmod{\boldsymbol{n}} \iff \overline{f}(x) =_x \overline{g}(x) \tag{1}$$

が成り立つ．

$f(x) \equiv_x g(x) \pmod{n}$ ならば $f(x) \equiv 0 \pmod{n}$ と $g(x) \equiv 0 \pmod{n}$ は同じ解をもつことに注意しよう．$=$ と $=_x$ の区別および $\equiv$ と $\equiv_x$ の区別は，多変数の合同にもそのまま持ち越される．($=_x$ や $\equiv_x$ という記号は，Adams and Goldstein [Ada-Gol] によって初めて導入されたようである．)

さて，ここでは $n = p$，すなわち素数の場合に特化して考えよう．すると $\mathbf{Z}/p\mathbf{Z} = \boldsymbol{F}_p$ は体となる．体上の多項式や整数上の多項式の素因子分解に関する基礎理論については仮定することにして（現代代数学のすべての教科書に述べられている），式 (1) によって $\equiv_x$ にもその理論の一部をそのまま用いることにする．これらのより一般的な結果の証明も，p を法とする多項式に対する

もともとの証明と，本質的には同じである．

$f_i \not\equiv 0 \pmod{p}$ を満たす最大の整数 i を，p を法とする $f(x) = \Sigma f_i x^i$ の**次数**と言い，$\deg_p f$ で表す．

命題 r を整数とし，$f(x) \in \mathbf{Z}[x]$ とすると，
$f(r) \equiv 0 \pmod{p} \iff \deg_p q(x) \le \deg_p f(x) - 1$ となる $q(x) \in \mathbf{Z}[x]$ で，
$$f(x) \equiv_x (x-r)q(x) \pmod{p}$$ を満たすものが存在する．

系 $r_1, \cdots, r_t$ を $f(x) \equiv 0 \pmod{p}$ の t 個の互いに合同でない解とすると，$\deg_p q(x) \le \deg_p f(x) - t$ となる多項式 $q(x) \in \mathbf{Z}[x]$ で，
$$f(x) \equiv_x (x-r_1)\cdots(x-r_t)q(x) \pmod{p}$$
を満たすものが存在する．

ラグランジュの定理（第 1 形式） $f(x) \in \mathbf{Z}[x]$, $f(x) \not\equiv_x 0 \pmod{p}$ ならば，$f(x) \equiv 0 \pmod{p}$ の互いに合同でない解の個数 $\le \deg_p f(x)$．

これは次のように定式化し直すことができる．

ラグランジュの定理（第 2 形式） $f(x) \equiv 0 \pmod{p}$ の互いに合同でない解の個数が $\deg_p f$ より大きければ，$f(x) \equiv_x 0 \pmod{p}$．

ラグランジュの定理は，法 n が素数でないときには必ずしも正しくない．たとえば，$x^2 - 1 \equiv 0 \pmod{8}$ は 4 つの解 $1, 3, 5, 7$ をもつ．

系 $f(x), g(x) \in \mathbf{Z}[x]$, $\deg_p f = \deg_p g \le n$ とし，$f \equiv g \pmod{p}$ が少なくとも $n+1$ 個の互いに合同でない解をもつと仮定すると，$f \equiv_x g$ である．

$1, 2, \cdots, p-1$ は $x^{p-1} - 1 \equiv 0 \pmod{p}$ の解であるから，この節の最初の系により $x^{p-1} - 1 \equiv_x (x-1)(x-2)\cdots(x-(p-1))b \pmod{p}$ である．ただし b は定数である．両辺の x^{p-1} の係数を比較することにより，$b \equiv 1 \pmod{p}$ となるから，次の系を得る．

系 $x^{p-1} - 1 \equiv_x (x-1)(x-2)\cdots(x-(p-1)) \pmod{p}$

$x = 0$ と置けば，

ウィルソンの定理 $(p-1)! \equiv -1 \pmod{p}$

の新しい証明が得られる.

$=_x$ と $=$, また $\equiv_x$ と $\equiv$ の区別をつけたので, 記述の意味が文脈から明らかな場合には, $=$ や $\equiv$ を両方の意味で使うことにしよう.

9.6 多変数の合同式；シュヴァレーの定理

ここでは, エミール・アルティン (Emil Artin) によって予想され, 1930 年代にクロード・シュヴァレー (Claude Chevalley) [Che] によって証明された, 単純で一般的な結果について紹介しよう. これがオイラーやラグランジュ, ガウスらによって発見されなかったことはとても驚くべきことだと思う.

シュヴァレーの定理 $f(x_1, \cdots, x_n)$ を整数係数で定数項が 0, かつ次数 $< n$ であるような多項式とすると, $f \equiv 0 \pmod{p}$ はすべての素数 p に対して自明でない解をもつ.

例 $x_1^2 + x_2^2 + x_3^2 + x_4^2 \equiv 0 \pmod{p}$ はすべての素数 p に対して自明でない解をもつ. これは第 22 章で示すラグランジュの定理「すべての正の整数は 4 つの平方数の和で表される」の中心をなす事実である (2.6 節および [Dav] を参照).

シュヴァレーの定理の証明には, 準備の補題が必要である. 明確にするために, 前節の記号 $\equiv$ と $\equiv_x$ を引き続き用いることにする.

フェルマーの小定理により, すべての x に対して $x^p \equiv x \pmod{p}$ であるから, どんな多項式 f についても, 各項の指数が $1, \cdots, p-1$ であるような多項式 g によって $f \equiv g \pmod{p}$ とできる. たとえば, $x^7 y^5 + x^3 y^4 z^{18} \equiv x^3 y + x^3 y^4 z^2 \pmod{5}$.

補題 $g(x_1, \cdots, x_n)$ が整数係数の多項式で, 各項における指数 $\leq p-1$, かつすべての整数 $x_1, \ldots, x_n$ に対して $g \equiv 0 \pmod{p}$ であるとすると,

$$g \equiv_x 0 \pmod{p}.$$

すなわちすべての係数 $\equiv 0 \pmod{p}$ である.

補題の証明 変数の個数 n に関する数学的帰納法を用いる．

$n=1$: これはラグランジュの定理の第2形式（5節）にほかならない．

$n=2$: すべての x_1,x_2 に対して $g(x_1,x_2)\equiv 0\ (\mathrm{mod}\ p)$ であると仮定する．x_1 のべきによって $g(x_1,x_2)$ の項をまとめると，

$$g(x_1,x_2)=\sum_{i=1}^{p-1}g_i(x_2)x_1^i.$$

x_2 を固定して，$g(x_1,x_2)$ を，すべての x_1 に対して $g(x_1,x_2)\equiv 0\ (\mathrm{mod}\ p)$ を満たすような x_1 の関数と見る．すると $n=1$ の場合より，$g_i(x_2)\equiv 0\ (\mathrm{mod}\ p)$ となる．しかしこれは x_2 として可能な p 個の値すべてについて成り立つことであるから，再び $n=1$ の場合を用いて，$g_i(x)\equiv_x 0\ (\mathrm{mod}\ p)$ となる．ところが $g_i(x)$ の係数は g の係数であるから，この場合も結論は成り立つ．

$n=k$: 一般の場合も $n=2$ のときと同様に進める．

$$g(x_1,\ldots,x_k)=\Sigma g_i(x_2,\ldots,x_k)x_1^i$$

と書き直して $n=1$ の場合を適用すると，$n=k-1$ の場合に帰着される． □

〔シュヴァレーの定理の証明〕 定理が成り立たないような多項式 $f(x_1,\cdots,x_n)$ があると仮定する．すなわち，$f(x_1,\cdots,x_n)$ は整数係数で定数項が0，かつ次数 $<n$ であるような多項式で，ある素数 p が存在して，すべての自明でない $(x_1,\ldots,x_n)$ に対して $f\not\equiv 0\ (\mathrm{mod}\ p)$ となるとする．このとき変数のすべての整数値に対して

$$1-f(x_1,\cdots,x_n)^{p-1}\equiv(1-x_1^{p-1})\cdots(1-x_n^{p-1})\ (\mathrm{mod}\ p) \qquad (1)$$

が成り立つことを示そう．

$(x_1,\cdots,x_n)=(0,\cdots,0)$ ならば，f の定数項は0であるから，式(1)の両辺は1となる．$(x_1,\cdots,x_n)\neq(0,\cdots,0)$ ならば，$x_i\neq 0$ となるものがあり，$x_i^{p-1}\equiv 1\ (\mathrm{mod}\ p)$ であるから式(1)の右辺は p を法として0である．仮定よ

り $f(x_1,\cdots,x_n) \not\equiv 0 \pmod{p}$ だから，$f^{p-1} \equiv 1 \pmod{p}$ となり，式 (1) の左辺も，p を法として 0 となる．以上で式 (1) が示された．

さて，補題の前で論じたように，$f^{p-1} \equiv g$ となる多項式 g で，どの項でも指数が 1 以上 $p-1$ 以下であるようなものがある．したがって，すべての整数 $x_1,\cdots,x_n$ に対して

$$1 - g(x_1,\cdots,x_n) \equiv (1-x_1^{p-1})\cdots(1-x_n^{p-1}) \pmod{p}$$

であり，補題により，

$$1 - g(x_1,\cdots,x_n) \equiv_x (1-x_1^{p-1})\cdots(1-x_n^{p-1}) \pmod{p} \qquad (2)$$

である．

仮定により f の次数 $< n$ であるから，f^{p-1} と g の次数 $< n(p-1)$ である．一方，式 (2) の右辺にある $(-x_1^{p-1})(-x_2^{p-1})\cdots(-x_n^{p-1})$ の次数は $n(p-1)$ であり，これは式 (2) の $\equiv_x$ に反する．以上で証明終わり． □

合同式や連立合同式の解の個数を数える問題については，大変多くの文献がある．その中には有名なヴェイユ予想も含まれている（20.9 節）．曲線の算術を扱うときに，$f(x,y) \equiv 0 \pmod{p}$ の解を数える問題について論じよう．

9.7 合同式の解と方程式の解；ハッセの原理

整数係数の多項式 f と，ある整数の組 $x_1,\cdots,x_n$ に対して $f(x_1,\cdots,x_n) = 0$ ならば，すべての整数 m に対して $f(x_1,\cdots,x_n) \equiv 0 \pmod{m}$ となるということは知っている．8.4 節で，この明らかな事実を使って，$f \equiv 0 \pmod{m}$ が解をもたないような m の値をひとつ与えるだけで，$f = 0$ が整数解をもたないことを証明できることを見た．さらに，$f \equiv 0 \pmod{m}$ が解をもつのは，m の約数であるすべての素数のべき p^v に対して $f \equiv 0 \pmod{p^v}$ が解をもつときであり，かつそのときに限る（4 節）．

逆についてたずねることは自然である：$f \equiv 0 \pmod{p^v}$ がすべての素数 p とすべての $v > 0$ に対して解をもち，かつ $f = 0$ が実数解をもつとき，$f = 0$ は自明でない（0 でない）整数解をもつか？ あるいは少なくとも有理数解をもつか？ $f = 0$ が実数解をもつという条件は，解の存在可能性を保証するため

に含まれている．たとえば $x^2+y^2+1=0$ は実数解をもたず，したがって有理数解ももちようがないが，$x=y=1$ は 3 を法とする解である．

p^v を法とする解や実数解は**局所解**と呼ばれ，有理数解は**大域解**と呼ばれる．ある多項式の集合 C に対して**ハッセ (Hasse) の原理**が成り立つとは，任意の $f \in C$ に対して，$f=0$ のすべての局所解の存在が f に対する大域解の存在を与えることを言う．ハッセの原理は，2 次形式 $\Sigma c_{i,j} x_i x_j$ に対して成り立つ（ハッセ・ミンコフスキーの定理）．1942 年，Reichardt が，$x^4 - 17y^4 - 2z^4 = 0$ はすべての局所解をもつが大域解はもたないということを証明した．またのちに Selmer は，$3x^3 + 4y^3 + 5z^3 = 0$ など，このような例を多数与えた [Cas 2]．

これらの質問は p 進数の動機づけとなり，また p 進数の言葉でもっとも自然に扱われるが，第 23 章で戻ってくることにしよう．Borevich and Shafarevich [Bor-Sha] はすばらしい参考文献である．

第10章

原始根と累乗剰余

10.1 原始根

p を素数として，2項合同式

$$x^n \equiv d \pmod{p}$$

の解について調べよう．長期的な目標は，2次合同式の解の詳しい構造を理解することである．最初の定理は，これを調べるための中心的な道具を与えるものである．

定理 p を法とする剰余類の積に関する群 $(\mathbf{Z}/p\mathbf{Z})^\times$ は巡回群である．これは合同の言葉では，すべての素数 p に対して p を法とする**原始根**が存在するということを意味する．すなわち，ある整数 g が存在して，すべての整数 $n \not\equiv 0 \pmod{p}$ が，p を法として，整数 $g, g^2, g^3, \cdots, g^{p-1}$ のうちちょうど1つと合同であるようにできる．言い換えれば，数列 $g, g^2, g^3, \cdots, g^{p-1}$ を並べ替えて，これが p を法として数列 $1, 2, \cdots, p-1$ と合同であるようにすることができる．

例 2 は 5 を法とする原始根である．なぜなら，$2, 2^2, 2^3, 2^4 \equiv 2, 4, 3, 1 \pmod{5}$ となるからである．

3 は 5 を法とする原始根である．なぜなら，$2, 2^2, 2^3, 2^4 \equiv 3, 4, 2, 1 \pmod{5}$ となるからである．

2 は 19 を法とする原始根である．

「原始根」という言葉を導入したのはオイラーであるが，その存在に関する証明は不完全なものであった．最初に正確な証明を与えたのはルジャンドルで

ある．この定理は，「体の乗法群の任意の有限部分群は巡回群である」という事実（[Art, M] を参照）の特別な場合であるが，その証明はオイラーの φ 関数を用いるものがほとんどである．しかし，ルジャンドルによる我々の証明は，直接的で美しいものである．

a を整数とし，$o(a)$ を，群 $(\mathbf{Z}/p\mathbf{Z})^\times$ において剰余類 $\bar{a}$ が生成する部分群の位数とする．すなわち，$o(a)$ は $a^k \equiv 1 \pmod{p}$ となるような最小の正の整数である．$o(a)$ を，p を法とする a の位数と呼ぶ．

補題 $a^v \equiv 1 \pmod{p}$ ならば $o(a) | v$ である．

〔証明〕 補題が成り立たないとすると，$v = o(a)m + r$, $0 < r < o(a)$ と表されるが，すると $1 \equiv a^v \equiv a^{o(a)m+r} \equiv a^r \pmod{p}$ となってしまい，$o(a)$ の定義に矛盾する． □

〔定理の証明〕 次の 2 つの興味深い結果から証明が導かれる．

(i) $o(a) = m, o(b) = k$ かつ $(m, k) = 1$ ならば，$o(ab) = mk$．

(ii) $d | p-1$ のとき，合同式 $x^d \equiv 1 \pmod{p}$ はちょうど d 個の解をもつ．

(i) と (ii) を仮定して，$p - 1 = q_1^{s_1} \cdots q_t^{s_t}$（$q_i$ は素数）とする．各 i に対して位数が $q_i^{s_i}$（p を法として）であるような整数 a_i が存在するならば，(i) を繰り返し用いることにより，$a_1 a_2 \cdots a_t$ は位数 $\prod q_i^{s_i} = p - 1$ をもち，定理が成り立つ．

最初にそのような整数 a_i が存在することを示そう．q^s を $q_i^{s_i}$ の 1 つとする．x が

$$x^{q^s} \equiv 1 \pmod{p} \tag{1}$$

を満たし，p を法とする位数が q^s でないとすると，$o(x)$ は q^s の約数であるから $1, q, q^2, ..., q^{s-1}$ のどれかでなければならない．この x は

$$x^{q^{s-1}} \equiv 1 \pmod{p} \tag{2}$$

を満たす．(ii) により，式 (1) はちょうど q^s 個の解をもち，式 (2) はちょうど q^{s-1} 個の解をもつ．明らかに式 (2) の解は式 (1) の解でもあるから，式 (1) の解のうち式 (2) の解でないものが $q^s - q^{s-1}$ 個あることになる．すなわち，p

を法とする位数が q^s であるような元が $q^s - q^{s-1}$ 個ある．したがって a_i が存在する．

定理の証明を完成させるため，(i) と (ii) を証明する．

〔(i) の証明〕 p を法とすると，
$$o(a) = m, o(b) = k \implies (ab)^{mk} = (a^m)^k (b^k)^m \equiv 1 \pmod{p}$$
となるから，$o(ab)|mk$ である．$o(ab) = r = m_1 k_1$ と置く．ただし $m_1|m$ かつ $k_1|k$ である．このとき $k_1 = k$ かつ $m_1 = m$ であることを示す．
$(ab)^r = a^{m_1 k_1} b^{m_1 k_1} \equiv 1 \pmod{p}$ であるから，
$$1 \equiv \left(a^{m_1 k_1} b^{m_1 k_1}\right)^{\frac{m}{m_1}} \equiv (a^m)^{k_1} (b^{k_1})^m \equiv b^{mk_1} \pmod{p}$$
となり，したがって $k|mk_1$ である．しかし仮定より $(k, m) = 1$ であるから $k|k_1$ であり，$k_1|k$ だから $k_1 = k$ を得る．同様にして $m_1 = m$ であるから，証明された．

〔(ii) の証明〕 ラグランジュの定理（9.5節）により，$x^d - 1 \equiv 0 \pmod{p}$ は高々 d 個の解をもつが，これがちょうど d 個の解をもつことを示す．

$d|p-1$ なので，$p-1 = de$ とし，$y = x^d$ と置く．すると $x^{p-1} - 1 = y^e - 1 = (y-1)(y^{e-1} + y^{e-2} + \cdots + 1)$，あるいは
$$x^{p-1} - 1 = (x^d - 1)f(x)$$
である．ただし $\deg f(x) = p - 1 - d$ である．フェルマーの小定理により，$x^{p-1} - 1 \equiv 0 \pmod{p}$ は $p - 1$ 個の異なる解をもち，それぞれの解はどれも
$$x^d - 1 \equiv 0 \pmod{p} \quad \text{または} \quad f(x) \equiv 0 \pmod{p}$$
の解である．後者の解は高々 $p - 1 - d$ 個であるから，前者は少なくとも d 個の解をもち，したがってちょうど d 個の解をもつ． $\square$

よく知られたアルティンの予想は，「整数 $a > 1$ が平方数でなければ，a は無限に多くの素数に対して原始根である」と主張するものである．$a = 10$ の場合には，この予想はガウスによるものであり，「$\dfrac{1}{p}$ を小数展開したときの周

期の長さが $p-1$ であるような素数 p は無限に多く存在する」ということと同値である（ガウスが $\frac{1}{p}$ の周期を，$p \leq 1000$ であるすべての p に対して計算していたことを思い起こそう〔7.1 節のクラインによる伝記〕）．この予想に関するさらなる参考文献については，Ireland and Rosen による [Ire-Ros] の第 4 章の注意を見よ．また十進小数展開とその原始根との関連の理論への入門としては，Hardy and Wright による [Har-Wri] を見よ．

10.2 指数

今や有限体 $\boldsymbol{F_p}$ に対して対数に当たるものを定義することができる．写像 $x \mapsto e^x$ は，加法群としての実数 $\boldsymbol{R}^+$ と，乗法群としての正の実数 $\boldsymbol{R}^\times_+$ の間の同型写像を定めており，その逆写像は e を底とする対数で与えられる．

同様に p を法とする原始根 g は，加法群 $(\mathbf{Z}/(p-1)\mathbf{Z})^+$ と乗法群 $(\mathbf{Z}/p\mathbf{Z})^\times = F_p^\times$ の間の同型写像を，

$$f_g(i \ (\mathrm{mod}\ p-1)) = g^i \ (\mathrm{mod}\ p)$$

によって定める．

$$g^i \equiv g^j \ (\mathrm{mod}\ p) \implies g^{i-j} \equiv 1 \ (\mathrm{mod}\ p)$$
$$\implies i \equiv j \ (\mathrm{mod}\ p-1) \ (o(g) = p-1\text{であるから})$$

となるので，この写像は 1 対 1 である．またどんな整数 x も，ある i に対して $x \equiv g^i \ (\mathrm{mod}\ p)$ を満たさなければならない．したがって $f_g(i \ (\mathrm{mod}\ p-1)) = x \ (\mathrm{mod}\ p)$ であり，この写像は全射である．さらに

$$f_g(i \ (\mathrm{mod}\ p-1) + j \ (\mathrm{mod}\ p-1)) = g^{i+j} \ (\mathrm{mod}\ p)$$
$$= g^i g^j \ (\mathrm{mod}\ p) = g^i \ (\mathrm{mod}\ p) \cdot g^j \ (\mathrm{mod}\ p),$$

より，f_g は準同型である．

$$i \ (\mathrm{mod}\ p-1) \in \mathrm{Ker}\ f_g \implies g^i \ (\mathrm{mod}\ p) = 1 \ (\mathrm{mod}\ p)$$
$$\implies o(g) = (p-1) \mid i$$
$$\implies i \equiv 0 \ (\mathrm{mod}\ p-1)$$

$$\implies i \pmod{p-1} = 0 \pmod{p-1}$$

であるから，f_g の核は $\{\overline{0}\}$ である．

したがって f_g は単射であり，以上のことから f_g は同型写像となる．逆写像は **ind** g で表すが，これは対数に当たる写像である．

この同型写像は大変強力な道具を与える．というのは，これによって p を法とする積に関する問題を，$p-1$ を法とする加法の問題へと帰着させることができるからである．これを合同の言葉に置き換えよう．

g が p を法とする原始根であるとき，g に関する x の**指数**は $x \equiv g^i \pmod{p}$ となるただひとつの整数 i $(1 \leq i \leq p-1)$ のことで，**ind** x で表される．同様に，$F_p^\times$ においても ind $\overline{x} = i$ と呼ぶ．正しくは ind ${}_{g,p}$ と書くべきである．しかし指数に関する議論においてはいつでも，p と g は固定されているから，混同は発生しない．同型写像に関する上の証明や同型写像の性質から，次の命題を得る．

命題

(i) $x \equiv y \pmod{p} \iff$ ind $x \equiv$ ind $y \pmod{p-1}$,

(ii) ind $xy \equiv$ ind $x +$ ind $y \pmod{p-1}$,

(iii) ind $a^{-1} \equiv -$ind $a \pmod{p-1}$

(iv) ind $x^k \equiv k$ ind $x \pmod{p-1}$.

指数は大変重要な概念であるため，ヤコビは 1000 より小さいすべての素数に対する指数の表を出版した．ここでこの道具がもっているパワーを探求することにしよう．

10.3　k 次の累乗剰余

$a \not\equiv 0$ が p を法とする k **次剰余**であるとは，

$$x^k \equiv a \pmod{p} \quad \text{が解をもつ,}$$

すなわち，a が p を法とする k 乗根をもつことである．この方程式が解をもたないとき，a は p **を法とする** k **次非剰余**であると言う．これは**平方剰余**，すなわち $k = 2$ という特殊な場合（6.4 節）の一般化である．

指数の性質から次の命題を得る．

命題 $a \not\equiv 0 \pmod{p}$ ならば，

$x^k \equiv a \pmod{p}$ が解をもつ $\iff k \operatorname{ind} x \equiv \operatorname{ind} a \pmod{p-1}$ が解をもつ．

したがって，1次合同式の理論（8.5節）により，$(k, p-1) = 1$ ならば，すべての a は k 次剰余であり，$x^k \equiv a \pmod{p}$ はただひとつの解をもつ．しかし多くの場合，この情報では不十分である．$k=2$ で p が奇素数の場合でさえ，$(2, p-1) = 2$ であるから，もっと多くの情報が必要である．

例 $x^3 \equiv a \pmod{19}$．

19を法とする原始根をひとつ固定する．この合同式が解をもつ，すなわち a が**立方剰余**であるのは

$$3 \operatorname{ind} x \equiv \operatorname{ind} a \pmod{18}$$

となる場合であり，かつそのときに限る．しかしこの後者の合同式は，$(3, 18) = 3$ が $\operatorname{ind} a$ の約数であるとき，そしてそのときにのみ解をもつ．$3 | \operatorname{ind} a$ のときは，$\operatorname{ind} a = 3b$ となる b が存在し，上の合同式は

$$\operatorname{ind} x \equiv b \pmod{6}$$

と同値となる．1次合同式の理論により，この合同式は 18 を法として 3 つの解 $\operatorname{ind} x = b, b+6, b+12$ をもつ．2 は 19 の原始根であるから，簡単な計算によって $\operatorname{ind} a$ が 3 を約数にもつ場合を定めると，

a が 19 を法とする立方剰余 $\iff a \equiv 1, 7, 8, 11, 12, 18 \pmod{19}$ のいずれか

が得られる．

a が立方剰余であるための判定条件が，合同式の条件によって与えられることに注意しよう．

一般の場合も同様である．$d = (k, p-1)$ とすると，1次合同式の理論により，$k \operatorname{ind} x \equiv \operatorname{ind} a \pmod{p-1}$ が解をもつのは $d | \operatorname{ind} a$ のときであり，かつそのときに限る．このとき d 個の解が存在する．こうして次の定理を得る．

定理 p を法とする k 次剰余は，指数が $d = (k, p-1)$ を約数にもつような数である．
$$x^k \equiv a \pmod{p}$$
が解をもつならば，そのときはちょうど d 個の解がある．$1, 2, \cdots, p-1$ のうち，$\dfrac{p-1}{d}$ 個の数が k 次剰余である．

例　平方剰余

$k = 2$ とし，p を奇素数とすると，$(2, p-1) = 2$ で，$x^2 \equiv a \pmod{p}$ が解をもつのは $2 | \operatorname{ind} a$ のとき，かつそのときに限る．したがって

　平方剰余は，偶数の指数をもつ整数である．
　平方非剰余は，奇数の指数をもつ整数である．

これらはいずれも $\dfrac{p-1}{2}$ 個存在し，$x^2 \equiv a \pmod{p}$ は，0 個か 2 個の解をもつ．b がひとつの解であれば，$-b$ も解である．

剰余に関する有用な判定条件のひとつ（のちに平方剰余や高次剰余の相互法則に適用される）として次のものがある．この条件は指数を含まない形で述べられており，原始根を見つけることも不要である．

オイラーの判定条件　p が素数，$a \in \mathbf{Z}$，$a \not\equiv 0 \pmod{p}$ とすると，
$$x^k \equiv a \pmod{p} \text{ が解をもつ} \iff a^{\frac{p-1}{d}} \equiv 1 \pmod{p},$$
ただし $d = (k, p-1)$ である．

〔証明〕 $\Longrightarrow$) $x^k \equiv a \pmod{p}$ ならば，$d|k$ より，
$$a^{\frac{p-1}{d}} \equiv (x^k)^{\frac{p-1}{d}} \equiv (x^{p-1})^{\frac{k}{d}} \equiv 1^{\frac{k}{d}} \equiv 1 \pmod{p}.$$

$\Longleftarrow$) g を p を法とする原始根として，$a' = \operatorname{ind} a$ とすると，前の定理により $d|a'$ を示せばよい．さて，
$$1 \equiv a^{\frac{p-1}{d}} \equiv g^{a'\frac{p-1}{d}} \pmod{p}$$
であることから $o(g) = p-1$ は $a'\dfrac{p-1}{d}$ の約数であり，したがって $\dfrac{a'}{d}$ は整数となる．すなわち $d|a'$ である．　□

例（立方剰余） 我々の例 $x^3 \equiv a \pmod{19}$ を精密にして，すべての素数 p に対して，$x^3 \equiv a \pmod{p}$ が解をもつための条件を与えることができる．

$p \equiv 0 \pmod 3$ ならば，p は素数であるから $p = 3$ である．$1^3 \equiv 1, 2^3 \equiv 2 \pmod 3$ だから，すべての a は立方剰余である．

$p \equiv 1 \pmod 3$ ならば $p - 1 \equiv 0 \pmod 3$ で，$d = (3, p-1) = 3$ であり，オイラーの判定条件によれば，a が立方剰余となるのは $a^{\frac{p-1}{3}} \equiv 1 \pmod p$ のときであり，かつそのときに限る．

$p \equiv 2 \pmod 3$ ならば $p - 1 \equiv 1 \pmod 3$ で，$d = (3, p-1) = 1$ となるから，最初の定理により a はいつでも立方剰余である．

$p = 19$ の場合に戻ると，$19 \equiv 1 \pmod 3$ で，$7^{\frac{19-1}{3}} = 7^6 = 49^3 \equiv 11^3 = 121 \cdot 11 \equiv 7 \cdot 11 = 77 \equiv 1 \pmod{19}$ となるから，7 は 19 を法とする立方剰余である．

第 11 章

2 次合同式

11.1 導入

この章では，一般の 2 次合同式
$$f(x) = ax^2 + bx + c \equiv 0 \pmod{p}$$
について調べる．ただし $a \not\equiv 0 \pmod{p}$ とする．これは最終的には，第 6 章で簡単に論じた平方剰余の相互法則へとつながるものである．平方剰余の相互法則は間違いなく，ここまで扱った中でもっとも深い定理である．

さて，どんな整数 n を法とする 2 次合同式の解も，n の素因数を法とする解へと帰着されることを思い起こそう（9.4 節）．これにより，特に断らない限り，p はつねに奇素数であるとする．

合同式を解くために，2 次方程式のときと同様，平方完成を行って話を進めよう．すると
$$ax^2 + bx + c \equiv a(x^2 + a^{-1}bx + a^{-1}c)$$
$$\equiv a((x + 2^{-1}a^{-1}b)^2 + ca^{-1} - b^2 4^{-1} a^{-2}) \pmod{p}$$
となるから，$f(x) \equiv 0 \pmod{p}$ となるのは
$$(x + 2^{-1}a^{-1}b)^2 \equiv b^2 4^{-1} a^{-2} - ca^{-1} \pmod{p}$$
のときであり，かつそのときに限る．$y = x + 2^{-1}a^{-1}b$，そして $d = b^2 4^{-1} a^{-2} - ca^{-1}$ と置くと，$f(x) \equiv 0 \pmod{p}$ が解をもつのは
$$y^2 \equiv d \pmod{p}$$
が解をもつときであり，かつそのときに限る．こうして元の問題を平方剰余を調べることに帰着させることができる（10.3 節）．

11.2 平方剰余の初歩的性質

しばらくの間，p を決まった素数とする．そして「剰余」と「非剰余」という言葉は，p を法とする「平方剰余」および「平方非剰余」のことを指すことにする．

(i) 我々はすでに（10.3 節）

$$\text{剰余の個数} = \text{非剰余の個数}$$

となることを知っている．

このことを直接証明するためには，$1^2, 2^2, \cdots, \left(\dfrac{p-1}{2}\right)^2$ が p を法としてすべて異なること，そして $(p-x)^2 \equiv (-x)^2 \pmod{p}$ であるから，これらが平方剰余のすべてであるということの 2 つに注意するだけでよい．

(ii) a が平方剰余であるのは a の指数が偶数であるときであり，かつそのときに限る．また，$\operatorname{ind} ab = \operatorname{ind} a + \operatorname{ind} b$ であるから，
- 2 つの剰余の積は剰余である．
- 2 つの非剰余の積は剰余である．
- 剰余と非剰余の積は非剰余である．

(iii) おそらく (ii) によって，ルジャンドルは，$a \not\equiv 0 \pmod{p}$ に対する**剰余の記号**を，

$$\left(\frac{a}{p}\right) = \begin{cases} 1 & a \text{ が } p \text{ を法とする平方剰余であるとき} \\ -1 & a \text{ が } p \text{ を法とする平方非剰余であるとき} \end{cases}$$

と定義するようになったものと思われる．

(i)-(iii) から直ちに，

1) $\left(\dfrac{a}{p}\right) = (-1)^{\operatorname{ind} a}$

2) $\left(\dfrac{ab}{p}\right) = \left(\dfrac{a}{p}\right)\left(\dfrac{b}{p}\right)$

3) $1^2 \equiv 1 \pmod{p}$ であるから，$\left(\dfrac{1}{p}\right) = 1$

4) すべての a に対して $\left(\dfrac{a^2}{p}\right) = 1$

5) $a \equiv b \pmod{p}$ ならば $\left(\dfrac{a}{p}\right) = \left(\dfrac{b}{p}\right)$

という5つの性質が導かれる．

代数的整数論を議論するときには，$p|a$ ならば $\left(\dfrac{a}{p}\right) = 0$ と定義しておくと便利である．ただし $p|a$ のときには性質 1) は意味をもたず，4) は成り立たないことを注意しておく．

k 次剰余に対するオイラーの判定条件（10.3節）の特別な場合として，次の判定条件を示す．

オイラーの平方剰余判定条件：
$$p \text{ が奇素数で } a \not\equiv 0 \pmod{p} \Rightarrow \left(\dfrac{a}{p}\right) \equiv a^{\frac{p-1}{2}} \pmod{p}$$

〔証明〕
$$a^{p-1} - 1 \equiv 0 \pmod{p} \Rightarrow \left(a^{\frac{p-1}{2}} - 1\right)\left(a^{\frac{p-1}{2}} + 1\right) \equiv 0 \pmod{p}$$
$$\Rightarrow a^{\frac{p-1}{2}} \equiv \pm 1 \pmod{p}$$

となるが，$k = 2$ に対するオイラーの k 次剰余の判定条件により，
$$a^{\frac{p-1}{2}} \equiv 1 \pmod{p} \iff a \text{ が平方剰余である．} \qquad \square$$

系 $p > 2$ のとき，$\left(\dfrac{-1}{p}\right) = (-1)^{\frac{p-1}{2}}$ であるから，

$$\left(\dfrac{-1}{p}\right) = \begin{cases} 1, & p \equiv 1 \pmod{4} \text{ のとき,} \\ -1, & p \equiv 3 \pmod{4} \text{ のとき.} \end{cases}$$

〔証明〕 定理により，$\left(\dfrac{-1}{p}\right) \equiv (-1)^{\frac{p-1}{2}} \pmod{p}$ である．合同式の両辺とも ± 1 に等しく，$p > 2$ であるから，$\left(\dfrac{-1}{p}\right) = (-1)^{\frac{p-1}{2}}$ である． $\qquad \square$

系 $\left(\dfrac{ab}{p}\right) = \left(\dfrac{a}{p}\right)\left(\dfrac{b}{p}\right)$

さらに，$\left(\dfrac{-a^2}{p}\right) = \left(\dfrac{-1}{p}\right)\left(\dfrac{a^2}{p}\right) = \left(\dfrac{-1}{p}\right) = (-1)^{\frac{p-1}{2}}$ であるから，

系 $\left(\dfrac{-a^2}{p}\right) = 1 \iff p \equiv 1 \pmod{4}$

たとえば，$19 \equiv -4 \pmod{23}$ であり，$23 \equiv 3 \pmod 4$ であるから，$x^2 \equiv -4 \equiv 19 \pmod{23}$ は解をもたない．

注意 i) $a = \pm p_1^{a_1} \cdots p_r^{a_r}$ のときは，$\left(\dfrac{a}{p}\right) = \left(\dfrac{\pm 1}{p}\right) \prod \left(\dfrac{p_i}{p}\right)^{a_i}$. したがって $\left(\dfrac{a}{p}\right)$ を求めるためには，相異なる素数 p と q に対して $\left(\dfrac{q}{p}\right)$ が求まれば十分である．

オイラーの判定条件は平方剰余に関する計算方法を与えるものの，計算が面倒であることがある上，この問題に深い洞察やある種のパターンを与えるものではない．それに対して平方剰余の相互法則は，そのパターンをある程度与えるものである．

ii) p を法とする平方剰余のなす合同類は，$F_p^\times$ の部分群となる．この部分群は，$x \mapsto x^{\frac{p-1}{2}}$ で定義される $F_p^\times$ から $F_p^\times$ への準同型の核である．

11.3 ガウスの補題

我々が見る平方剰余の相互法則の最初の証明は，ガウスの多くの証明のひとつで，『整数論』から数年経ってから出版されたものである．この証明はガウスが発見したある補題に基づいているが，この補題自身がまた，$\left(\dfrac{a}{p}\right)$ を求める別の方法を与えていて，次の節で大いに活用することになる．

ガウスの補題 p を奇素数，a を $a \not\equiv 0 \pmod p$ なる整数とする．

$$a,\ 2a,\ 3a,\cdots,\ \left(\frac{p-1}{2}\right)a \tag{1}$$

というリストを作り，それぞれをその絶対最小剰余，すなわち $-\frac{p}{2}$ と $\frac{p}{2}$（どちらも整数ではない）の間にあり p を法として合同な数で置き換えることにより，新しいリスト

$$b_1,\ b_2,\cdots,\ b_{\frac{p-1}{2}} \tag{2}$$

を作る．v を負となる b_i の個数とすると，

$$\left(\frac{a}{p}\right) = (-1)^v$$

である．

この補題は大変複雑に聞こえるが，実はとても役に立つものである．

〔証明〕 まず b_i の絶対値がすべて異なることを示そう．

$b_i = b_j$ とすると，$ia \equiv ja \pmod{p}$ である．しかし $(a,p)=1$ であるから，$i \equiv j \pmod{p}$ でなければならず，$1 \leq i,j \leq \frac{p-1}{2}$ に矛盾する．同様に，$b_i = -b_j$ とすると，$ia+ja = (i+j)a \equiv 0 \pmod{p}$ であり，$i+j \equiv 0 \pmod{p}$ でなければならず，$i+j \leq p-1$ に矛盾する．したがって，b_i の絶対値は，必要なら並べ替えの後，$1,2,\cdots,\frac{p-1}{2}$ という数からなる．こうして

$$a \cdot 2a \cdot 3a \cdots \frac{p-1}{2}a \equiv (\pm 1)(\pm 2)\cdots\left(\pm\frac{p-1}{2}\right) \pmod{p}$$

となり，$\left(\frac{p-1}{2}\right)!$ を両辺から消去すれば，

$$a^{\frac{p-1}{2}} = (-1)^v$$

を得る．ここで v は負となる b_i の個数である．

オイラーの判定条件により，$a^{\frac{p-1}{2}} \equiv \left(\frac{a}{p}\right) \pmod{p}$ であるから

$$\left(\frac{a}{p}\right) \equiv (-1)^v \pmod{p}$$

である．合同式の両辺は ± 1 に等しく，さらに $p>2$ であるから，両者は等しい． □

11.4 $\left(\dfrac{a}{p}\right)$ の計算

平方剰余の相互法則を導くため, いくつかの a の値に対してルジャンドルの記号を計算してみよう. この節の内容は, Adams and Goldstein [Ada-Gol] に従っている.

カギとなる補題 ガウスの補題を適用するとき, 正の整数 x で, 区間 $\left[-\dfrac{p-1}{2}, -1\right]$ すなわち区間 $\left[-\dfrac{p}{2}, -1\right]$ ($-\dfrac{p}{2} \notin \mathbf{Z}$ であるから) 上のある整数と合同なものは, 次の区間

$$\frac{p}{2} < x < p$$

$$\frac{3p}{2} < x < 2p$$

$$\vdots$$

$$\left(s - \frac{1}{2}\right) p < x < sp$$

$$\vdots$$

にある整数である. なぜなら, 最初の区間については正しく, さらに $x + p \equiv x \pmod{p}$ が成り立つからである.

例 $\left(\dfrac{-1}{p}\right)$, p が奇素数：リスト

$$1(-1),\ 2(-1),\ \cdots,\ \frac{p-1}{2}(-1)$$

を作り, ガウスの補題を使う. するとすべての数が $-\dfrac{p-1}{2}$ と -1 の間にあり, しかもすべて整数であるから, $v = \dfrac{p-1}{2}$ であり, $\left(\dfrac{-1}{p}\right) = (-1)^{\frac{p-1}{2}}$ という, すでに得られた結果と同じになる.

例 $\left(\dfrac{2}{p}\right)$：ガウスの補題に必要なリストは

$$1 \cdot 2, \ 2 \cdot 2, \cdots, \left(\dfrac{p-1}{2}\right) \cdot 2$$

で，すべての数が 1 から $p-1$ までの間にある．上の補題により，我々のリストの中で，p を法とする絶対最小剰余が負となる数 $2k$ は，$\dfrac{p}{2}$ と p の間にある．($2 \nmid p$ だから，両端は考慮しなくてよい．このことは今後の議論においてつねに言えることである．)

こうして我々は，$k \in \left[1, \dfrac{p-1}{2}\right]$ で，

$$\dfrac{p}{2} \leq 2k \leq p \quad \text{すなわち} \quad \dfrac{p}{4} \leq k \leq \dfrac{p}{2} \tag{1}$$

となるものの個数を数えればよいということになる．

8 を法とする p の最小正剰余を求めて，$p = 8m + r, 0 < r < 8$ と表してみよう．p は奇数であるから，$r = 1, 3, 5, 7$ のいずれかである．《なぜ 2 ではなく 8 を選ぶのだろうか？》それは，オイラーもルジャンドルもガウスも，実験によって $\left(\dfrac{a}{p}\right)$ の値が $p \pmod{4a}$ の剰余類によって定められること（これは本質的に相互法則の一部である）を見つけたからである．式 (1) において $p = 8m + r$ を代入すると，

$$2m + \dfrac{r}{4} \leq k \leq 4m + \dfrac{r}{2} \tag{2}$$

を満たすような k を数えることになる．

4 つの可能性 $r = 1, 3, 5, 7$ だけ調べればよいが，ガウスの補題において問題になるのは，個数の偶奇だけであることに注意しよう．

偶奇を数えるのを簡単にするために，ここでも，また後の例においても，次の基本補題を用いる．証明は簡単な練習として残しておく．

$[x]$ を **最大整数関数**，すなわち，$x - 1 < [x] \leq x$ を満たす最大の整数とする．たとえば $\left[\dfrac{3}{2}\right] = 1$, $[3] = 3$, $[-4.5] = -5$ である．

基本補題 $u, w \in \mathbf{R}, u \notin \mathbf{Z}$ で, $u \leq w$ とすると,

(i) $u \leq k \leq w$ を満たす整数 k の個数は $[w] - [u]$ に等しい.

(ii) $n \in \mathbf{Z} \Rightarrow [n + w] = n + [w]$ である.

(iii) $n_1, n_2 \in \mathbf{Z}$ かつ $n_1 \leq n_2$ ならば, $2n_1 + u \leq k \leq 2n_2 + w$ となる整数 k の個数は, $u \leq k \leq w$ となる整数 k の個数と同じ偶奇をもつ. すなわち, 偶奇を数えるときには, 偶数を引いてよい.

(iv) $[-u] = -[u] - 1$ である.

さて, $\left(\dfrac{2}{p}\right)$ に戻ろう. ガウスの補題を使うためには, 式 (2) を満たす k の個数 v の偶奇が必要である. 基本補題 (iii) により, v の偶奇は

$$\frac{r}{4} \leq k \leq \frac{r}{2}$$

を満たす k の個数 v' の偶奇に等しい.

$r = 1$: $\dfrac{1}{4} \leq k \leq \dfrac{1}{2}, v' = 0$ となり, 偶奇は偶数である. したがって

$$p \equiv 1 \ (\mathrm{mod}\ 8) \ \Rightarrow \ \left(\frac{2}{p}\right) = 1$$

$r = 3$: $\dfrac{3}{4} \leq k \leq \dfrac{3}{2}, v' = 1$ となり, 偶奇は奇数である. したがって

$$p \equiv 3 \ (\mathrm{mod}\ 8) \ \Rightarrow \ \left(\frac{2}{p}\right) = -1$$

$r = 5$: $\dfrac{5}{4} \leq k \leq \dfrac{5}{2}, v' = 1$ となり, 偶奇は奇数である. したがって

$$p \equiv 5 \ (\mathrm{mod}\ 8) \ \Rightarrow \ \left(\frac{2}{p}\right) = -1$$

$r = 7$: $\dfrac{7}{4} \leq k \leq \dfrac{7}{2}, v' = 1$ となり, 偶奇は偶数である. したがって

$$p \equiv 7 \ (\mathrm{mod}\ 8) \ \Rightarrow \ \left(\frac{2}{p}\right) = 1$$

まとめると下の表のようになる．ただし $p \equiv r \pmod 8$ である．

r :	1	3	5	7
$\left(\dfrac{2}{p}\right)$:	1	-1	-1	1

こうして次の命題が得られる．

命題 p が奇素数ならば，$\left(\dfrac{2}{p}\right) = \begin{cases} 1 & p \equiv \pm 1 \pmod 8 \text{ のとき} \\ -1 & p \equiv \pm 3 \pmod 8 \text{ のとき} \end{cases}$

系 p が奇素数ならば，$\left(\dfrac{2}{p}\right) = (-1)^{\frac{p^2-1}{8}}$ （すべての場合を調べる．）

例 $\left(\dfrac{3}{p}\right)$, $p \neq 2, 3$: ガウスの補題に必要なリストは

$$1 \cdot 3, \ 2 \cdot 3, \cdots, \left(\frac{p-1}{2}\right) \cdot 3$$

で，$3 \cdot \dfrac{p-1}{2} < \dfrac{3p}{2}$ だから，すべての数は 1 から $\dfrac{3p}{2}$ までの間にある．長さ $\dfrac{p}{2}$ の区間を考えると，

```
|.....|.....|.....|
0    p/2    p    3p/2
```

我々のリストのうち，最初の区間にある数と第 3 の区間にある数（p を法として最初の区間と合同）は，絶対最小剰余が正の数であるが，第 2 の区間にある数は負の絶対最小剰余をもつ．したがって，ガウスの補題を適用するためには，第 2 の区間にある $3k$ という形の数，すなわち

$$\frac{p}{2} \leq 3k \leq p \quad \text{すなわち} \quad \frac{p}{6} \leq k \leq \frac{p}{3}$$

となる数の個数の偶奇が必要である．

$p = 12m + r$ と表すと，$r = 1, 5, 7, 11$ のいずれかで，その他の場合は素数にならない．すると

$$2m + \frac{r}{6} \leq k \leq 4m + \frac{r}{3}$$

となる k を数えればよいことになる．基本補題より，
$$\frac{r}{6} \leq k \leq \frac{r}{3}$$
を満たす k の個数の偶奇を求めればよい．前の例のように具体的に計算すれば，

$$\begin{array}{c|cccc} r: & 1 & 5 & 7 & 11 \\ \hline \left(\dfrac{3}{p}\right): & 1 & -1 & -1 & 1 \end{array}$$

となる．ただし $p \equiv r \pmod{12}$ である．こうして次の命題が得られる．

命題 $p \neq 2, 3$ が素数ならば，$\left(\dfrac{3}{p}\right) = 1$ となるのは $p \equiv \pm 1 \pmod{12}$ のときであり，かつそのときに限る．

例 $\left(\dfrac{5}{p}\right), p \neq 2, 5$：必要なリストは
$$1 \cdot 5, \ 2 \cdot 5, \cdots, \left(\frac{p-1}{2}\right) \cdot 5$$
で，$5 \cdot \dfrac{p-1}{2} < \dfrac{5p}{2}$ だから，すべての数は 1 から $\dfrac{5p}{2}$ までの間にある．長さ $\dfrac{p}{2}$ の区間を考えると，

$$\begin{array}{cccccc} \mathrm{I} \cdots\cdots & \mathrm{I} \cdots\cdots & \mathrm{I} \cdots\cdots & \mathrm{I} \cdots\cdots & \mathrm{I} \cdots\cdots & \mathrm{I} \\ 0 & \frac{p}{2} & p & \frac{3p}{2} & 2p & \frac{5p}{2} \end{array}$$

我々のリストのうち，最初の区間，第 3 の区間，そして第 5 の区間にある数（p を法として最初の区間と合同）は，絶対最小剰余が正の数で，ガウスの補題における偶奇とは関係ない．第 2 の区間と第 4 の区間にある数は，負の絶対最小剰余をもつ．したがって，ガウスの補題を適用するためには，第 2 と第 4 の区間にある $5k$ という形の数，すなわち

$$\frac{p}{2} \leq 5k \leq p \quad \text{または} \quad \frac{3p}{2} \leq 5k \leq 2p$$

あるいは同値だが，

$$\frac{p}{10} \leq k \leq \frac{p}{5} \quad \text{または} \quad \frac{3p}{10} \leq k \leq \frac{2p}{5}$$

となる数の個数の偶奇が必要である．

$p = 20m + r$ と表すと $r = 1, 3, 7, 9, 11, 13, 17, 19$ のいずれかであり，これまでの例と同様に手順を進める（今度は r ごとに 2 つの区間の個数を調べる必要がある）．すると

r :	1	3	7	9	11	13	17	19
$\left(\dfrac{5}{p}\right)$:	1	-1	-1	1	1	-1	-1	1

となる．ただし $p \equiv r \pmod{20}$ である．こうして次の命題が得られる．

命題 $p \neq 2, 5$ が素数ならば，$\left(\dfrac{5}{p}\right) = 1$ となるのは $p \equiv \pm 1$ または $\pm 9 \pmod{20}$ のときであり，かつそのときに限る．

演習 $\left(\dfrac{5}{p}\right)$ に対して，5 を法としても表すことができること，すなわち

$$\left(\dfrac{5}{p}\right) = 1 \quad p \equiv \pm 1 \pmod{5} \text{ のとき,}$$
$$= -1 \quad p \equiv \pm 2 \pmod{5} \text{ のとき.}$$

となることを示せ．

演習 $p \neq 2, 7$ に対して $\left(\dfrac{7}{p}\right)$ の値を定めよ．

11.5 平方剰余の相互法則 1

先に述べたように，具体的な例をいくつも計算した後，オイラー，ラグランジュ，ガウスは $\left(\dfrac{a}{p}\right)$ のもつ重要な性質を見出した（オイラーについては [Eul 4] および [Str] の英語訳を，ルジャンドルについては [Leg] を参照）．

1) $\left(\dfrac{a}{p}\right)$ の値は，a もしくは $4a$ を法とする p の剰余類のみに依存する．つまりいつでも $4a$ を法とすればよいわけである．そして我々の条件はつねに合同式で与えられる．すなわち，

「$\left(\dfrac{a}{p}\right) = 1$ となるのは $p \equiv \cdots\cdots \pmod{4a}$ のときであり，かつそのときに限る．」

したがって $\left(\dfrac{a}{p}\right)$ は，$4a$ を公差とする等差数列上のすべての素数に対して同じように振る舞う．

2) a を固定するとき，$\left(\dfrac{a}{p}\right)$ の値の表はその中央に関して対称である．すなわち，$\left(\dfrac{a}{p}\right)$ は剰余 r および $4a-r$ に対して同じ値をとる．

これらの結果は本質的に，平方剰余の相互法則のひとつの形である．

平方剰余の相互法則

(形式1) a を正の整数，p を奇素数，そして $a \not\equiv 0 \pmod{p}$ とすると，$p \nmid 4a$ である．そこで $p = 4am + r$ と置くと，$0 < r < 4a$ となる．このとき

1) $\left(\dfrac{a}{p}\right)$ は p にではなく，剰余 r のみに依存する．

2) さらに，$\left(\dfrac{a}{p}\right)$ は剰余 r および $4a-r$ に対して同じ値をとる．

$p \equiv q \pmod{4a}$ ならば，p と q は同じ剰余 r をもち，また $p \equiv -q \pmod{4a}$ ならば，一方の剰余は r で他方は $4a-r$ となる．したがって法則は上の仮定の下で，よりすっきりと

(形式1′) $p \equiv \pm q \pmod{4a} \Rightarrow \left(\dfrac{a}{p}\right) = \left(\dfrac{a}{q}\right)$

のように表現することができる．

〔証明〕 $a = 1$ のときは明らかであるから $a > 1$ とする．手順は上記の例と同じである．例のようにリスト

$$a, 2a, 3a, \cdots, \left(\dfrac{p-1}{2}\right)a$$

を作り，その中で負の絶対最小剰余をもつものの個数の偶奇を調べ，ガウスの

補題を適用するのである．

これらの正の整数を長さ $\frac{p}{2}$ の区間に分ける．

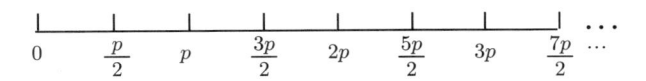

```
|────|────|────|────|────|────|────|── ...
0    p/2   p   3p/2  2p  5p/2  3p  7p/2 ...
```

奇数番目の区間，すなわち $\left[tp, (t+\frac{1}{2})p\right]$ という形の区間は，正の絶対最小剰余をもち，偶数番目の区間，すなわち $\left[(t-\frac{1}{2})p, tp\right]$ という形の区間は，負の絶対最小剰余をもつ．したがって，ガウスの補題を用いるためには，後者のみ調べればよい．そこで，$ka\ \left(1 < k < \frac{p-1}{2}\right)$ という形の数で，条件

$$\frac{p}{2} \leq ka \leq p,$$

$$\frac{3p}{2} \leq ka \leq 2p,$$

$$\frac{5p}{2} \leq ka \leq 3p,$$

$$\vdots$$

を満たすもの，あるいは同値な式として，

$$\begin{aligned}\frac{p}{2a} &\leq k \leq \frac{p}{a}, \\ \frac{3p}{2a} &\leq k \leq \frac{2p}{a}, \\ \frac{5p}{2a} &\leq k \leq \frac{3p}{a}, \\ &\vdots\end{aligned} \quad (1)$$

を満たすものを探すことにする．

ここで，最後の区間を指定しなければならないが，そのために各区間の両端は我々のリストの数ではありえないことを思い起こそう．今考えている区間はすべて $\left[(s-\frac{1}{2})\frac{p}{a}, \frac{sp}{a}\right] = \left[(2s-1)\frac{p}{2a}, \frac{sp}{a}\right]$ という形をしている．$\frac{p}{2}$ は整数

$\frac{p-1}{2} = \frac{p}{2} - \frac{1}{2}$ と $\frac{p}{2} + \frac{1}{2}$ の間にあるから，条件 $1 \leq k \leq \frac{p-1}{2}$ は $1 \leq k \leq \frac{p}{2}$ に同値である．つまり $\frac{p}{2}$ を含む区間より先へは行かなくてよいのである．すなわち，

$$(2t-1)\frac{p}{2a} \leq \frac{p}{2} \leq \frac{tp}{a}$$

あるいは

$$\frac{2t-1}{2} \leq \frac{a}{2} \leq t$$

であり，これを変形すると，

$$\frac{a}{2} \leq t \leq \frac{a}{2} + \frac{1}{2}$$

となる．以上より，整数 k で，次の条件

$$\frac{p}{2a} \leq k \leq \frac{p}{a},$$

$$\frac{3p}{2a} \leq k \leq \frac{2p}{a},$$

$$\frac{5p}{2a} \leq k \leq \frac{3p}{a}, \tag{2}$$

$$\vdots$$

$$(2t-1)\frac{p}{2a} \leq k \leq \frac{tp}{a}$$

のいずれか1つを満たすものを見出さなければならない．

ここで a が偶数ならば $t = \frac{a}{2}$ であり，我々のリストの最後の数 $k = \frac{p-1}{2}$ はこれに当たる区間に含まれることになる．さらに，$\frac{tp}{a} = \frac{p}{2}$ だから，この場合，条件 $1 \leq k \leq \frac{p}{2}$ は条件 (2) から導かれる．

一方 a が奇数のときは，$t = \frac{a}{2} + \frac{1}{2}$ であり，条件 (2) の最後の区間は

$$\frac{p}{2} \leq k \leq \frac{p}{2} + \frac{p}{2a}$$

となる．$1 \leq k \leq \frac{p}{2}$ でなければならないからこの区間は除いて，$\frac{a}{2} + \frac{1}{2}$ の代わりに $\frac{a}{2} - \frac{1}{2}$ と置くと，$1 \leq k \leq \frac{p}{2}$ は自動的に満たされる．したがって

$$u = \begin{cases} \dfrac{a}{2} & a \text{ が偶数のとき} \\ \dfrac{a}{2} - \dfrac{1}{2} & a \text{ が奇数のとき} \end{cases}$$

と置く．

ガウスの補題を適用するためには，条件

$$\frac{p}{2a} \leq k \leq \frac{p}{a},$$
$$3\frac{p}{2a} \leq k \leq \frac{2p}{a}, \qquad (3)$$
$$5\frac{p}{2a} \leq k \leq \frac{3p}{a},$$
$$\vdots$$
$$\frac{(2u-1)p}{2a} \leq k \leq \frac{up}{a}$$

のいずれかを満たす整数の個数の偶奇を求めなければならない．

さて，例のように，$p = 4am + r$, $0 < r < 4a$ と置こう．すると条件 (3) は

$$2m + \frac{r}{2a} \leq k \leq 4m + \frac{r}{a},$$
$$\vdots$$
$$2(2u-1)m + \frac{(2u-1)r}{2a} \leq k \leq 4um + \frac{ur}{a}$$

となり，これらのいずれかを満たす数 k の個数の偶奇を定めなければならない．しかし基本補題により，これらの不等式から偶数個の整数を除いても偶奇は変わらないから，結局，条件

$$\frac{r}{2a} \leq k \leq \frac{r}{a},$$
$$\vdots \qquad (4)$$
$$\frac{(2u-1)r}{2a} \leq k \leq \frac{ur}{a}$$

を満たす数 k の個数の偶奇を見出すことになる．

しかしこの個数は明らかに，p ではなく r のみに依存している．したがって $p \equiv q \equiv r \pmod{4a}$ ならば $\left(\dfrac{a}{p}\right) = \left(\dfrac{a}{q}\right)$ であり，法則の前半が証明されたことになる．

後半を証明するためには，条件 (4) において r を $4a - r$ で置き換え，これらの条件のいずれかを満たす数 k の個数の偶奇が，条件 (4) のいずれかを満たす数 k の個数の偶奇と同じであることを示せばよいが，これは演習として残すことにしよう． □

11.6 平方剰余の相互法則 2

オイラーが述べた形での相互法則を，前節で証明した．一方 6.3 節で論じたように，ルジャンドルは，今日より広く述べられるようになった形式で，この法則を予想した．そしてそれはまた，"reciprocity（相互）" という言葉を用いる理由をも説明しているのである．

平方剰余の相互法則

（形式 2） p, q を相異なる奇素数とするとき，
$$\left(\frac{p}{q}\right)\left(\frac{q}{p}\right) = (-1)^{\frac{p-1}{2}\frac{q-1}{2}}$$

（形式 2'） p, q の少なくとも一方が $\equiv 1 \pmod 4$ ならば $\left(\dfrac{p}{q}\right) = \left(\dfrac{q}{p}\right)$，
$$p \equiv q \equiv 3 \pmod 4 \text{ ならば } \left(\frac{p}{q}\right) = -\left(\frac{q}{p}\right)$$

11.4 節において，すでに次の定理を証明した．

完全化定理

$$\left(\frac{-1}{p}\right) = (-1)^{\frac{p-1}{2}},$$
$$\left(\frac{2}{p}\right) = (-1)^{\frac{p^2-1}{8}} \quad (= -1 \ \ p \equiv \pm 5 \pmod 8 \text{ のときに限り})$$

この定理は，上の形式2と合わせると，すべてのルジャンドル記号を計算するのに必要な結果が完成するため，「完全化定理」と呼ばれている．

例

$$\left(\frac{-54}{71}\right) = \left(\frac{(-1)2 \cdot 3^3}{71}\right) = \left(\frac{-1}{71}\right)\left(\frac{2}{71}\right)\left(\frac{3}{71}\right)^3$$

$$= (-1)^{\frac{71-1}{2}} \left(\frac{2}{71}\right)\left(\frac{3}{71}\right) \text{ (完全化定理により)}$$

$$= (-1)(1)\left(\frac{3}{71}\right) \text{ (完全化定理により)}$$

$$= (-1)\left(\frac{71}{3}\right)(-1)^{\frac{71-1}{2} \cdot \frac{3-1}{2}} \text{ (平方剰余の相互法則により)}$$

$$= \left(\frac{71}{3}\right) = \left(\frac{2}{3}\right) = -1$$

よって $x^2 \equiv -54 \pmod{71}$ は解をもたない．

さて，形式1と形式2のそれぞれ一方から他方を導くことができることを示し，そのあと形式2に対する直接証明を，再びガウスの補題を用いて与えよう．

〔形式1 $\Rightarrow$ 形式2の証明〕

一般性を失うことなく $p > q$ としよう．このとき2つの場合がある：

i) $p \equiv q \pmod 4$ のとき：ある $a > 0$ によって $p = q + 4a$ と表されるから $p \equiv q \pmod{4a}$ である．よって

$$\left(\frac{p}{q}\right) = \left(\frac{q+4a}{q}\right) = \left(\frac{4a}{q}\right) = \left(\frac{4}{q}\right)\left(\frac{a}{q}\right) = \left(\frac{a}{q}\right)$$

また

$$\left(\frac{q}{p}\right) = \left(\frac{p-4a}{p}\right) = \left(\frac{-4a}{p}\right) = \left(\frac{-1}{p}\right)\left(\frac{4}{p}\right)\left(\frac{a}{p}\right)$$

$$= (-1)^{\frac{p-1}{2}}\left(\frac{a}{p}\right)$$

よって

$$\left(\frac{p}{q}\right)\left(\frac{q}{p}\right) = \left(\frac{a}{p}\right)(-1)^{\frac{p-1}{2}}\left(\frac{a}{q}\right)$$

となる．形式1により，$p \equiv q \pmod{4a} \Rightarrow \left(\dfrac{a}{p}\right) = \left(\dfrac{a}{q}\right)$ であるから，

$$\left(\dfrac{p}{q}\right)\left(\dfrac{q}{p}\right) = (-1)^{\frac{p-1}{2}}$$

$\dfrac{p-1}{2} = \dfrac{q-1}{2} + 2a$ だから，$\dfrac{p-1}{2}$ と $\dfrac{q-1}{2}$ は偶奇が同じであり，したがって

$$(-1)^{\frac{p-1}{2}} = (-1)^{\frac{p-1}{2}\frac{q-1}{2}}$$

ii) $p \not\equiv q \pmod 4$ のとき：$p \equiv 1 \pmod 4, q \equiv 3 \pmod 4$ であるか，$p \equiv 3 \pmod 4, q \equiv 1 \pmod 4$ であるかのどちらかである．いずれの場合も $p \equiv -q \pmod 4$ であるから，ある $a > 0$ によって $p = -q + 4a$ と表され，$p \equiv -q \pmod{4a}$ となる．したがって，

$$\left(\dfrac{p}{q}\right) = \left(\dfrac{-q+4a}{q}\right) = \left(\dfrac{4a}{q}\right) = \left(\dfrac{a}{q}\right)$$

また

$$\left(\dfrac{q}{p}\right) = \left(\dfrac{-p+4a}{p}\right) = \left(\dfrac{4a}{p}\right) = \left(\dfrac{a}{p}\right)$$

となる．形式 1′（5節）により，$p \equiv -q \pmod{4a} \Rightarrow \left(\dfrac{a}{p}\right) = \left(\dfrac{a}{q}\right)$ だから $\left(\dfrac{p}{q}\right)\left(\dfrac{q}{p}\right) = 1$．しかし $\dfrac{p-1}{2} + \dfrac{q-1}{2} = 2a - 1$ は奇数だから，$\dfrac{p-1}{2}$ と $\dfrac{q-1}{2}$ のどちらか一方だけが奇数で，

$$(-1)^{\left(\frac{p-1}{2}\right)\left(\frac{q-1}{2}\right)} = 1$$

を得る． □

〔形式2 ⇒ 形式1の証明〕

いくつかの段階に分けて進めよう．まず a が素数のときに定理を証明する．

1) $a = 2$ のとき：4節における $\left(\dfrac{2}{p}\right)$ に対する結果により明らかである．

2) $a =$ 奇素数のとき：

i) $p \equiv q \pmod{4a}$ のとき：形式 2 により，$\left(\dfrac{a}{p}\right) = \left(\dfrac{p}{a}\right)(-1)^{\frac{p-1}{2}\frac{a-1}{2}}$ となるが，$p \equiv q \pmod{4a} \Rightarrow p \equiv q \pmod{a} \Rightarrow \left(\dfrac{p}{a}\right) = \left(\dfrac{q}{a}\right)$ である．したがって形式 2 より，

$$\left(\dfrac{a}{p}\right) = \left(\dfrac{p}{a}\right)(-1)^{\frac{p-1}{2}\frac{a-1}{2}}$$

$$= \left(\dfrac{q}{a}\right)(-1)^{\frac{p-1}{2}\frac{a-1}{2}}$$

$$= \left(\dfrac{a}{q}\right)(-1)^{\frac{q-1}{2}\frac{a-1}{2}}(-1)^{\frac{p-1}{2}\frac{a-1}{2}}$$

$$= \left(\dfrac{a}{q}\right)(-1)^{\frac{a-1}{2}\frac{p+q-2}{2}}$$

となる．ここで $p \equiv q \pmod 4 \Rightarrow p \equiv q \pmod 4 \Rightarrow p+q-2 \equiv 2q-2 \pmod 4$ であるが，q は奇数だから $q \equiv 1, 3 \pmod 4$ である．いずれの場合も $p+q-2 \equiv 0 \pmod 4$ となるから $\dfrac{p+q-2}{2}$ は偶数であり，$\left(\dfrac{a}{p}\right) = \left(\dfrac{a}{q}\right)$ が得られる．

ii) $p \equiv -q \pmod{4a}$ のとき：i) と同様にすると

$$\left(\dfrac{a}{p}\right) = \left(\dfrac{a}{q}\right)(-1)^{\frac{a-1}{2}\frac{p+q}{2}}$$

となるが，$p \equiv -q \pmod{4a} \Rightarrow p+q \equiv 0 \pmod{4a} \Rightarrow p+q \equiv 0 \pmod 4$，すなわち $\dfrac{p+q}{2}$ は偶数となり，証明が終わる．

3) a が素数でないとき，$a = \prod p_i$ と書ける．$p \equiv \pm q \pmod{4a}$ ならば $p \equiv \pm q \pmod{4p_i}$ であり，素数に対しては形式 1 が成り立つことから，

$$\left(\dfrac{p_i}{p}\right) = \left(\dfrac{p_i}{q}\right) \Rightarrow \prod\left(\dfrac{p_i}{p}\right) = \prod\left(\dfrac{p_i}{q}\right) \Rightarrow \left(\dfrac{a}{p}\right) = \left(\dfrac{a}{q}\right)$$

が得られる． □

次に述べる平方剰余の相互法則の形式 2 の直接証明は，Eisenstein [Eis] によるものである．最初にある補題を必要とするが，これはガウスの補題に基づいており，非常に考え方が近いものである．

補題 m を奇数, p を奇素数とし, $(m,p) = 1$ とすると,

$$\left(\frac{m}{p}\right) = (-1)^k,$$

ただし $k = \sum_{i=1}^{\frac{p-1}{2}} \left[\frac{im}{p}\right]$ ([x] は最大整数関数) である.

〔証明〕 リスト $m, 2m, \cdots, \left(\frac{p-1}{2}\right)m$ を作ると,

$$im = \left[\frac{mi}{p}\right]p + r_i, \quad 0 < r_i < \frac{p}{2},$$

または   (1)

$$im = \left[\frac{mi}{p}\right]p + (p - s_i), \quad 0 < s_i < \frac{p}{2}$$

のどちらかが成り立つ. この r_i と $-s_i$ はリストの整数の絶対最小剰余であるから,

$$s_i \text{ の個数} = \text{ガウスの補題の } v$$

である. すべての r_i と s_i にわたって式 (1) を加えると,

$$m \sum_{1}^{\frac{p-1}{2}} i = p \sum \left[\frac{mi}{p}\right] + pv + \sum r_i - \sum s_i \tag{2}$$

となる. r_i および s_i は $1, 2, \ldots, \frac{p-1}{2}$ のすべての数から成っている（ガウスの補題を証明するときにそれらがすべて異なることを示した）ことに注意すると, 式 (2) の右辺に $\sum s_i$ を足して引くことにより,

$$m \sum_{1}^{\frac{p-1}{2}} i = p \sum \left[\frac{mi}{p}\right] + pv + \sum_{1}^{\frac{p-1}{2}} i - 2\sum s_i$$

すなわち

$$(m-1)\sum i = p\sum \left[\frac{mi}{p}\right] + pv - 2\sum s_i$$

となる．しかし $p \equiv 1 \pmod{2}$, $m \equiv 1 \pmod{2}$ そして $2 \equiv 0 \pmod{2}$ であるから

$$v \equiv -\sum_i \left[\frac{mi}{p}\right] \pmod{2}$$

でなければならない．$k = \sum \left[\dfrac{mi}{p}\right]$ であるから，v と k は偶奇が同じとなり，したがってガウスの補題により，

$$\left(\frac{m}{p}\right) = (-1)^v = (-1)^k$$

となる． □

[アイゼンシュタインによる形式 2 の証明]

$$k = \sum_{i=1}^{\frac{q-1}{2}} \left[\frac{pi}{q}\right] \quad \text{そして} \quad k' = \sum_{i=1}^{\frac{p-1}{2}} \left[\frac{qi}{p}\right]$$

と置くと，上の補題により，

$$\left(\frac{p}{q}\right) = (-1)^k \quad \text{かつ} \quad \left(\frac{q}{p}\right) = (-1)^{k'}$$

となる．

さて，$k + k' = \dfrac{p-1}{2}\dfrac{q-1}{2}$ となることを，4 点 $(0,0), (0, \frac{p}{2}), (\frac{q}{2}, 0), (\frac{q}{2}, \frac{p}{2})$ を頂点とする長方形の中の格子点（座標が整数である点）を数えることによって証明しよう（図 1 を参照）．

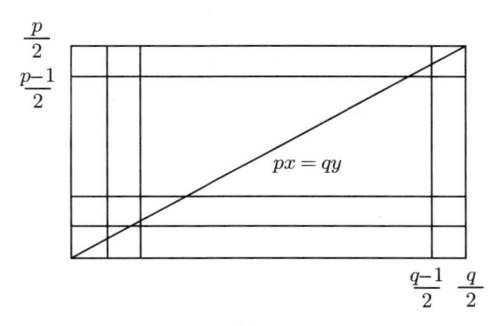

図 1

この長方形の内部には $\dfrac{p-1}{2} \cdot \dfrac{q-1}{2}$ 個の格子点がある．

点 $\left(i, \dfrac{pi}{q}\right)$ は対角線上にあるから，直線 $x = i$ 上の，対角線より下にある部分には $\left[\dfrac{pi}{q}\right]$ 個の格子点がある．したがって対角線の下側全体には $\sum_{1}^{\frac{q-1}{2}} \left[\dfrac{pi}{q}\right] = k$ 個の格子点があることになる．同様に，直線 $y = i$ 上の，対角線より左にある部分には $\left[\dfrac{qi}{p}\right]$ 個の格子点があり，対角線の上側全体には k' 個の格子点がある．

対角線上には格子点はありえないから，$k + k' = \dfrac{p-1}{2} \dfrac{q-1}{2}$ が成り立つ．
□

平方剰余の相互法則の形式2はきわめて驚くべきものである．それは
$$x^2 \equiv p \pmod{q} \quad \text{と} \quad x^2 \equiv q \pmod{p}$$
の可解性の間に，まったく自明でない関係を与えているのである．

アンドレ・ヴェイユは，どんな等差数列においてもその中の素数の分布はランダムに見えるのに，そこに法則があるという事実は，不思議なほど驚くべきことであると述べている [Wei 4, vol. 1, pp. 244-255]．

11.7 歴史と他の証明

『整数論』の第151項でガウスは，平方剰余の相互法則の歴史について論じている（[Gau 1] からの翻訳）．

「これらの研究に関する他の数学者たちの仕事

151. 基本定理というものは，そのタイプの中で最も美しいと確かにみなされるものでなければならない．これまでに，上に述べたような簡潔な形で定理を示した人は誰もいなかった．このことは，この形から導かれる他の命題をオイラーがすでに知っており，しかもそれらの命題から容易に

この形を導き出すことができるのであるから,なおさら驚くべきことである. オイラーは,$x^2 - A$という形をした数の約数であるすべての素数を含むある種の形式が存在すること,また同じ形の数の約数でないすべての素数を含む他の形式が存在すること,そして2つの集合が互いに交わらないことに気づいていた. そして彼はさらに,これらの形式を見つける方法まで知っていたが,それを証明しようとしたすべての努力は報われず,彼が帰納的に発見していたこの真理に,かなりの真実味を与えることに成功したに過ぎなかった. 彼がサンクト・ペテルブルグ・アカデミーで語り (1775年11月20日), 彼の死後[10] に出版された "Novae demonstrationes circa divisores numerorum formae $xx + nyy$" と題する論文を見ると,彼は自らの決意を成し遂げたと信じていたように見える. しかし実はある誤りが忍び込んでいたのである. というのは, 65ページで彼は,約数とそうでない数のそのような形式が存在すると暗黙のうちに仮定している[p]. このことから目的の形式を見出すことは難しくないのだが,この仮定を証明するのに彼が用いた方法は適当なものではなかったように思われる. Opuscula Analytica, 1, 211 に掲載された "De criteriis aequationis $fxx + gyy = hzz$ utrumque resolutionem admittat necne," [11] (f, g, h は与えられた数で, x, y, z は未知数) というもうひとつの論文でオイラーは,この方程式が $h = s$ というひとつの値に対して解をもつならば, $4fg$ を法として s に合同で,素数であるような他のすべての数に対しても解をもつということを,帰納的に見出している. しかしこの定理を証明しようという彼の努力もまた,実らなかったのである[q]. しかしこのことはあまり

---

[10] Nova acta acad. Petrop., 1 [1783], 178, 47-74.

[p] すなわち, $4A$ より小さい相異なる数 r, r', r'', etc. と n, n', n'', etc. が存在して, $x^2 - A$ の約数となるすべての素数は $4Ak + r, 4Ak + r'$, etc. のいずれかの形で含まれ,また約数にならないすべての素数は $4Ak + n, 4Ak + n'$, etc. のいずれかの形で含まれる (k は定数ではない) と仮定したのである.

[11] 原論文では "utrumque" の代わりに "utrum ea" となっている.

[q] 彼自身次のように告白している (Opuscula Analytica, I, 216):「この最も美しい定理の証明は,長い間これほど多くの人によって研究されてきたにもかかわらず,いまだに追い求められている... こんな定理の証明の発見に成功する人は,きっときわめて傑出した人物に違いない.」この偉大な人が,この定理や,基本定理の特別な場合に当たる他の定理の証明をいかなる熱意をもって探し求めたかは,他の多くの場所で見ることができる. たとえば Opuscula Analytica, I, 268 (Additamentum ad 論文 8) および 2, 275 (論文 13) そしてすでにしばしば引用してきた Comm. acad. Petrop の多くの論文などである. [注: 論文 8 については 62 ページを見よ. また論文 13 の題は "De insigni promotione scientiae

注目すべきことではない．というのは，我々の意見では，基本定理から始めることが必要だからである．次の節で示すことから，命題の正しさは自動的に導かれるのである．

　オイラーの後，高名なルジャンドルが同じ問題を，彼のすばらしい著作 "*Recherches d'analyse indétérminée*", (*Hist. Acad. Paris*, 1785, p. 465〜) において熱心に研究した．ルジャンドルは，基本定理とおおむね等しい定理に到達している．彼は次のように定理を述べた：p, q が 2 つの正の素数であるとき，べき $p^{\frac{q-1}{2}}, q^{\frac{p-1}{2}}$ の，それぞれ q, p を法とする絶対最小剰余は，p または q が $4n+1$ という形の数ならばどちらも $+1$ であるかどちらも -1 であるかのいずれかであり，p と q の両方が $4n+3$ という形の数ならば片方は $+1$，もう一方は -1 である（516 ページ）．第 106 項によれば，この定理から出発して，p から q への関係（第 146 項の意味に従って用いる）と q から p への関係は，p と q のどちらかが $4n+1$ という形の数であるときは同じであり，p と q の両方とも $4n+3$ という形の数であるときは反対であるという事実を導くことができる．この命題は第 131 項の命題の中に含まれており，また第 133 項の 1, 3, 9 から導くことができる．一方でまた逆に，基本定理もこの命題から導くことができるのである．ルジャンドルもまた，この定理を証明しようとした．これはきわめて巧妙なので，次の節で少し紹介することにしよう．しかし彼は（彼自身 520 ページで "*Nous avons supposé seulement ...*" と告白しているように）多くのことを証明なしに仮定した．その中には，今に至るまでまだ誰も証明していないものもあるし，基本定理自身を用いないと証明できないと思うものもある．そのため彼がたどった道は袋小路へと導かれるようであり，したがって我々の証明が最初のものであるとみなされるべきである．」

　ガウスは平方剰余の相互法則の証明を全部で 6 通り与えたが，彼の主たる目的は，彼が述べているように，より高次のべきへと一般化することができるようなアプローチであった．これらの一般化については，後にいくつか論じる．

　最初の証明（『整数論』の第 125〜135 項で与えられた）は大変複雑な帰納法

---

numerorum" である．]

の議論である．これは最近になってその考えが K 理論の計算において用いられるようになるまで，ほとんど関心を呼ばなかった [Tat 1]．

第2の証明（『整数論』の第262項で与えられた）は，2次形式の理論に基づいている．

第3と第5の証明はよく似ているが，本質的にはガウスの補題に基づいている．

第4と第6の証明は，ガウスの円周等分理論，すなわち1の複素数根の理論に基づいている．のちに第14章でこの理論を議論し，第6の証明を与えることにする．

これらの証明の多くは再発見され，ときにはやや異なった形で示されている．コーシー (Cauchy)，ヤコビ，そしてアイゼンシュタインが（互いに独立に）証明を与え，それらがガウスの第6の証明の変形であることに気づかないまま，優先権を争った．ガウスや他の人の証明に関する進んだ議論については，H.J.S. Smith [Smi, H 3, art. 18-22] および Ireland and Rosen [Ire-Ros, chap. 6] を見よ．互いにちょっとした変形に過ぎないような証明も多くある．

これで2次の合同に関する議論を終えることにしよう．先に述べたように，平方剰余の相互法則に対するガウスの多くの証明は，より高次の法則へと一般化したいという欲求の産物である．高次の相互法則を追求することから，代数的整数論の発展が導かれたのである（第15～17章を参照）．

これで『整数論』の第1～4節の主要な内容およびその後の発展のいくらかについて述べ終わったことになる．

11.8 ヤコビの記号

計算上の理由と理論上の理由の両方から，ルジャンドルの剰余の記号を一般化するのが便利である．n は正の奇数で，$n = p_1 \cdots p_k$ と素因数分解されるとする．このとき任意の整数 m に対して，**ヤコビの記号** $\left(\dfrac{m}{n}\right)$ を，$\left(\dfrac{m}{n}\right) = \prod_i \left(\dfrac{m}{p_i}\right)$ で定義する．この定義から直ちに，$\left(\dfrac{mm'}{n}\right) = \left(\dfrac{m}{n}\right)\left(\dfrac{m'}{n}\right)$ が成り立つことと，$m \equiv m' \pmod{n}$ ならば $\left(\dfrac{m}{n}\right) = \left(\dfrac{m'}{n}\right)$ であることが導

かれる.

相互法則 m と n が互いに素である正の奇数であるとき,
$$\left(\frac{m}{n}\right)\left(\frac{n}{m}\right) = (-1)^{\frac{m-1}{2}\cdot\frac{n-1}{2}}$$
が成り立つ.

証明および負の分母への一般化については, Hecke [Hec, sec. 16, 46] を見よ. Adams and Goldstein [Ada-Gol, pp. 131-132] では, 相互法則の証明が分けられて, 一連の演習問題になっている.

$x^2 \equiv m \pmod{n}$ ならば $\left(\frac{m}{n}\right) = 1$ が成り立つが, 逆は真ではない. たとえば $\left(\frac{2}{9}\right) = \left(\frac{2}{3}\right)\left(\frac{2}{3}\right) = 1$ であるが, $x^2 \equiv 2 \pmod{9}$ は解をもたない.

ヤコビの記号がもつ計算上の利点とは, 分母が素数であるか調べたり, 大きな数を素因数分解したりする必要がもはやないということである.

例
$$\left(\frac{187}{191}\right) = \left(\frac{191}{187}\right)(-1)^{\frac{191-1}{2}\cdot\frac{187-1}{2}} = -\left(\frac{191}{187}\right)$$
$$= -\left(\frac{4}{187}\right) = -\left(\frac{2^2}{187}\right) = -1$$

第12章

2元2次形式〔1〕：算術的理論

12.1 導入

　ガウスの『整数論』の第5節と第6節では，整数nの2元2次形式による表現の理論と，そのいくつかの応用が示されている．これまですでに，フェルマーとオイラーの仕事におけるこの理論の誕生と，ラグランジュによる一般論の始まりについて見てきた（5.2節）．さて，ガウスによる第5節の導入部分から準備を始めることにしよう（[Gau 1]からの翻訳）．

　　　153項．この節では特に，2つの変数x, yをもつ

$$ax^2 + 2bxy + cy^2$$

という形の関数について扱う．ここでa, b, cは与えられた整数である．このような関数を，**2次形式**あるいは単に**形式**と呼ぶ．これを調べることで，整数あるいは有理数の2つの未知数をもつ2次の不定方程式の解をすべて求めよという，有名な問題の答えを知ることができる．この問題は，すでにラグランジュによってあらゆる一般的な条件の下で解かれており，また形式の性質にまつわる多くのことも，この偉大な幾何学者とオイラーによって発見されている．彼らはまた，それより以前のフェルマーによる発見に対する証明も与えている．しかしながら，形式の性質を注意深く調べたところ，大変多くの新しい結果が明らかとなったので，この話題について全体的に初めから振り返ることには，きっと意味があるに違いない．さらに言えば，これらの人たちが発見した事実はいろいろなところに散らばっているため，それらがわかっている学者はほとんどいない．また，我々がここで用いる方法は，ほとんど完全に独自のものである．そして最

後に，ここでつけ加える新しい事実は，ラグランジュたちの発見を新しい形で説明することによって初めて理解できるものである．だからここで振り返っておくことにはなおさら意味があるのである．この話題には多くのすばらしい結果がいまだに隠されており，他の人たちの才能への挑戦となっていることは疑いない．重要な真理の歴史についても，適当なところでつねに触れておくことにしよう．

ラグランジュやルジャンドルが $ax^2 + bxy + cy^2$ という式を用いていた一方で，ガウスが彼の形式を $ax^2 + 2bxy + cy^2$ のように，中央項を偶数にして書いていることに注意しよう．定理の中には，一方の書き方の方が自然に見えるものもあるし，もう一方の方がよいものもある．このため19世紀には，どちらの書き方がよりよいかという議論が起こったほどである．デデキント (Dedekind) が 2 次形式と 2 次体の間の関係を説明して，$ax^2 + bxy + cy^2$ という形式の方が自然であるということを示した後は，こちらの方が一般的によい書き方として受け入れられるようになったが，それも決して世界的にというわけではない．

ガウスは 2 次形式の理論に大きな貢献を果たし，基礎理論を豊かにするとともに，合成と種という深く重要な概念を導入した．この仕事は後の数論と抽象代数学の発展に強い影響を与えることになる．

初めに 5.2 節で提示した基本的設定を振り返ろう．記述や証明を簡単にするために行列の記法が用いられているが，証明は本質的にガウスやグスタフ・ペーター・ルジューヌ・ディリクレ (Gustav Peter Lejeune Dirichlet, 1805-1853) が与えたものである．ディリクレが行った数論の講義 [Dir-Ded] は，ガウスの『整数論』を数学の社会にとって，より近づきやすいものにしたが，本書の多くの箇所で我々も，彼の説明に従っている．

この章の参考文献に加えて [Dav] を，また最近の計算によるアプローチについては [Bue] をお薦めする．

12.2　形式の同値

2 元 2 次形式

12.2 形式の同値

$$f(x,y) = ax^2 + bxy + cy^2, \quad a,b,c \in \mathbf{Z}$$

が与えられ，これを $\boldsymbol{f} = (\boldsymbol{a}, \boldsymbol{b}, \boldsymbol{c})$ とも表すことにすると，2つの基本的な問題がある．

1) この形式で**表現可能**な整数 n，すなわち

$$n = f(x,y)$$

となるような整数 x,y が存在するような整数 n を求めよ．

2) n が f によって表現可能であるとき，何通りの表し方があるか定めよ．

これらの問題の中には，効率的なアルゴリズムを求めたいという気持ちも暗に含まれている．まずは第一の問題に集中し，後に第二の問題の様子について議論することにしよう．

2つの形式 $f = (a,b,c)$ と $g = (a',b',c')$ が**同値**であるとは，

$$\begin{pmatrix} x \\ y \end{pmatrix} = S \begin{pmatrix} x' \\ y' \end{pmatrix}, \quad S = \begin{pmatrix} s & t \\ u & v \end{pmatrix}$$

$\det S = \pm 1$, $s,t,u,v \in \mathbf{Z}$ の下で

$$g(x',y') = f(x,y)$$

が成り立つこと，より直接的な書き方では

$$g(x',y') = f(sx' + ty', ux' + vy')$$

となることであり，これを $\boldsymbol{f} \sim \boldsymbol{g}$ で表す．

行列式が ± 1 であるような整数行列 S を**ユニモジュラー行列**と呼ぶ．変換 S の下での同値を $\boldsymbol{g} = \boldsymbol{S}\boldsymbol{f}$ とも書く．形式の同値は同値関係である．

ユニモジュラー行列全体の集合は，乗法の下で**一般線形群** $\boldsymbol{GL_2(\mathbf{Z})}$，すなわち整数を成分にもち，$\mathbf{Z}$ 上で可逆な 2×2 行列の乗法群をなす．（Sf という操作は $GL_2(\mathbf{Z})$ の形式への群作用を定義するが，群作用の一般論を使うことはしない．）

5.2節において，S がユニモジュラーならば，同値な形式 f と g によって表現可能な整数は同じであること，そしてそれぞれの同値類の中で「簡単な」形式を見つけることが，表現問題を解決するのに役立つことを述べた．

12.3 行列表現と判別式

M^t を行列 M の転置行列とすると，

$$T = \begin{pmatrix} a & \dfrac{b}{2} \\ \dfrac{b}{2} & c \end{pmatrix}, \quad Z = \begin{pmatrix} x \\ y \end{pmatrix}$$

のとき

$$f(x, y) = ax^2 + bxy + cy^2 = Z^t T Z \tag{1}$$

である．

形式の変換は容易である．

$$Z = SZ', \quad S = \begin{pmatrix} s & t \\ u & v \end{pmatrix}, \quad Z' = \begin{pmatrix} x' \\ y' \end{pmatrix}$$

として式 (1) に代入すると，

$$\begin{aligned} f(x,y) &= Z^t T Z = (SZ')^t T (SZ') = Z'^{\,t}(S^t T S)Z' \\ &= Z'^{\,t} U Z' = g(x', y') = a'x'^2 + b'x'y' + c'y'^2 \end{aligned}$$

ただし

$$U = S^t T S = \begin{pmatrix} a' & \dfrac{b'}{2} \\ \dfrac{b'}{2} & c' \end{pmatrix}$$

である．掛け合わせることにより，係数の間に次の関係を得る．

$$\begin{aligned} a' &= as^2 + bsu + cu^2 = f(s, u), \\ b' &= 2ast + b(sv + tu) + 2cuv, \\ c' &= at^2 + btv + cv^2 = f(t, v) \end{aligned} \tag{2}$$

さらに，

$$\det(U) = \det(S^t)\det(T)\det(S) = \det(T)(\det(S))^2$$

となるが，$\det(S) = \pm 1$ との仮定から，

$$\det(U) = \det(T)$$

すなわち $a'c' - \dfrac{b'^2}{4} = ac - \dfrac{b^2}{4}$ あるいは

$$b'^2 - 4a'c' = b^2 - 4ac$$

を得る.

$b^2 - 4ac$ を $f = (a, b, c)$ の**判別式**と呼び, **disc** $(\boldsymbol{f})$ または $\boldsymbol{D}$ で表す.

注意 判別式として $4ac - b^2$ を用いる著者もいる. また判別式のことを形式の determinant（直訳すると「決定式」）と呼ぶ人もいる.

なぜ判別式が重要なのであろうか？ 第一に, たった今見たように,

$$f \sim g \implies \text{disc}\,(f) = \text{disc}\,(g) \tag{3}$$

すなわち, 判別式は同値類の不変量であり, したがって時には同値類を区別するのに用いることができる. 式 (3) の逆は偽である. たとえば $x^2 + y^2$ と $-x^2 - y^2$ はともに判別式が -4 であるが, 前者が $2 = 1^2 + 1^2$ を表現するのに対し, $-x^2 - y^2 \leq 0$ は 2 を表現しない. 第二に, 各形式

$$f(x, y) = ax^2 + bxy + c = y^2 \left(a\left(\dfrac{x}{y}\right)^2 + b\left(\dfrac{x}{y}\right) + c \right)$$

に対して, 判別式 $D = b^2 - 4ac$ をもつ多項式

$$P_f(z) = az^2 + bz + c$$

を対応させることができる（これが $b^2 - 4ac$ を 2 次形式の判別式と呼ぶ理由である）. $f(z) = 0$ の根 $\dfrac{-b \pm \sqrt{D}}{2a}$ は我々の研究において重要な役割を果たす. 2 次形式と 2 次数の間の関係の最初の手がかりを見ることもできる.

判別式は同値の下で不変であるから, 決まった判別式 D に対する表現問題を考える. つまり, いつでもある決まった判別式をもつすべての形式に限定して考えようというのである. $D = b^2 - 4ac$ と, 平方数はつねに 4 を法として 0 か 1 であるという事実から,

$$D \equiv 0 \text{ または } 1 \pmod{4}$$

が得られる．上を満たす D に対して，D を判別式としてもつ形式が，少なくとも 1 つ存在する．すなわち

$$D \equiv 0 \pmod{4} \text{ に対しては } f(x,y) = x^2 - \frac{D}{4}y^2,$$

$$D \equiv 1 \pmod{4} \text{ に対しては } f(x,y) = x^2 + xy + \left(\frac{1-D}{4}\right)y^2$$

という形式がある．

D が平方数（したがって $D \geq 0$）ならば，判別式 D をもつ形式は，有理数の係数をもつ 1 次形式の積へと因数分解できる．$D = 0$ のときは，ある 1 次形式の 2 乗となるので，表現問題は 1 次形式の簡単な場合に帰着される．$D > 0$ が平方数である場合には，表現と同値に関する理論は特に深いものではなく，ガウスによって『整数論』の 206 項〜212 項において調べられている（変数が整数値をとる場合には，2 つ以上の 1 次形式の積がとる値の限界についておもしろい問題があり，後に数の幾何を用いて扱われる（第 22 章））．したがって，**平方数でない判別式をもつ 2 次形式に限定して考える**ことにする．$ax^2 + bxy + cy^2$ の判別式が平方数でない場合には，$a, c \neq 0$ となることに注意しよう．

12.4 被約形式と同値類の個数

2 次形式の理論において最も重要な初歩的結果が次のものである．

簡約定理 平方数でない判別式が取りうるそれぞれの値 D に対して，判別式が D である形式の同値類は，有限個しかない．

〔証明〕 定理を証明するために，どの形式もひとつの**被約形式**，すなわち

$$|b| \leq |a| \leq |c|$$

となるような形式 (a, b, c) と同値であることを示す．

ところで，与えられた判別式 D に対して，被約形式は有限個しかない．すなわち，

$$D = b^2 - 4ac, \quad |b| \leq |a| \leq |c|$$

を満たす三つ組 (a, b, c) は有限個しかない．

このことを見るには，

$$
\begin{aligned}
|D| &= |b^2 - 4ac| \\
&\geq \left||b|^2 - 4|a||c|\right|, \quad (|x-y| \geq ||x|-|y|| \text{ より}), \\
&\geq 4|a||c| - |b|^2, \quad (|x| \geq x, -x \text{ より}), \\
&\geq 4|a|^2 - |b|^2, \quad (|c| \geq |a| \text{ より}), \\
&\geq 4|a|^2 - |a|^2, \quad (|b| \leq |a| \text{ より}), \\
&= 3|a|^2
\end{aligned}
$$

に注意する．すると

$$|a| < \sqrt{\frac{|D|}{3}}, \quad |b| \leq |a| \leq \sqrt{\frac{|D|}{3}}, \quad c = \frac{b^2 - D}{4a} \tag{1}$$

こうして，与えられた D に対して，(a,b,c) として選択できるものは有限個しかなく，すなわち判別式 D は有限個の被約形式をもつ．そのため，ひとつひとつの形式がすべて，ある被約形式と同値であるときでも，同値類は有限個しかないことがわかる．

どの形式にもそれと同値な被約形式があることを示すためには，2つの特殊な写像が必要である．

i) 行列 $S = \begin{pmatrix} 0 & -1 \\ 1 & 0 \end{pmatrix}$ で与えられる写像 $\begin{cases} x = -y' \\ y = x' \end{cases}$ で，これを $f = (a,b,c)$ に適用すると，(3.2) により

$$(a,b,c) \sim (c,-b,a)$$

が得られる．

ii) 行列 $T_u = \begin{pmatrix} 1 & u \\ 0 & 1 \end{pmatrix}$ で与えられる写像 $u \in \mathbf{Z}, \begin{cases} x = x' + uy' \\ y = y' \end{cases}$ で，これからは

$$(a,b,c) \sim (a, b+2ua, c+ub+u^2a).$$

が得られる．

以下のアルゴリズムは，任意の形式 f から始めて，一連の形式を生み出しながら，最後にはある被約形式へとたどり着くものである．

アルゴリズム $f = (a, b, c)$ から始めて，

1) $|a| < |b|$ ならば，$-|a| < b + 2ua \leq |a|$ となるように $u \in \mathbf{Z}$ を選び，T_u を (a, b, c) に用いると，$(a, b' = b + 2ua, c')$ が得られる．こうして $|b'| \leq |a|$ とできる．
2) $|a| > |c'|$ ならば，S を (a, b', c') に用いて $(a' = c', -b', a)$ を得る．$|c'| < |a|$ であるからステップ 1) に戻る．
3) $|a| \leq |c'|$ となったら止めて，被約形式を得る．

これは次の図 1 の流れ図によって示される．

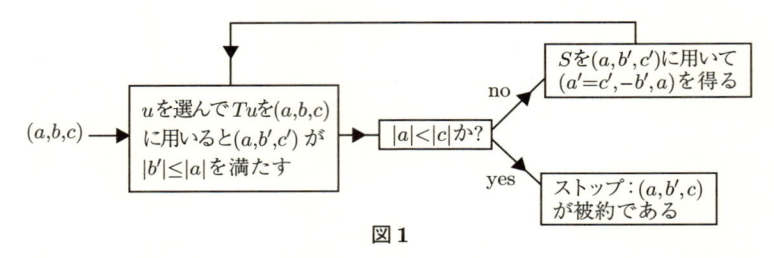

図 1

ステップ 1 では x^2 の係数は変わらないままで，ステップ 2 でそれが小さくなるということに注意しよう．有限回のステップで被約形式にたどり着かないとすると，

$$|a| > |a'| > |a''| > \cdots$$

を満たす正の整数列を作り出したことになるが，これは不可能である．したがって，このアルゴリズムによって生み出された形式の列は，被約形式で必ず止まる．

例 判別式 -4 の形式の同値類の個数を求めよう．被約形式の係数は式 (1) を満たさなければならない．すなわち，

$$|a| \leq \sqrt{\frac{4}{3}}, \quad |b| \leq \sqrt{\frac{4}{3}}, \quad b^2 - 4ac = -4$$

したがって $a = 1, -1$ (D は平方数でないから，$a \neq 0$) で，$b = 0, 1, -1$ である．

$b \neq 0$ ならば，$c = \pm \dfrac{5}{4}$ となるが，これは整数でないから除外する．

$b = 0$ ならば，$a = \pm 1, c = \pm 1$ となり，形式は $x^2 + y^2, -(x^2 + y^2)$ となる．$x^2 + y^2$ は $2 (= 1^2 + 1^2)$ を表現し，$-(x^2 + y^2) \leq 0$ は表現しないから，この2つの形式は同値でない．

こうして被約形式は2つあり，対応する2つの同値類が存在する．

12.5 表現と同値

表現問題は同値の研究に帰着される．

整数 n が形式 $f = (a, b, c)$ によって **正式表現可能** であるとは，$n = f(x, y)$ となるような $x, y \in \mathbf{Z}, (x, y) = 1$ が存在することをいう．$n = f(x, y)$ で $d = (x, y)$ ならば $\left(\dfrac{x}{d}, \dfrac{y}{d}\right) = 1$ かつ $d^2 | n$ であり，

$$\frac{n}{d^2} = a\left(\frac{x}{d}\right)^2 + b\left(\frac{x}{d}\right)\left(\frac{y}{d}\right) + c\left(\frac{y}{d}\right)^2$$

となる．すなわち，$\dfrac{n}{d^2}$ は f によって正式表現可能である．したがって，P を f によって正式表現可能な整数の集合とすると，$\{kd^2 \mid k \in P, d \in \mathbf{Z}\}$ は f によって表現可能なすべての整数の集合となり，表現問題は，正式表現を求める問題へと帰着される．

n が f によって正式表現可能で，$f \sim g$ ならば，n は g によっても正式表現可能である（演習）．

今度は形式によって正式表現可能な整数の特徴づけを行ってみよう．

1) $S = \begin{pmatrix} r & s \\ t & u \end{pmatrix}$ によって $f = (a, b, c) \sim g = (n, h, l)$ ならば，$n = f(r, t)$ であることを思い起こそう．$\det S = ru - st = \pm 1$ から，$(r, t) = 1$ とわかる．すなわちこの表現は正式である．

2) n が f によって正式表現可能，つまり $n = f(r, t), (r, t) = 1$ であるとする．すると，$ru - st = 1$ を満たす $s, u \in \mathbf{Z}$ が存在する．$S = \begin{pmatrix} r & s \\ t & u \end{pmatrix}$ を f に用いると，x^2 の係数が n であるような同値な形式が得られる．

こうして次の定理が証明された．

定理 形式 f によって正式表現可能な整数の集合は，f に同値なすべての形式において x^2 の係数として現れる数の集合に等しい．

12.6 表現と平方剰余

表現可能であるかどうかのもうひとつの判定条件として，平方剰余の理論と関連したものがある．

定理 1) n が判別式 D をもつ $f = (a, b, c)$ によって正式表現可能ならば，

$$h^2 \equiv D \pmod{4|n|} \tag{1}$$

は可解である．すなわち D は $4|n|$ を法とする平方剰余である．（負の法を避けるために $|n|$ を選ぶことに注意.）

2) （部分的に逆命題）$h^2 \equiv D \pmod{4|n|}$ が可解であるとすると，n は判別式 D をもつ**ある**形式によって正式表現可能である．

〔証明〕 1) 前節の定理により，n が判別式 D をもつ形式 $f = (a, b, c)$ によって正式表現可能ならば，$(n, h, l) \sim (a, b, c)$ となる形式がある．しかし同値な形式はすべて同じ判別式をもつから，$D = h^2 - 4nl$，つまり $h^2 \equiv D \pmod{4|n|}$ となる．

2) $h^2 \equiv D \pmod{4|n|}$ となるような h が存在するならば，$D = h^2 - 4|n|k$ となる k がある．すると形式 $g = |n|x^2 + hxy + ky^2$ は判別式 D をもち，$g(1,0) = n$ は n の正式表現である． □

系 判別式 D をもつすべての形式が同値であるとき，合同式 (1) が可解であることは，与えられた形式によって n が正式表現可能であるための必要十分条件である．

この定理はおそらくラグランジュ，ルジャンドル，そしてガウスが平方剰余に関心をもつための強い動機づけになったと思われる．定理の前半は $x^2 - ay^2$ に対する我々の定理（6.4 節）を一般化したものである．ガウスは『整数論』第 5 節の 2 次形式に関する最初の定理として，この定理の前半を示し，初等的な証明をつけている．定理の後半は，1773 年に出された論文 "*Recherches d'arithmetique"* [Lag, 第3巻, pp. 695-795] におけるラグランジュの研究の基礎となっている.

この定理と4節のテクニックを使うと，フェルマーがパスカルに宛てた書簡の中で述べた2つの主張（2.6節）を証明することができる．この書簡に書かれた他の主張のほとんどについても同様に扱うことができる．

例　2つの平方数の和

2平方数定理　$p \equiv 1 \pmod{4}$ を満たすすべての素数 p は，2つの平方数の和として正式表現可能である．すなわち，
$$p = x^2 + y^2, \quad (x, y) = 1$$
となる x, y が存在する．

〔証明〕　表現が存在すれば，$d = (x, y)$ とすると $d^2 | p$ となるから，それは必ず正式である．

$x^2 + y^2$ は判別式が -4 である．前の定理により，合同式 $h^2 \equiv -4 \pmod{4p}$ が可解ならば，p は判別式 -4 をもつ形式で正式表現可能である．$k^2 \equiv -1 \pmod{p}$ が可解であれば，この合同式も可解である．$h = 2k$ と置けば $h^2 \equiv -4 \pmod{4p}$ となるからである．しかし $p \equiv 1 \pmod{4}$ ならば，$\left(\dfrac{-1}{p}\right) = 1$（11.3節）であるから，これは可解である．

4節で，判別式が -4 であるような形式の類は2つあり，それぞれの類は形式 $\pm(x^2 + y^2)$ を含むことを見た．$-(x^2 + y^2) \leq 0$ だから，p は $x^2 + y^2$ によって正式表現可能である． □

2つの平方数の和となるすべての整数の性質が，次の定理で与えられる．

定理　n を正の整数とし，$n = b^2 c$，かつ c は平方数を因数にもたないとする．このとき

　　　n が2つの平方数の和で表される

　　　$\iff p \equiv 3 \pmod{4}$ となる素数 p がひとつも c の約数でない

〔証明〕　$\implies$) $p \equiv 3 \pmod{4}$ が n の約数で，かつ $n = x^2 + y^2$ とすると，
$$x^2 + y^2 \equiv 0 \pmod{p} \quad \text{あるいは} \quad x^2 \equiv -y^2 \pmod{p}$$

である.

$y \not\equiv 0 \pmod{p}$ とすると,$(xy^{-1})^2 \equiv -1 \pmod{p}$ となるが,$p \equiv 3 \pmod 4$ ならば $\left(\dfrac{-1}{p}\right) = -1$ であるから,これは正しくない(11.4節).したがって,$y \equiv 0 \pmod p$ かつ $x \equiv 0 \pmod p$,すなわち $p|x, p|y$ であるから,$p^2|n$ となり,

$$\frac{n}{p^2} = \left(\frac{x}{p}\right)^2 + \left(\frac{y}{p}\right)^2$$

のように,$\dfrac{n}{p^2}$ が 2 つの整数の平方和として表される.$p|\dfrac{n}{p^2}$ のときは,同じ論法を $\dfrac{n}{p^2}$ に適用し,このことを繰り返す.したがって,もし $p \equiv 3 \pmod 4$ が n の約数であれば,偶数回割ることができて,やがて p で割り切れない因数 c となる.

$\impliedby$) この証明のカギは等式

$$(a^2+b^2)(c^2+d^2) = (ac-bd)^2 + (ad+bc)^2 \tag{2}$$

で,これは

$$|(a+bi)(c+di)|^2 = |a+bi|^2|c+di|^2$$

のもうひとつの書き方である.ここで $|z|$ は複素数 z の絶対値である.こうして,2 つの整数がそれぞれ 2 つの平方数の和で表されるとき,その 2 つの整数の積もまた 2 つの平方数の和であることがわかる.

さて,n を素因数分解して

$$n = 2^r \cdot q_1^{2s_1} \cdots q_k^{2s_k} \cdot p_1 \cdots p_m$$

と表そう.ただし p_i はどれも異なる素数で $p_i \equiv 1 \pmod 4$ を満たし,q_i も素数である.

$2 = 1^2 + 1^2$ であるから,(2) を繰り返し用いることにより,$2^r =$ 平方数 $+$ 平方数である.平方数 $q^{2s} = (q^s)^2 + 0^2$ であり,また 2 平方数定理により,それぞれの $p_i =$ 平方数 $+$ 平方数となる.したがって,式 (2) を使ってこれらの表現を貼り合わせることにより,n を 2 つの平方数の和で表す方法が得られた. $\square$

例　$x^2 + 2y^2$

フェルマーは，素数 $p \equiv 1, 3 \pmod{8}$ ならば，$p = x^2 + 2y^2$ は解をもつと主張した．$d = (x, y)$ ならば $d^2 | p$ であるから，これらの表現はすべて正式である．それではこの主張を証明しよう．

$x^2 + 2y^2$ の判別式は -8 である．しかし $h^2 \equiv -8 \pmod{4p}$ が可解であれば，p は判別式が -8 であるようなある形式によって正式表現可能である．この合同式が可解であるのは，$k^2 \equiv -2 \pmod{p}$ が可解であるとき，すなわち $\left(\dfrac{-2}{p}\right) = 1$ のときであり，かつそのときに限る．よって，$\left(\dfrac{-2}{p}\right) = 1$ ならば，p は判別式 -8 をもつある形式によって正式表現可能である．

被約形式に対する不等式 (4.1) について少し計算すると，判別式 -8 をもつ形式は，どれも $\pm(x^2 + 2y^2)$ に同値であることがわかる．しかし $-(x^2 + 2y^2) \leq 0$ は p を表現できないので，したがって，$\left(\dfrac{-2}{p}\right) = 1$ ならば p は $x^2 + 2y^2$ によって表現される．そこで，どのようなときに $\left(\dfrac{-2}{p}\right) = 1$ となるかを決めなければならない．

$$\left(\frac{-2}{p}\right) = \left(\frac{2}{p}\right)\left(\frac{-1}{p}\right) \text{ および}$$

$$\left(\frac{-1}{p}\right) = 1 \iff p \equiv 1 \pmod{4},$$

$$\left(\frac{2}{p}\right) = 1 \iff p \equiv 1, 7 \pmod{8}$$

を思い起こそう．

8 を法とすると，

$$p \equiv 1 \pmod{8} \implies p \equiv 1 \pmod{4} \implies \left(\frac{2}{p}\right)\left(\frac{-1}{p}\right) = 1 \cdot 1 = 1,$$

$$p \equiv 3 \pmod{8} \implies p \equiv 3 \pmod{4} \implies \left(\frac{2}{p}\right)\left(\frac{-1}{p}\right) = -1 \cdot -1 = 1,$$

$$p \equiv 5 \pmod{8} \implies p \equiv 1 \pmod{4} \implies \left(\frac{2}{p}\right)\left(\frac{-1}{p}\right) = -1 \cdot 1 = -1,$$

$$p \equiv 7 \pmod{8} \implies p \equiv 3 \pmod{4} \implies \left(\frac{2}{p}\right)\left(\frac{-1}{p}\right) = 1 \cdot -1 = -1$$

となるから，

$$p \text{ が } x^2 + 2y^2 \text{ で表現可能} \iff p \equiv 1, 3 \pmod{8}$$

が証明された. □

12.7 正式同値

ここまでは，2次形式の理論へのラグランジュの貢献を主に扱ってきた．この理論のより基本的な部分へのガウスの主な貢献は，同値の概念を精密にしたことである．

我々は同値を $GL_2(\mathbf{Z})$ に関連して調べてきたが，すべての形式がある被約形式と同値であるということの証明においては，

$$\begin{pmatrix} 0 & -1 \\ 1 & 0 \end{pmatrix}, \begin{pmatrix} 1 & u \\ 0 & 1 \end{pmatrix}, \quad u \in \mathbf{Z}$$

という変換を用いただけである．これらの行列はすべて判別式 1 をもっている．

したがって，ガウスと同じように，行列 $A \in GL_2(\mathbf{Z})$ で，$g = Af$ かつ $\det A = 1$ となるものが存在するときに，2つの形式 f と g は**正式同値**であると言い，当分の間 $f \sim_p g$ と表すことにしよう．

明らかに，$\sim_p$ は同値関係である．実際，正式同値は，形式への**特殊線形群** $SL_2(\mathbf{Z}) = \{A \in GL_2(\mathbf{Z}) | \det A = 1\}$ の作用の下での同値である．この同値類は**正式同値類**と呼ばれる．

演習 一般同値類（すなわち $\sim$ の下での同値類）は，1つの正式同値類か，2つの正式同値類の和集合かのいずれかであることを証明せよ．

すでに注意したように，簡約定理の証明により，実際には次の定理が証明される．

定理 どの形式もある被約形式と正式同値であり，ある決まった判別式をもつ形式の正式同値類の個数は有限である．

行列 $A \in GL_2(\mathbf{Z})$ で，$g = Af$ かつ $\det A = -1$ となるものが存在するとき，

2つの形式 f と g は**非正式同値**であると言い，$f \sim_i g$ で表すことにする．

非正式同値は同値関係ではない．実際,
$$f \sim_i g \text{ (つまり } g = Af\text{)},\ g \sim_i h \text{ (つまり } h = Bg\text{)} \implies f \sim_p h$$
となる．なぜなら $h = BAf$ で，$\det BA = (-1)(-1) = 1$ となるからである．

もちろんもうひとつの行列 C が存在して，$\det C = -1$ かつ $h = Cf$ となるかもしれない．しかしそれは一般には成り立たない．なかには自分自身と非正式同値な形式もある．たとえば $x^2 + y^2$ は写像 $x = -x', y = y'$ の下で自分自身と非正式同値になる．しかし全部の形式がそうだというわけではない．

ガウスは形式の同値 ($\sim$) を決定する問題を，正式同値 ($\sim_p$) を決定する問題へと次のように帰着させた：

1) すべての形式 $h = (a, b, c)$ について，$x = -x',\ y = y'$ の下で
   $h = (a, b, c) \sim_i h' = (a, -b, c)$ が成り立つ．
2) 2つの形式 f と g が与えられたとき，$f \sim_p g$ であるかどうか決定する．
   i) もしそうならば $f \sim g$ であり，
   ii) もしそうでなければ，
   $$f \sim_i g \iff f \sim_p g' = g(-x', y')$$
   に注意して $f \sim_i g$（したがって $f \sim g$）かどうかを決定する．

以上のことにより，ここから先においては正式同値のみを考えることとし，特に断りのない限り，$f \sim g$ は正式同値を表すものとする．

12.8 定符号形式と不定符号形式

ラグランジュにならい，判別式の符号に関連してもうひとつの区別を行おう．

判別式 $D = b^2 - 4ac$ をもつ1つひとつの形式 $f(x, y) = ax^2 + bxy + cy^2 = y^2 \left(a\left(\dfrac{x}{y}\right)^2 + b\dfrac{x}{y} + c \right)$ に対し，2次関数 $az^2 + bz + c$ を対応させることができる．そこで，放物線 $w = az^2 + bz + c$ を考える．

1) $D > 0$ ならば，方程式 $az^2 + bz + c = 0$ は2つの相異なる根をもち，放物

線はz軸と交わる．この場合形式$f(x,y)$は，(wとzの有理数値に対応する）適当なxとyの整数値に対して正と負の両方の値を取る．$D>0$となる形式は**不定符号**と呼ばれる．

2) $D<0$ならば，方程式の根は実数でなく，放物線はz軸より全部上か，全部下になる．$D<0$となる形式は**定符号**と呼ばれる．

  i) $a>0$のときは，放物線が軸より上になり，対応する形式は$(x,y)\neq(0,0)$に対して正の値しか取らない．これらは**正の定符号形式**である．

  ii) $a<0$のときは，形式は負の値しか取らず，**負の定符号形式**である．

以上を図式にまとめておこう（図2）．

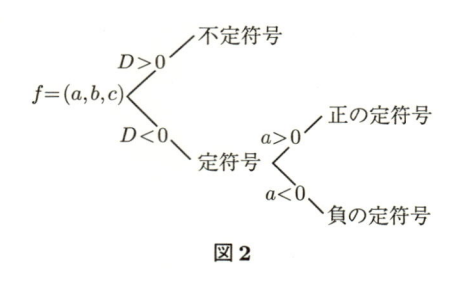

$$f=(a,b,c)\begin{cases}D>0 \longrightarrow \text{不定符号}\\ D<0 \longrightarrow \text{定符号}\begin{cases}a>0 \longrightarrow \text{正の定符号}\\ a<0 \longrightarrow \text{負の定符号}\end{cases}\end{cases}$$

図 2

($D=0$ならば放物線はz軸に接し，$a>0$のときは$f(x,y)\geq 0$，$a<0$のときは$f(x,y)\leq 0$であることに注意せよ．）

形式の判別式は一般的同値の下で不変で，したがって正式同値の下でも不変であるから，形式が不定符号あるいは正の定符号であるという性質は，正式同値の下で保たれる．方程式 (3.2) により，正の定符号と負の定符号もやはり保たれる．

定符号形式と不定符号形式に対する表現問題や同値問題については，異なる扱いが必要である．この違いの基本的理由は，定符号形式では各同値類に対してただひとつの代表値を容易に選ぶことができるが，一方不定符号形式ではそのような「自然な」代表値は存在せず，各同値類に対して代表値の集合を選ばなければならないということにある．さらに，正の定符号形式$f(x,y)$と正の

実数 t に対し，$f(x,y) = t$ が楕円の方程式であるのに対し，不定符号形式に対しては双曲線の方程式になるということにも注意しよう．このことは，ミンコフスキーによる数の幾何の理論をこれらの形式の研究に適用するときの基本である（第 22 章）．

不定符号形式の議論は次章にまわして，ここでは定符号形式について議論しよう．

12.9　正の定符号形式

正の整数 n が正の定符号形式 (a, b, c) によって表現可能であるということは，$-n$ が負の定符号形式 $(-a, -b, -c)$ によって表現可能であることと同値である．したがって，定符号形式に対する表現問題は，すべて正の定符号形式に対する問題に帰着される．そこで，正の定符号形式の問題について考えることにしよう．

すでに述べたように，すべての正の定符号形式は，条件 $|b| \leq |a| \leq |c|$ を満たす被約形式と正式同値である．しかし各同値類には複数の被約形式が存在することもありうる．典型的な例が

$$x^2 + xy + y^2 \quad と \quad x^2 - xy + y^2$$

であり，これらは被約であるとともに $x = y', y = -x'$ の下で同値である．また別の例

$$x^2 + xy + 2y^2 \quad と \quad x^2 - xy + 2y^2$$

も被約であるとともに $x = x' - y', y = y'$ の下で同値である．被約形式の定義にもうひとつ条件をつけ加えて，こういったタイプの振る舞いを除外すれば，各同値類にただひとつの被約形式しかないようにすることができる．

(a, b, c) が正の定符号であれば，$a = f(1, 0) > 0$ かつ $c = f(0, 1) > 0$ である．したがって被約形式は $|b| \leq a \leq c$, すなわち

$$-a \leq b \leq a \leq c$$

を満たす．

1) $a = c$ ならば，$x = y'$, $y = -x'$ によって $(a, b, c) \sim (a, -b, c)$ である．これらの一方を除外するために，次の条件を加える．

$$a = c ならば 0 \leq b$$

2) $a < c$, ならば，$x = x' + y'$, $y = y'$ によって $(a, -a, c) \sim (a, a, c)$ である．これらの一方を除外するために，次の条件を加える．

$$a < c ならば -a < b$$

被約形式の定義にこれらの条件

$$0 \leq b \leq a = c \quad または \quad -a < b \leq a < c$$

を加えるとき，**正の定符号形式が被約である**という．そして今後，「正の定符号被約形式というときには，いつでもこの新しい定義のこととする．」

先に述べた簡約定理の系として，次の定理を得る．

定理 すべての正の定符号形式は，ある被約形式と（正式）同値である．それぞれの判別式 $D(< 0)$ に対して，正式同値の下で正の定符号形式の同値類は有限個しかない．

例 4節において，判別式 -4 をもつ唯一の被約形式（古い定義）は $\pm(x^2 + y^2)$ であることを示した．$-(x^2 + y^2)$ は正の定符号でなく，$x^2 + y^2$ は条件 1) を満たすから，$x^2 + y^2$ は判別式 -4 をもつ唯一の正の定符号被約形式である（新しい定義）．

演習 判別式 -3 をもつ唯一の正の定符号被約形式は $x^2 + xy + y^2$ であることを示せ．

最も重要なことは，今や次のこともまた成り立つということである．

定理 相異なる 2 つの被約形式は同値でない．

算術的に証明するには少し手間がかかる（[Dic 2] や [Mat] を参照）．証明の基本的アイデアは，被約形式 (a, b, c) の係数の本質的な解釈を見つけることである．たとえば，a は形式によって表現される最小の正の整数であること，し

たがってただひとつであるということは示せる．次の章で我々は，この定理を幾何学的に証明する．

上の定理を仮定すると，正の定符号形式に対する同値問題を解決したことになる．2つの正の定符号形式 f と g が同値であるかどうか決定するには，

i) f と g を（我々のアルゴリズムによって）同値な被約形式 f' と g' に変換する．
ii) $f \sim g \iff f' = g'$ である．

しかしながら，表現定理はまだ解決していない．整数 n が f によって表現可能であることは，n が f と同値なある形式における x^2 の係数として現れることと同値であるが，このことがいつ起こるかについてはまだ決定できていないからである．次の章で形式の表現や同型を多く扱うなかで，この問題に立ち返ることにしよう．

12.10 原始的形式と類数

$\gcd(a, b, c) = 1$ であるとき，形式 $f = (a, b, c)$ は**原始的**であるという．

明らかに，ある整数 n が $d = \gcd(a, b, c)$ である形式 $f = (a, b, c)$ によって表現可能であることは，$\dfrac{n}{d}$ が原始的形式 $\dfrac{f}{d} = \left(\dfrac{a}{d}, \dfrac{b}{d}, \dfrac{c}{d}\right)$ によって表現可能であることと同値である．また，同値な形式の係数間の関係から，

$$f \text{ が原始的，かつ } f \sim g \implies g \text{ は原始的}$$

も成り立つ．したがって，形式の表現問題や同値問題は，原始的形式に対する同様の問題へと帰着される．

形式の判別式は，4を法として0または1と合同な整数であるということを思い起こそう．いずれの場合も原始的形式が存在する．すなわち，それぞれ $x^2 - \dfrac{D}{4}y^2$ および $x^2 + xy + \left(\dfrac{1-D}{4}\right)y^2$ である．判別式が D である形式がすべて原始的であるとき，判別式 D を**基本判別式**という．次に示すように，そのような判別式は存在する．

定理 基本判別式は，次の2つの条件のいずれかを満たす整数であり，それら

に限られる.

1) $D \equiv 1 \pmod 4$ であり,かつ D は平方数を約数にもたないか,
2) $D \equiv 0 \pmod 4$ であり,$D = 4D'$ とするとき $D' \equiv 2$ または $3 \pmod 4$, かつ D' は平方数を約数にもたない.

〔証明〕 a) 上の条件 1) または 2) を満たす判別式 D で,原始的でない形式 $f = (a, b, c)$, $\gcd(a, b, c) = k > 1$ の判別式となるものがあるとすると,k^2 が D の約数となるから 2) のタイプでなければならず,しかも $k = 2$ である.すると $a = 2a', b = 2b', c = 2c'$ で,$D' = \dfrac{D}{4} = b'^2 - 4a'c'$ となる.しかしこれは,$D' \equiv 0$ または $1 \pmod 4$ を意味するから,$D' \equiv 2$ または $3 \pmod 4$ という仮定に矛盾する.したがって,判別式 D をもつすべての形式が原始的であり,D は基本判別式である.

b) D が上の条件 1) と 2) のどちらも満たさない判別式であるとする.まず,$D \equiv 1 \pmod 4$ であって,平方数を約数にもつとすると,ある $k > 1$ に対して $D = D'k^2$ となるが,このとき形式 $\left(k, k, -k\dfrac{D'-1}{4}\right)$ は判別式 D をもち,しかも原始的でない.また,$D \equiv 0 \pmod 4$ で $D = 4D'$ とすると,仮定より,D' は平方数を約数にもつか,あるいは $D' \equiv 0, 1 \pmod 4$ である.ある k^2 が D' の約数であるときは($D' \equiv 0 \pmod 4$ の場合も含めて),$\left(k, 0, -\dfrac{D'}{k}\right)$ が判別式 D をもち,しかも原始的でない.そして $D' \equiv 1 \pmod 4$ のときは,$\left(2, 2, -2\dfrac{D'-1}{4}\right)$ が判別式 D をもち,しかも原始的でない.したがって D は基本判別式ではない. □

2 次形式の理論において研究される最も深く,そして基本的な量のひとつに類数がある.D を基本判別式とするとき,**類数 $h(D)$** は

$h(D) =$ 判別式 D をもつ原始的形式($D < 0$ のときは

正の定符号)の正式同値類の個数

で与えられる.

原始的形式はすべての形式の部分集合であるから,7 節の定理により,$h(D)$

は有限である.

注意 正式同値を明示するために, $h(D)$ を**狭義類数**と呼び,「類数」という用語を一般の同値に対して用いる著者も多い.

ディリクレは2次形式の研究に解析的手法を持ち込み, 1839年に類数に関する公式を導いた [Ell, W-Ell, F], [Hec]. ここではひとつの場合について述べよう.

$D<0$ が基本判別式ならば,

$$h(D) = \frac{-w}{2}|D|^{-1/2}\sum_{n=1}^{|D|-1} n\left(\frac{D}{n}\right)$$

ただし,

$$D = -3 \text{ のとき } w = 6,$$
$$D = 4 \text{ のとき } w = 4,$$
$$D = 2 \text{ のとき } w = 2$$

また, $\left(\dfrac{D}{n}\right)$ はルジャンドル記号の拡張であるが, ここでは定義を述べない. 後に明らかになることだが, w は判別式 D をもつ形式の正式変換のうち, その形式を不変に保つものの個数である.

この公式の美しい系として, ヤコビが1832年に初めて予想した, 次の公式がある.

$p \neq 3$ を $p \equiv 3 \pmod 4$ なる素数として, $D = -p$ ならば,

$$h(-p) = \frac{B-A}{p}$$

ただし,

A は p を法とする平方剰余の和 (0 と p の間),

B は p を法とする平方非剰余の和 (0 と p の間) である.

たとえば $D = -7$ のときは, $A = 1+2+4 = 7, B = 3+5+6 = 14$ だから

$h(-7) = 1$ であるが，これは被約形式に対する不等式から容易に確かめることができる．

この結果に対する初等的な証明は知られていない．そればかりか，$B - A$ が正の数であること，あるいは p が $B - A$ の約数であることといった事実に対しても初等的な証明は知られていない．

『整数論』第303項においてガウスは，負の判別式に対して

$$\lim_{D \to -\infty} h(D) = \infty$$

が成り立つと予想した．このことは1933年にハイルブロン (Heilbronn) が，ヘッケ (Hecke) とドイリング (Deuring) により先に得られた結果に基づいて証明した．

ガウスはまた，与えられた類数をもつ判別式の表を与え，特に $h(D) = 1$ となる負の判別式 D は9つ，すなわち，

$$-3, -4, -7, -8, -11, -19, -43, -67, -163$$

しかないと予想した．

厳密に言えば，ガウスは偶数の中央項をもつ $ax^2 + 2bxy + cy^2$ という形式しか考えずに判別式を $b^2 - ac$ と定義したので，上に述べた予想は，ガウスの表を解釈し直したものである．この問題はハロルド・スターク (Harold Stark) によって1967年に初めて解かれ，そのすぐ後にアラン・ベイカー (Alan Baker) が，ディオファントス方程式の解に対する構成的限界の研究から別の証明を与えた（ベイカーのフィールズ賞受賞講演 [Bak] を参照）．4年後，ベイカーとスタークは独立に，$h(D) = 1$ となる負の判別式 D が18個存在することを証明した．

ガウスの2つの予想に対する解決の歴史は極めて興味深いが，2次体の言葉による再定式化と同時に，さらに代数的整数論の手法，曲線の算術や解析学も関連するため，ここではこれ以上追究しないことにする．詳細については Goldfeld [Gol, D] ならびにセール (Serre) の講義 [Fla, appendix A] を見よ．

一方 $D > 0$ に対しては，ガウスは $\{D | h(D) = 1\}$ が無限集合であると予想した．ここで，あるいは他のよく知られた多くの予想を述べるときも，「予想」という言葉を使うのは，おそらく少し大げさであろう．『整数論』第304項でガウスが述べているのは以下のことである（[Gau 1] からの翻訳）．

現在に至るまで，それらが有限個しかない（これはほとんどありえないと思われる）のか，それが限りなくまれに起こるのか，あるいはその頻度がどんどん増加してある極限に至るのかについて，理論的に決定したり，確かな観察をもって予想したりすることはできていない．

とにかく，予想にせよ考察にせよ，この問題はいまだに未解決である．

第13章

2元2次形式〔2〕：幾何学的理論

13.1 導入

　前の章では算術的手法を用いて2次形式を研究したが，今度は2次形式の理論の幾何学的側面に目を向けてみよう．

　2次形式の簡約の幾何学的理論は，H.J.S. スミス (Smith) とフェリックス・クライン (Felix Klein) が初めて与えたものである．クラインは幾何学的アイデアの名人で，1次分数変換が中心的な役割を果たす保型関数の理論の発展において，主役の一人をなしていた．クラインは，数学的概念に幾何学的解釈を与えようとつねに試みていて，たとえば代数的整数論の「理想数」と2次形式に対して幾何学的解釈を与えるために，格子 (lattice) を導入した（[Kle 3, Lecture VIII] および第15–17章を参照）．クラインが著した2巻の書物『高度な観点から見た初等数学 (*Elementary Mathematics from an Advanced Viewpoint*)』[Kle 1] と『19世紀数学の発展 (*Development of Mathematics in the 19th Century*)』[Kle 2] には，19世紀の数学のほとんどすべての分野への洞察が詰め込まれている．

　2節では幾何学的理論へ至るためのキーポイントである，形式の根の性質について議論する．それに引き続いて上半平面の幾何学的理論について述べるが，これによって正の定符号形式の簡約理論に対する新しい見方と，ある整数を形式によって表現する個数を数える方法の両方が得られることになる．最後に，2次形式に対する研究の締めくくりとして，不定符号形式や，より進んだ話題である合成および種について簡単に議論することにする．

13.2 2次形式の根

Dirichlet[Dir-Ded] は，ガウスの整数論的アイデアを，簡潔で，しかも動機をより明確にした形で，数学界に提示した．彼は形式の根を考えることを通して，形式の表現と同値に関する研究に取り組んだ．これらのアイデアの中にそれ以前に知られていたものがある（[Wei 1] と [Wei 5] を見よ）のは確かであるが，初めて論文を発表したのはディリクレである．

12.3 節のように，判別式 D をもつ形式

$$f = ax^2 + bxy + cy^2 = y^2\left(a\left(\frac{x}{y}\right)^2 + b\frac{x}{y} + c\right)$$

に対して多項式

$$P_f(z) = az^2 + bz + c$$

を対応づける．

D は平方数でないと仮定する．したがって $a \neq 0$ である．$P_f(z)$ の根は

$$r_1 = \frac{-b + \sqrt{D}}{2a}, \quad r_2 = \frac{-b - \sqrt{D}}{2a}$$

である．ただし $\sqrt{D}$ は $D > 0$ のときは正の平方根を表し，$D < 0$ のときは $i\sqrt{|D|}$ を表す．これにより

$$f(x,y) = a(x - r_1 y)(x - r_2 y)$$

と表される．ここで r_1 は形式の**主要根**あるいは**第 1 の根**であり，r_2 は**第 2 の根**である．D は平方数でないから $\sqrt{D}$ は無理数であり，r_2 は r_1 によって決まる．

まず初めに根がどの程度形式を決定するか調べ，次に形式の同値の下でどのように根が変換されるか調べよう．

定理 $f = (a, b, c)$ および $g = (a', b', c')$ がそれぞれ根 r_1, r_2 および r_1', r_2' をもつとする．

$$\mathrm{disc}(f) = \mathrm{disc}(g)(= D)$$

かつ

$$r_1 = r_1'$$

ならば，
$$f = g$$
である（現実には，最初の係数が1であるような形式が根によって定まり，判別式によって a が定まる）．

〔証明〕 $r_1 = r'_1$ より $r_2 = r'_2$ が得られる．すなわち，
$$\frac{-b + \sqrt{D}}{2a} = \frac{-b' + \sqrt{D}}{2a'}$$
$$\frac{-b - \sqrt{D}}{2a} = \frac{-b' - \sqrt{D}}{2a'}$$
である．上から下を引くと，$\dfrac{\sqrt{D}}{a} = \dfrac{\sqrt{D}}{a'}$ となり，$a = a'$ を得る．したがって $b = b'$ であり，
$$c = \frac{b^2 - D}{4a} = \frac{b'^2 - D}{4a'} = c'$$
も得られる． □

今度は形式の同値について考えよう（12.2節）．$f = (a, b, c) \sim g = (a', b', c')$ とする．つまり
$$g = Af, \quad A = \begin{pmatrix} s & t \\ u & v \end{pmatrix}, \quad s, t, u, v \in Z, \quad \det A = \pm 1$$
であるとする（+1 は正式同値 ($\sim_p$) に対応し，−1 は非正式同値 ($\sim_i$) に対応する）．

このとき，対応する多項式 $P_f(z)$ および $P_g(z')$ をそれぞれ $z = \dfrac{x}{y}$ および $z' = \dfrac{x'}{y'}$ の多項式と見ると，
$$z = \frac{x}{y} = \frac{sx' + ty'}{ux' + vy'} = \frac{s\frac{x'}{y'} + t}{u\frac{x'}{y'} + v}$$
あるいは
$$z = \frac{sz' + t}{uz' + v} \tag{1}$$

を得る.

記号 A を,行列とそれに対応する1次分数変換 (1) の両方を表すために用いる.式 (1) が成り立つとき,$z = Az'$ と書いて,z は z' に同値であるという(これは同値関係である).

形式の同値や形式による表現に対するディリクレの手法は,形式の同値を根の同値へと帰着させることであった.

定理 上の記号の下で,r_1, r_2 と r_1', r_2' をそれぞれ f と g の根とすると,

i) $\quad f \sim_p g, f = Ag \implies r_1 = Ar_1', \ r_2 = Ar_2'$
ii) $\quad f \sim_i g, f = Ag \implies r_1 = Ar_2', \ r_2 = Ar_1'$

〔証明〕 まず最初に,変換 A によって g の根が f の根に写されることを示し,そのあと g のどの根が f のどの根に写されるのか正確に定める.$P_f(z) = f(z, 1)$ に注意せよ.

仮定より,$f(sx' + ty', ux' + vy') = g(x', y')$ である.r' を g の根のひとつとする.$x' = r'$ および $y' = 1$ と置くと,

$$f(sr' + t, ur' + v) = g(r', 1) = P_f(r') = 0$$

すなわち

$$a(sr' + t)^2 + b(sr' + t)(ur' + v) + c(ur' + v)^2 = 0 \qquad (2)$$

となる.$ur' + v \neq 0$ である.なぜなら,$ur' + v = 0$ とすると式 (2) より $sr' + t = 0$ となるから,

$$\begin{aligned} sr' + t &= 0 \\ ur' + v &= 0 \end{aligned} \qquad \text{あるいは} \qquad \begin{pmatrix} s & t \\ u & v \end{pmatrix} \begin{pmatrix} r' \\ 1 \end{pmatrix} = \begin{pmatrix} 0 \\ 0 \end{pmatrix}$$

となるが,これは $\det A \neq 0$,つまり A が可逆であるということに矛盾するからである.

そこで式 (2) の両辺を $(ur' + v)^2$ で割ると,

$$a\left(\frac{sr' + t}{ur' + v}\right)^2 + b\left(\frac{sr' + t}{ur' + v}\right) + c = 0$$

となるから，$\dfrac{sr'+t}{ur'+v}$ は f の根である．このようにして，g の根は f の根に写される．

r' を，r_1 に対応する f の根とする．すなわち，$r_1 = Ar'$ あるいは

$$r_1 = \frac{sr'+t}{ur'+v}$$

とする．r' を r_1 で表し，$r_1 = \dfrac{-b+\sqrt{D}}{2a}$ を代入して簡単にすると，

$$r' = \frac{vr_1 - t}{-ur_1 + s} = \frac{v(-b+\sqrt{D}) - 2ta}{-u(-b+\sqrt{D}) + 2sa}$$
$$= \frac{-vb - 2ta + v\sqrt{D}}{ub + 2sa - u\sqrt{D}}$$

を得る．この分母と分子に $ub + 2sa + u\sqrt{D}$ をかけ，因数分解と約分を行うと，やや長い計算の後，

$$r' = \frac{-(2ast + b(sv+tu) + 2cuv) + (st-uv)\sqrt{D}}{2(as^2 + bsu + cu^2)}$$

となり，これは方程式 (12.3.2) により，

$$= \frac{-b' + \varepsilon\sqrt{D}}{2a'}$$

となる．ただし $\varepsilon = \det A$ である．

したがって，f が g に正式同値 ($\varepsilon = +1$) であれば，$r' = r'_1$ つまり $r_1 = Ar'_1$ であり，f が g に非正式同値 ($\varepsilon = -1$) であれば，$r' = r'_2$ つまり $r_1 = Ar'_2$ であることがわかる． □

この定理の逆を，正式同値についてのみ述べる．

定理 $\mathrm{disc}(f) = \mathrm{disc}(g)$, $\det A = \pm 1$, $r_1 = Ar'_1$ そして $r_2 = Ar'_2$ ならば，$g = Af$ である．

〔証明〕 （演習問題：[Hur-Kri] を参照．）

もちろん前の定理により，$\det A = +1$ が成り立つ．

13.3　正の定符号形式と上半平面

　正の定符号形式 $f = (a, b, c)$ の根 r_1 と r_2 は互いに共役な複素数 $(r_2 = \overline{r_1})$ であるから，形式は r_1 とその判別式 D によって定まる．すなわち，$f = a(x - r_1 y)(x - \overline{r_1} y)$ で，a は D によって定まる定数である．この形式の主要根を r で表す．f は正の定符号であるから，$a = f(1, 0) > 0$ である．したがって，$\operatorname{Im} r = \dfrac{\sqrt{|D|}}{2a} > 0$ （$\mathbf{Re}\, z$ と $\mathbf{Im}\, z$ は，それぞれ z の実部と虚部を表す）となる．すなわち r は，**上半平面** $\mathbf{H} = \{z \in C \mid \operatorname{Im} z > 0\}$（複素平面の上半分 – 図1）にある点である．

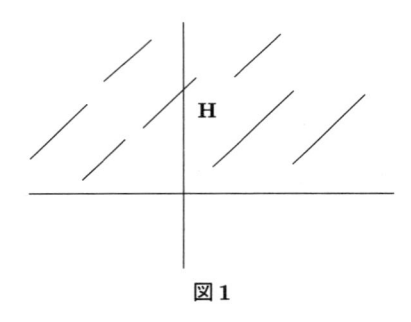

図1

　さらにどのような条件を加えれば，r が被約形式の主要根であると言えるだろうか？ 被約な正の定符号形式とは，条件

(1)　$0 \leq b \leq a = c$,

(2)　$-a < b \leq a < c$

のいずれかを満たす形式であることを思い起こそう（12.9 節）．

　　f が (1) を満たすならば，$0 \leq \dfrac{b}{2a} \leq \dfrac{1}{2}$ あるいは $\dfrac{-1}{2} \leq \operatorname{Re} r = \dfrac{-b}{2a} \leq 0$,

　　f が (2) を満たすならば，$\dfrac{-1}{2} < \dfrac{b}{2a} \leq \dfrac{1}{2}$ あるいは $\dfrac{-1}{2} \leq \operatorname{Re} r < \dfrac{1}{2}$

となり，いずれの場合も r は帯 $\dfrac{-1}{2} \leq \operatorname{Re} z < \dfrac{1}{2}$（図2）の上にある．

　どちらの場合も，r の絶対値の2乗をとると，$|r|^2 = r\bar{r} = \dfrac{b^2 - D}{4a^2} = \dfrac{4ac}{4a^2} =$

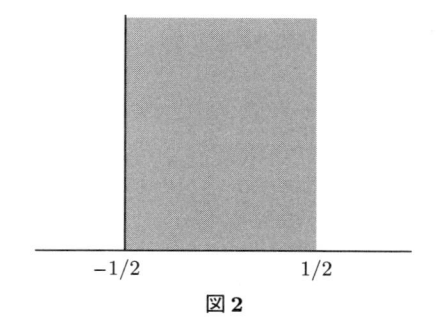

13.3 正の定符号形式と上半平面

図 2

$\dfrac{c}{a}$ となる. (1) の場合は $\dfrac{c}{a} = 1$ であり, (2) の場合は $\dfrac{c}{a} > 1$ である. したがって, $r \in \mathbf{H}$ は単位円板 $|z| < 1$ の外になければならない (図 3).

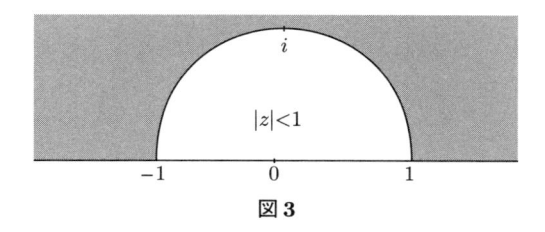

図 3

まとめると, 被約形式の主要根 r は, 条件

(1) $\dfrac{-1}{2} \leq \mathrm{Re}\, r \leq 0, |r| = 1,$

(2) $\dfrac{-1}{2} \leq \mathrm{Re}\, r < \dfrac{-1}{2}, |r| > 1$

のいずれかを満たさなければならない. すなわち, r は

$$\mathbf{D} = \{z \in \mathbf{C} \mid\ -\frac{1}{2} \leq \mathrm{Re}\, z \leq 0, |z| = 1 \text{ または } \frac{-1}{2} \leq \mathrm{Re}\, z < \frac{1}{2}, |z| > 1\}$$

で定義される**モジュラー領域 D**(図 4)になければならない.

このようにして

$$\text{正の定符号形式} \longleftrightarrow \mathbf{H} \text{に主要根がある}$$

$$\text{被約形式} \longleftrightarrow \mathbf{D} \text{に主要根がある}$$

が得られる.

図4

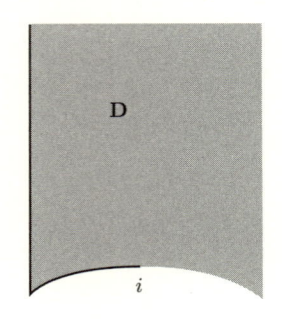

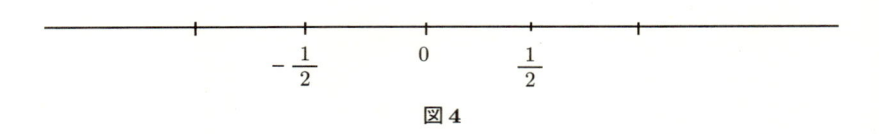

しかし2節より，

$$\text{形式の変換} \longleftrightarrow \text{根の1次分数変換}$$

が成り立つことを知っている．

これらの変換は，**H** に対してはどう働くであろうか？

補題 $gz = \dfrac{az+b}{cz+d}$, $a, b, c, d \in \mathbf{R}$, $ad - bc = 1$ とすると，

$$\text{Im}(gz) = \frac{\text{Im}(z)}{|cz+d|^2}$$

である．

〔証明〕 (演習問題)

続く節において，上半平面の幾何について調べよう．**H** の各点が **D** 上の一意に定まる点に，$a, b, c, d \in \mathbf{Z}$, $ad - bc = 1$ を満たす1次分数変換によって写像されること，また **D** 上のどの2点も，このような変換によって互いに写像されないことを示す．これを形式の言葉に翻訳すると，正の定符号形式はどれ

も，一意に定まる被約形式に同値であることを意味する．さらに実数係数の形式に関するいくつかの結果も導き出す．

13.4　1次分数変換

$\overline{\mathbf{C}} = \mathbf{C} \cup \{\infty\}$，すなわち，複素数に新しい記号 ∞ を加え，$\frac{1}{\infty} = 0$, $\frac{1}{0} = \infty$, さらに $z \in \mathbf{C}$ に対し，$z \pm \infty = \infty \pm z = \infty$ が成り立つと約束する．幾何学的には，$\overline{\mathbf{C}}$ は複素平面と南極 S で接する球面（「リーマン球面」と呼ばれる）の形で表現され，$\overline{\mathbf{C}} - \{$ 北極 $N\}$ は N からの射影（立体射影）によって $\mathbf{C}$ と全単射であり，N は ∞ を表す（図5）．

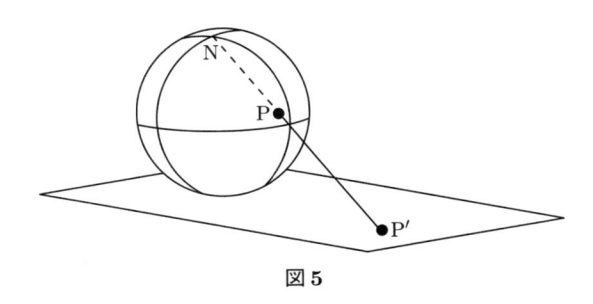

図5

$\mathbf{Z}$ 上の特殊線形群 $SL_2(\mathbf{Z})$，すなわち

$$SL_2(\mathbf{Z}) = \left\{ g = \begin{pmatrix} a & b \\ c & d \end{pmatrix} \middle| a,b,c,d \in \mathbf{Z},\ \det g = 1 \right\}$$

を思い起こそう．（この節および次の節においては，g とは行列のことであり，形式ではないことに注意．）1つひとつの行列 $g \in SL_2(\mathbf{Z})$ は，

$$gz = \frac{az+b}{cz+d} \tag{1}$$

によって $\overline{\mathbf{C}}$ から $\overline{\mathbf{C}}$ への1次分数変換を定義する．ただし，$gz = \frac{a + \frac{b}{z}}{c + \frac{d}{z}}$ であるから $g\infty = \frac{a}{c}$, また $g\left(\frac{-d}{c}\right) = \infty$ と定義する．

演習　次のことを証明せよ．

(1) I を単位行列とするとき，$Iz = z$ である.
(2) すべての $g_1, g_2 \in SL_2(\mathbf{Z})$ とすべての $z \in \overline{\mathbf{C}}$ に対して，$g_1(g_2 z) = (g_1 g_2)z$ である．
(3) $z \mapsto gz$ は $\overline{\mathbf{C}}$ 上で，また $\mathbf{H}$ 上で全単射である．（ヒント：後者については 3 節の補題を用いよ．）

初めの 2 つの性質は，代数の言葉で言うと，$SL_2(\mathbf{Z})$ の $\overline{\mathbf{C}}$ への群作用があるということである．射影幾何学に詳しい人にとっては，$\overline{\mathbf{C}}$ は複素射影直線のひとつのモデルになっている．ここでは，行列の作用は同次座標の 1 次変換に対応している（射影幾何学の入門については第 18 章を見よ）．

$$gz = \frac{az+b}{cz+d} = \frac{-az-b}{-cz-d} = (-g)z$$

であるから，行列 g と $-g$ は $\overline{\mathbf{C}}$ および $\mathbf{H}$ 上で同じ写像を定める．だから実際には，我々は商群 $SL_2(\mathbf{Z})/\{\pm I\}$ の作用を考えているのである．ただし I は単位行列である．群

$$\Gamma = SL_2(\mathbf{Z})/\{\pm I\}$$

は**モジュラー群**と呼ばれる．本書では，$PSL_2(\mathbf{Z})$（射影特殊線形群）という記号も用いる．$g \in SL_2(\mathbf{Z})$ のとき，g という記号を，対応する Γ における 1 次分数変換を表すのにも用いるが，混乱が起きる心配はない．

13.5 基本領域

$\mathbf{H}$ 上に作用する群 Γ について，$z, z' \in \mathbf{H}$ のとき，z が Γ を法として z' と同値であるとは，$z = gz'$ が成り立つような Γ の元 g が存在することを言う．群の作用により，これは同値関係であり，その同値類は Γ の下での $\mathbf{H}$ の軌道である．$\mathbf{H}$ に作用する Γ に対する**基本領域**とは，互いに異なる同値類の代表元の集合として得られる連結な開集合であり，時には境界の一部分も加えられる．

我々が最初に目指すのは，モジュラー領域 $\mathbf{D}$ がそうした基本領域になっていることを示すことである．そのために，2 つの特殊な写像を導入する．

$$S = \begin{pmatrix} 0 & -1 \\ 1 & 0 \end{pmatrix} \longleftrightarrow Sz = -\frac{1}{z}$$

$$T = \begin{pmatrix} 1 & 1 \\ 0 & 1 \end{pmatrix} \longleftrightarrow Tz = z+1$$

これらの行列が，2次形式を簡約するのに用いられた2つの行列であることを思い起こそう（12.4節）．T は $\mathbf{H}$ において右へ1だけ平行移動することであり，S は単位円に関して反転 $\left(z = re^{i\phi} \to w = \dfrac{e^{i\phi}}{r}\right)$ したあと y 軸に関して対称移動させることで得られる（図6）．これらの間には，$S^2 = -I = I$（Γ において）および $(ST)^3 = I$ という関係が成り立つ（演習—これらの関係が，幾何学的には何を意味するか，考えてみよ）．

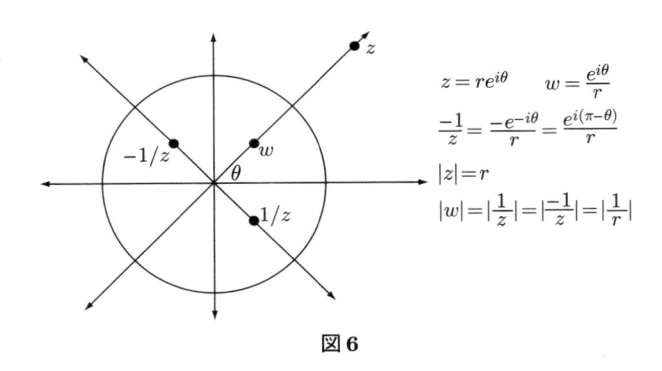

図6

$z = re^{i\theta} \quad w = \dfrac{e^{i\theta}}{r}$

$\dfrac{-1}{z} = \dfrac{-e^{-i\theta}}{r} = \dfrac{e^{i(\pi-\theta)}}{r}$

$|z| = r$

$|w| = |\dfrac{1}{z}| = |\dfrac{-1}{z}| = |\dfrac{1}{r}|$

$\mathbf{D}$ の境界を $\mathbf{D}$ に加えることで，$\overline{\mathbf{D}} = \{z \mid |z| \geq 1, |\text{Re}(z)| \leq \dfrac{1}{2}\}$ が得られる（図7）．

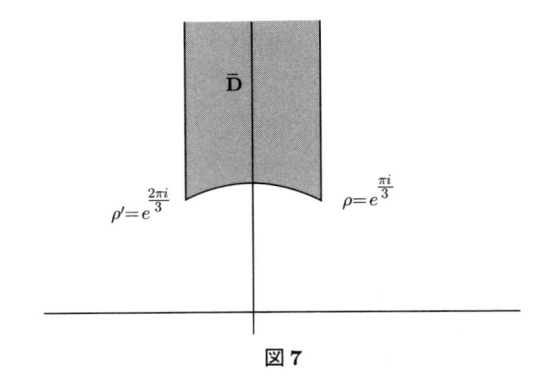

図7

$\rho' = e^{\frac{2\pi i}{3}} \quad \rho = e^{\frac{\pi i}{3}}$

さて，Γに対する基本領域を，Serreの説明 [Ser] に従って定めよう．

定理

1) すべての $z \in \mathbf{H}$ に対して，$gz \in \overline{\mathbf{D}}$ となるような $g \in \Gamma$ が存在する．
2) $z, z' \in \overline{\mathbf{D}}$ で，かつ z が z' に同値であるときは，次のどちらかが成り立つ．
    (i) $\operatorname{Re}(z) = \pm\frac{1}{2}$ かつ $z = z' \pm 1$
    (ii) $|z| = 1$ かつ $z' = -\frac{1}{z}$
3) $z \in \overline{\mathbf{D}}$ に対し，$\Gamma_z = \{g \in \Gamma | gz = z\}$ と置き，これを $z \in \Gamma$ の固定部分群（または等方部分群）と呼ぶことにすると，次の場合を除き，$\Gamma_z = \{I\}$ である．
    (i) $z = i$ ，   このとき Γ_z は，S で生成される位数2の群
    (ii) $z = \rho = e^{\frac{\pi i}{3}}$ ，   このとき Γ_z は，TS で生成される位数3の群
    (iii) $z = \rho' = e^{\frac{2\pi i}{3}}$ ，   このとき Γ_z は，ST で生成される位数3の群
4) Γ は S と T により生成される．

1) は，$\overline{\mathbf{D}}$ が基本領域を含むことを示している．2) は，$\overline{\mathbf{D}}$ の中でどの点が互いに同値なのかを正確に示している．同値な点の組のうちの一方，すなわち $\overline{\mathbf{D}}$ の $\operatorname{Re}(z) = \frac{1}{2}$ 上の点および円周の右側の点を取り除けば，得られた集合 $\mathbf{D}$ は基本領域となる．3) と 4) はΓの構造を示している．3) は 7 節で用いることになる．

〔証明〕 1) モジュラー領域 $\mathbf{D}$ は，被約形式の主要根が満たす条件によって定義されていた．我々は形式に対する $SL_2(\mathbf{Z})$ の作用が根の変換に対応するということを見てきたが，これは $\mathbf{H}$ に対する $SL_2(\mathbf{Z})$ の作用にほかならない．したがって，12.4 節で用いた形式の簡約のための手続きと同様のことを $\mathbf{H}$ に対するΓの作用について行うことで，点を $\overline{\mathbf{D}}$ の中へ動かす手続きが得られる．

$\mathbf{H}$ の任意の点 $z^{(0)}$ から始めて，図 8 のように手続きを進める．

1) を証明するために，数列 $z^{(0)}, z^{(1)}, \ldots$ が有限であること，つまり最後には $\overline{\mathbf{D}}$ のどこかの点で止まることを示そう．我々がここで扱っているのは整数係数の形式の根に当たる点だけでなく，$\mathbf{H}$ のすべての点であるから，我々のアル

13.5 基本領域

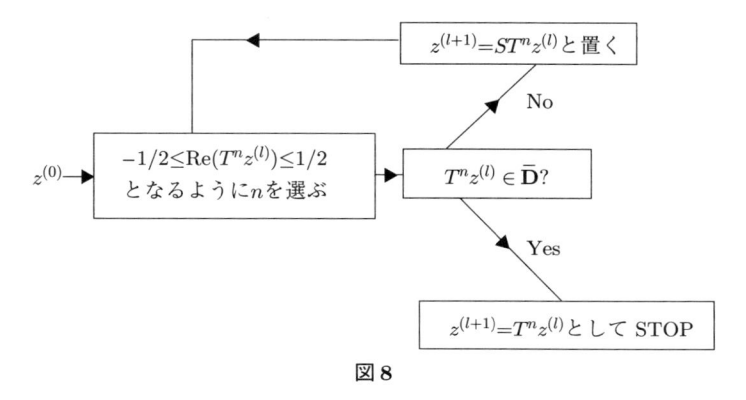

```
z^(0) → [−1/2≤Re(T^n z^(l))≤1/2 となるようにnを選ぶ] → [T^n z^(l) ∈ D̄ ?]
                                                          ↑ No → [z^(l+1)=ST^n z^(l) と置く] ↑
                                                          ↓ Yes
                                                   [z^(l+1)=T^n z^(l) として STOP]
```

図 8

ゴリズムが $\overline{\mathbf{D}}$ の中の 1 点で止まるということの証明は，形式に対する証明とは異なるものとなる．

それぞれの $z^{(i)} = g_i z^{(0)}$ であることに注意しよう．ここで g は S のべきと T のべきの積である．したがって，g_i は整数を成分とする行列に対応する．まず

$$\max_i \mathrm{Im}(g_i z^{(0)}) \tag{1}$$

が存在し，ある i で実現されることを示し，その上でこの事実を用いて数列が有限であることを示すことにする．$g_i = \dfrac{a_i z + b_i}{c_i z + d_i}$ と置いて，そのとき $\mathrm{Im}(g_i z^{(0)}) = \mathrm{Im} \dfrac{z^{(0)}}{|c_i z^{(0)} + d_i|^2}$ となることを思い起こそう．すると，式 (1) を示すためには，それと同値な命題として，

$$\min_i |c_i z^{(0)} + d_i|^2 \tag{2}$$

が存在し，ある i で実現されることを示せばよいことがわかる．（$\det = 1$ であるから，$c_i = d_i = 0$ とはできないことに注意せよ．）次の補題を用いる．

補題 $z \in \mathbf{H}$ を固定すると，集合 $L_K = \{cz + d \,|\, c, d \in \mathbf{Z}, |cz + d| < K\}$ は，すべての $K > 0$ に対して有限である．すなわち原点を中心とするどんな円の内側にも，そのような $cz + d$ は有限個しかない．

〔証明〕 L_K は，1 と z の整数を係数とする線形結合全体がなす集合の部分集合である（図 9 の「格子」を見よ）．L_K の同一水平線上にあるどの 2 点も，そ

の間の距離は1以上である．また，隣り合う水平線の間の距離は $\mathrm{Im}(z)$ であるから，異なる水平線上にあるどの2点も，その距離は $\mathrm{Im}(z)$ 以上である．そして z は $\mathbf{H}$ の点だから，$\mathrm{Im}(z) > 0$ である．このようにして，2つの $cz+d$ の間の距離には正の下限が存在することがわかり，補題が導かれる． □

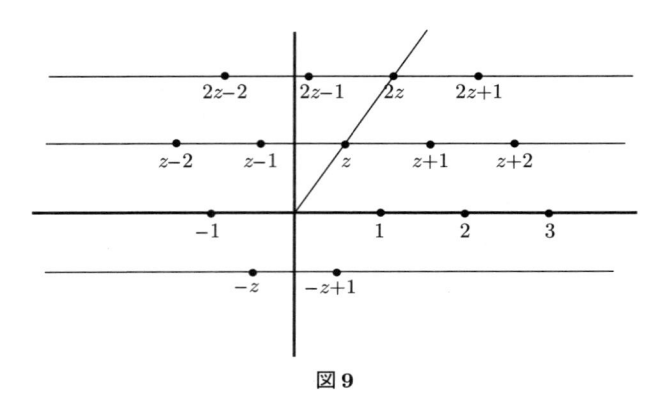

図 9

ある i において式 (2) がその最小値を実現し，したがって式 (1) がその最大値を実現することを示すために，上の補題において $z = z^{(0)}$, $K = 2|c_1 z^{(0)} + d_1|$ と置く．すると L_K は $c_1 z^{(0)} + d_1$ を含む．補題により，L_K は $U = \{c_i z^{(0)} + d_i\}$ と有限個の共通元しかもたない．したがって，$\min_i |c_i z^{(0)} + d_i|$ は U 上で実現される．（これで式 (1) および式 (2) が示された．）

さて，$z^{(0)}, z^{(1)}, \ldots$ が無限集合となるような，すなわち，この数列の中のどの点も $\overline{\mathbf{D}}$ に属さないような $z^{(0)}$ が存在すると仮定して，$z^{(k)}$ を，$\mathrm{Im}(z^{(k)}) = \max_i \mathrm{Im}(z^{(i)})$ となる点とする．すると，ある n に対して $z^{(k+1)} = ST^n z^{(k)}$ である．ただし，$-\frac{1}{2} < \mathrm{Re}(T^n z^{(k)}) < \frac{1}{2}$ である．しかし仮定により $T^n z^{(k)}$ は $\overline{\mathbf{D}}$ の点ではなく，したがって $|T^n z(k)| < 1$ である．$\mathrm{Im}(Tz) = \mathrm{Im}(z)$ であり，S を作用させると原点からの距離が逆数になることから，

$$\mathrm{Im}(z^{(k+1)}) = \mathrm{Im}(ST^n z^{(k)}) > \mathrm{Im}(T^n z^{(k)}) = \mathrm{Im}(z^{(k)})$$

となり，$\mathrm{Im}(z^{(k)})$ が最大であることに矛盾する．したがって数列 $z^{(0)}, z^{(1)}, \ldots$ は，$\overline{\mathbf{D}}$ の中のある点で止まらなければならない．

2) と 3) $z, gz \in \overline{\mathbf{D}}$ とする．ただし，$g = \begin{pmatrix} a & b \\ c & d \end{pmatrix}$ である．この仮定が g の可能な値を強く制限することを示そう．

まず $\mathrm{Im}(gz) \geq \mathrm{Im}(z)$ と仮定してよい．そうでない場合は最初の条件として (z, g) を (gz, g^{-1}) で置き換えればよいからである．すると $\mathrm{Im}(gz) = \dfrac{\mathrm{Im}(z)}{|cz+d|^2} \geq \mathrm{Im}(z)$ であるから，

$$|cz+d| \leq 1 \tag{3}$$

が得られる．

$|c| > 1$ とすると，$z \in \overline{\mathbf{D}}$ に対して $\mathrm{Im}(z) > \dfrac{1}{2}$ であることから，

$$|\mathrm{Im}(cz+d)| = |\mathrm{Im}(cz)| = |c||\mathrm{Im}(z)| \geq 2\mathrm{Im}(z) \geq 1$$

となるが，式 (3) により $|\mathrm{Im}(cz+d)| \leq |cz+d| \leq 1$ でなければならず，矛盾する．したがって，$|c| \leq 1$ でなければならない．

(I) $c = 0$ のとき：このときは $|d| \leq 1$ となるが，$d = 0$ は $\det g = ad - bc = 1$ を満たさないから $d = \pm 1$ であり，$ad - bc = a(\pm 1) - b(0) = 1$ より $a = d = \pm 1$ である．したがって，

$$g = \frac{az+b}{d} = z + e, \quad \text{つまり平行移動である．}$$

$|e| > 1$ ならば $z \in \overline{\mathbf{D}} \implies z + e \notin \overline{\mathbf{D}}$ となってしまうから，$|e| = 0, 1$ である．

$|e| = 0 \implies g = I$ であり，

$|e| = 1 \implies g = z \pm 1$ で，$z, gz \in \overline{\mathbf{D}}$ となる組 (z, gz) は，$\mathrm{Re}(z) = \pm \dfrac{1}{2}$ となるもののみである．

(II) $c = 1$ のとき：このときは $|z+d| \leq 1$ となるが，$|d| > 1$ ならば $|z+d| > 1$ となるから，$d = 0, 1, -1$ である．

　i) $d = 0$ のとき：$ad - bc = a(0) - b(1) = 1 \implies b = -1$ となるから，$gz = a - \dfrac{1}{z}$ である．$|z+d| \leq 1 \implies |z| \leq 1$ かつ

$z \in \overline{\mathbf{D}} \implies |z| = 1$, したがって $|z| = 1$, すなわち z は円弧上にある.すると，$|a| > 1$ ならば $gz = a - \dfrac{1}{z}$ は $\overline{\mathbf{D}}$ にないから，$a = 0, 1, -1$ である.

$a = 0$ のとき：$gz = -\dfrac{1}{z}$ で，z と $-\dfrac{1}{z}$ の両方が円弧上にある（y 軸に関して対称）．

$a = 1$ のとき：$gz = 1 - \dfrac{1}{z}$ で，$\rho \to \rho$ となるが，$\overline{\mathbf{D}}$ にある他のすべての点は $\overline{\mathbf{D}}$ の外へ写される．

$a = -1$ のとき：$gz = -1 - \dfrac{1}{z}$ で，$\rho' \to \rho'$ となるが，$\overline{\mathbf{D}}$ にある他のすべての点は $\overline{\mathbf{D}}$ の外へ写される．

ii) $d = 1$ のとき：このときは $|z+1| \leq 1$ となるが，$\overline{\mathbf{D}}$ の図から，ρ' が $\overline{\mathbf{D}}$ の点 z で，$z+1 \in \overline{\mathbf{D}}$ かつ $|z+1| \leq 1$ となる唯一の点であることが容易にわかる．$ad - bc = 1$ かつ $c = d = 1$ であるから $a - b = 1$ であり，したがって $gz = \dfrac{az + (a-1)}{z+1} = \dfrac{a(z+1) - 1}{z+1} = a - \dfrac{1}{z+1}$ となり，

$$g\rho' = a - \dfrac{1}{\rho'+1} \in \overline{\mathbf{D}} \iff a = 0, 1$$

が成り立つ.

$a = 0$ のとき：$gz = \dfrac{-1}{z+1}$ によって ρ' が不動点となる．

$a = 1$ のとき：$gz = \dfrac{z}{z+1}$ は ρ と ρ' を組として，$\overline{\mathbf{D}}$ の中に不動点はない．

iii) $d = -1$ のとき：$d = 1$ に対するのと同じ手順により，

$gz = \dfrac{-1}{z-1}$ によって ρ が不動点となる．

$gz = \dfrac{-z}{z-1}$ は ρ と ρ' を組として，$\overline{\mathbf{D}}$ の中に不動点はない．

(III) $c = -1$ のとき：$\dfrac{az+b}{cz+d} = \dfrac{-az-b}{-cz-d}$ だから，$c = 1$ の場合に帰着される．

これらの結果を表にして下にまとめる．

g	gz	$\overline{\mathbf{D}}$の不動点	$\overline{\mathbf{D}}$における z, gz の組 $(z \neq gz)$
I	z	すべての点	なし
$T^{\pm 1}$	$z \pm 1$	なし	$z = \dfrac{-1}{2} + si$ と $z' = \dfrac{1}{2} + si$
S	$\dfrac{-1}{z}$	i	$|z|=1$ を満たす z と $\dfrac{-1}{z}$
TS	$1 - \dfrac{1}{z}$	ρ	なし
$(ST)^2$	$-1 - \dfrac{1}{z}$	ρ'	なし
ST	$\dfrac{-1}{z+1}$	ρ'	なし
	$\dfrac{z}{z+1}$	なし	ρ と ρ'
$(TS)^2$	$\dfrac{-1}{z-1}$	ρ	なし
	$\dfrac{-z}{z-1}$	なし	ρ と ρ'

この表から，2) と 3) の結果を読み取ることができる．

4) Γ が S と T で生成されること：w を $\overline{\mathbf{D}}$ の内部の点とし，$g \in \Gamma$ として $z' = g(w)$ と置く．すると，1) の部分の証明により，$g'z' \in \overline{\mathbf{D}}$ となるような $g' \in \Gamma$ が存在する．ここで g' は S のべき乗と T のべき乗の積である．すると $g'g(w) = w$ となる．3) の部分により $g'g = I$ であり，$g = g'^{-1}$ は S のべき乗と T のべき乗の積である（負のべきも許す）．以上で証明が終わる． □

どんな $g \in \Gamma$ でも，$\mathbf{D}$ に作用させれば，Γ に対する新しい基本領域 $g(\mathbf{D})$ が得られる．こうしてできる集合 $\{g(\mathbf{D}) \mid g \in \Gamma\}$ は，$\mathbf{H}$ の**敷き詰め**（$\mathbf{H}$ の，Γ に関して互いに同値な交わらない集合への分割）を形作る（図 10 を見よ．ただし各領域 $g(\mathbf{D})$ は，S のべき乗と T のべき乗の積で表される g によって示されている）．

この図を得るためには，1 次分数変換が一般化された円（円または直線）を一般化された円に写像することを証明する必要がある．Γ の元としては，T（明らか）と S（少し計算を要する）について確かめれば十分である．Γ はこれらの元によって生成されるからである．特に S は，0 を通らない直線を 0 を通る円へと写像し（逆も成り立つ），他のすべての円を円へと写像する．

図10

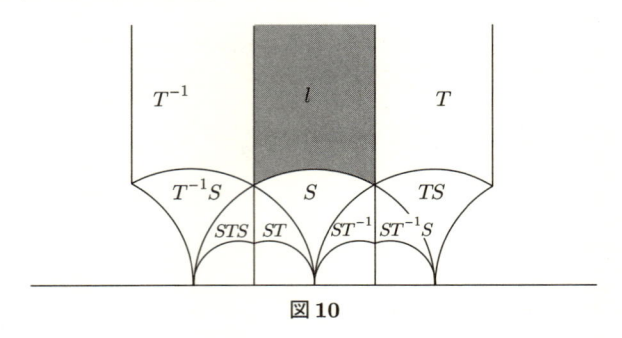

この結果を用いると，それぞれの $g(\mathbf{D})$ を $\mathbf{H} \cup \mathbf{Q} \cup \{\infty\}$ における一般化された三角形とみなし，その各辺の像を見つけることで，上の図を導くことができる．たとえば $S(\mathbf{D})$（図では S で表されている）を見出すには，S が $\mathbf{D}$ の 3 辺を次のように写像することに注意する：

$$\infty \to -\frac{1}{\infty} = 0, \quad \rho = e^{\frac{\pi i}{3}} \to -e^{\frac{-\pi i}{3}} = e^{\frac{2\pi i}{3}} = \rho' \quad \rho' \to \rho$$

一般的な 1 次分数変換は，複素変数に関するどんな入門書でも扱われている．Sansone and Gerritsen [San-Ger, Vol. 2] はとても美しい理論展開を提示しているし，Siegel [Sie 1] も薦められる．Rademacher [Rad 1] は，初歩的な幾何学的議論のみを使って 1 次分数変換をうまく扱っている．

13.6 形式と上半平面再考

さて，$\mathbf{H}$ の元としての正の定符号形式の根に関する 3 節の議論を続けよう．形式の主要根は，Γ のある元によって，$\mathbf{D}$ のただひとつの元へと写像することができ，また，形式の主要根であるような $\mathbf{D}$ の元は，被約形式に対応する．したがって，どんな正の定符号形式もただひとつの被約形式に正式同値である．

実際，我々はすでに実数係数の形式に対する簡約定理を証明した．判別式，同値，根，そして正の定符号といった概念は，いずれもまったく変化することなく $\mathbf{Z}$ から $\mathbf{R}$ へと引き継がれるため，被約形式を $\mathbf{D}$ に主要根をもつ形式と定義する．$\mathbf{H}$ のすべての点 r は，$t(x-ry)(x-\bar{r}y)$ という類の形式の根である（形式はその主要根からは決まらず，判別式によって決まる x^2 の係数が必要で

あることを思い出そう）．**D** は基本領域であるから，実数係数の正の定符号 2 次形式は，どれもただひとつの被約形式に正式同値である．

モジュラー関数や保形関数，および数論の多くの領域におけるそれらの応用の研究において，モジュラー群 Γ は中心的役割を果たす．これらの考えはヤコビによって最初に導入されたものであるがそれより前に，いつものように，いくつかの示唆がオイラーによって与えられている．歴史的発展については [Hou] を，また現代的な扱いについては [Shi]，[Ser]，[Apo 1] を見よ．この辺の理論について，ひとつの例を示そう．

$Q(x_1, x_2, \ldots, x_r) = \sum_{i,j} c_{i,j} x_i x_j$ を，整数係数の正の定符号（変数がどんな整数値をとっても $Q > 0$ となる）2 次形式とし，

$$F(z, Q) = \sum e^{2\pi i z Q(x_1, \ldots, x_r)}$$

と置く．ただし右辺の和は，$x_1, \ldots, x_r$ のすべての整数値にわたってなされるものとする．このタイプの級数は，テータ級数（あるいはテータ関数）と呼ばれる．$A(n)$ を $Q(x_1, x_2, \ldots, x_r) = n$ の整数解の個数とすると，

$$F(z, Q) = \sum_{n=0}^{\infty} A(n) e^{2\pi i n z}$$

となる．等式

$$F\left(\frac{az+b}{cz+d}, Q\right) = \epsilon(d)(cz+d)^k F(z, Q)$$

を示すことができる．ただし $a, b, c, d \in \mathbf{Z}$，$ad - bc = 1$，$c \equiv 0 \pmod{N}$（$N$ は Q によって定まる自然数），$\epsilon(d)$ は「N を法とする指標」，すなわち F は「Γ のレベル N の同値部分群に対する重み $2k$ のモジュラー形式」（[Ser] および [Shi] を見よ）である．

解析的方法を用いて，ヘッケ [Hec] は

$$A(n) = A_0(n) + 0\left(n^{\frac{k}{2}}\right)$$

であることを示した．ここで $A_0(n)$ は Q の「種」によって定められる数論的関数である（種は同値類よりも粗い分類である．10 節で 2 項形式に対する種を議論する）．

H と Γ は，双曲非ユークリッド幾何学にもモデルを与える [San-Ger, Vol. 2]．これらの理論の 3 次元への拡張（上半空間）が，サーストン (Thurston) による 3 次元多様体の分類の研究において中心的な役割を果たした（[Thu], [Lan 2], [Wee] を見よ）．

この章の初めに述べたように，2 次形式にはフェリックス・クラインによる幾何学的解釈もある．これは平面の格子を用いるものである．格子の「被約基底」（被約形式に当たるもの）と我々の上半平面の解釈の間の関係は，Borevich and Shafarevich [Bor-Sha] によって扱われている．

13.7 自己同型と表現の個数

ある形式 $f(x,y)$ によるある整数の表現の個数を数えるためには，f の自己同型，すなわち $Af = f$ となるような $A \in SL_2(\mathbf{Z})$ を見つけなければならない．ここでもまた，正の定符号形式に焦点を定める．

f の自己同型に対応する Γ の写像は，f の主要根 r を不動にするものであること，すなわち f の自己同型は，Γ の固定部分群に対応する行列であるということに注意しよう．しかし我々は 5 節で $\overline{\mathbf{D}}$ のすべての点の固定部分群を見出しているので，この結果を翻訳して，被約な正の定符号形式の自己同型を定めることができる．

1) 主要根 i をもつ被約形式 $a(x^2 + y^2), a > 0$ の自己同型は

$$\pm I, \pm S = \begin{pmatrix} 0 & \pm 1 \\ \mp 1 & 0 \end{pmatrix}$$

2) 主要根 $\rho' = e^{\frac{2\pi i}{3}}$ をもつ被約形式 $a(x^2 + xy + y^2), a > 0$ の自己同型は

$$\pm I, \pm ST = \begin{pmatrix} 0 & \mp 1 \\ \pm 1 & \pm 1 \end{pmatrix}, \quad \pm(ST)^2 = \begin{pmatrix} \mp 1 & \mp 1 \\ \pm 1 & 0 \end{pmatrix}$$

3) それ以外の被約な正の定符号形式の自己同型は $\pm I$．

これらの結果から，同値形式の自己同型に関連した次の補題の助けにより，すべての形式の自己同型を求めることができる．

補題 $f \sim g$ ならば，4つの集合 $S_f = \{f\text{の自己同型}\}$，$S_g = \{g\text{の自己同型}\}$，$S_{f,g} = \{A \in SL_2(\mathbf{Z}) | Af = g\}$，そして $S_{g,f} = \{A \in SL_2(\mathbf{Z}) | Ag = f\}$ の間には全単射が存在する．特に，これらの集合が有限集合ならば，

$$|S_f| = |S_g| = |S_{f,g}| = |S_{g,f}|$$

である．

〔証明〕 写像 $A \to A^{-1}$ が $S_{f,g}$ と $S_{g,f}$ の間の全単射になっていることは容易にわかる．したがって，S_f と $S_{f,g}$ の間の全単射を作れば，対称性により S_g と $S_{g,f}$ の間の全単射が存在する．

$B \in S_{f,g}$ を固定すると，

$$A \in S_f \implies BAf = g \implies BA \in S_{f,g} \quad (\text{図 11})$$

図 11

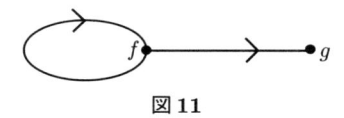

となり，$A \mapsto BA$ で与えられる写像 $F : S_f \to S_{f,g}$ が得られる．S の写像はすべて可逆であるから，$BA = BA' \implies A = A'$ であり，F は単射である．また $C \in S_{f,g}$ とすると，$C = B(B^{-1}C)$ で，かつ $B^{-1}C \in S_f$ であるから，F は全射でもあり，結局全単射となる．

さらに，すべての $E \in S_g$ に対して $E = B(B^{-1}EB)B^{-1}$，$B^{-1}EB \in S_f$ であるから，$S_g = \{BAB^{-1} | A \in S_f\}$ を得る． $\square$

これは実際は集合上の群の作用に関する定理であり，我々の証明においては，形式に対する行列の特殊な作用はまったく用いられていない．

さて，自己同型を数えよう．係数が互いに素であるとき，形式は原始的であることを思い起こそう．

$\boldsymbol{w(f)}$ =原始的な正の定符号 2 次形式 f の自己同型の個数

とする．

同値な形式は同じ判別式 D をもつこと，また判別式の値が -3 および -4 である被約な原始的形式は，それぞれ $x^2 + xy + y^2$ および $x^2 + y^2$ のみであるこ

と（12.9節）を思い起こそう．この節のここまでの結果をすべて組み合わせると，次の定理を得る．

定理
$$w(f) = \begin{cases} 6 & D = -3 \text{ のとき} \\ 4 & D = -4 \text{ のとき} \\ 2 & D < -4 \text{ のとき} \end{cases}$$

注意 (1) 簡潔な記述を得るために，ここでは原始的形式に限ることにする．たとえば $2(x^2 + y^2)$ は，判別式が -8 で，4つの自己同型をもつ原始的でない形式である．

(2) $w(f)$ は単に f の判別式の関数であり，ディリクレの類数公式（12.10節）に現れた w と同じものである．

さて，表現の個数を数えよう．次のことを証明した（12.6節）のを思い出そう．

A) $n > 0$ が判別式 D をもつ形式 f によって正式表現可能であるならば，
$$h^2 \equiv D \pmod{4n}$$
を満たすような形式 $(n, h, k) \sim f$ が存在する．

B) $h^2 \equiv D \pmod{4n}$ が可解であれば，n は判別式 D をもつある形式で表現可能である．

さらに，$x = X + uY$, $y = Y$ によって
$$(n, h, k) \sim (n, h + 2un, k')$$
が得られるので，中央の係数はいつでも 0 と $2n - 1$ の間に取ることができる．
$$x^2 \equiv D \pmod{4n}, \quad 0 < x < 2n$$
の解は，**合同式の最小根**と呼ばれる．

A) と B) を注意深く分析し，証明を精密化する（[Lev, Vol. 2], [Mat] そして [Dic 1] を見よ）ことで，次の定理を得る．

定理 f を原始的な正の定符号2次形式とし，$n > 0$ とする．$h^2 \equiv D \pmod{4n}$ の各最小根 h に対し，$k = \dfrac{h^2 - D}{4n}$ と置く．すると (n, h, k) は判別式 D の形式で，

f による n の正式表現の個数
$$= w(f) \cdot (f \text{ に同値となるそのような形式 } (n, h, k) \text{ の個数})$$

である．

系 類数 $h(D) = 1$ ならば，各形式 (n, h, k) は f に同値であり，

f による n の正式表現の個数
$$= w(f) \cdot (x^2 \equiv D \pmod{4n} \text{ の最小根の個数})$$

例 2つの平方数の和

$f = x^2 + y^2$ と置くと，$D = -4$, $w(f) = 4$ である．$h^2 \equiv -4 \pmod{4n}$ ならば h は偶数なので $h = 2h'$ と置く．すると h が最小根であることは，$h'^2 \equiv -1 \pmod n$, $0 < h < n$ と同値である．すなわち，$x^2 \equiv -4 \pmod{4n}$ の最小根の個数は $x^2 \equiv -1 \pmod n$, $0 < x < n$ の根の個数に等しい．

n が素数で $\equiv 1 \pmod 4$ ならば，n は2つの平方数の和で表され，各表現は正式であることを思い起こそう（12.6節）．この場合，最小根の個数は2であり，したがって8通りの表現が存在する．(r, s) が表現のひとつであるとき，

$$(\pm r, \pm s), \quad (\pm r, \mp s), \quad (\pm s, \pm r), \quad (\pm s, \mp r)$$

はすべて表現となる．このことは，フェルマーが表現は「本質的に」一意的であると述べたことを正当化するものである．

13.8 不定符号形式，$D > 0$

不定符号形式の理論は，正の定符号形式の理論に比べてより奥深く，そして未完成である．のちに形式と体の関係を論じるときになれば，このことが虚2次体の構造に比べて実二次体の方が未知の度合いが大きいということの翻訳であることがわかるであろう．

それでは，不定符号形式に関する基礎的な結果をいくつか，あまり証明の厳密さを気にせずに示していこう．よい参考書としては，[Mat]，[Dic 2]，[Zag]，[Lev, Vol. 2] そして [Hur-Kri] がある．

簡約

前章において，正式な（あるいは一般的な）同値の下で，判別式 D をもつ形式には同値類が有限個しかないことを証明した．このことは，どんな2次形式もどれかの被約形式（$|b| \leq |a| \leq |c|$ を満たす形式 (a, b, c)）と同値であることと，判別式 D をもつ被約形式は有限個しかないことから導かれた．

正の定符号形式については，被約形式の概念をさらに進めて，各同値類にはただひとつの被約形式が存在することを示した．しかしながら，不定符号形式については，実りある発展へと導いてくれる被約形式の概念がいくつかあるものの，いずれも各同値類に多くの被約形式が生じてしまい，ただひとつの被約形式を選び出す'自然な'方法がないのである（このことは明確にすることができる）．

これらの被約な不定符号形式の定義のうちのひとつである，ガウスによって与えられたものを用いると，2次形式の主要根（実数）の連分数展開を通して簡約理論が形作られる．実際，不定符号形式の簡約理論は，実2次無理数の連分数の理論といろいろな意味で同値である（[Hur-Kri] においては，これらは本質的にひとつの理論として扱われている）．

主要根 r をもつ2次形式 f を有限連分数に展開すると，

$$r = \frac{p_n s_{n+1} + p_{n-1}}{q_n s_{n+1} + q_{n-1}} \tag{1}$$

となる．ここで $p_n q_{n-1} - q_n p_{n-1} = (-1)^{n-1}$ であり，これは n が奇数のとき 1 である（4.4節）．したがって，奇数 n に対して，f は根 s_{n+1} をもつ形式 g と同値である．十分に大きい n に対して，g はガウスの意味で簡約されることが示される．連分数のひとつの周期にある b_i に対応する s_i は，f に対する被約形式の集合を定めるだろう．難しいのは，f に対応するすべての被約形式がこのようにして定められることを示すことである [Hur-Kri]．

負の連分数（4.10節）を用いる方が技術的には鮮やかである．こうすればすべての n に対して $p_n q_{n-1} - q_n p_{n-1} = 1$ となるからである．

自己同型と表現

$\mathrm{disc}(f) = D$ である原始的な不定符号形式 f の自己同型は，

$$x^2 - Dy^2 = 1,$$
$$x^2 - Dy^2 = 4$$

のようなペル型方程式の解によって定められる．f の自己同型は無限個あり，それらは巡回群をなす（ペル方程式の解 (x_n, y_n) は，(x_0, y_0) を最小解として，$x_n + y_n\sqrt{D} = (x_0 + y_0\sqrt{D})^n$ で与えられる巡回群をなすことを思い起こそう——4.9 節）．

これに対応して，f によって表現される数 n には，与えられた表現にそれぞれの自己同型を適用して得られる無限に多くの同値な表現がある．ラグランジュは，各同値類からひとつの表現，すなわち主表現を選ぶ方法を特定することにより，この理論に秩序を導入した．彼が証明したのは，

(1) f による n の主表現の個数は有限である
(2) 主表現に自己同型を適用することですべての表現が生み出される

という 2 つのことであった．

幾何学的方法

実軸を上半平面 **H** につなげ，r_1, r_2 を解にもつ不定符号形式を実軸上の r_1, r_2 を直径の両端とする半円（図 12）で表すことにより，Γ の作用とモジュラー領域 **D** を用いて不定符号形式の簡約を調べることができる（[Mat] と [Lev, Vol. 2] を参照）．

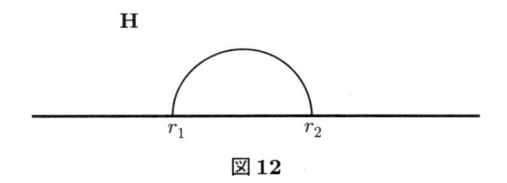

図 12

H. J. S. Smith [Smi, H 2]，Hurwitz [Hur 1] そして Humbert [Hum] は，**D** と Γ の下でのその像による **H** の敷き詰めを，$T = \{z = x + iy \in \mathbf{H} \,|\, 0 < x <$

$1, (x - \frac{1}{2})^2 + y^2 > 1\}$（図13）と Γ の下でのその像による敷き詰め（図14—実際には，Hurwitz は射影平面上の同値なモデルを用いた）で置き換えた．

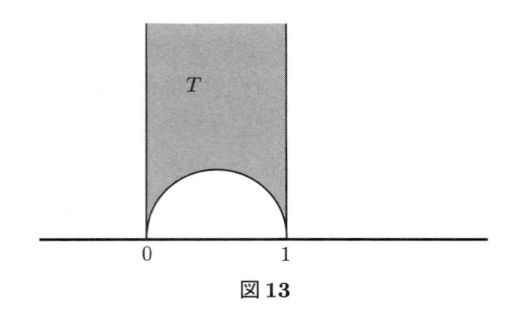

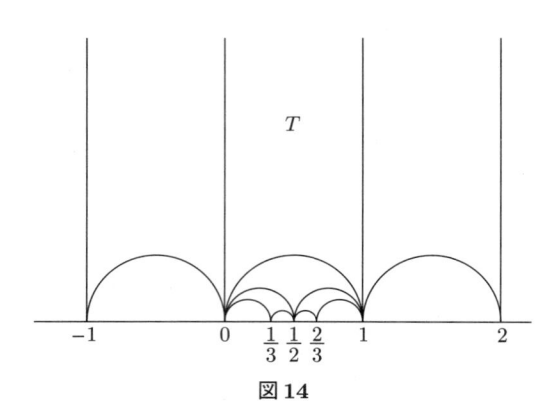

図13

図14

この敷き詰めを使って，不定符号形式のいくつかの簡約理論を扱い，それらの関係を調べることができる．Humbert はとても徹底した発展を与えている．彼はさらに連分数の幾何学的理論を発展させ，それによって2次無理数の展開の周期性といった定理や同値な数に関する定理が大変直観的になった．これらのアイデアを用いると，正規連分数や負の連分数といった異なるタイプの連分数の理論を統一させることができる（[Gol, J 1] を参照）．

13.9　2次形式の合成

ここまでは，2次形式の系統的研究において，ガウスの正式同値の概念以外には，我々は実際のところラグランジュより先に進んでいない．『整数論』においてガウスは基礎理論を完全に研究し直し，合成と種という2つの重要な新しい概念を導入した．彼は『整数論』のかなりの部分を割いてこれらのアイデアについて述べている．

まず合成から始めよう．多くの新しいアイデアがそうであるように，この概念も突然のひらめきで生まれたわけではなく，興味深い歴史をもっている（[Wei 1] および [Wei 5] を参照）．

フェルマーの2平方数定理を素数から正の整数へと一般化するとき（12.6節），カギとなるアイデアは2つの複素数の積の大きさはそれらの大きさの積に等しいという事実であったことを思い出そう．すなわち

$$(a^2 + b^2)(c^2 + d^2) = (ac - bd)^2 + (ad + bc)^2 \tag{1}$$

であるが，この式は同時に，2つの整数のそれぞれが2つの平方数の和であるならば，それらの積もそうであるということも示している．ガウスは（そしてずっと小さい程度ではラグランジュも）この例がすべての2次形式へと一般化されることを示した．

D を固定して，判別式 D をもつ原始的形式のすべての正式同値類を調べることにしよう．

ガウスは，C_1 と C_2 がそのような2つの類（$C_1 = C_2$ でもよい）であるとき，n_1 が C_1 によって**表現可能**（C_1 のある形式によって，そしてしたがってすべての形式によって表現可能であるということ）であり，かつ n_2 が C_2 によって表現可能であるならば，ただひとつの類 C_3 が存在して $n_1 n_2$ が C_3 によって表現可能となることを示した．

さらに，$f_1(x_1, y_1) \in C_1, f_2(x_2, y_2) \in C_2$ ならば

$$f_1(x_1, y_1) f_2(x_2, y_2) = f_3(x_3, y_3) \tag{2}$$

である．ここで f_3 は C_3 の2次形式で，x_3, y_3 は x_1, y_1, x_2, y_2 の双線形関数である．

このことから類の合成法則（$C_1 C_2 = C_3$）が導かれ，これをガウスは形式の合成と呼んだ．ガウスは抽象的な群の概念をもってはいなかったが，より具体

的な言葉で，類が合成に関してアーベル群であり，この群が巡回群の直積であることを証明したのである．この群，剰余類群は，2次形式と2次体の間の対応においてイデアル類群となり（第17章），すべての代数的数体へのその一般化と合わせ，代数的整数論で研究される中心的概念のひとつである．

ガウスによる式(2)の証明は，『整数論』において提示された彼の合成の理論全体と同様，理解するのが極めて難しいものである．ディリクレの論法は2次形式の根を用いており，より多くの洞察を与えるものとなっている．

2次形式と2次体 $Q(\sqrt{d}) = \{a + b\sqrt{d} \mid a, b \in Q, d \in Z, d は平方数でない\}$ の関係を調べるのに先立ち，合成の理論を展開させる方法について，いくつかのアイデアを与えておこう．

$\alpha = a + b\sqrt{d}$ の共役は $\overline{\alpha} = a - b\sqrt{d}$ であり，ノルムは

$$N(\alpha) = \alpha\overline{\alpha} = a^2 - b^2 d$$

である．すると，すべての $\alpha, \beta \in Q(\sqrt{d})$ に対して

$$N(\alpha\beta) = N(\alpha)N(\beta)$$

が成り立つ（演習）．

r が2次形式 $f = ax^2 + bxy + cy^2$ の主要根であれば，$r \in Q(\sqrt{d})$ である．ここで d は f の判別式の平方数を除いた部分である．f の2つ目の根は $\overline{r}$ で，

$$f = a(x - ry)(x - \overline{r}y) = aN(x - ry)$$

となる．

$f_1 = a_1 x^2 + b_1 xy + c_1 y^2$ と $f_2 = a_2 x^2 + b_2 xy + c_2 y^2$ が等しい判別式をもつならば，$f_1 f_2$ はノルムの積に対応し，合成等式が得られる．次の例がこのことを最もよく示している．

例 -24 は基本判別式であるから，判別式が -24 であるすべての2次形式は原始的である（12.10節）．同値でない被約形式はちょうど2つ，すなわち $x^2 + 6y^2$ と $2x^2 + 3y^2$（演習）であるから，類 $C_1 = \{x^2 + 6y^2\}$ と $C_2 = \{2x^2 + 3y^2\}$ は位数2の群をなす．

等式

$$\left(x_1^2 + 6y_1^2\right)\left(x_2^2 + 6y_2^2\right) = (x_1 x_2 - 6y_1 y_2)^2 + 6(x_1 y_2 + x_2 y_1)^2$$

は，$C_1^2 = C_1$ であり，C_1 がこの群の単位元であることを示している．簡単な群論的議論により，$C_2^2 = C_1$ および $C_1C_2 = C_2C_1 = C_2$ がわかるが，これらの式は等式

$$\left(2x_1^2 + 3y_1^2\right)\left(2x_2^2 + 3y_2^2\right) = (2x_1x_2 - 3y_1y_2)^2 + 6\left(x_1y_2 + y_1x_2\right)^2$$

および

$$\left(x_1^2 + 6y_1^2\right)\left(2x_2^2 + 3y_2^2\right) = 2\left(x_1x_2 - 3y_1y_2\right)^2 + 3\left(2y_1x_2 + x_1y_2\right)^2$$

からも得られる．

後者の等式を証明して，複素数のノルムの有用性を示してみよう．

$$f_1 = x_1^2 + 6y_1^2 = \left(x_1 - \sqrt{-6}y_1\right)\left(x_1 + \sqrt{-6}y_1\right) = N\left(x_1 - \sqrt{-6}y_1\right)$$

また

$$f_2 = 2x_2^2 + 3y_2^2 = \left(\sqrt{2}x_2 - \sqrt{-3}y_2\right)\left(\sqrt{2}x_2 + \sqrt{-3}y_2\right) = N\left(\sqrt{2}x_2 - \sqrt{-3}y_2\right)$$

と表すと，

$$\begin{aligned}
f_1 f_2 &= N\left(x_1 - \sqrt{-6}y_1\right) \cdot N\left(\sqrt{2}x_2 - \sqrt{-3}y_2\right) \\
&= N\left(\left(x_1 - \sqrt{-6}y_1\right)\left(\sqrt{2}x_2 - \sqrt{-3}y_2\right)\right) \\
&= N\left(\sqrt{2}\left(x_1x_2 - 3y_1y_2\right) - \sqrt{-3}\left(x_1y_2 + 2x_2y_1\right)\right) \\
&= 2\left(x_1x_2 - 3y_1y_2\right)^2 + 3\left(x_1y_2 + 2y_1x_2\right)^2
\end{aligned}$$

となる．

ガウスはこの方法について述べてはいないが，彼が実際にはこのような推論をたどり，その上で複素数の使用を避けるために，『整数論』に示されるようなより不明瞭な形で彼の結果を再証明したのに違いないとする，説得力ある議論がある ([Wei 5] および [Edw 1, 8.6 節] を参照). Adams and Goldstein [Ada-Gol, 11.5 節] は，2 次の代数的整数論の枠組みで，合成に関するおもしろい議論をしている (17.10 節も参照).

13.10 種

我々はラグランジュにより，$x^2 \equiv D \pmod{4n}$ が可解であれば，n は判別式 D をもつある 2 次形式によって表現可能であることを知っている．しかしどの

形式が n を表現するかという一般的な判定基準はない．ところが，ある特別な場合には，その形式を特定することができる．

例 前節の，判別式 $D = -24$ をもつ例を続けよう．我々は $x^2 + 6y^2$ と $2x^2 + 3y^2$ がすべての被約形式であることを知っている．すでに述べた結果を用いると，素数 p が

$$x^2 + 6y^2 \iff p \equiv 1, 7 \pmod{24},$$

$$2x^2 + 3y^2 \iff p \equiv 5, 11 \pmod{24} \text{ あるいは } p = 2, 3$$

によって表現可能であることが容易に示される．

一般の判別式 D については，このような結果は存在しないことを示すことができる．

ラグランジュの結果はガウスによって精密化された．ガウスは判別式 D をもつすべての形式を，互いに交わらない部分集合に分割した（彼は各部分集合を**種**と呼んだ）．2つの形式 f, g が同じ種に属するとは，整数 $n \neq 0$ が存在して f と g のどちらも n を表現するということである．同値な形式は同じ整数を表現するから，それぞれの種は類の和集合であり，種への分割は類への分割よりも粗いことになる．ガウスは，種 G に属する形式によって n が表現可能であるかどうかは，D の素因数を法とする n の剰余にのみ依存することを示した．

任意の形式 f に対して，f の生成指標と呼ばれる，ルジャンドル記号の値の列を計算することができる．2つの形式が同じ種に属することは，生成指標が同じであることと同値であり，したがって生成指標は種に対する完全不変集合である．ガウスはさらに，n が種 G のある形式によって表現可能であるためには，D の素因数を法とする n の剰余が，G の生成指標のみに依存するある条件を満たせばよいということを証明した．

それぞれの種を互いに交わらない部分集合へとさらに分割して，n がこれらの部分集合のひとつによって表現可能であるかどうかがさらなる合同条件によって決められるようにできないかというのは当然の疑問である．1951 年に，ヘルムート・ハッセ (Helmut Hasse) は類体論を利用して，表現可能性に対するより強い判定条件があるとしても，それらは合同条件では与えられないということを示した．19 世紀の終わりにヘルマン・ミンコフスキー (Herman

Minkowski) は，有理係数をもつ1次分数変換群の2次形式への作用の下では，種が同値類になるということを発見した [Bor-Sha].

この仕事において我々は，「群指標」の概念が（「指標」という用語の利用とともに）初めて現れるのを見る．この概念は，等差数列内の素数や類数公式に関するディリクレの仕事や，その'群の表現'への一般化において重要な役割を演じるもので，多くの分野の現代数学において中心となるものである．

Mackey [Mac] を見ると，群の表現論の歴史と数学におけるその統一的役割が，数論を大変詳細に述べながら見事に取り扱われているのがわかるだろう．

13.11 『整数論』第5節および第6節

ここまで我々は，『整数論』の第5節および第6節における多くのアイデアについて論じてきたが，まだまだそのすべてからはほど遠い．述べなかったものの中には，

1) 簡約のアルゴリズム的研究と不定符号形式による表現
2) 合成と種の詳細な理論
3) 一般ディオファントス方程式 $Ax^2 + Bxy + Cy^2 + Dx + Ey + F = 0$ の解
4) 3平方数定理
5) 3元2次形式
6) 円錐曲線に有理点があるかどうか決定するルジャンドルの定理の新証明
7) 素数の判定法

といったものがある．それでは『整数論』の最後の節，円分論の理論へと進もう．

第14章

円分論

14.1 『整数論』第7節への導入

『整数論』の第7節「円の分割を定める方程式」では，定規とコンパスによる正多角形の作図可能性（定規とコンパスを使って円を n 個の等しい弧に分割する問題と同値）に関するガウスの理論が提示される．ここでも，また後の節でも見るように，この節で導入されるアイデアは，この特定の問題をはるかに超えた数論的な意味をもっている．**円分論**というのはこれらの数論的研究に対する現代の用語である．

クラインがガウスの活動を3つの時期に分けたことを思い起こそう (7.1節)．第1期，実験の時代は1796年3月30日で終わる．この日はガウスが，「円周は定規とコンパスによって17の等しい部分に分割できる（弧の端点は正17角形の頂点をなす）」と主張する書き込みによって，彼の数学的日記をつけ始めた日である．何年も後（1819年1月16日）に，ガウスは彼のかつての教え子である C. L. Gerling に，その日についてこう書いている．

> 算術的な論理によって（方程式 $1 + x + \cdots + x^{p-1} = 0$ の）すべての解の関係を集中的に解析することにより，ブラウンシュヴァイクにおける休暇中のその日の朝，起きる前に，私はその関係を明確に理解することに成功した．私はその関係を特に17角形へと応用し，またすぐに数値的に確かめることができた． ([Sch-Opo] より)

ガウスが初めて公けにした仕事は，正17角形が作図可能であるという発表であった．そして彼は，自分の方法があらゆる**正 n 角形**に対する問題を解決するのに有効であると述べたのである．ほぼ2000年にわたって未解決であった

問題を解決したという興奮は，彼が数学の道に進む上で決定的なものであった（この時点では彼は言語学についても考えていた）．

『整数論』の第7節はこれらの結果を，1のn乗根，すなわち方程式$z^n = 1$あるいは$z^n - 1 = (z-1)(1 + z + z^2 + \cdots + z^{n-1}) = 0$の解というより大きな理論の一部として示している．ガウスの考え方を見るために，第7節の最初の項目を再現してみよう．

円の分割を定める方程式

335. 現代の数学者たちの貢献によるすばらしい発展の中でも，円関数の理論こそ疑いなくもっとも重要な地位を占めるものである．この注目すべき種類の量についてはさまざまな文脈において言及する機会が多くあり，そして一般の数学のいかなる部分も，何らかの方法でそれに依存しないものはない．最も輝かしい現代の数学者たちが，その努力と英知を傾けて広大な研究分野へと組み上げたのであるから，初等的な部分は言うに及ばず，この理論のいかなる部分も意味ある拡張が可能であるとは到底考えられない．ここで私は，円周に比例する弧に対応する三角関数の理論，すなわち正多角形の理論について述べる．この節で明らかとなるように，この理論はこれまでまだ少しの部分しか発展していない．読者は，あまり関係がないように見える分野を扱っている本書において，このような話題が議論されることを見て驚くかもしれない．しかしその手法自体により，この主題がより高度な算術に密接な関係があることが極めて明白となるであろう．

　ここで説明しようとしている理論の原理は，実際には我々が示すよりもはるか先まで拡張されるものである．というのもこの原理は，円関数に対してばかりでなく，たとえば積分$\int \frac{dx}{\sqrt{1-x^4}}$に依存する関数などといった他の超越関数や，さらにさまざまなタイプの合同式に対しても同じように適用されるからである．しかしながら，それらの超越関数については大きい著作を準備しているし，合同式についてはこの『整数論』の続編において詳細に扱うことにしているので，ここでは円関数についてのみ考えることにしよう．また，この原理はあらゆる一般性の下で議論することもで

きるけれども，続く項ではそれを最も簡単な場合に制限して述べることにする．それはひとつには簡潔さを保つためであり，またその方がこの理論の新しい原理を理解しやすいと思うからである．

注意 1) ガウスは上で円関数や三角関数について述べているけれども，それは 337 項で導入される極形式 $\cos x + i \sin x$ で表される 1 の根の研究のことを言っているのである．ガウスの学位論文は代数学の基本定理の証明から成っており，また彼は決して発表しなかったけれども，コーシーより先に複素解析学の本質的な部分を発展させていた．このように，ガウスが複素数の記法のもつ力を理解していたことは疑いがない．この記法を彼は第 7 節において形式的に，正当化を試みることなく用いている．のちに，4 次剰余の相互法則に関する第 2 の論文において，ガウスは平面上の点としての複素数の表現を初めて与えた（第 15 章）．

2) 第 2 段落でガウスは，$\int \dfrac{dx}{\sqrt{1-x^4}}$ のような他の超越関数へと彼の理論を一般化することについて述べている．この積分はレムニスケートの弧長を計算するときに出てくるものである．この文章は多くの数学者たちを苦しめ，またアーベルが彼の楕円関数論を発展させる動機のひとつになったものである．アーベルは，自分の基本的な仕事がある程度できたときになって初めて，ついにガウスの言葉を理解できたと語った．ガウスの私的な文書によって今では知られているように，アーベルやヤコビによる楕円関数論の重要な部分をガウスはすでに発展させていたが，決して発表しなかった．これらのアイデアへの入門としては，Siegel [Sie 1] を見よ．M. Rosen [Ros] は，レムニスケートの弧の分割に関するアーベルの定理や楕円関数に関するいくらかの一般的背景の見事な議論を示しており，Houzel [Hou] は楕円関数とアーベル積分のより一般的な歴史を紹介している．我々は第 19 章においてこれらのアイデアに戻ることにしよう．

3) 第 7 節の項目ごとの要約については W. K. Bühler [Kau, Interchapter 7] を参照．

『整数論』において，ガウスは以下の結果を述べている．

定理 p 個の辺をもつ正多角形（p は素数）は，ある k によって $p = 2^{2^k} + 1$ となるとき，かつそのときにのみ定規とコンパスによって作図可能である．

ガウスは $p = 2^{2^k} + 1$ の十分性については証明したが，必要性についての証明は発表しなかった．この証明は Wantzel [Wan] によって初めて与えられた．これは「円分多項式」の既約性と体の拡大の次数に関する標準的な議論から得られる（[Had], [Gol, L], [Wae] を参照）．

ガウスはまた，根号による方程式の可解性，すなわち一般の多項式による方程式（ガウスの用語によれば，混合方程式）を，$z^n = r$ の形の方程式（純粋方程式）の集まりへと変形することについて研究した．$z^p - 1 = 0$ の解について研究するなかで，ガウスは（「周期」のための）補助方程式を導入した（5節を参照）．『整数論』の359項から引用しよう．

> 359. これまでの議論は，補助方程式の発見に関係するものであった．ここではそれらの解に関する大変注目すべき性質を説明することにしよう．誰もが知っているように，どんなにすぐれた幾何学者が取り組んでも，4次より高次の方程式を一般的に解くこと，あるいは（目標をより正確に定義すれば）混合方程式を純粋方程式へ還元する方法を見出すことには，これまで誰も成功していない．そしてこの問題が，今日の解析学の力を超えているというだけでなく，それが不可能であるということを示しているのはほとんど疑いがない（『Demonstratio nova』[1] 第9節においてこの話題について述べたのを参照）．しかしながら，純粋方程式に還元できる混合方程式が，どんな次数においても無数に存在するのは確かであり，我々の方程式が常にこの種の方程式であることを示せば，幾何学者たちは満足してくれるものと信じる．しかしこの議論はとても長いので，ここでは還元が可能であることを示すのに必要な最も重要な原理を示すのみにとどめておこう．またの機会により完全な考察をしたいと思うし，またこの話題はそうする価値がある．

---

[1] これはガウスの学位論文のことである．その表題全体は，*Demonstratio Nova Theorematis Omnem Functionem Algebraicam Rationalem Integram Unius Variabilis in Factores Reales Primi vel Secundi Gradus Resolvi Posse*（「あらゆる一変数整有理代数関数は1次もしくは2次の実素因子に分解されるという定理の新しい証明」）(Helmstadt, 1799年) と言う．

ガウスは$x^p - 1 = 0$が根号によって解けることの証明へと論を進めるが，一方で彼は，4次より高次の方程式が一般には根号によって解けないと信じているということもはっきりと述べているのである．アーベルとガロアが5次方程式についてこのことを証明し，また根号による可解性についてのガロアのより一般的な研究が，今日のガロア理論を生み出した．Edward [Edw 2] には，ガロアの基本的論文の英語訳とともに，これらのことに関するすばらしい歴史が示されている．

14.2 作図可能性と方程式論

初めに，定規とコンパスを用いた幾何学的作図を，四則演算と開平のみを用いて多項式方程式を解くという代数的問題へと変換する手続きを簡潔に概説しておこう（[Gol, L], [Had], [Wae], [Kle 4] を参照）．これらの考えは，角の三等分，円積問題，立方体倍積問題，正多角形の作図といったギリシャの古典的問題に対する研究から生まれたものである．

ユークリッド平面と与えられた線分（これを単位長として選ぶことにする）から始めよう．点Pが**作図可能**であるとは，与えられた線分から新しい点を作っていき，最後の段階で点Pが作図されるような，一連の「正当な」操作が存在するときを言う．正当な操作とは，定規とコンパスを用いて，2直線の交点，直線と円の交点，2つの円の交点を作図することである．どの段階においても，すでに作図された2つの点を結ぶ直線を，定規を用いて作り出したり，すでに作図された一点を中心とし，もうひとつの点を円周上の点とする円を，定規を用いて描いたりする．

さて，平面と与えられた線分を複素数全体$\mathbf{C}$と同一視して，(0,0) と (0,1) を結ぶ線分が与えられた線分になるようにしよう．ある複素数が**作図可能**であるとは，平面上の対応する点が作図可能であるときを言う．したがって定義より，1は作図可能である．

《作図可能な点の集合は$\mathbf{C}$の部分体をなす》（演習）ので，1が作図可能であることから，すべての有理数は作図可能である．《作図可能な点の集合は平方根の操作について閉じている》，すなわち，zが作図可能ならば$\sqrt{z}$も作図可能である（演習；もちろんどちらの平方根も作図可能である）．

作図過程の各段階で作図される新しい複素数（点）はどれも，すでに作図されたすべての複素数（点）を $\mathbf{Q}$ に付け加えて生成される $\mathbf{C}$ の部分体 F か，2次拡大 $F(\alpha), \alpha^2 \in F$ のいずれかの点である．前者の場合は，新しい数（点）を古い数（点）から四則演算によって求めること（1次方程式の解で，直線同士の交点を表す）に対応する．また後者の場合は新しい数（点）を古い数（点）から四則演算と平方根によって求めること（1次方程式と既約な2次方程式からなる連立方程式の解で，円と直線，また円と円の交点を表す），すなわちすでに作図されている数の平方根の有理関数を作図することに対応する．したがって，

z が作図可能である $\iff$ $\begin{cases} \mathbf{C} \text{の部分体の列 } \mathbf{Q} \subseteq F_1 \subseteq \cdots \subseteq F_k \text{ で,} \\ \text{それぞれが前のものの2次拡大になって} \\ \text{いて，かつ } z \in F_k \text{ となるものがある.} \end{cases}$

$\iff$ $\begin{cases} z \text{ が根号によって解ける多項式方程式の解,} \\ \text{ただし根号はすべて平方根である.} \end{cases}$

n 個の辺をもつ正多角形（**正 n 角形**）の作図問題に対しては，正 n 角形の頂点が複素数平面の単位円周上にあり，ひとつの頂点が1になるように座標系をとる．各頂点が作図可能な点であるとき，**正 n 角形は作図可能**であると言う．これらの頂点は

$$\zeta_k = e^{\frac{2\pi i k}{n}}, \quad k = 1, 2, \cdots, n$$

で与えられ，1の n 乗根（図1），

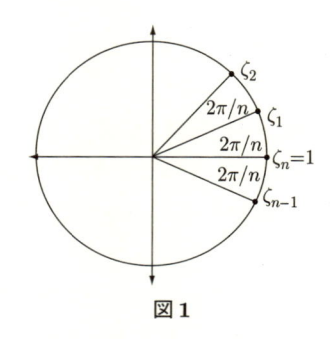

図1

すなわち

$$z^n - 1 = (z-1)\left(1 + z + z^2 + \cdots + z^{n-1}\right) = 0$$

の解である．このように，正 n 角形の作図可能性は，$1+z+\cdots+z^{n-1}=0$ の解の作図可能性と同値である．$z=1$ は与えられた線分に対応するため作図可能だからである．

$$\zeta_1^k = \zeta_1^j \iff k \equiv j \pmod{n} \tag{1}$$

そして

$$\zeta_k = \zeta_1^k \tag{2}$$

であるから，1 の n 乗根の集合は，ζ_1 によって生成される乗法に関する巡回群をなす．この群は，写像 $\zeta_1^k \to k \pmod{n}$ によって $(\mathbf{Z}/n\mathbf{Z})^+$ に同型である．この群の生成元を **1 の原始根**と呼ぶ．

作図可能な数は乗法に関して閉じているから，式 (2) は《正 n 角形が作図可能であることは，ζ_1 が作図可能であることと同値である》ことを意味する．さらに，正 n 角形の作図問題は，素数 p に対する正 p 角形の作図問題へと簡単に帰着される（[Had] を参照）．したがって我々は，**円分多項式**

$$\Phi_p(z) = 1 + z + \cdots + z^{p-1}$$

の根について研究しなければならない．$\Phi_p(z)$ はすべての素数 p に対して既約であり（$z=x+1$ とおいてアイゼンシュタインの判定条件を適用する），$(\mathbf{Z}/p\mathbf{Z})^+$ は位数 p の巡回群であるから，すべての根が原始根である．$\Phi_p(z)=0$ を**円分方程式**と呼ぶ．

14.3 正五角形とガウス周期

正五角形の作図を使ってガウスの方法を説明してみよう．$\zeta = \cos\dfrac{2\pi}{5} + i\sin\dfrac{2\pi}{5}$ と置く．これは 1 の原始 5 乗根のひとつである（図 2）．$\zeta \neq 1$ であるから，これは円分方程式 $1+\zeta+\zeta^2+\zeta^3+\zeta^4=0$ の解である．

$\zeta^5=1$ より，$\zeta^4=\zeta^{-1}$ また $\zeta^3=\zeta^{-2}$ であるから，$1+\zeta+\zeta^2+\zeta^{-2}+\zeta^{-1}=0$, あるいは

$$\zeta^2 + \zeta^{-2} = -1 - \left(\zeta + \zeta^{-1}\right) \tag{1}$$

となる．一方 $\left(\zeta+\zeta^{-1}\right)^2 = \zeta^2 + 2 + \zeta^{-2}$, あるいは

図2

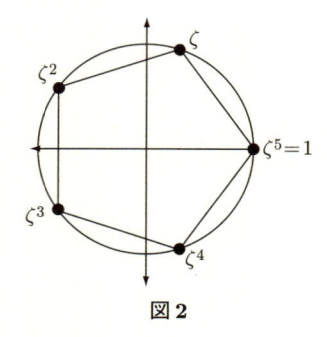

$$\zeta^2 + \zeta^{-2} = \left(\zeta + \zeta^{-1}\right)^2 - 2 \tag{2}$$

であるから，式 (1) と (2) より

$$\left(\zeta + \zeta^{-1}\right)^2 + \left(\zeta + \zeta^{-1}\right) - 1 = 0$$

が得られる．すなわち，$\zeta + \zeta^{-1} = 2\cos\dfrac{2\pi}{5}$ は 2 次方程式 $x^2 + x - 1 = 0$ を満たす．$2\cos\dfrac{2\pi}{5} > 0$ であるから，

$$2\cos\frac{2\pi}{5} = \frac{-1 + \sqrt{5}}{2}$$

とわかる．よって，$\cos\dfrac{2\pi}{5}$ は作図可能であり，$\sin\dfrac{2\pi}{5} = \sqrt{1 - \cos^2\dfrac{2\pi}{5}}$ も同様である．こうして $\zeta = \cos\dfrac{2\pi}{5} + i\sin\dfrac{2\pi}{5}$ は作図可能であり，したがって，正五角形は作図可能である．

これはややその場しのぎの感がする方法であるが，ガウスはこの推論の流れを以下のように系統立てて，一般の場合にも適用できるようにした．2 は 5 を法とする原始根であり（下の表のように，$\bar{2}$ が $\mathbf{F}_5^\times = (\mathbf{Z}/5\mathbf{Z})^\times$ を生成する），

n	0	1	2	3
$2^n \pmod 5$	1	2	4	3

また $\zeta^j = \zeta^k$ ならば $j \equiv k \pmod 5$ であるから，$\zeta + \zeta^2 + \zeta^3 + \zeta^4 = -1$ を順序を変えて書くことができる．すなわち，

$$\zeta^{2^0} + \zeta^{2^1} + \zeta^{2^2} + \zeta^{2^3} = -1$$

あるいは
$$\zeta + \zeta^2 + \zeta^4 + \zeta^3 = -1 \tag{3}$$
である．

式 (3) からひとつおきに項を選んで
$$\eta_1 = \zeta + \zeta^4 \ \left(= \zeta + \zeta^{-1} = 2\cos\frac{2\pi}{5}\right),$$
$$\eta_2 = \zeta^2 + \zeta^3$$

と置く．ガウスは η_i を**周期**と呼んだ（これらはそれ以前にラグランジュによって，多項式方程式の一般解を求めようとするなかである程度導入されていた [Edw 2]）．すると
$$\eta_1 + \eta_2 = -1,$$
$$\eta_1\eta_2 = \left(\zeta + \zeta^{-1}\right)\left(\zeta^2 + \zeta^3\right) = \zeta^3 + \zeta^4 + \zeta^1 + \zeta^2 = -1$$

となる．よって η_1, η_2 は $x^2 + x - 1 = 0$ の解であり，$\eta_1 = \dfrac{-1+\sqrt{5}}{2}$ は，そして前と同じように，ζ は作図可能である．

注意 1) $\zeta + \zeta^{-1} = \dfrac{-1+\sqrt{5}}{2}$ を $\sqrt{5}$ について解くと，
$$\sqrt{5} = 1 + 2(\zeta + \zeta^{-1}) = 1 + \zeta + \zeta + \zeta^{-1} + \zeta^{-1}$$
$$= 1 + \zeta + \zeta^{16} + \zeta^4 + \zeta^9 = 1 + \zeta + \zeta^4 + \zeta^9 + \zeta^{16}$$

となる．すなわち $\sqrt{5}$ は ζ の連続する平方数乗の和である．ガウスはこの議論を一般化して，$1 + \zeta + \zeta^{2^2} + \cdots + \zeta^{(p-1)^2}$ を求めた．ただしここで p は素数であり，$\zeta = e^{\frac{2\pi i}{p}}$ である．またガウスはこれを用いて，平方剰余の相互法則の別証明を与えている（次節を参照）．

2) $\sqrt{5} = 1 + 2(\zeta + \zeta^4)$ であるから，$\mathbf{Q}(\sqrt{5}) = \{u + v\sqrt{5} | u, v \in \mathbf{Q}\}$ は，ζ によって生成される「円分体」$\mathbf{Q}(\zeta)$ の部分体である．一般に，**n 次円分体**とは，$\mathbf{Q}$ に 1 の n 乗根をすべて付け加えて得られる $\mathbf{C}$ の部分体のことである．それは 1 のある n 次原始根 $\zeta = e^{\frac{2\pi i}{n}}$ によって $\mathbf{Q}(\zeta)$ という形をしている．現代の言葉で言えば，ガウスが『整数論』第 7 節で行ったことは，n が素数 p であると

きの $\mathbf{Q}(\zeta)$ のガロア理論を解くこと，すなわち $\mathbf{Q} \subseteq K \subseteq \mathbf{Q}(\zeta)$ となるようなすべての体 K を定めることであった．

$p-1 = ma$ ならば，任意の**位数 m のガウス周期**

$$\eta_i = \sum_{j=0}^{v-1} \zeta^{ri+mj} \quad (0 \leq i \leq m-1)$$

によって生成される $\mathbf{Q}$ 上の m 次部分体がちょうどひとつ存在する．ただし r は p を法とするひとつの原始根である．これらの周期はガロア群の元（$\mathbf{Q}$ を不動にする $\mathbf{Q}(\zeta)$ の自己同型）によって順序を変えられる．正 n 角形の作図可能性は，可能なときは，周期の集合が満たす 2 次方程式を見つけることによって，正五角形を我々が作図したのと同じように扱うことができる．これらの考えのより十分な処理については [Had]，[Wae, Vol. 1]，そして [Rad 2] を見よ．

14.4 平方剰余の相互法則に戻って

1796 年 3 月 30 日の最初の日記の書き込みにおいてガウスが，正 17 角形が作図可能であることをその日に発見したと書いたのを思い起こそう．その年の 8 月 13 日までには，1 の n 乗根と「黄金定理」（平方剰余の相互法則）の間の関係を見出していたことが，日記の 23 番目の書き込みからうかがえる．彼はまた，2 次方程式を超えて自分の試みを拡張するつもりだとも書いている．おそらく彼は高次の相互法則の研究を始めつつあったのであろう．

平方剰余の相互法則に対するガウスの第 4 と第 6 の証明は，円分論に関する研究で得られた，1 の n 乗根の和の性質についての深い知識から生まれたものである．$\zeta = e^{\frac{2\pi i}{p}}$ のときの $\mathbf{Q}$ と $\mathbf{Q}(\zeta)$ の中間の体を研究し，それらがどのようにして周期から生成されるか調べるなかで，ガウスは 1 の n 乗根の特殊な和について研究するようになっていった．

ここで（現代的な用語で）**2 次のガウス和**を紹介しよう．それは

$$g_r = \sum_t \left(\frac{t}{p}\right) \zeta^{rt}$$

というものである．ただし $\zeta = e^{\frac{2\pi i}{p}}$, $r \in \mathbf{Z}$, p は素数，$\left(\dfrac{t}{p}\right)$ はルジャンド

14.4 平方剰余の相互法則に戻って

ルの記号 ($\left(\dfrac{0}{p}\right) = 0$ とする). そして $\sum_t$ は, ここからこの節の最後までは, $t = 0$ から $p - 1$ までの和を表すことにする. 我々の主たる関心は今のところ $g = g_1$ にあるが, g を評価するにはすべての g_r を見ておく方が便利である.

相互法則を考える前に, ちょっと話をそらして, g を公式 $\sqrt{5} = 1 + \zeta + \zeta^4 + \zeta^9 + \zeta^{16}$ と関連づけておこう.

$$g = \sum_u \left(\frac{u}{p}\right)\zeta^u + \sum_v \left(\frac{v}{p}\right)\zeta^v = \sum_u \zeta^u - \sum_v \zeta^v$$

が成り立つ. ただし u は p を法とするすべての平方剰余を動き, v はすべての平方非剰余を動くものとする. しかし一方, 方程式 $1 + \zeta + \zeta^2 + \cdots + \zeta^{p-1} = 0$ を単に並べ替えるだけで

$$1 + \sum_u \zeta^u + \sum_v \zeta^v = 0$$

がわかる. したがって,

$$g = \sum_u \zeta^u - \sum_v \zeta^v = \sum_u \zeta^u - \left(-1 - \sum_u \zeta^u\right) = 1 + 2\sum_u \zeta^u$$

である.

さて, 和

$$\sum_t \zeta^{t^2}$$

を考えよう. t は 0 から $p-1$ まで動くから, t^2 は $0^2, 1^2, \cdots, (p-1)^2$ という値の上を動く. $i \equiv j \pmod{p}$ ならば $\zeta^i = \zeta^j$ であり, $x^2 \equiv d \pmod{p}$ ならば $(p-x)^2 \equiv d \pmod{p}$ である. よって $1^2, \cdots, (p-1)^2$ はそれぞれの平方剰余を 2 回通る. したがって,

$$\sum_t \zeta^{t^2} = 1 + 2\sum_u \zeta^u = g$$

となる. 平方剰余の相互法則に対するガウスの第 4 の証明を示すには, ガウス和の初等的な性質がいくつか必要である.

補題
$$\sum_t \zeta^{rt} = \begin{cases} p & r \equiv 0 \pmod{p} \text{ のとき} \\ 0 & \text{その他} \end{cases}$$

〔証明〕 $r \equiv 0 \pmod{p} \implies \zeta^r = 1 \implies \zeta^{rt} = 1 \implies \sum_t \zeta^{rt} = p$

$r \not\equiv 0 \pmod{p} \implies \zeta^r \neq 1 \implies \sum_t \zeta^{rt} = \dfrac{\zeta^{rp}-1}{\zeta^r - 1} = \dfrac{0}{\zeta^r - 1} = 0$ □

系
$$\frac{1}{p} \sum_t \zeta^{t(x-y)} = \delta(x,y) = \begin{cases} 1 & x \equiv y \pmod{p} \text{ のとき} \\ 0 & x \not\equiv y \pmod{p} \text{ のとき} \end{cases}$$

整数 $1, 2, \cdots, p-1$ のうち半分は平方剰余, 残りの半分は非剰余であるから,

補題 $\sum_t \left(\dfrac{t}{p} \right) = 0$

命題 $g_r = \left(\dfrac{r}{p} \right) g$

〔証明〕 1) $r \equiv 0 \pmod{p}$ のときは, $\zeta^{rt} = 1$ であるから, 上の補題により, $g_r = \sum_t \left(\dfrac{t}{p} \right) = 0$ である. また $\left(\dfrac{r}{p} \right) = 0$ であるから $\left(\dfrac{r}{p} \right) g = 0$ となる.

2) $r \not\equiv 0 \pmod{p}$ のときについては, あるトリックを紹介しよう. これはのちに, もっと一般的に用いることになる. t と同様に rt も完全剰余系全体を動くから,

$$\left(\frac{r}{p} \right) g_r = \sum_t \left(\frac{r}{p} \right) \left(\frac{t}{p} \right) \zeta^{rt} = \sum_t \left(\frac{rt}{p} \right) \zeta^{rt} = \sum_t \left(\frac{t}{p} \right) \zeta^t = g$$

となる. よって,

$$\left(\frac{r}{p} \right) g_r = g \implies \left(\frac{r}{p} \right)^2 g_r = \left(\frac{r}{p} \right) g \implies g_r = \left(\frac{r}{p} \right) g$$

が成り立つ. $\left(\dfrac{r}{p}\right)^2 = 1$ だからである. □

重要定理 $g^2 = \left(\dfrac{-1}{p}\right)p = (-1)^{\frac{p-1}{2}}p$

〔証明〕 $\displaystyle\sum_{r=0}^{p-1} g_r g_{-r}$ を 2 通りの方法で求めていこう.

i) $r \not\equiv 0 \pmod{p}$ のときは $g_r g_{-r} = \left(\dfrac{r}{p}\right)\left(\dfrac{-r}{p}\right)g^2 = \left(\dfrac{-1}{p}\right)g^2$ となる. また $r \equiv 0 \pmod{p}$ のときは $g_r = 0$ である. よって $\displaystyle\sum_r g_r g_{-r} = \left(\dfrac{-1}{p}\right)(p-1)g^2$ となる.

ii) $g_r g_{-r} = \displaystyle\sum_x \sum_y \left(\dfrac{x}{p}\right)\left(\dfrac{y}{p}\right)\zeta^{r(x-y)}$ であるが, これを r について加え, 最初の補題の系を適用すると,

$$\sum_r g_r g_{-r} = \sum_x \sum_y \left(\dfrac{x}{p}\right)\left(\dfrac{y}{p}\right)\sum_r \zeta^{r(x-y)}$$
$$= \sum_x \sum_y \left(\dfrac{x}{p}\right)\left(\dfrac{y}{p}\right)\delta(x,y) = (p-1)p$$

となる.

両者を等号で結んで $\left(\dfrac{-1}{p}\right)$ を掛ければ,

$$\left(\dfrac{-1}{p}\right)(p-1)g^2 = (p-1)p \implies \left(\dfrac{-1}{p}\right)g^2 = p \implies g^2 = \left(\dfrac{-1}{p}\right)p$$

が得られる. □

系 $p \equiv 1 \pmod{4}$ のときは $g^2 = p$ だから $g = \pm\sqrt{p}$ であり,
$p \equiv 3 \pmod{4}$ のときは $g^2 = -p$ だから $g = \pm\sqrt{-p}$ である.

$\sqrt{\pm p}$ はいずれも $\zeta = e^{\frac{2\pi i}{p}}$ の多項式だから, 次の系が得られる.

系 2 次体 $\mathbf{Q}(\sqrt{\pm p})$ は, 円分体 $\mathbf{Q}\left(e^{\frac{2\pi i}{p}}\right)$ の部分体である.

のちに我々は，この定理の重要な一般化であるクロネッカー・ウェーバーの定理について議論する（20.10 節）.

平方剰余の相互法則に対する第 4 の証明のために，ガウスはガウス和 g の符号を定めなければならなかった．これは大変難しい問題であり，ガウスは 1805 年 9 月 3 日に書かれたハインリヒ・オルベルスへの手紙で，以下のようにこれを説明している．

> 根の符号を定めることは何年にもわたって私を悩ませてきました．これができないことが，私の発見したすべてのことに影を落としてきたのです．過去 4 年間のほとんど毎週，私はこの結び目をほどこうとしてあれこれと方法を試み，そして失敗してきました．しかしついに数日前，私は成功しました．これは私の追求の結果というよりは，おそらくは神のご慈悲によるものです．稲妻が走り，難問はひとりでに解決してしまったのです．
>
> ([Sch-Opo] からの翻訳)

ガウスは
$$g = \sqrt{p} \quad p \equiv 1 \pmod{4} \text{ のとき}$$
$$g = i\sqrt{p} \quad p \equiv 3 \pmod{4} \text{ のとき}$$
となること，あるいは同値なことであるが，剰余の記号を用いて，
$$g = i^{\left(\frac{p-1}{2}\right)^2} \sqrt{p}$$
となることを証明した．

より一般的に，すべての奇数 k に対し，$g^2 = (-1)^{\frac{k-1}{2}} k$ が成り立つ．ここで $\zeta = e^{\frac{2\pi i}{k}}$ であり，$g = \sum_{t=0}^{k-1} \left(\frac{t}{k}\right) \zeta^t$，そして $\left(\frac{t}{k}\right)$ はヤコビの記号である．さらに，
$$g = i^{\left(\frac{k-1}{2}\right)^2} \sqrt{k} \tag{1}$$
が成り立つ（証明については Rademacher [Rad 2, chap. 11] を参照）．

ラデマッハー (Rademacher) に従い，平方剰余の相互法則に対するガウスの第 4 の証明の主要なアイデアについて，ガウス和の評価を仮定した上で，そのアウトラインをここで述べておこう．

14.4 平方剰余の相互法則に戻って

k を奇数とし，$\zeta = e^{\frac{2\pi i}{k}}$ に対して

$$g_{r,k} = \sum_{t=0}^{k-1} \left(\frac{t}{k}\right) \zeta^{rt}$$

と置く．これまでの g_r は，この表し方では $g_{r,p}$ であり，g は $g_{1,p}$ となる．すると，次のことを示すことができる．

1) $g_{r,k} = \left(\dfrac{r}{k}\right) g_{1,k}$ である．

2) p, q が奇素数で $p \neq q$ ならば，$g_{p,q} g_{q,p} = g_{1,pq}$ である．それぞれの g において異なる 1 の n 乗根が用いられることに注意しよう．

1) と 2) を合わせると，

$$\left(\frac{q}{p}\right) g_{1,p} \left(\frac{p}{q}\right) g_{1,q} = g_{1,pq}$$

が得られ，式 (1) から

$$\left(\frac{p}{q}\right)\left(\frac{q}{p}\right) = g_{1,pq}/g_{1,p} g_{1,q}$$

$$= i^{\left(\frac{pq-1}{2}\right)^2 - \left(\frac{p-1}{2}\right)^2 - \left(\frac{q-1}{2}\right)^2}$$

4 を法とする p と q の剰余類について調べることで，すぐに

$$\left(\frac{p}{q}\right)\left(\frac{q}{p}\right) = (-1)^{\frac{p-1}{2} \frac{q-1}{2}}$$

が得られる．

　この証明では p と q が奇数であるということしか用いずに，ヤコビの記号に対して相互法則を証明した．同じアイデアによる，ヤコビの記号を用いない少し違った証明については，[Sch-Opo] を見よ．

　平方剰余の相互法則に対するガウスの第 6 の，そして最後の証明は，1817 年に発表された．なぜそんなにたくさんの証明をするのだろうか？ この論文においてガウスは，何年もの間立方剰余や 4 次剰余へと一般化できるような相互法則の証明を追い求めてきて（第 15 章），第 6 の証明によってついにそれが成功

したと述べている．彼はこれらの一般化を，1828年と1832年に4次剰余に関する2本の論文の中で示した．ガウス和の理論のその後の発展に関する議論については [Ire-Ros] および [Wei 6] を見よ．

ガウスが第6の証明において成し遂げたことは，ガウス和の評価をすることなしに，今述べたアイデアを用いるということであった．素数を法とする多項式の合同を扱うことにより，彼は複素数を直接用いることを避けた（9.4節）．ここでは後の用語としての，環 $\mathbf{Z}[\zeta] = \{r_0 + r_1\zeta + \cdots + r_k\zeta^k \mid r_i \in \mathbf{Z}, \zeta = e^{\frac{2\pi i}{k}}\}$ における合同を使って証明を示そう．$k = $ 素数 p のとき，体 $\mathbf{Q}(\zeta)$ は $\mathbf{Q}[x]/(1 + \cdots + x^{p-1})$ に同型（k が素数でないときは，適当な多項式を法として $\mathbf{Q}[x]$ に同型）である．すなわち，$\mathbf{Q}(\zeta)$ は多項式環における合同によって作られる．このようにして，2つの証明は本質的に同じものとなる．実際，ガウスは4次剰余に関する2番目の論文において，$\mathbf{Z}$ における合同を $\mathbf{Z}[i]$ へと拡張している．

$w_1, w_2, u \in \mathbf{Z}[\zeta]$ とする．w_1 が w_2 に u を法として合同であるとは，$v \in \mathbf{Z}[\zeta]$ が存在して $w_1 - w_2 = vu$ とできることを言い，

$$w_1 \equiv w_2 \pmod{u}$$

と書く．合同は $\mathbf{Z}[\zeta]$ における同値関係である．もちろん商環 $\mathbf{Z}[\zeta]/u\mathbf{Z}[\zeta]$ においてはただの等式であり，これは，$\mathbf{Z}$ における p を法とする合同を $\mathbf{Z}/p\mathbf{Z}$ における等式で表現するのと同じような考えである．

さらに次の2つの性質が必要であるが，その証明はやさしい演習問題である．

1) $a, b, c \in \mathbf{Z}$ のとき

$$\mathbf{Z} \text{ において } a \equiv b \pmod{c} \iff \mathbf{Z}[\zeta] \text{ において } a \equiv b \pmod{c}.$$

よって，両方の環で同じ記号 $\equiv$ を用いることには何の問題もない．

2) 二項定理：

$$w_1, w_2 \in \mathbf{Z}[\zeta], p \text{ が素数} \implies (w_1 + w_2)^p \equiv w_1^p + w_2^p \pmod{p}.$$

オイラーの判定条件：$\left(\dfrac{a}{p}\right) \equiv a^{\frac{p-1}{2}} \pmod{p}$ も思い出しておこう．

初めに，相互法則を証明するためのモデルとして，$\left(\dfrac{2}{p}\right)$ を計算する．

$\left(\dfrac{2}{p}\right)$ の計算

まず $\zeta = e^{\frac{2\pi i}{8}}$, すなわち 1 の 8 次原始根のひとつとする. すると $\zeta^4 + 1 = 0$ で, ζ^{-2} を掛けると $\zeta^2 + \zeta^{-2} = 0$ となる. よって $(\zeta + \zeta^{-1})^2 = \zeta^2 + \zeta^{-2} + 2 = 2$ である. $\tau = \zeta + \zeta^{-1} (= \zeta - \zeta^3)$ と置くと, $\tau \in \mathbf{Z}[\zeta]$ で, $\tau^2 = 2$ である.

p を奇素数とする. すると, (今後よく使うワザ)

$$\tau^{p-1} = (\tau^2)^{\frac{p-1}{2}} = 2^{\frac{p-1}{2}} \equiv \left(\frac{2}{p}\right) \pmod{p},$$

すなわち $\tau^{p-1} \equiv \left(\dfrac{2}{p}\right) \pmod{p}$ あるいは

$$\tau^p \equiv \left(\frac{2}{p}\right) \tau \pmod{p} \tag{2}$$

が得られる. 一方, 二項定理により

$$\tau^p = (\zeta + \zeta^{-1})^p \equiv (\zeta^p + \zeta^{-p}) \pmod{p} \tag{3}$$

が成り立つ.

$p \equiv \pm 1 \pmod 8$ の場合: $\zeta^8 = 1$ だから, $\zeta^p + \zeta^{-p} = \zeta + \zeta^{-1} = \tau$.

$p \equiv \pm 3 \pmod 8$ の場合: $\zeta^3 = \dfrac{-1}{\zeta}$ かつ $-\zeta = \dfrac{1}{\zeta^3} = \zeta^{-3}$ だから, $\zeta^p + \zeta^{-p} = \zeta^3 + \zeta^{-3} = -(\zeta + \zeta^{-1}) = -\tau$ を得る.

したがって,

$$\zeta^p + \zeta^{-p} = \begin{cases} \tau & p \equiv \pm 1 \pmod 8 \text{ のとき} \\ -\tau & p \equiv \pm 3 \pmod 8 \text{ のとき} \end{cases}$$

となるが,

$$p = 8k \pm 1 \implies \frac{p^2 - 1}{8} = 8k^2 \pm 2k \qquad \text{となり偶数}$$

$$p = 8k \pm 3 \implies \frac{p^2 - 1}{8} = 8k^2 \pm 6k + 1 \quad \text{となり奇数}$$

だから，これを式 (3) に入れると，

$$\tau^p \equiv (-1)^{\frac{p^2-1}{8}} \tau \pmod{p} \tag{4}$$

と表せる．式 (2) と (4) を等号で結び，両辺に τ を掛けると，$\tau^2 = 2$ より，

$$\left(\frac{2}{p}\right) 2 \equiv (-1)^{\frac{p^2-1}{8}} 2 \pmod{p}$$

$$\implies \left(\frac{2}{p}\right) \equiv (-1)^{\frac{p^2-1}{8}} \pmod{p}$$

この両辺の値は ± 1 だから，

$$\implies \left(\frac{2}{p}\right) = (-1)^{\frac{p^2-1}{8}}$$

となる．

この結果の一部 $p \equiv 1 \pmod{8} \implies \left(\frac{2}{p}\right) = 1$ はオイラーが導いている．ただしオイラーは原始根の存在を仮定している．ついでにこれを，現代の有限体の言葉を用いて示してみよう．

$p \equiv 1 \pmod{8}$ として，f を $\mathbf{F}_p^\times$ の生成元，そして $h = f^{\frac{p-1}{8}}$（1 の原始 8 乗根 $e^{\frac{2\pi i}{8}}$ の類似）と置く．すると h は位数 8 をもち，

$$h^8 = 1 \implies (h^4 - 1)(h^4 + 1) = 0$$

である．$h^4 = 1$ は h の位数が 8 であることと矛盾するので，

$$h^4 = -1 \implies h^2 = -h^{-2} \implies h^2 + h^{-2} = 0$$

$$\implies (h + h^{-1})^2 = h^2 + h^{-2} + 2 = 2$$

$$\implies 2 \text{ は } \mathbf{F}_p^\times \text{ における平方数} \implies \left(\frac{2}{p}\right) = 1$$

を得る．

それでは平方剰余の相互法則に対するガウスの第 6 の証明へと話を進めよう．$\left(\frac{2}{p}\right)$ の計算を分析すると，2 乗すると 2 になるような 1 の n 乗根の和 τ を

見出し，オイラーの判定条件を用いて式 (2)，すなわち $\tau^p \equiv \left(\dfrac{2}{p}\right)\tau \pmod{p}$ を導いている．そして τ^p を二項定理で計算し，両者が等しいということから $\left(\dfrac{2}{p}\right)$ の式を得ている．このプロセスを一般化して相互法則を示すためには，まず最初に $\pm p$ を 1 の n 乗根の和の 2 乗と表して，上の手法を真似なければならない．しかし我々はそういう和をもっている．ガウス和 g である．

〔平方剰余の相互法則の証明〕 $g = \sum_t \left(\dfrac{t}{p}\right)\zeta^t$, $\zeta = e^{\frac{2\pi i}{p}}$，および $\mathbf{Z}[e^{\frac{2\pi i}{p}}]$ における q を法とする合同を使って考えよう．ただし p と q は奇素数である． $p^* = (-1)^{\frac{p-1}{2}}p$ と置くと，$\tau^2 = 2$ と同じように，$g^2 = p^*$ となる．すると

$$g^{q-1} = (g^2)^{\frac{q-1}{2}} = p^{*\frac{q-1}{2}} \equiv \left(\dfrac{p^*}{q}\right) \pmod{q}$$

あるいは

$$g^q \equiv \left(\dfrac{p^*}{q}\right)g \pmod{q} \tag{5}$$

となるが，二項定理により

$$g^q = \left(\sum_t \left(\dfrac{t}{p}\right)\zeta^t\right)^q \equiv \sum_t \left(\dfrac{t}{p}\right)^q \zeta^{qt} \pmod{q}$$

$$\equiv \sum_t \left(\dfrac{t}{p}\right)\zeta^{qt} \pmod{q} \quad \left(q \text{ が奇数ならば } \left(\dfrac{t}{p}\right)^q = \left(\dfrac{t}{p}\right)\right)$$

$$\equiv g_q \pmod{q}$$

となる．よって $g^q \equiv g_q \pmod{q}$ であり，$g_q = \left(\dfrac{q}{p}\right)g$ だから，

$$g^q \equiv \left(\dfrac{q}{p}\right)g \pmod{q} \tag{6}$$

が得られる．式 (5) と (6) を組み合わせ，g を掛けると，

$$\left(\dfrac{p^*}{q}\right)g^2 \equiv \left(\dfrac{q}{p}\right)g^2 \pmod{q}$$

$$\implies \left(\dfrac{p^*}{q}\right)p^* \equiv \left(\dfrac{q}{p}\right)p^* \pmod{q}$$

$$\implies \left(\frac{p^*}{q}\right) \equiv \left(\frac{q}{p}\right) \pmod{q}$$

$$\implies \left(\frac{p^*}{q}\right) = \left(\frac{q}{p}\right) \quad \text{(両辺が ±1 だから)} \tag{7}$$

となる．また $\left(\dfrac{p^*}{q}\right) = \left(\dfrac{-1}{q}\right)^{\frac{p-1}{2}} \left(\dfrac{p}{q}\right) = (-1)^{\frac{q-1}{2}\frac{p-1}{2}} \left(\dfrac{p}{q}\right)$ であるから，(7) と合わせて

$$\left(\frac{q}{p}\right) = (-1)^{\frac{p-1}{2}\frac{q-1}{2}} \left(\frac{p}{q}\right)$$

となり，平方剰余の相互法則が導かれる． □

14.5 合同式の解の個数；有限体上の方程式

『整数論』の第 7 節から起こる一連のアイデアがもうひとつある．ガウス周期は乗法法則

$$\eta_i \eta_j = \sum_k N_{ijk} \eta_k$$

を満たす．ただし N_{ijk} とは，合同式

$$A x^m + B y^m \equiv C \pmod{p}$$

の解の個数に関係する自然数である．

これは合同式の解の個数に関連した最初の深いアイデアで，主として 20 世紀になって発展した話題である．実際のところガウスのアイデアは，1947 年にヴェイユが重要な進歩をもたらすまで，完全に見落とされていたように思われる．[Wei 3] においてヴェイユは，1947 年にガウスの 4 次剰余に関する 2 つの論文を読んだと述べている．1 つ目の論文は $ax^4 - by^4 = 1 \pmod{p}$ の解の個数，またこの問題とガウス和の関係について扱ったものである．ヴェイユは，『整数論』の最後の節でガウスが同じ方法を，$ax^3 - by^3 = 1 \pmod{p}$ を研究するのに用いたことに気づいた．そして同じアイデアが $\sum a_i x_i^n = 0 \pmod{p}$ にも使えることに気づき，このことから有限体上のある種の代数多様体に対する「一般化されたリーマン予想」を証明したのである．このことがヴェイユを，ある有限体上の代数多様体に関する一連の予想へと導くことになる．

これらの予想，いわゆる「ヴェイユ予想」は約30年間にわたって代数幾何学の発展を導いた．最後の予想はようやく1973年にドリーニュ (Deligne) によって証明され，彼はこれによってフィールズ賞を受賞した．

Ireland and Rosen [Ire-Ros] は，有限体上の方程式およびそのガウス和との関係に関する研究への入門を，本書と同じレベルで示している．Koblitz [Kob 1] は，ヴェイユ予想のひとつに対する p 進解析（第23章）を通した Dwork の証明を述べ，Katz [Kat] はドリーニュの証明のより高度な概説を与えている．Ireland and Rosen が詳しく扱っているので，我々はこれらの問題を系統立てて示すことには立ち入らないが，のちに他の話題と関連して，これらについて議論することになる．

14.6 『整数論』に関する最後の注意

ここまで『整数論』の重要なアイデアの多くを，やや系統立てたやり方で示してきた．『整数論』ののち，数論は多くの方向へと枝分かれしていく．

2元2次形式の理論（および3元形式に関しても少し）は，代数的整数論の主要な部分と，現在非常に活発な研究領域である n 変数の形式の理論の両方の発展につながった．しかしここでは，数の幾何学を用いて導かれるいくつかの結果（第22章）を除き，多変数の2次形式については議論しないことにしよう．Scharlau and Opolka [Sch-Opo] は，本書と同じ精神で，この理論をより広く歴史的に扱っている．

円分論に関するガウスの結果も，のちのガウス，ヤコビらによる一般指数和と高次剰余の相互法則の研究につながっている（[Ire-Ros] を参照）．このことで，第7節の冒頭における「円周分割の研究と三角関数（1の n 乗根）が含まれていることを読者は不思議に思うかもしれないが，これらの研究は重要な算術的意義をもつのである」というガウスのコメントは，確かに正当化されたのである．

『整数論』は，多くの偉大な数学者たちによって大変熱心に読まれてきた．しかしそれでも，前節で紹介したヴェイユの仕事などを見ると，「『整数論』のすべての内容が今ではよく理解されている」などとはとても言えなくなる．ヴェイユの業績は，オリジナルの古典的原著を読むことの重要性を見事に示してい

るのである.

第15章

代数的整数論〔1〕：
ガウス整数と4次剰余の相互法則

15.1 ガウスと4次剰余の相互法則

我々はすでに，整数に関する結果を導くために複素数が用いられるという場面にいくつか遭遇してきた．

1) オイラーとラグランジュは，**C**上でディオファントス方程式を因数分解することによって解を得た（3.5節）．
2) 2元2次形式を**C**上で因数分解することが，2次形式の合成に関する結果につながった（13.9節）．
3) ガウス和を用いて，平方剰余の相互法則に対する2つの証明を与えた（14.4節）．

こうした応用例のすべてにおいて，我々が用いた複素数は**代数的数**，すなわち整数係数の多項式の根である．さらにこれらの応用は，のちに代数的整数論という巨大な体系となるものの最初の例であった．ディオファントス方程式の解を求めようとすることと，高次剰余の相互法則を見出そうとすることを主たる動機として，代数的整数論は発展したのである．前者は，フェルマーの最終定理を証明する試みという形で，後者よりも多くの注目を受けがちであるが，これは実際の事実をゆがめている．

この章では，平方剰余の相互法則の初期の一般化に話を絞ろう．オイラーは素数を法とする $2,3,5,7$ の3乗の性質や，2の4乗の性質についていくつかの予想をしたが，高次の相互法則を求めようとした最初の結果は，4次剰余に関するガウスの2つの論文 [Gau 2, Gau 3] に現れたものである．ガウスの整複素

数の導入，4次剰余の相互法則の内容，そしてゼータ関数の導入といったことも含め，これらの結果について簡潔に述べていきたい．続く2つの章で，一般的な代数的整数論の原型としての2次体の理論を少し扱い，相互法則に対する現代的一般化について議論する．最後に第23章において，付値の理論が代数的数体の研究にもうひとつのアプローチを与える様子を示すことにする．

ガウスの第一の論文は次のように始まる．

> 平方剰余の理論は，整数論の基本的定理の中でも最も美しい宝石にたとえることができる．それは，知られているように，最初は帰納的方法により簡単に発見され，のちにこれ以上望むものはないほど多くの方法で証明された．
>
> しかし，立方剰余や4次剰余の理論は，それよりはるかに困難である．1805年にこれらを研究し始めるとすぐに，それまで使えた算術の原理が，一般的な理論を建設するにはまったく不十分であることがわかった．いくつかの特殊な定理を与える結果は最初に得られたものの，それらは単純であることと，しかしその証明が困難であることの両方で際立っていた．それどころかこうした理論は必然的に，整数論の分野にある種無限の拡大を要求したのである．これを研究している間に，このことが何を意味するかが非常にはっきりしてくるであろう．この新しい分野を記述したと同時に，帰納的方法により，理論全体を説明し尽くせるような最も簡潔な定理へと近づく道が開けるであろう．一方で，これらの定理の証明は大変深く隠されていて，それらがようやく日の目を見るまでには，多くの不毛な試みをすることになるのである．
>
> これらの研究を発表するに当たり，まずは平方剰余の理論から始めよう．実際のところこの論文では，整数論を発展させることをしなくてもまだ完全に扱えるような研究を示す．しかしこれらは，そうした発展への道をある程度明らかにし，円分論にいくつかの新しい進展を与えるものである．

ガウスはいくつかの初等的な結果から始めている．r が p を法とする 4 次剰余である，すなわち $x^4 \equiv r \pmod{p}$ を満たす x が存在するならば，

$(x^2)^2 \equiv r \pmod{p}$ であるから，r は p を法とする平方剰余でもあることがわかる．

ガウスは次に，r が素数 $p \equiv 3 \pmod 4$ を法とする平方剰余ならば，r は p を法とする 4 次剰余であることを証明する．そしてこう述べるのである．

> これらの明らかな定理により $4n+3$ という形をした素数を法とする 4 次剰余の理論はすべて説明されるので，我々の研究からこうした法を完全に除外して，$4n+1$ という形をした素数の法について調べることに限定しよう．

論文の残りの部分は，特殊な結果の紹介にあてられているが，なかでも最も重要なのは，2 の 4 次剰余としての性質を完全に決定したことである．これはオイラーによって肯定的に予想されていたことで，2 が素数 $p \equiv 1 \pmod 4$ を法とする 4 次剰余であることと，p が $A, B \in \mathbf{Z}$ によって $p = A^2 + 64B^2$ という形で書かれることが同値であるというものである．第 2 の論文では，$\mathbf{Z}$ 上で扱える特殊な結果を続けて述べている．しかしガウスは次のように書いている．

> このようにして，帰納的手法は数 2 に対する定理に関連した特殊な定理という豊かな実りを生み出す．しかしそれらを共通に結びつけるものがない．第一の論文で我々が数 2 を扱った方法は，それ以上の応用を可能にするものではないため，厳密な証明を欠くのである．確かに，特殊な場合に対しては，証明を与える多様な方法に事欠かない．（中略）その一方で，我々はすべての場合を網羅するような一般論を目指しているのであるから，もたもたするわけにはいかない．これらの問題について考え始めたあと，すでに 1805 年の時点において，我々はすぐに一般論の自然なコースは，1 節で示したように，算術の範囲を拡大することに求められるだろうと確信するに至ったのである．

> なぜなら，これまで扱った問題においては，整数論は実数の整数のみに関するものであったが，それらの定理は，算術の範囲が虚数へと拡大され，無制限に $a+bi$ という形の数が計算の対象となって初めて，その完全な簡潔さと自然な美しさをもった姿を現すからである．ただし，通常のよ

うにiは虚数単位$\sqrt{-1}$を表し，a, bは$-\infty$と$+\infty$の間のすべての整数を表す．このような数を**複素整数**と呼ぶ．そして実際には，実数は複素数の部分ではなくその特殊な形と解釈されることに注意しよう．この論文には，4次剰余の理論のほんの初めのものとともに，複素数の初歩的な理論も述べる．4次剰余の理論を完全な形へと発展させることが，これに続く仕事になるだろう．*

（ガウス自身の脚注）* 一言だけ注意しておくと，4次剰余の理論のそうした拡張の例が，立方剰余の理論である．この理論では同様に，$a + bh$という形の数を考えることを基礎にしなければならない．ここでhは方程式$h^3 - 1 = 0$の虚数解，すなわち $h = -\dfrac{1}{2} + i\sqrt{\dfrac{3}{4}}$ のことである．同じように，より高次の剰余の理論においても，他の虚数を導入する必要がある．

この脚注は，高次剰余の相互法則を研究するには代数的数の理論が必要であるとガウスが認識していたことを示している．

ガウスはさらに進んで，複素数や我々が今日**ガウス整数**

$$\mathbf{Z}[i] = \{u + iv \mid u, v \in \mathbf{Z}\}$$

と呼んでいるものの形式的表現を与えた．彼は，ガウス整数が「ガウス素数」へと一意的に分解されることを証明した．この論文の39節で，彼は複素数の幾何学的解釈を導入している．

> 複素数の法に関する数の合同へと話を進めよう．しかしながら，考察の初めにおいては，複素数をはっきりと描写できるような方法で表すのが有用である．
>
> それぞれの実数は，適当に選んだ原点をもつ両方向に無限に伸びた直線の一部として表現され，単位長として取った任意の線分によって長さを測られ，線分の端点として表される．原点の一方の側の点は正の量を表し，反対側の点は負の量を表す．それと同様に，それぞれの複素数も，無限に伸びた平面上の点によって表現される．そのときは，ひとつの固定された直線が実数を表す役割を果たす．すなわち，複素数$x + iy$は，横座標がx

(x 軸の一方の側を正，反対側を負に取る）で縦座標が y であるような点として表されるのである．

複素数の加法と乗法を詳しく述べた後，ガウスは次のように述べてその節を終える．

> しかしこのことを詳しく扱うのは別の機会に取っておこう．虚数の理論がもっていると思われている困難さは，かなりの部分その不適当な名づけ方（何人かの人たちにより，ありえない数という誤った名前をつけられた）に由来するのである．もし正の数を正面の数，負の数を反対側の数，虚数を側面の数，…などと呼んでいたとしたら，結果は複雑の代わりに単純であり，混迷の代わりに明快であったことだろう．

ガウスは $\mathbf{Z}$ における合同の一般化として，$\mathbf{Z}[i]$ の元を法とする合同を定義して，さらにその性質を詳しく研究するとともに，整数の座標をもつ平面における点としてそれを幾何学的に解釈している．そしてガウス素数を法とする平方剰余の理論を発展させ，次のように締めくくっている．

> この帰納的手法を他の素数にまで拡張すれば，この極めてエレガントな相互法則が至るところで確かめられ，複素数の算術における平方剰余に関する次の《基本定理》に到達する．
> $a+bi, A+Bi$ が，a, A が奇数，b, B が偶数であるような素数であれば，互いに他方の平方剰余になっているか，互いに他方の平方非剰余になっているかのいずれかである．

（法が $\mathbf{Z}$ の元であるときは，$p \equiv 1 \pmod{4}$ の場合のみ考えればよかったことを思い起こそう．）

ガウスは次にガウス整数に関する4次剰余の理論を議論して，4次剰余の相互法則を与えているが，彼はその証明については決して発表しなかった．3節でその法則を述べ，その後の歴史を議論する．それではガウス整数の簡単な導入へと進むことにしよう．これはより一般的な2次体の理論のモデルでも

ある．

15.2 ガウス整数

ガウス整数 $\mathbf{Z}[i]$ を，体 $\mathbf{Q}(i) = \{a+bi | a, b \in \mathbf{Q}\}$ の部分環として調べよう．ガウス整数はこの体の中で，一般化された整数の役割を果たす．$\mathbf{Q}(i)$ の「整数」としては，これは明らかな選択のように思われるが，そのことは代数的整数について議論するときに，より深い意味で正当化することにする．混同を避けるために，$\mathbf{Z}$ の元に対しては**有理整数**や**有理素数**という用語を用いることにする．

$\mathbf{Z}[i]$ における可除性と単元は，すべての環に対するものと同じである．すなわち，$\alpha, \beta \in \mathbf{Z}[i]$ に対して α が β を**割り切る**（$\alpha|\beta$ で表す）とは，$\beta = \alpha\gamma$ となる $\gamma \in \mathbf{Z}[i]$ が存在することを言い，$\alpha \in \mathbf{Z}[i]$ が**単元**であるとは，$\alpha|1$，すなわち $\dfrac{1}{\alpha} \in \mathbf{Z}[i]$ となることである．単元は乗法に関して部分群をなす．$\alpha = x + iy$ を任意の複素数とするとき，$\alpha' = x - iy$ を α の**共役複素数**と呼ぶ．（今後は，共役を表すのにバーではなくダッシュを用いる．）α の**ノルム** $N(\alpha)$ は，$\alpha\alpha' = x^2 + y^2$ である．ノルムは複素数の「大きさ」を測る尺度である．

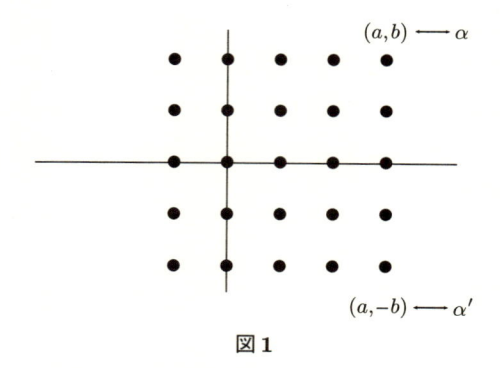

図1

ガウスが注意したように，複素数 $a + bi$ を平面上の点 (a, b) で表現することができ，するとすべてのガウス整数の集合は，「整数格子」の点（整数の座標をもつ $\mathbf{R}^2$ のすべての点 — 図1）に対応する．また共役複素数 α' は点 $(a, -b)$,

すなわち x 軸に関する (a, b) の対称点に対応し，$N(\alpha)$ は (a, b) から原点までの距離の2乗である．

次の章でこれらの幾何学的なアイデアに戻り，それを利用してより一般的な2次体の理論を発展させることにする．

命題 $\alpha, \beta \in \mathbf{C}$ のとき，

(i) $N(\alpha)$ は非負実数である．
(ii) $N(\alpha) = 0 \iff \alpha = 0$
(iii) $N(\alpha\beta) = N(\alpha)N(\beta)$
(iv) $\alpha \in \mathbf{Z}[i]$ ならば，$N(\alpha)$ は非負有理整数である．

〔証明〕（演習）

$N(\alpha) = 1$ は $\alpha\alpha' = 1$ と同値であり，$\alpha \in \mathbf{Z}[i]$ が1を割り切ることは α' が1を割り切ることと同値だから，次の命題を得る．

命題 α が $\mathbf{Z}[i]$ の単元である $\iff N(\alpha) = 1$

こうして単元 $x + iy$ に対応する平面上の整数点は，円周 $N(x+iy) = x^2 + y^2 = 1$ の上の整数点であり，次の系を得る．

系 $\mathbf{Z}[i]$ の単元は $\pm 1, \pm i$ である．

オイラーとラグランジュが，ディオファントス方程式を解くためにガウス整数のような一般化された整数を用いたとき，「素数整数」への一意分解を仮定したことを思い起こそう．ガウスはガウス整数に対して一意分解性を証明した．彼は最初に $\mathbf{Z}[i]$ がユークリッド環であること，すなわちノルムに関する除法のアルゴリズムが存在することを証明した．

定理 $\alpha, \beta \in \mathbf{Z}[i], \beta \neq 0$ ならば，
$$\alpha = \beta\gamma + \delta$$
を満たし，$0 \leq N(\delta) < N(\beta)$ となるような $\gamma, \delta \in \mathbf{Z}[i]$ が存在する．

〔証明〕 $e, f \in \mathbf{Q}$ によって $\dfrac{\alpha}{\beta} = e + fi$ と表される．

$$|g-e| \leq \frac{1}{2}, \quad |h-f| \leq \frac{1}{2}$$

となるように $g, h \in \mathbf{Z}$ を選んで $\gamma = g + hi \in \mathbf{Z}[i]$ と置く．すると $\frac{\alpha}{\beta} = \gamma + (e-g) + (f-h)i$，すなわち

$$\alpha = \beta\gamma + \{(e-g) + (f-h)i\}\beta$$

となる．すると $\delta = \{(e-g) + (f-h)i\}\beta$ は $\mathbf{Z}[i]$ の元であり，$\alpha = \beta\gamma + \delta$ である．さらに，

$$N(\delta) = N((e-g) + (f-g)i)N(\beta)$$
$$= N(\beta)\{(e-g)^2 + (f-g)^2\}$$
$$\leq N(\beta)\left(\frac{1}{4} + \frac{1}{4}\right) = \frac{1}{2}N(\beta) < N(\beta)$$

となる． □

代数学の標準的結果によれば，除法のアルゴリズムが存在すれば分解は一意的である．もちろん，このことの代数学的証明は，ガウス整数に対するガウスの証明（$\mathbf{Z}$ に対する証明からの類推で得られるものである．第1章を参照）を，多かれ少なかれ直接一般化したものに過ぎない．ここで一連のアイデアを，証明なしに振り返っておこう（代数学のほとんどすべての本に載っている．たとえば [Gol, L] や [Her]）．すべての数は $\mathbf{Z}[i]$ の元であるとする．

1) 除法のアルゴリズム $\Longrightarrow$ ユークリッドの互除法 $\Longrightarrow$ 最大公約数の存在 $\Longrightarrow (\alpha, \beta) = 1$ ならば，

$$\alpha\gamma + \beta\delta = 1$$

となる γ, δ が存在する．

2) 定義：α が**既約**であるとは，それが2つの非単元の積ではないということである．
非単元 π（円周率 π のことではない）が（**ガウス**）**素数**であるとは，

$$\pi | \beta\gamma \Longrightarrow \pi | \beta \text{ または } \pi | \gamma$$

となることである．

α と β が**同伴**であるとは，単元 u が存在して $\alpha = u\beta$ となることである．よって $\pm\alpha, \pm i\alpha$ は皆 α の同伴数である．同伴数は除法の下で同じように振舞う．すなわち，それらは同じ整数を割り，また同じ整数で割られる．

3) π は素数である $\iff$ π は既約である

4) $\alpha = \beta\gamma$ で，β と γ が単元でないならば，$\gamma \neq 0$

5) 4) より，整数の既約な数（= 素数）への分解が存在することが導かれる．

6) 3) より，素数の順序と同伴数の違いを除いて分解の一意性が得られる．

こうして以下の定理を得る．

一意分解定理 すべてのガウス整数 α は，ガウス素数の積

$$\alpha = \pi_1^{n_1} \cdots \pi_k^{n_k}$$

であり，この表し方は順序と同伴数の違いを除いて一意的である．

2 平方数問題に戻って

$N(x+iy) = x^2 + y^2$ であるから，有理整数が 2 つの平方数の和であることは，それがあるガウス整数のノルムであることと同値である．したがって，2 平方数定理（12.6 節）は，どの有理整数 m がノルムであるかを教えてくれる．逆に，2 平方数定理を証明するのにガウス整数の性質を用いることもできる．

m を 2 つの平方数の和として表す別の表し方を定めには，単元を用いればよい．$\alpha = x + iy$, $\beta = y + ix$ と置くと，$N(\alpha) = N(\beta) = x^2 + y^2 = m$ である．u が単元であれば，$N(u\alpha) = N(u\beta) = m$ となる．よって，$x, y \neq 0$ ならば，$u = \pm 1, \pm i$ により $N(u\alpha)$ と $N(u\beta)$ は，m の 2 つの平方数の和としての 8 つの表現 $(\pm x, \pm y)$, $(\pm x, \mp y)$, $(\pm y, \pm x)$, $(\pm y, \mp x)$ を生み出す（13.7 節）．このように $\mathbf{Z}[i]$ の単元は，$x^2 + y^2$ の自己同型に何らかの形で対応するのである．後にこれが任意の 2 次形式と 2 次体へと一般化されることがわかるが，これは形式と体の間に成り立つ関係のもうひとつの例である（17.10 節）．

我々の直接の目標は，

(i) すべてのガウス素数を定めること

(ii) すべてのガウス整数のガウス素数への分解を定めること

である.

すべてのガウス整数 α はある有理整数の約数であり ($\alpha | N(\alpha) = \alpha\alpha'$), したがって α のすべての素因数は, $N(\alpha)$ の約数となるある有理素数の約数である. すなわち,

補題 ガウス素数はある有理素数の約数である.

したがって, すべての有理素数をガウス素数に分解する方法がわかれば, まず $N(\alpha)$ を有理素因数に分解し, そののちガウス素因数へと分解することによって, α を分解することができる. これらのガウス素数が α の可能な因数であり, あとはどの因数が α の約数であるか, またその次数はいくつであるかについて調べればよい. このようにして, 目標 (ii) は次の (ii)′ に帰着される.

(ii)′ すべての有理素数のガウス素数への素因数分解を定めること

素因数分解を調べるために, カギとなる 2 つの補題を用いる.

補題 $N(\pi) = p$ が有理素数ならば, π はガウス素数である.

〔証明〕 $\gamma | \pi$ であるとして, $\pi = \gamma\delta$ とすると,

$$p = N(\pi) = N(\gamma)N(\delta) \implies N(\gamma), N(\delta) \text{ の一方は 1 なので } N(\delta) = 1 \text{ とする}$$
$$\implies \delta \text{ は単元} \implies \gamma \text{ は } \pi \text{ の同伴数}$$
$$\implies \pi \text{ は素数である}. \qquad \square$$

補題 どのガウス素数 π も, ただひとつの有理素数 p の約数である.

〔証明〕 そのような有理素数 p の存在は, 初めの補題で示されている. そこで異なる有理素数 p, q に対して $\pi | p$ かつ $\pi | q$ とすると, $(p, q) = 1$ であるから, $1 = px + qy$ となるような有理整数 x, y が存在する. したがって $\pi | 1$ となるから π は単元であり, π が素数であるという仮定に反する. $\qquad \square$

例 $2 = -i(1+i)^2$ であるが, $-i$ は単元であり, $N(1+i) = 2$ であるから, $1+i$ はガウス素数である. したがって, 一意分解により, $1+i$ とその同伴数 $-1-i$, $i-1$, $1-i$ が 2 の素因数のすべてである.

15.2 ガウス整数

定理 p を有理素数とすると，p は $\mathbf{Z}[i]$ 上で次のように素因数に分解される．

1) $p = 2$ のとき：$p = -i(1+i)^2$ となり，$\pi = 1+i$ がガウス素数で $N(\pi) = 2$
2) $p \equiv 3 \pmod{4}$ のとき：$p = \pi$ がガウス素数で $N(\pi) = p^2$
3) $p \equiv 1 \pmod{4}$ のとき：$p = \pi\pi'$，ただし π と π' は同伴でない素数で，$N(\pi) = N(\pi') = p$，かつ π と π' は，順序と同伴数の違いを除いて一意である．

〔証明〕（2平方数定理を仮定する．）

1) 上の例ですでに示されている．
2) $p = \alpha\beta$ とし，$\alpha = a + bi, \beta = c + di$ とすると，$N(p) = N(\alpha)N(\beta)$ あるいは $p^2 = (a^2 + b^2)(c^2 + d^2)$ となる．α と β が単元でないとすると，$N(\alpha), N(\beta) \neq 1$ だから $a^2 + b^2 = p$ となるが，$p \equiv 3 \pmod{4}$ であるから2平方数定理に反する．よって p はガウス素数である．
3) $p \equiv 1 \pmod{4}$ ならば，p は2つの平方数の和 $p = x^2 + y^2$ である．$\pi = x + yi$ と置くと，$p = \pi\pi'$ であり，$N(p) = p^2 = N(\pi)N(\pi')$ となる．$N(\pi) = N(\pi')$ だからどちらも p に等しい．よって，最初の補題により，π と π' は素数である．単元 u によって $\pi = u\pi'$ のように表されると仮定すると，1つひとつの場合を直接計算することにより，矛盾が生じることがわかる（演習）．よって π と π' は同伴数ではない．一意性は一意分解定理より得られる． □

この定理は先に挙げた問題 (i) および (ii)$'$ の答えになっており，ルジャンドルの記号を使って，次のように述べ直すことができる．

定理 p を有理素数とすると，$\left(\dfrac{-1}{p}\right) = -1$ のとき p はガウス素数であり，$\left(\dfrac{-1}{p}\right) = 1$ のとき p は同伴でない2つのガウス素数の積である．

任意の2次体に対して対応する定理が存在し（17.6節），このことは素因数分解と平方剰余の理論の間に成り立つ関係の，最初の手掛かりとなっている．

15.3 合同式と4次剰余の相互法則

それではいよいよ4次剰余の相互法則へと導くアイデアの概略を示し，法則の正確な記述を与えることにしよう．Ireland and Rosen [Ire-Ros, ch.9] において，このことは証明つきで見事に示されている．またそこでは立方剰余も扱われている．

我々の主たる興味は，いつ $x^4 \equiv a \pmod{p}$ が解けるのか決定すること，すなわち，どういうときに a は p を法とする4次剰余であるのか決定することである．すでに見たように，ガウスはこの問題をより深く理解するには $\mathbf{Z}[i]$ についてよく調べなければならないということを認識していた（1節）．

4次剰余の理論の有意義な一般化を得るために，まずルジャンドルの記号に対する我々のアプローチを見直しておく．フェルマーの小定理により，$p \nmid a$ ならば

$$a^{p-1} - 1 \equiv 0 \pmod{p} \implies \left(a^{\frac{p-1}{2}} - 1\right)\left(a^{\frac{p-1}{2}} + 1\right) \equiv 0 \pmod{p}$$

$$\implies a^{\frac{p-1}{2}} \equiv \pm 1 \pmod{p}$$

となることがわかり，またオイラーの判定条件（11.2節）により，$p \neq 2$ ならば

$$a^{\frac{p-1}{2}} \equiv \left(\frac{a}{p}\right) \pmod{p} \tag{1}$$

となることを思い起こそう．

こうして，$\left(\dfrac{a}{p}\right)$ を次のように定義することもできるわけである．

1) $p \nmid a$ ならば，$\left(\dfrac{a}{p}\right) = +1$ または -1 で，式 (1) を満たす方とする．

2) $p \mid a$ ならば，$\left(\dfrac{a}{p}\right) = 0$ である．

これらの考えを $\mathbf{Z}[i]$ へと一般化するためには，まず合同の概念が必要である．α, β, π が $\mathbf{Z}[i]$ の元で，π がガウス素数であるとき，**α が π を法として β に合同である**，すなわち $\alpha \equiv \beta \pmod{\pi}$ とは，$\pi \mid \beta - \alpha$ となるときを言う．これは $\mathbf{Z}[i]$ における加法および乗法と両立する同値関係であり，実際我々は剰余類環（商環）$\mathbf{Z}[i]/\pi\mathbf{Z}[i]$ を研究しようとしている．ここで $\pi\mathbf{Z}[i]$ は $\mathbf{Z}[i]$ のイ

デアルである．α の**合同（同値）類** $[\alpha]$ とは，単に剰余類 $\alpha + \pi \mathbf{Z}[i]$ のことであり，

$$\alpha \equiv \beta \pmod{\pi} \iff [\alpha] = [\beta]$$

が成り立つ．

これは $\mathbf{Z}$ における「合同類が $\mathbf{Z}/p\mathbf{Z}$ の元であり $p\mathbf{Z}$ が $\mathbf{Z}$ のイデアルである」という形式を直接当てはめたものとなっている．

α が **π を法とする 4 次剰余**であるとは，

$$x^4 \equiv \alpha \pmod{\pi}$$

を満たす $x \in \mathbf{Z}[i]$ が存在することである．

$\mathbf{Z}$ と同様の扱いを続けることにより，$\mathbf{Z}[i]/\pi\mathbf{Z}[i]$ が $N(\pi)$ 個の元をもつ有限体であることが証明できる．したがって，π を法とする合同類は $N(\pi)$ 個存在する．

群論を用いてフェルマーの定理を証明した（8.3 節）のと同じように，やさしい演習問題として，$\pi \nmid \alpha$ ならば

$$\alpha^{N(\pi)-1} \equiv 1 \pmod{\pi}$$

であること，あるいは同値なことであるが，$\mathbf{Z}[i]/\pi\mathbf{Z}[i]$ において

$$[\alpha]^{N(\pi)-1} = [1]$$

となることを示すことができる．

すると今度は平方剰余に関するオイラーの結果と同様のことを示すことができる．すなわち，素数 $\pi \nmid \alpha$ ならば，

$$\alpha^{\frac{N(\pi)-1}{4}} \equiv i^j \pmod{\pi} \tag{2}$$

となるような有理整数 j が存在する．

$N(\pi) \neq 2$ かつ $\pi \nmid \alpha$ であるとき，**4 次剰余記号** $\left(\dfrac{\alpha}{\pi}\right)_4$ を，

$$\left(\dfrac{\alpha}{\pi}\right)_4 = i^j$$

で定義する．ただし j は式 (2) で決まる数である．i^j は常に $\mathbf{Z}[i]$ の単元であることに注意しよう．$\pi \mid \alpha$ のときは，$\left(\dfrac{\alpha}{\pi}\right)_4 = 0$ と置く．

すると，$\pi \nmid \alpha$ のとき，
$$\left(\frac{\alpha}{\pi}\right)_4 = 1 \iff \alpha \text{ は } \pi \text{ を法とする 4 次剰余である．}$$

4 次剰余記号は，合同類の上で定数 $\left(\alpha \equiv \beta \pmod{\pi} \implies \left(\frac{\alpha}{\pi}\right)_4 = \left(\frac{\beta}{\pi}\right)_4\right)$ であり，かつ乗法的 $\left(\left(\frac{\alpha\beta}{\pi}\right)_4 = \left(\frac{\alpha}{\pi}\right)_4 \left(\frac{\beta}{\pi}\right)_4\right)$ である．このようにして $[\alpha] \to \left(\frac{\alpha}{\pi}\right)_4$ は，$\mathbf{Z}[i]/\pi\mathbf{Z}[i]$ から $\mathbf{Z}[i]$ の単元の乗法群への準同型写像を定める．4 次剰余の相互法則を一般的な形式で述べるために，$\left(\frac{\alpha}{\pi}\right)_4$ を一般化する．$\alpha, \beta \in \mathbf{Z}[i]$ で，α は単元でなく，$1+i \nmid \alpha$ （$2 \nmid N(\alpha)$ と同値）であるとする．$\alpha = \prod_i \lambda_i$ （λ_i はガウス素数）に対して，

$$\left(\frac{\beta}{\alpha}\right)_4 = \prod_i \left(\frac{\beta}{\lambda_i}\right)_4$$

と定義する．

$\left(\frac{\beta}{\alpha}\right)_4$ は α に対する素因数分解の選び方によらず（同伴数の違いを除き），α を固定すると，同値類 $[\beta]$ の上で定数である．

4 次剰余の相互法則を始める前に，$\mathbf{Z}[i]$ の各元が 4 つの同伴数をもっているという事実から起こるわずらわしさを取り除いておく方が便利である．それは，単元でない $\alpha = a + bi$ が，$\alpha \equiv 1 \pmod{(1+i)^3}$ を満たすときに主要であると定義することによってなされる．このことは，$a \equiv 1 \pmod 4$ かつ $b \equiv 0 \pmod 4$，あるいは $a \equiv 3 \pmod 4$ かつ $b \equiv 2 \pmod 4$ であることを要求することと同値である．$N(1+i) = 2$ であるから，$1+i$ は '偶数の' 素数の役割を果たす．主要元はどれも $1+i$ で割り切れない．また同伴数の集合 $\{\pm\alpha, \pm i\alpha\}$ はどれも，ひとつの主要元をもつ．さらに，すべての主要元は主要なガウス素数，$1+i$ のベキおよび単元との積に，順序の違いを除いて一意的に分解される．

4 次剰余の相互法則　α および β を互いに素である $\mathbf{Z}[i]$ の主要元とすると，
$$\left(\frac{\alpha}{\beta}\right)_4 = \left(\frac{\beta}{\alpha}\right)_4 (-1)^{\frac{N(\alpha)-1}{4} \cdot \frac{N(\beta)-1}{4}}$$

が成り立つ.

1節で引用したように，ガウスは立法剰余の相互法則も見出しており，それは環 $\mathbf{Z}\left[e^{\frac{2\pi i}{3}}\right]$ の構造にかかわるものであった．ガウスの仕事は，楕円関数やレムニスケートの弧の分割（14.1節）に関する研究に，ある程度動機づけられていたのかもしれない．実際，アイゼンシュタインが立法剰余および4次剰余の相互法則の最初の証明を発表したのであるが，彼は最初は楕円関数を用い，のちにはガウス和を用いた（後者については [Ire-Rose, ch. 9] を参照）．一方，ヤコビは1837年の講演で，自分こそ立法剰余の相互法則を初めて証明した者であったと主張し，やがてアイゼンシュタインとの激しい優先権論争へと発展した．

アイゼンシュタインは，より高次の剰余の相互法則をも証明した [Ire-Ros, ch.14]．参考文献として，Houzel[Hou] は楕円関数の歴史（15節での相互法則への応用も含め）について述べ，Weil [Wei 6] は円分論との関係を扱い，また H. J. S. Smith [Smi, H 1, vol. 1] は19世紀における相互法則の研究について広く議論している．Weil [Wei 7] は，楕円関数へのアイゼンシュタインのひとつのアプローチを提示している．

29歳で夭折するまでに，アイゼンシュタインは相互法則に関して25本の論文を出版しているが，それらは最近出版された全集 [Eis 2] において見ることができる．全集に対するヴェイユの書評 [Wei 8] には，ガウスも「まれに見る天才」と認めた，このたぐいまれな数学者の生涯についても紹介されている．

さて，どの有理整数が与えられた有理素数を法とする4次剰余になっているのか，というもともとの質問には，まだ本当には答えていないことに注意しよう．平方剰余の相互法則に対するガウスの「自然な」一般化についての我々の研究は，ガウス素数を法とする4次剰余に関するものである．1節で我々は，素数 $p \equiv 3 \pmod 4$ に対しては，4次剰余の理論は平方剰余の理論と同値であるが，$p \equiv 1 \pmod 4$ に対してはそうではないということを見た．この後者の場合，すなわち p と q が4を法として1に合同な有理素数で，π が p の約数であるガウス素数である場合には，

$$\left(\frac{q}{\pi}\right)_4 = 1 \iff x^4 \equiv q \pmod{p} \text{ が解 } x \in \mathbf{Z} \text{ をもつ}$$

が成り立つ．

1969年に K. Burde が有理素数に関する4次剰余の美しい相互法則を証明し，近年こうした有理相互法則には新たな関心が起きてきている（[Ire-Ros, sec. 9.10] を参照）．

我々は，重要な結果（平方剰余の相互法則）の"自然な"一般化が，必ずしも我々のもともとの質問（どの有理整数が，与えられた有理素数を法とする4次剰余になっているのか）に対する完全な答えにはつながらないということを見てきた．重要な結果の自然な一般化が，対応する一般的質問の答えにならないということはしばしばあることである．

このことのもうひとつの例が，"種数1の曲線"上の有理点に関するモーデルの定理に対する，種数がより大きい曲線上の有理点集合へのヴェイユの一般化である．この一般化は，種数の大きい曲線上の有理点に対して望ましい特性を与えなかったが，その問題は，「種数が1より大きい曲線は，高々有限個の有理点しかもたない」というモーデル予想に対するファルティングスの証明によって，つい最近解決された．（これらの考えについては第18〜20章において議論することになるだろう．）

しかしながら，このような一般化が実りのない演習問題だとみなされるわけでは決してない．それは比較的安易な方向の研究かもしれないが，結果としてしばしば深く美しい新理論をもたらし，またときには（ファルティングスの仕事の場合のように）本来の問題を解決するためのテクニックの発展につながることもあるのである．

15.4　$\mathbf{Z}[i]$ のゼータ関数と L 関数

$\mathbf{Z}[i]$ についての議論を続けよう．基本的には，$\mathbf{Z}[i]$ に"解析的対象"を付け加え，Scharlau and Opolka [Sch-Opo, pg. 73 ff.] のやり方に従うことにしよう．ディリクレとヤコビは1930年代や40年代に，2次形式の同値な言葉による表現で本質的に同じ結果を発表しているが，それらのいくつかはガウスの未発表のノートに見出されている．

$\mathbf{Z}[i]$ のゼータ関数 $\zeta_{\mathbf{Z}[i]}(s)$ は，

$$\zeta_{\mathbf{Z}[i]}(s) = \sum_{\alpha \in \mathbf{Z}[i], \alpha \neq 0} \frac{1}{N(\alpha)^s}$$

で定義される．ただし s は変数である．今のところは，収束については気にしないことにする．我々は形式的ディリクレ級数，すなわち実または複素係数をもつ $\sum_{n>0} \frac{a_n}{n^s}$ という形式の表現を扱っており，これらについては明快な代数が存在しているからである．2つのこのような級数 $\sum \frac{a_n}{n^s}$ と $\sum \frac{b_n}{n^s}$ が等しいとは，すべての n に対して $a_n = b_n$ であることと定義され，加法と乗法は，

$$\sum \frac{a_n}{n^s} + \sum \frac{b_n}{n^s} = \sum \frac{a_n + b_n}{n^s},$$

$$\sum \frac{a_n}{n^s} \times \sum \frac{b_n}{n^s} = \sum \frac{c_n}{n^s} \quad (ただし c_n = \sum_{j|n} a_{\frac{n}{j}} b_j)$$

のように行われる．標準的な操作（無限積も含め）はすべて，形式的べき級数に対するのと同様の方法で定式化される（詳しくは [Zag] を参照）．

リーマンのゼータ関数に対するオイラーの無限積展開（3.3節）

$$\zeta(s) \left(= \sum \frac{1}{n^s} \right) = \prod_p \left(\frac{1}{1 - p^{-s}} \right) \tag{1}$$

にならって，$\zeta_{\mathbf{Z}[i]}(s)$ に対する "オイラー積" を見出したい．

π が選ばれていて π' が π の同伴数でなければ π' も選ぶ（さらに $1+i$ も選ぶ）というようなやり方で，各ガウス素数の4つの同伴数のうちひとつを代表として選ぶ．この素数の代表数の集合を P で表すと，

$$\zeta_{\mathbf{Z}[i]}(s) \left(= \sum_\alpha \frac{1}{N(\alpha)^s} \right) = 4 \prod_{q \in P} \left(1 + \frac{1}{N(q)^s} + \frac{1}{N(q)^{2s}} + \frac{1}{N(q)^{3s}} + \cdots \right)$$

$$= 4 \prod_{q \in P} \frac{1}{1 - N(q)^{-s}} \quad (等比級数の形式和) \tag{2}$$

となる．ただし積の各項は α の $\mathbf{Z}[i]$ における一意分解を与え，4は $\mathbf{Z}[i]$ の4つの単元に対応していて，これらの単元を掛けることにより，α のすべての同伴数が与えられる．

274　第15章　代数的整数論[1]：ガウス整数と4次剰余の相互法則

オイラー積 $\zeta_{\mathbf{Z}[i]}(s) = 4 \prod_{\pi \in P} \dfrac{1}{1-N(\pi)^{-s}}$ は，単元の個数と一意分解に関する情報を記号化したものである．$\zeta_{\mathbf{Z}[i]}(s)$ を複素変数 s の解析関数とみなせば，この関数についての，たとえば極の位置や位数といった解析的情報を用いることで，$\mathbf{Z}[i]$ に関する非常に多くの算術的情報を導くことができる（[Zag] を参照）．

演習　2節における有理素数の分解から，集合 P に属する素数を，

$1+i, \quad N(1+i) = 2,$

$p \equiv 3 \pmod{4}, \quad N(p) = p^2,$

π および π'，ただし $\pi\pi' = p \equiv 1 \pmod 4$, $N(\pi) = p$ で π と π' は同伴でない

のように選ぶことができることを証明せよ．

式 (2) にこの演習問題の結果を適用すると，

$$\zeta_{\mathbf{Z}[i]}(s) = 4 \left(\dfrac{1}{1-N(1+i)^{-s}} \right) \prod_{p \equiv 3(4)} \left(\dfrac{1}{1-N(p)^{-s}} \right) \prod_{\pi} \left(\dfrac{1}{1-N(\pi)^{-s}} \right)^2$$

$$= 4 \left(\dfrac{1}{1-2^{-s}} \right) \prod_{p \equiv 3(4)} \left(\dfrac{1}{1-p^{-2s}} \right) \prod_{p \equiv 1(4)} \left(\dfrac{1}{1-p^{-s}} \right)^2$$

となる．ただし最後の積における2乗は，p の同じノルムをもつ2つの同伴でない因数 π, π' から起こるものである．したがって，

$$\zeta_{\mathbf{Z}[i]}(s) = 4 \left(\dfrac{1}{1-2^{-s}} \right) \prod_{p \equiv 3(4)} \left(\dfrac{1}{1-p^{-s}} \right) \left(\dfrac{1}{1+p^{-s}} \right) \prod_{p \equiv 1(4)} \left(\dfrac{1}{1-p^{-s}} \right)^2$$

$$= 4\,\zeta(s) \prod_{p \equiv 3(4)} \left(\dfrac{1}{1+p^{-s}} \right) \prod_{p \equiv 1(4)} \left(\dfrac{1}{1-p^{-s}} \right)$$

となる．ここで $\zeta(s)$ は式 (1) で与えられた形のリーマンのゼータ関数である．

$$L_{\mathbf{Z}[i]}(s) = \prod_{p \equiv 1(4)} \left(\dfrac{1}{1-p^{-s}} \right) \prod_{p \equiv 3(4)} \left(\dfrac{1}{1+p^{-s}} \right)$$

を，$\mathbf{Z}[i]$ に対する**ディリクレの L 関数**（ディリクレがこの関数を表すのに L を用いたのでこう呼ばれる）と呼ぶと，

$$\zeta_{\mathbf{Z}[i]} = 4\zeta(s) L_{\mathbf{Z}[i]}(s) \tag{3}$$

となる．

これらの概念はディリクレによって，類数に関する定理および等差数列における素数に関する定理を証明するために導入されたものである．ここではヤコビの仕事のなかから，より簡単な応用例を示そう．

命題 $L_{\mathbf{Z}[i]}(s) = \sum_{n=1}^{\infty} \dfrac{\chi(n)}{n^s} = 1 - \dfrac{1}{3^s} + \dfrac{1}{5^s} - \dfrac{1}{7^s} + \dfrac{1}{9^s} - \cdots$，ただし

$$\chi(n) = 0, \quad n が偶数のとき，$$
$$1, \quad n \equiv 1 \pmod{4} のとき，$$
$$-1, \quad n \equiv 3 \equiv -1 \pmod{4} のとき$$

〔証明〕 $L_{\mathbf{Z}[i]}$ の定義から，

$$L_{\mathbf{Z}[i]}(s) = \prod_p \left(\frac{1}{1 - \chi(p)p^{-s}} \right)$$

となる．この積を級数 $\sum a_n n^{-s}$ へと展開すると，n の因数がどれも $\equiv 1$ または $3 \pmod 4$ であるときにのみ $a_n \neq 0$ となる．

$p \equiv 1 \pmod 4$ に対しては $\chi(p) = 1$ であるから，これらの n に対する χ の値は，$\equiv 3 \pmod 4$ となる因数の個数によって定められる．

$n \equiv 1 \pmod 4$ ならば，$\equiv 3 \pmod 4$ となる因数の個数は偶数であるから $\chi(n) = 1$ となる．一方，$n \equiv 3 \pmod 4$ ならば，このような因数の個数は奇数で，$\chi(n) = -1$ となる．よって定理は証明された． □

式 (3) にこの命題を適用すると，

$$\zeta_{\mathbf{Z}[i]}(s) = 4\zeta(s) L_{\mathbf{Z}[i]}(s) = 4 \left(\sum_{k=1}^{\infty} \frac{1}{k^s} \right) \left(\sum_{m=1}^{\infty} \frac{\chi(m)}{m^s} \right)$$

$$= 4 \sum_{n=1}^{\infty} \left(\sum_{m|n} \chi(m) \right) n^{-s} \tag{4}$$

を得る.

$N(x+yi) = x^2 + y^2$ であるから,

$$\zeta_{\mathbf{Z}[i]}(s) = \sum_{\alpha} \frac{1}{N(\alpha)^s} = \sum_{(x,y)\neq 0} \frac{1}{(x^2+y^2)^s}$$
$$= \sum \frac{S_2(n)}{n^s} \tag{5}$$

も成り立つ. ここで $S_2(n)$ は, n を 2 つの平方数の和で表す表し方の個数である. 式 (4) と (5) における n^{-s} の係数を比較することにより, 次の定理を得る.

定理 $S_2(n) = 4 \sum_{m|n} \chi(m)$

注意 1) 証明は $\mathbf{Z}[i]$ における一意分解性に基づいている.

2) χ は, $(\mathbf{Z}/4\mathbf{Z})^\times$, すなわち乗法に関する既約剰余類の上の指標とみなされる (指標は $(\mathbf{Z}/4\mathbf{Z})^\times$ から $\mathbf{C}$ への準同型である). ディリクレは指標の一般的概念を導入し, それを系統的に活用した.

3) 我々の理論を簡単に応用して, $\pi/4$ の級数展開を導くことについては, [Sch-Opo, pp.74-75 and pg.83] を見よ.

この節のアイデアはすべての 2 次数体へと一般化される [Zag]. 実際, あらゆる代数的数体へのゼータ関数の一般化は, 代数的整数論における中心的な研究対象である ([Hec] および [Shi] を参照). 適当に一般化して言えば, 算術的情報 (我々の場合ではガウス整数のガウス素数への因数分解) を解析関数 (ディリクレ級数) へと記号化し, それから形式的べき級数や複素解析の手法を適用するというアイデアは, 20 世紀の数論の主要なテクニックのひとつである.

第 16 章

代数的整数論〔2〕：代数的数と 2 次体

16.1 代数的整数論の発展

　2次体について詳しく調べる前にいったん距離を置いて，ガウスからヒルベルトにいたる代数的整数論の発展について簡単に見ておこう．前章において述べたように，この理論を発展させた人たちは，心の奥に2つの主要な目標をもっていた．すなわち，平方剰余の相互法則を一般化することと，ディオファントス方程式を解くこと，特にフェルマーの最終定理である．我々の歴史に基づく議論を続けるには，いくつかの一般的概念を導入しなければならない．

　代数的数とは，すべて0ではない有理数係数をもつ多項方程式 $a_n x^n + a_{n-1} x^{n-1} + \cdots + a_0 = 0$ を満たす複素数のことである．

命題 代数的数 α は，$\mathbf{Q}$ 上の一意的なモニックな（最高次の係数が1である）既約多項式の根である．

〔証明〕 α を根にもつ $\mathbf{Q}[x]$ の多項式の集合 I は，$\mathbf{Q}[x]$ においてイデアルをなす．$\mathbf{Q}[x]$ は単項イデアル整域（すべてのイデアルが単項イデアル，すなわち1つの元から生成される）であるから，I は単項イデアルであり，したがって I はある多項式 $p(x)$（I の最小多項式）のすべての倍数から成っている．明らかに $p(x)$ は既約であり，$p(x)$ をその最高次の係数で割ることにより，目的の既約多項式が得られる． □

　α が満たす $\mathbf{Q}$ 上の既約多項式の次数を，α の**次数**と呼ぶ．たとえば，有理数は次数1の代数的数である．

　代数的数体（あるいは単に**数体**）K とは，有理数体の有限次拡大であるような $\mathbf{C}$ の部分体のことである．すなわち K は，体 $\mathbf{Q}$ 上のベクトル空間として

有限次元である．拡大の**次数**は，そのベクトル空間の次元として定義される．有限次元であることは，ある k が存在して，K のすべての元 β に対して数列 $1, \beta, \beta^2, \cdots, \beta^k$ が一次従属であることを意味している．こうしてすべては 0 でないような **Q** の元 $b_0, \cdots, b_k$ が存在し，$\sum_0^k b_i \beta^i = 0$ となり，β は代数的数となる．したがって，次数 n の代数的数体の元は，n 以下の次数をもつ代数的数である．

どの数体 K も，代数的数 α_i により $K = \mathbf{Q}(\alpha_1, \alpha_2, \cdots, \alpha_n)$ という形で表される．実は原始元定理 [Wae] により，ある代数的数 α が存在して，$K = \mathbf{Q}(\alpha)$ という形となる．すなわち，K のすべての元は有理係数をもつ α の有理関数（実際には α の多項式）である．すべての代数的数の集合 **A** が **C** の部分体であることを示すのは，体の拡大次数を用いれば，簡単な演習問題である．**A** が真の部分体であるという事実は，超越（代数的でない）数の存在から導かれる（第 21 章を参照）．**A** は数体ではない．すなわち，**Q** 上の有限次元ベクトル空間ではない（すべての n に対する $x^n - 2 = 0$ の解の次数を見ればすぐにわかる）．

代数的数体 K の算術理論を発展させることにおける最初の問題は，**Q** の中で有理整数が演じるのと同じくらい有益な働きをするような K の部分集合，すなわち K の '代数的整数' を選ぶことである．

ガウスは 4 次剰余の相互法則に関する仕事の中で，$\mathbf{Q}(i)$ におけるガウス整数環 $\mathbf{Z}[i]$ を '代数的整数' として研究し，他の相互法則には他の環が必要であると述べている．1830 年代から 40 年代にかけて，ヤコビとアイゼンシュタインは立方剰余の相互法則を研究するために，環 $\mathbf{Z}[\zeta] = \{u + v\zeta | u, v \in \mathbf{Z}\}$ を用いた．ただし $\zeta = e^{\frac{2\pi i}{3}}$ は 1 の原始立方根で，$1 + \zeta + \zeta^2 = 0$ を満たす．1840 年と 50 年の間には，ディリクレが環 $\mathbf{Z}[\alpha] = \{u_0 + \cdots + u_{n-1}\alpha^{n-1} | u_i \in \mathbf{Z}\}$ を研究した．ここで α は，モニックな既約方程式 $x^n + b_{n-1}x^{n-1} + \cdots + b_0 = 0, b_i \in \mathbf{Z}$ の根である．彼はこれらの環における単元を特徴づけた（[Edw 1] および [Ire-Ros] を参照）．類数公式に関して，代数的数体の研究に解析的テクニックを適用したディリクレの仕事も，この時期になされている（第 17 章の追記を参照）．

代数的数体の発展に対するもっとも重要な貢献は，クンマー (Kummer) の仕事であった．特に彼による理想数の導入は，円分体に限られていたとはい

16.1 代数的整数論の発展　279

え，真に代数的数の系統的理論の始まりを示していたのである．ここで H. Edwards [Edw 1, chap. 4] からかなり長く引用しよう．彼はこれらの歴史的発展に対する我々の理解を大変明確にしてくれている．

「4.1　1847 年の出来事

1847 年のパリ・アカデミーおよびベルリンのプロシア・アカデミーの会報には，フェルマーの最終定理の歴史における劇的な物語が書かれている．その物語はパリ・アカデミーの 3 月 1 日の集会の報告 ([A1], p. 310) から始まっているが，そこでラメ (Lamé) は，はっきりと幾分興奮気味に，方程式 $x^n + y^n = z^n$ が $n > 2$ に対して解をもたないことの証明を発見し，したがってこの長い間未解決であった問題を完全に解決したと発表したのである．彼が与えた証明の簡単なスケッチは，後に彼自身気づいたに違いないが，哀れなほど不十分なものであったので，ここで詳しく考察する必要はない．しかしながら，彼の基本的なアイデアは，簡潔で説得力のあるもので，この理論の後の発展において主要なものとなった．そのときまでに知られていた $n = 3, 4, 5, 7$ の場合の証明はどれも，$n = 3$ の場合における $x^3 + y^3 = (x+y)(x^2 - xy + y^2)$ のような，ある種の代数的因数分解に依存するものであった．ラメは，n が大きくなるにつれて困難さが増すのは，この分解における因数のひとつが大変大きい次数をもつことによると感じ，$x^n + y^n$ を n 個の 1 次因数に完全に分解することでこの困難を克服できると考えた．このことは，$r^n = 1$ を満たす複素数を導入し，代数等式

$$x^n + y^n = (x+y)(x+ry)(x+r^2 y) \cdots (x + r^{n-1} y) \quad (n \text{ は奇数}) \quad (1)$$

を用いることでなされる．（たとえば，$r = \cos\left(\dfrac{2\pi}{n}\right) + i \sin\left(\dfrac{2\pi}{n}\right) = e^{\frac{2\pi i}{n}}$ とおけば，多項式 $x^n - 1$ は n 個の異なる根 $1, r, r^2, \cdots, r^{n-1}$ をもち，初歩的な代数により $X^n - 1 = (X-1)(X-r)(X-r^2) \cdots (X - r^{n-1})$ となる．ここで $X = -\dfrac{x}{y}$ と置いて $-y^n$ を掛ければ，目的の等式 (1) が得られる．）きわめて手短かに言えば，ラメのアイデアは，過去に（特別な場合の）$x^n + y^n$ のもっと簡単な因数分解において用いられたテクニック

を，この完全な因数分解に使おうというものであった．すなわち彼は，x と y が因数 $x+y, x+ry, \cdots, x+r^{n-1}y$ を互いに素とするようなものであれば，$x^n + y^n = z^n$ は各因数 $x+y, x+ry, \cdots$ 自身が n 乗であることを意味するということを示し，このことから不可能な無限降下法を導こうとしたのである．$x+y, x+ry, \cdots$ が互いに素でなければ，すべての因数に共通な因数 m が存在し，それにより $\dfrac{x+y}{m}, \dfrac{x+ry}{m}, \cdots, \dfrac{x+r^{n-1}y}{m}$ が互いに素となることを示し，この場合にも似たような議論を適用しようと考えた．

　このように複素数を導入するアイデアがフェルマーの最終定理への扉を開くカギであることをしばらくの間疑わず，ラメはアカデミーに対して情熱的に，このアイデアは数カ月前に彼の同僚リウヴィル (Liouville) により偶然の会話において暗示されたものであるので，すべての名誉を自分自身に主張することはできないと語った．一方，リウヴィルはラメの興奮を分かち合うことはなく，ラメが講演を終えた後に登壇し，提示された証明にいくつかの疑問を投げかけただけであった．彼は複素数を導入するという考えについて，自分自身にはいかなる名誉もないとし，他の多くの人々，たとえばオイラー，ラグランジュ[1]，ガウス，コーシー，そして"誰よりもヤコビ"が，過去に似たようなやり方で複素数を用いていたと指摘した．リウヴィルはまた実際，ラメの着想は，この問題に初めてアプローチする優秀な数学者にとって，最初に思いつくであろういくつかのアイデアのひとつに過ぎないとも述べた．さらに彼は，ラメが提示した証明には，自分には大変大きいギャップに見える部分があるとも観察していた．因数が互いに素であり，それらの積が n 乗であるということを示しただけで，はたして各因数が n 乗であると結論づけることが正当化されるであろうか？　と尋ねたのである．もちろんこの結論は，通常の整数の場合には正しいであろう．しかしその証明は整数の素因数分解に依存していて[2]，

---

[1] リウヴィルはそのようには言わなかったし，知ってもいなかったかもしれないが，ラグランジュは実際明確に，フェルマーの最終定理に関連して因数分解 $(x+y)(x+ry)\cdots(x+r^{n-1}y) = x^n + y^n$ に言及している ([L3])．

[2] リウヴィルがこのギャップをすぐさま指摘し，それが問題の複素数に対する一意素因数分解を証明する問題に関係しているとすぐにわかったという事実は，彼が，そしておそらくその時代の他の数学者たちも同様に，この点に関するオイラーの代数における欠陥（2.3節を見

16.1 代数的整数論の発展　281

求められるテクニックが，ラメの必要とする複素数に適用できるかどうかは決して明らかではないのである．そのためリウヴィルは，これらの困難な点が解決されなければ，あるいは解決されるまでは，何の興奮も正当化されないと感じたのである．

リウヴィルのあとに登壇したコーシーは，ラメが成功する可能性があると信じていたようである．というのは，自分は1846年の10月に，フェルマーの最終定理の証明を生み出すかもしれないと信ずるアイデアをアカデミーに示したのだが，それ以上先に発展させる時間が見出せなかったなどとコーシーが急いで指摘したからである．

この集会に続く数週間の集会の記録は，コーシーとラメがこれらの考えを追究しようとして非常に多くの活動を行ったことを示している．ラメはリウヴィルの批判の論理的正当性については認めたが，最後の結論の真実性に関するリウヴィルの疑問については少しも分かち合わなかった．ラメは，彼の"補題"たちが問題の複素数を分解する方法を与えており，彼の例のすべてが，一意素因数分解の存在を確かなものにしていると主張した．彼は「これほど完全な確証と実際の証明の間には，乗り越えられない障害などあるはずがない」と確信していたのである．

3月15日の集会で，ワンツェル(Wantzel)が一意素因数分解の正当性を証明したと主張したが，彼の議論は，容易に証明できる $n \leq 4$ の場合をカバーするのみであり（$n=2$ は普通の整数の場合であり，$n=3$ は本質的に2.5節で証明された場合である．そして $n=4$ の場合はガウスによって，4次剰余に関する彼の古典的な論文においてすぐに証明されていた），そこから先については，$n>4$ の場合についても同様の議論が適用されることが"容易にわかる"と述べるにとどまった．しかしそれは容易にはわからないのであり，またコーシーも3月22日にそう述べている．その後コーシーは長い一連の論文を著し，問題の複素数—彼はそれを"根の多項式"と呼んだ—に対する割り算アルゴリズムを自分自身で証明しようと試み，それにより一意素因数分解が正しいと結論づけようとした．

3月22日の会報には，コーシーとラメの両者が"秘密の包み"をアカデ

よ）をよく意識していたことを示すように思われる．しかしながら，この時代およびそれ以前のどの学者についても，オイラーの議論を批判している人を私は知らない．

ミーに預けたという記録がある．秘密の包みを預けることはアカデミーの慣例で，のちに優先権論争が起きたときに，会員がある時点であるアイデアをもっていたと—預ける時点では明らかにせずに—公表することができるというものであった．1847 年 3 月の状況を考えれば，これら 2 つの包みの主題が何であったかについてはほとんど疑いの余地がない．しかしながら，後にわかるように，一意素因数分解とフェルマーの最終定理という主題に関しては，まったく何の優先権論争も起こらなかったのである．

これに続く数週間に，ラメとコーシーはそれぞれ，アカデミーの会報に報告を掲載したが，それらはおそろしくあいまいで，不完全かつ要領を得ないものであった．そして 5 月 24 日，議論全体を終了させる，あるいは終了させていたはずの，ブレスラウのクンマーからの手紙を，リウヴィルが会報に載せた．クンマーがリウヴィルに手紙を送ったのは，ラメが一意素因数分解性を暗に用いていることに対してリウヴィルが疑問を抱いたことは，まったく正しいと伝えるためであった．クンマーは一意素因数分解が成り立たないと主張したばかりでなく，彼の手紙には 3 年前に出版していた[3] 論文 [K6] の写しが同封されており，そこでクンマーは，ラメが正しいと主張していた場合について，一意素因数分解が成り立たないことを証明していたのである．続けて彼は，しかしながら彼が"理想複素数"と呼んだ新しい種類の複素数を導入することによって，素因数分解の理論を"救う"ことができると述べた．この結果は 1 年前に[4] ベルリン・アカデミーの会報に要約の形 [K7] で出版され，またその完全な説明はクレレ (Crelle) のジャーナルに間もなく掲載される [K8] ことになっていた．クンマーは，彼の新理論をフェルマーの最終定理に対して応用することにすでに長い間掛りきりになっており，その結果，与えられた n に対する証明を，n に対する 2 つの条件を調べることに帰着させることに成功したと語った．この応用と 2 つの条件の詳しい内容について彼は，同じ月にベルリン・アカ

---

[3] しかしながら，クンマーがそのことを発表するのにきわめて無名な場所を選んだということは認めなければならない．リウヴィルは 1847 年に彼のジャーナル (Journal de Mathematiques Pures et Appliquees) においてその理論を再発表したが，多くの人がその理論を知ったのは，このときが初めてであったに違いない．

[4] この報告はまた 1847 年にクレレに再録された．（スミスの原典 [S2] に間違いのある英訳版が収録されている．）クレレの再版ではオリジナルの出版を 1845 年と誤って伝えているが，正しくは 1846 年である．

デミーの会報（1847年4月15日）に発表していた報告を引用した．そこで彼は実際，2つの条件を完全な形で述べるとともに，$n=37$ がその条件を満たしていないと"信ずる理由がある"と言っていたのである．

この衝撃的なニュースに対するパリの教養ある紳士たちの反応は記録されていない．ラメはただ黙り込んだ．コーシーは，ラメより頭が硬かったからか，あるいは一意素因数分解性の成功にそれほど入れ込んでいなかったからか，さらに数週間にわたって，あいまいで要領を得ない論文を発表し続けた．クンマーについて直接言及した唯一の文章の中でコーシーは次のように書いている．「リウヴィルが（クンマーの仕事について）語った内容によって私は，クンマー氏が到達した結論が，少なくとも部分的には，上記の考察によって私自身が達したと感じた結論と同じであるとわかった．クンマー氏がこの問題をあと2，3歩先へ進めて，すべての障害を取り除くことに実際に成功していたならば，私は彼の努力に対して拍手を送る最初の人間になっていたであろう．なぜなら，我々が最も望むべきことは，科学の世界のすべての友人たちが一致協力して，真実を明らかにし，広めることだからである．」その後彼はクンマーの仕事を無視し―広めるのではなく―，いずれは自分の主張をクンマーの仕事に関連づけると時おり約束するだけで，自身のアイデアを追求し始めた．その約束はついに果たされることはなく，夏の終わりまでにはコーシーもまた，フェルマーの最終定理について沈黙してしまったのである．（しかしながらコーシー自身は黙っているたちではなく，今度は数理天文学に関して怒涛のように論文を書き始めたというだけのことであった．）こうしてこの分野はクンマーに残されたのだが，考えてみれば結局のところ，その時点まですでに3年間も，ずっと彼のものだったのである．

クンマーが彼の"理想複素数"にたどり着いたのは，フェルマーの最終定理に関心をもっていたからだと広く信じられているが，それはまず間違いなく誤りである．素数を表すのにクンマーは文字 λ を用い，また"1の λ 乗根"，すなわち $\alpha^\lambda = 1$ の解を表すのに文字 α を用いた．また彼は素数 $p \equiv 1 \bmod \lambda$ を"1の λ 乗根でできる複素数"へと素因数分解することを

研究していた[5]が，それらはすべて高次剰余の相互法則に関するヤコビの論文 [J2] に直接由来するものであった．クンマーの1844年の論文は，ブレスラウ大学からケーニヒスベルグ大学に対して，その記念祝祭を祝うために送られたものであり，その論文は間違いなく，長年にわたってケーニヒスベルグで教授の職にあったヤコビに捧げられたものであった．クンマーが1830年代にフェルマーの最終定理を研究していたのは事実であるし，おそらく最初から彼は，自分の分解定理がフェルマーの最終定理と関連していることに気づいていたことであろう．しかしヤコビが関心をもっていた主題，すなわち高次剰余の相互法則の方が，その仕事をしているときも，またその後においても，クンマーにとって確かにより重要であったのである．ラメが試みた証明を覆して自身の部分的証明に取って代わらせようとしたときも，クンマーはフェルマーの最終定理のことを「数論におけるひとつの好奇心の対象ではあるが，主要な項目ではない」と言っていたし，後に彼のバージョンの高次剰余の相互法則を未解決予想の形で発表したときにも，高次剰余の相互法則こそ「現代数論における重要な主題にして最高峰である」と述べたのである．

また，よく言われる話として，クンマーもラメと同様，フェルマーの最終定理を証明したと信じたが，今度はディリクレによって，彼の議論が素数への一意分解についての証明されていない仮定に依存していると言われたというものまである．この話は，クンマーの主要な興味が高次剰余の相互法則にあったという事実と必ずしも対立するものではないが，その信頼性を疑う他の理由がある．この話は1910年にヘンゼル (Hensel) によって行われたクンマーに関する記念講演の中で初めて現れたものであり，ヘンゼルはその情報源を申し分のないものと称して名前を挙げているが，この話は65年以上もたってからまた聞きの話として語られているのである．さらに，この話をヘンゼルにした人間というのはどうやら数学者ではないようであり，知られている事実に対する誤解からこの話がいかにして生まれたのか容易に想像できる．クンマーが完成させてディリクレに送ったとされる「出版可能な草稿」が発見されるようなことがあれば，ヘンゼル

---

[5] クンマーの1844年の論文は，そのような p の素因数分解を扱っただけである．素因数分解に関する一般的問題は，続く1846年と1847年の論文で明らかにされたのである．

の話は裏付けられるだろうが，このようなことが起こらなければ，この話は大いに疑問があると考えるべきである．クンマーが一意分解性が成り立つと仮定したということはありそうにないように思われるし，出版しようと考えていた論文の中で，それをうっかり仮定したなどとはますます考えにくいのである．」

クンマーの 1844 年の論文に続き，1871 年までの主たる仕事は，円分体 $\mathbf{Q}(\zeta), \zeta^n = 1$ とそれらの部分環 $\mathbf{Z}[\zeta]$ をさらに調べることであった．

デデキントは代数的整数論を 2 次体と円分体の理論から一般の代数的数体の研究へと転換させた．デデキントはディリクレの数論に関する講義を記録した自分のノートを出版した．第 2 版 (1871 年) の付録において，彼は代数的数体の理論の基礎を提示したが，そこには代数的数体の定義と並んで，今日代数的整数論における課程の初めの部分を成している基礎的な概念や定理の大部分が含まれていた．これが一研究分野としての代数的整数論の始まりを告げたのである．デデキントの最終決定版の付録は 1893 年，Dirichlet-Dedekind [Dir] の第 4 版に載せられた．

デデキントは，単にある主題の基礎としてだけでなく，研究の手段として公理を用いた最初の人であった．彼はある結果からその本質を引き出すのが非常にうまく，多くの新しい概念を導入した．たとえば，複素数の部分体（彼はこれを "domains of rationality" と呼んだ），代数的数体，イデアル，加群，（半順序集合の意味での）束などである．彼がどのようにして代数的整数環にイデアルを導入し，クンマーの理想数と置き換えたのか，あとで見ることにしよう．

同時に，クンマーの学生であったレオポルト・クロネッカー (Leopold Kronecker) もまた，この理論に基本的な貢献をなしつつあった．クロネッカーの仕事はイデアル論を用いず，クンマーの手法をより直接発展させたものであった．クンマーとクロネッカーの手法に関するより詳しい歴史的議論については，[Ell, W-Ell, F] を見よ．Herman Weyl [Wey 1] はクロネッカーとデデキントの手法を対比させている．クロネッカーはデデキントよりもずっと野心的な目標をもっていた．すなわち，代数的整数論と代数幾何学の両方を包含するであろう一般論を目指していたのである．しかしながら，クロネッカーの論文は大変難解なため，彼の仕事はデデキントのものほど強い影響力をもたな

かった．20世紀も半ばになってようやく，A. ヴェイユの影響のおかげで，クロネッカーの大きな目標は現代の研究に重要な影響を与えたのである（[Wei 9]および [Wei 10] を参照）．第23章において，クンマーとクロネッカーのいくつかのアイデアの現代版，いわゆる代数的整数論への「付値論的手法」について論じることにしよう．

1893年，ドイツ数学協会 (the German Mathematical Society) は，ダヴィット・ヒルベルト (David Hilbert) とヘルマン・ミンコフスキーに数論の状況について調査報告を用意するよう依頼した．ヒルベルトとミンコフスキーは仕事を手分けして，ヒルベルトの方は代数的整数論について，ミンコフスキーの方は有理数論について報告することに決めたのだが，数の幾何学（第22章）に関する集中的な仕事に気をそらされ，ミンコフスキーはこの報告をついに完成させなかった．一方，ヒルベルトの報告『数論報告 (*Zahlbericht*)』は1897年に発表された [Hil]．この本はクンマー，クロネッカー，デデキントの革命的な仕事に基づいて，代数的整数論のイデアル論的基礎を提示していて，多くの深くて重要な新しい寄与を含んでいる．（この話の個人的な側面に関する，より完全な説明については，コンスタンス・レイドによるヒルベルトの伝記 [Rei, C] を見よ．）

『数論報告』の発表に続き，ヒルベルトは代数的数体における相互法則への新しい手法を開く一連の論文を出版した．この仕事は代数的整数論の発展において決定的に重要な転機となるものであった．第一に，ヒルベルトは代数的整数論の重要性を，有理整数を研究するための道具から，それ自身を独立して研究するに値する深く美しい理論へと変えた．第二に彼の論文は，続く数十年にわたる代数的整数論の研究に方向性を与え，やがてエミール・アルティンの一般相互法則（第17章13節）へと結実したのである．

ヒルベルトの学生で，20世紀の偉大な数学者の一人であるヘルマン・ワイル (Herman Weyl) は，ヒルベルトの死亡広告 [Wey 2] を書き，そこに個人的説明とヒルベルトの数学的業績に関する詳細な議論の両方を載せている．ヒルベルトの影響とスタイルに関して，ワイルの文章から引用してみよう．

「例が必要なら，私自身の話をしよう．私は18歳の田舎者の少年としてゲッティンゲンにやってきた．私の高校の校長がたまたまヒルベルトのい

16.1 代数的整数論の発展

とこで，ヒルベルトへの推薦状を私に書いてくれていたことが，そこの大学を選んだ主な理由であった．まったく無邪気で無知であった私は，大胆にもヒルベルトがその学期にアナウンスしていた，数の概念と円の求積法に関するコースを取った．ほとんどの内容は難しすぎて頭に入らなかったが，新しい世界への扉が私の目の前で勢いよく開き，ヒルベルトの下に長くいないうちに，私の若い心には，この人が書いたものは何でも，何としても読んで勉強しなければならないという決意が自然とできあがっていた．そして最初の年が終わると，私はヒルベルトの『数論報告』を腕に抱えて家へ帰り，夏休みの間に読み進んだ．私には初等的な数論やガロア理論の予備知識はまったくなかったが，この数カ月は私の人生の中で最も幸せな時であった．そしてその輝きは，誰もが味わう疑いや失敗の年月を越えて，いまでも私の魂を癒すのである．

（中略）

ヒルベルトの業績についてもっと詳しい説明を行う前に，独特のヒルベルト的な数学的思考様式を簡単な言葉で特徴づけておかねばならない．それは彼の学問的スタイルに次のように表れている：それはまるで，明るく見晴らしの良い風景の中を早足で歩くようなものである；あなたが自由にあたりを見回すと，境界線や連絡道路が目に入るが，やがて気合いを入れて山を登らなければならなくなる；すると道はまっすぐの上りとなり，のんびり歩きや回り道はなくなる．彼のスタイルには，現代の数学者たちの多くがもっているような簡潔さはない．現代の簡潔さは，印刷機の労力や紙には高いお金がかかるが，読者の努力と時間にはお金がかからないという仮定に基づいている．それに対し，完全な帰納法を行うとき，ヒルベルトは時間をかけて最初の2ステップを展開し，そののち n から $n+1$ への一般的結論を述べるのである．彼の代数の論文においてどれほど多くの例が，基本的定理を明らかにしているだろう．しかもそれらの例というのは，その場限りのものではなく，それ自身研究に値するような本物の例なのである！」

デデキントやヒルベルトの精神による代数的整数論を最高の形で示したのは Hecke [Hec] であった．より現代的な解説については，[Mar], [Rib], [Bor-Sha],

[Lan 3] を参照してほしい．

この章の残りでは，代数的整数の一般論と 2 次体の詳細な研究について述べよう．次の章では，2 次体に対するデデキントのイデアル論について調べることにする．

16.2　代数的整数

有理整数を代数的数体へと一般化する適当な方法の追求は，長い回り道をたどることとなった．もっとも自然な最初のアプローチは，ガウスやクンマーらが行ったように，体 $\mathbf{Q}(\alpha)$ の中に環 $\mathbf{Z}[\alpha]$ を取ることであった．知ってのように，これはガウス整数と円分体に対しては成り立つものの，2 次体についてさえ，多くの場合においてもっと大きな環が望ましいことがいずれわかる．ガウスとクンマーはどちらも，$\mathbf{Z}[\alpha]$ で十分な場合を扱っていたので幸運だったのである．Weil[Wei 8] は，1851 年にアイゼンシュタインが今日受け入れられている代数的整数の定義を用いたのだが，まるで彼自身のアイデアではないかのような書き方をしてしまったのだと指摘している．デデキントは 1871 年に代数的整数の定義を，それが意味するところについての深い考察とともに提示した [Dir] が，彼がアイゼンシュタインの仕事を知っていたかどうかは明らかでない．

アイゼンシュタインとデデキントがどのようにして代数的整数に対する彼らの定義に導かれたのかについては定かでないが，Hecke [Hec] に従えば，ひとつの可能性を与えることはできる．それが大方もっともらしいということは，デデキントの公理主義的態度によって裏付けられる．

代数的整数が満たすことが望ましい一連の性質をリストアップしてみよう．これらの性質を仮定すれば，代数的数が代数的整数となるための条件を絞り出して，我々の定義として取り入れることができる．そののち，算術を $\mathbf{Q}$ からある固定された数体 K へと一般化するために，K におけるそれらの代数的整数について調べることにする．

すべての代数的整数の集合（代数的数の部分集合としての）Ω が満たすべき性質は次の 3 つである．

a) $\Omega \cap \mathbf{Q} = \mathbf{Z}$
b) Ω は環である．
c) $\alpha \in \Omega$ ならば，α の共役（α に対する $\mathbf{Q}$ 上のモニックで既約な多項式の他の解）も Ω の要素である．

さて，既約な方程式 $x^n + b_{n-1}x^{n-1} + \cdots + b_0 = 0$, $b_i \in \mathbf{Q}$ の解として与えられる代数的数 α が，代数的整数であるとしよう．すると，それぞれの係数 b_i は α とその共役の対称関数として表されるから，性質 b) と c) により b_i は代数的整数でなければならず，したがって性質 a) により，それらは有理整数である．こうして次の定義が得られる．

定義 ある代数的数 α が**代数的整数**であるとは，α に対するモニックで既約な $\mathbf{Q}$ 上の方程式 $p(x) = 0$ が有理整数を係数にもつことである．α の**次数**は $p(x)$ の次数である．

この定義からすぐにわかることは，すべての代数的整数の集合 Ω が性質 a) を満たすこと，すなわち次数 1 の代数的整数は有理整数であること，そして性質 c) を満たすことである．また Ω が環であることも正しい．ここでこのことは示さないが，対称関数を用いた古典的証明については [Hec] を，モジュールによる現代的証明については [Ire-Ros] を参照してほしい．環の性質は，2 次の数体に対しては自明であることがわかるようになるだろう．

次数 1 の代数的整数は有理整数であることに注意しよう．

命題 α が係数を $\mathbf{Z}$ にもつ（必ずしも既約ではない）モニックな多項式 f の根であるとすると，α は代数的整数である．

〔証明〕 演習問題（ヒント：$f(x) \mapsto f(\alpha)$ となるような $\mathbf{Z}[x] \to \mathbf{Z}$ の準同型の核を調べ，$\mathbf{Z}[x]$ が単項イデアル領域であることを思い起こせ．）より古典的な証明については [Hec] を見よ． □

Ω の元 α が $f(x) = x^n + b_{n-1}x^{n-1} + \cdots + b_0 = 0$, $b_i \in \mathbf{Z}$ の根であるとすると，α のすべての k 乗根は $f(x^k) = 0$ の根である．したがって，Ω の元の k 乗根はやはり Ω の元であり，Ω には自然な既約（素）元は存在しないことがわか

る．すなわち $\mathbf{Z}$ の算術は Ω へと一般化されないのである．しかしながら，ある固定された数体の整数に対しては豊富な分解定理が存在することがわかる．

代数的数体 K の整数環 I_K を，$I_K = \Omega \cap K$ で定義しよう（Ω も K も環であるから，I_K も環である）．I_K の元は K の**整数**と呼ばれる．この概念は体の拡大とは独立であること，すなわち α が K の整数で，L が K の拡大（$K \subseteq L$）であれば，α は L の整数でもあることに注意しよう．

ここからは，より一般的な理論の原型としての 2 次体について集中して議論していこう．

16.3 2 次体

2 次体とは，体
$$\mathbf{Q}(\sqrt{D}) = \{x + y\sqrt{D} \mid x, y \in \mathbf{Q}\}, \quad \text{ただし } D \in \mathbf{Q}, D \text{ は平方数でない}$$
のことである．

演習 1) 2 次体はすべて $\mathbf{Q}$ の次数 2 の拡大であることを示せ．このことから，$\mathbf{Q}(\sqrt{D})$ の元は有理数（次数 1 の代数的数）であるか，あるいは **2 次数**（次数 2 の代数的数）である．

2) $x, y \in \mathbf{Z}$ であるとき，$\mathbf{Q}\left(\sqrt{\dfrac{x}{y}}\right) = \mathbf{Q}(\sqrt{xy})$ であることを示せ．

3) $x, y \in \mathbf{Z}$ であるとき，$\mathbf{Q}(\sqrt{xy}) = \mathbf{Q}(\sqrt{d})$ であることを示せ．ただし，d は xy からすべての平方数の因数を取り除いて得られる平方因子をもたない整数である．

2) から，2 次体 $\mathbf{Q}(\sqrt{D})$ は体 $\mathbf{Q}(\sqrt{d})$ となることがわかる．ただし $d \in \mathbf{Z}$ であり，3) により d は平方因子をもたないと仮定することができる．したがって 2 次体とは，体
$$\mathbf{Q}(\sqrt{d}) = \{x + y\sqrt{d} \mid x, y \in \mathbf{Q}\}, \quad \text{ただし } d \in \mathbf{Z}, d \text{ は平方因子をもたない．}$$
のことである．

ここからは，$\mathbf{Q}(\sqrt{d})$ と書くときは，d は平方因子をもたない整数とする．

$\mathbf{Q}(\sqrt{d})$ は $d > 0$ のとき**実 2 次体**, $d < 0$ のとき**虚 2 次体**と言う. $\alpha = x + y\sqrt{d} \in \mathbf{Q}(\sqrt{d})$ とすると,

$$\alpha' = x - y\sqrt{d} \text{ を } \alpha \in \mathbf{Q}(\sqrt{d}) \text{ の共役,}$$

$$N(\alpha) = \alpha\alpha' = x^2 - dy^2 \text{ を } \alpha \text{ のノルム,}$$

$$Tr(\alpha) = \alpha + \alpha' = 2x \text{ を } \alpha \text{ のトレース}$$

と言う.

以下の命題の証明は簡単な演習問題である.

命題 $\alpha, \beta \in \mathbf{Q}(\sqrt{d})$ とすると,

1) $(\alpha \pm \beta)' = \alpha' \pm \beta'$
2) $(\alpha\beta)' = \alpha'\beta'$
3) $\left(\dfrac{\alpha}{\beta}\right)' = \dfrac{\alpha'}{\beta'}$
4) $\alpha = \alpha' \iff \alpha \in \mathbf{Q}$

命題 $\alpha, \beta \in \mathbf{Q}(\sqrt{d})$ とすると,

1) $N(\alpha), Tr(\alpha) \in \mathbf{Q}$
2) $N(\alpha\beta) = N(\alpha)N(\beta)$ $Tr(\alpha + \beta) = Tr(\alpha) + Tr(\beta)$
3) $N(\alpha) = 0 \iff \alpha = 0$,
4) α が $x^2 - Tr(\alpha)x + N(\alpha) = 0$ の解で, かつ $\alpha \notin \mathbf{Q}$ であれば, この多項式は既約である.

2 次体に関するいくつかのすばらしい参考書としては, [Hil], [Ada-Gol], [Rei, L], [Coh], [Hec], [Bor-Sha], [Zag], [Sch-Opo], そして [Inc] がある.

16.4 2 次の代数的整数

さて, ここで $\mathbf{Q}(\sqrt{d})$ の代数的整数全体の集合 $I_d (= I_{\mathbf{Q}(\sqrt{d})})$ を定めよう. $u, v \in \mathbf{Q}$ に対して $\alpha = u + v\sqrt{d} \in I_d$ とする.

$\alpha \in \mathbf{Q}$ $(v = 0)$ ならば,これは既約方程式 $x - \alpha = 0$ を満たし,そして代数的整数の定義により $\alpha \in \mathbf{Z}$ となるから,$I_d \cap \mathbf{Q} \subseteq \mathbf{Z}$ となる.逆は明らかであるから,$I_d \cap \mathbf{Q} = \mathbf{Z}$ となることがわかる.

$\alpha \notin \mathbf{Q}$ $(v \neq 0)$ ならば,これは **2次整数**(次数2の代数的数),すなわち既約方程式

$$x^2 - Tr(\alpha)x + N(\alpha) = 0$$

の解である.ここで代数的整数の定義により,$Tr(\alpha) = \alpha + \alpha' = 2u$ および $N(\alpha) = u^2 - dv^2$ はどちらも $\mathbf{Z}$ の元である.

したがって,

$$u_1 = 2u, \quad v_1 = 2v$$

と置くと,

$$Tr(\alpha) = u_1, \ N(\alpha) = \frac{u_1^2 - dv_1^2}{4} \in \mathbf{Z}$$

となる.すなわち

$$u_1 \in \mathbf{Z},\ u_1^2 \equiv dv_1^2 \pmod{4}$$

主張 $v_1 \in \mathbf{Z}$

最後の方程式から,

$$\text{ある } k \in \mathbf{Z} \text{ に対して } dv_1^2 = 4k + u_1^2$$

となる.右辺は整数であるから,$dv_1^2 \in \mathbf{Z}$ がわかる.ここで $v_1 = \dfrac{a}{b}$ と置く.ただし $a, b \in \mathbf{Z}, (a, b) = 1$ である.$|b| > 1$ ならば,d は平方因子をもたないから,$d\left(\dfrac{a}{b}\right)^2$ は整数でない.これは矛盾であるから,v_1 の分母は $+1$,すなわち $v_1 \in \mathbf{Z}$ である.

要約すると,

$$\alpha \in I_d \implies u_1, v_1 \in \mathbf{Z} \quad \text{かつ} \quad u_1^2 \equiv dv_1^2 \pmod{4}$$

である.4を法とするそれぞれの場合について調べてみよう.ただし d は平方因子をもたないから,$d \not\equiv 0 \pmod{4}$ であることに注意する.

i) $d \equiv 2, 3 \pmod{4}$:

4 を法とするあらゆる場合を調べることにより（演習），$u_1^2 \equiv dv_1^2 \pmod 4$ の解は，u_1, v_1 が偶数である場合に限ることがわかる．つまり

$$\alpha \in I_d \implies \alpha = \frac{u_1 + v_1\sqrt{d}}{2}$$
$$u_1, v_1 \in 2\mathbf{Z} \implies \alpha = u + v\sqrt{d}, u, v \in \mathbf{Z}$$

となる．よって $I_d \subseteq \mathbf{Z}[\sqrt{d}]$ である．しかし $u + v\sqrt{d}, u, v \in \mathbf{Z}$ の形の数はどれも，トレースもノルムも $\mathbf{Z}$ の元である．すなわち $\mathbf{Z}[\sqrt{d}] \subseteq I_d$ である．したがって，$d \equiv 2, 3 \pmod 4$ に対して，

$$I_d = \{u + v\sqrt{d} \mid u, v \in \mathbf{Z}\} = \mathbf{Z}[\sqrt{d}]$$

となるが，これは誰もが予想することである．

ii)　$d \equiv 1 \pmod 4$

4 を法とするあらゆる場合を調べることにより，$u_1^2 \equiv dv_1^2 \pmod 4$ の解は，$u_1 \equiv v_1 \pmod 2$，すなわち u_1, v_1 がどちらも奇数かどちらも偶数である場合に限ることがわかる．

u_1 と v_1 が偶数であるときには，i) の場合と同じ条件となり，$\mathbf{Z}[\sqrt{d}] \subseteq I_d$ である．

u_1 と v_1 が奇数であるときには，

$$\alpha = \frac{u_1}{2} + \frac{v_1}{2}\sqrt{d} = u + v\sqrt{d}$$

ここで u, v は半整数，すなわち $u, v \in \mathbf{Z} + \frac{1}{2} \left(= \left\{ n + \frac{1}{2} \mid n \in \mathbf{Z} \right\} \right)$ である．逆にこのような数はすべてトレースもノルムも $\mathbf{Z}$ の元である．したがって，$d \equiv 1 \pmod 4$ に対して，

$$I_d = \left\{ u + v\sqrt{d} \mid u, v \in \mathbf{Z} \quad \text{または} \quad u, v \in \mathbf{Z} + \frac{1}{2} \right\}$$

である．

これにより初めて，数体 $\mathbf{Q}(\theta)$ の代数的整数の集合が $\mathbf{Z}[\theta]$ より大きいことがありうるということがわかるのである．

これらの結果をすべて合わせて，
$$I_d = \left\{ u + v\sqrt{d} \,\middle|\, d \equiv 2, 3 \pmod{4} \text{ ならば } u, v \in \mathbf{Z}, \right.$$
$$\left. d \equiv 1 \pmod{4} \text{ ならば } u, v \in \mathbf{Z} \text{ または } u, v \in \mathbf{Z} + \frac{1}{2} \right\}$$

この結果から直接計算によってすぐに，次のことが得られる．

系 I_d は環である．

ここで I_d の特徴づけについて少しだけ述べ直しておこう．$d \equiv 2, 3 \pmod{4}$ ならば，$I_d = \mathbf{Z}[\sqrt{d}]$ は $\{1, \sqrt{d}\}$ の整数を係数とするすべての 1 次結合の集合であり，1 と $\sqrt{d}$ は $\mathbf{Z}$ 上で 1 次独立であることに注意しよう．$d \equiv 1 \pmod{4}$ の場合も同じ形で表すことができる．

次のような数を考えよう．
$$u + v\left(\frac{1}{2} + \frac{1}{2}\sqrt{d}\right) = \left(u + \frac{v}{2}\right) + \frac{v}{2}\sqrt{d}, \quad u, v \in \mathbf{Z} \tag{1}$$

v が偶数のとき，$\dfrac{v}{2} \in \mathbf{Z}$ で，u は $\mathbf{Z}$ のすべての値をとるから，$u + \dfrac{v}{2}$ を与えられたどんな整数にも一致させることができる．したがって式 (1) により，
$$\left\{ u + v\left(\frac{1}{2} + \frac{1}{2}\sqrt{d}\right) \,\middle|\, u \in \mathbf{Z}, v \in 2\mathbf{Z} \right\} = \left\{ u' + v'\sqrt{d} \,\middle|\, u', v' \in \mathbf{Z} \right\} \tag{2}$$

v が奇数のとき，$\dfrac{v}{2} + \dfrac{1}{2} \in \mathbf{Z}$ で，u は $\mathbf{Z}$ のすべての値をとるから，$\mathbf{Z}, u + \dfrac{v}{2}$ は $\mathbf{Z} + \dfrac{1}{2}$ のすべての値をとる．したがって式 (1) により，
$$\left\{ u + v\left(\frac{1}{2} + \frac{1}{2}\sqrt{d}\right) \,\middle|\, u \in \mathbf{Z}, v \in 2\mathbf{Z} + 1 \right\}$$
$$= \left\{ u' + v'\sqrt{d} \,\middle|\, u', v' \in \mathbf{Z} + \frac{1}{2} \right\} \tag{3}$$

式 (2) と (3) を合わせると，$d \equiv 1 \pmod{4}$ ならば
$$I_d = \left\{ u + v\left(\frac{1}{2} + \frac{1}{2}\sqrt{d}\right) \,\middle|\, u, v \in \mathbf{Z} \right\} = \mathbf{Z}\left[\frac{1}{2} + \frac{1}{2}\sqrt{d}\right],$$

すなわち I_d は 1 と $\dfrac{1}{2} + \dfrac{1}{2}\sqrt{d}$ の整数を係数とするすべての 1 次結合となることがわかる．さらに 1 と $\dfrac{1}{2} + \dfrac{1}{2}\sqrt{d}$ は $\mathbf{Z}$ 上 1 次独立である．

$$\eta = \begin{cases} d \equiv 2,3 (\mathrm{mod}\ 4) \text{ のとき} & \sqrt{d}, \\ d \equiv 1 (\mathrm{mod}\ 4) \text{ のとき} & \dfrac{1}{2} + \dfrac{1}{2}\sqrt{d}, \end{cases}$$

と置くと,

$$I_d = \mathbf{Z}[\eta] = \{u + v\eta | u, v \in \mathbf{Z}\}$$

$\{1, \eta\}$ のことを, I_d に対する**整基底**, すなわち $\mathbf{Z}$ 上で1次独立な有限集合で, I_d のどの元も, その有限集合の元の有理整数を係数とする1次結合で表されるようなものである.

η に対する既約な多項式は

$$d \equiv 2,3 \ (\mathrm{mod}\ 4) \text{ ならば } x^2 - d$$

$$d \equiv 1 (\mathrm{mod}\ 4) \text{ ならば } x^2 - x + \frac{1-d}{4}$$

であることを注意しておこう.

対応する2次形式 $x^2 - dy^2$ および $x^2 - xy + \dfrac{1-d}{4}y^2$ は, 12.3節において, どんな判別式 d に対してもそれを判別式としてもつ2次形式が存在する, ということを証明するために用いた例と本質的には同じである (この目的のために, $x^2 - xy + \dfrac{1-d}{4}y^2$ は $x^2 + xy + \dfrac{1-d}{4}y^2$ と同じ役割を果たす). これは形式と体の間の関係を示すもうひとつのヒントである.

16.5 幾何学的表現, 可約性と単元

ガウス整数を平面上の整数点で表した幾何学的表現 (15.2節) を, すべての2次体に一般化しよう.

数 $\alpha = a + b\sqrt{d} \in \mathbf{Q}(\sqrt{d})$ は, 平面上の点 $(a, b\sqrt{|d|})$ で表される. 混乱が生じない限り,「数」という言葉と「点」という言葉を, 互いに同じ意味で用いることにする. 虚2次体に対しては, 平面 $\mathbf{R}^2$ を複素数平面と同一視し, 複素数 $a + b\sqrt{d}$ を平面上の点で呼ぶのが通常便利である.

前節において, 代数的整数 I_d は1と η の整数 $\mathbf{Z}$ 上の1次結合であることを見た. そして, 対応する平面上の点は

$$d \equiv 2,3 \pmod{4} \text{ ならば } (1,0), (0,\sqrt{|d|})$$
$$d \equiv 1 \pmod{4} \text{ ならば } (1,0), \left(\frac{1}{2}, \frac{1}{2}\sqrt{|d|}\right)$$

の整数1次結合である.

図1と図2は2つの特殊な場合を表している.

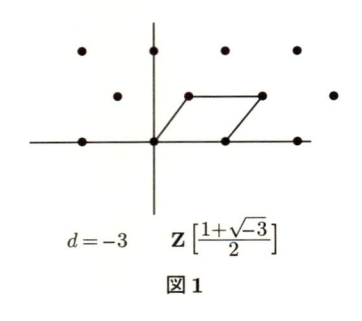

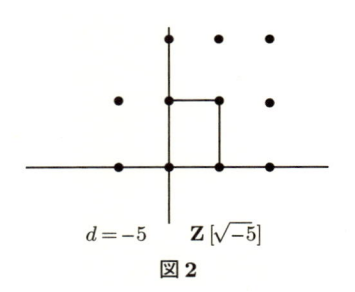

$d=-3$　　$\mathbf{Z}\left[\frac{1+\sqrt{-3}}{2}\right]$

図1

$d=-5$　　$\mathbf{Z}[\sqrt{-5}]$

図2

　平面上の点のこうした規則的なパターンは格子(lattice)と呼ばれる（半順序集合論のlatticeと混同しないこと）．イデアルを研究するとき，これらの概念をもっと厳密にすることにしよう．今のところは，幾何学的直観に力点を置くことにする．$d \equiv 2,3 \pmod 4$ のときにはパターンは長方形で構成され，$d \equiv 1 \pmod 4$ のときには長方形でない平行四辺形で構成されることに注意しよう．

　実2次体と虚2次体とでは，幾何学的解釈はかなり異なる．$\alpha = a + b\sqrt{d}$ としよう．

1) $d < 0$ のときは,
$$N(\alpha) = a^2 + |d|b^2 = a^2 + \left(b\sqrt{|d|}\right)^2$$
は単に対応する点 $(a, b\sqrt{|d|})$ から原点までの距離の2乗であるに過ぎない．曲線 $N(\alpha) = c > 0$ は原点を中心とする円であり，0 でない $\mathbf{Q}(\sqrt{d})$ の元は，ただひとつのそのような円の上にある．

2) $d > 0$ のときは，$N(\alpha) = a^2 - db^2$ となり，曲線 $N(\alpha) = c$ は原点を中心とする双曲線となる（図3）．$\mathbf{Q}(\sqrt{d})$ のそれぞれの元はただひとつのそのような双曲線上にある．

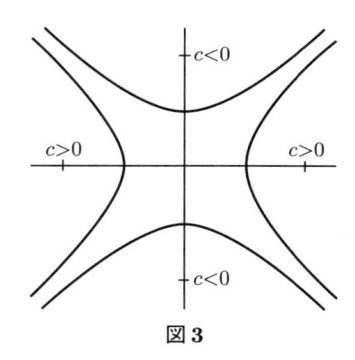

図3

可約性と単元

I_d は 1 を単位元とする可換環であるから，環論からいくつかの概念を思い起こしておこう（9.3節）．$\alpha, \beta \in I_d$ のとき，$\beta = \alpha\gamma$ となるような $\gamma \in I_d$ が存在するならば，α は β を**割り切る**と言い，$\alpha | \beta$ で表す．I_d の**単元**とは，1 を割り切る元のことである．I_d の単元は環の乗法群をなし，この単元の群を U_d で表す．

補題 $\alpha \in I_d$ ならば，
$$\alpha \text{ が単元である} \iff N(\alpha) = \pm 1$$

〔証明〕 演習問題―本質的にはガウス整数に対するものと同じ証明であるが，$d > 0$ のときはノルムが負になる．

補題により，$d < 0$ ならば，単元 $x + y\sqrt{d}$ は $x^2 + |d|y^2 = 1$ を満たす．$d \equiv 2, 3 \pmod{4}$ のときに $x, y \in \mathbf{Z}$ の下で，もしくは $d \equiv 1 \pmod{4}$ のときに $x, y \in \mathbf{Z}$ あるいは $x, y \in \mathbf{Z} + \dfrac{1}{2}$ の下で，$x^2 + |d|y^2 = 1$ のすべての解を求めることは，自明な演習である．方程式を解くと，

$$U_d = \begin{cases} d = -1 \text{ のとき } \{\pm 1, \pm i\} \\ d = -3 \text{ のとき } \{\pm 1, \pm\omega, \pm\omega'\}, \text{ ただし } \omega = \dfrac{1}{2} + \dfrac{1}{2}\sqrt{-3} \text{ で，} \omega' \text{ は } \omega \text{ の共役である} \\ d = -2 \text{ または } d < -3 \text{ のとき } \{\pm 1\} \end{cases}$$

$d = -1$ のときには単元は1の4乗根であること，$d = -3$ のときには1の6乗根であること，そして $d = -2$ または $d < -3$ のときには1の平方根であることに注意しよう．このようにして，$d < 0$ ならば，U_d は1の累乗根から成っていることがわかる．明らかに，ある I_d の元 α が1の累乗根，たとえば $\alpha^k = 1$ だとすると，$\alpha \alpha^{k-1} = 1$ であるから α は単元である．したがって，$d < 0$ であるすべての I_d に現れる1の累乗根を見つけたことになるのである．

I_d における単元の個数は判別式 d の原始的な正の定符号2次形式（13.7節）の自己同型写像の個数に一致することを観察しよう．このことは形式と体の間のまた別のつながりを示している．

$d > 0$ のときは補題により，$\alpha = x + y\sqrt{d}$ が U_d の元であるということと

$$N(\alpha) = x^2 - dy^2 = \pm 1 \qquad \text{（ペル方程式）}$$

となることが同値である．

$x, y \in \mathbf{Z}$ かつ $d \equiv 2, 3 \pmod{4}$ に対してこの方程式を解けば，I_d のすべての単元が得られる．$d \equiv 1 \pmod{4}$ のときは $x, y \in \mathbf{Z}$ または $x, y \in \mathbf{Z} + \dfrac{1}{2}$ だから，$x = \dfrac{x_1}{2}$ および $y = \dfrac{y_1}{2}$ と置き（$x_1, y_1 \in \mathbf{Z}$），$x_1^2 - dy_1^2 = \pm 4$ を解く．

ペルの方程式は $\sqrt{d}$ に対する連分数を用いて解くことができること，また解が群をなすことをすでに見た．方程式 $x_1^2 - dy_1^2 = \pm 4$ も同様の方法で扱われることもすでに注意した（4.9節）．これらの結果から次の定理が得られる．

定理 $d > 0$ ならば，I_d に**基本単元**，すなわち1より大きい最小の単元 κ が存

在する．この単元はペル方程式の最小の正の解に対応し，

$$U_d = \{\pm \kappa^n | n \in \mathbf{Z}\}$$

が成り立つ．

この連分数によるアプローチは，基本単元を計算するためのテクニックも含んでいる．より直接的だが構造的ではないアプローチについては，[Ire-Ros, 13.1 節] を参照せよ．

16.6　2次体における素因数分解

1節での歴史に関する議論に従って，ここでは I_d における分解について考えよう．まず一意分解性をもつ体について簡単に眺めた上で，一意分解性をもたない例について調べよう．

これらの研究においてはノルムがカギとなる働きをする．ノルムは整数の大きさを測るからである．$N(\alpha\beta) = N(\alpha)N(\beta)$ が成り立つこと，また $\alpha \in I_d$ ならば $N(\alpha) \in \mathbf{Z}$ であることを思い起こそう．すると，α, β が I_d の元で $\alpha|\beta$ であれば，$N(\alpha)|N(\beta)$ であるから，β のすべての約数のノルムの大きさについてある程度制御することができる．

さらに，（あらゆる可換環における）既約（α が2つの非単元の積にならないこと）と素（$\alpha|\beta\gamma \implies \alpha|\beta$ または $\alpha|\gamma$）の間の区別を思い出そう．そのような分解が存在するとき，素因数分解の一意性を証明するためのカギは，すべての既約元が素であることを示すことである．

一意分解整域 (UFD) とは，単元でないすべての元が素数の積であるような環であり，この表し方は順序と同伴数の違いを除いて一意的であるということを思い出そう．どのような d に対して I_d が UFD であるかを定める一般的な問題は，いまだに解決されていない．しかしながら，《すべての d に対して，I_d の単元でないすべての元は，I_d の既約な元の積に分解される》ということは正しい．

単元でない α が I_d の元であり，

$$\alpha = \alpha_1 \alpha_2 \cdots \alpha_n, \quad \alpha_i は単元でない（したがって |N(\alpha)| \geq 2）$$

としよう．すると，

$$|N(\alpha)| = |N(\alpha_1)| \cdots |N(\alpha_n)| \geq 2^n$$

であり

$$n \leq \log_2 |N(\alpha)|$$

となる．このように，α の非単元への分解は，多くとも $\log_2 |N(\alpha)|$ 個の因数しかもたない．さて，α が既約でなければ，ある非単元 β_1 および β_2 によって $\alpha = \beta_1 \beta_2$ と表される．もしどちらかの β が既約でなければ，それも非単元へと分解され，こうしたことが繰り返される．しかし今しがた見たように，α は高々 $\log_2 |N(\alpha)|$ 個の非単元にしか分解されないので，この分解のプロセスはどこかで止まり，その結果，α は既約元へと分解される．

既約元が素であるときは，一意分解性をもつ．のちに見るように，必ずしもすべての I_d が UFD であるわけではないので，我々は特殊なクラスの環を考えているのである．すべての I_d は $\mathbf{C}$ の部分環であるから，零因子はもたず，したがって整域である．

16.7 ユークリッド整域と一意分解

I_d がノルムに関してユークリッド整域であるとは，「除法のアルゴリズム」が成り立つ，すなわちどんな 2 つの $\alpha, \beta \in I_d, \beta \neq 0$ に対しても

$$\alpha = \beta\gamma + \delta$$

かつ $|N(\delta)| < |N(\beta)|$ となるような $\gamma, \delta \in I_d$ が存在するときであるということを思い出そう（実 2 次体においてはノルムは負になるかもしれないので，絶対値を用いる）．

ガウス整数を研究したとき（15.2 節），

$$\text{ユークリッド整域} \implies \text{一意分解整域}$$

となることの証明の概略を示した．

どの I_d がユークリッド整域であるか定めるために，我々の定義を定式化し直そう．

定理
I_d がユークリッド整域である $\iff$ どんな $\mu \in \mathbf{Q}(\sqrt{d})$ に対しても
$$|N(\mu - \gamma)| < 1 \text{ を満たす } \gamma \in I_d \text{ が存在する}$$

〔証明〕 $\Longleftarrow$) $\alpha, \beta \in I_d, \beta (\neq 0)$ とすると，$\dfrac{\alpha}{\beta} \in \mathbf{Q}(\sqrt{d})$ となり，仮定より $|N(\dfrac{\alpha}{\beta} - \gamma)| < 1$ となるような $\gamma \in I_d$ が存在する．$\mu = \dfrac{\alpha}{\beta} - \gamma$ そして $\delta = \beta\mu$ とすると，$\alpha = \beta\gamma + \beta\mu = \beta\gamma + \delta$ となる．さらに $\delta = \alpha - \beta\gamma$ は I_d の元であり，

$$|N(\delta)| = |N(\beta\mu)| = \left|N\left(\beta\left(\dfrac{\alpha}{\beta} - \gamma\right)\right)\right| =$$
$$|N(\beta)|\left|N\left(\dfrac{\alpha}{\beta} - \gamma\right)\right| < |N(\beta)|,$$

したがって I_d はユークリッド整域である．

$\Longrightarrow$) $\mu \in \mathbf{Q}(\sqrt{d})$ とすると，ある $\alpha, \beta \in I_d$ に対して $\mu = \dfrac{\alpha}{\beta}$ となる（特に $\mu = \dfrac{r}{s} + \dfrac{r'}{s'}\sqrt{d} = \dfrac{rs' + r's\sqrt{d}}{ss'}$ のときは，$\alpha = rs' + r's\sqrt{d}, \beta = ss'$ と置けばよい）．証明の残りは容易であるから演習として残す． □

さて，この定理を用いて，ユークリッド整域であるような虚2次体をすべて定めよう．

i) $d < 0$ かつ $d \equiv 2$ または $3 \pmod 4$ のとき：この場合，I_d の元は複素数平面上で長方形の格子をなす（図4）．

$\mathbf{Q}(\sqrt{d})$ の数の間の距離とは，複素数平面上の対応する点の間の距離のことを言う．

格子の対称性から，$\mathbf{Q}(\sqrt{d})$ の数と最も近い整数との間の最大距離が，$0 \in I_d$ から $\dfrac{1}{2} + \dfrac{1}{2}\sqrt{d} \in \mathbf{Q}(\sqrt{d})$ までの距離で実現されるのは明らかである．したがって前の定理により，

$$I_d \text{ がユークリッド整域} \iff N\left(\dfrac{1}{2} + \dfrac{1}{2}\sqrt{d}\right) = \dfrac{1}{4}(1 + |d|) < 1$$

となる．しかし $d < 0$ かつ平方因子をもたず，さらに $\equiv 2, 3 \pmod 4$ であることから，この不等式の唯一の解は，$d = -1$ と $d = -2$ である．

図4

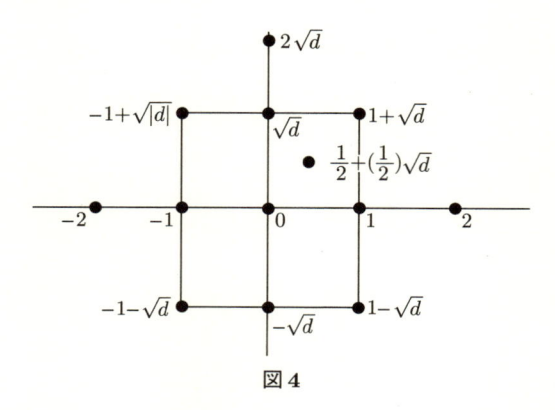

ii) $d < 0$ かつ $d \equiv 1 \pmod{4}$ のとき：この場合，格子は図5のようになる．

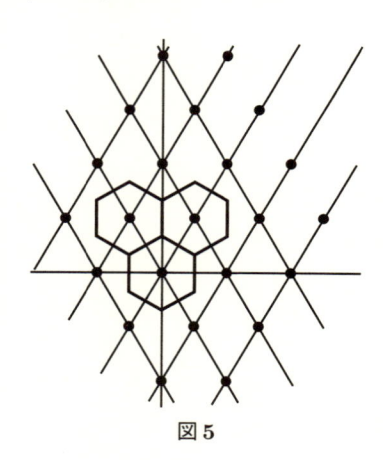

図5

整数を結ぶ線分を辺が二等分するように六角形を描くと，格子の対称性により，$\mathbf{Q}(\sqrt{d})$ の点から整数への最大距離が，中央の六角形の一番上の頂点と原点の間の距離で実現されることがわかる．

この一番上の頂点は，縦軸と $\frac{1}{2}\left(\frac{1}{2} + \frac{1}{2}\sqrt{d}\right)$ を通り，傾きが $\frac{-1}{\sqrt{|d|}}$ であるような直線との交点，すなわち点 $\frac{1}{4}\left(\sqrt{d} + \frac{1}{\sqrt{d}}\right)$ である．したがって，

$$I_d \text{ がユークリッド整域} \iff \left| N\left(\frac{1}{4}\left(\sqrt{d} + \frac{1}{\sqrt{d}}\right)\right) \right|$$

$$= \frac{1}{16}\left(|d| + 2 + \frac{1}{|d|}\right) < 1$$

となる．

$d < 0$ かつ平方因子をもたず，$d \equiv 1 \pmod 4$ で，この不等式を満たすものは，$d = -3, -7, -11$ のみである．

要約すると，

定理 $d < 0$ ならば

$$I_d \text{ がユークリッド整域である} \iff d = -1, -2, -3, -7, -11$$

その他の虚 2 次体で，一意分解性をもつがユークリッド整域ではないものは，$d = -19, -43, -67, -163$ に対応するものである．17.11 節で見るように，これは正の定符号 2 次形式に対するガウスの類数 1 予想と同値である．この予想の歴史については，12.10 節で論じた．

どの実 2 次体が一意分解整域であるかについては，正確には知られていない．$d > 0$ のとき，I_d がユークリッド整域であるのは

$$d = 2, 3, 5, 6, 7, 11, 13, 17, 19, 21, 29, 33, 37, 47, 57, 73$$

のときであり，かつこれらのときに限る．$d = 2, \cdots, 29$ に対する証明は Hardy and Wright [Har-Wri] にあるが，そこには 1940 年代から 50 年代にかけて Chatland, Davenport, Barnes そして Swinnerton-Dyer によって証明された完全な結果への参考文献がついている．

ほかにも多くの実 2 次体の I_d が一意分解性をもつ．ガウスが，判別式 D の不定符号形式が類数 1 をもつような $D > 0$ が無限に存在すると予想したことを思い起こそう．のちに見るように，この予想は，無限に多くの $d > 0$ に対して I_d は一意分解整域であるという予想と同値であり，これはまだ解決されていない．

16.8 非一意分解性とイデアル

すべての I_d が一意分解性をもつわけではない．

定理 $d < 0$ かつ $d \neq -1, -2$ で，d は平方因子をもたず，$d \equiv 2, 3 \pmod{4}$ であるとすると，I_d は一意分解整域ではない．

〔証明〕 i) $d \equiv 3 \pmod{4}$ のとき：I_d が UFD だとしよう．$1-d$ に同伴でない既約な元への2つの因数分解，すなわち，$1-d = 2\left(\dfrac{1-d}{2}\right) = (1+\sqrt{d})(1-\sqrt{d})$

が存在することを示し，矛盾を導こう．2が既約であることを示せば，$\dfrac{1 \pm \sqrt{d}}{2}$ は I_d の元ではないので，第一の分解はこれ以上細かくできない．すると2が第二の分解の既約な因数の同伴数であることになる．

$N(2) = 4$ だから，2の既約な因数はどれもノルム 2 をもたなければならない．しかし，
$$N(x + y\sqrt{d}) = x^2 + |d|y^2 = 2$$
は $|d| \geq 5$ に対して整数解をもたない．

(ii) $d \equiv 2 \pmod{4}$ のとき (i) と同様の理屈を $-d = (-2)\left(\dfrac{d}{2}\right) = (-\sqrt{d})(\sqrt{d})$ に適用すれば結果が得られる．

Stark [Sta] は，一意分解性のうまい初等的な扱いについて述べるとともに，オイラーの方法（3.5節）に沿った形でディオファントス方程式への応用も示している．

さて，Hecke [Hec, 23節] に従って，一意分解でない例をより詳しく分析し，一意分解性を復活させようとしてデデキントがどのように進もうとしたか，理解に努めてみよう．クンマーがすでに円分体に対して「理想数」を導入していたこと，またデデキントの目標は，この概念をより正確なものにして他の数体へと一般化しようというものであったということを心に留めておこう．

例 $I_{-5} = \mathbf{Z}[\sqrt{-5}]$ において，因数分解
$$21 = 3 \cdot 7 = (1 + 2\sqrt{-5})(1 - 2\sqrt{-5})$$
がある．$\alpha = (1 + 2\sqrt{-5})$ と置くと，$\alpha' = (1 - 2\sqrt{-5})$ である．ガウス整数に用いたのと同じようにノルムを使って，$\alpha, \alpha', 3$, そして 7 が既約であることを示すことができ，I_{-5} における分解は一意ではないことが示される．

16.8 非一意分解性とイデアル   305

ここでは 3 について証明しよう．$\alpha, \alpha', 7$ に対しても同様の議論で証明できる．

$3 = \delta\rho$ で，δ と ρ は単元でないとすると，$N(3) = 9 = N(\delta)N(\rho)$ となるから，$N(\delta) = N(\rho) = 3$ である．$-5 \equiv 3 \pmod 4$ であるから，ある $x, y \in \mathbf{Z}$ に対して $\delta = x + y\sqrt{-5}$ であり，$N(\delta) = x^2 + 5y^2 = 3$ である．明らかに最後の方程式に対して整数解は存在しないから，3 は既約である． □

こうして 3 と α は既約であり，明らかに同伴ではない．これらは I_{-5} に共通の因数をもたない．なぜ素因数分解が一意でないのか，そしてそれでもどのようにして豊富な算術理論が得られるのか理解するためには，すべての代数的整数がなす環 Ω について調べなければならない．

2 節において，λ が代数的整数であれば，$\sqrt{\lambda}$ も代数的整数であることを見た．$\lambda = 2 + \sqrt{-5}, \chi = 2 + 3\sqrt{-5}$ と置くと，

$$\alpha^2 = \lambda(-\chi'), \quad \alpha'^2 = \lambda'(-\chi),$$
$$3^2 = \lambda\lambda', \quad 7^2 = \chi\chi'$$

が成り立つことは容易に確かめられる．

しかし $\lambda, \lambda', \chi, \chi', -\chi, -\chi'$ の平方根（それらは Ω の元である）は I_{-5} の元ではない．平方根を適当に選ぶことにより，

$$\alpha = \sqrt{\lambda}\sqrt{-\chi'}, \quad \alpha' = \sqrt{\lambda'}\sqrt{-\chi},$$
$$3 = \sqrt{\lambda}\sqrt{\lambda'}, \quad 7 = \sqrt{\chi}\sqrt{\chi'} = (\sqrt{-\chi})(-\sqrt{-\chi'})$$

を示すことができ，21 の分解はどちらも

$$21 = \sqrt{\lambda}\sqrt{\lambda'}\sqrt{-\chi}\sqrt{-\chi'}$$

へと細分することができる．$\sqrt{\lambda}$ が α と $\beta = 3$ に対して最大公約数のように振舞うこと，すなわち

$$\sqrt{\lambda} \mid \alpha, \sqrt{\lambda} \mid \beta \text{ かつ } \rho \in \Omega \text{ に対して} \rho \mid \alpha, \beta, \text{ ならば } \rho \mid \sqrt{\lambda}$$

が成り立つことも示される [Hec, 23 節]．

$\sqrt{\lambda}, \sqrt{\lambda'}$ 等を $\mathbf{Q}(\sqrt{-5})$ に付け加えてみることもできるが，そうしてできる数体は新しい整数を含むかもしれないし，それらは一意分解性をもたないかも

しれない．代わりにデデキントは，I_{-5} における $\sqrt{\lambda}$ を「表現する」新しい実在として，$\sqrt{\lambda}$ によって割り切られる I_{-5} のすべての数からなる集合 J を選んだ．そうして彼は，I_{-5} のある部分集合を「新しい数」とみなすことで環の中にとどまったのである．$\sqrt{\lambda}\,|\,\alpha, \beta \in I_{-5}$ であれば，すべての $\mu, \rho \in I_{-5}$ に対して

$$\sqrt{\lambda}\,|\,(\mu\alpha + \rho\beta)$$

であるから，J は環 I_{-5} のイデアルである．

デデキントは「イデアル」という言葉を，クンマーが円分体に加えた理想的な対象になぞらえて導入した．これらのイデアルは最大公約数の役割を果たす．I_{-5} の数 ρ は，ρ が割り切る I_{-5} のすべての数，すなわちイデアル ρI_{-5} によって表現されることになるのである．

このようにデデキントにとっては，新しい対象は特別な条件を満たす新しい記号を付け加える（たとえばクンマーが彼の理想的対象について行ったように）というよりは，知られている対象の集合として構成されるべきだったのである．デデキントは，有理数から実数を構成するときに，デデキントの切断，すなわち有理数のある集合のペアとして実数を定義したが，このときも同じ考え方を用いたのである．クンマーの理想数に関するより詳しい話については [Ell, W-Ell, F] を見よ．

さて我々は，環 I_d のイデアルの研究へと進み，どのイデアルも「素」イデアルの一意的な積であることを証明することによって，一意分解性を復活させることを目指そう．I_d が一意分解整域であるときは，これは通常の素因数分解に対応するであろう．

第17章

代数的整数論〔3〕：2次体のイデアル

17.1 I_d におけるイデアルの算術

2次体 $\mathbf{Q}(\sqrt{d})$ の整数の環 I_d （16.4節）におけるイデアルの2つの例から始めよう．

1) I_d におけるどんな有限集合 $\{\alpha_1, \cdots, \alpha_n\}$ に対しても，集合 $A = (\alpha_1, \ldots, \alpha_n) = \{\sum_{i=1}^{n} \alpha_i x_i | x_i \in I_d\}$，すなわち1次形式の値域を表す集合であるが，これはイデアルである．これを A は $\alpha_1, \cdots, \alpha_n$ によって生成されるという．**単項イデアル**とは，1つの元によって生成されるイデアル，すなわち $(\alpha) = \alpha I_d = \{\mu\alpha | \mu \in I_d\}$ という形をしたイデアルである．

演習 この演習問題のポイントは，(α, β) という記号をイデアルと最大公約数の両方を表すものとして用いても，何の混乱も生じないということを示すことである．$m, n \in \mathbf{Z}$ で，$d = (m, n)$ がそれらの最大公約数であるならば，$d = mx + ny$ を満たす $x, y \in \mathbf{Z}$ が存在する．このことから，$\mathbf{Z}$ のイデアルとして $(d) = (m, n)$ であることを示せ．どんな単項イデアル整域（すべてのイデアルが単項である）においても，イデアル (α, β) の生成元は α と β の最大公約数であることを証明せよ．

2) 環 I_d と必ずしも I_d の元でない代数的整数 γ が与えられると，$\{\alpha \in I_d \mid \gamma | \alpha\}$ は I_d のイデアルである．ここで割り切れるかどうかはすべての代数的整数の環において考える．

実は，I_d のイデアルはすべて2つの元によって生成され，ある γ に対して 2)

の形で与えられるのだが，このことを証明する前に，もっと多くの道具を用意しなければならない．

混乱を避けるため，イデアルを表すのには大文字のローマ字を，I_d の元を表すのには小文字のギリシャ文字を，そして有理整数を表すのには小文字のローマ字を用いることにする．特に断らない限り，我々のイデアルは，ゼロ・イデアル (0) ではない．

デデキントにしたがい，I_d のイデアル A と B の**積 AB** を，A の元と B の元のすべての積によって生成されるイデアル，すなわちこれらの積を含む最小のイデアルとして定義する．したがって，

$$AB = (\{\alpha\beta \mid \alpha \in A,\ \beta \in B\})$$
$$= \{\text{有限和} \sum_i \alpha_i \beta_i \mid \alpha_i \in A,\ \beta_i \in B\} \tag{17.1}$$

命題　(演習問題)

1) $(\alpha I_d)(\beta I_d) = (\alpha\beta)I_d,\ [(\alpha)(\beta) = (\alpha\beta)]$
2) $(\alpha I_d)B = \alpha B,$
3) $A = (\alpha_1, \cdots, \alpha_m)$ で $B = (\beta_1, \cdots, \beta_n)$ ならば，

$$AB = (\alpha_i \beta_j;\ i = 1, \cdots, m,\quad j = 1, \cdots, n),$$

4) $AB = BA$
    $A(BC) = (AB)C$
    $AI_d = I_d A = A;\ I_d = (1)$ は**単位イデアル**と呼ばれる．

例　16.8 節の分解の例，すなわち $21 = 3 \cdot 7 = \left(1 + 2\sqrt{-5}\right) \cdot \left(1 - 2\sqrt{-5}\right)$ に戻って，I_{-5} におけるイデアルの言葉でのこれらの分解に共通した細分を求めてみよう．より正確には，分解

$$21 I_{-5} = 3 I_{-5} \cdot 7 I_{-5} = \left(1 + 2\sqrt{-5}\right) I_{-5} \cdot \left(1 - 2\sqrt{-5}\right) I_{-5}$$

に共通した細分を求めたい．

$A = \left(3,\ 1 + 2\sqrt{-5}\right),\ \overline{A} = \left(3,\ 1 - 2\sqrt{-5}\right),\ B = \left(7,\ 1 + 2\sqrt{-5}\right)$ そして $\overline{B} = \left(7,\ 1 - 2\sqrt{-5}\right)$ を，それぞれの分解から元を 1 つずつ取って生成された

イデアルとする．のちに，これらのイデアルが生成元の最大公約数として働くことがわかるであろう．

命題の 3) により，
$$A\overline{A} = \left(3 \cdot 3,\ 3\left(1+2\sqrt{-5}\right),\ 3\left(1-2\sqrt{-5}\right),\ 3\cdot 7\right)$$

3 はそれぞれの生成元の約数であるから，$A\overline{A} \subseteq (3)$ である．しかし $3 = 3 \cdot 7 - 2(3 \cdot 3)$ により $(3) \subseteq A\overline{A}$ がわかるから，$A\overline{A} = (3)$ が成り立つ．

同様に $AB = \left(3 \cdot 7,\ 3\left(1+2\sqrt{-5}\right),\ 7\left(1+2\sqrt{-5}\right),\ \left(1+2\sqrt{-5}\right)^2\right)$ であり，$1+2\sqrt{-5}$ はそれぞれの生成元の約数であるから，$\left(1+2\sqrt{-5}\right) \supseteq AB$ である．しかし $1+2\sqrt{-5} = 7\left(1+2\sqrt{-5}\right) - 2\left(3\left(1+2\sqrt{-5}\right)\right)$ により $\left(1+2\sqrt{-5}\right) \subseteq AB$ となるから，$AB = \left(1+2\sqrt{-5}\right)$ が成り立つ．

同じ方法により，
$$\overline{A}\,\overline{B} = \left(1-2\sqrt{-5}\right), \quad B\overline{B} = (7)$$

も示すことができる．こうして
$$(21) = (3)(7) = A\overline{A} \cdot B\overline{B}$$

であり，
$$(21) = \left(1+2\sqrt{-5}\right)\left(1-2\sqrt{-5}\right) = AB \cdot \overline{A}\,\overline{B}$$

となって，共通の細分が得られる．これ以上細分することはできないが，このことを証明するための技術はまだ得ていない．

次の演習問題は整数の可約性を単項イデアル同士の関係へと帰着させるもので，どのようにして整数の算術をイデアルへと一般化すればよいかについてのヒントを与えている．

演習 R を環 $\mathbf{Z}$ または I_d とするとき以下を証明せよ．

1) $\alpha R \supseteq \beta R \iff \alpha \,|\, \beta$
2) $\alpha R = \beta R \iff \alpha$ は β の共役である
3) $\alpha R = R \iff \alpha$ は R の単位である

$\alpha|\beta$ であるとき，単項イデアル αI_d は単項イデアル βI_d を**割り切る**と言い，$\alpha I_d | \beta I_d$ で表す．演習の 1) により，次の命題が成り立つ．

命題　$\alpha R | \beta R \iff \alpha R \supseteq \beta R$

注意　一見するとこの命題は混乱を起こすかもしれない．というのも，$\mathbf{Z}$ においては m が n を割り切るとき，m は n より小さいからである．3 は 6 を割り切るから，3 の倍数は 6 の倍数を含むと考えれば，このことも理解できるであろう．

適当に一般化すれば，R の任意のイデアルの可約性を調べるカギとなるであろう．

17.2　格子とイデアル

2 次体のイデアル論に対して，格子によるかなり幾何学的なやり方を提示しよう．これは M. アルティンの方法 [Art, M] に強く影響を受けたやり方であるが，彼はある種の話題についてより詳しく述べている．16.5 節で，$\mathbf{Q}(\sqrt{d})$ と平面上の点の間の対応を作り上げたが，そこでは I_d はある格子に対応していた．この幾何学的アイデアを用いてイデアルを調べる前に，格子の概念についてもっと正確にしておかなければならない．以下の 3 つの定義は互いに同値である．

(I)　**格子** L（実際には 2 次元格子）とは，$\mathbf{R}$ 上で 1 次独立な 2 つの元を含む，$\mathbf{R}^2$ の離散的な部分群のことである．**離散的**とは，L と平面の任意の有界な部分集合との共通部分が有限集合であることである．

(II)　格子 L とは，

$$\mathbf{Z}\alpha + \mathbf{Z}\beta = \{m\alpha + n\beta \,|\, m, n \in \mathbf{Z}\}$$

という形をした集合である．ただし $\alpha, \beta \in \mathbf{R}^2$ は $\mathbf{R}$ 上で 1 次独立である．

明らかにこの集合は $\mathbf{R}^2$ の部分集合である．この集合が離散的であること，したがって (II) $\Rightarrow$ (I) が成り立つことはすぐにわかる．(I) $\Longrightarrow$ (II) が成り立つことの証明は，この節の最後に追記として述べる．

(III) **格子** L とは，整数格子 $\{x = (x_1, x_2) \in \mathbf{Z}^2\}$ の，平面上の正則な 1 次変換 $y = Mx$, $M = (m_{ij})$, $\det(M) \neq 0$ による像である．

(II) と (III) が同値であることは，α と β を M の列ベクトルに取ることによってすぐにわかる．

(II) の集合 $\{\alpha, \beta\}$ は L の**整基底**（あるいは**格子基底**）と呼ばれる．L にはそのような基底が無数にあり，それらの関係については後に議論する．もちろん代数学的には，2 つの生成元をもつねじれのない有限生成アーベル群（**Z** 加群）の理論を考えているに過ぎない．

整基底 $\{\alpha, \beta\}$ に対する L の**基本平行四辺形**（図 1）とは，集合
$$T = \{r\alpha + s\beta \mid r, s \in \mathbf{R}, 0 \leq r, s < 1\}$$
のことである．

図 1

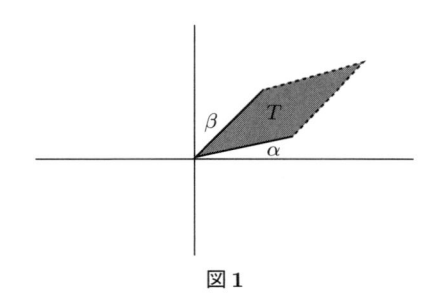

α と β の 1 次独立性から，T に含まれる L の唯一の点が頂点 $(0, 0)$ であることは明らかである．

$\gamma, \delta \in \mathbf{R}^2$ が L を法として同値であるとは，ある $\mu \in L$ に対して $\gamma = \delta + \mu$ となることである．これは同値関係であるから，$\mathbf{R}^2$ のすべての元は T のただひとつの元と同値になる．すなわち，T は同値関係に対する完全代表系である（演習）．幾何学的には，平行四辺形 $\{T + \mu \mid \mu \in L\}$ が互いに共通部分をもたず，かつ平面を**敷き詰める**（図 2）ことを意味する．すなわち $\mathbf{R}^2 = \cup_\mu \{T + \mu\}$（共通部分をもたない和集合）となる．

L はこれらの平行四辺形の頂点の集合である．図 2 よりただちに，定義 (II) で与えられる L はすべて離散的であること，したがって (II) $\implies$ (I) であることがわかる（演習：このことを正確に述べよ）．

図2

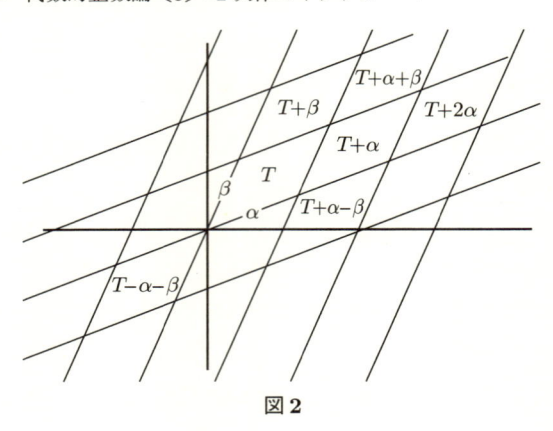

以前と同様，$x+y\sqrt{d} \in \mathbf{Q}(\sqrt{d})$ を平面上の点 $(x, y\sqrt{|d|})$ で表す．I_d に対応する点の集合は格子となり，整基底

$$d \equiv 2, 3 \,(\mathrm{mod}\ 4)\text{ のとき} \quad \left\{(1,0), \left(0, \sqrt{|d|}\right)\right\}$$
$$d \equiv 1 \,(\mathrm{mod}\ 4)\text{ のとき} \quad \left\{(1,0), \left(\frac{1}{2}, \frac{1}{2}\sqrt{|d|}\right)\right\}$$

をもつ．

混同が起きないかぎり，$\mathbf{Q}(\sqrt{d})$ の元と，対応する点を，同じ記号を使って表わすことにしよう．$d<0$ のときは，しばしば複素数平面（もちろん点の積という概念をもった $\mathbf{R}^2$ に過ぎないが）の点として $x+y\sqrt{d}$ を表す．

L' と L がどちらも格子で，$L' \subseteq L$ となるとき，L' は L の**部分格子**であると言う．(I) により，格子の部分群で，$\mathbf{R}$ 上で1次独立な2つの元を含むものは，L の離散性を引き継いでいるから，やはり格子である．

I_d のイデアル A は I_d の部分群である．$x+y\sqrt{d} \neq 0$ が A の元であれば，$\sqrt{d}(x+y\sqrt{d})$ も A の元であり，対応する点は $\mathbf{R}$ 上で1次独立である．したがって (I) により，A は I_d の部分格子であり，(II) により A は整基底をもち，$\mathbf{R}$ 上で1次独立な I_d のある元 α, β によって

$$A = \{m\alpha + n\beta | m, n \in \mathbf{Z}\}$$

と表される．

A は α と β のすべての整数 1 次結合によって生成され，I_d の元を掛けることに関して閉じているから，A はまた I_d に係数をもつ α と β のすべての 1 次結合によって生成される．すなわち，

$$A = \{m\alpha + n\beta | m, n \in \mathbf{Z}\} = \{\mu\alpha + \rho\beta | \mu, \rho \in I_d\} = (\alpha, \beta)$$

であり，こうして次の定理を得る．

定理 I_d のイデアルはいずれも 2 つの元によって生成される．

たとえば $\{2, i\}$ を基底とする $\mathbf{Z}[i]$ の部分格子 L は i を掛けることに関して閉じていない（$i \cdot i = -1 \notin L$）から，すべての部分格子がイデアルであるというわけではない．

次の結果は今後の議論においてカギとなる道具になるであろう．G が群 H の部分群であるとき，**指数 $[H:G]$** とは，H における G の剰余類の個数であることを思い起こそう．

命題 L' が格子基底 $\{\alpha, \beta\}$ をもつ格子 L の部分格子であるとき，指数 $[L:L']$ は有限で，L' の（α, β に関する）基本平行四辺形の中の L の点の個数，すなわち $0, \alpha, \beta, \alpha+\beta$ を頂点とする平行四辺形にあり，辺 $\overline{\alpha, \alpha+\beta}, \overline{\beta, \alpha+\beta}$ 上にはない L の点の個数に等しい．特に，商群 L/L' は有限である．

〔証明〕 演習問題：L' の基本平行四辺形にある L の点は，剰余類の完全代表値の集合であることを示す． □

例 $L = \mathbf{Z}[i]$，$L' = \{2, 2i\}$ ならば $[L:L'] = 4$ である（図 3 を見よ）．

次のことを仮定しよう．

命題 格子 L の基底によって定められる基本平行四辺形の面積は，基底の選び方によらない．これを $\Delta(L)$ で表す．

簡単な幾何学的証明については Hilbert and Cohn-Vossen [Hil-Coh, pp. 32–35] を見よ．より一般的に，次のことを示すことができる．

命題 $L' \subseteq L$ が格子であるとき，

○ = L の点
⊙ = 数えられる L の点

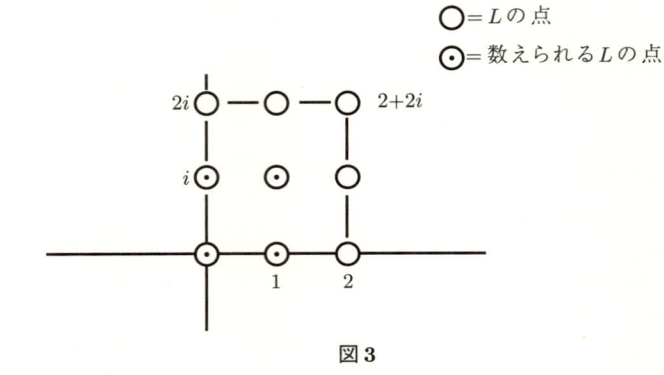

$2i$ 〇 ― 〇 ― 〇 $2+2i$

i ⊙ ⊙ 〇

⊙ ⊙ 〇
    1   2

図 3

$$[L:L'] = \frac{\Delta(L')}{\Delta(L)}$$

が成り立つ．

追記：格子

ここで2節の冒頭で主張した結果について証明しておこう．

命題 L が平面の離散的な2次元部分群ならば，$L = \{m_1\alpha_1 + m_2\alpha_2 \mid m_1, m_2 \in \mathbf{Z}\}$ となるような $\mathbf{R}$ 上で1次独立な L の元 α_1, α_2 が存在する．

〔証明〕 離散的であることから，L の元 $\alpha_1 \neq 0$ を選んで，線分 $\overline{0\alpha_1}$ の内部に L の点を1つも含まないようにすることができる．$\mathbf{0}$ と α_1 を通る直線 M の上にない任意の点 $\beta \in L$ を選び，α_1 と β で張られる平行四辺形を P とする．$\alpha_2 \in P \cap L$ を，M への距離が最小となるように選ぶ（図4）．

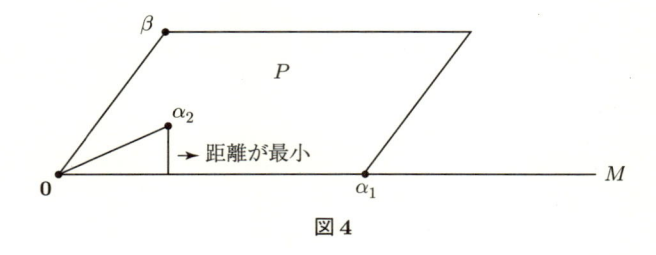

図 4

選び方から α_1, α_2 は $\mathbf{R}$ 上で1次独立である．これらが L の基底であること

17.2 格子とイデアル 315

を示す.

$\Gamma \in L$, $\Gamma = r_1\alpha_1 + r_2\alpha_2$, $r_1, r_2 \in \mathbf{R}$ とする. 我々の目的は, r_i がすべて整数であることを示すことである. $s_i = r_i - [r_i]$, $0 \leq s_i < 1$ と置くと, $\gamma = s_1\alpha_1 + s_2\alpha_2$ は L の元であり, α_1 と α_2 で張られる平行四辺形 P'（図 5）の元でもある. $s_1 = s_2 = 0$ を示せば, r_i はすべて整数となる.

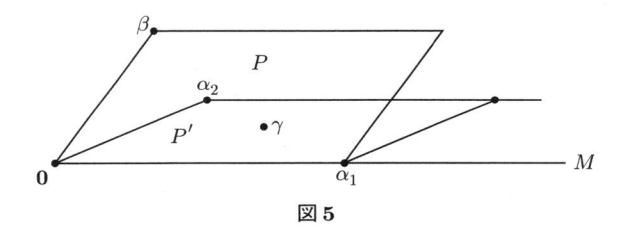

図 5

i) γ が P の元であるとする（図 5）. α_2 は M への距離が最小になるように選んだので, P の中の格子点はどれも M までの距離が α_2 より近くはならない. ところで $\gamma \in P'$ は辺 $\overline{\alpha_1, \alpha_1 + \alpha_2}$ や $\overline{\alpha_2, \alpha_1 + \alpha_2}$ の上にはない ($s_1, s_2 < 1$ だから) ので, したがって $s_2 = 0$ である. そうでなければ $\gamma \in L \cap P$ が α_2 よりも M への距離が近くなってしまうからである. こうして $\gamma \in \overline{0\alpha_1}$ かつ $\gamma \neq \alpha_1$ ($s_1 < 1$ だから) となる. しかし $\overline{0\alpha_1}$ は内部に L の点をもたないのであるから, $\gamma = (0,0)$ となり $s_1 = 0$ である.

図 6

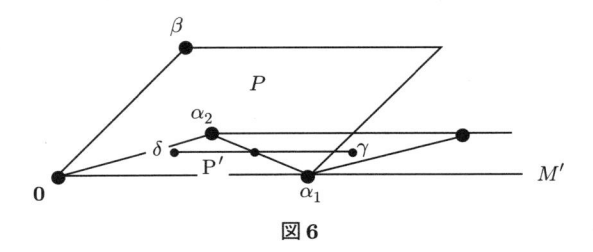

ii) γ が P の元ではないとする（図 6）. すると $\overline{\alpha_1, \alpha_2}$ の中点に関する γ の対称点 δ は P の元である. さらに, $\dfrac{\gamma + \delta}{2} = \dfrac{\alpha_1 + \alpha_2}{2}$ つまり $\delta = \alpha_1 + \alpha_2 - \gamma$ となるから, $\delta \in L$ である. i) の場合と同じ推論を δ に適用することにより, $\delta = (0,0), \gamma = \alpha_1 + \alpha_2$ そして $s_i = 1$ がわかる. しかしこれは $s_1, s_2 < 1$ との

仮定に反するから，γ は P の元でなければならない． □

17.3 イデアルのさらなる算術

A と B が I_d のイデアルであるとき，ある I_d のイデアル C によって $B = AC$ となるならば，A は B を**割り切る**と言い，$A|B$ で表す．$A|B$ かつ $A \neq B$ ならば，A は B の**真の約数**であると言う．

次の補題はイデアルの可約性を調べるための主要な道具である．A が I_d のイデアルであるとき，A の**共役**とは，$\overline{A} = \{\alpha' \in I_d | \alpha \in A\}$ のことである．ここで α' は α の共役元である．$\overline{A}$ は I_d のイデアルであり，$A = (\alpha_1, \alpha_2)$ ならば $\overline{A} = (\alpha_1', \alpha_2')$ である．

カギとなる補題 A が I_d のイデアルであるならば，ある $n \in \mathbf{Z}$ に対して，

$$A\overline{A} = nI_d$$

が成り立つ．

注意 より一般に，任意の数体の整数環において，どのイデアル A に対しても，AB が単項イデアルとなるようなイデアル $B \neq (0)$ が存在する．この定理には，代数的数体のイデアル論へのさまざまなアプローチに対応して，異なったいろいろな証明がある．

〔証明〕 証明は 1 節におけるイデアル $(21)I_{-5}$ の分解に関する我々の分析に似ている．前の定理により，A は 2 つの元から生成されている．それを $A = (\alpha, \beta)$ と書こう．すると $\overline{A} = (\alpha', \beta')$ であり，

$$A\overline{A} = (\alpha\alpha', \alpha\beta', \alpha'\beta, \beta\beta')$$

が成り立つ．

整数 $\alpha\alpha', \beta\beta', \alpha\beta' + \alpha'\beta$ は $A\overline{A}$ の元であり，これらはその共役と等しいから，有理代数的整数である．しかし有理代数的整数は有理整数であるから，$\alpha\alpha', \beta\beta', \alpha'\beta + \alpha\beta' \in \mathbf{Z}$ となる．もし

$$n = \gcd(\alpha\alpha', \beta\beta', \alpha'\beta + \alpha\beta')$$

ならば，n はこれらの整数の **Z**-1 次結合であり，$A\overline{A}$ はイデアルであるから，
$$nI_d \subseteq A\overline{A}$$
となる.

次に $A\overline{A} \subseteq nI_d$ を示そう．そうすれば $nI_d = A\overline{A}$ となる．それには n が生成元のそれぞれを割り切ること，すなわち，$\frac{\alpha\alpha'}{n}, \frac{\alpha\beta'}{n}, \frac{\alpha'\beta}{n}, \frac{\beta\beta'}{n} \in I_d$ となることを示せばよい．2 次の代数的数は，そのノルムとトレースが **Z** の元であれば，2 次の整数であることを思い出そう．

n の定義により，$n\,|\,\alpha\alpha'$ および $n\,|\,\beta\beta'$ が成り立つ．次に $\frac{\alpha\beta'}{n}, \frac{\alpha'\beta}{n} \in \mathbf{Q}(\sqrt{d})$ は互いに共役である．したがって，
$$Tr\left(\frac{\alpha\beta'}{n}\right) = Tr\left(\frac{\alpha'\beta}{n}\right) = \frac{\alpha'\beta + \alpha\beta'}{n}$$
$$N\left(\frac{\alpha\beta'}{n}\right) = N\left(\frac{\alpha'\beta}{n}\right) = \frac{\alpha\alpha'}{n} \cdot \frac{\beta\beta'}{n}$$
となる．

再び n の定義により，トレースとノルムは **Z** の元となり，よって $\frac{\alpha\beta'}{n}, \frac{\alpha'\beta}{n} \in I_d$ となる． □

直接の応用として，次の命題を得る．

命題 A, B, C が I_d のイデアルで，$AB = AC$ ならば $B = C$ である．

〔証明〕 $A\overline{A} = nI_d$ ならば，
$$AB = AC \implies \overline{A}AB = \overline{A}AC$$
$$\implies (nI_d)B = (nI_d)C$$
$$\implies nB = nC$$
$$\implies B = C$$

単項イデアル（1 節）に関して，次のことが成り立つ． □

定理 $A\,|\,B \iff A \supseteq B$

〔証明〕$\Longrightarrow$) $A|B$ ならば，ある C に対して $B = AC$ となる．$\beta \in B$ とすると，ある $\alpha_i \in A, \gamma_i \in C$ が存在して $\beta = \sum_i \alpha_i \gamma_i$ となる．しかし $\gamma_i \in C$ ならば $\gamma_i \in I_d$ であるから，イデアルの定義により $\beta \in A$ となる．

$\Longleftarrow$) 初めに A は単項イデアルで，$A = \alpha I_d$ であるとする．すると
$$A = \alpha I_d \supseteq B \Longrightarrow \text{すべての}\beta \in B \text{に対して}\alpha|\beta \Longrightarrow \text{ある}\beta_0 \in I_d\text{に対して}\beta = \alpha\beta_0$$
となる．$C = \{$そのようなすべての$\beta_0\}$ と置くと，C はイデアルであり，$B = \alpha C = (\alpha I_d)C$ である．A を任意のイデアルとして，$A\overline{A} = nI_d$, とすると，
$$A \supseteq B \Longrightarrow \overline{A}A \supseteq \overline{A}B \Longrightarrow nI_d \supseteq \overline{A}B$$
である．単項イデアルに対する我々の証明により，これは $nI_d | \overline{A}B$ ということ，すなわち，ある C に対して $(nI_d)C = \overline{A}B$ となることを意味する．よって
$$\overline{A}AC = (nI_d)C = \overline{A}B \Longrightarrow AC = B \Longrightarrow A|B$$

$\square$

系 A が B の真の約数である $\iff$ $A \supset B$

（$\supset$ は真に含まれているという意味であることを思い起こそう．）

系 I_d の各イデアル B に対して，

1) $B | I_d \iff B = I_d$,
2) $AB = I_d \iff A = I_d$ かつ $B = I_d$.

ここからは，α を (α) と同一視するのが便利である．
$$A | (\alpha) \iff A \supseteq (\alpha) \iff \alpha \in A$$
であるから，$A|(\alpha)$ の代わりに $A|\alpha$ と書いても混乱は生じないはずである．

17.4 イデアルの一意分解性

これまで I_d に新しい対象としてイデアルを導入し，I_d の整数を単項イデア

17.4 イデアルの一意分解性

ルとして表現してきた．いよいよ我々の目標は，イデアルの「単項イデアル」の積への一意分解性を証明することである．

有理整数，あるいは任意の単項イデアル整域にならって進め，既約イデアルと素イデアルを定義して，それらが同じものであることを証明する．

$A \neq I_d$ が**既約**であるとは，$A = BC \implies B = I_d$ または $C = I_d$ が成り立つことである

$P \neq I_d$ が**素**であるとは，$P \mid AB \implies P \mid A$ または $P \mid B$ が成り立つことである

演習 P が素である $\iff \{\alpha\beta \in P \implies \alpha \in P$ または $\beta \in P\}$ である．

演習の条件は，代数学の教科書で通常与える素イデアルの定義である．それに対して我々の定義は，素数の概念を自然に一般化したものである．

素イデアルが既約であることの証明は，整数に対する証明を直接まねればよい．P が素イデアルで $P = AB$ ならば，$P \mid AB$ であるから，$P \mid A$ または $P \mid B$ が成り立つ．そこで $P \mid A$ が成り立つとしよう．するとある C に対して

$$A = PC$$

であり，

$$PI_d = P = AB = (PC)B$$

となる．しかし

$$PI_d = PCB \implies I_d = CB \implies B = I_d$$

が得られる．

既約イデアルが素であることを証明するのはもう少し骨が折れる．まず既約イデアルについて別の特徴づけを与えよう．I_d のイデアル A が**極大**であるとは，どのイデアルも厳密に A と I_d の間にないこと，すなわち $A \subset S \subset I_d$ となるような S が存在しないことであるのを思い出そう．

命題 A は既約である $\iff$ A は極大である

〔証明〕 $\implies$) A が極大ではないとしよう．すると $A \subset S \subset I_d$ となるような S が存在する．ある T に対して

$$A \subset S \implies S \mid A \implies \text{ある } T \text{ に対して } A = ST$$

となる．しかし A は既約であり $S \neq I_d$ であるから $T = I_d$ かつ $A = S$ となり，仮定に反する．

$\Longleftarrow$) A が極大であり $A = ST, S \neq I_d$ とすると，$S \mid A$ となり，これは $S \supseteq A$ を意味する．よって $I_d \supseteq S \supseteq A$ となる．しかし A は極大であるから $S = A$ かつ $A = AT$ となる．そして $A = AI_d = AT$ より $T = I_d$ となり，A は既約である． □

《すべての極大イデアルは素イデアルである．》このことは，標準的な代数学の結論から導かれる．すなわち，

$$A \text{ が極大である} \implies I_d/A \text{ は体である} \implies I_d/A \text{ は整域である}$$
$$\implies A \text{ は素である}$$

これらの結果を組み合わせると，次の命題を得る．

命題 P は既約である $\implies$ P は素である

もっと道具を用いない，単項イデアル整域に対してよく与えられる証明に近い証明を示そう．

定理 A, B が I_d のイデアルであり，両方とも (0) であることはないとすると，A と B の**最大公約数**，すなわち，

1) $D \mid A, D \mid B$
2) $C \mid A, C \mid B$ ならば $C \mid D$

を満たすようなイデアル D がただひとつ存在する．

実は，$\boldsymbol{D = (A, B)}$，つまり $A \cup B$ によって生成されるイデアルである．だから，単項イデアルに対してと同じように，「生成する」と「最大公約数」に対して同じ記号を用いることは，つじつまが合っているのである．$A = (\alpha, \beta)$ と $A = ((\alpha), (\beta))$ は同値であるから，A は生成元の最大公約数である．

注意 gcd $(\alpha, \beta) = (\alpha, \beta)$ という記号を用いる場合には少し注意が必要である. α, β が I_d の整数である場合には, (α, β) は単元を除いて一意に定まるが, 一方それが単項イデアル $(\alpha), (\beta)$ を表している場合には, gcd $((\alpha), (\beta))$ は真に一意に定まる. よって, たとえば **Z** においては, ± 1 が 3 と 5 の最大公約数であるが, 一方 $(1) = (-1) = $ **Z** がイデアル (3) と (5) のただひとつの最大公約数である. 一般的にはその意味は文脈から明らかである.

〔定理の証明〕 $D = (A, B)$ と置くと,

1) $D \supseteq A, B \implies D \mid A, D \mid B$
2) $C \mid A, B \implies C \supseteq A, B \implies $ C はイデアルだから $C \mid (A, B) \implies C \mid D$

D' がもうひとつの最大公約数であるとすると, 2) により, $D \mid D'$ $(D \supseteq D')$ かつ $D' \mid D$ $(D' \supseteq D)$ である. よって $D = D'$ となり, 最大公約数は一意的である. □

系 $C \cdot (A, B) = (CA, CB)$

〔証明〕 演習 (定理とイデアルの積の定義を用いよ.)

系 P は既約である $\implies P$ は素である

〔証明〕 $P \mid AB$ かつ $P \nmid B$ ならば, 既約であることから P は P および (1) 以外に因数をもたないから, $(P, B) = (1)(= I_d)$ となる. 前の系により, $A = A \cdot (1) = A \cdot (P, B) = (AP, AB)$ である. よって

$$P \mid AP, P \mid AB \implies P \supseteq AP, AB$$
$$\implies P \supseteq (AP, AB) = A \implies P \mid A$$

さて, ようやく次の定理を証明できる.

イデアル論の基本定理（デデキント） A が I_d のイデアルで, $A \neq (0), (1)$ ならば, A は素イデアルの積である. 積は素イデアルの順序を除いて一意的である.

〔証明〕 最初に一意性を示す.

$$P_1 P_2 \cdots P_r = Q_1 Q_2 \cdots Q_s$$

が A の素（＝既約）イデアルへの2つの分解であるとすると，

$P_1 \,|\,$ 左辺 $\implies P_1 \,|\,$ 右辺

$\hspace{4em} \implies$ ある i に対して $P_1\,|\,Q_i$（P_1 は素であるから）

$\hspace{4em} \implies P_1 = Q_i$，（どちらも既約だから）

両辺から P_1 を消して因数の個数を減らし，P_2 について同じ議論を繰り返し，さらに続ければよい．

　素イデアルへの分解が存在することの証明は，もっと手間がかかる．A が素イデアルならば，証明は終わりであるから，A は素でないと仮定する．すべてのイデアル A に対して証明するためのカギとなるアイデアは，A を割り切るイデアルは有限個しかないということである．

　L' が L の部分格子であれば，L/L' は有限群である（2節）ことを思い起こそう．よって，A は I_d の部分格子であるから，I_d/A は有限集合である．$B\,|\,A$ ならば $A \subseteq B \subseteq I_d$ である．群論の初等的な準同型定理のひとつにより，A を含む I_d の部分群と I_d/A の部分群の間には1対1の対応が存在する（[Art, M] を見よ）．

　I_d/A は有限集合だから，有限個の部分群しかもたない．イデアルは部分群だから，A を含むイデアルの個数も有限個である．したがってそれらの中の極大（＝既約＝素）イデアル P を見出すことができる．しかし $P\,|\,A$ だから，ある A' に対して $A = PA'$ となる．A' の約数はいずれも A の約数でもある．しかし $A\,|\,A$ かつ $A \nmid A'$ だから，A' の約数の個数は A の約数の個数より少ない．そこで A' の約数を見つけるために同じ操作を適用することができ，以下それを繰り返す．可能な約数の個数は各段階で減っていくから，このプロセスはいつか最終的に止まることになる． □

17.5　一意分解の応用

可約性とディオファントス方程式

　イデアルを素イデアルへと分解することは，整数の可約性（割り切れるかど

うか) についての判定法を直ちに与える. $\alpha, \beta \in I_d$ かつ

$$(\alpha) = P_1^{m_1} \cdots P_k^{m_k}, \quad m_i \geq 0$$
$$(\beta) = P_1^{n_1} \cdots P_k^{n_k}, \quad n_i \geq 0$$

のとき, $\alpha \mid \beta$ であることは, すべての i に対して $m_i \leq n_i$ であることと同値である. このことを特定の場合に適用するには, イデアルを分解する方法を知らなければならない.

オイラーがディオファントス方程式 $y^2 = x^3 - 2$ を, I_{-2} が一意分解整域であると仮定して解いたこと (3.5 節), そしてその仮定が正しかったこと (16.7 節) を思い起こそう. 似たような方法が, $y^2 = x^3 + d$ (d が平方因子をもたないとき) を調べるときにも使える. 主となるアイデアの概略を述べよう. $x^3 = y^2 - d$ の因数分解

$$x^3 = (y + \sqrt{d})(y - \sqrt{d})$$

から, I_d における単項イデアルの分解

$$(xI_d)^3 = (y + \sqrt{d})I_d \cdot (y - \sqrt{d})I_d$$

が得られる.

ある値の d に対して, イデアル $(y + \sqrt{d})I_d$ と $(y - \sqrt{d})I_d$ は互いに素である. よって, 一意分解性により, それらはイデアルの 3 乗である. 特定の d に対して詳しく解析すると, 実際に解へと導かれる. これは最初モーデルによって研究され ([Mor 1], [Mor 2, 第 2 章, 原論文への参照つき]), また [Ada-Gol, 第 10 章] にも詳しく扱われている. 解析には I_d の類数の概念が要求されるが, それについては間もなく議論する.

一意分解整域

我々は, すべての単項イデアル整域が一意分解整域であることを知っている. I_d に対しては, 逆もまた真である.

命題 I_d は UFD $\implies$ I_d は PID

〔証明〕 A が I_d のイデアルであるとき, 我々は A が 2 つの元によって生成されることを知っている. つまりある $\alpha, \beta \in I_d$ に対して $A = (\alpha, \beta)$ である (4

節).しかし,すると A は αI_d と βI_d の最大公約数である(4節).I_d は UFD と仮定したから,α と β の最大公約数である I_d の整数 δ が,単元を除いて一意的に存在する.よって δI_d はイデアルとしての αI_d と βI_d の最大公約数であり,イデアルの最大公約数の一意性により,$A = \delta I_d$ は単項イデアルである. □

17.6 有理素数の素因数分解

イデアル $A \subseteq I_d$ を素イデアルに分解する手続きは,ガウス素数を分解する手続き(15.2節)を直接当てはめたものである.

ある $n \in \mathbf{Z}$ に対して $A\overline{A} = nI_d$ であるから,A の素イデアル因子は n のどれかの有理素因数の約数でなければならない.よって,I_d のイデアルを分解する問題は,p を有理素数とするとき,pI_d を I_d の素イデアルに分解する問題へと帰着される.我々はこの問題について,この節と今後の節の両方でやや詳しく研究し,それと2次の留数との間の根本的な関係を示す.理論的な性格づけなしに,(p) を分解するアルゴリズム的手法については,Stewart and Tall [Ste-Tal, 第10章] を見よ.

まず次の命題を証明しよう.

命題 I_d の素イデアル P は,ただひとつの有理素数の約数である.

〔証明〕 このような有理素数が存在することは上に示されている.

$p \neq q$ を有理素数とし,$P|p$ かつ $P|q$ と仮定すると,$(p,q) = 1$ であるから,$s, t \in \mathbf{Z}$ が存在して $sp + tq = 1$ とできる.これは $1 \in (p,q)$,すなわち p と q によって生成される I_d のイデアルである.よって,$(p,q) = (1) = I_d$ となり,したがって

$$P|p, q \implies P|I_d \implies P = I_d$$

となるが,これは P が素イデアルであることに反する. □

有理素数は無限個あり,またイデアル論の基本定理によりどんな有理素数も素イデアル因子をもつことが保証されるから,次の系が得られる.

系 どの I_d も無限に多くの素イデアルをもつ．

上の命題の証明は，p を有理素数とするときの I_d における pI_d の分解をより深く解析するのに用いることができる．

P が素イデアルであれば $\overline{P}$ も素イデアルであるということを知る必要があるが，これは以下の簡単な演習問題からすぐに結論されることである．

a) $\overline{AB} = \overline{A} \cdot \overline{B}$
b) $\overline{\overline{A}} = A$
c) $A \,|\, B \implies \overline{A} \,|\, \overline{B}$, 特に $A \,|\, n$, $n \in \mathbf{Z}$ ならば $\overline{A} \,|\, n$

P を素イデアルとすると，ある $n \in \mathbf{Z}$ に対して $P\overline{P} = nI_d$ である．$n = p_1 \cdots p_k$ を $\mathbf{Z}$ 上における n の素因数分解とすると，

$$P\overline{P} = nI_d = (p_1 I_d) \cdots (p_k I_d)$$

である．$\overline{P}$ は素イデアルであるから，$P\overline{P}$ は I_d における nI_d の素イデアルへの分解である．右辺の分解を素イデアルへと細分すると，（一意性により）2つの素イデアル因子が得られるはずであるから，$k \leq 2$ となる．

$k = 1$ ならば $P\overline{P} = nI_d = p_1 I_d$ である．

$k = 2$ ならば $p_1 I_d$ および $p_2 I_d$ 素イデアルでなければならない．そうでなければ因子が多すぎることになる．

よって一意性から，$P\overline{P} = (p_1 I_d)(p_2 I_d)$ で，$P = p_1 I_d$ または $P = p_2 I_d$ である．つまり P は有理素イデアル $p_i I_d$ である．

逆に，q を有理素数とすると，qI_d は素イデアル因子 P をもつ．上の議論により，

i) ある有理素数 p に対して $P = pI_d$ となる．この場合 $pI_d \,|\, qI_d$ であり，P はひとつの有理素数しか割り切らないので，$p = q$, すなわち qI_d は素イデアルである

ii) ある有理素数 p に対して $P\overline{P} = pI_d$ となる．すると $P \,|\, p$ かつ $P \,|\, q$ となるが，P はひとつの有理素数しか割り切らないので，i) の場合と同様，$p = q$ かつ $qI_d = P\overline{P}$ である

のいずれかが成り立つ．

以上をまとめて，

定理 p を有理素数とすると，次のいずれかが成り立つ．

1) pI_d は素イデアルである（p は I_d で **惰性** であると言う）
2) ある I_d のイデアル P に対して $pI_d = P\overline{P}$ である．2つの場合に分ける．
   a) $P \neq \overline{P}$（p は I_d で **分裂する** と言う）
   b) $P = \overline{P}$（p は I_d で **分岐する** と言う）

さらに，P が素イデアルならば，ある有理素数 p に対して $P\overline{P} = pI_d$ となる．

新しい概念をいくつか展開したのち，さらに詳しい解析を与えることにしよう（12節）．

17.7 類構造と類数

イデアルに対するある同値関係および同値類の積を導入しよう．それによって「類群」の概念へと導かれることになる．

クンマーは円分体に対してこれらの考えを導入したが，それらはフェルマーの最終定理を証明しようという不成功に終わった試みによって動機づけられたものだと広く信じられている．その後デデキントが，ディリクレの講義に対する 11 番目の補足 [Dir-Ded] において，この概念をすべての代数的数体にまで一般化し，2次形式と2次体の間の関係，特に形式と体の類構造の間の関係を定式化した．しかしながら，ハロルド・エドワーズ (Harold Edwards) がクンマーに関する研究で発見したところによると，これらの理論の発展に関する話はもっと複雑なのである．

以下に挙げるエドワーズの本 [Edw 1] の 5.1 節からの引用においては，これらの考えとともに，形式と体の間の関係の起源について議論されている．エドワーズが約数，イデアル約数，あるいはイデアル複素数について語るときは，クンマーの「理想的対象」を指しているのであり，それらは代数的数体における除法の付値論的議論に関係している（第 23 章）．しかしながらこれらの理想的対象を代数的数体の整数環におけるイデアルに翻訳すれば，すべては意味をもち，失われるものはほとんどない．

「変化を志す革命家によってではなく，すでに過ぎ去ったことに深い敬意を払い，先人たちの伝統を保存し実現しようという意志に動かされた人によって，偉大な革新がもたらされるということはしばしば起こることである．クンマーの場合がまさにそれであった．「科学伝記辞典」に収められているクンマーの伝記の中でK.R.ビールマン (Biermann) が指摘しているように，クンマーは生まれつき大変保守的で，政治的感覚など毛筋ほどももたず，すでに存在する伝統を基礎として築き上げることに献身するという考えの持ち主であった．クンマーの業績の動機を理解する上で大事なことは，彼には新しい抽象的な構造そのものを導入しようなどという気持ちはまったくなく，むしろ新しい理論を発表するとき [K7] の冒頭で述べているように，彼の目的は，すでに存在する構造を "完成させ単純化すること" であったと知ることである．

この章の目的は，今日正則素数として知られている，広いクラスの素数べき λ に対するフェルマーの最終定理のクンマーによる証明である．この証明はクンマーによるもうひとつの重要な革新，すなわち2つの約数（2つの理想複素数）の間の同値という概念を必要とする．クンマーの人間性を踏まえれば，この新しい同値の概念は，何らかのやむにやまれぬ考察につき動かされたものであると考えるべきである．クンマーは，単にそれが "興味深い" 可能性であるからというだけなら導入しなかったことであろう．約数の同値についての定義を動機づけたのは，まさにフェルマーの最終定理を証明しようという試みであったと考えることは魅力的だが，実際には1846年にイデアル約数の理論をクンマーが最初に発表したときに，その非常に優れた部分としてこの定義は含まれていたのである．それはラメの未熟な発表に駆り立てられて，フェルマーの最終定理に対する自身の理論の結論を詳しく解明するようになるよりずっと以前のことである．したがって，この仕事がもともとの同値の定義を動機づけるのに大きな役割を果たしたということはありそうにない．

実際に定義の動機となったものとしては，少なくとも2つの考察があると思われる．1つ目は，実際の問題——たとえばクンマーが1846年の論文で考えた円分法の問題——に約数の理論を適用しようとすると，"与えられた約数が実際の円分整数の約数になるのはいつか？" という問題にただち

に突き当たるのである．この問題を解決すれば，次の節でわかるように，大変自然に同値の概念が導かれる．しかし2つ目の動機は，クンマーの言葉によれば，彼にとって1つ目のものと同じぐらい重要なもののようである．実際，彼の同値の概念は，ガウスの2項2次形式の同値の概念と密接に関連しているのである．

　ここでもまた，クンマーの革新に"保守的な"解釈を加えることができる．ペルの方程式や他の2変数をもつ2次の方程式を研究すると，きわめて自然に2項2次形式の同値の概念に到達するのである（8.2節）．ガウスは『整数論』において，正式同値という，より強い概念の導入へと導かれている（8.3節）．クンマーは，"ガウスの分類が問題の本質により密接に対応していると認識すべきである"というのは事実であるにしても，それでもこの概念が2項2次形式の理論において，いつも不自然で人工的なものに見えると観察していた——たとえば，2つの形式 $ax^2 + 2bxy + cy^2$ と $cx^2 + 2bxy + ay^2$ は，正式同値ではないとみなす必要があるのである．こうしてクンマーは，ガウスの正式同値の概念について，この人工的外見から「救い出す」必要があるものであると，暗黙のうちに結論づけたのである．彼はイデアルの分解理論によってこのことは達成されたと述べている．というのも，2項2次形式の理論全体が $x + y\sqrt{D}$（D は2次形式 $ax^2 + 2bxy + cy^2$ の判別式 $b^2 - ac$ に対するガウスの記号である）という形の複素数の理論として解釈され，この解釈の結果から必ず同じ型の理想複素数（約数）へと導かれるからである．実際，彼は続けて，$a_0 + a_1\alpha + a_2\alpha^2 + \cdots + a_{\lambda-1}\alpha^{\lambda-1}$ という形の理想複素数に対して彼が定義した同値の概念が，$x + y\sqrt{D}$ という形の理想複素数に対しても適用されること，そして後者が2項2次形式へと翻訳されると，同値の概念がガウスの正式同値の概念に一致することを述べている．そして彼は，これこそガウスの同値の概念の"真の基礎"であると結論づけるのである．

　極めて不思議なことに，クンマーは2項2次形式と $x + y\sqrt{D}$ の形をした理想複素数（約数）の間の関係の詳細について，一切何も出版していない．1846年の発表におけるわずかな非公式の解説と，その後の論文におけるあと少しの大雑把な暗示（[K8, p.366] および [K11, p.114]）だけが，この話題に関して彼が述べたことのすべて，ともかく今残っているすべて

を成しているのである．したがって，約数の同値の概念が世に現れるにあたってガウスの理論を真似たものが何らかの役割を果たしたということは極めて確かだと思われるものの，その正確な役割についてはわからないのである．」

クンマーによる同値の定義を I_d のイデアルへと翻訳すると，次のようになる：

a) $\boldsymbol{A} \sim \boldsymbol{B}$，**すなわち $\boldsymbol{A}$ が $\boldsymbol{B}$ と同値である**とは，あるイデアル C が存在して，AC と BC の両方が単項イデアルとなることである．

同値についての次の定義を用いることにしよう（演習：3節のカギとなる補題を用いて同値であることを証明せよ）．

b) $\boldsymbol{A} \sim \boldsymbol{B}$ とは，ある $\lambda \in \mathbf{Q}(\sqrt{d})$ が存在して，$\boldsymbol{A} = \lambda \boldsymbol{B}$ となることである．

たとえば I_{-5} において，$A = (3, 1 + 2\sqrt{-5})$，$B = (3\sqrt{-5}, -10 + \sqrt{-5})$ と置くと，$A = \left(\dfrac{1}{\sqrt{-5}}\right) B$ であり，また $C = \left(\dfrac{1}{\sqrt{-5}}\right)(-3\sqrt{-5}, -10 - \sqrt{-5})$ により AC も BC も単項イデアルとなる．

関係 $\sim$ は同値関係であり，その同値類は**イデアル類**と呼ばれる．A のイデアル類を $[A]$ で表す．虚2次体では，複素数 λ を掛けることは拡大（縮小）したあと回転させることであるから，$A = \lambda B$ ならば，A と B に対応する格子は幾何学的に相似となる．実2次体については，幾何学的にそれほど単純ではない（[Bor-Sha] を見よ）．

I_d におけるすべての単項イデアル αI_d は，$\alpha I_d = \alpha \cdot I_d$ だから I_d と同値である．したがってどの2つの単項イデアルも互いに同値である．逆に，$A \sim I_d$ ならば，ある $\lambda \in I_d$ に対して $A = \lambda I_d = \lambda(1) = (\lambda)$ となるから，A は I_d の単項イデアルである．

したがって，次の命題を得る．

命題 $[I_d]$ は単項イデアル全体の集合である．

命題 イデアルの積は同値と両立する．

〔証明〕
$$A \sim A', B \sim B' \implies A = \lambda A', B = \lambda' B' \implies AB = (\lambda\lambda')A'B'$$
$$\implies AB \sim A'B' \qquad \square$$

よってイデアル類の積を

$$[A][B] = [AB]$$

によって定義することができる．

定理 この定義での乗法に関して，I_d のイデアル類はアーベル群をなす．

〔証明〕 結合則と交換則は，イデアルの積に対する同じ性質から得られる．$[A][I_d] = [AI_d] = [A]$ となるから，$[I_d] = [(1)]$ は単位元である．ある $n \in \mathbf{Z}$ により $A\overline{A} = nI_d \sim I_d$ となるから，$[A][\overline{A}] = [(1)]$ である．つまり $[\overline{A}]$ は A の逆元である． $\square$

この群，すなわち $\mathbf{Q}(\sqrt{d})$ の**イデアル類群**（あるいは単に**類群**）を $\boldsymbol{C_d}$ で表す．

5 節において，I_d が UFD であることと I_d が PID であることが同値であることを示した．よって，

系 I_d が UFD $\iff |C_d| = 1$

代数的整数論の主たる定理のひとつが次のものである．

定理 C_d は有限群である．

$|C_d|$，つまり C_d の位数は $\mathbf{Q}(\sqrt{d})$ あるいは I_d の**類数**と呼ばれ，$\boldsymbol{h_d}$ （または $\boldsymbol{h}$）で表す．

今のところはこの定理が正しいと仮定しておこう．のちに，10 節で議論する形式と体の間の関係および形式の類数が有限であることから，この定理が簡単に導かれることがわかるだろう．

類数が有限であることから，次の定理を得る．

定理 h を I_d の類数，A を I_d のイデアルとするとき，A^h は単項イデアルである．

17.7 類構造と類数 331

〔証明〕 部分群の位数は群の位数の約数であるから，
$$[A]^h = [I_d] \implies [A^h] = [I_d]$$
$$\implies A^h \sim I_d \text{；したがって } A^h \text{ は単項} \qquad \Box$$

さてここで，I_d のイデアルを代数的整数によって表すことができることを証明しよう．ただし，その代数的整数は他の体の元かもしれない．ある意味で，これはデデキントがイデアルのことを I_d における整数の「理想的因子」として用いたことを正当化する．

定理 A が I_d のイデアルならば 必ずしも I_d の元でなく，2 次でもない代数的整数 γ が存在し，
$$A = \{\alpha \in I_d \,\big|\, \gamma \,|\, \alpha\}$$
と表せる．ただし割り切れるかどうかはすべての代数的整数がなす環の上で考えることとする．

〔証明〕 前の定理より，A^h は単項であるから $A^h = \beta I_d$ と表す．$\gamma = \sqrt[h]{\beta}$（任意の h 乗根を選ぶ）と置く．

すべての代数的整数からなる環 Ω はすべての累乗根をとる作用に関して閉じている（16.2 節）．したがって，
$$\alpha \in A \implies \alpha^h \in A^h = \beta I_d \implies \frac{\alpha^h}{\beta} \in I_d$$
$$\implies \frac{\alpha}{\sqrt[h]{\beta}} = \frac{\alpha}{\gamma} \in \Omega \implies \gamma \,|\, \alpha \;(\Omega \text{ における除法})$$

逆に，$\alpha \in I_d$ かつ $\gamma \,|\, \alpha$（Ω における除法）とすると，$\dfrac{\alpha}{\gamma} \in \Omega$ であるから $\dfrac{\alpha^h}{\gamma^h} = \dfrac{\alpha^h}{\beta} \in \Omega$ となる．α^h と β は I_d の元だから

$$\frac{\alpha^h}{\beta} \in \mathbf{Q}(\sqrt{d})$$
$$\implies \frac{\alpha^h}{\beta} \in I_d \quad (\frac{\alpha^h}{\beta} \text{ は代数的整数だから})$$
$$\implies \alpha^h \in \beta I_d \subseteq A^h$$

$$\implies (\alpha^h) = (\alpha)^h \subseteq A^h$$

$$\implies A^h \mid (\alpha)^h \quad \text{(イデアルの除法：含むということは割り切ること)}$$

$$\implies A \mid \alpha \quad \text{(イデアルの一意分解により素数のべきの多重度を数える)}$$

$$\implies (\alpha) \subseteq A \implies \alpha \in A \qquad \square$$

$\mathbf{Q}(\sqrt{d})$ のイデアルを表すのに必要な整数を，$\mathbf{Q}(\sqrt{d})$ 上の次数 h の体 L にすべて含まれるように選べることも示すことができる．したがって，$\mathbf{Q}(\sqrt{d})$ を含む体 L が存在して，I_d のすべてのイデアルが，L の定まった整数によって割り切れるような $\mathbf{Q}(\sqrt{d})$ の整数の集合からなるようにできる（[Hec, 33 節] を見よ）．

17.8 類数の有限性；イデアルのノルム

イデアルの同値と類群についての我々の定義は，あらゆる代数的数体の整数環へと拡張することができ，対応する類数はいつも有限である．クンマーはこれらの概念を導入して円分体の有限性を証明した．前節においてエドワーズからの引用で見たように，クンマーはおそらく 2 次体に対してこれらのアイデアを抱いていたと思われるが，最初にそれを発表したのはデデキントである．ミンコフスキーは彼の数の幾何学の理論（第 22 章）を用いて，すべての代数的数体に対して有限であることを証明した．

代数的整数論の中心的問題のひとつは，類群の構造を調べることである．これはいまだに広く未解決の分野である．

類数の典型的応用は，フェルマーの最終定理へのクンマーの挑戦から生まれている．証明できる場合について，彼は $x^p + y^p = z^p$ における素数のべき p が，対応する円分体 $\mathbf{Q}(e^{\frac{2\pi i}{p}})$ の類数の約数ではないと仮定した．このような素数は**正則**であると呼ばれる．正則な素数が無限個あるかどうかは知られていないが，非正則な（正則でない）素数が無限個あることは知られている．詳細については [Bor-Sha], [Edw 1], [Rib] を見よ．

12.10 節において，判別式が D である 2 次形式の，対応する類数が 1 であるような判別式 $D > 0$ が無限に多く存在するというガウスの予想について述べ

た．10節の結論から，この予想が類数が1である (= UFD) ような実2次体が無限に多く存在するという予想と同値であることが導かれる．実際には，類数が1であるような代数的数体が無限個あるかどうかすら知られていない．

形式と体の間の関係の系として類数が有限であることをのちに示す（10節）が，ここでは2次体の場合におけるミンコフスキーの幾何学的な証明について概説しておこう．というのは，この証明はすべての数体に適用できるからである．

初めにノルムの概念をイデアルへと一般化しなければならない．これによりイデアルの「大きさ」を測ることができるようになる．

I_d の任意のイデアル A について，ある $n \in \mathbf{Z}$ が存在して $A\overline{A} = nI_d$ となる．そして $nI_d = -nI_d$ であるから，$n > 0$ と選ぶことができる．n を **A のノルム**と呼び，**$N(A)$** で表す．すなわち，

$$N(A) = n, \quad A\overline{A} = (n), \quad n > 0 のとき$$

$\overline{\overline{A}} = A$ より，$N(A) = N(\overline{A})$ である．

A が単項イデアル $A = \alpha I_d$ ならば，$\overline{A} = \alpha' I_d$ で $A\overline{A} = \alpha\alpha' I_d = N(\alpha)I_d$ である．定義より A のノルムは正であることが要求されるから，$N(\alpha I_d) = |N(\alpha)|$ が成り立つ．

$N(A) = n, N(B) = m$ ならば $(AB)(\overline{AB}) = (A\overline{A})(B\overline{B}) = (mn)$ であるから，

定理 $N(AB) = N(A)N(B)$

イデアルのノルムは整数のノルムと同じぐらい役に立つ．それは次のような同じ理由による．

命題

1) $A|B \implies N(A)|N(B)$
2) $A = I_d \iff N(A) = 1$
3) $N(A) = p,$ 有理素数 $\implies A$ は素イデアルである
4) P が素イデアルであるならば，ある有理素数 p に対して，次のいずれかが成り立つ．

a) $P = pI_d$ かつ $N(P) = p^2$
b) $P\overline{P} = pI_d$ かつ $N(P) = N(\overline{P}) = p$

〔証明〕 （演習）

例 I_{-5} において，整数として $21 = \left(1 + 2\sqrt{-5}\right)\left(1 - 2\sqrt{-5}\right)$，また 1 節でイデアル $A = \left(3, 1 + 2\sqrt{-5}\right)$ と $B = \left(7, 1 + 2\sqrt{-5}\right)$ を導入し，両辺のイデアル分解を $A\overline{A}B\overline{B}$ へと細分したことを思い出そう．$N(A) = N(\overline{A}) = 3$ かつ $N(B) = N(\overline{B}) = 7$ だから，これは素イデアルへの分解である．

ノルムには，類数が有限であることの証明に用いられる，同値な定義があり，この定義はすべての数体へと一般化できる．

A が I_d のイデアルであるとき，I_d と A を群と見ると，指数 $[I_d : A] = |I_d/A|$ は有限であることを思い起こそう．2 節の命題により，（自明な作業ではないが）次のことがわかる．

定理 $N(A) = [I_d : A]$

I_d は可換環であり，A はイデアルであるから，I_d/A は単に有限群であるだけでなく，有限環でもある（**商環**，あるいは**剰余類環**）．

もうひとつの，より数論的な見方は，I_d における整数の A を法とする合同を

$$A \mid \alpha - \beta \text{ のとき } \alpha \equiv \beta \pmod{A}$$

によって定義することである．

商環の構造により，合同は I_d の加法，乗法と両立する同値関係である．I_d/A の元は合同類であり，$N(A)$ はそのような類の個数である．

$\mathbf{Z}$ と $\mathbf{Z}[i]$ はどちらも単項イデアル整域であるが，すでに我々はそこに整数を法とする合同を導入した（15.3 節）．これらの場合において，$A = (\gamma)$ ならば，

$$\alpha \equiv \beta \pmod{\gamma} \iff \alpha \equiv \beta \pmod{(\gamma)}$$

となる．

P が素（= 極大）イデアルならば，I_d/P は有限体である．ある有理素数 p に対して $P\overline{P} = pI_d$ である（6 節）から，$N(P) = p$ または p^2 であり，I_d/P は

p 個または p^2 個の元をもつ. 有理素数の分解についてさらに解析するとわかるように, これにより有限体の理論は数体を研究するための有用な道具となる.

類数が有限であることを証明するには, 格子の幾何学がもっと必要になる（ミンコフスキーにしたがって）. 基礎となるアイデアの概略を, 証明なしに述べよう.

命題（ミンコフスキー）　L を格子とすると, L には最小の長さをもつ点 $\alpha \neq (0,0)$ が存在し（しばらくの間その長さを $|\alpha|$ で表す）, そのような点はすべて

$$|\alpha|^2 \leq 2\frac{\Delta(L)}{\sqrt{3}}$$

を満たす. ここで $\Delta(L)$ は L の基本平行四辺形の面積であることを思い出そう.

I_d に対して導入した基底（16.4 節）を用いると, すぐに

$$\Delta(I_d) = \begin{cases} \sqrt{|d|} & d \equiv 2, 3 \pmod{4} \text{のとき} \\ \sqrt{\dfrac{|d|}{2}} & d \equiv 1 \pmod{4} \text{のとき} \end{cases}$$

が得られる.

命題から次のことが証明できる.

命題（ミンコフスキー）　I_d のどのイデアル類も

$$N(A) \leq k = \begin{cases} \sqrt{\dfrac{|d|}{3}} & d \equiv 1 \pmod{4} \text{のとき} \\ 2\sqrt{\dfrac{|d|}{3}} & d \equiv 2, 3 \pmod{4} \text{のとき} \end{cases}$$

となるようなイデアル A を含む.

類数が有限であることを証明するには, ノルムが $\leq k$ となるようなイデアルは有限個しかないということを示さなければならない. するとそれぞれのイデアル類は有限集合の中のイデアルを含んでいる. より一般的には, I_d において $[I_d : L] = n$ となるような L の部分格子は有限個しかない.

同値類 $\overline{\alpha} \in I_d/L$ の位数は $n = |I_d/L|$ の約数であるから, $n\overline{\alpha} = \overline{0} = L$ (格子群に対する加法記号を用いる) である. すると $\overline{n\alpha} = n\overline{\alpha} = L$, すなわち, すべての $\alpha \in I_d$ に対して $n\alpha \in L$ である. よって $[I_d : L] = n$ となるようなすべての L に対して, $nI_d \subseteq L \subseteq I_d$ となる. しかしこれを満たす L の個数は, I_d/nI_d の部分群の個数と 1 対 1 の対応をなす. I_d/nI_d は有限集合であるから, これで終わりである.

17.9 基底と判別式

形式と体の間の対応について議論する前に, 異なる基底の間の関係に注目し, 判別式の概念を導入しよう.

命題 $\{\alpha_1, \beta_1\}$ をイデアル $A \subseteq I_d$ の格子としての整基底 (2 節) とし, $\{\alpha_2, \beta_2\} \subseteq A$ とすると, ある

$$M = \begin{pmatrix} r & s \\ t & u \end{pmatrix}, \quad r, s, t, u \in \mathbf{Z}$$

に対して

$$\begin{pmatrix} \alpha_2 \\ \beta_2 \end{pmatrix} = M \begin{pmatrix} \alpha_1 \\ \beta_1 \end{pmatrix} \tag{1}$$

であり, さらに

$$\{\alpha_2, \beta_2\} \text{ が基底} \iff \det M = \pm 1 \tag{2}$$

が成り立つ.

証明は本質的には, 「形式 $F(x,y)$ と $F(rx+sy, tx+uy)$ が同じ整数を表すのは, 一方を他方に変換する行列 M が判別式 ± 1 をもつことと同値である (5.2 節)」ことの証明と同じである.

$\{\alpha_1, \beta_1\}$ と $\{\alpha_2, \beta_2\}$ が A の基底であるとき, それらの基本平行四辺形は平面を敷き詰め, (2) によりそれらは同じ面積をもつことがわかる. 逆に, α と β が平行四辺形 P をなし, $P \cap A$ が P の頂点に等しいならば, P は平面を敷き詰め, $\{\alpha, \beta\}$ は基底である.

$\alpha, \beta \in \mathbf{Q}(\sqrt{d})$ が与えられたとき，判別式

$$\delta(\alpha,\beta) = \begin{vmatrix} \alpha & \alpha' \\ \beta & \beta' \end{vmatrix}$$

を作る．$\{\alpha_1, \beta_1\}$ と $\{\alpha_2, \beta_2\}$（必ずしも基底とは限らない）が (1) のような関係にあれば，

$$\delta(\alpha_2, \beta_2) = \det M \cdot \delta(\alpha_1, \beta_1)$$

である．これらがどちらも基底であれば，(2) より

$$\delta(\alpha_2, \beta_2) = \pm \delta(\alpha_1, \beta_1)$$

となる．$\{\alpha, \beta\}$ が A の基底であるとき，

$$\boldsymbol{D(\alpha, \beta) = \delta(\alpha, \beta)^2}$$

と置くと，$D(\alpha, \beta)$，すなわち **A の判別式**は，A の基底の取り方によらない．これを $\boldsymbol{D_A}$ で表す．D_A は I_d の整数であり，その共役と等しいから，有理整数である．

注意 A の判別式として記号 δ を用いる著者もいる．

体 $\mathbf{Q}(\sqrt{d})$ の判別式とは，イデアル I_d の判別式であり，$\boldsymbol{D_d}$ で表す．これは $\mathbf{Q}(\sqrt{d})$ の大変重要な不変量である．

I_d に導入された基底を用いれば，すぐに

$$D_a = \begin{cases} d \equiv 1 \pmod{4} \text{ のとき} & d \\ d \equiv 2, 3 \pmod{4} \text{ のとき} & 4d \end{cases}$$

となることがわかる．

演習 $I_d = \left\{ \dfrac{u + v\sqrt{D_d}}{2} \,\middle|\, u, v \in \mathbf{Z}, u \equiv v D_d \pmod{2} \right\}$ であることを証明せよ．

判別式には幾何学的解釈がある．たとえば $d < 0$ のときは

$$|D_d| = 4 \cdot (\Delta(I_d))^2$$

となる．ここで $\Delta(I_d)$ は格子 I_d に対する基本平行四辺形の面積である（演習：[Ada-Gol] または [Bor-Sha] を見よ）．

$\{\alpha, \beta\}$ が A の基底であるならば，

$$N(A) = \left|\frac{\delta(\alpha, \beta)}{\sqrt{D_d}}\right| \tag{3}$$

が成り立つことも示される（[Hec, 定理 76; 記号の相違に注意]）．

今後文脈から添字が明らかなときは，$\mathbf{Q}(\sqrt{d})$ の判別式を表すのに，D_d の代わりに単に D を用いることにする．

17.10　形式と体の間の対応

いよいよこれまでいくつかの章にわたって特殊な場合において現れていた，2 次体と 2 項 2 次形式の間の関係を定式化しよう．まず初めに，2 次体の記号について少しだけ変更しておこう．

前節において，d が平方因子をもたないときの $\mathbf{Q}(\sqrt{d})$ の判別式 D が，

$$D = \begin{cases} d & d \equiv 1 \pmod{4} \text{ のとき} \\ 4d & d \equiv 2, 3 \pmod{4} \text{ のとき} \end{cases}$$

で与えられることを見た．

どちらの場合も $\mathbf{Q}(\sqrt{D}) = \mathbf{Q}(\sqrt{d})$ であるから，判別式 D をもつ体を $\mathbf{Q}(\sqrt{D})$ で表し，$I_D = I_d$ で整数を表すものとする．

これらの判別式は基本判別式である，すなわち原始的形式の判別式である（12.10 節）ことに注意せよ．

形式と体の間でこれまで見てきた関係の中に，判別式 D をもつ形式の根は $\mathbf{Q}(\sqrt{D})$ の元であり，形式は体の上で因数分解するというものがある（13.2 節）．したがって，たとえばすべての $x, y \in \mathbf{Z}$ に対して

$$x^2 + 3y^2 = (x + \sqrt{-3}y)(x - \sqrt{-3}y) = N(x + \sqrt{-3}y)$$

が成り立つ．この関係をより正確にするため，形式の正式同値類とイデアルの同値類の間に対応をつけておこう．まずイデアルの同値の概念を制限しなければならない．

A, B が I_D のイデアルであるとき，**A が B と狭義に同値**であるとは，$A = \lambda B$ となるような $\lambda \in \mathbf{Q}(\sqrt{D}), N(\lambda) > 0$ が存在するときであり，これを **$A \approx B$** で表す．これは同値関係であり，《狭義イデアル類はイデアル類の部分集合である》．この同値概念はクンマーが7節の引用で表現した形式の正式同値に対応するものである．虚2次体の場合には，すべてのノルムが正であるから，同値と狭義の同値は同じである．

狭義同値類の乗法はイデアル類に対するものと同様に定義され，狭義類群と狭義類数が得られる．$\mathbf{Q}(\sqrt{D})$ の狭義類数を $\boldsymbol{h'_D}$ で表す（のちにこれが有限であることを示す）．

対応を作るために，イデアルと基底から始め，それらに形式を結びつけていこう．

$\{\alpha, \beta\}$ が I_D のイデアル A の整基底であるとき，それを順序のついた基底とみなす．判別式 $\delta(a, b)$ は

$$\delta = \begin{vmatrix} \alpha & \alpha' \\ \beta & \beta' \end{vmatrix} = \alpha\beta' - \alpha'\beta$$

で定義されることを思い起こそう．

$\delta' = -\delta$ であるから，ある $s \in \mathbf{Z}$ に対して $\delta = s\sqrt{D}$ となる．$s < 0$ のときは，A の順序つき基底 $\{\beta, \alpha\}$ が $s > 0$ をもつ．

$s > 0$ であるような基底のみを認めることとして，それを**向きつき基底**と呼ぶ（これは $\mathbf{R}^2$ における2つのベクトルとして基底の向きを選ぶだけのことである）．

イデアルを向きつき基底とともに指定するときは，(A, α, β) という記号を用いる．

固定された I_D におけるすべてのイデアル A に対し，三つ組 (A, α, β) から形式への関数 φ を

$$\varphi(A, \alpha, \beta) = f_{\alpha,\beta}(x, y) = ax^2 + bxy + cy^2$$

で定義する．ただしすべての $x, y \in \mathbf{Z}$ に対し，

$$f_{\alpha,\beta} = \left(\frac{1}{N(A)}\right)(\alpha x + \beta y)(\alpha' x + \beta' y)$$

$$= \left(\frac{1}{|N(A)|}\right) N(\alpha x + \beta y)$$

φ の性質の概略を述べよう．良い参考書としては [Ada-Gol]，[Hec]，そして [Nar, 第 8 章第 2 節] がある．

I) $f_{\alpha,\beta}$ は有理整数の係数を持ち，原始的である．

〔証明〕 $N(\alpha x + \beta y) = \alpha\alpha' x^2 + (\alpha\beta' + \alpha'\beta)xy + \beta\beta' y^2$ であり，係数はその共役に等しいから，$\mathbf{Z}$ の元である．ある $n \in \mathbf{Z}$ に対して $A\overline{A} = nI_D$ となることについての 3 節の証明により，$n = N(A)$ は係数の最大公約数である．したがって $f_{\alpha,\beta}$ は原始的である． □

II) 判別式 $(f_{\alpha,\beta}) = D \, (= D_d)$

〔証明〕
$$(f_{\alpha,\beta}) \text{ の判別式} = \left(\frac{1}{N(A)^2}\right) [(\alpha\beta' + \alpha'\beta)^2 - 4\alpha\alpha'\beta\beta']$$
$$= \left(\frac{1}{N(A)^2}\right) (\alpha\beta' - \alpha'\beta)^2 = \frac{\delta(a,b)^2}{N(A)^2}$$

これは式 (9.3) により，$= D_d$ である． □

$D < 0$ のときは $f_{\alpha,\beta}$ は定符号形式であり，x^2 の係数が $\frac{\alpha\alpha'}{N(A)} > 0$ であることから，$f_{\alpha,\beta}$ は正の定符号である．したがって，I および II より，

(φ) の像 $\subseteq$ 原始的形式（$D < 0$ ならば正の定符号）の全体

となる．

III) (φ) の像 $=$ 原始的形式（$D < 0$ ならば正の定符号）の全体であり，φ は全射である．

〔証明〕 $f = ax^2 + bxy + cy^2$ が判別式 D をもち，原始的であるとする（$D < 0$ ならば正の定符号）．

明らかな方法は，形式をノルムとして表すことにより，節の初めに示した例を一般化することであろう．すなわち，

$$ax^2 + bxy + cy^2 = a(x - r_1 y)(x - r_2 y) = aN(x - r_1 y)$$

である．ここで $r_1, r_2 = \dfrac{-b \pm \sqrt{D}}{2a}$ は形式の根である（13.2 節）．したがって，整基底をもつイデアル $\{1, \dfrac{-b \pm \sqrt{D}}{2a}\}$ を試すのは自然であろう．しかしながら，$a = \pm 1$ のとき以外は $\dfrac{-b \pm \sqrt{D}}{2a}$ は整数でない．これは本質的に分母を消去することによって避けられる問題である．a の符号に応じて 2 つの場合がある．

i) $a < 0$, $A = (2a, b + \sqrt{D})$ として，しばらくの間 $\alpha = 2a$ と $\beta = b + \sqrt{D}$ が A の整基底であると仮定する．すると，

$$\varphi(A, \alpha, \beta) = \left(\frac{1}{N(A)}\right)(\alpha \alpha' x^2 + (\alpha \beta' + \alpha' \beta) xy + \beta \beta' y^2)$$

$$= \left(\frac{1}{N(A)}\right) N(2ax + (b + \sqrt{D})y)$$

$$= \left(\frac{1}{N(A)}\right)(4a^2 x^2 + 4abxy + (b^2 - D)y^2)$$

$$= \left(\frac{1}{N(A)}\right)(4a^2 x^2 + 4abxy + 4acy^2)$$

となり，$A\overline{A} = n I_D$ の証明（3 節）より，$a < 0$ かつ f は原始的であるから，

$$n = \gcd(\alpha \alpha', \alpha \beta' + \alpha' \beta, \beta \beta') = -(4a)\gcd(a, b, c) = -4a$$

を得る．$a < 0$ と仮定したので，$N(A) = n = -4a$ であり，$\varphi(A, \alpha, \beta) = f$ である．簡単な計算により，基底 $\{\alpha, \beta\}$ は向きづけられている．

証明を終わらせるには，$\{\alpha, \beta\}$ が A の整基底であることを示さなければならない．$B = \{\alpha x + \beta y \mid \alpha, \beta \in \mathbf{Z}\}$ がイデアルであることを示せば十分である．その場合にはそのイデアルは，イデアル $A = (\alpha, \beta)$ であるに違いないからである．

9 節の演習問題により，I_D の整数は $\lambda = \dfrac{u + v\sqrt{D}}{2}$ という形をしている．ただし $u, v \in \mathbf{Z}$ かつ $u \equiv vD \pmod{2}$ である．

すると，任意の $\mu = 2ax + (b+\sqrt{D})y \in B$ に対して $\lambda\mu \in B$ となることを示さなければならない．さて，

$$\lambda\mu = \left(\frac{u+v\sqrt{D}}{2}\right)(2ax + (b+\sqrt{D})y)$$

$$= xua + \frac{ybu}{2} + \frac{yvD}{2} + \left(xva + \frac{yvb}{2} + \frac{uy}{2}\right)\sqrt{D}$$

$$= \left(x\frac{u-vb}{2} - yvc\right)2a + \left(xva + y\frac{u+vb}{2}\right)(b+\sqrt{D})$$

となる．$2a$ と $b+\sqrt{D}$ の係数が整数であることを示さなければならないが，

$$D = b^2 - 4ac \implies D \equiv b^2 \pmod{4a} \implies D \equiv b^2 \pmod{2}$$

$$\implies D \equiv b \pmod{2}$$

したがって，

$$u \equiv vD \pmod{2} \implies u \equiv vb \pmod{2} \implies u \equiv -vb \pmod{2}$$

となり，$\dfrac{u-vb}{2}$ も $\dfrac{u+vb}{2}$ も整数である．

 ii) $a > 0$ ならば，基底 $\{2a, b+\sqrt{D}\}$ は向きづけられていない．この場合には，$A = (2a, b-\sqrt{D})$ と置いて i) の場合の証明を繰り返せ．（演習） □

IV) α_1, β_1 と α_2, β_2 が A の基底である $\iff f_{\alpha_1, \beta_1} \sim f_{\alpha_2, \beta_2}$ (1)

ここで $\sim$ とは形式の正式同値を意味する．さらに，A の基底を結ぶ行列 M も対応する形式の同値を定める．

 IV より，φ から

$$\varphi'(A) = \overline{f}_{\alpha,\beta}, \text{ただし}\alpha, \beta \text{は} A \text{の任意の基底}$$

で定義される全射

$$\varphi': \text{イデアル} \to \{\text{原始的形式（} D < 0 \text{のときは正の定符号）}$$

の正式同値類 $\overline{f}$}

が作られることがわかる．

V) $A \approx B$ ならば $\varphi'(A) = \varphi'(B)$

したがって φ' は厳密イデアル類の上で定数であり，$[A]$ における任意のイデアルの基底 $\{\alpha, \beta\}$ に対して

$$\overline{\varphi}([\boldsymbol{A}]) = \overline{f}_{\alpha, \beta}$$

で定義される全射

$$\overline{\varphi}: 厳密イデアル類 \to \{ 原始的形式（D < 0 のときは正の定符号）$$

の正式同値類 $\overline{f}$}

が作られる．

IV) により，$\overline{\varphi}$ は単射であり，したがって全単射である．$\mathbf{Q}(\sqrt{D})$ に制限して要約すると：

対応定理 $\overline{\varphi}$ は，I_D におけるイデアルの厳密同値類と判別式 D の原始的形式（$D < 0$ のときは正の定符号）の正式同値類の間の全単射である．

判別式が 2 次体の判別式，すなわち基本判別式ではないような原始的形式，たとえば判別式 $4 \cdot 3^2 \cdot 11^4 \cdot 19$ をもつ形式 $x^2 - 3^2 \cdot 11^4 \cdot 19 y^2$ のようなものへと一般化するためには，I_D の部分環，ディリクレの「順序」，そしてこれらの環の $\mathbf{Z}$ 加群を考えなければならない．上の例では，

$$\{r + s\sqrt{4 \cdot 3^2 \cdot 11^4 \cdot 19}\} = \{r + s(2 \cdot 3 \cdot 11^2)\sqrt{19}\} \subseteq I_{19}$$

と考える．一意分解や我々の対応を含む，イデアルについての全体的理論は，持ち越すことにしよう（詳しくは [Ada-Gol] や [Bor-Sha] を見よ）．

原始的形式の同値類と厳密イデアル類の間のこの対応は，形式と体の間で概念や結果を翻訳するときの辞書を本質的に与えるものである．

17.11 対応の応用

類数

D を基本判別式とする.判別式 D の原始的形式($D<0$ のときは正の定符号)の正式同値類の個数 $h(D)$ が有限であることはわかっている(12.9 節).対応定理により,これは h'_D,つまり $Q(\sqrt{D})$ の厳密類数に等しい.したがって,次の系を得る.

系 h'_D は有限である.

被約形式理論は形式の類数を計算するアルゴリズムを提供した(第 12 章)が,それが今度は体の厳密類数を計算するのに応用できる.上の系により,次の定理が証明できる.

定理 $\mathbf{Q}(\sqrt{D})$ の類数 h_D は有限である.

〔証明〕 どのイデアル類も高々 2 つの厳密イデアル類に分けられる.このことを示すために,イデアル A, B, C は同値だが,どの 2 つも厳密同値ではないと仮定する.すると,$A = \lambda B, B = \mu C, N(\lambda), N(\mu) < 0$ であるから,$A = \lambda \mu C, N(\lambda \mu) = N(\lambda)N(\mu) > 0$ となり,A が C に厳密同値でないという仮定に反する.したがって $h'_D \leq 2h_D$ となり,証明が終わる. □

h_D と h'_D の間の関係は,もっと精密にすることができる.

命題
1) $D < 0$ ならば $h'_D = h_D$,
2) $D > 0$ かつ κ が I_D の基本単元(16.5 節)ならば

   (i) $N(\kappa) = -1 \implies h'_D = h_D$

   (ii) $N(\kappa) = 1 \implies h'_D = 2h_D$

このことは証明せず,基本単元を求めるアルゴリズムが,今度は h'_D から h_D を計算するのに役立つことを指摘しておく([Ada-Gol] および 16.5 節における単元とそのペルの方程式との関係についての議論を見よ).

例 $h(-24)$, すなわち基本判別式 -24 の原始的形式の類数は 2 である (13.9 節). よって $-24 < 0$ だから, $h'_{-24} = h_{-24} = 2$ である.

さまざまな類数の間の関係から,「$h(D) = 1$ となる基本判別式 $D > 0$ は無限個ある」というガウスの予想が, $h_D = 1$ となる (たとえば一意分解性をもつ) 実 2 次体が無限個あるという予想と同値であることがわかる.

単元と形式の自己同型

我々の対応の下で, 単元が形式の自己同型に対応することを証明する. このことを見るために, 前節の写像 φ をもっと詳しく調べてみよう.

$A \approx B = \lambda A$ とすると,

1) $\{\alpha, \beta\}$ が A の基底であることと $\{\lambda\alpha, \lambda\beta\}$ が B の基底であることは同値である.

2) $\varphi(A, \alpha, \beta) = \varphi(B, \lambda\alpha, \lambda\beta)$

ここで $\lambda = u$ (単元) と置くと, 両辺が互いに相手を割り切るから, $A = uA$ である. 1) と 2) により, $f_{\alpha,\beta} = f_{\lambda\alpha,\lambda\beta}$ であり, また 1) と 10 節の性質 IV により, $f_{\alpha,\beta}$ を $f_{\lambda\alpha,\lambda\beta}(= f_{\alpha,\beta})$ へと変換する行列 M が存在する. すなわち M は自己同型である. こうして単元が自己同型に対応することがわかり, これらを別々に数えたのに同じ答えが得られた (13.7 節と 16.5 節) 理由もわかるのである.

類群, 形式の合成, そして形式による数の表現

13.9 節において, 形式の合成に関するガウスの理論およびガウスとその先人たちがどのようにしてノルムと 2 次整数を用いてこれらの考えに導かれたのかについて論じた.

与えられた基本判別式 D に対し, 判別式 D をもつ原始的形式の正式同値類は類の合成の下で群をなし, $\mathbf{Q}(\sqrt{D})$ の厳密イデアル類は類の乗法の下で群をなし, そして $\overline{\varphi}$ はこれらの群の間の全単射である. 実際, $\overline{\varphi}$ はこれらの群の間の同型であり, こうして合成に関する問題は, 厳密類群の構造に関する問題へと翻訳されるのである. 一般的に, 形式の群よりも厳密類群について考える方がずっと容易である.

整数 m が形式 $f(x, y)$ で表現されるとき, すなわち, ある $u, v \in \mathbf{Z}$ に対し

て $m = f(u,v)$ となるとき，m は f に同値なすべての形式によって表現され，このことを「m は正則同値類 $\overline{f}$ によって表現される」と言うことを思い起こそう．我々の対応の下では，原始的形式の類 $\overline{f}$ （f は基本判別式 D をもつ）によって m を表現することは，I_D においてノルム m をもつイデアルが存在することと同値である．

D が基本判別式であり，f_1 と f_2 が判別式 D をもち，m が $\overline{f_1}$ によって表現され，そして n が $\overline{f_2}$ によって表現されるならば，mn は合成 $\overline{f_1} \cdot \overline{f_2}$ によって表現される（13.9節）．このことの美しい部分的逆は，ガウスによるものである．

定理 mn が $\overline{f}$ で表現され，$\mathrm{disc}(f) = D$，そして $\gcd(m,n) = 1$ ならば，類 $\overline{f_1}$ および $\overline{f_2}$ が存在し，$\overline{f} = \overline{f_1} \cdot \overline{f_2}$ であり，m は $\overline{f_1}$ で表現され，n は $\overline{f_2}$ で表現されるようにすることができる．

証明は体の言葉で述べられ，それほど困難ではない．

合成と表現についてのもっと詳細な議論は，任意の判別式の原始的形式も含め，[Ada-Gol] に証明付きで述べられている．Borevich and Shafarevich [Bor-Sha] は，形式の表現論と種の理論の両方を体の言葉で扱っている．

17.12 有理素数の分解再考

6節において，p を有理素数とするとき，$(p) = pI_d$ が I_d において高々2つの素イデアルへと分解されることを証明した．より厳密に言うと，(p) は惰性（(p) が素数）であるか，分裂（$(p) = P\overline{P}$，$P \neq \overline{P}$ かつ P と $\overline{P}$ は素）するか，あるいは分岐（$(p) = P^2$ かつ P は素数，よって $P = \overline{P}$）するかのいずれかである．

ここではこの分解とその平方剰余との関連について，より詳しい情報を与えることにしよう．$\mathbf{Q}(\sqrt{d})$ の判別式 D は，$D \equiv 1 \pmod{4}$ に対しては $D = d$ で，$d \equiv 2, 3 \pmod{4}$ に対しては $D = 4d$ で与えられることを思い出そう．p が奇素数のときは，$p \nmid D$ と $p \nmid d$ が同値であるという事実を頻繁に用いることになるだろう．

定理 p を奇素数，D を $\mathbf{Q}(\sqrt{d})$ の判別式とすると，

(i) $p \nmid D$ かつ $x^2 \equiv d \pmod{p}$ が $\mathbf{Z}$ に解をもたないならば，(p) は惰性である

(ii) $p \nmid D$ かつ $x^2 \equiv d \pmod{p}$ が $\mathbf{Z}$ に解をもつならば，(p) は分裂する

(iii) $p \mid D$ ならば (p) は分岐する

2つの証明を与える．1つ目のものは構成的であり，2つ目のものは平方剰余との関係により深い洞察を与える．

〔第1の証明〕 (i) この場合には，$p \nmid D$ という条件は与えすぎであることに注意しよう．というのは，$p \mid D$ ならば $p \mid d$ であり，$0^2 \equiv d \pmod{p}$ だからである．

さて，(p) が2つの素イデアルに分解して $(p) = P\overline{P}$ となるとしよう．すると，I_d/P は $N(P) = |I_d/P| = p$ 個または p^2 個の元をもつ有限体である（8節）．$p^2 = N((p)) = N(P)N(\overline{P}) = N(P)^2$ であるから，$N(P) = p$ でなければならない．これは矛盾であり，したがって P は惰性である．

$n \in \mathbf{Z}$ に対して，$\overline{n} \to n + P$ で定義される写像 $\varphi : \mathbf{Z}/p\mathbf{Z} \to I_d/P$ を考える．φ が定義可能であることを見るには，$\overline{m} = \overline{n}$ ならば $m \equiv n \pmod{p}$ であること，そして $P \mid (p)$ だから $m \equiv n \pmod{P}$ であること，したがって $m + P = n + P$ であることを見ればよい．

$$\varphi(\overline{m}) = \varphi(\overline{n}) \implies m + P = n + P \implies m - n \in P \implies P \mid m - n$$
$$\implies \overline{P} \mid m - n \implies P\overline{P} = (p) \mid m - n$$
$$\implies m \equiv n \pmod{p} \implies \overline{m} = \overline{n}$$

となるから，φ は単射である．

よって I_d/P の剰余類はどれも整数を含み，特に $a \in \sqrt{d} + P$ となるような $a \in \mathbf{Z}$ が存在する．

したがって，$a \equiv \sqrt{d} \pmod{P}$，$a^2 \equiv d \pmod{P}$ であり，$P \mid p$ であるから，$a^2 \equiv d \pmod{p}$ である．これは $x^2 \equiv d \pmod{p}$ が解をもたないという仮定に矛盾する．

(ii) $a \in \mathbf{Z}$ が $a^2 \equiv d \pmod{p}$ を満たすとする．$p \nmid d$ だから，$p \nmid a$ そして $(a, p) = 1$ である．

$A = (p, a+\sqrt{d})$ とすると $\overline{A} = (p, a-\sqrt{d})$ である．$A\overline{A} = (p)$ かつ $A \neq \overline{A}$ を主張する．そうすればこの節の最初の段落で論じたことにより，A は素であり (p) は分裂する．

まず

$$A\overline{A} = (p^2, p(a+\sqrt{d}), p(a-\sqrt{d}), a^2-d)$$
$$= (p)(p, (a+\sqrt{d}), (a-\sqrt{d}), \frac{a^2-d}{p})$$

が成り立つ．ただし $p \mid (a^2-d)$ である．しかしこの後の方のイデアルは p と $2a = (a+\sqrt{d}) + (a-\sqrt{d})$ を含み，これらは互いに素である（p は奇数で $(a,p) = 1$ より）から，1 を含み，I_d に等しい．したがって $A\overline{A} = (p)$ である．

$A = \overline{A}$ ならば，上のように A は p と $2a$ を含み，$A = I_d$ となるから矛盾である．

(iii) $A = (p, \sqrt{d})$ とすると，$A = \overline{A}$ かつ $A\overline{A} = (p)(p, \sqrt{d}, \frac{d}{p})$ となる．ただし，仮定より，$p \mid d$ である．しかし，d は平方因子をもたないから，$\gcd(p, \frac{d}{p}) = 1$ である．したがって $(p, \sqrt{d}, \frac{d}{p}) = I_d$ かつ $(p) = A^2$ で，(p) は分岐する． □

〔第 2 の証明〕 商環についてのある程度の知識は仮定する．

1) $d \equiv 2, 3 \pmod{4}$ とする．$I_d \to I_d/(p)$ の標準的準同型の下で，

$$\{(p) \text{ を割り切る } I_d \text{ の素イデアル}\} = \{I_d \text{ の素イデアル} \supseteq (p)\}$$

と (1)

$$\{I_d/(p) \text{ の素イデアル}\}$$

の間の準同型が存在する．

さて，一連の同型を導入しよう．まず

$$I_d = \{u + v\sqrt{d} \mid u, v \in \mathbf{Z}\} \cong \mathbf{Z}[x]/(x^2-d)$$

である．よって

$$I_d/(p) \cong (\mathbf{Z}[x]/(x^2-d))/(p) \cong \mathbf{Z}[x]/(x^2-d, p)$$

となる．
$$\mathbf{Z}[x]/p\mathbf{Z}[x] \cong (Z/p\mathbf{Z})[x] = F_p[x]$$
であり，また環 $\mathbf{Z}[x]$ に関係式 $x^2 - d = 0$ および $p = 0$ が導入される順序は最終結果とは無関係であるから，
$$I_d/(p) \cong \mathbf{Z}[x]/(x^2-d, p) \cong (\mathbf{Z}[x]/p\mathbf{Z}[x])/(x^2 - \overline{d}) = F_p[x]/(x^2 - \overline{d})$$
となる．ただし $\overline{d}$ は p を法とする d の剰余類である．

同型 $I_d/(p) \cong F_p[x]/(x^2 - \overline{d})$ の下では，一方の環の素イデアルはもう一方の環の素イデアルと対応する．これと式 (1) を組み合わせると，
$$\{(p) を割り切る I_d の素イデアル\}$$
は
$$\{F_p[x]/(x^2 - \overline{d}) の素イデアル\}$$
に対応し，またこれは
$$\{(x^2 - \overline{d}) を含む F_p[x] の素イデアル\}$$
に対応して，$F_p[x]$ は単項イデアル整域であるから，これは
$$\{x^2 - \overline{d} を割り切る F_p[x] の既約多項式\}$$
に対応する．しかし $F_p[x]$ は一意分解整域であるから，$x^2 - \overline{d}$ は素多項式であるか，あるいは 2 つの 1 次因数に一意的に分解される．

$x^2 - \overline{d}$ が素多項式である（またそれに対応して (p) が I_d で惰性である）ことはこの多項式が F_p に解をもたないことと同値であり，解をもたないことは $x^2 \equiv d \pmod{p}$ が解をもたないことと同値である．

$x^2 - \overline{d}$ が分解することは
$$x^2 - \overline{d} = (x - \overline{a})(x - \overline{b}) \iff \overline{a} + \overline{b} = 0 \iff \overline{b} = -\overline{a}$$
$$\iff \overline{d} = \overline{a}^2 \iff a^2 \equiv d \pmod{p}$$
$$\iff x^2 \equiv d \pmod{p} \text{ が解をもつ}$$
ことと同値である．

$p \nmid D$ （したがって $p \nmid d$）ならば，$p \nmid a$ かつ $\bar{a} \neq -\bar{a}$（p は奇数だから）であり，よって $(x^2 - \bar{d})$ を割り切る2つの素イデアル，すなわち $(x - \bar{a})$ と $(x - \bar{b})$ が存在する．これと対応して，(p) を割り切る2つのイデアルが I_d に存在し，(p) は分裂する．

$p \mid D$（したがって $p \mid d$）ならば，$p \mid a$, $\bar{a} = -\bar{a}$, そして $(x - \bar{a}) = (x + \bar{a})$ であるから，対応する I_d の素イデアルは等しく，(p) は分岐する．

2) $d \equiv 1 \pmod{4}$ とすると，$I_d = \mathbf{Z}\left[\dfrac{1}{2} + \dfrac{\sqrt{d}}{2}\right] \cong \mathbf{Z}[x]/\left(x^2 - x + \dfrac{1-d}{4}\right)$ である．ここで $x^2 - x + \dfrac{1-d}{4}$ は $\dfrac{1}{2} + \dfrac{\sqrt{d}}{2}$ に対する $\mathbf{Q}$ 上の既約多項式（16.4節）である．前の場合と同じ手順に従うことにより，

$$\{(p) \text{ を割り切る } I_d \text{ の素イデアル}\}$$

は

$$\{x^2 - x + (1 - \bar{d})\bar{4}^{-1} \text{を割り切る } F_p[x] \text{ の既約多項式}\}$$

に対応する．

11.1節のテクニックを使うと，$x^2 - x + (1 - \bar{d})\bar{4}^{-1}$ の分解は $y^2 = \bar{d}\bar{4}^{-1}$ または $z^2 = \bar{d}$ の分解へと還元される．ただし $z = \bar{2}y$ である．こうして第一の場合と同じ多項式へと帰着されたので，同じ結果が得られる．

ルジャンドル記号は，$p \nmid a$ に対して，$x^2 \equiv a \pmod{p}$ が $\mathbf{Z}$ で解をもたなければ $\left(\dfrac{a}{p}\right) = -1$, 解をもてば $\left(\dfrac{a}{p}\right) = 1$, $p \mid a$ ならば $\left(\dfrac{a}{p}\right) = 0$ と定義されたことを思い出そう．$\left(\dfrac{D}{p}\right) = \left(\dfrac{d}{p}\right)$ はいつも成り立つから，I_d の判別式 D および任意の素数 p に対して，我々の定理を次のように述べ直すことができる．

定理 p を奇素数，D を $\mathbf{Q}(\sqrt{d})$ の判別式とすると，

i) $\left(\dfrac{D}{p}\right) = -1$ ならば (p) は惰性である．

ii) $\left(\dfrac{D}{p}\right) = +1$ ならば (p) は分裂する．

iii) $\left(\dfrac{D}{p}\right) = 0$ ならば (p) は分岐する．

$p = 2$ に対しても似たような一連の条件を与えることができる（[Ire-Ros] を見よ）．平方剰余の相互法則を用いれば，我々の判定条件をより深く，そしてより美しく定式化することができる．

定理 p が奇数であるとき，I_d における (p) の分解の形は，D を法とする p の剰余類によって定まる．より明確には，奇素数 q に対して $p \equiv q \pmod{D}$ のとき，(p) が惰性，分裂，分岐のいずれであるかは (q) がそのいずれであるかに等しい．

〔証明〕 奇素数で分岐するもの（D の素因数）は有限個しかない．(p) が分岐して $p \equiv q \pmod{D}$ ならば，$p \mid D$, $p = q$ で (q) も分岐する．よって考えなければならないのは，(p) が分裂あるいは惰性の場合，すなわち $p \nmid D$ である場合である．

i) $d \equiv 2, 3 \pmod{4}$, $D = 4d$, かつ $p \nmid D$ であるとする．

$d > 0$ かつ $p \equiv q \pmod{4d}$ ならば，平方剰余の相互法則の形式 $1'$（11.5 節）により，

$$p \equiv q \pmod{4d} \implies \left(\frac{d}{p}\right) = \left(\frac{d}{q}\right) \implies \left(\frac{D}{p}\right) = \left(\frac{D}{q}\right)$$

となり，証明が終わる．

$d < 0$ ならば，

$$\left(\frac{D}{p}\right) = \left(\frac{-|D|}{p}\right) = \left(\frac{-1}{p}\right)\left(\frac{|D|}{p}\right) = (-1)^{\frac{p-1}{2}}\left(\frac{|D|}{p}\right)$$

であり，同様に $\left(\dfrac{D}{q}\right) = (-1)^{\frac{q-1}{2}}\left(\dfrac{|D|}{q}\right)$ となる．$p \equiv q \pmod{4d}$ ならば，$p \equiv q \pmod{4|d|}$ であり，相互法則により，$\left(\dfrac{|d|}{p}\right) = \left(\dfrac{|d|}{q}\right)$，よって $\left(\dfrac{|D|}{p}\right) = \left(\dfrac{|D|}{q}\right)$ となる．しかし $p \equiv q \pmod{4d}$ から $p \equiv q \pmod{4}$ も得られ，これにより $(-1)^{\frac{p-1}{2}} = (-1)^{\frac{q-1}{2}}$ となり，証明が終わる．

ii) $d \equiv 1 \pmod 4$, $D = d$, かつ $p \nmid D$ とすると，D は奇数で，ヤコビ記号に対する相互法則（11.8 節）（$D < 0$ のときも成り立つ）により

$$\left(\frac{D}{p}\right) = (-1)^{\frac{p-1}{2} \cdot \frac{D-1}{2}}\left(\frac{p}{D}\right) = \left(\frac{p}{D}\right)$$

となる．なぜなら $\dfrac{D-1}{2}$ は偶数だからである．よって $\left(\dfrac{D}{p}\right)$ は D を法とする p の剰余類のみに依存する． □

したがって，与えられた I_d において有理素数がどのように分解されるかという問題は，有限個の合同条件のみに依存する．我々の分解法則の後の方の形は，本質的に平方剰余の相互法則と同値であり ([Edw 1, 7.8 節] を見よ)，よって相互法則と数体において有理素数を分解することの間には密接な関係が見られるのである．次の節では，これらの考えの一般化に関係した一般相互法則を議論しよう．

形式と体の間の対応 (10 節) の下で，I_d における (p) のイデアル類は，$d \equiv 2, 3 \pmod{4}$ ならば $x^2 - dy^2$ の正式同値類に対応し，$d \equiv 1 \pmod 4$ ならば $x^2 - xy + \left(\dfrac{1-d}{4}\right) y^2$ の類に対応する．2 次体における有理素数の分解に対する我々の法則は，形式の合成を通して，形式による数の表現に関する重要な結果をもたらし，この一連の考えは自然に，形式に対するガウスの種数の理論へとつながっていくのである ([Ada-Gol, 11.5 節] および [Bor-Sha 第 3 章 8 節] を見よ)．

17.13　一般相互法則

ここでは B. Wyman による美しい論文 [Wym] に従って，相互法則に対する 20 世紀の見方を提示しよう．

我々の興味の対象は，$f(x)$ が整数係数の多項式であるときの方程式 $f(x) = 0 \pmod p$ の可解性である．そして $x \in \mathbf{Z}$ であってほしいのである．$f(x)$ が 2 次式のときは，11.1 節において，この問題を $x^2 - d \equiv 0 \pmod p$ という形の多項式に対する問題へと帰着させる方法を調べ，平方剰余の相互法則につながった．

より一般的に，モニックな多項式 $f(x) = a_0 + a_1 x + \cdots + a_{n-1} x^{n-1} + x^n$ が $\mathbf{Z}$ 上で既約であるとして，$f_p(x) = \Sigma \overline{a}_i x^i$ とする．ここで，$\overline{a}_i$ は p を法とする a_i の剰余類である．$f_p(x)$ が有限体 F_p 上で 1 次の異なる因数に分解されるとき，$f(x)$ は p を法として完全に分解するという．

$$\mathrm{Spl}(f) = \{p \mid p\text{ を法として }f\text{ が完全に分解する}\}$$

としよう．Spl(f) をある種の「よい」方法で f の言葉によって特徴づけることで，高次剰余の相互法則をおぼろげながら描くことができる．

例（平方剰余の相互法則） p を奇素数とし，$f = x^2 - d$, $f_p = x^2 - \bar{d}$, $d \neq 0$ とすると，

$$\left(\frac{d}{p}\right) = 1 \iff \text{ある } b \text{ に対して } b^2 \equiv d \pmod{p}$$

$$\iff f_p \text{ が異なる根 } \bar{b} \text{ と } -\bar{b} \text{ をもつ}$$

$$\iff p \in \mathrm{Spl}(f)$$

すると，最初の形の平方剰余の相互法則が次のように述べ直される．

$$p \in \mathrm{Spl}(f) \iff p \not\mid d \text{ であり，} p \text{ が } 4d \text{ を法として，}$$

ある数の集合と合同である

すなわち，Spl(f) は，$4d$ を法とする合同条件によって表されるのである．

非常に一般的な相互法則を述べる前に，ガロア理論のいくつかの概念を簡単に振り返っておこう．

f の分解体とは，体 $\mathbf{Q}(r_1, \cdots, r_n)$ のことで，r_i は f の複素数根である（Spl(f) と混同しないように）．f のガロア群 Gal(f) とは，$\mathbf{Q}$ の各元を動かさない $\mathbf{Q}(r_1, \cdots, r_n)$ の自己同型のなす群である．ガロア理論は，Gal(f) の部分群と $\mathbf{Q}(r_1, \cdots, r_n)$ の部分体との間の関係に関する理論である．f が**アーベル多項式**である（そして $\mathbf{Q}(r_1, \ldots, r_n)$ が $\mathbf{Q}$ の**アーベル拡大**である）とは，Gal(f) がアーベル群となることである．

アーベルの多項式定理 f が有理整数を係数とするモニックな多項式で，$\mathbf{Z}$ 上で既約ならば，

Spl(f) が f のみに依存する法に関する $\iff$ f がアーベル多項式
合同条件で表現される

$\Longleftarrow$) は，現在知られているもっとも一般的な相互法則であるアルティンの相互法則と同値である．

354　第17章　代数的整数論〔3〕：2次体のイデアル

　この定理を証明するには，類体論（代数体上のアーベル拡大の理論）を含む，かなりの分量の代数的整数論の理論を必要とする．

　それ以前のすべての相互法則，すなわち平方剰余，立法剰余，4次剰余，そしてアイゼンシュタインの相互法則などはすべてアルティンの相互法則の特別な場合である．一般相互法則に関するより広く深い議論については [Tat] を見よ．

　2次体に強い力点を置いた代数的整数論への入門は，これで終わりである．この理論のより深い面について探検したいと望む読者は，ガロア理論の役割を含む一般的入門を勉強しなければならない．この先には（ゼータ関数を含む）解析的理論や類体論がある．

　始めるのに最適な場所は，おそらく論文集『数論から物理まで(*From Number Theory to Physics*)』[W-M-L-I] の中の，Harold Stark による「ガロア理論，代数的整数論，そしてゼータ関数」という章であろう（この本には他に，ゼータ関数に関する Cartier の章など多くのすばらしい論説が含まれている）．Hecke [Hec] は古典的アプローチに関する最高の本であり，Borevich and Shafarevitch [Bor-Sha]，Marcus [Mar]，Lang [Lan 3] など，より現代的なさまざまな書物についてもすでに言及してきた．代数的整数論へのもうひとつのアプローチ，いわゆる「局所理論」については，この本の最後の節で議論するであろう．

追記：ディリクレと19世紀の数論

　我々はグスタフ・ペーター・ルジューヌ・ディリクレ (1805–1859) の仕事について頻繁に述べてきたが，この人についての人物描写はしてこなかったし，彼を歴史的文脈の上に乗せることもしなかった．

　ディリクレは19世紀の最も影響を及ぼした数論学者で，解析学や応用数学の業績でも有名である．彼はガウスの『整数論』のすべてを修得した最初の人であった．エドゥアルト・クンマー (Eduard Kummer) によれば，ディリクレは『整数論』を単に何回も読んだだけでなく，彼の人生を通じて，それは彼が仕事をしている机の上につねに置いてあり，絶え間ない研究の源であった．ディリクレはガウスの整数論をやり直し，簡単にし，そして付け加え，またこの書物についてベルリンとゲッティンゲンにいた年月の間，講義し続けた．彼

のクラスの学生には，アイゼンシュタイン，クロネッカー，デデキント，そしてリーマンがいた．

彼の死後，ディリクレの講義はデデキントによって編集され，1863年に『*Vorlesungen über Zahlentheorie*（数論講義）』と題して刊行された．この本はそれ以来，数論の世界では「Dirichlet-Dedekind」と呼ばれている．デデキントは続く3つの版に追記を加え，最後の第4版 [Dir-Ded] は代数的整数論へのデデキントの基本的貢献の決定版（16.1節の議論を見よ）が含まれている．今日においてさえ，Dirichlet-Dedekind は数論への明快で魅力的な入門書であり続けているのである．

ディリクレは数論のいくつかの部分で貢献をなしている：ディオファントス方程式，4次剰余の相互法則，代数的整数論（ディリクレの単元定理 [Hec, 3.5節]），ディオファントス近似とディリクレの箱入れ原理（鳩の巣原理）（21.2節），2次体の類数公式（12.10節），等差数列の素数に関する定理（8.4節）．最後の2つの定理の証明において，彼は今日ディリクレ級数（16.4節）と呼ばれているものを含め，解析の手法を数論に取り入れた．多くの人が，彼の業績，特に彼の2部にわたる論文 "*Recherches sur diverses applications de l'analyse infinitésimale à la théorie des nombre*" [Dir] を，解析的整数論の真の始まりとみなしている．ディリクレの考えの入門については [Ell, W-Ell, F] を，より正式な証明については [Hec] や [Ire-Ros] を見よ．

ディリクレについて英語で書かれた論説は，『科学伝記辞典』の中の Oystein Ore による短い伝記風のエッセイと，David Rowe による大変おもしろい論説 [Row] だけであると思われる．後者はディリクレの4次剰余に関する業績を強調し，またガウスとのいくつかの書簡やディリクレから母親に宛てた情報量の多い手紙が載せられている．ディリクレのすばらしい議論とクンマーの長い記念講演 [Dir] の小さな部分の英訳が，[Sch-Opo] にある．

第18章

曲線の算術〔1〕：有理点と平面代数曲線

18.1 導入

　さて，19世紀に集中的な発展が始まった代数的整数論のテーマから，20世紀の数論の主要な話題のひとつである曲線の算術へと話を変えよう．曲線の算術，あるいは算術的代数幾何とは，代数幾何の手法の数論への応用である．

　我々の2つの主要な目的は，「楕円曲線上の有理点」の有限生成に関するモーデルの定理と，そのような「有限位数の点」を特徴づけるルッツ・ナゲル (Lutz-Nagell) の定理である．これらの定理の特殊な場合を証明し，そのあとこれらの話題についてより一般的に議論しよう．そのために，代数幾何学や複素関数論からのいくつかの結果を仮定しなければならないだろうが，それらの結果については証明なしに概略を述べ，可能な限り直観的にするようにしたい．代数幾何学における結果についての我々の表現は，古典的なアイデアに従ったものであるが，それらを正確に，そして限りなく一般的に定式化し，かつ証明することは困難であり，そこから現代の抽象代数的な扱いが生まれたのである．ここで述べることは，ジョン・テート (John Tate) の講義 [Tat 2] に強い影響を受けている．彼はそこで，理論の深い部分のいくつかが初等的な方法で扱えることを示している．テートの講義録はその後内容が拡充・更新されて，書物になっている [Sil-Tat]．

　古典的な考えと現代的考えを交え，歴史的な発展もたどりつつ代数曲線を美しく扱ったものとしては，Brieskorn and Knorrer [Brie-Kno] を見よ．Walker [Wal] は代数的手法を用いた，古典的観点からのすばらしい入門書であり，Fulton [Ful] は，現代代数学的な設定における曲線論への入門書である．代数

幾何学への良い参考書としては，他に Shafarevich [Sha]（歴史に関する追記つき），Jenner [Jen], Kendig [Ken], Reid [Rei, M], Mumford [Mum], Kirwan [Kir], そして Hartshorne [Har] がある．

算術的代数幾何は，1901年のポアンカレによる基本的論文 [Poi] に始まり，主に20世紀に発展した．しかしながら，多項式の方程式の有理数解について研究したディオファントスまでさかのぼる，多くの結果がそれより前に存在する．そうした歴史については少しの間後回しにしよう．というのも，いくつかの言葉や基礎的結果を述べてからの方が，よりわかりやすく議論できると思うからである．その代わり，ポアンカレの論文におけるアイデアから話を始めよう．

これから述べる話題を現代的に扱ったものとしては，[Sil], [Hus], [Lan 4], [Lan 5], そして [Kob 2] がある．より初等的な議論は [Nag], [Mor 2], [Lev 2], [Ros], [Cha], [Kna], そして [Sil-Tat] に見られる．[Wei1] と [Bas] は，これまでの歴史について相等の分量の情報を含んでいる．

一般的問題： 多項式 $f(x,y) \in \mathbf{Q}[x,y]$（すなわち有理数係数をもつ）が与えられたとき，$f(x,y) = 0$ の有理数解を見つけよ．

幾何学的には，曲線 $C: f(x,y) = 0$ 上のすべての**有理点**（有理数の座標をもつ点）を尋ねていることになる．これらは**平面代数曲線**である．算術的目的のため，$f(x,y)$ は有理数の係数をもつと仮定する．$f=0$ における係数の分母はいつも消去することができるから，$f(x,y)$ を $\mathbf{Z}[x,y]$ の元に制限しても一般性は失われない．曲線 $f=0$ の**次数**（本によっては位数と呼ばれる）とは，多項式 f の次数のことである．

$f=0$ の有理数解を見つけることは，付随した同次多項式方程式（すべての項が同じ次数）の整数解を見つけることと同値である．たとえば，$\left(\dfrac{r}{u}, \dfrac{s}{u}\right)$（共通の分母 u を使って書かれている）が $y^2 = x^3 + 1$ 上の有理点であるとすれば，

$$\left(\frac{s}{u}\right)^2 = \left(\frac{r}{u}\right)^3 + 1 \implies us^2 = r^3 + u^3 \tag{1}$$

となり，

$$ZX^2 = Y^3 + Z^3 \tag{2}$$

の整数解が得られる．

逆に，(2) の整数解はどれも，Z^3 で割ることにより，(1) の有理数解を生み出す．(2) の有理数解は，Z で割ればまた (1) の有理数解をも生み出すという事実は，射影曲線を論じるときに重要な役割を果たすことになる．

一般に，環 $\mathbf{Z}$ よりも体 $\mathbf{Q}$ で考える方が柔軟であるから，整数点の代わりに有理点を調べた方がよい．

記号：R を環とするとき，二つ組 $(x, y), x, y \in R$ は，R 点と呼ばれる．こうして $\mathbf{Z}$ 点（整数点），$\mathbf{Q}$ 点（有理点），$\mathbf{R}$ 点（実数点），そして $\mathbf{C}$ 点（複素数点）を得る．

ここで関心があるのは主として 3 次曲線について調べることであるが，まずは直線と円錐曲線について見てみよう．図を描くのが容易になるように，しばらくの間，曲線は実平面 $\mathbf{R}^2$ で定義されるものとする．

18.2 直線

$a, b, c \in \mathbf{Q}, (a, b) \neq (0, 0)$ の下で，$L : ax + by = c$ を**有理直線**と呼ぶ．明らかに，x が有理数であることと y が有理数であることは同値であるから，すべての有理点が L 上にある．のちに一般化するために，これらの有理点をもっと幾何学的な方法で見ておく方が便利である．2 つの有理点が 1 本の有理直線を定めること，また 2 本の有理直線は平行であるか，1 つの有理点で交わるかのいずれかであることを示すのは簡単な演習問題である．

$y = -\dfrac{a}{b}x + \dfrac{c}{b}$ ($b \neq 0$ とする) のグラフを考えれば，x 軸をパラメータ空間として，パラメータ表示 $x \to \left(x, -\dfrac{a}{b}x - \dfrac{c}{b}\right)$ を行うことができる．直線上の有理点は有理数の値をもつパラメータに対応する（図 1）．

より一般に，L' を他の任意の有理直線，P を L と L' のどちらの上にもない有理点とすると，点 P から L への L' の射影が存在する（図 2）．

Q が有理点ならば，直線 PQ は有理直線で，有理直線 L' と有理点 Q' で交わるか，あるいは L' に平行である．逆に Q' が有理点であれば，PQ' は有理直線で，L と有理点 Q で交わるか，あるいは L に平行である．こうして任意の有理直線 L' 上の有理点が，L と L' のどちらの上にもない有理点からの射影によ

360　第18章　曲線の算術〔1〕：有理点と平面代数曲線

図で, $(x, -\frac{a}{b}x - \frac{c}{b})$

図1

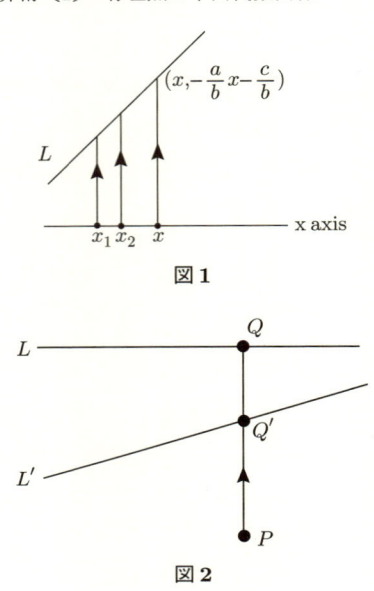

図2

り，L 上の有理点のためのパラメータ空間として使える．上に述べたように，平行になる場合もあるから，この射影は一般には1対1対応ではない．実際これが1対1対応になるのは，L と L' が平行であるときだけである．このことは，射影幾何学を導入するとき（5節）に，L と L' に「無限遠点における有理点」を加えることで克服されるだろう．

18.3　円錐曲線

C を有理円錐曲線

$$C : f(x, y) = ax^2 + bxy + cy^2 + dx + ey + f = 0$$

とする．ただし係数はすべて有理数とする．

最初の問題は，C が有理点をもつかどうかということである．これにはルジャンドルが完全な解決を与えているが，彼の結果については節の終わりで議論しよう．今のところは，C は有理点 R をもつと仮定しておく．有理直線の場合と同様，円錐曲線を R から有理直線へ射影し，C 上の有理点をパラメータ表示する．

18.3 円錐曲線

有理直線の交点は有理点であるが，有理直線 $ax + by + c = 0$ と有理円錐曲線 C の交点は，必ずしも有理点を含むとは限らない．なぜなら，交点の x 座標は有理数の係数をもつ 2 次方程式

$$f\left(x, -\frac{a}{b}x - \frac{c}{b}\right) = 0 \tag{1}$$

を満たし，その根が無理数になるように直線と円錐曲線を選ぶことができるからである．たとえば，$x^2 + y^2 = 1$ と $y = x$ の交点の x 座標は $\pm\sqrt{\frac{1}{2}}$ である．

しかしながら，式 (1) の根のひとつが有理数ならば，もう一方も有理数であり (根の和は x の係数 $\times(-1)$ であり，それは有理数であるから)，それに対応する y 座標の値 $y = -\frac{a}{b}x - \frac{c}{b}$ もまた有理数である．まとめると次の命題となる．

命題 C が，有理点 R を含む有理円錐曲線であるならば，R を通るすべての有理直線がもうひとつの有理点で C と交わる．直線が C に接しているときは，直線が C と 1 点において '重複度 2' で交わると言い，点 R はまた 2 重の交点であると言う．

さて，今や C 上の有理点をパラメータ表示することができる．L を有理直線とし，C を点 R から L へ射影する (図 3)．上の命題により (そして有理直線は有理点で交わることから)，P が有理点であるのは Q が有理点であるときであり，かつそのときに限ることがわかる．こうして L 上の有理点は，C 上の有理点に対するパラメータ空間としての働きをもつのである．

このパラメータ表示は全単射ではない．というのも，直線 RP や点 R における C の接線は，L に平行になるかもしれないからである (図 4)．直線の場

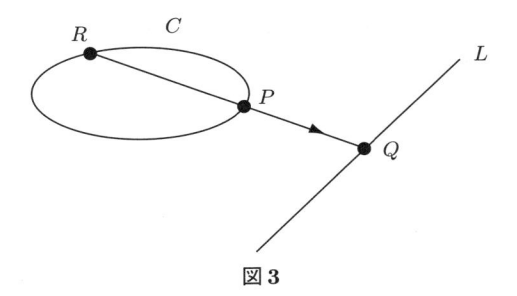

図 3

合と同様，全単射を保つために，のちに我々は「無限遠における有理点」を L に付け加えることになる（5節）．

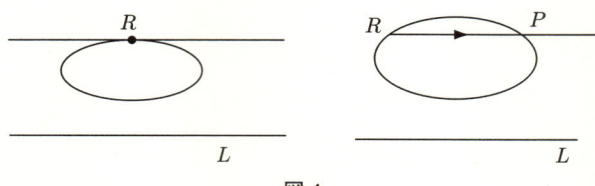

図4

例 円 $C : x^2 + y^2 = 1$ を点 $R = (-1, 0)$ から y 軸へ射影する（図5を見よ）．C 上の点 (x, y) と点 $(-1, 0)$ を結ぶ直線の方程式は $y = t(x+1)$ となる．C 上の各点は，点 $(-1, 0)$ を除き，t のただひとつの値に対応する．t が与えられたとき，x, y を見つけるには，

$$(1+x)(1-x) = 1 - x^2 = y^2 = t^2(1+x)^2$$

を解く．$x = -1$ はこの方程式の解であるから，$1+x$ を消去して，$1-x = t^2(1+x)$ あるいは

$$x = \frac{1-t^2}{1+t^2}, \quad y = \frac{2t}{1+t^2} \tag{2}$$

となる．これは有理関数による $C - \{(0, -1)\}$ のパラメータ表示である．$t = \dfrac{y}{1+x}$ だから，(x, y) が有理点であるのは t が有理数のときであり，かつそのときに限ることがわかる．

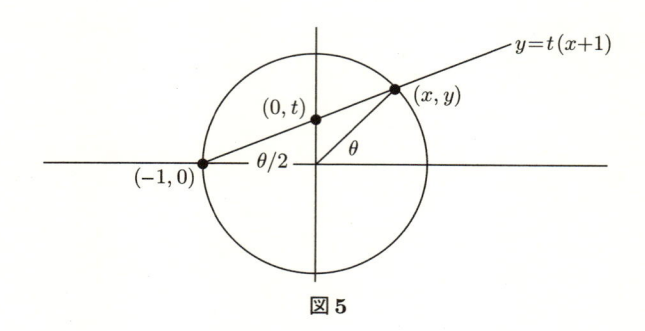

図5

演習 $x = \dfrac{X}{Z}, y = \dfrac{Y}{Z}$ と置くと，$x^2 + y^2 = 1$ 上の有理点は，$X^2 + Y^2 = Z^2$

上の整数点に対応する．パラメータ表示 (2) を用いて，ピタゴラスの三つ組に対する 1.2 節の公式を導け．

円に対する我々のパラメータ表示には他の興味深い応用が存在する．有理点と同様，単位円上の実数点や複素数点においてもこのことが成り立つことを注意しておこう．

例　三角関数の等式

円の上の実数点を考えると，図 5 から

$$x = \cos\theta = \frac{1-t^2}{1+t^2}, \quad y = \sin\theta = 2\frac{t}{1+t^2} \tag{3}$$

となることがわかり，正弦関数および余弦関数の有理関数によるパラメータ表示が得られる．ひとつの角がすべての関数の変数になっているような三角関数の等式を確かめるには，正弦関数や余弦関数を有理関数で置き換え，分母を払って t の多項式に変形し，両辺の差が 0 になるかどうか確かめればよい．

例　三角関数の積分

$I = \int R(\sin\theta, \cos\theta)\,d\theta$ という形の積分を考える．ただし R は，$\sin\theta$ と $\cos\theta$ の有理関数である．図 5 より $\dfrac{\theta}{2} = \arctan t$ だから，$d\theta = \dfrac{2dt}{1+t^2}$ となる．これとパラメータ表示 (3) を積分において置換すると，$I = \int (t\text{ の有理関数})dt$ となり，これは部分分数を用いれば，t の初等関数を使って積分可能である．$t = \dfrac{y}{1+x} = \dfrac{\sin\theta}{1+\cos\theta}$ と置換することにより，θ の三角関数のどんな有理関数の積分も，θ の初等関数を使って表されることが証明される．

演習　点 (1, 1) からの射影を行い，式が簡単になるように直線を注意深く選ぶことにより，$x^2 + y^2 = 2$ 上の有理点を求めよ．

有理円錐曲線が有理点をもつときには，少なくとも原理的には，そのすべてを求めることができるということはすでに示した．しかしながら，必ずしもすべての円錐曲線が有理点をもつとは限らない．

例 $C: x^2 + y^2 = 3$ とすると，$x = \dfrac{X}{Z}, y = \dfrac{Y}{Z}$ と置くことにより，同次方程式 $X^2 + Y^2 = 3Z^2$ が得られ，後者の方程式の整数解は前者の有理点に対応する．

(X, Y, Z) を整数解とする（一般性を失わずに $\gcd(X, Y, Z) = 1$ と仮定してよい）．$3|X$ ならば $9|X^2, 9|Y^2$ だから $3|Y$ である．$9|X^2$ と $9|Y^2$ から，$3|Z^2$ となり，これは $3|Z$ を意味する．したがって $3|X, Y, Z$ となり，$\gcd(X, Y, Z) = 1$ に矛盾する．よって $X \not\equiv 0 \pmod{3}$ であり，同様に $Y \not\equiv 0 \pmod{3}$ である．したがって $X, Y \equiv \pm 1 \pmod 3$, $X^2, Y^2 \equiv 1 \pmod 3$ となり $X^2 + Y^2 \equiv 2 \pmod 3$ が得られる．しかし $X^2 + Y^2 = 3Z^2 \equiv 0 \pmod{3}$ であるから矛盾であり，$X^2 + Y^2 = 3Z^2$ は整数解をもたず，$x^2 + y^2 = 3$ の上に有理点はない．

ルジャンドル [Leg] は，有理円錐曲線が有理点をもつかどうかについて，有限個のステップで判定できるアルゴリズムを見出した．彼は一般の有理円錐曲線から始め，初等的な代数の手法により，この問題が

$$ax^2 + by^2 + c = 0$$

という形の曲線上の有理点を見つけることに帰着することを示した．ただしここで，$a, b, c \in \mathbf{Z}$ は平方因子をもたず，すべてが同じ符号ではなく，$abc \neq 0$ である．$x = \dfrac{X}{Z}, y = \dfrac{Y}{Z}$ と置くことにより，これは $aX^2 + bY^2 + cZ^2 = 0$ の 0 でない整数解を求めることと同値である．後者の問題は次の定理によって解決される．

ルジャンドルの定理 $a, b, c \in \mathbf{Z}$ が平方因子をもたず，すべてが同じ符号ではなく，そして $abc \neq 0$ であるとき，

$$F(X, Y, Z) = aX^2 + bY^2 + cZ^2 = 0$$

が自明でない整数解をもつ $((X, Y, Z) \neq (0, 0, 0))$ のは，$-bc, -ca, -ab$ がそれぞれ a, b, c を法とする平方剰余であるときであり，またそのときに限る．

もちろん後者の条件は有限回のステップでチェックできるから，こうして我々はアルゴリズムを得るのである．この定理の直接的証明については [Leg], [Dav 1], [Gro] を見よ．ルジャンドルの定理はまた，ハッセ・ミンコフスキーの定理の特別な場合と同値でもある．すなわち，

定理 ルジャンドルの定理と同じ条件の下で，$F(X,Y,Z) = 0$ が $\mathbf{Q}$ に自明でない解をもつのは，次の2つの条件が満たされるときであり，またそのときに限る．

i) この方程式が $\mathbf{R}$ に自明でない解をもつ
ii) すべての奇素数 p および $n > 0$ に対し，$F \equiv 0 \pmod{p^n}$ が自明でない解 $((X,Y,Z) \not\equiv (0,0,0) \mod p^n)$ をもつ

この後の形の定理は p 進数の概念と密接に関係しており，のちにその文脈で議論する（第23章）．

18.4　3次曲線と幾何学的形式でのモーデルの定理

ここからは主として，**3次曲線**

$$C : f(x,y) = \sum_{i+j \leq 3} a_{i,j} x^i y^j = 0, \quad a_{i,j} \in \mathbf{Q}$$

上の有理点の集合について考えることにしよう．（代数幾何学ではこれを有理3次曲線とは呼ばないことに注意する．この用語は通常，有理関数によってパラメータ表示される曲線に用いるものである．）

P を曲線 C 上の点とするとき，$\boldsymbol{x(P)}$ および $\boldsymbol{y(P)}$ で点 P の x および y 座標を表す．したがって，$P = (x(P), y(P))$ である．

例 C を曲線 $x^3 + y^3 = 1$ とする．$x = \dfrac{X}{Z}, y = \dfrac{Y}{Z}$ と置くと，C 上の有理点は $X^3 + Y^3 = Z^3$ の整数解に対応する．$n = 3$ に対するフェルマーの最終定理により，自明でない整数解は存在せず，よって C 上には $(1,0)$ と $(0,1)$ 以外に有理点は存在しない．

円錐曲線のときと同じように進めていこう．C の有理点 P と C の点 Q を結ぶ有理割線 $L : ax + by = c, (a, b, c \in \mathbf{Q})$ を考える．すると円錐曲線のときとは違って，Q は有理点である必要はなく，'一般的に' L は C と第三の点 R で交わる（図6）．

しかしながら，Q が有理点であれば，R も有理点である．なぜなら，$x(P)$,

図6

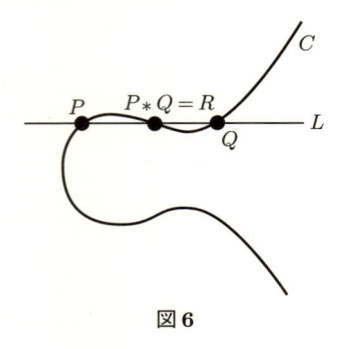

$x(Q), x(R)$ は

$$f\left(x, -\frac{a}{b}x + \frac{c}{b}\right) = 0 \tag{1}$$

の根であり，この方程式は'一般的に'，有理数の係数をもつ3次方程式だからである．$x(P)$ と $x(Q)$ が有理数であることから，f は2つの有理数根をもつ．よって第三の根 $x(R)$ も有理数であり（根の和 $= x^2$ の係数 $\times (-1)$），点 R は有理直線 L 上にあるから，$y(R)$ も有理数である．したがって，$P * Q = R$ と置けば，C 上の有理点の集合に対して合成法則が成り立つ（図6）．

'一般的に'と言うときは，問題が生じる場合もあると言うことを意味する．たとえば，$y^2 = x^3 + 1$ のとき，直線 $x = 0$ は有理点 $(0, -1)$ を通る（図7）．方程式 (1) は2次方程式 $y^2 = 0^3 + 1 = 1$ となるから，この曲線との他の交点は有理点 $(0, 1)$ のみである．次の節で曲線に「無限遠の有理点」を付け加えることによってこの問題を解決することにしよう．

P が C 上の有理点であるとき，点 P における C の接線は，有理数の傾きをもつ（陰関数微分）から有理直線であり，$x(P)$ は式 (1) における重複度2の有

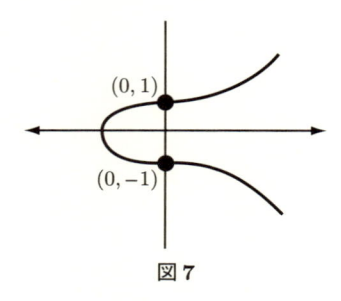

図7

18.4 3次曲線と幾何学的形式でのモデルの定理

理数根である．こうして3番目の根は有理数であり，有理点 R に対応するから，$P*P = R$ と書く（図8）．割線の場合と同様に，曲線との3番目の交点が存在しないような特別な場合を扱う必要がある．たとえば，点 $(-1,0)$ における $y^2 = x^3 + 1$ の接線 $x = -1$ である．

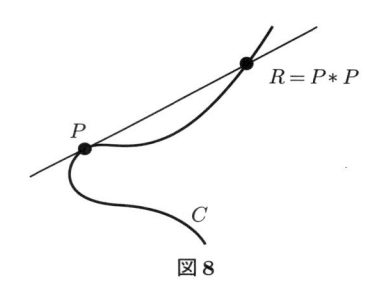

図8

C 上の有理点の任意の集合から始めて，これらの作り方を反復することで，新しい有理点を得ることができる．これは **接線-割線法** と呼ばれる．有理点に関する最初の深い結果のひとつが次のものであった．

モーデルの定理（幾何学版） C を有理数の係数をもつ方程式で定義される'正則な' 3次曲線とすると，C 上の有理点の有限集合が存在し，曲線上のどんな有理点もそこから接線-割線法を有限回適用することで得られる．

砕いて言えば，曲線上の点 P が'正則である'とは，その曲線が点 P において接線を1本だけもつことであり，そうでない場合は，**特異**である．ある曲線が **正則** であるとは，その上のすべての点が正則であることである．より正確な解析的扱いは19.5節において与える．また，我々が実数点か複素数点か，どちらのことを言っているのかについても特定しなければならない．しばらくの間は，実数点のみを考えることにする．

例 $\mathbf{R}$ 上で，点 $\mathbf{0} = (0,0)$ は，曲線 $C : y^2 = x^2(x+a)$ の特異点である．この点では接線が2本引けるからである（図9）．

この例はまた，特異点の重要性についてのある種の考え方をも示している．点 $\mathbf{0}$ を通る直線はこの点で曲線と「2回」交わり，ある点 P においてもう一度交わる．よって，点 $\mathbf{0}$ を通る有理直線 M を用いると，C の有理点を，固定し

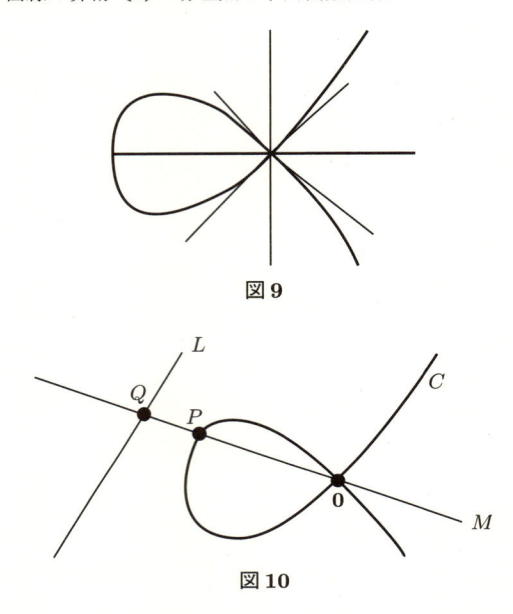

368 第18章 曲線の算術〔1〕：有理点と平面代数曲線

図9

図10

た有理直線 L 上の有理点 Q へと射影することができる（図10）．

　こうして特異点が存在することにより，我々は円錐曲線に対するのと同じ方法を用いて，3次曲線上の有理点を見つけることができ，問題の困難を軽減させることができるのである．

演習　曲線 $y^2 = x^2(x+a)$ の，点 $(0,0)$ から直線 $x=1$ への射影を表す公式を導け．また $a=0$，すなわち $y^2 = x^3$ に対して，パラメータ表示 $t \to (t^2, t^3)$ が得られることを示せ．

　モーデルの定理は，最初に見たときにわかることよりもずっと広い意味をもっている．我々は古典的な観点からそれらのうちのいくつかについて議論し，モーデルの定理の特殊な場合について計算による証明を与える．この主題についてより深く理解するためには，代数幾何学の現代代数的基礎について本当に精通している必要がある．

　のちに我々はモーデルの定理をより代数的な形式で定式化し直すが，まずは代数曲線についてのいくつかの事実を提示しよう．接線-割線法において示された問題のある場合を避け，自然で一貫した形で結果を述べるためには，射影

平面に埋め込まれた曲線を考え，これらの曲線の交差の重複度の概念を調べる必要がある．したがって，ここで少し寄り道をして，射影幾何学を簡潔に紹介する．次の節で，交差理論についてより深く論じよう．

18.5 射影幾何学の必要性

　ある直線の別の直線への射影（2節），円の直線への射影（3節），そして3次曲線上に有理点を生成するための接線-割線法（4節）を考えたとき，我々はいつも問題にぶつかって，そのため初めの2つの場合には写像を全単射にすることができず，また3つ目の場合には有理点のすべての組に一貫した方法を適用することができなかった．この問題を回避するため，新しい点を加えることにより平面 $\mathbf{R}^2$ を拡張しよう．

　ユークリッド幾何学の公理には，もともと平面の拡張の動機となった，基本的な非対称が存在する．それは，2つの点は常に1つの直線を定めるが，2本の直線は1点（それらの交点）を定めるか，あるいは平行である（交点をもたない）ということである．この非対象は，しばしば定理を一般的な形で述べるときに，次の例が示すように，特殊な場合を除外するという結果をもたらす．

デザルグ (Desargue) の定理　三角形 $A_1B_1C_1$ および $A_2B_2C_2$ の頂点を結ぶ直線 A_1A_2, B_1B_2, C_1C_2 が1つの共有点で交わるならば，「一般的に」，対応する三角形の辺によって定まる直線の交点 $R = A_1B_1 \cap A_2B_2$, $Q = A_1C_1 \cap A_2C_2$, $P = B_1C_1 \cap B_2C_2$ が存在し，1つの直線上にある（図11）．

　ここで「一般的に」というのは，直線が平行になって定理の結論が意味をなさないような特殊な場合を除くということである．たとえば，A_1B_1 と A_2B_2

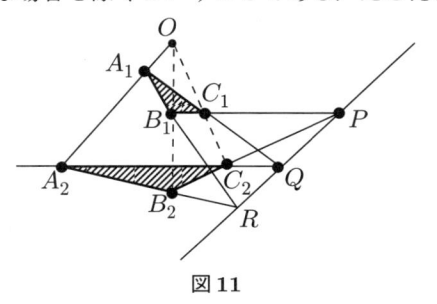

図 11

が平行であるときには，交点 R は存在しない（図12）．（しかしながら，他に平行な組がなければ点 P および Q は存在し，この場合 A_1B_1 と A_2B_2 は PQ に平行になるということに注意．）

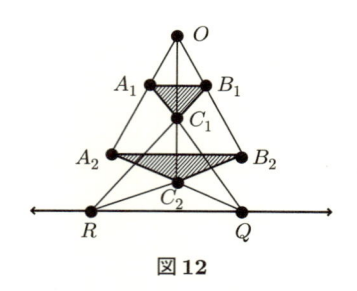

図12

　直線の平行によって生ずる特殊な場合を避ける問題は，各直線に新しい点，いわゆる直線上の**無限遠点**を付け加え，平行な直線は無限遠点に共有点をもつ（その点で交わる）という条件をつけることで解決する．新しい点の集合は，1つの直線，いわゆる**無限遠直線**の上にあると仮定する．平面上の点の集合と新しい点を合わせたものは，**射影平面**（あるいは**実射影平面**）を構成する．これらのアイデアについて，これまでに生じた問題を解決する力を示し，そのあとでアイデアをより正確にすることにしよう．

　まず何よりも，公理において対称性が保たれる．射影平面においては，2点が唯一の直線を定めるだけでなく，今度は2直線が唯一の点（通常の平面で平行なときは無限遠における共有点である）を定める．

　デザルグの定理については，A_1B_1 と A_2B_2 が PQ に平行であるときは，3本すべての直線が無限遠において共有点（O と呼ぶ）をもち，この場合，射影平面における定理としてデザルグの定理は成り立つのである．

　点 P から直線 L' を直線 L へ射影するとき（2節）には，L' 上の点 R' を，平行線 L と PR' の上の無限遠点 O に対応させ，L 上の点 S を，平行線 L' と PS の上の無限遠点 O' に対応させる（図13）．すると点 P からの直線 L' の直線 L への射影は，射影平面における全単射となる．

　同様に，点 $(-1,0)$ から円 $x^2+y^2=1$ を y 軸へ射影するとき（3節）には，点 $(-1,0)$ が平行線 $x=0$ および $x=-1$ の上の無限遠における共有点 O へと射影されるものとすれば，この写像は射影平面における全単射となる（図14）．

図 13

図 14

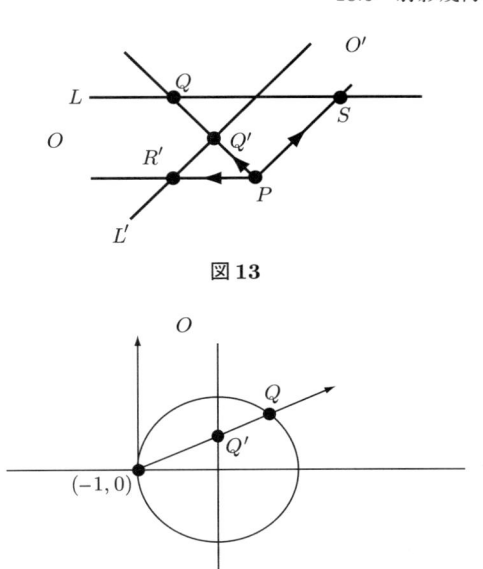

　$C : y^2 = x^3 + 1$ 上の割線法の場合（図 15）には，$y \to \pm\infty$ のとき C への接線の傾きが $\pm\infty$ へと近づく（したがって接線は，y 軸に平行な直線へと限りなく近づく）ことに注意する．y 軸上の無限遠点 O が，曲線 C 上の無限遠点でもあると言う．よって，y 軸は曲線 C と，点 $(0, -1), (0, 1)$ だけでなく，点 O においても交わる．点 O を曲線上の有理点と呼べば，2 点 $(0, -1), (0, 1)$ から割線法を適用して，もうひとつの有理点が生み出されることになる．同様に，$a > -1$ に対して，直線 L が $(a, -\sqrt{a^3 + 1})$ と $(a, \sqrt{a^3 + 1})$ という形の 2 つの有理点を結ぶ（図 15）ならば，L は y 軸と平行で，点 O を含み，O は L と C の 3 つ目の交点である．$a = -1$ のときは，点 $(-1, 0)$ における C の接線は，C と $(-1, 0)$ において重複度 2 で交わり（すなわち，方程式 $y^2 = (-1)^3 + 1 = 0$ が $y = 0$ で 2 重根をもつ），点 O が T と曲線の 3 つ目の交点である．よって，射影平面で考えることにより，割線法は，曲線 C 上の 2 つの有理点に適用すれば（また接線法を 1 つの有理点に適用すれば），いつでももう 1 つの有理点を生みだす．

　すべての例において，射影平面で考えることにより例外的な場合を除去し，

図15

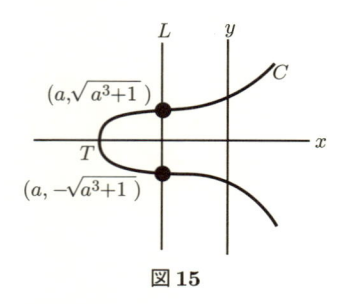

結果をより一貫した形で述べることができるようになることがわかった．

　射影平面の概念は遠近法（3次元の物体を1点から射影することで平面上に表現すること）の研究から起こったもので，ルネッサンス期の芸術家や建築家たちによって精力的に発達し，16世紀から18世紀にかけて主要な幾何学理論へと変えられたものである．Brieskorn and Knorrer [Bri-Kno] は数学的な観点からすばらしい歴史的考察を行っており，Pedoe [Ped] は芸術との関係を集中的に扱っている．

　直線や円錐曲線を研究するために射影幾何学を合成的に（公理的に）発展させることは難しいことではない（[Cox, H], [Cox, H 2], [Veb-You] を見よ）．より一般の代数曲線については，解析幾何学による方法の方が望ましく，この観点から，基本的事項をより厳密に導入することにする．いずれの場合も，つねに幾何学的直観を重視していこう．

18.6　実射影平面；同次座標

実射影平面とそのモデル

　$\mathbf{R}^2$ をアフィン平面と呼ぶ．ここで「アフィン」という言葉は，たとえばデザルグの定理におけるように，直線の交点の性質のみを調べることを意味している（$\mathbf{R}^2$ に通常の内積を入れ，それによって角の大きさや距離を測ることができるようにしたものは，一般にユークリッド平面と呼ばれる）．アフィン平面 $\mathbf{R}^2$ を，点 (x,y) を $(x,y,1)$ と同一視することにより，$\mathbf{R}^3$ の平面 $z=1$ で表すことにしよう．こうして $(x,y,1)$ は $z=1$ の点のアフィン座標となる．点 $P = (x,y,1)$ はまた，原点 $\mathbf{0}$ と点 P を通る直線によっても表される（図16）．

18.6 実射影平面；同次座標　373

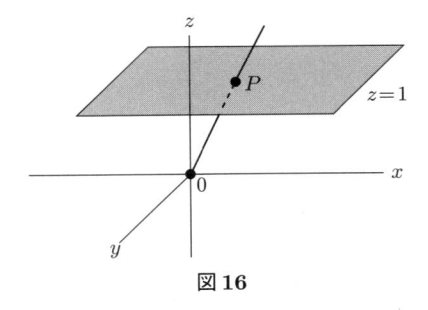

図 16

アフィン平面における直線は $z=1$ 内の直線 L と同一視されるが，我々の対応の下では，原点と L 上のある点 P を通る直線 L_P の全体がなす集合によって表現される．この直線の集合 $\{L_P | P \in L\}$ に，原点 $\mathbf{0}$ を含み，L に平行な x-y 平面内の直線 L_∞ を合わせたものは，L と $\mathbf{0}$ を含む平面 π を構成する（図 17）．

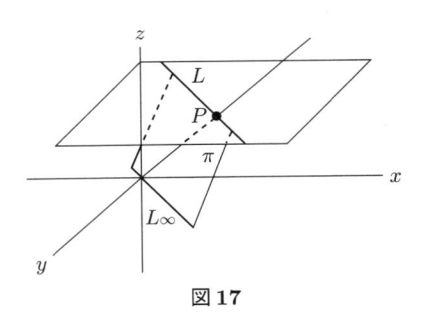

図 17

点 P を L に沿ってどちらの方向へ動かしても，「P が無限遠点に近づけば L_P は L_∞ に近づく」．したがって射影平面を構成するに当たり，L_∞ が L 上の無限遠点を表すのはもっともなことであると思われる．L と L' が $z=1$ において平行ならば，$\mathbf{0}$ と L を含む平面 π と，$\mathbf{0}$ と L' を含む平面 π' は x-y 平面で交わる，すなわち $L_\infty = L'_\infty$ であるということは，直観的に明らかである（図 18）．よって，$z=1$ における 2 本の直線が無限遠点で交わるのは，それらが平行なときであり，かつそのときに限る．$z=1$ におけるすべての直線上のすべての無限遠点からなる集合は，x-y 平面における $\mathbf{0}$ を含むすべての直線の集合で表され，このようにして，x-y 平面は無限遠直線を表すのである．

$z=1$ における 2 本の直線が点 P で交わるならば，それらに対応する平面

は，**0** と P を通る直線で交わる．$z=1$ における 2 本の直線が平行ならば，それらは共通の無限遠点で交わり，それは対応する平面の交わりである．無限遠直線は $z=1$ における他のすべての直線 L と，L 上の無限遠点で交わる．

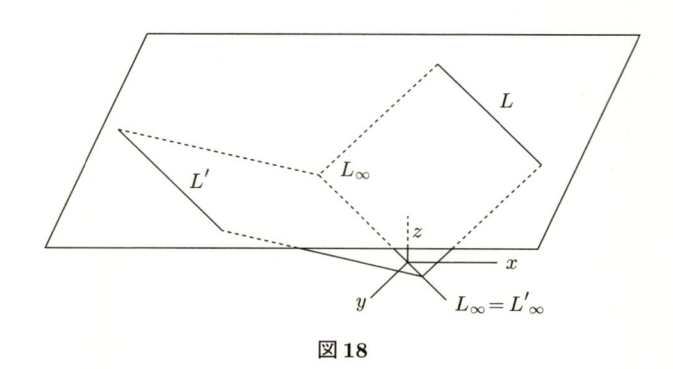

図 18

$z=1$ の 2 点 P と Q はそれらを含む唯一の直線，すなわち，P, Q, **0** を含む平面で表される直線を定める．$z=1$ の 1 点 P と無限遠の 1 点（x-y 平面上の **0** を通る直線 L で表される）は 1 つの直線，すなわち点 P と直線 L を含む平面に対応する直線を定める．無限遠における 2 点は 1 つの直線，すなわち直線 L と L' を含む x-y 平面で表される無限遠直線を定める．

要約：無限遠における点を加えることによって平面 $z=1$ を拡張すると，この拡張された平面の 2 点はつねに唯一の直線を定め，2 本の直線はつねに 1 点で交わる．

原点を通る直線は $\mathbf{R}^3$ の 1 次元部分空間によって，また原点を通る平面は 2 次元部分空間で表されるから，特殊な平面 $z=1$ の選択によらずに，射影平面に対して次のような本質的な定義を与えることができる．

定義 **実射影平面 $\Pi_2(\mathbf{R})$**（あるいは単に Π_2）とは，$\mathbf{R}^3$ の 1 次元部分空間の集合である．このような部分空間のそれぞれが射影平面の**点**（あるいは**射影点**）である．**射影直線**（あるいは単に π_2 の直線）とは，$\mathbf{R}^3$ の 1 つの 2 次元部分空間である．

2 つの射影点はただひとつの射影直線，すなわち，それらが張る 2 次元部分空間を定める．2 本の射影直線はひとつの射影点，すなわち，それらの共通部

18.6 実射影平面；同次座標

分を定める．

我々が $\mathbf{R}^2$（無限遠点をつけ加えたもの）に平面 $z=1$ を用いたのは，今や射影平面のモデルと解釈してよい．$(x,y) \leftrightarrow (x,y,1)$ という対応は，アフィン平面の射影平面への**埋め込み**であり，$z=1$ はアフィン平面に対するモデルである．

π_2 に対する我々の定義は，無限遠においていかなる特殊な点や直線も選び出すことはない．無限遠直線は我々のモデルのひとつの性質であって，異なるモデルでは変化するものである．

平面 $x=1$ もモデルとして用いることができる．このとき点 $(y,z) \in \mathbf{R}^2$ は $(1,y,z)$ で表現され，このモデルにおいては，点 $P=(1,y,z)$ が射影点，すなわち $\mathbf{0}$ と P を通る $\mathbf{R}^3$ の直線に対応する（図19）．無限遠における点は，$\mathbf{0}$ を通り平面 $x=1$ に平行な直線（$\mathbf{0}$ を通る y-z 平面上の直線）で表現される．

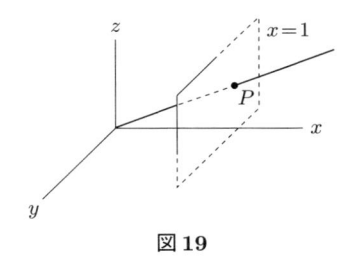

図19

同様に，原点を含まない他のすべての平面もモデルとして用いることができる．たとえば平面 $x+y+z=1$（図20）において，アフィン点 (x,y) は点 $(x,y,1-x-y)$ によって表現され，無限遠における点は $\mathbf{0}$ を通りこの平面に平行な直線（すなわち平面 $x+y+z=0$ 上の直線）によって表現される．

どのモデルにおいても，無限遠にない点はしばしば，そのモデルの**有限な点**あるいは**アフィン点**と呼ばれる．それらは，射影平面の**有限**あるいは**アフィン部分**における点である．

我々のモデルの例では，$\mathbf{R}^2$ の点とモデルの有限な部分との対応は，直線を保つ．このことはモデルであるために必要なことではないが，幾何学的直観のためには望ましいことである．平面でない曲面も，モデルとして用いることができる．位相幾何学者たちのお気に入りは，$S^+ = \{(x,y,z) | x^2+y^2+z^2 =$

376   第18章　曲線の算術〔1〕：有理点と平面代数曲線

図20

$1, z > 0\}$，すなわち単位球面の北半球（$z > 0$）とその境界（赤道，$z = 0$）である（図21）．北半球は $(x, y) \leftrightarrow (x, y, \sqrt{1 - x^2 - y^2})$ という対応によってアフィン平面を表現する．

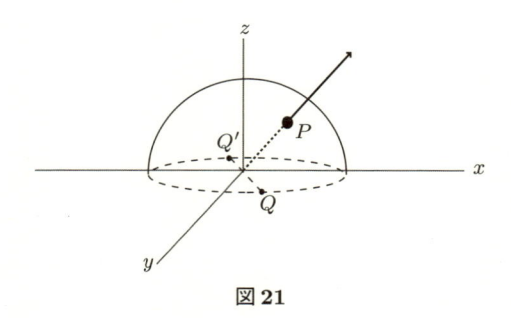

図21

$z > 0$ のとき，原点を通る直線は S^+ と点 P で交わり，$z = 0$ のときには直径の両端となる2点 Q と Q' で交わる．Q と Q' を '同一視' すれば（それらを同じ射影点を表すと考える），向きづけ不可能な境界のないコンパクトな曲面として，射影平面のモデルを得る（[Mas] および [Ree] を見よ）．このモデルの有限部分は $z > 0$ で，無限遠直線は反対の点を同一視した赤道である．射影直線は大円の弧（S^+ と $\mathbf{0}$ を通る平面との交わり）であり，その（赤道上の）同一視された端点が直線上の無限遠点を表す．

同次座標

これ以降，大文字で書かれた座標は $\mathbf{R}^3$ の座標を表し，小文字で書かれた座

標はアフィン平面あるいはあるモデルのアフィン部分を表す．議論を明確にするときは，射影図形を表す文字には上に線を引くことにする．

射影点 $\overline{P}$ は $\mathbf{R}^3$ の1次元部分空間（$\mathbf{0}$ を通る直線）であり，そのような直線はその上の任意の $\mathbf{0}$ でない点によって定まるから，そのような任意の $\mathbf{0}$ でない点の座標を $\overline{P}$ の**同次座標**あるいは**射影座標**と呼ぶ．(X, Y, Z) が $\overline{P}$ の同次座標であれば，任意の $\lambda \neq 0$ に対して $\lambda(X, Y, Z) = (\lambda X, \lambda Y, \lambda Z)$ も同次座標である．2つのこのような三つ組は同値であると言い，$(X, Y, Z) \sim (\lambda X, \lambda Y, \lambda Z)$ で表す．これは同値関係であり，その同値類が射影点を表す．そこで，混同が起きない限り記号を乱用して，$\overline{P} = (X, Y, Z)$ あるいは $\overline{P} = (\lambda X, \lambda Y, \lambda Z)$ と書くことにする．$\mathbf{0} = (0, 0, 0)$ はどの点の同次座標でもない．

平面 $Z = 1$ において，（$\mathbf{R}^2$ の点 (x, y) に対応する）点 P のアフィン座標 $(x, y, 1)$ も対応する射影点に対する同次座標である．逆に，$(X, Y, Z), Z \neq 0$ が $\overline{P}$ に対する同次座標であるとき，$\lambda = \dfrac{1}{Z}$ と置くと，$\lambda(X, Y, Z) = \left(\dfrac{X}{Z}, \dfrac{Y}{Z}, 1\right) = (x, y, 1)$ は対応するアフィン点を表す．ただし $x = \dfrac{X}{Z}, y = \dfrac{Y}{Z}$ である．

別のモデルを選んでも，別の方法で同次座標を決めればよいだけである．たとえば，モデル $X = 1$ では，$X \neq 0$ ならば $(X, Y, Z) \sim \left(1, \dfrac{Y}{X}, \dfrac{Z}{X}\right) = (1, y, z)$ である．ただし $y = \dfrac{Y}{X}, z = \dfrac{Z}{X}$ である．このモデルでは，無限遠における点（Y-Z 平面上の1次元部分空間）は $(0, Y, Z)$ の形の同次座標をもつ．

モデル $X + Y + Z = 1$ では，

$$(X, Y, Z) \sim \left(\frac{X}{X+Y+Z}, \frac{Y}{X+Y+Z}, \frac{Z}{X+Y+Z}\right)$$

だから，後の方の座標がまたモデルのアフィン部分の点（和が1となる）を表す．このモデルでは，無限遠における点（$X + Y + Z = 0$ に含まれる $\mathbf{R}^3$ の1次元部分空間）は $(X, Y, -X-Y)$ の形の同次座標をもつ．

18.7 射影平面の代数曲線

射影直線 $\overline{L}$ は $\mathbf{R}^3$ の2次元部分空間であるから，

$$aX + bY + cZ = 0 \tag{1}$$

という形の方程式をもつ. (X,Y,Z) がこの方程式を満たすことと $\lambda \neq 0$ に対して $(\lambda X, \lambda Y, \lambda Z)$ がこの方程式を満たすこととは同値だから, $\overline{L}$ 上のどの点のどの同次座標もこの方程式を満たす. 式(1)を同次座標における射影直線 $\overline{L}$ の方程式と言う. 式(1)を Z で割ると,

$$a\left(\frac{X}{Z}\right) + b\left(\frac{Y}{Z}\right) + c = 0$$

あるいは

$$ax + by + c = 0 \qquad (2)$$

となる. ただし $x = \dfrac{X}{Z}, y = \dfrac{Y}{Z}$ と置く.

モデル $Z=1$ では, $(x,y,1)$ がモデルのアフィン部分における対応するアフィン直線 $\overline{L} \cap (Z=1)$ の座標であり, 式(2)は対応する $\mathbf{R}^2$ における直線に対する通常の方程式である (ただし $(x,y,1) \leftrightarrow (x,y)$). これと同等に, 式(1)において $Z=1, x=X, y=Y$ と置くことにより, 同次方程式からアフィン方程式が導かれることに注意しよう. どちらの手続きでも便利な方を用いることにする. このモデルにおける $\overline{L}$ 上の無限遠点は $(-b,a,0)$ である.

式(1)を X で割り, $y = \dfrac{Y}{X}, z = \dfrac{Z}{X}$ と置けば (あるいはこれと同等に, $X=1, y=Y, z=Z$ と置けば), $a + by + cz = 0$, すなわちモデル $X=1$ における直線 $\overline{L}$ のアフィン部分の $\mathbf{R}^2$ における方程式が得られる (ただし $(1,y,z) \leftrightarrow (y,z)$ である).

逆に, $\mathbf{R}^2$ における直線 $L : ax + by + c = 0$ (あるいは $(x,y) \leftrightarrow (x,y,1)$ によって対応する $Z=1$ における直線) から始め, $x = \dfrac{X}{Z}, y = \dfrac{Y}{Z}$ と置いて Z を掛ければ $aX + bY + cZ = 0$ が得られる. ここで (モデル $Z=1$ における無限遠点に対して) $Z=0$ も許せば, 埋め込まれたアフィン直線とその無限遠点からなる射影直線の方程式を得る. 式(1)は式(2)に対応する**同次方程式**あるいは**射影方程式**であると言う.

同様にアフィン円 $x^2 + y^2 = 1$ (これもモデル $Z=1$ において) へと話を進めよう. $\mathbf{0}$ と円上の点を通るすべての直線 (すなわち, 対応する射影点) の集合は, 直円錐をなす (図22).

円錐における直線 (射影点) の集合は, Π_2 における対応する円をなす.

18.7 射影平面の代数曲線　379

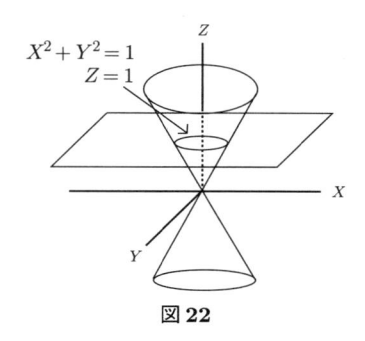

図22

$x^2 + y^2 = 1$ において $x = \dfrac{X}{Z}, y = \dfrac{Y}{Z}$ と置き，Z^2 を掛けると，

$$X^2 + Y^2 = Z^2 \tag{3}$$

となる．$x^2 + y^2 = 1$ を満たす三つ組 $(x, y, 1)$ はすべて式 (3) を満たし，(X, Y, Z) が式 (3) を満たすことと（$\lambda \neq 0$ に対して）$(\lambda X, \lambda Y, \lambda Z)$ が式 (3) を満たすこととは同値であるから，式 (3) は射影円に対する方程式である．方程式 (3) で $Z = 1, x = X, Y = y$ と置けば，またアフィン円に戻る．円は無限遠点をもたないので，我々のモデルにおいて，アフィン円と射影円は同じ点で表される．$X^2 + Y^2 = Z^2$ は，$x^2 + y^2 = 1$ に対応する同次方程式あるいは射影方程式である．

次に射影円（円錐 $X^2 + Y^2 = Z^2$）とモデル $X = 1$ を考えよう．幾何学的には，円錐を平面 $X = 1$ で切断し，このモデルのアフィン部分において，交わりは双曲線 H である（図 23）．さらに，双曲線 H 上の各点 P' を，原点からアフィン円 C 上の点 P（$P = C \cap$（直線 $\mathbf{0}P$））へと射影すれば，アフィン双曲線全体と，点 $(0, 1, 1)$ および $(0, -1, 1)$ を除いた円との間の全単射が得られる．これらの 2 点は，モデル $X = 1$ において，双曲線上の無限遠点である（これらの点は，このモデルで無限遠直線となる平面 $X = 0$ 上にあるから）．モデルを変えることでなされたことは，ひとつのモデル（$X = 1$）における曲線上の無限遠点を，別のモデル（$Z = 1$）における対応する曲線の有限な部分へと移すことである．この手法は，射影曲線の部分を視覚化するときに大変有用なものである．

代数的には，アフィン円 $f(x, y) = x^2 + y^2 - 1 = 0$ から射影円 $F(X, Y, Z) =$

図23

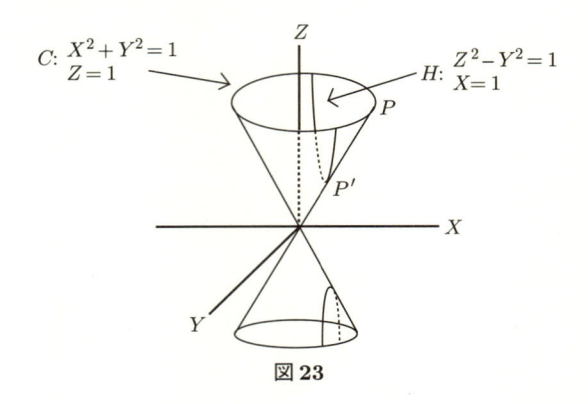

$X^2+Y^2-Z^2=0$ へ，f を同次化することによって移り，次に X に関して F を非同次化する（$F=0$ を X^2 で割り，$y=\dfrac{Y}{X},\ z=\dfrac{Z}{X}$ と置く）ことにより，アフィン双曲線 $h(y,z)=z^2-y^2-1=0$ へと移ったのである．（この非同次化は，$X^2+Y^2-Z^2=0$ において $X=1,\ y=Y,\ z=Z$ と置くことと同値である．）双曲線上の無限遠点は，$X^2+Y^2-Z^2=0$ において $X=0$（モデル $X=1$ における無限遠直線）と置くことによって求められ，$Y=\pm Z$ となる．したがって，その点は $(0,Z,Z)\sim(0,1,1)$ および $(0,-Z,Z)\sim(0,-1,1)$ であり，幾何学的に導いた結果と一致する．これらの点がモデル $X=1$ における $z^2-y^2=1$ の漸近線であることに注意せよ．よって，双曲線はその定義により，任意の枝に沿って外へ行けば漸近線に近づくが，その漸近線と同じ無限遠点をもっている．このことは，無限遠点が曲線上にあるというアイデアをきわめて直観的にしてくれるのである．

強調しなければならないのは，射影方程式 $X^2+Y^2=Z^2$ が中心的なものであり，(X,Y,Z) がある平面（モデル）上にあるという制限を加えることで，射影曲線のさまざまな表現を得るということである．どのような円錐曲線も，この円錐を適当な平面で切断することによって得られるから，射影幾何学においては異なる円錐曲線を区別しない（このことは同次座標の変換—$\mathbf{R}^3$ の1次変換によって与えられる—の概念と関係がある．より詳しいことについては [Har 2] と [Sch-Spe] を見よ）．

さて今度は，もっと一般的な代数曲線へと移ろう．$C: f(x,y)=0,\ f(x,y)\in$

18.7 射影平面の代数曲線   381

$\mathbf{Z}[x,y]$ がアフィン平面における代数曲線であるとき，これを射影平面に埋め込みたい．すなわち，適当な無限遠点を付け加えて，射影平面における拡張された曲線 $\overline{C}$ を得たいのである．

幾何学的には，ある枝に沿って無限に外へ離れていくとき，曲線の傾きが直線 L の傾きに近づくならば，L 上の無限遠点が曲線上の無限遠点になると期待される．直線の方向に関心があるので，傾きを尺度として用いるのである．

以下の例では，射影平面のモデルはつねに $Z=1$ である．

例 $C: y=x^2$. 放物線のどちらの枝に沿って外へ動いても $(x \to \pm\infty)$，接線の傾き $2x \to \pm\infty$，すなわち y 軸の傾きに近づく．よって，$O=(0,1,0)$，すなわち y 軸上の無限遠点が，拡張された射影曲線 $\overline{C}$ の上になければならない．

例 $C: x^2-y^2=1$. 異なる枝に沿って外へ動けば，双曲線の傾きは漸近線 $x=\pm y$ の一方の傾きに近づく．したがって，$x=y$ 上の無限遠点 $O'=(1,1,0)$ 及び $x=-y$ 上の無限遠点 $O''=(-1,1,0)$ の両方が，対応する射影曲線の上になければならない（図24）．

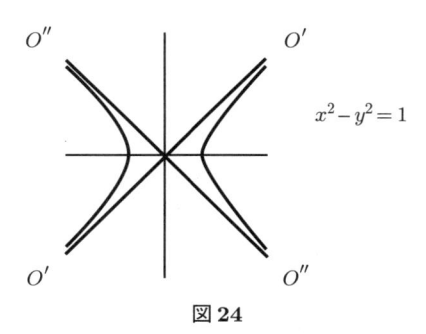

図 24

例 $C: y^2=x^3+1$. $x \to \infty$ のとき，$y>0$ の枝と $y<0$ の枝の傾きは，それぞれ ∞ および $-\infty$ に近づき，よって y 軸上の無限遠点 $O=(0,1,0)$ が，対応する射影曲線上になければならない（図25）．

代数的には，同次座標 (X,Y,Z) の関数として，射影平面上の拡張された曲線 $\overline{C}$ の方程式 $F(X,Y,Z)=0$ を求めたい．F は代表座標系の選び方に無関係でなければならない．すなわち，$F(X,Y,Z)=0$ が成り立つことと $\lambda \neq 0$ に対して $F(\lambda X, \lambda Y, \lambda Z)=0$ が成り立つことが同値でなければならない．また，

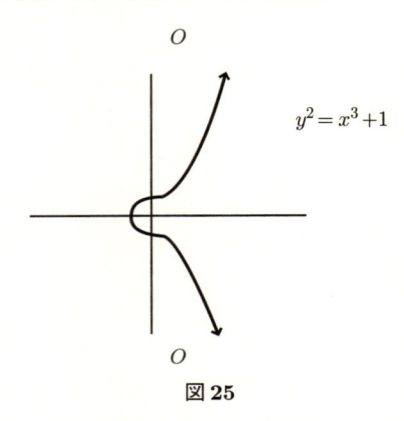

382 第18章 曲線の算術〔1〕：有理点と平面代数曲線

図25

我々の方程式を適当なモデルのアフィン部分に制限したときには，アフィン曲線の元の方程式 $f(x,y) = 0$ に戻れるようにしたい．直線や円に対して行ったことが我々の方法をよく表している．

　直線と円の場合には，アフィン方程式 $f(x,y) = 0$（$Z = 1$ の点 $(x,y,1)$ を表していると考えて）から始め，$x = \dfrac{X}{Z}, y = \dfrac{Y}{Z}$ と置いてから，分母を払うために Z^n（n は f の次数）を掛けることによって方程式を同次化し，方程式 $F(X,Y,Z) = Z^n f\left(\dfrac{X}{Z}, \dfrac{Y}{Z}\right) = 0$ に到達した．f を**同次化する**この過程により，**同次多項式** F（すべての項が同じ次数であるような多項式である．またこれと同等のこととして，すべての $\lambda \neq 0$ に対して $F(\lambda X, \lambda Y, \lambda Z) = 0 = \lambda^n F(X,Y,Z)$ となるような n が存在する．この n はもちろん，F の次数であることがわかる）がもたらされる．このように，F が同次であることを要求すれば，同次座標の選び方によらないことが保証されるのである．F が f を同次化したものであれば，（モデル $Z = 1$ において，Z に関して）F を**非同次化**すること，すなわち Z^n で割り，$x = \dfrac{X}{Z}, y = \dfrac{Y}{Z}$ と置くか，あるいは単に $Z = 1, X = x, Y = y$ と置くことによって，f を復元することができる．$F = 0$ において $Z = 0$ と置くことにより，モデル $Z = 1$ における曲線上の無限遠点が与えられる．その他の変数に関して非同次化するか，それらに線形条件をつけることで，他のモデルにおけるアフィン版の方程式を導くことができる．

これらの考察をまとめて，以下の定義を得る．

定義 Π_2 における**平面代数曲線**（あるいは**射影平面代数曲線**）とは，同次座標が
$$F(X, Y, Z) = 0$$
を満たすような Π_2 のすべての点の集合である．ここで $F(X, Y, Z)$ は $\mathbf{Z}[X, Y, Z]$ （$\mathbf{Q}[X, Y, Z]$ としても同値）における同次多項式である．もちろん係数を実数とすることも可能だが，我々の数論上の目的のためには，$\mathbf{Z}$ や $\mathbf{Q}$ で十分である．

この定義は，我々の 3 つの例（モデルは $Z = 1$）における要求と両立している．

i) $y = x^2$ ならば，同次方程式は $YZ = X^2$ で，$Z = 0$ のときは $X = 0$ となり，Y は 0 でない任意の値を取りうる．したがって，$(0, Y, 0) \sim (0, 1, 0)$ が無限遠点である．これを X に関して非同次化する（X^2 で割り，$y = \frac{Y}{X}$, $z = \frac{Z}{X}$ と置く）と，モデル $X = 1$ における双曲線 $yz = 1$ を得ることに注意しよう．$YZ = X^2$ において $X = 0$（$X = 1$ に対する無限遠直線）と置くと，$Y = 0$ または $Z = 0$ となる．よって，$(0, 0, Z) \sim (0, 0, 1)$ および $(0, Y, 0) \sim (0, 1, 0)$ が双曲線上の無限遠点で，それぞれ z 軸および y 軸の上にある無限遠点でもある（これは $yz = 1$ の漸近線上の無限遠点でもある）．

ii) $x^2 - y^2 = 1$ ならば，射影方程式は $X^2 - Y^2 = Z^2$ である．$Z = 0$ と置くと $X = \pm Y$ となるから，$(Y, Y, 0) \sim (1, 1, 0)$ および $(-Y, Y, 0) \sim (-1, 1, 0)$ がこの双曲線上の無限遠点であり，漸近線 $x = \pm y$ 上の無限遠点でもある．

iii) $y^2 = x^3 + 1$ ならば，同次方程式は $Y^2 Z = X^3 + Z^3$ であり，$Z = 0$ と置くと $X = 0$ となる．よって，$(0, Y, 0) \sim (0, 1, 0)$，すなわち y 軸上の無限遠点（モデル $Z = 1$ で）がこの曲線上の無限遠点にもなっている．

18.8 体上の幾何学；高次元と双対性

一般の体

実射影平面についての我々の議論は，他の任意の体 F の上の幾何学へと一般化される．F 上のベクトル空間 $F^n = \{(f_1, \cdots, f_n) | f_i \in F\}$ は，F 上の**アフィン n 次元空間**である．ただし，F^2 はアフィン平面である．F 上の**射影平面 $\Pi_2(F)$** は，アフィン 3 次元空間 F^3 の 1 次元部分空間であり，これらの各部分空間は**射影点**である．**射影直線**は，F^3 の 2 次元部分空間である．

F が有限体であるときは，F^2 および $\Pi_2(F)$ は有限個の点しかもたず，2 変数の合同式の解の個数を調べるための自然な設定がある．したがって，$f(x,y) \equiv 0 \pmod{p}$ の解の個数を求める問題を，アフィン平面 F_p^2 における曲線 $f(x,y) = 0$ 上の点を数える問題として解釈することができる．$\Pi_2(F_p)$ における対応する射影曲線を考えれば，より統一的な結果が得られる（20.9 節および [Ire-Ros, 第 10, 11 章] を見よ）．有限射影平面はまた，暗号理論やブロックデザインに関連して，組合せ論でも大変盛んに研究が行われている領域である [Van L-Wil]．

曲線上の有理点をさらに研究するに当たり，複素射影平面 $\Pi_2(\mathbf{C})$ を考えることにする．$\mathbf{R}^2 \subset \mathbf{C}^2$ であるから，$\Pi_2(\mathbf{R}) \subset \Pi_2(\mathbf{C})$ となり，これまでの実数上の議論を拡張した空間へと持ち越すことができる．このより一般的な観点の主たる利点は，$\mathbf{C}$ が代数的に閉じている（どの多項式方程式 $p(x) = 0$ も $\mathbf{C}$ に根をもつ）ことである．これは曲線の交点を扱うときにとりわけ有用である．

例 直線 $y = c$ は，円 $x^2 + y^2 = 1$ と，$\mathbf{R}^2$ の 0～2 個の点で交わる（図 26）．

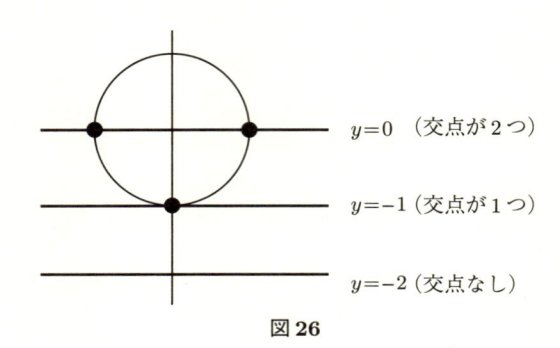

図 26

しかしながら，$\mathbf{C}$ 上では状況が変わる．$y = -2$ のとき，$(\pm i\sqrt{3}, -2)$ が $\mathbf{C}^2$ における 2 つの交点である．$y = -1$ ならば $x^2 = 0$ より $x = 0$ が重複度 2 をもつ根であり，直線は円と，点 $(0, -1)$ において 2 回，あるいは重複度 2 で交わると言う．こうして，'交点の重複度' を適切に解釈することにより，$\mathbf{C}^2$ では，直線 $y = c$ は円とつねに 2 回交わる．

高次元

体 F 上の n 次元射影空間 $\Pi_n(F)$ は，F^{n+1} の 1 次元部分空間の集合として定義される．射影点は 1 次元部分空間であり，k 次元射影超平面 $(k = 1, \cdots, n)$ は $k + 1$ 次元部分空間である．同次座標やアフィン空間の埋め込みといった概念は，$\Pi_n(F)$ へ容易に拡張される．射影空間は代数多様体（有限個の多項式方程式の解集合）を研究するのに自然な設定であり，代数幾何学に関する本に見られるものである．

拡張された複素数平面 $\mathbf{C}$ のモデルとして，立体射影（13.4 節）によって与えられる球面も，1 次元射影平面 $\Pi_1(\mathbf{C})$ のひとつのモデルであり，∞（北極）が無限遠点（$\mathbf{C}^2$ でのモデル $Y = 1$ において）を表す．

双対性

射影幾何学への短い入門編の最後として，双対性について議論したい．この主題は本書では用いないが，飛ばすにはあまりにも美しいのである．

射影平面を必要とするに至った問題のひとつが，ユークリッドの公理における非対称性，すなわち 2 つの点は 1 つの直線を定めるが，2 つの直線は 1 点を定めるか，あるいは平行であるということであるのを思い起こそう．射影平面においては，2 本の直線は必ず 1 点で交わる．射影平面は，点と直線の間に '双対性' があるように，以下のように公理化される．

> すべての公理において，「点」という言葉が「直線」という言葉で置き換えられ，「直線」が「点」で置き換えらるならば，また「点 p が直線 L 上にある」という文章が，双対である「直線 L' は点 p' を含む」に置き換えられ，「L は p を含む」が「p' は L' 上にある」に置き換えられるならば，結果として得られる文章は正しい．

たとえば，公理「任意の2点が与えられると，それらを含むただひとつの直線が存在する（2点は直線を定める）」の双対は，「任意の2本の直線が与えられると，それらの上にあるただひとつの点が存在する（2本の直線は1点を定める）」となる．この双対性は以下の**双対原理**によってすべての定理へと広がる．

> 定理を導く各段階において，上に述べたように，すべての主張をその双対で置き換えると，双対定理を導くことができる．

射影幾何学に関する Cremona [Cre] などの古い本をいくつか見ると，2段組みで書かれていて，片方には定理の証明を載せ，もう一方には双対定理の証明を載せているようなページが見つかるだろう．射影幾何学と双対原理が十分に発達する以前には，ある定理とその双対定理が，どちらも重要かつ自明でなく，独立に（アフィン平面で，2直線が平行になるような特別な場合も含め）証明されるということもあった．双対性をよく表しているのが次の定理である．

パップス (Pappus) の定理 $p_1, \cdots, p_6$ を $\Pi_2(\mathbf{R})$ の点で，p_1, p_3, p_5 は直線 M_1 上にあり，p_2, p_4, p_6 は直線 M_2 上にあるとすると，交点

$$r_1 = p_1 p_4 \cap p_3 p_2, \quad r_2 = p_1 p_6 \cap p_5 p_2, \quad r_3 = p_3 p_6 \cap p_5 p_4$$

は直線上にある（図 27）．

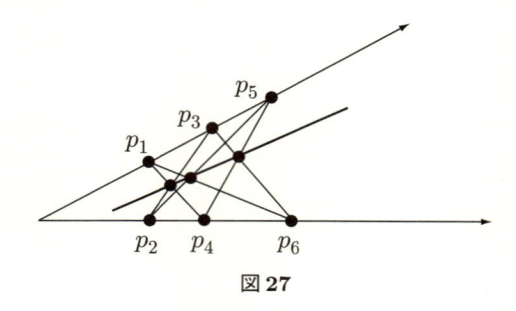

図 27

点 $p_1, p_4, p_5, p_2, p_3, p_6$ を（一般化された）六角形の連続した頂点とみなすと，パップスの定理は，我々の条件の下では，「対辺の交点は一直線上にある」となり，双対定理は以下のようになる．

$L_1, \cdots, L_6$ は $\Pi_2(\mathbf{R})$ の直線で，L_1, L_3, L_5 は1点 M_1 で交わり，L_2, L_4, L_6 は

1点 M_2 で交わるとするとき，3つの直線

$$N_1 = (L_1 \cap L_2)(L_4 \cap L_5), \ N_2 = (L_2 \cap L_3)(L_5 \cap L_6)$$

$$N_3 = (L_3 \cap L_4)(L_6 \cap L_1)$$

は1点で交わる（色鉛筆で図を描いてみよ）．

ある意味で，直線が'双対六角形'を成している．パップスの定理とその双対定理をもっと自然な形で述べた2つの定理がある．

パスカルの定理　六角形がある円錐曲線に内接しているとき，対辺の交点は一直線上にある（図28）．

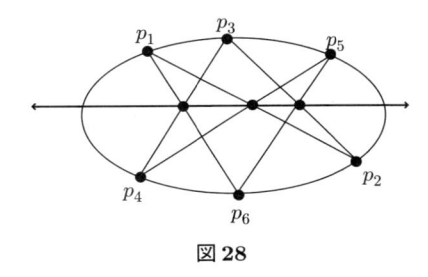

図28

可約な（退化した）円錐曲線は，2本の直線の組（2つの1次方程式の積）である．よって，退化した場合には，パスカルの定理はパップスの定理へと還元される．

定理を双対化するには，曲線（円錐曲線）の双対の概念が必要だが，それについては少し後に述べよう（より詳しくは [Brie-Kno] を見よ）．今のところは，単に双対定理だけ述べておく．

ブリアンション (Brianchon) の定理　六角形が既約な円錐曲線に外接しているとき，相対する頂点を結ぶ直線は1点で交わる．

我々の $\Pi_2(\mathbf{R})$ の構造においては，双対性は大変単純に言い換えられる．$aX + bY + cZ$ を (a,b,c) と (X,Y,Z) の単に通常の内積とみなそう．このとき同次座標 (a,b,c) をもつ射影点 $\overline{P}$（1次元部分空間）と射影直線 $\overline{L}$：$aX + bY + cZ = 0$（(a,b,c) に垂直な $\mathbf{R}^3$ のすべての点の集合）は互いに双対

である．このことはモデル $Z=1$ を使って視覚化することができる（図29）．

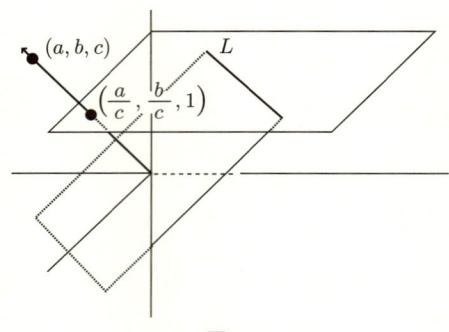

図29

このようにして，2つの射影点 $\overline{P}$ と $\overline{P}'$（1次元部分空間）が1つの直線（1次元部分空間によって生成される2次元部分空間）を定めるという事実から，双対直線（2次元部分空間）が1つの点（2次元部分空間の交わり）を定めるということが導かれるのである．

曲線 C 上のすべての点の双対直線を考えると，これらの直線は別の曲線，すなわち C の双対の'包絡線'をなすであろう．一般に，任意の円錐曲線 C 上のすべての点の双対直線は，もう一つの円錐曲線，C の双対の'包絡線'をなす．

第19章

曲線の算術〔2〕：有理点と楕円曲線

19.1 導入

さていよいよ，モーデルの定理について厳密に群論的な定式化を行い，その範囲を理解するために必要なさまざまな話題について扱おう．特に，算術の問題における楕円曲線の中心的役割ならびに複素解析と楕円曲線の関係について論じる．前の節で有理点に関する研究の初期の歴史について示したが，それは本章と前章の多様な話題のいくつかを結びつけるものである．多くの結果が証明なしに述べられる．前章の初めに与えた参考文献に加えて，Stroeker[Str, R]，Horowitz [Hor]，そして [Coh] の論文をお勧めする．

19.2 曲線の交差；ベズーの定理

複素射影平面 $\Pi_2(\mathbf{C})$ における代数曲線 $F(X,Y,Z) = 0$ を考える．ここで $F \in \mathbf{Q}[X,Y,Z]$ は同次多項式である．曲線 $F = 0$ の**次数**は関数 F の次数である．第18章のように，

$$f(x,y) = F(x,y,1) = 0$$

を対応するアフィン曲線とする（モデル $Z = 1$ において）．アフィン曲線上の無限遠点について議論するときには，対応する射影曲線上の無限遠点のことを言うことにする．我々はまた，曲線上の実アフィン点（曲線と $\mathbf{R}^2$ の交わり）の図を描く．

平面曲線の交差理論における主たる結果は次のものである．

ベズー (Bezout) の定理 $F = 0$ と $G = 0$ を，それぞれ次数 m と n の代数曲線とし，F と G は $\mathbf{C}$ 上で定数以外の因数を共有しないとする．すると F と G

は「重複度にしたがって適当に数え直すことにより」mn 個の点で交わる．

F と G が共通因子をもたないことから，2つの曲線は図形全体を共有することはできない．たとえば，

$$y(y - x^2) = 0 \text{ と } y = 0$$

のどちらも x 軸を含む．

交点の重複度を完全に処理して定理を証明するには，代数的な道具を発達させる必要がある（[Bri-Kno]，[Wal]，[Ful] を見よ）．その代わり，ベズーの定理をどのように解釈するかについての一般的アイデアを与えるようないくつかの例を挙げるのみにしておこう．

例 x 軸は原点で $y = x^2$ に接する（図1）．つまり原点で放物線に重複度2で交わる．このことは前に，$y = x^2$ で $y = 0$ と置くと，0 が $x^2 = 0$ の重複度2の根となるということを注意することによって解釈した．幾何学的には，直線 $y = 0$ を $y = c, c > 0$ へと「少し上へ」動かせば，$y = x^2$ を2つの実数点で切断し，下へ動かせば2つの複素数点で切断するということである．

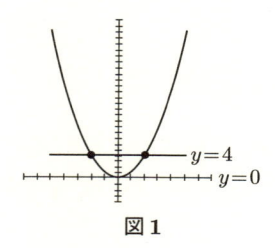

図1

例 図2の2つの楕円（次数2の曲線）は4つの点で交わる．

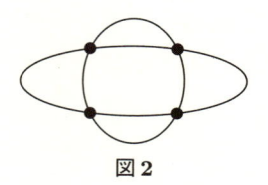

図2

しかし図3の楕円は，点 P で接しているため，3つの点を共有する．

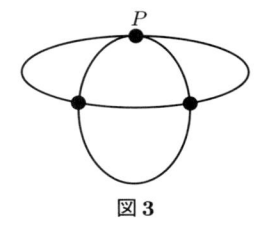

19.2 曲線の交差；ベズーの定理　391

図3

ところが，横長の方の楕円を「少し下へ」動かせば，4つの交点を得る（図4）．P は2つの楕円の重複度2の交点である．

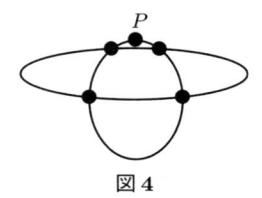

図4

例 $y=0$ と $y=x^3$ は原点で交わる（図5a）．$y=x^3$ を「少し」回転させる（図5b）と，ベズーの定理で要求される3つの交点が得られる（0は $x^3=0$ の重複度3の根であることに注意）．

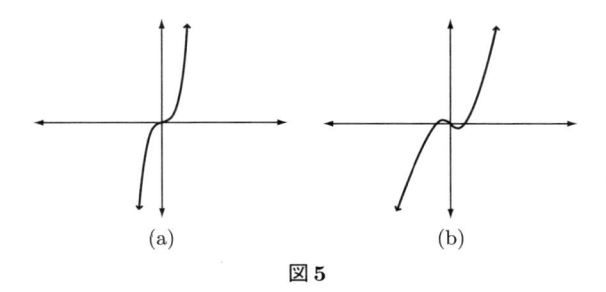

(a)　　　(b)
図5

一般に，2つの曲線が点 P で交わるとき，片方の「小さい動き」をすべて見れば，交点の最大数 m，つまり点 P における曲線の**交点**の**重複度**がわかる．このことを，曲線が点 P で m 回交わるとも言う．我々の例はどれも，アフィン平面の実数の交点をもつ曲線に関したものである．より一般的に，複素数点における交点や無限遠点における交点，またこれらのすべてで重複した交点をも

つことも可能である.

例 曲線 $y = 3$ と $x^2 + y^2 = 1$ は,実アフィン平面には交点をもたない(図6). 連立方程式を解けば,$(x, y) = (\pm i\sqrt{8}, 3)$,つまりベズーの定理で要求される $\mathbf{C}^2$ の 2 点が得られる.

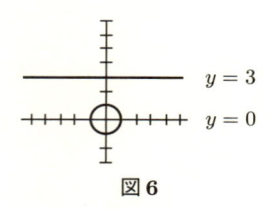

図 6

例 y 軸は $y = x^2$ と原点で交わる.しかし 18.7 節で見たように,$y = x^2$ は y 軸上の無限遠点も含んでいる.したがって,2 つの交点があることになる.より形式的には,方程式を同次化すれば

$$YZ = X^2 \text{ かつ } X = 0$$

となって,対応する射影曲線の方程式を得る.これらを解けば,$YZ = 0$,つまり $Y = 0$ または $Z = 0$ となり,解は

$$(0, 0, Z) \sim (0, 0, 1) \text{ と } (0, Y, 0) \sim (0, 1, 0)$$

となる.ここで $(0, 0, 1)$ はアフィン平面の点 $(0/1, 0/1) = (0, 0)$ に対応し,$(0, 1, 0)$ は y 軸上の無限遠点である.

例 同心円 $x^2 + y^2 = 1$ と $x^2 + y^2 = 2$ は,実アフィン平面では共有点をもたない.方程式を同次化して解けば,

$$X^2 + Y^2 = Z^2, X^2 + Y^2 = 2Z^2$$

$$\implies Z^2 = 2Z^2 \implies Z = 0 \implies X = \pm iY$$

$X = iY$ のとき,その点は $(iY, Y, 0) \sim (i, 1, 0)$ である.$X = -iY$ のとき,その点は $(-iY, Y, 0) \sim (-i, 1, 0)$ である.よって $\Pi_2(\mathbf{C})$ において,両方の曲線上に 2 つの無限遠点をもつ.しかしベズーの定理が要求するのは 4 点である.実は,これらの円はこれらの点で接しているため,各交点の重複度は 2 なのである.

このことを見るには，モデル $X = i$ を取って両方の方程式を非同次化する．すると，$X = i, Y = y, Z = z$ と置くことで，アフィン方程式

$$z^2 - y^2 = -1, \quad 2z^2 - y^2 = -1$$

が得られるが，これらは y-z 平面の双曲線である（図7）．

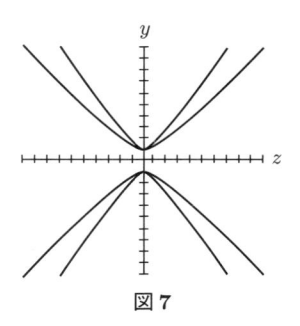

図7

点 $(z, y) = (0, \pm 1)$ は両方の曲線上にあり，曲線を描けばこれらの点で接していることが簡単にわかる．

19.3 群の法則と代数的形式でのモデルの定理

18.4節で，接線-割線法を用いて，非特異なアフィン3次曲線上で2つの有理点からどのようにして3つ目の有理点を求めるか，ある種の例外を除いて示した．さらに，曲線 $y^2 = x^3 + 1$ について，射影平面上で考えることにより，これらの例外を取り除いた（18.7節）．ここではこの手続きを一般の3次曲線に延長しよう．

曲線上の点は，その同次座標 (X, Y, Z) の集合のひとつが有理数であれば有理点であるということを思い起こそう．たとえば，点 $(0, 1, 0)$ は y 軸および $y^2 = x^3 + 1$ 上の無限遠点であるが，有理点である．$Z \neq 0$ ならば，これは対応するアフィン点 $\left(\dfrac{X}{Z}, \dfrac{Y}{Z}\right)$ （モデル $Z = 1$ での）が有理点であることを要求することと同値である．

ベズーの定理は，非特異な3次曲線と直線は $\Pi_2(\mathbf{C})$ において3点で交わることを保証している．18.4節と同じ理由により，3つのうち2つが有理点なら

ば，3つ目も有理点である．よって，射影平面では接線-割線法に例外はない．非特異3次曲線 C 上の2つの異なる有理点 P と Q は，第3の有理点 $P*Q$，すなわち C と P, Q を通る直線との3番目の交点を定める．$P = Q$ のときには，$P*P$ が点 P における接線と C との3番目の交点である（18.4節の図式を見よ）．このことにより，3次曲線上の有理点（存在すれば）に対する合成の交換法則が得られる．残念ながら，単位元が存在しないため，この法則は群を定めるものではないが，少し修正することで群が得られる．

C を有理点をもつ非特異な3次曲線とし，C 上のそうした有理点のひとつを固定して O と置く．C 上の**有理点の加法**を $P + Q = (P*Q)*O$ で定義する（図8）．

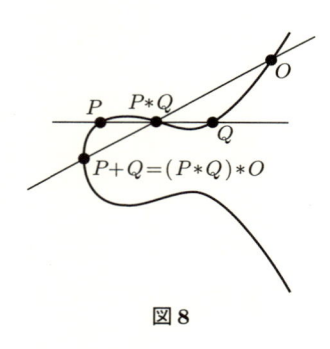

図8

これが合成法則であり，この法則について可換群が得られる．今のところ，このことを幾何学的に説明するにとどめよう．

i) **単位元** O が単位元である；$P + O = P$（図9）．P と O を結ぶと第3の交点 $P*O$ が得られ，$P*O$ と O を結ぶと第3の交点 $P = (P*O)*O$ が得られる．

ii) **逆元** $S = O*O$，すなわち点 O における接線と曲線の第3の交点と置く（図10）．任意の Q に対し，$R = Q*S$ が Q の逆元 $-Q$ である．すなわち $Q + R = (Q*R)*O = O$ であることを主張する．このことを見るには，$Q*R = S$（R の作り方から）また，S と O を結ぶ直線は曲線と S で1回，O（点 O で接している）で重複度2で交わることから，$S*O = O$ が成り立つことに注意せよ．

図 9

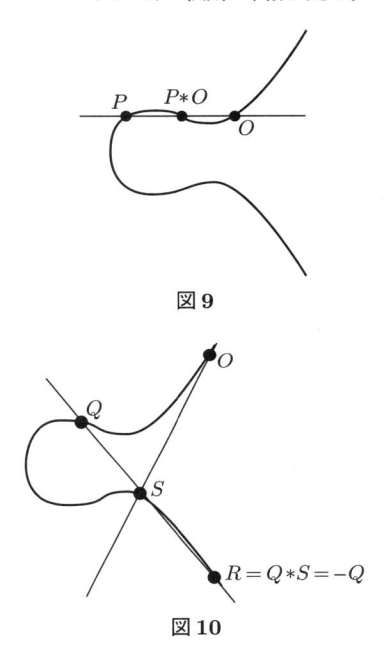

図 10

iii) **結合性** 場合によってはやや複雑な，ベズーの定理を用いた幾何学的証明が存在する（[Sil-Tat, I.2 節] および [Ful, pp. 124-125] を見よ）．今のところ結合性は仮定しておく．のちに我々の研究を特殊なクラスの 3 次曲線に帰着させ，座標を使ったこれらの曲線の加法に関する公式を導いたあとでは，これらの特殊な 3 次曲線に対する証明は単純作業の演習となる（6 節）．

iv) **可換性** これは $P*Q = Q*P$ から直ちに得られる．

さて，いよいよモーデルの定理を再び定式化しよう．

モーデルの定理 C を有理点 O をもつ $\Pi_2(\mathbf{C})$ の非特異な 3 次曲線とし，$C(\mathbf{Q})$ はその曲線上の有理点を表すとする．上で定義されたような有理点の加法の下で，$C(\mathbf{Q})$ は有限生成アーベル群をなす．すなわち，有理点の有限集合 $P_1, \cdots, P_k \in C(\mathbf{Q})$ が存在して $C(\mathbf{Q}) = \{\Sigma r_i P_i \,|\, r_i \in \mathbf{Z}\}$ とすることができる．

注意 1) 加法を定義して群の性質を証明するときに，有理数であることを用いた唯一の場所は，有理点が加法に関して閉じていることを示した部分であることに注意しよう．したがって，曲線上に任意の点 O を固定すれば，加法の定義は C のすべての複素数点の集合 $C(\mathbf{C})$（$\Pi_2(\mathbf{C})$ における）にも通用して，$C(\mathbf{C})$ は単位元 O をもつアーベル群となる．

K を $\mathbf{C}$ の部分体として，$C(K)$ を C 上の点で K に同次座標の組をもつような点の集合とする．すると，$C(\mathbf{C})$ のために選んだ点 O は $C(K)$ の元でもあり，$C(K)$ は $C(\mathbf{C})$ の部分群となる（加法に関して閉じていることは有理点と同様にして示される）．特に，有理点 O（存在するならば）をすべての群の単位元として選べば，すべての $C(K)$ が $C(\mathbf{C})$ の部分群となる．

2) $C(\mathbf{Q})$ の群構造は O の選び方に無関係である（同型写像で移るものは同じと見て）が，これは我々の定式化から明らかである（[Sil] を見よ）．

3) 特異な 3 次曲線には群の法則が存在し，その群は完全に定められる（[Sil-Tat, III.7 節], [Hus, 1.5 節], [Sil, 3.2 節] を見よ）．

19.4　双有理同値；ワイエルシュトラス標準形

本節と次節における目標は，ひとつには，モーデルの定理の証明が非常に特殊なクラスの 3 次曲線に対する証明へと帰着されること，またもう一方では，非特異な 3 次曲線に対するモーデルの定理が，より広いクラスの曲線，すなわち '種数 1' の曲線上の有理点の構造を決定することを示すことである．

2 次形式で整数を表現することについての研究が，形式の同値を定義して，同値な形式が同じ整数を表すことを示すことによって単純化されたことを思い起こそう（12 節）．そこでは各同値類に属する特殊な形式を用いて，同値類全体に関する問題を解決するのに役立てた．ここではそれに似たアイデアを，曲線上の有理点を調べるのに使おう．

例 18.3 節において，円をパラメータ化することによって $x^2 + y^2 = 1$ と $y = 0$ の上の有理点の間に対応をつけた．円上の点の座標を (x, y) とし，$(u, v) = (0, t)$ とした．ただし t は直線上の点の座標である．そして

$$u = 0, \quad v = t = \frac{y}{1+x}$$

および

$$x = \frac{1-t^2}{1+t^2} = \frac{1-v^2}{1+v^2}$$

$$y = \frac{2t}{1+t^2} = \frac{2v}{1+v^2}$$

が成り立つことを示した．

点 $(-1, 0)$ を除き，これらの関係式は（アフィン空間における）2 本の曲線上の点の間に全単射を定める．この全単射は座標の有理関数で与えられ，有理数の係数をもつ．また円上の有理点は直線上の有理点に対応する．
$x = \dfrac{X}{Z}, y = \dfrac{Y}{Z}, u = \dfrac{U}{W}, v = \dfrac{V}{W}$ によって射影座標 (X, Y, Z) および (U, V, W) に移れば，この対応は多項式で与えられる．すなわち

$$\begin{aligned} U &= 0 \\ V &= Y \\ W &= Z + X \end{aligned} \quad \text{また} \quad \begin{aligned} X &= W^2 - V^2 \\ Y &= 2VW \\ Z &= W^2 + V^2 \end{aligned}$$

である．射影形式において，写像がいつ互いに逆の関係になっているか調べると，$W \neq 0$ のとき

$$\begin{aligned} (X, Y, Z) \longrightarrow (U, V, W) &= (0, Y, Z + X) \\ &= (0, 2VW, W^2 + V^2 + W^2 - V^2) \\ &= 2W(0, V, W) \sim (0, V, W) \end{aligned}$$

となる．$W = 0$ は y 軸上の無限遠点に対応する．

直線から円への写像は，無限遠点を $(U, V, W) \longrightarrow (-1, 0, 1)$ のように円上のアフィン点 $(-1, 0)$ へと写すが，円から直線への写像は $(X, Y, Z) = (-1, 0, 1) \longrightarrow (0, 0, 0)$ へと写し，これは直線上にない．よって，この写像は，これらの点を除いて互いに逆の関係になっている．

2 つの曲線が異なる次数をもつことに注意しよう．

もちろん，円上の点 $(-1, 0)$ が直線上の無限遠点に対応するようにすれば，完全な全単射が生み出されるが，この全単射は上の有理関数によって完全に記述されるものではない．

定義 f と g を有理数の係数をもつ関数とし，$C_1 : f(x, y) = 0$ および $C_2 : g(u, v) = 0$ をアフィン平面 $\mathbf{C}^2$ における代数曲線とするとき，C_1 が $\mathbf{Q}$ 上で C_2 に**双有理同値である**とは，有理数の係数をもつ2変数の有理関数 P, Q, R, T があって，

$$\begin{aligned} x &= P(u, v) \\ y &= Q(u, v) \end{aligned} \quad \text{および} \quad \begin{aligned} u &= R(x, y) \\ v &= T(x, y) \end{aligned}$$

が C_1 から C_2 への，および C_2 から C_1 への写像を定義し，各曲線上の高々有限個の点を除いて互いに逆写像となっていることである．除外点は関数および逆関数の両方の定義域について言うものである．

このように，有限個の点を除いて，全単射が得られる．関数の分母が0になると困難にぶつかるが，そのようなときは射影平面へ行けばよいだけである．射影平面に曲線を取るならば，同次座標に対応する関数が同次多項式であると仮定することと同値であるが，上の例でわかるように，それでも有限個の除外点を許す必要がある．

双有理同値が同値関係であることがただちにわかる．よって，双有理同値は曲線上の複素数点の間の対応を作る．この対応の下では，有理数を係数とする有理関数によってすべてが与えられているので，有理点は有理点に対応する．したがって，曲線上の有理点を見つけるというディオファントス問題は，2つの曲線の両方において，円と直線の例のようにたとえ次数が異なるとしても，基本的には同じ問題となる．

全単射に有限個の除外点を許すことの必要性は，次の例において最もよくわかる．

例 曲線

19.4 双有理同値；ワイエルシュトラス標準形

を考える．これはまた射影形式では，

$$X^2 + Y^2 = Z^2$$
$$V^2W^2 + U^2W^2 = U^2V^2$$

と表される．これらは写像

$$x = \frac{1}{u}, \quad u = \frac{1}{x}$$
$$y = \frac{1}{v}, \quad v = \frac{1}{y}$$

また，射影形式では

$$X = VW, \quad U = YZ$$
$$Y = UW, \quad V = XZ$$
$$Z = UV, \quad W = XY$$

の下で双有理同値となる．

　射影形式における C_1 から C_2 への写像は，方程式の形から容易に想像できる．非同次化により，$x = \dfrac{1}{u}, y = \dfrac{1}{v}$ が得られる．しばらくの間分母が 0 になることを無視すれば，$u = \dfrac{1}{x}, v = \dfrac{1}{y}$ を得る．これらの方程式を同次化すれば，$\dfrac{U}{W} = \dfrac{1}{\frac{X}{Z}}, \dfrac{V}{W} = \dfrac{1}{\frac{Y}{Z}}$ あるいは $U = \dfrac{Z}{X} \cdot W, V = \dfrac{Z}{Y} \cdot W$ となる．同次座標で W は任意であり，写像は多項式で表された方がいいので，分母を消去するため $W = XY$ と置くと，$U = YZ, V = XZ$ を得る．

　これらの写像が互いに逆写像となるのがどういうときか調べるには，$XYZ \neq 0$ のとき

$$(U, V, W) \longrightarrow (X, Y, Z) = (VW, UW, UV)$$
$$= (XZXY, YZXY, YZXZ)$$

$$= XYZ(X, Y, Z) \sim (X, Y, Z)$$

となる．$XYZ = 0$ となり，かつ $X^2 + Y^2 = Z^2$ 上にある点は $(0, 1, 1)$ と $(1, 0, 1)$ だけである．

同次座標を用いて C_1 から C_2 へと写像すると，

$$(1, 0) \longleftrightarrow (1, 0, 1) \longrightarrow (0, 1, 0)$$
$$(-1, 0) \longleftrightarrow (-1, 0, 1) \longrightarrow (0, -1, 0)$$

となるが，$(0, 1, 0)$ と $(0, -1, 0)$ は同じ点の同次座標であり，この写像は全体で 1 対 1 ではない．再び，双有理同値が必ずしも曲線の次数を保存しないことがわかるのである．

双有理同値は必ずしも直線を（したがって 3 次曲線上の加法をも）保存しないが，それでも双有理同値な非特異 3 次曲線上の有理点の群は同型である．証明には点の加法についての本質的な定義が必要となる（[Sil] または [Str] を見よ）．したがって，非特異な 3 次曲線に対してモーデルの定理を証明すれば，それらと双有理同値なすべての非特異な曲線に対して成り立つことになる．モーデルの定理の証明へのカギは次の定理である．

定理 非特異な 3 次曲線 C は，有理点をもてば，

$$y^2 = x^3 + ax^2 + bx + c \tag{1}$$

という形をした非特異な 3 次曲線と双有理同値であり，また

$$y^2 = 4x^3 - g_2 x - g_3 \tag{2}$$

という形をした非特異な 3 次曲線とも双有理同値である．

後者の形は通常 C の**ワイエルシュトラス (Weierstrass) 標準形**と呼ばれるが，どちらの形もこの言葉で呼ぶことにしよう．この定理の証明は，まだ示していないテクニックが必要となるため，ここでは飛ばす（[Sil], [Str]，または [Hus] を見よ）．

どちらかの標準形が非特異であるということは，方程式の右辺にある x の 3 次多項式の判別式が 0 でないことを要求するのと同値である．多項式 $f(x)$ の

判別式は，$D = \prod_{i<j}(e_i - e_j)^2$ で与えられることを思い起こそう．ただし e_i は $f(x) = 0$ の根である．この値は根を'判別する'，すなわち，$D \neq 0$ となることは根がすべて異なることと同値である．方程式 (2) で定められる曲線については，$D = g_2^3 - 27g_3^2$ である．証明は，モニックな多項式 $f(x)$ の係数は根の対称式であるという事実を用いた計算による．

我々の定理と双有理同値な曲線は有理点の同型群をもつという事実を合わせると，《モーデルの定理を証明するには，標準形をした非特異 3 次曲線に対して証明するだけでよい》ことがわかる．

例 $u^3 + v^3 = 1$ は $y^2 = x^3 - 432$ に双有理同値であり，その写像は

$$x = \frac{12}{u+v}, \quad y = 36\frac{u-v}{u+v}$$

と

$$u = \frac{36+y}{6x}, \quad v = \frac{36-y}{6x}$$

で与えられる．同次座標で詳細な計算を行い，有限個の除外点しかないことを示すのは，よい演習である．

こうして $n = 3$ に対するフェルマーの最終定理により，$y^2 = x^3 - 432$ 上のアフィン有理点は，$u^3 + v^3 = 1$ の自明な解 $(\pm 1, 0)$ および $(0, \pm 1)$ に対応するものだけである．方程式を同次化すると，$U^3 + V^3 = W^3$ は $(1, -1, 0)$ を含み，$Y^2 Z = X^3 - 432 \cdot Z^3$ は $(0, 1, 0)$ を含む．これらはそれぞれの無限遠点である．

フェルマーの最終定理のワイルズによる証明は，G. フライ (Frey) によって予想され，K. リベット (Ribet) によって証明された [Poo], 「どの指数に対するフェルマーの最終定理も，非特異な 3 次曲線に対する問題と同値である」という定理から始まっている．

19.5 特異点と種数

双有理同値な曲線は異なる次数をもちうるから，曲線の次数はその有理点の構造を測るものとしてふさわしくない．しかしながら，曲線によって定まる，'種数' という整数が存在して，曲線を定める方程式のディオファントス的特

性についての大変よい物差しであることがわかっている.

$C : f(x, y) = 0$ が代数曲線であるとき，曲線上の各 $\mathbf{C}$ 点 $(x_1 + ix_2, y_1 + iy_2)$ に $\mathbf{R}^4$ の点 (x_1, x_2, y_1, y_2) を関連させ，$S(C)$ を $\mathbf{R}^4$ におけるそのような点全体の集合とする．$f(x_1 + ix_2, y_1 + iy_2)$ の実部と虚部 $= 0$ とすると，2つの方程式ができ，$\mathbf{R}^4$ におけるそれらのグラフは $S(C)$ で交わる．各方程式が $\mathbf{R}^4$ の点に対する1つの条件を与えるので，$S(C)$ の次元は2である（曲面をなす）．

例 $C : f(x, y) = y = 0$ とすると，$f(x_1 + ix_2, y_1 + iy_2) = y_1 + iy_2$ となり，$S(C)$ は方程式 $y_1 = 0$ および $y_2 = 0$ で与えられ，それぞれが $\mathbf{R}^4$ の3次元部分空間を定める．それらの交わりは2次元部分空間 $\{(x_1, x_2, 0, 0)\}$ である．第4座標が0なので，これは3次元部分空間 $y_2 = 0$ における平面 $\{(x_1, x_2, 0)\}$ として視覚化することができる.

例 $C : f(x, y) = y - x = 0$ とすると，$S(C)$ は方程式 $y_1 = x_1, y_2 = x_2$ で与えられる．$y_2 = c$ で固定すると，曲面の横断面を得ることになる．点 (x_1, x_2, y_1, c) を $\mathbf{R}^3$ の点 (x_1, x_2, y_1) で表現する（すなわち，$\mathbf{R}^4$ における3次元超平面 $y_2 = c$ を見ているのである）．すると $S(C)$ の点は，$y_1 = x_1, x_2 = c(= y_2)$ を満たす $\mathbf{R}^3$ の点で表現される．これは平面 $x_1 = y_1$ における直線 L_c であり，これは x_1-y_1 平面に平行で，それより c 単位だけ上方にある（図11）．c が変化するにつれ，L_c は平面 $x_1 = y_1$ 全体を動く．よって，$S(C)$ は $\mathbf{R}^3$ における平面 $x_1 = y_1$ で表現される．

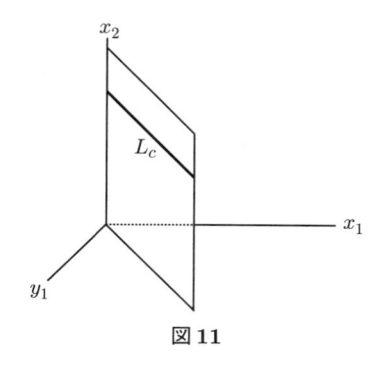

図11

Kendig [Ken, 1章] には，高次元曲線を，横断面を取ることによって $\mathbf{R}^3$ で視

19.5 特異点と種数

覚化する方法のこうした例が，たくさん示されている．

C が非特異なアフィン曲線であるならば，（射影平面における）C 上の無限遠点の集合は有限である．C と無限遠直線の交わりだからである．すると，（C 上の無限遠点に対応する）$\mathbf{R}^4$ の有限個の点を，'コンパクトかつ連結で向き付け可能な境界のない 2 次元多様体'（'コンパクト曲面'，[Mas] を見よ）である集合 $S'(C)$ を生み出す方法で，$S(C)$ に隣接させることができる．

C が特異点をもつときは，C は非特異な曲線 C' に双有理同値である．この曲線 C' は，一般に，平面ではなく，どこかより高次元の空間 $\mathbf{C}^k$ にあって，k 個の変数をもつ多項式の組で記述される．この文脈での双有理同値の意味については詳しく述べないことにする．さらなる詳細については，[Bri-Kno], [Ful], [Wal] を見よ．C'（再び無限遠点を加えたもの）上の点 $(x_1+iy_1,\cdots,x_k+iy_k)$ に対応する $\mathbf{R}^{2k}$ における点 $(x_1,y_1,\cdots,x_k,y_k)$ の集合はコンパクト曲面となり，$S'(C)$ で表される．

位相幾何学のよく知られた結果として，コンパクトかつ連結で向き付け可能な曲面は，ある g に対して，g 個の穴をもつドーナツ（球面に g 個のハンドルをつけたものとしても同じ）に同相である [Mas]．たとえば $g=3$ のとき，図 12 のような曲面を得る．

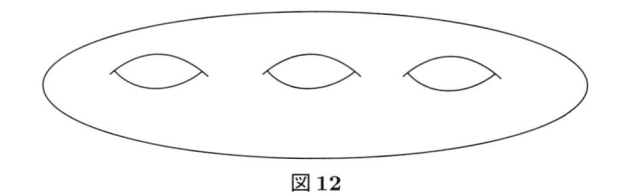

図 12

数 g は曲面の種数であり，位相同型を除いて曲面を特徴づける．曲線 C の**種数** $\boldsymbol{g = g(C)}$ は，対応する曲面 $S'(C)$ の種数である．

驚くべきことに，曲線の有理（整数）点の集合の構造は，その次数よりもむしろ曲線の種数という位相的な概念に依存するのである．このことの理由について何らかのアイデアを得るためには，種数についてのもっと算術的な記述が必要である．種数 g は，位相空間としての C の不変量である．しかし C は多項式方程式で与えられるので，さらなる構造をもっている．実際，g は曲線の

幾何の言葉で記述することができる．ある空間の位相的不変量を，代数的，あるいは微分幾何的といった，別の構造の言葉で表すというアイデアは，とても強力な概念である．たとえばそれは，偏微分方程式論におけるアティヤー・シンガー (Atiyah-Singer) の指数定理の背後にあるカギとなるアイデアなのである．これらのアイデアに関する興味深い議論については Atiyah [Ati] を見よ．

18.4 節における例 $y^2 = x^2(x+1)$ に，有理点と幾何の間の関係についてのヒントがある．そこでは特異点の存在によって，すべての有理点を見つける問題が簡単になっているのである．曲線の種数はその特異点と，定義する方程式の次数を使って記述できる．このことを理解するためには，特異点の構造についてより詳しく見なければならない．

$C : f = 0$ をアフィン平面の曲線とし，L を曲線上の点 $P = (x_0, y_0)$ を通る直線とする．$(a,b) \neq (0,0)$ として，

$$x = x_0 + at, \quad y = y_0 + bt$$

を L のパラメータ表示とする．L と C の交点は，方程式

$$G(t) = f(x_0 + at, y_0 + bt) = 0$$

の根によって定められる．

G は多項式であるから，t による有限なテイラー級数

$$G(t) = G(0) + G'(0)t + G''(0)\frac{t^2}{2!} + \cdots + G^{(n)}(0)\frac{t^n}{n!}$$

をもつ．ただし

$$G(0) = f(P) = 0$$

$$G'(0) = f_x(P)a + f_y(P)b$$

$$G''(0) = f_{xx}(P)a^2 + 2f_{xy}(P)ab + f_{yy}(P)b^2$$

などである（f とその偏導関数はすべて P での値を求める）．

A) $f_x(P), f_y(P)$ の少なくとも片方が 0 でなければ，P は C の**非特異**な（あるいは**正則**な点である．すると，

　i) $f_x(P)a + f_y(P)b \neq 0$ ならば，L は C と P において 1 回交わる．

ii) $f_x(P)a + f_y(P)b = 0$ ならば,b/a が L の傾きであるから,L の方程式は

$$f_x(P)(x - x_0) + f_y(P)(y - y_0) = 0$$

となり,L は定義により,点 P における C の**接線**である.a と b は定数の因数を除いて定まるから,この接線は一意的である.

B) $f_x(P) = 0 = f_y(P)$ で,2次導関数の少なくともひとつが 0 でなければ,点 P を**位数 2 の特異点**(あるいは**二重点**)と呼ぶ.例が図 13 に示されているが,図 13(a) のように,2つの弧の単純な交点は**通常の二重点**である.

図 13

C) より一般的に,点 P において $r-1$ 次までのすべての偏導関数が 0 となるが,r 次偏導関数の中には点 P で 0 にならないものがあるとき,P を**位数 r の特異点位数 r の特異点**と呼ぶ.(点 P における接線がすべて異なるとき,**通常の特異点**と呼ぶ.)

このように,曲線の**特異点**とは $f_x, f_y = 0$ となる点 P のことであり,r_P で特異点 P の位数を表す.

$F(X, Y, Z) = 0$ が C の対応する同次方程式であるような射影空間において,同様の方法で進めよう.位数 r の特異点とは,$r-1$ 次までの F のすべての偏導関数が 0 となり,r 次偏導関数の中に 0 にならないものがあるような点のことである.無限遠直線の上にも特異点はありうる.そのため射影空間における曲線について,次の定理を述べる必要がある.

定理 $C : F(X, Y, Z) = 0$ が $\Pi_2(\mathbf{C})$ における**既約な曲線**で(F は既約な多項式のべきである),すべての特異点が通常のものであり,F の次数が n であるとき,種数は

$$g(C) = \frac{(n-1)(n-2)}{2} - \sum \frac{r_P(r_P-1)}{2}$$

で与えられる．ただし和は C のすべての特異点 P 上で取る．

数 $\frac{(n-1)(n-2)}{2}$ は次数 n の曲線上にある特異点の，ありうる最大の個数である．（古典的には，種数は「不足」と呼ばれ，この最大値からの差を測ることを意味していた．）

例 フェルマー曲線は $C_n : F(X,Y,Z) = X^n + Y^n - Z^n = 0$ で定義される．$F_X = F_Y = F_Z = 0$ の唯一の解は $(0,0,0)$ であり，これは射影点を表さないから，この曲線は非特異で，$g(C_n) = \frac{(n-1)(n-2)}{2}$ である．

定理 C_1 が C_2 に双有理同値であるならば，$g(C_1) = g(C_2)$ である．

逆は真でない．たとえば，$x^2 + y^2 = 1$ と $x^2 + y^2 = 3$ は種数 0 の非特異な曲線であるが，前者は有理点をもち，後者は有理点をもたない（18.3 節）．

前に注意したように，与えられた曲線に双有理同値である非特異な曲線を見出すには，より高い次元の空間における曲線を考えなければならない．つねに平面上にとどまりながらできる最大限のことは，次の定理である．

定理 $\Pi_2(\mathbf{C})$ におけるすべての平面曲線は，特異点が通常の二重点だけであるような曲線に双有理同値である．

このことがどのようにしてできるか見るために，点 P が位数 3 の特異点となる曲線を考える．この曲線を 3 次元空間に「持ち上げ」て，点 P で交わっている弧を分離することができる．そののち異なる方向から平面に射影し直す．こうして元の三重点の代わりに，3 つの通常の二重点ができる．このやり方を他のより位数の高い特異点に対して繰り返せばよい．そしてこれは双有理的に行えるのである．この '特異点解消' 法に関するより詳しいことについては Walker [Wal] を見よ．

定理 種数 0 で有理点をもつ曲線は，直線（複素射影直線 $\Pi_1(\mathbf{C})$）に双有理同値である．これらの曲線は有理数の係数をもつ 1 変数の有理関数によってパラメータ表示できる．

逆に，このようにパラメータ表示できるすべての曲線は種数が 0 である．対応をパラメータの有理数値に制限すれば，曲線上の有理点の有理パラメータ表示が得られる．

種数 0 の曲線は**有理曲線**とも呼ばれる．

例 曲線 $y = x^3$ は有理パラメータ表示 $x = t, y = t^3$ をもつので種数 0 である．この曲線はアフィン平面に特異点をもたない．射影平面では，同次化された方程式は $YZ^2 - X^3 = 0$ で，無限遠点 $(0, 1, 0)$ が曲線上の位数 2 の特異点である．種数の公式によれば，種数は $\frac{(3-1)(3-2)}{2} - \frac{2(2-1)}{2} = 0$ である．よって位相幾何学的には，この曲線の複素数点は球（穴のないドーナツ）である．パラメータ表示は，点 $(0, 1, 0)$，すなわち y 軸上の無限遠点から x 軸へと曲線を射影する（すなわち y 軸に平行な直線を用いる）ことによって得られる．

例 先の例で見たように，$n \geq 3$ に対しては，フェルマー曲線は種数が 1 より大きいので，有理パラメータ表示することはできない．Shafarevich [Sha, 第 1 章] は，種数に関する我々の定理よりは，むしろ代数関数論のテクニックを用いて，このことの美しい証明を示している．

19.6 楕円曲線と群の法則

種数 1 の曲線が主たる関心の対象である．

定理 (i) 非特異 3 次曲線は種数 1 をもつ ($\frac{(3-1)(3-2)}{2} = 1$ だから)．

(ii) 種数 1 の既約な曲線 $C : f = 0$ は，有理点を持てば，ある非特異な 3 次曲線に双有理同値であり，したがってワイエルシュトラスの標準形をした 3 次曲線に双有理同値である．

注意 種数 1 の非特異な曲線 $F = 0$ は既約である．なぜなら，もし $F = GH$ かつ $G \neq H$ ならば，ベズーの定理により曲線 $G = 0$ と $H = 0$ は共有点をもち，それは特異点となるから．

楕円曲線は有理点 0 をもつ種数 1 の非特異曲線である．E で楕円曲線を表し，$E(K)$ で体 $K \subseteq \mathbf{C}$ に係数をもつ E 上の点を表すことにしよう．'楕円' という言葉を用いる理由は，これらの曲線が '楕円関数' によってパラメータ化されるからである（7節）．楕円は種数 0 であり，楕円曲線ではない．

4節において，非特異な 3 次曲線に対するモーデルの定理を証明するためには，ワイエルシュトラスの標準形をした曲線に対して証明すれば十分であると述べたが，今や我々は，この定理を標準形の曲線に対して証明すれば，すべての楕円曲線に対しても成り立つということを理解しようとしているのである．

すでに楕円曲線上の有理点を定める問題を，標準形の非特異な 3 次曲線

$$E : y^2 = f(x) = x^3 + ax^2 + bx + c$$

について調べることに帰着させたので，特に述べない限り，**楕円関数**というときには，いつも後者の形の曲線を意味することにしよう．今のところ，E は複素数点 $E(\mathbf{C})$ を意味することにする．次の命題は楕円曲線のグラフを描くのに役に立つ．

命題 E が非特異 $\iff$ $f(x)$ はすべて異なる根をもつ

（f が異なる根をもつことは，f の判別式が 0 でないことと同値であることを思い起こそう（4節）．）

〔証明〕 少し後に示すように，射影形式における曲線上の無限遠点は非特異である．よってアフィン形式での曲線のみを考えればよい．

もし (x_0, y_0) が $E : F(x, y) = y^2 - f(x) = 0$ の特異点であれば，

$$F_y(x_0, y_0) = 2y_0 = 0 \implies f(x_0) = 0$$

また

$$F_x(x_0, y_0) = -f'(x_0) = 0 \implies f'(x_0) = 0$$

となり，これらは x_0 が $f(x)$ の重根であるための条件である．逆は簡単な演習である．

$f(x)$ の次元は 3 であるから，$f(x)$ は異なる実数根を 1 つあるいは 3 つもつ（根の複素共役も根である）．E が非特異であれば，これらの根はすべて異な

る．標準的な曲線描画法を用いれば，この曲線上の実数点は，図14もしくは図15に示す図形のひとつになることがわかる．どちらの場合も，曲線は x 軸に関して対称である．

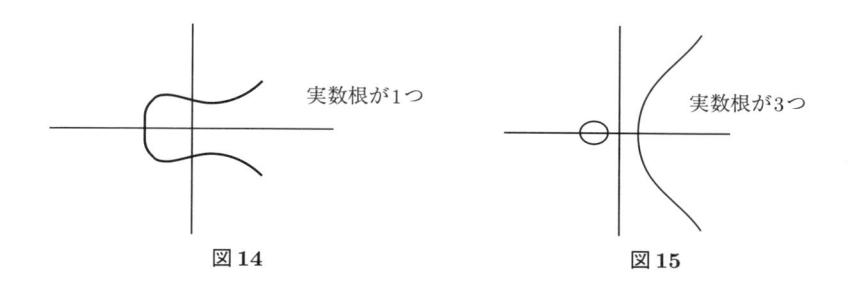

図14　実数根が1つ

図15　実数根が3つ

無限遠点

E の方程式を同次化すると，射影方程式

$$Y^2Z = X^3 + aX^2Z + bXZ^2 + cZ^3$$

が得られる．$Z=0$ と置けば $X^3 = 0$ だから $X = 0$ で，Y は任意の値を取れる．よって無限遠直線 $(Z=0)$ は E と，有理点

$$(0, Y, 0) \sim (0, 1, 0)$$

で交わる．$X^3 = 0$ は $X = 0$ を三重根としてもつから，$Z = 0$ は点 $(0, 1, 0)$ において曲線と重複度3で交わり，この非特異な点において E に接する直線である．曲線 C 上の非特異な点 P は，P における C の接線が曲線の一部でなく，C と点 P で重複度3で交わるとき，**C の変曲点**であると言う．よって $(0, 1, 0)$ は E の変曲点である．($(0, 1, 0)$ は y 軸上にあり，曲線の接線は y が大きくなるにつれて垂直方向に近づくことに注意せよ．)

群の法則

無限遠における有理点 $O = (0, 1, 0)$ を，加法を定義するための定点とする (単に群 $E(\mathbf{Q})$ だけでなく，群 $E(\mathbf{C})$ を議論しようとしている—3節末のコメントを思い出せ)．まず実数点の部分群 $E(\mathbf{R})$ を，実アフィン平面において考

え. そこでは O と E 上の実数点を結ぶ直線は y 軸に平行な直線として視覚化することができ，加法は図16に描かれる．

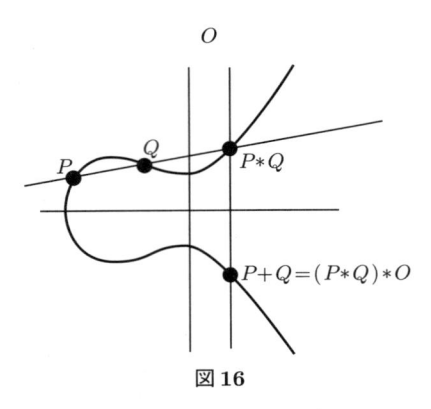

図16

単位元 O がこの群の単位元である． $P+O=P$ は図17に描かれている． O における接線は無限遠直線で，この直線と E との第3の交点がまた O であるという事実から $O+O=O$ が導かれることに注意せよ（変曲点・三重交点）． O と O を結ぶと再び無限遠直線となり，それは曲線と O で交わる．

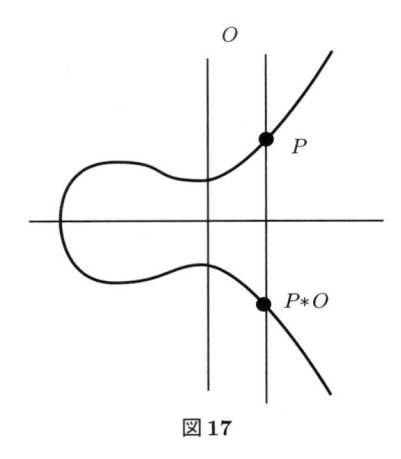

図17

逆元 $Q=(x,y)$ のとき，$R=(x,-y)$ が Q の逆元である．このことを見るには，Q と R を通る直線は y 軸に平行で，E との第 3 の交点 $Q*R$ が O であることに注意する（図 18）．O が単位元であることの証明と同様，O と O を結ぶと無限遠直線となり，E と O で 3 度目に交わる．よって $Q+R=O$ となり，$R=-Q$ である．

図 18

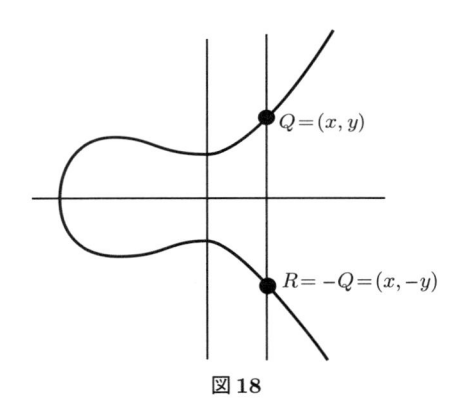

例 楕円曲線 $E: y^2 = f(x)$ 上の位数 2 の実数点 P，すなわち $P+P=O$ となる点を定める．ここで $f(x)$ は 3 つの実数根をもち，それらは点 Q_1, Q_2, Q_3 に対応する（図 19）．定義より，O は位数 1 をもつ．そこで $P \neq O$ と仮定する．

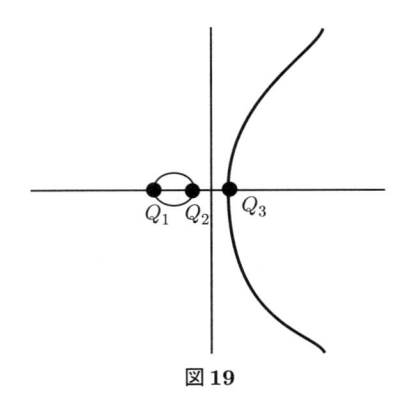

図 19

すべての Q_i に対して，Q_i における接線は y 軸に平行で，O において E と交わる．O と O を結ぶと 3 つ目の点 O が得られ，$2Q_i = O$ を得る．$P \neq$

Q_1, Q_2, Q_3, ならば，P における接線は y 軸に平行ではなく，明らかに $2P \neq O$ である．したがって，点 Q_1, Q_2, Q_3 は位数 2 の実数点である（間もなく導くことになっている点の加法の公式を用いることにより，位数 2 の複素数点は存在しないことを示すことができる）．i, j, k が異なるときは，$Q_i + Q_j = Q_k$ となることに注意．

アーベル群の中で 2 の約数である位数をもつ点は，部分群をなす．我々の例では $\{O, Q_1, Q_2, Q_3\}$ がそうである．これは有名なクラインの 4 元群で，位数 2 の巡回群の直積となっている．$f(x)$ の根の 2 つは複素数であるものの，これらの根に対応する点は，O と合わせて，すべて位数が 2 の約数となる点であり，やはり 4 元群をなす．位数 n の複素数点については，楕円関数の応用として 9 節で議論する．

さてここで，$E(\mathbf{C})$ における点の加法に対する代数方程式を導こう．実アフィン平面で図を描いたが，それは $E(\mathbf{C})$ についても成り立つ．

図 20 に描かれるように，座標つきで $R = P + Q$ が与えられたとき，x_3 および y_3 に対する方程式を求めたい．点 P と Q を通る直線は

$$y = \lambda x + v \tag{1}$$

である．ここで

$$\lambda = \frac{y_1 - y_2}{x_1 - x_2}, \ v = y_1 - \lambda x_1 = y_2 - \lambda x_2$$

である．

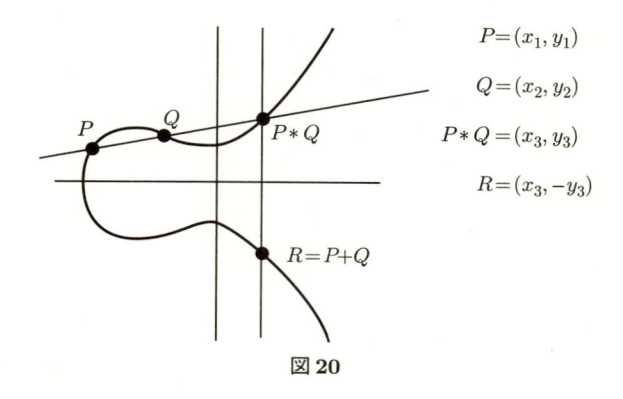

図 20

$P * Q$ を見つけるために，曲線の方程式に式 (1) を代入すると，

$$(\lambda x + v)^2 = x^3 + ax^2 + bx + c$$

あるいは

$$x^3 + (a - \lambda^2)x^2 + (b - 2\lambda v)x + c - v^2 = 0$$

となる．これは根 x_1, x_2, x_3 をもつ 3 次式である．$x_1 + x_2 + x_3 = \lambda^2 - a$ （根の和は x^2 の係数である）だから，

$$\begin{aligned} \boldsymbol{x_3} &= \boldsymbol{\lambda^2 - a - x_2 - x_1} \\ \boldsymbol{y_3} &= \boldsymbol{\lambda x_3 + v} \end{aligned} \tag{2}$$

を得る．点を倍にする，$P + P = 2P$ のための公式を導くには，上と同様に進める．ただし，点 P と Q を通る割線の方程式を用いる代わりに，点 $P = (x_1, y_1)$ における接線の方程式 $y = \lambda x + v$ （図 21）が必要となるところが異なるだけである．

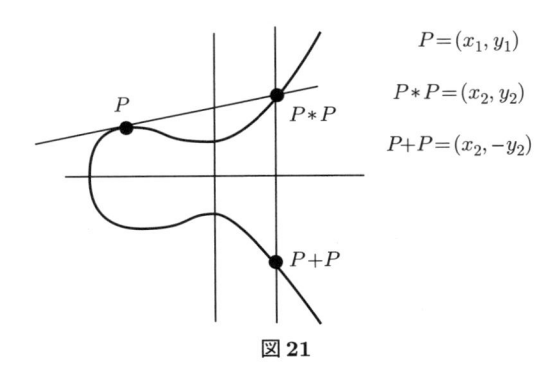

図 21

λ は陰関数の微分により

$$y^2 = f(x) \implies y' = \frac{f'(x)}{2y} \implies \lambda = \frac{f'(x_1)}{2y_1}$$

と求まる．また $v = y_1 - \lambda x_1$ となる．すると λ と v のこれらの値で式 (2) が成り立つ．点の加法についてのこれらの公式により，加法の結合法則は直接確かめられる（演習）．

演習 $P, Q, R \in E(\mathbf{C})$ に対して

$$P + Q + R = O \iff P, Q, R \text{ は同一直線上にある}$$

(このことは，O を変曲点に選べば，すべての非特異な3次曲線に対しても成り立つことである [Bri-Kno, 7.4節]．)

標準形 $y^2 = x^3 + ax^2 + bx + c$ で表される曲線に対して導いたことはすべて，ワイエルシュトラス標準形 $E : y^2 = 4x^3 - g_2 x - g_3$ で表される曲線に対しても本質的には同じである．

E が非特異であることは，$4x^3 - g_2 x - g_3$ が重根をもたないことと同値である．$(0, 1, 0)$ はこの曲線上の唯一の無限遠点（変曲点）であり，この有理点を群の法則における点 O として選べば，$P_1 \neq P_2$ に対して，

$$P_1 + P_2 = P_3 ,$$

$$(x_1, y_1) + (x_2, y_2) = (x_3, -y_3)$$

を得る．ここで

$$\begin{aligned} x_3 &= \frac{\lambda^2}{4} - x_1 - x_2 \\ y_3 &= \lambda x_3 + v \end{aligned} \quad (3)$$

であり，

$$\lambda = \frac{y_1 - y_2}{x_1 - x_2}, \quad v = y_1 - \lambda x_1 = \frac{x_1 y_2 - x_2 y_1}{x_1 - x_2}$$

である．$P + P$ に対しても同様の公式が存在する．

19.7 楕円関数と楕円曲線

本節と次節では，複素関数論の知識をある程度仮定する．

$\Pi_2(\mathbf{C})$ における種数0の曲線は，1複素変数の有理関数でパラメータ表示されることを思い起こせ．ここではワイエルシュトラス標準形

$$E : y^2 = 4x^3 - g_2 x - g_3$$

で表される楕円曲線をパラメータ表示する関数を導入しよう．

19.7 楕円関数と楕円曲線

このことは **C** 上の**有理形関数**（極以外に特異点をもたない解析関数）を用いてなされる．複素数 λ が有理形関数 f の**周期**であるとは，すべての z に対して $f(z+\lambda) = f(z)$ となることである．ただし z が極のときは $z+\lambda$ も極である．明らかに，$f(z)$ の周期の集合は，**C** の部分加群をなす．

$\lambda_1, \lambda_2 \in \mathbf{C} - \{0\}$ とし，$L = [\lambda_1, \lambda_2] = \{m\lambda_1 + n\lambda_2 | m, n \in \mathbf{Z}\}$ を整基底 λ_1, λ_2 をもつ2次元格子とする（図22 – 格子の基礎用語については17.2節を見よ）．ここでの我々とは関係のない理由により，多くの著者が $\operatorname{Im}\frac{\lambda_2}{\lambda_1} > 0$ と仮定して，$\frac{\lambda_2}{\lambda_1}$ が上半平面にあるようにしている．

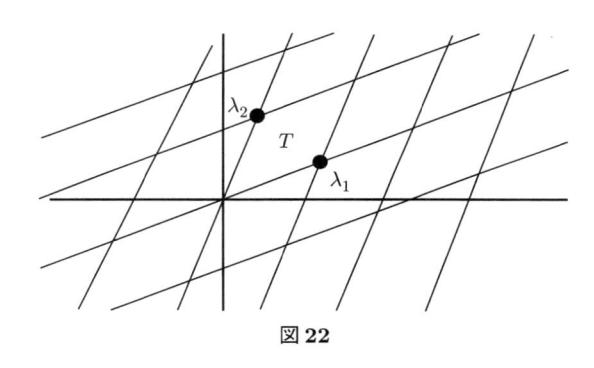

図22

楕円関数 f は，その周期の集合が2次元格子有理形関数 L をなすような有理形関数である．f は**二重周期的**であり，**周期格子 L** をもつと言う．周期格子 L をもつ楕円関数の集合 $M(L)$ は，関数の加法と乗法の下で体をなす．いわゆる**周期格子 $M(L)$ をもつ楕円関数体**である．なぜ '楕円' という言葉を使うのかについては，9節で歴史的発展について論じるときに明らかとなるであろう．

$M(L)$ の元 $f(z)$ は，すべての $\lambda \in L$ に関して周期的であるから，そのすべての $z \in \mathbf{C}$ に対する値は，基本平行四辺形 $T = \{t_1\lambda_1 + t_2\lambda_2 | 0 \le t_1, t_2 < 1\}$ における値によって定められる．

このことを見るもうひとつの方法は，L は **C** の部分加群であるから，商群 $\mathbf{C}/L$ の元は，$z_1 - z_2 \in L$ となるとき，またそのときに限り $z_1 \sim z_2$ とする同値関係に関して同値類となることに注意する．すると T はこの同値関係に対する相異なる代表系となる．しばしば $\mathbf{C}/L$ における群の作用を，L を法とす

る点の加法と呼ぶ.すなわち,T の 2 つの数を複素数として足し,適当な格子点を引くことによって,和を T に戻すことができるのである.

位相幾何学的には,T の境界上の同値な(反対の)点を同一視すれば,T はトーラスになる(図 23).

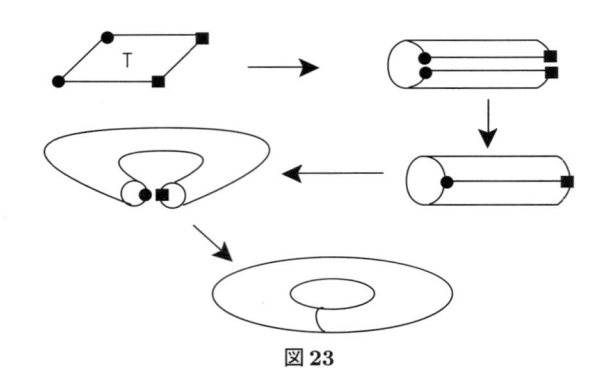

図 23

リーマン面とは,1 次元の複素解析的多様体(ラフに言えば,各点の周りに $\mathbf{C}$ 上の開円板と正則関数によって同相となる近傍が存在して,重なり合う近傍の間には正則な関係があるということである)のことである.$\mathbf{C}$ はリーマン面であり,T 上に複素解析的構造を引き起こす.T の各点 p を $\mathbf{C}/L$ の同値類 $p+L$ と同一視して,$T = \mathbf{C}/L$ と書こう.リーマン面 T は,しばしば**複素トーラス**と呼ばれる(これは複素リー群でもある).より古典的な観点によるリーマン面への入門については [Spr], [Ber], [Jon], [Wey 3] を,また現代的な扱いについては [For] を見よ.この見方では,楕円関数はトーラス上の有理形関数と見ることができる.どちらの見方も,さまざまな場面で有用である.

我々の研究において中心的な役割を果たすのが,**格子 L に関するワイエルシュトラスの $\wp$(ペエ)関数**であり,それは級数

$$\wp_L(z) = \frac{1}{z^2} + \sum_{\lambda \in L-\{0\}} \left\{ \frac{1}{(z-\lambda)^2} - \frac{1}{\lambda} \right\}$$

で定義される.

定理 1) $\wp_L(z)$ を定める級数は,$\mathbf{C} - L$ のすべてのコンパクトな部分集合上で一様に絶対収束する.これは $\mathbf{C}$ 上に各格子点で 2 位の極をもち,他には極を

もたない有理形関数を定める. $\wp_L(z)$ は,周期格子 L をもつ楕円関数である,すなわち $\wp_L(z) \in M(L)$ である.

2) $\wp'_L(z) = \dfrac{d\wp_L(z)}{dz} = -2 \sum_{\lambda \in L} \dfrac{1}{(z-\lambda)^3} \in M(L)$

3) 楕円関数体 $M(L) = \mathbf{C}(\wp_L(z), \wp'_L(z))$, つまり $\mathbf{C}$ に $\wp_L(z)$ と $\wp'_L(z)$ を付け加えて生成される体である.したがって周期格子 L をもつすべての楕円関数は,$\wp_L(z)$ と $\wp'_L(z)$ の有理関数である.

楕円関数の体系的展開については [Ahl], [San-Ger, 2 巻], [Sie 1, 1 巻] を見よ.これから述べる楕円曲線との関連については,[Bri-Kno], [Hus], [Sil], [Str, R], [Kob 2], [Kna] を見よ.この曲線との関係を見るには,次の定理がある.

定理 $\wp_L(z)$ と $\wp'_L(z)$ は微分方程式

$$\wp'_L(z)^2 = 4\wp_L(z)^3 - g_2\wp_L(z) - g_3$$

を満たす.ここで g_2 と g_3 は格子の関数である(実際には,「重み $2k$ のアイゼンシュタイン級数」 $G_{2k}(L) = \sum_{\lambda \in L-\{0\}} \dfrac{1}{\lambda^{2k}}$ と置くと,$g_2 = 60G_4$,$g_3 = 140G_6$ である).

したがって $(\wp_L(z), \wp'_L(z))$ は,曲線

$$E : y^2 = 4x^3 - g_2 x - g_3$$

上の点であることがわかる(実際,E は非特異であり,したがって楕円曲線である).写像

$$\varphi : \mathbf{C} - L \to E(\mathbf{C}) ,$$
$$z \mapsto (\wp_L(z), \wp'_L(z))$$

は全射であり,アフィン曲線としての E のパラメータ表示を得る.$\varphi(\lambda), \lambda \in L$ を E 上の無限遠点 $(0, 1, 0)$ とすれば,φ は射影平面における曲線への全射である.したがって,楕円関数は楕円曲線をパラメータ表示する.

逆に，すべてのワイエルシュトラス標準形の楕円曲線は，$(\wp_L(z), \wp'_L(z))$ によって曲線がパラメータ表示されるような格子 L を定める．L の基本平行四辺形はしばしば E の周期平行四辺形と呼ばれる．

$\wp_L(z)$ も $\wp'_L(z)$ も L を周期格子としてもつから，φ は $\mathbf{C}/L$ の同値類上で定数である．すなわち，$\lambda \in L$ に対して $\varphi(z+\lambda) = \varphi(z)$ である．よって，引き起こされる写像

$$\overline{\varphi}: \mathbf{C}/L \to E(\mathbf{C}),$$

$$[z] \mapsto (\wp_L(z), \wp'_L(z))$$

(ただし $[z] = z + L$) は，複素トーラス $\mathbf{C}/L$ と曲線 $E(\mathbf{C})$ の間の全単射である．したがって，$\overline{\varphi}$ は $E(\mathbf{C})$ の全単射パラメータ表示を与え，L の基本平行四辺形 T ($\mathbf{C}/L$ と同一視される) がそのパラメータ空間である ($\overline{\varphi}$ は，$\mathbf{C}/L$ の複素解析的同型写像でもあり，$E(\mathbf{C})$ はリーマン面とみなされる)．

この写像が曲線上の群構造とどのように関係するのであろうか？

加法定理 $u, v \in C$, $u \neq v$ ならば，

$$\wp_L(u+v) = -\wp_L(u) - \wp_L(v) + \frac{1}{4}\lambda(u,v)^2,$$

$$-\wp'_L(u+v) = \lambda(u,v)\wp'_L(u+v) + \mu(u,v)$$

である．ただし

$$\lambda(u,v) = \frac{\wp'_L(u) - \wp'_L(v)}{\wp_L(u) - \wp_L(v)},$$

$$\mu(u,v) = \frac{\wp_L(u)\wp'_L(v) - \wp_L(v)\wp'_L(u)}{\wp_L(u) - \wp_L(v)}$$

である．

$v \to u$ とすることにより，$\wp_L(2u)$ と $\wp'_L(2u)$ に対しても同様の方程式が得られる．

これらの方程式は，6節の曲線の点の加法に関する方程式 (3) とまったく同じ形をしている．よって，

$$P_1 = (x_1, y_1) = (\wp_L(u), \wp'_L(u)),$$

$$P_2 = (x_2, y_2) = (\wp_L(v), \wp'_L(v)),$$
$$P_3 = (x_3, y_3) = (\wp_L(u+v), \wp'_L(u+v))$$

ならば，$\varphi(u+v) = \varphi(u) + \varphi(v)$ を得る．ここで $u+v$ は複素数の加法を表し，$\varphi(u) + \varphi(v)$ は曲線上の点の加法を表す．このことから $\overline{\varphi}([u+v]) = \overline{\varphi}([u]) + \overline{\varphi}([v])$ となり，$\overline{\varphi}$ は群 $\mathbf{C}/L$ と $E(\mathbf{C})$ の間の同型写像となる（実際，これは複素リー群の間の複素同型である）．

ここで我々は，標準形で表される3次曲線を，幾何学的な観点からは $y^2 = 4x^3 - g_2 x - g_3$ を満たす点の集合として，また複素解析的観点からはリーマン面（複素トーラス）として見てきた．一般には，代数曲線を研究するには3つの方法がある：

i) 幾何学的 — 方程式 $f(x,y) = 0, f \in \mathbf{Q}[x,y]$, を満たす点の集合
ii) 複素解析的 — リーマン面
iii) 代数的 — 1変数の代数関数体

第3の見方についてはこれまで議論してこなかった．入門については Stroeker [Str] および Shafarevich [Sha, 第1章] を，また特殊な例については Koblitz [Kob 2, 1.6節] を見よ．3つの観点が同値であることの証明については Bers [Ber] を見よ．

19.8 有限位数の複素数点

我々の新しい観点を用いて，$y^2 = 4x^3 - g_2 x - g_3$ の形をした楕円曲線上において，位数が n の約数であるような点からなる $E(\mathbf{C})$ の部分群 $\boldsymbol{E_n}(\mathbf{C})$ を見つけよう．定義により，単位元は位数1である．$L = [\lambda_1, \lambda_2]$ を，関数 $\wp_L$ が曲線 E をパラメータ表示するような格子とし，T を L の基本平行四辺形とする．曲線 E 上で点を加えることは T における対応する点を L を法として加えることであることを思い出そう．

$n = 2$：明らかに，T において $[z] + [z] = [0]$（すなわち $z + z \in L$）となる点 z は，図24で印をつけられた4つの点のみである．これはクラインの4元群で

あり，位数 2 の巡回群 C_1, C_2 の直積である（6 節でこの結果を異なる方法で求めた）．

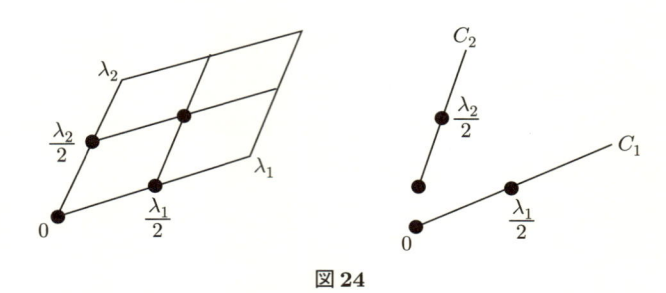

図 24

$n = 3$: T において $3[z] = [0]$（すなわち $3z \in L$）を満たす点 z は，ちょうど図 25 で印をつけられた点であり，これは位数 3 の 2 つの巡回群の直積をなす．

任意の n に対して，T の n^2 個の点 $k\dfrac{\lambda_1}{n} + m\dfrac{\lambda_2}{n}$, $k = 0, \cdots, n-1$, $m = 0, \cdots, n-1$, が，位数が n の約数となる点であり，これは位数 n の巡回群 $C_i = \{\dfrac{k\lambda_i}{n} | k = 0, \cdots, n-1\}$, $i = 1, 2$ の直積である．

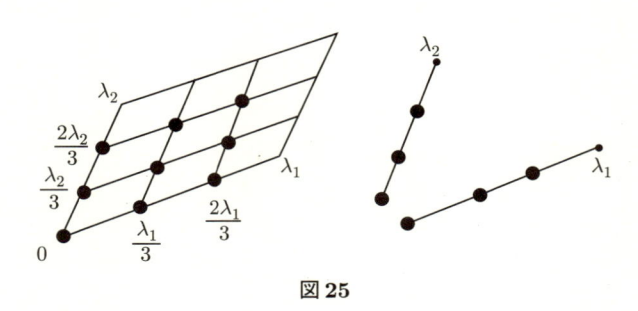

図 25

注意 1) E 上の有限位数の点の座標は，常に代数的数である．

2) どの $u \in T$ が E 上の有理点に対応するか定める方法は知られていない．にもかかわらず，この観点は楕円曲線上の有理点を研究する上で不可欠のものである．たとえばヴェイユはこれを用いてモーデルの定理の証明を与えた．

3) 次章において，E 上の有限位数の有理点を見出すアルゴリズムを与える

ことにする.

19.9 初期の歴史

ポアンカレの基本的な論文 [Poi] が，曲線上の算術の現代的理論の始まりを代表するものであるから，ポアンカレを含めて，そこにいたるまでの仕事を初期の歴史とみなそう．我々の議論はほとんど Bashmakova [Bas] および Weil [Wei 1] の歴史的な業績に基づいており，ずっと豊富な議論や元の業績への参考文献を求める読者は，そちらへ向かうとよい（さらに，ポアンカレの論文については Cassels [Cas] を見よ）．

ディオファントスが彼の『算術 ($Arithmetic$)』[Hea]（350 A.D. 頃）で提示した最初の体系的な研究は，主に 2 変数の多項式方程式の有理数解に関するものであった．ディオファントスは純粋に代数的な方法で行ったが，代数的記号は一切用いなかった．このことが意味するのは，彼が特殊な数値を含む方程式，たとえば $x^2 + y^2 = 16$ のようなものを，そこに含まれる数の特殊な性質とまったく関わりなく解いたということ，そして我々が今日代数的記号を用いて定式化する一般的な方法を，彼が理解していたと明らかにわかるほど，十分に多くの例を解いたということである．しかしながら，ディオファントスが彼の問題を一般的な方法で定式化したところが 2 か所ある．ひとつの例は Bashamakova によって与えられたものだが，問題 VI$_{12}$ の第 2 補題（『算術』の中の）である．

> 2 つの数が与えられ，その和が平方数であるとする．このとき，ある平方数に 2 つの数の一方を掛け，その積にもう一方の数を足した和が再び平方数となるという．このような平方数は無数に存在する．（[Hea] から翻訳）

代数的用語を使えば，ディオファントスは

$$ax^2 + b = y^2, \text{ ただし } a + b \text{ は平方数}$$

のすべての有理数解を求めたことになる．有理点 O をもつ 2 次曲線が与えられたとき，ディオファントスはすべての有理点をパラメータの有理関数で表現する方法を一般的に理解していた．彼の方法は，O を通る直線を用いるという，

我々の幾何学的方法と同値なものである（18.3節）．

2次方程式を扱った後，ディオファントスは3次，4次，そして6次の特殊な方程式を考えている．これらの例のいくつかは種数0の曲線で，有理点をもつものである（したがって直線と双有理同値である）．これらから我々の例 $y^2 = x^2(x+a)$（18.4節）のように，パラメータの有理関数で表される解が導かれる．ディオファントスは種数1の方程式にもいくつか挑戦している．そのような方程式に対する1つの有理点が知られたとき，ディオファントスは接線-割線法の代数的定式化（18.4節）を用いて，2つ目の有理点を求めている．

接線法の例が問題 VI$_{18}$ に見られ，自明な有理数解 $(0,1)$ をもつ方程式

$$y^2 = x^3 - 3x^2 + 3x + 1$$

に対して適用されている．$y = \dfrac{3}{2}x - 1$（点 $(0,1)$ における曲線の接線）を方程式に代入すると，定数項と x の項が消え，2番目の有理数解 $\left(\dfrac{21}{4}, \dfrac{71}{8}\right)$ が得られる．

別の例でディオファントスは，有理点 P を通る，接線ではない直線を用いて2番目の有理交点を求めている．これらの場合，彼は P と曲線上の無限遠にある有理点を結ぶ割線を用いているのである．有理点の1つが無限遠点である場合（もちろん彼はこのような用語で考えたわけではない）には，彼は割線法のみを用いた．ディオファントスは曲線上の有理点が与えられたとき，接線-割線法を用いて2番めの有理点を求めたのに過ぎないことに注意しよう．この方法を繰り返してより多くの有理点を求めることを，彼が考えついたと示すものは何もない．ディオファントスの他の方法については Weil [Wei 1, 第1章] を見よ．

次の大きな進歩のためには16世紀まで飛ばなければならない．ボンベリは彼の『代数』で，またヴィエトは彼の『Zetetica』で，代数学の新しい手法を用いて，ディオファントスの方法の多くをより明らかにした．しかしながら，バシェによる『算術』の翻訳 [Hea] を勉強することでディオファントスの方法を本当にマスターし，しかも大きな新しい進歩を加えたのはフェルマーであった．

フェルマーは，ディオファントスの接線法と割線法を繰り返せば，曲線上に

無限に多くの有理点を生みだすことができることに気づき，これを特殊な場合に適用するために体系的なテクニックを発達させた．フェルマーはまた，曲線 $y^3 = x^3 + 1$ 上の点 $(0, 1)$ のように，有限位数をもつ点が存在しうることに気づいた．しかしながら，ディオファントスと同じように，フェルマーは有理点の1つが曲線上の無限遠点であるときには割線法しか用いなかった．つい最近明らかになったことだが，ニュートンは割線法が，アフィン平面における曲線上の2つの有理点から3つ目の有理点を生みだすように一般化されうることに気づいていた [New]．ニュートンはまた，接線-割線法に幾何学的な解釈を与えた (18.4 節)．ニュートンに続く人たちは，オイラーも含め，この仕事に気づいていないようで，その後の発展に何の役目も果たしていない．

次の重要な進歩は，オイラーによってなされた．彼は

$$y^2 = f_3(x),\ y^2 = f_4(x),\ y^3 = f_3(x)$$

の研究を体系化し，さらに拡張した．ただし，$f_n(x) \in \mathbf{Z}[x],\ \deg f_n = n$ である．彼が得た結果の中には，$y^2 = f_3(x)$ が有理関数でパラメータ表示されるための十分条件は，$f_3(x)$ が重根をもつことであることの証明がある．オイラーはさらに，一般的割線法を特殊な曲線に適用した．

まったく異なる方向に思えることであるが，曲線の算術に密接に関連しているものとして，オイラーは楕円積分を研究した．積分法の出現とともに，主要な興味の方向は，ある一定の関数の集合によって，どのような関数が閉じた形で積分可能であるかという問題になっていた．たとえば，多項式は多項式を使って積分できる．オイラーは，有理関数が，有理関数，対数関数および逆三角関数によって積分されることを証明した．この結果を用いれば，y を $\sqrt{ax^2 + bx + c}$ の形の関数としたときの有理関数 $f(x, y)$ も積分することができる．Weil [Wei 第 1, 3 章 15 節] は，後者の結果に必要な置換は，a が平方数であるとき，$y^2 = ax^2 + bx + c$ の有理数解を求めるのに必要な置換と同じであると指摘している．彼はまた，$\sqrt{1 - x^4}$ を積分する問題（オイラーが若き日に試みたがうまく行かなかった）は，$y^2 = 1 - x^4$ の自明でない有理数解（あるいは同じことだが，$Y^2 = Z^4 - X^4$ の自明でない整数解）を見つけることとほとんど同じ問題であると指摘している（[Wei 3] も見よ）．

楕円の弧の長さを計算しようとする試みから起こった楕円積分は，オイラー

424　第 19 章　曲線の算術〔2〕：有理点と楕円曲線

の時代に大きな興味を集め，有理関数の積分に続く，次の度合いの困難さと見られていた．楕円 $\frac{x^2}{a^2} + \frac{y^2}{b^2} = 1$ の弧の長さを求めるには，弧長の要素

$$ds = \sqrt{1 + (dy/dx)^2} dx$$
$$= \frac{(b^2 - a^2)x^2 + a^4}{a\sqrt{((b^2 - a^2)x^2 + a^4)(a^2 - x^2)}} dx$$

を積分しなければならない．

楕円積分は，R を変数 x, y の有理関数，$y = \sqrt{P(x)}$，P は重根をもたない 3 次か 4 次の多項式としたときの，$\int R(x, y) dx$ の形の積分である．（これらの問題に対する自然な設定としての複素数平面や多価平方根関数についての議論はすべて省く——より詳しくは [Sie 1, 1 巻] を見よ．）楕円の弧の長さに対しては，

$$\int ((b^2 - a^2)x^2 + a^4) \frac{dx}{y}$$

が得られる．ただし $y = \sqrt{((b^2 - a^2)x^2 + a^4)(a^2 - x^2)}$ であり，$\sqrt{1 - x^4}$ に対しては，$\int \frac{dx}{y}$ となる．ただし $y = \sqrt{1 - x^4}$ である．

　1752 年 12 月 23 日，ベルリン科学アカデミーは，最近受け取った 2 巻からなるファニャーノ (Fagnano) の『数学論文集 (*Produzioni Mathematiche*)』を調べてもらおうとしてオイラーに送った．オイラーは明らかにファニャーノのレムニスケートに関する仕事に刺激を受けたようで，1753 年 1 月 27 日にアカデミーに対して，やがて楕円積分の一般的な加法および乗法定理へと至る一連の論文の最初のものを提出している [Wei 1]．

　ファニャーノはレムニスケートの弧の長さに関心をもった．レムニスケートとは，互いに $2c$ だけ離れた 2 つの定点からの距離の積が c^2 で一定となるような平面の点 $P = (x, y)$ の軌跡であることを思い出そう（図 26）．2 つの定点を $\left(\frac{\pm 1}{\sqrt{2}}, 0\right)$ とし，$c^2 = \frac{1}{2}$ と置くと，このレムニスケートは

$$\begin{aligned} x &= \pm \frac{1}{\sqrt{2}} \sqrt{r^2 + r^4}, \\ y &= \pm \frac{1}{\sqrt{2}} \sqrt{r^2 - r^4} \end{aligned} \tag{1}$$

図26

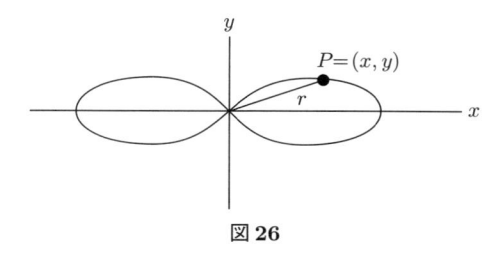

とパラメータ表示される．ただし r は点 P から原点までの距離 ($r^2 = x^2 + y^2$) であり，平方根の符号は考えている象限に従って選ぶこととする．第一象限の弧に制限して，$s(r)$ を原点からパラメータ r をもつ点 P までの弧の長さとすると，

$$s(r) = \int_0^r \frac{dt}{\sqrt{1-t^4}}, \quad 0 \leq r \leq 1$$

ただし正の平方根を取る（楕円積分のひとつの例である）．

弧の積分の値を求めようとする過程で，ファニャーノは，点 $Q = (x', y')$ に対応するパラメータの値 u が

$$r^2 = 4u^2 \frac{1-u^4}{(1+u^4)^2} \tag{2}$$

を満たすならば，

$$\int_0^r \frac{dt}{\sqrt{1-t^4}} = 2\int_0^u \frac{dt}{\sqrt{1-t^4}} \tag{3}$$

となることを発見した．

よって，原点から点 Q までの弧の長さは，原点から点 P までの弧の長さの半分である．したがって，点 Q の座標 x', y' が与えられれば，方程式 (2)，$u^2 = x'^2 + y'^2$，そして (1) を適用することにより，点 P の座標 x, y を定めることができるのである．しかしこの決定においては有理的な操作と平方根しか用いないので，原点から点 P までの弧が原点から点 Q までの弧の長さの 2 倍となるように，直線定規とコンパスのみを用いて点 P を見出すことができるのである（14.1-2 節）．点 P から点 Q へ行くこと，すなわちレムニスケートの弧を得ることについても同様な結果が導かれる．

C. L. ジーゲル (Siegel) は，ファニャーノの仕事を一般化しようというオイラーの論法を再構築しようと試みた [Sie 1, 1 巻].

円弧を 2 倍にすることに対して，方程式 (2) および (3) と似たような関係がある．
$$r = 2u\sqrt{1-u^2}$$
と置くと，直接代数的操作をすることにより
$$\int_0^r \frac{dr}{\sqrt{1-r^2}} = 2\int_0^u \frac{du}{\sqrt{1-u^2}}$$
となる．$u = \sin x$ と置換すれば，これらの等式から
$$\sin(2x) = 2\sin x \cos x$$
が得られる．しかしながら，これは
$$\sin(x+y) = \sin x \cos y + \cos x \sin y$$
の特別な場合であり，この式からはより一般的な等式
$$\int_0^u \frac{du}{\sqrt{1-u^2}} + \int_0^v \frac{dv}{\sqrt{1-v^2}} = \int_0^r \frac{dr}{\sqrt{1-r^2}}, \ r = u\sqrt{1-v^2} + v\sqrt{1-u^2}$$
が得られる．ここで $u = \sin x$, $v = \sin y$, $u\sqrt{1-v^2} + v\sqrt{1-u^2} = \sin(x+y)$ である．

オイラーはレムニスケート積分に対して対応する加法定理を発見した．すなわち，
$$s(u) + s(v) = s(r)$$
である．ここで
$$r = \frac{u\sqrt{1-v^4} + v\sqrt{1-u^4}}{1+u^2v^2}$$
である．オイラーはさらにこれを一般化して，
$$\int_0^r \frac{dt}{\sqrt{P(t)}} = \int_0^u \frac{dt}{\sqrt{P(t)}} + \int_0^v \frac{dt}{\sqrt{P(t)}}$$
を導いた．ここで
$$r = \frac{u\sqrt{P(v)} + v\sqrt{P(u)}}{1+u^2v^2}, \ P(t) = 1 + ct^2 - t^4$$

19.9 初期の歴史

である（c は任意の定数）．オイラーの仕事により，楕円積分はその時代のホットな話題のひとつとなった．我々はすぐに有理点の問題と積分の問題の間の関係へと話を戻すことになろう．

次に大きな貢献をしたのはルジャンドルである．彼は2次曲線が有理点をもつかどうか決定するアルゴリズムを見出し（18.3節），楕円積分に関するオイラーの仕事を受け継いだ．

楕円積分の研究における最も顕著な進歩は，19世紀の初期にガウス，アーベル，そしてヤコビによって見出された．彼らはレムニスケート積分と円弧に対する積分 $\int_0^r \dfrac{dt}{\sqrt{1-t^2}}$ の間の類似性を追究した．後者の積分は逆正弦関数を定義するのに用いられ，さらに逆関数をとると，正弦関数が生み出される．三角関数の理論全体をこの反転に基づいて作ることができる．ガウス，アーベル，そしてヤコビが行ったことは，楕円積分を反転させて，これらの逆関数の理論を発展させることであった．これらの関数は，自然に楕円関数と呼ばれるが，複素数平面において最もよく調べられ，7節で定義されたような楕円関数の最初の例であった．楕円積分よりもむしろ楕円関数を作ったことで，基礎的な研究対象が理論を単純化し，大きな進歩へとつながったのである．もちろん，楕円関数 $\wp$ および $\wp'$ が楕円曲線をパラメータ表示するという事実が，算術と解析の間の関係の一例であるということを我々は知っているが，このことは19世紀の後半になって初めて発見されたことである．

楕円関数の歴史はむしろ複雑である．ガウスは自分の仕事をまったく発表しなかったが，アーベルやヤコビよりも約20年も前に多くの結果を発見していた．ヤコビの仕事が，アーベルによって先に知られていた知識に，どの程度依存していたのかは定かでない．体系的な歴史展開については [Hou] を見ればよいし，また啓蒙的な議論については [Kle 2], [Bel 1], [Bel 2], [Sha, 歴史的補足], [Wei 7] を見よ．しかしながら，アーベルが自身の楕円関数論を展開した後で，『整数論』の7節の初めにガウスが書いたレムニスケート関数に関する謎めいた言葉（14.1節）を，自分がついに理解したと述べているのは興味深い．アーベルの仕事のいくつかに関する大変明快で現代的な解説については Rosen [Ros] を見よ．アーベルはより一般的な積分，いわゆるアーベル積分とその逆関数も扱い，一般的な加法定理を証明した．アーベルの定理に関係した展開に

ついては R. Cooke [Coo] を見よ．楕円関数の理論は，19 世紀および 20 世紀の解析，幾何，代数，そして数論における最も美しい業績のいくつかの動機となり，その影響は現在まで続いている．

1835 年，ヤコビは『楕円積分とアーベル積分の理論のディオファントス解析への応用について』と題する論文を発表した [Jac]．そこでヤコビは，有理点に関するオイラーの仕事と楕円積分に対する彼の加法定理の間の関係について詳しく述べている．彼は $P(x)$ を 4 次多項式とするとき，曲線 $y^2 = P(x)$ 上の有理点が与えられれば，楕円積分 $\int_0^r \dfrac{dx}{\sqrt{P(x)}}$ に対する加法定理を用いて，新しい有理点を定めることができることを示した．このことは 6 節において，より現代的な観点から示した．

複素トーラス $\mathbf{C}/L$ と $(\wp_L(z), \wp'_L(z))$ によってパラメータ表示された楕円曲線の間の同型を，楕円曲線上の有理点がなす部分群とトーラス上の有理点に対応するパラメータの値がなす部分群に制限すると，楕円関数 $\wp_L(z)$ および $\wp'_L(z)$ に対する加法定理が曲線上の有理点を加える代数公式に対応する．よって，関数に対する解析的加法定理と有理点に対する代数的加法定理は，同じ現象を異なる見方で見たものなのである．ヤコビは楕円曲線上の有理点の構造を（点の加法についての群論的概念をまったく使わずに）深く研究したが，有理点の有限生成は考えなかったし，双有理同値の概念ももたなかった．彼はより種数の高い曲線も研究し，それらについての理論を建設する計画の要点を述べた．ただ残念ながら，ヤコビの後継者たち，とりわけポアンカレはこの仕事を知らなかったため，この主題の発展に影響を与えることができなかった．しかしながら，ヤコビの行った多くの方面の関連した仕事は，重大な影響を及ぼすものであった．

続く 45 年間，有理点の研究には大した進歩はなかったものの，必要な分野（代数幾何，複素解析，楕円関数，モジュラー関数，…) は活発に追求された．1890 年に，Hilbert and Hurwitz [Hil-Hur] が，双有理同値を用いて種数 0 の曲線上の有理点を特徴づけた．

そして 1901 年，ポアンカレの基本的論文『代数曲線の算術的性質について』[Poi] が現れた．ヤコビ，ヒルベルト，フルヴィッツの算術的業績については知らなかったが，ポアンカレは，必要とされる解析，幾何，代数の達人として，

19.9 初期の歴史

代数曲線上の有理点を体系的に研究するプログラムを示した．（実際，彼はそれ以前の仕事について言及していない．）まず彼は射影代数曲線に対する双有理同値を導入し，種数 0 の曲線に対するヒルベルト・フルヴィッツの結果を再発見した．

この論文の主要な部分は非特異な平面 3 次曲線に関するもので，ポアンカレはそれらが楕円関数によってパラメータ表示されると仮定した．彼はこれらの関数の性質についての知識も仮定した．（ポアンカレは種数 0 のすべての曲線がそのようにパラメータ表示されると仮定したが，そのような曲線が有理点をもつとき，それらがワイエルシュトラス標準形の曲線と双有理同値であるとは述べていない．）曲線が有理点 O をもつと仮定して，ポアンカレは有理点の加法を導入し，これが O を単位元としてもつアーベル群であることを示した．彼は接線-割線法と，点の加法に対する代数方程式と，楕円関数に対する加法定理が同値であることを示した（5，6 節）．こうして幾何学的，代数的，そして解析的観点とそれらの間の関係がつねに存在することがわかったのである．ポアンカレは，その群を生成するのに必要な有理点の個数として曲線の階数を定義し（今日ではこの用語は，群のねじれのない部分の生成元の個数を表すものとされている），この整数の性質について問題にしている．これはポアンカレの予想として，また後にはモーデルの定理として知られるようになった．彼はまた，有理点をもつ種数 1 の曲線が，双有理同値であるための条件についても論じている．

論文はこれらの結果について，2 つの一般化の可能性について論じて終わっている．1 つ目はある代数的数体に座標をもつような点へと拡張することであり，2 つ目は種数のより大きい曲線を考えることである．後者についてポアンカレは，点を足し合わせる自然な方法はないが，'有理点の集まり'の加法へと一般化できることはわかっていた．どちらの方向も，ヴェイユの手によって大きな進歩へと導かれた．これらの 20 世紀の発展については後に議論する．今のところは，ポアンカレの論文が，それに続くモーデルやヴェイユの仕事とともに，数学研究の巨大な分野の扉を開き，今日に至るまで美しい結果が発見され続けていると言えば十分である．

第20章

曲線の算術〔3〕：20世紀

20.1　ポアンカレからヴェイユへ

　前の章では曲線上の有理点について，ディオファントスからポアンカレに至るまでの研究を振り返った．この流れの最高点がポアンカレ予想であり，20年ほど後にモーデルの定理となったものである．これはディオファントス方程式（整数解だけでなく有理数解も許す）について述べられた，初めての真に一般的な主張であった．続いてこの章では，ポアンカレの1901年の論文から1930年ごろまでの歴史について，キャッセルズ (Cassels) による解説 [Cas] に沿って述べることにしたい．キャッセルズはこのテーマに対して顕著な貢献をしてきた人で，長い間モーデルの友人でもあった．またダヴェンポート (Davenport) のモーデルへの追悼文 [Dav 2] やモーデルの自伝的エッセイ [Mor 3]，[Mor 4] は，モーデルの人間性と彼の数学上の仕事への興味深い洞察を与えている．

　ポアンカレの後の最初の重要な仕事はトゥエ (Thue) によるものであった．トゥエはディオファントス方程式とディオファントス近似の間の基本的な関係を解き明かし，その結果として，次数が2より大きい既約な同次多項式 $f(x,y) \in \mathbf{Z}[x,y]$ に対して，$f(x,y)=d$ は有限個の整数解しかもたないという定理を得た（21.5節）．

　そして1917年，トゥエ [Thue 2] は（彼と独立に，Landau and Ostrowski [Lan-Ost] も）この定理を用いて，$a,b,c,d \in \mathbf{Z}$, $n \geq 3$, $a \neq 0$, かつ $b^2 - 4ac \neq 0$ のとき，方程式

$$ax^2 + bx + c = dy^n \tag{1}$$

は有限個の解しかもたないことを証明した．証明のアイデアの概略を述べよう．この証明は，後の結果のカギとなるものであり，2次体の算術（第16，17

章を参照）を用いている．

初めに方程式 (1) に a を掛け，$x' = ax,\ b' = ab,\ c' = ac,\ d' = ad$ と置く．すると $x'^2 + b'x + c' = d'y^n$ となり，$x'^2 + b'x + c'$ を因数分解すると

$$N(x' - \theta) = d'y^n$$

となる．ここで θ は方程式 $x'^2 + b'x + c' = 0$ の根であり，N はノルムである（16.3節）．$\mathbf{Q}(\theta)$ の整数におけるイデアルの一意分解性（17.4節）により，

$$x' - \theta = \mu \eta^n$$

がわかる．ただし $\eta = u + v\theta \in \mathbf{Z}[\theta]$ で，$\mu \in \mathbf{Q}(\theta)$ は有限集合に制限される．最後の方程式の両辺における θ の係数を比較すると，$g_\mu(u, v) = 1$ を得る．ここで g_μ は，μ のみに依存する有理係数をもつ同次多項式である．適当な定数 e を掛けて分母を払うと，$f_\mu(u, v) = e$ を得る．ここで f_μ はトゥエの定理の条件を満たし，したがって有限個の μ のそれぞれに対し，整数解は有限個しかない．

一方モーデルはアメリカ生まれの数学者で，ケンブリッジ大学へ留学していたが，1910年頃数論を真剣に研究し始めた．彼自身の言葉 [Mor 4] である．

「当時は Ph.D. の学位がなかった．Ph.D. ができたのは第 1 次世界大戦の後になってからである．だから今日の数学者たちは我々よりもずっと博学である．（中略）当時 B.A.（=学士）がねらえるものとして，2 つのスミス賞があった．その 1 つ目はネヴィル (Neville) が取り，私が 2 つ目をディオファントス方程式 $y^2 = x^3 + k$ に関する小論で取った．このテーマは私の研究生活において飛びぬけて重要な役割を果たしてきたものであり，それはまさに最近の研究においても同じである．また，私のケンブリッジにおける就任講義「数論のひとつの章」[Mor 1] がこの話題を扱ったものであったということにも触れておこう．

私はケンブリッジに残って研究を続け，『3 次および 4 次の不定方程式』と題したもうひとつの論文 [Mor 5] を書いた．しかしこの論文については，私はとても不運だった．ロンドン数学会によって却下されてしまったのである．なぜかはまったくわからない．たぶん彼らは私のスタイルを認めなかったのであろうが，それは本当に重要な論文で，数論の進歩にお

いて著しく重要な役割を果たしてきたものなのである．それは今日においてさえそうである．

　私が得た結果をひとつだけ話すのに我慢して付き合ってほしい．私はその論文で，$y^2 = ax^3 + bx^2 + cx + d$ の整数解が，2元4次式による1の表現から見つけられるということを証明していた．しかし私もレフェリーも，1909年にトゥエが有限個の表現しか存在しないことをすでに証明していたのに気づいていなかった．（トゥエの結果と合わせれば）私の結果は，上の3次式が有限個の解しかもたないということを意味しており，実に重要なものだったのである．」

1918年までにモーデルはトゥエの仕事を知り，1922年に

$$Ey^2 = Ax^3 + Bx^2 + Cx + D$$

が有限個の整数解しかもたないことの証明を発表した．モーデルはこの結果を x の4次方程式にまで拡張したと思ったが，誤りが見つかり，それを訂正しようと6か月間努力したがだめだった．しかし彼はそのとき突然，実は自分がポアンカレの予想（モーデルの定理）を証明したのだということに気づいたのである [Mor 3]．キャッセルズが，モーデルの論理のつながりを再構築しようと試みている [Cas]．

　モーデルの基本的論文の末尾に5つの予想がある．その最後のものは，種数が1より大きい曲線は有理点を有限個しかもたないという主張である [Mor 5]．これは「モーデル予想」として知られ有名になったが，ゲルト・ファルティングス [Fal] によって1983年に証明された．

　モーデルは $Ey^2 = Ax^3 + Bx^2 + Cx + D$ の整数解についての彼の初期の研究 [Mor 4] を続け，次なる大きな発見へと到達した．

「数年後，世界第一線の数学者の一人である C. L. ジーゲル教授がこの結果を一般化して，自らの結果を私に送ってきた．そこで私は教授に，これをロンドン数学会から出版することに異存はないかどうか尋ねたが，教授は何も答えなかったので，私は当然教授が承認したものと解釈した．しかしやがて校正刷りが送られると，それが教授を大変悩ませることになってしまった．というのも，それ以前にフランクフルトの数学者たちは，数

年の間何も出版しないという申し合わせをしていたからなのである．しかしながら結局，X という匿名者による論文として発表することには合意してくれて，さらに数年後教授にお会いしたときには，『もう匿名である必要はなくなったよ』とおっしゃっていた．」

これは 1925 年ごろに起きた出来事である．その結果は，「$f(x) \in \mathbf{Z}[x]$, $\deg(f) \geq 3$ の下で，方程式 $ay^2 = f(x)$ は有限個の整数解しかもたない」という主張である．その後間もなくジーゲルはこれを一般化し，モーデルの定理と，トゥエの定理を彼自身が一般化したものをディオファントス近似に対して用いることにより，彼の有名な整数点定理，すなわち「種数 1 の曲線 $f(x,y) = 0$, $f \in \mathbf{Z}[x,y]$ は有限個の整数点しかもたない」という主張を部分的に証明することに成功した．

一方 20 世紀の初期，アンドレ・ヴェイユはエコール・ノルマル (École Normale = 高等師範学校) の学生であったが，過去の偉大な大家の論文を読むことは，現代の学者の論文を読むのと同じぐらい豊富な発想の源であるとの強い確信をもって，リーマンとフェルマーの仕事を学んでいた [Wei 12, 1 巻, pp. 524-526]．ディオファントス解析に貢献しようと思った彼は，フェルマーの無限降下法 (2.2 節) および双有理同値の概念の研究から始めた．ヴェイユの歴史への興味は，フランクフルト大学におけるデーン (Dehn) の数学史に関するセミナーを訪れたことで刺激され，さらにここで彼はジーゲルに会い，大きな激励を受けた．フランクフルトの数学集団の美しく感動的な思い出については Siegel [Sie 2] を見よ．

論文 [Wei 13] においてヴェイユは，K が代数的数体であるとき，楕円曲線 E 上の K 有理点 (K による座標) の群 $E(K)$ は，有限生成アーベル群であることを証明することにより，モーデルの定理を一般化した．Cassels [Cas] から引用しよう．

> 「このあと，モーデルの定理のヴェイユによる一般化 (およびその後の一般化も含め) は通常，モーデル・ヴェイユの定理と呼ばれるようになった．モーデル自身はこの言葉づかいに強く異議を唱え，自分が証明したことをモーデルの定理と呼ぶべきであり，他のものはすべて，自分としては，単にヴェイユの定理と呼んでほしいと，しばしば (公けの場でも私的

な場所でも）主張した．それなら私はモーデルに，種数1の曲線上の有理点について考えているときでも，私が使っているのはヴェイユの定理の特別な場合であると言うことにしよう．でもそれは納得しようとしないだろうし，できないだろう．

ヴェイユはまた，モーデルの元の結果に対する，もっとずっと簡単で明快な証明を発表した [Wei 11]．彼は
$$y^2 = x^3 - Ax - B \quad (A, B \in \mathbf{Z})$$
という形の有理点をもつ種数1の曲線を考えた．有理点は'無限遠点'にある．ここで
$$x - \theta = \mu \eta^2$$
である．ただし θ は $\theta^3 - A\theta - B$ （この議論では既約と仮定する）の根であり，$\eta \in \mathbf{Q}(\theta)$ で μ は有限集合の元である．$E(\mathbf{Q})$ を有理点のなす群として，ヴェイユは μ が群 $E(\mathbf{Q})/2E(\mathbf{Q})$ における (x, y) の剰余類のみに依存することを示すことから始めた．議論は降下法で締めくくられる．

我々がこれから与えようとする証明は，本質的にはヴェイユの後者の証明を変形したものである．

ヴェイユの仕事のあと間もなく，ジーゲル [Sie 3] はモーデル・ヴェイユの定理を用いて次の定理に対する自分の証明を完成させた．

整数点定理 種数 $g > 0$ の曲線 $f(x, y) = 0, f \in \mathbf{Z}[x, y]$ は，有限個の整数点しかもたない．

彼はまた，無限に多くの整数点をもつ種数0の方程式を特徴づけた．このことの証明に関する最もわかりやすい解説はおそらく，超準解析の言葉を用いたRobinson and Roquette[Rob-Roq] によるものであろう．

ヴェイユもまた彼の学位論文において，1より大きい種数をもつ曲線について研究している．ポアンカレは，このような曲線上の有理点同士を加える合理的な方法はありそうにないと考え，「有理集合」の加法を導入した．種数 g の曲線 C 上の g 個の k 有理点（数体 k の座標）の集合が有理集合であるとは，それらの座標のすべての対称な関数が有理関数であるときを言う．現代の言葉では，「C のヤコビアン上の有理因子」が存在する（ヤコビのもともとの考えに

関する議論については [Bas] を参照）ということである．ヴェイユは g 個の点の有理集合を「加える」という概念を導入し，種数 g の曲線上の有理集合が有限生成アーベル群であることを証明した．（$g = 1$ で，体が $\mathbf{Q}$ であるときは，このことはモーデルの定理となる．）

ヴェイユの目標はモーデル予想を証明することであった．彼がアダマールにこのことを話すと，アダマールは「取り組み続けなさい．ただし，中途半端な結果は発表しないことだ」と答えた．ヴェイユがこの忠告に従わなかったのは幸運なことである．なぜならファルティングスの証明まで我々は約50年も待たなければならなかったのだから．

表1に，$\mathbf{Q}$ および $\mathbf{Z}$ 上でのこれらの結果を要約する．

表1

	種数 0	種数 1	種数 > 1
有理点	0個または無限個	0個または有限生成アーベル群	有限個
整数点	完全な特徴づけ	有限個	有限個

点の有理集合 – 種数 g – 0個または有限生成アーベル群

これらの定理の証明は，モーデル，ジーゲル，そしてヴェイユによって与えられた形のままでは有効とは言えない．正の種数をもつ，与えられたいかなる方程式に対しても，その解を見つける計算方法を与えてはいないからである．トゥエの定理を有効にするベイカー (Baker) の基本的な仕事（21.6節）に基づき，ベイカーとコーツ (Coates) は，種数1の曲線上にある整数点の座標の大きさに対する限界を計算する方法を見つけた [Bak-Coa]．またルッツ (Lutz) とナゲル (Nagell) は，適当な標準形をした種数1の曲線（楕円曲線）上にある有限位数の点を見つけるアルゴリズムを発見した（2節）．しかし有効な方法に関する我々の知識はこれが精一杯である．たとえば，ルジャンドルの定理（18.3節）は円錐曲線（種数0）上に有理点があるかどうか決定するアルゴリズムを与え，そのような曲線上の整数解を見つけるアルゴリズムも存在する [Gau 1, 216項, 222項] のに，楕円曲線が有理点をもつかどうか決定する方法については，予想はあるが，証明された方法はひとつもないのである．

曲線の算術は過去 50 年間大変活発な研究領域であり続け，重要な新しい結果があまりにも速く，猛烈なペースで出てくるため，その歴史を整然と提示するのには確かにまだ時期尚早である．近年の主たる力点は，楕円曲線の研究に置かれてきた．

この章の残りの部分では，楕円曲線上の有限位数の点集合が有限集合であることを証明し，これらの点を見つけるためのアルゴリズムを与え，モーデルの定理の特殊な場合について証明するとともに，他のいくつかの話題について短く議論する．

この章の題材についての一般的参考文献は，18.1 節の終わりに与えてある．

20.2　有限位数の点；ルッツ・ナゲルの定理

前の 2 つの章で議論したように，モーデルは，E が楕円曲線であるとき，$E(\mathbf{Q})$ は有限生成アーベル群になることを証明した．有限生成アーベル群に対する基本定理により，$E(\mathbf{Q})$ は自由群 F と $E(\mathbf{Q})_{\text{tors}}$ の直和となる．ここで $E(\mathbf{Q})_{\text{tors}}$ とは，$E(\mathbf{Q})$ のねじれ部分群，すなわち有限位数の点（ある $m > 0$ に対して $mP = O$ となる点）からなる部分群である．

$E(\mathbf{Q})$ の階数（F の独立な生成元の個数）を調べることは大変盛んな研究分野であり，あとでいくつかの結果と未解決問題について述べることにしたい．一方，$E(\mathbf{Q})_{\text{tors}}$ の構造については完全に知られている．

$E(\mathbf{Q})_{\text{tors}}$ の可能性は非常に限られるというのが，バリー・メイザー (Barry Mazur) によって示された驚くべき，そして大変深い定理である ([Maz 1], [Maz 2])．

メイザーの定理　$E(\mathbf{Q})$ が楕円曲線であれば，$E(\mathbf{Q})_{\text{tors}}$ は次の 15 個の群のうちのひとつである．

$$\mathbf{Z}/n\mathbf{Z},\ 1 \leq n \leq 10\ \text{または}\ n = 12,$$

$$(\mathbf{Z}/2\mathbf{Z}) \times (\mathbf{Z}/2n\mathbf{Z}),\ 1 \leq n \leq 4$$

またこれらの群のいずれに対しても，それをねじれ部分群としてもつような楕円曲線が存在する．

この結果を証明することは，本書の範囲を大きく超えたものであるが，代わりにここでは Elisabeth Lutz [Lut] と Trygve Nagell [Nag 2] によって独立に発見された，より限定的な定理を示すことにしよう．

最初に楕円曲線の標準形がもうひとつ必要となる．$y^2 = x^3 + ax^2 + bx + c$ に対して双有理写像 $x = X - \frac{a}{3}, y = Y$ を適用すると，x^2 の項が消えて $Y^2 = X^3 + AX + B$ を得る．

ルッツ・ナゲル (Lutz–Nagell) の定理:

$$E : y^2 = x^3 + Ax + B$$

を，$A, B \in \mathbf{Z}$ を満たす楕円曲線とし，$P = (x, y)$ を E 上の有限位数の有理点 ($P \in E(\mathbf{Q})_{\text{tors}}$) とすると，

 i) P は整数点 $(x, y \in \mathbf{Z})$ であり
 ii) $y = 0$ （位数 2 の点）または
    $y^2 | D$ である．ここで $D \in \mathbf{Z}$ は曲線の '判別式' である．

したがって，y の値には有限個の可能性しかなく，またそれぞれの y に対して x の値は高々 3 つの可能性しかない．よって $E(\mathbf{Q})_{\text{tors}}$ は有限集合である．

射影平面においては，E 上の無限遠点 $(0, 1, 0)$ が群の法則における単位元として働き，やはり有限位数をもつ．

注意

1) $E : y^2 = f(x)$ の**判別式** D は $f(x)$ の判別式 D_f として定義される．
   $f(x) = x^3 + Ax + B = (x - r_1)(x - r_2)(x - r_3)$ のとき

$$D_f = (r_1 - r_2)^2 (r_1 - r_3)^2 (r_2 - r_3)^2$$

となることを思い出そう．19.4 節で

$$D \neq 0 \iff r_i \text{ が互いに異なる} \iff E \text{ が非特異}$$

が成り立つことを示した．

ここでの曲線に対しては $D = -4A^3 - 27B^2$ である．証明は，f の係数が根の対称式であるという事実を用いた単純計算である．

2) $A, B \in \mathbf{Z}$ という制限は真の制約ではない.
$$E : y^2 = x^3 + Ax + B$$
で $A, B \in \mathbf{Q}$ ならば,この方程式の両辺に u^6 を掛けて次のように各項をまとめる.
$$(u^3 y)^2 = (u^2 x)^3 + (u^4 A)(u^2 x) + u^6 B$$
$X = u^2 x$, $Y = u^3 y$ と置き,u を $A' = u^4 A$ と $B' = u^6 B$ が整数になるように決める.すると $x = \dfrac{X}{u^2}, y = \dfrac{Y}{u^3}$ は双有理変換で,E を
$$E' : Y^2 = X^3 + A'X + B', \ A', B' \in \mathbf{Z}$$
へと変換する.

我々の双有理写像は線形であるから,直線は直線へと写像され,E 上の 3 点が一直線上にあることは,対応する E' 上の 3 点が一直線上にあることと同値である.したがってこの場合,$E(\mathbf{Q})_{\text{tors}}$ と $E'(\mathbf{Q})_{\text{tors}}$(有限位数の点)が同型であることが,点の加法の幾何学的定義より直ちに得られる.

3) この定理は (x, y) が有限位数であるための必要条件を与えるのみなのであるが,それでもこの定理から,E 上のすべての有限位数の有理点を見つけるためのアルゴリズムが直ちに作られる.そのような点は,y 座標が 0 もしくは D の約数のいずれかに等しい整数点でなければならない.$x^3 + Ax + (B - y^2) = 0$ においてこれらの y の値のうちどれか 1 つを代入すると,整数係数をもち最大次数の項の係数が 1 であるような多項式の方程式が得られる.整数根はすべて $B - y^2$ の約数であるから,この y に対応するすべての整数 x は,有限回のステップで求めることができる.O を群 $E(\mathbf{Q})$ の単位元とすると,定理により,集合
$$S = \{(x, y) | (x, y) \in E(\mathbf{Z}),\ y = 0 \text{ または } y \,|\, D\} \cup \{O\}$$
は,零でない有限位数の点をすべて含んでいる.有限位数の点の位数は集合 S の大きさ以下であるから,点の加法に関する公式(19.6 節)を用いて,S のどの点が有限位数であるか調べることができるのである.

4) 我々の証明は Tate([Tat 2] および [Sil-Tat])によって与えられたものにほとんど従っているが,より簡単な形の曲線の方程式を用いている.

例 $E: y^2 = x^3 + 1$ のとき $D = -27$ である．$y = 0$ は点 $(-1, 0)$ を与える．$y^2 | -27$ ならば，$y = \pm 1$ か $y = \pm 3$ のいずれかであり，前者は点 $(0, \pm 1)$ を，後者は点 $(2, \pm 3)$ を与える．無限遠点を加え，点の加法の公式を用いれば，$E(\mathbf{Q})_{\text{tors}}$ が，$(2, 3)$ を生成元としてもつ位数 6 の巡回群であることが容易にチェックできる．

20.3 定理のやさしい部分

(ii) の証明は容易だが，(i) は骨が折れるので，まず (i) を仮定して (ii) を証明する．

一般論を用いることで，D は常に $f(t) = t^3 + At + B$ と $f'(t)$ によって生成される $\mathbf{Z}[t]$ のイデアルにあることが証明できるが，ここでは直接計算によってもっと強い結果を示そう．

補題 多項式の等式
$$D = p(t)f(t) + q(t)f'(t)^2$$
を満たすような $p(t), q(t) \in \mathbf{Z}[t]$ が存在する．

〔証明〕 $D = -4A^3 - 27B^2$ を思い起こそう．$q(t) = 3t^2 + 4A$ と置いて互除法を用いることにより，$f(t) = t^3 + At + B$ が $f'(t)^2 q(t) - D = (3t^2 + A)^2(3t^2 + 4A) + (4A^3 + 27B^2)$ の因数であることが示される． □

〔(ii) の証明〕 $P = (x, y) \in E(\mathbf{Q})_{\text{tors}}$ とする．

(i) より，x と y は整数である．$y = 0$ であることと P が位数 2 であることが同値であることを思い出して（19.6 節），$2P \neq O$ と仮定しよう．

$y^2 = f(x)$ より $y^2 | f(x)$ であるから，$y^2 | f'(x)^2$ を示すことができれば，上の補題により $y^2 | D$ とわかる．ところが $2P = (X, Y)$ は有限位数をもつから，(i) により Y は整数である．倍数公式（19.6 節）により，

$$2x + X = \lambda^2, \quad \lambda = \frac{f'(x)}{2y}$$

が得られ，$x, X \in \mathbf{Z}$ であるから $\lambda^2 \in \mathbf{Z}$ である．ところが $\lambda \in \mathbf{Q}$ であるから $\lambda \in \mathbf{Z}$ となり，$y | f'(x)$，よって $y^2 | f'(x)^2$ を得る． □

20.4 定理の難しい部分

さて，(i)，すなわち，(x,y) が有限位数の有理点であれば x と y は整数であるということの証明に入ろう．

$y = 0$ となる有理点（位数 2 の点）は扱いやすい．この場合，$x = \dfrac{a}{b}$ が $x^3 + Ax + B = 0$ を満たし，b は x^3 の係数の約数でなければならない．したがって $b = \pm 1$ となり，x は整数である．

一般に，E 上の有限位数の有理点 (x,y) が整数座標をもつことを示すためには，x と y を既約分数で書いたとき，両者の分母がどんな素数でも割り切れないということを示せばよい．そのために，何かの素数 p で割り切れるような分母をもつ有理点の全体を調べ，この集合が有限位数の点をひとつももたないことを示す．

我々のやり方はちょうど初等的な p 進数論（第 23 章）の手法であるため，ルッツ・ナゲルの定理をその文脈の中で一般化することもできる．しかしながら，ここで示す内容は自己完結的なものとし，それはむしろ p 進数を導入する動機のひとつとみなすことができよう．

$\dfrac{s}{t} \in \mathbf{Q}$ とし，$0 \neq \dfrac{s}{t} = \left(\dfrac{m}{n}\right) p^v$，$(m,p) = (n,p) = 1$ かつ $m > 0$ とする．このとき v は p における $\dfrac{s}{t}$ の位数であり，$\mathbf{ord}_{\boldsymbol{p}}\left(\dfrac{\boldsymbol{s}}{\boldsymbol{t}}\right) = \boldsymbol{v}$ で表し，また p に対する $\dfrac{s}{t}$ の p 値，もしくは **p 進付値** と呼ぶ．

次の性質は定義から直ちに得られる．

$(s,t) = 1$ ならば

1) $p \mid \left(\dfrac{s}{t} \text{の分母}\right) \iff \operatorname{ord}_p\left(\dfrac{s}{t}\right) < 0$

2) $p \mid \left(\dfrac{s}{t} \text{の分子}\right) \iff \operatorname{ord}_p\left(\dfrac{s}{t}\right) > 0$

3) $p \nmid (\text{分母})$ かつ $p \nmid (\text{分子}) \iff \operatorname{ord}_p\left(\dfrac{s}{t}\right) = 0$

それでは E 上の有理点を，p による可約性を使って特徴づけることにしよう．

補題 $(x,y) \in E(\mathbf{Q})$ とし，x または y の分母が p で割り切れると仮定するならば，どちらの数の分母も p で割り切れる．すなわち，

$$x = \frac{m}{np^r}, \quad y = \frac{d}{ep^s} \tag{1}$$

ただし $r, s > 0, (m,p) = (n,p) = (d,p) = (e,p) = 1$ である.

さらに,
$$\mathrm{ord}_p(x) = -2q, \quad \mathrm{ord}_p(y) = -3q$$
すなわち $r = 2q, s = 3q$ となるような $q > 0$ が存在する.

〔証明〕 x と y を, $(m,p) = (n,p) = (d,p) = (e,p) = 1$ の下で式 (1) の形に書き, p が x の分母の約数, すなわち $r > 0$ であると仮定する. E の方程式に式 (1) を代入すると,

$$\frac{d^2}{e^2 p^{2s}} = \frac{m^3 + Amn^2 p^{2r} + Bn^3 p^{3r}}{n^3 p^{3r}} \tag{2}$$

となる.

p は d と e のいずれの約数でもないので, $\mathrm{ord}_p\left(\dfrac{d^2}{e^2 p^{2s}}\right) = -2s$ である. $r > 0$ かつ $p \nmid m$ であることから, $p \nmid (m^3 + Amn^2 p^{2r} + Bn^3 p^{3r})$ となり,

$$\mathrm{ord}_p\left(\frac{m^3 + Amn^2 p^{2r} + Bn^3 p^{3r}}{n^3 p^{3r}}\right) = -3r$$

を得る.

(2) により 2 つの位数は等しい. すなわち $2s = 3r$ である. したがって $s > 0$ で, p は y の約数であり, $3|s$ かつ $2|r$ であるから, $r = 2q$ かつ $s = 3q$ となるような q が存在する.

p が y ($s > 0$) の分母の約数であると仮定しても, 同じ推論によって同じ結果が得られるから, 補題は証明された. □

$(0, 1, 0)$ が $E(\mathbf{Q})$ の単位元であることを思い出し,

$$E(p^r) = \{(x,y) \in E(\mathbf{Q}) \mid \mathrm{ord}_p(x) \leq -2r, \; \mathrm{ord}_p(y) \leq -3r\} \cup \{(0,1,0)\}$$

を導入することによって有理点の可約性に関する考察を続けよう. つまり, p^{2r} が x の分母の約数であり, かつ p^{3r} が y の分母の約数であるような点を考えようというのである.

明らかに
$$E(\mathbf{Q}) \supseteq E(p) \supseteq E(p^2) \supseteq \cdots$$
である.

命題 任意の素数 p に対して, $E(p)$ には有限位数の点が存在しない.

この命題とその前の補題により, 有限位数の有理点について, その各座標の分母がいかなる素数も約数にもたないこと, すなわちそれらが整数点であることがわかる. したがって, この命題を証明すればただちに, (i) の証明, そして定理全体の証明も終わることになる.

〔命題の証明〕 これは長く複雑な証明で, この節の残り全体を費やすことになる.

まず E から曲線 E' へのある双有理写像 φ を導入するが, これは無限遠点を原点へと写す. 次に E' 上の有理点の算術を解析することにより, $\varphi(E(p))$ には $E'(\mathbf{Q})$ の有限位数の点がひとつもないことを証明する. このことは, すべての素数 p に対して $E(p)$ には $E(\mathbf{Q})$ の有限位数の点がひとつもないことを意味しており, 証明が終わるのである.

アフィン座標において, (x,y) 平面から (t,s) 平面への写像 φ を
$$t = \frac{x}{y}, \quad s = \frac{1}{y}$$
で定義する. 逆写像は
$$x = \frac{t}{s}, \quad y = \frac{1}{s}$$
で与えられる.

φ は, $E: y^2 = x^3 + Ax + B$ を
$$E': s = t^3 + Ats^2 + Bs^3$$
へと写す.

無限遠点と $y = 0$ を満たす点 (位数 2 の点) の像をアフィン座標で見ることは容易でないので, この写像を射影平面へともち上げよう. そこでは座標はそれぞれ (X, Y, Z) および (T, S, U) で表され,
$$\frac{T}{U} = t = \frac{x}{y} = \frac{X/Z}{Y/Z} = \frac{X}{Y},$$

$$\frac{S}{U} = s = \frac{1}{y} = \frac{1}{Y/Z} = \frac{Z}{Y}$$

となるから，射影平面上の対応する写像は

$$S = Z,\ T = X,\ U = Y$$

となる．この写像は全単射であり，無限遠点 $(X, Y, Z) = (0, 1, 0)$ は $(S, T, U) = (0, 0, 1)$ に写像され，これはアフィン t-s 平面における原点に対応する．

x-y 平面上の点のうち，t-s 平面の無限遠直線へと写される点は $y = 0$ を満たす点（位数 2 の点）のみである．そのような有理点がすべて整数点であることはすでに示したので，ここで我々の考察をアフィン t-s 平面の曲線 E' へと限定しても何も失われない．

φ は直線を直線に写す．なぜなら $y = ax + b$ ならば，両辺を by で割ると $\frac{1}{b} = \frac{a}{b}\frac{x}{y} + \frac{1}{y} = \frac{a}{b}t + s$ すなわち $s = -\frac{a}{b}t + \frac{1}{b}$ となるからである．E 上で無限遠直線は無限遠点 $(0, 1, 0)$ に重複度 3 で交わる（変曲点）．この直線の像は t 軸で，これは変曲点 $(0, 0)$ において $\pm E'$ に接する．そして点 $(0, 0)$ は，t-s 平面における点 $(0, 1, 0)$ の像である（図1）．

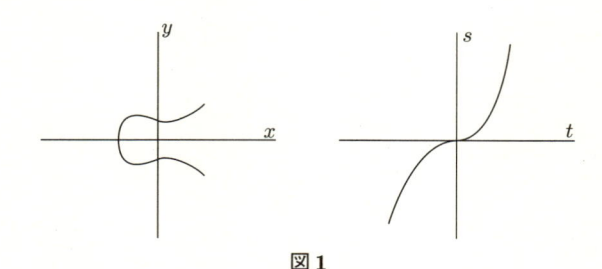

図 1

直線は直線へと写されるから，E 上で点を加えるための接線-割線の配置は，E' 上で像を加えるための配置へと写される．つまり，（射影平面の写像として見たときの）φ は，$E(\mathbf{Q})$ と $E'(\mathbf{Q})$ の間の同型写像である．$\mathbf{O} = (0, 0)$ は $E'(\mathbf{Q})$ の単位元である．t-s 平面において E' 上の点を加える目に見える公式を与えるため，加法の接線-割線定義（19.3 節）を用いて，19.6 節のように話を進める．

$P_1 = (t_1, s_1),\ P_2 = (t_2, s_2)$ を $E' : s = t^3 + Ats^2 + Bs^3$ 上の点とし，

$P_1 * P_2 = (t_3, s_3)$ を $P_1 P_2$ が E' と交わる第 3 の点とする（図 2）．すると，$P_3 = P_1 + P_2 = (P_1 * P_2) * O$, すなわち $P_1 * P_2$ と O を通る直線と E' との 3 番目の交点であり，E' は原点に関して対称であるから $P_1 + P_2 = (-t_3, -s_3)$ となる．（$P_1 * P_2 = (t_3, s_3) = -P_3$ となることに注意．）

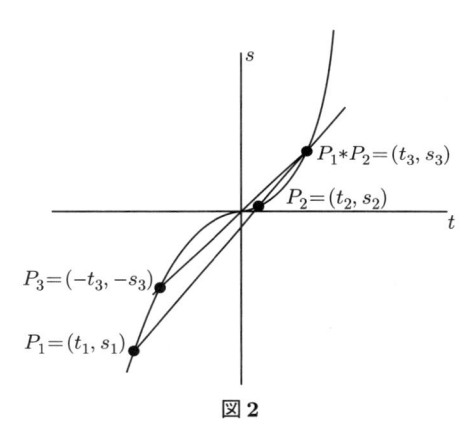

図 2

$s = \rho t + \sigma$ を，点 P_1 と P_2 を通る直線の方程式とする．これを E' の方程式に代入すると，

$$\rho t + \sigma = t^3 + At(\rho t + \sigma)^2 + B(\rho t + \sigma)^3$$

となり，したがって

$$t^3(1 + A\rho^2 + B\rho^3) + t^2(2A\rho\sigma + 3B\rho^2\sigma) + \cdots = 0$$

すなわち

$$t^3 + t^2 \frac{2A\rho\sigma + 3B\rho^2\sigma}{1 + A\rho^2 + B\rho^3} + \cdots = 0$$

となる．解の和

$$t_1 + t_2 + t_3 = -(t^2 \text{の係数}) = -\frac{2A\rho\sigma + 3B\rho^2\sigma}{1 + A\rho^2 + B\rho^3}$$

となるから，

$$t_3 = -t_1 - t_2 - \frac{2A\rho\sigma + 3B\rho^2\sigma}{1 + A\rho^2 + B\rho^3},$$

$$s_3 = \rho t_3 + \sigma \tag{3}$$

ここで

$$\sigma = s_1 - \rho t_1 \quad \text{かつ} \quad \rho = \frac{s_1 - s_2}{t_1 - t_2}$$

である．

$P \in \varphi(E(\mathbf{Q})_{\text{tors}})$ から $P \notin \varphi(E(p))$ が導かれることを証明しようとしていることを思い起こそう．そのために，各 $\varphi(E(p^r))$ が $\varphi(E(\mathbf{Q})_{\text{tors}}) = E'(\mathbf{Q})_{\text{tors}}$ の部分群であることを示し，これらの部分群の元の可約性について調べることにする．

まず ρ に関するもうひとつの公式が必要である．
$s_i = t_i^3 + A t_i s_i^2 + B s_i^3$ より，

$$\begin{aligned} s_1 - s_2 &= (t_1 - t_2)(t_1^2 + t_1 t_2 + t_2^2) + A((t_1 - t_2)s_2^2 \\ &\quad + t_1(s_1 - s_2)(s_1 + s_2)) + B(s_1 - s_2)(s_1^2 + s_1 s_2 + s_2^2) \end{aligned}$$

が得られる．ただしここで，$t_1 s_1^2 - t_2 s_2^2 = (t_1 - t_2)s_2^2 + t_1(s_1^2 - s_2^2)$ となることを用いた．ここで $s_1 - s_2$ について解き，さらに $t_1 - t_2$ で割ると，

$$\rho = \frac{t_1^2 + t_1 t_2 + t_2^2 + A s_2^2}{1 - B(s_1^2 + s_1 s_2 + s_2) - A t_1(s_1 + s_2)} \tag{4}$$

となる．

ρ の分母に 1 があることで，$\text{ord}_p(\rho)$ を計算するのが容易になる．

$P_1 = P_2$ に対する ρ を求めるには，ただ式 (4) において $t_1 = t_2$ かつ $s_1 = s_2$ としてみればよい．

証明の残りの部分においては，$P_1 \neq P_2$ の場合のみを扱うことにして，$P_1 = P_2$ の場合は演習問題とする．

$\varphi(E(p^r))$ が $E'(\mathbf{Q})_{\text{tors}}$ の部分群であることを示すためには，まず有理点のある種の可約性が必要である．集合

$$\boldsymbol{R_p} = \{0\} \cup \{x \mid \text{ord}_p(x) \geq 0\}$$

を導入すると便利である．

補題

1) R_p は環である.
2) $\dfrac{m}{n} \in U(R_p)$ (R_p の単元からなる集合) $\iff \operatorname{ord}_p\left(\dfrac{m}{n}\right) = 0$
3) p は R_p の中のただひとつの素数である.
4) R_p は一意分解整域である.

〔証明〕 1) 簡単な演習である.

2) $\dfrac{m}{n} \neq 0$, $(m,n) = 1$ のとき, $\dfrac{m}{n}$ が単元であることは $\dfrac{1}{\left(\dfrac{m}{n}\right)} = \dfrac{n}{m} \in R_p$ と同値であり, それは $\operatorname{ord}_p\left(\dfrac{m}{n}\right) = 0$ のときに限る.

3) と 4) は, $\dfrac{m}{n}$ が単元でなければ $\dfrac{m}{n} = \left(\dfrac{u}{v}\right) p^r$, $(u,p) = (v,p) = 1$ かつ $r > 0$ と表されるという事実から導かれる. □

固定された素数 p を扱っているので, 証明の残りの部分においては R_p を単に R で表すことにする. すると, $p^r R = \{p^r x \mid x \in R\} = \{x \in R \mid \operatorname{ord}_p(x) \geq r\}$ は, 分子が p^r を約数にもつような既約分数で表される有理数全体の集合である.

さて, E' 上の有理点 (t,s) の可約性について調べてみよう. $\boldsymbol{E}'_r = \varphi(E(p^r))$ と置く. $(t,s) \in E'_r$ に対して $(t,s) = \varphi((x,y))$, $(x,y) \in E(p^r)$ とすると, $x = \dfrac{m}{np^{2r}}$, $y = \dfrac{d}{ep^{3r}}$ であり,

$$t = \frac{x}{y} = \left(\frac{me}{nd}\right)p^r, \quad s = \frac{1}{y} = \left(\frac{e}{d}\right)p^{3r}$$

となる. したがって,

$$(t,s) \in E'_r \iff t \in p^r R, \ s \in p^{3r} R, \tag{5}$$

$$(\operatorname{ord}_p(t) \geq r, \ \operatorname{ord}_p(s) \geq 3r)$$

補題 E'_r は $E'(\mathbf{Q})$ の部分群である.

〔証明〕 $P_1, P_2 \in E'_r$, $P_i = (t_i, s_i)$ ならば $P_1 \pm P_2 = (\pm t_3, \pm s_3) \in E'_r$ となることを証明する. 等式 (5) より,

$$t_1, t_2 \in p^r R, \quad s_1, s_2 \in p^{3r} R$$

である. よって, ρ に対する等式 (4) の分子は $p^{2r}R$ の元である. 一方, 分母は $1+(p\text{の倍数})$ であるから単元である. したがって $\rho \in p^{2r}R$ となる. これらの結果から, $\sigma = s_1 - \rho t_1 \in p^{3r}R$ がわかる.

$$t_1 + t_2 + t_3 = -\frac{2A\rho\sigma + 3B\rho^2\sigma}{1 + A\rho^2 + B\rho^3}$$

であることを思い出そう. 分母は単元であり, 分子は $p^{3r}R$ の元であるから,

$$t_1 + t_2 + t_3 \in p^{3r}R \tag{6}$$

であり, $t_1, t_2 \in p^r R$ であるから, $\pm t_3 \in p^r R$ を得る. $s_3 = \rho t + \sigma$ より, $\pm s_3 \in p^{3r}R$ である. したがって $P_1 \pm P_2 = (\pm t_3, \pm s_3) \in E'_r$ となり, 証明を終わる. □

さて, いよいよ命題に対する, そして (i) に対する我々の証明の最終段階である. 証明を完成させるため, 等式 (6) を活用しよう. $P = (t, s)$ のとき, $t(P) = t$ と置く. すると等式 (6) は

$$t(P_1) + t(P_2) \equiv t(P_3) \pmod{p^{3r}R} \tag{6'}$$

と述べ直すことができる. ここで $a \equiv b \pmod{p^u R}$ とは, $a - b \in p^u R$ ということを意味する ($\operatorname{ord}_p(a-b) \geq u$ と同値).

今や $P \in E'(\mathbf{Q})_{\text{tors}}$ ならば $P \notin E'_1$ となることを示すことができる. $P \in E'_1$ で P が有限位数 m をもつと仮定しよう. すると, ある固定された整数がいくらでも大きい次数の p のべきを約数にもつことはできないので, $P \in E'_r$ かつ $P \notin E'_{r+1}$ (つまり $t(P) \notin p^{r+1}R$) となるような $r > 0$ が存在する. ここで 2 つの場合がある.

1) $p \nmid m$ である場合 — (6') に関する数学的帰納法により,

$$t(mP) \equiv m\, t(P) \pmod{p^{3r}R}$$

であることが容易に示される. しかし仮定より $mP = O$, $(m, p) = 1$ であり $t(O) = 0$ である. よって $t(P) \equiv 0 \pmod{p^{3r}R}$ となるが, これは $t(P) \not\equiv 0 \pmod{p^{r+1}R}$ との仮定に矛盾する.

2) $p\,|\,m$である場合 —— 共通因数を取り除いた後, 1) の証明と同様の証明が可能である. $m=pn$とし, $P'=nP$とすると, P' は E_1' の元である. というのは E_1' は群であり, $P' \in E_r'$ かつ $P' \notin E_{r+1}'$ (つまり $t(P') \notin p^{r+1}R$) となるような $r>0$ が存在するからである. しかし $pP'=pnP=mP=O$ であるから,
$$0 = t(pP') \equiv p\,t(P') \pmod{p^{3r}}$$
また
$$t(P') \equiv 0 \pmod{p^{3r-1}R}$$
を得る.

しかし $3r-1 \geq r+1$ であり, これは $P' \notin E_{r+1}'$ に矛盾する. したがって, E_1' に有限位数の点は存在しない.

(x,y) を $E(p)$ の中の有限位数の点としよう. すると x と y は, ある $i>0$ に対して
$$x = \frac{m}{n\,p^{2i}}, \quad y = \frac{u}{v\,p^{3i}}$$
という形をしている. よって
$$t = \frac{x}{y} = \frac{m\,v\,p^i}{n\,u}, \quad s = \frac{1}{y} = \frac{v\,p^{3i}}{u}$$
すなわち, $\varphi((x,y))=(t,s)$ は E_1' における有限位数の点である. このことは我々の結果に矛盾する. よってすべての素数 p に対して, $E(p)$ に有限位数の点は存在せず, したがってすべての有限位数の点は整数の座標をもつ. これでルッツ・ナゲルの定理に対する我々の証明を終わる.

20.5 モーデルの定理；証明の概要

ルッツ・ナゲルの定理の長い証明は終わったが, 休まずにモーデルの定理の特殊な場合の証明へと進もう. この証明もまたやや長いものであるが, その全体構成はつかみやすい. ルッツ・ナゲルの定理に対するものと同じ楕円曲線を扱うことにする.

モーデルの定理

$$E : y^2 = x^3 + Ax + B \tag{1}$$

を，$A, B \in \mathbf{Z}$ で，$f(x) = x^3 + Ax + B = 0$ の解が有理数であるような楕円曲線とする．すると E 上の有理点のなす群 $E(\mathbf{Q})$ は有限生成アーベル群である．

我々の証明は，この定理のヴェイユによる第二の証明 [Wei 11] に基づき，Chahal の解説 [Cha] にほぼ従ったものであるが，Silverman and Tate [Sil-Tat]，Chowla [Cho]，Mordell[Mor 2]，そして Ireland and Rosen [Ire-Ros] による説明からも題材を得ている．

注意 (1) 定義により E は非特異であるから，$f(x)$ の根は互いに相異なる．

(2) 実は $f(x)$ の根は整数でなければならない．なぜなら，$\dfrac{s}{t}\,(t > 0)$ が既約分数の根であるとすると，$(s,t) = 1$ である．すると $\left(\dfrac{s}{t}\right)^3 + A\left(\dfrac{s}{t}\right) + B = 0$，つまり $s^3 + Ast^2 + Bt^3 = 0$ となるから，$t | s^3$ である．ここで $t > 1$ ならば $(s,t) > 1$ となるから矛盾である．

(3) $f(x)$ の根が有理数であることを要求しているので，我々は $\mathbf{Q}$ について調べるだけでよい．根が有理数であるという仮定を落としたときは，根を含む代数的数体を調べることにより，我々の証明を完全なモーデルの定理の証明へと一般化することは難しいことではない．

モーデルの定理の証明は非常に長いので，まず主要な段階の要点を述べ，それらによってどのように定理が導かれるか示そう．

E 上の有理点（有理数座標）P の高さ $H(P)$ を定義しよう．これはある意味で P の「複雑さ」を測る正の整数で，次の性質を満たす．

補題 A 任意の実数 $K > 0$ に対し，集合 $\{P \in E(\mathbf{Q}) \mid H(P) < K\}$ は有限集合である．

補題 B 点 $Q = (x_0, y_0) \in E(\mathbf{Q})$ を固定すると，Q および E のみに（すなわち x_0, y_0, A, B のみに）依存する定数 c が存在して，すべての $P \in E(\mathbf{Q})$ に対して

$$H(P + Q) \leq c\,(H(P))^2$$

20.5 モーデルの定理：証明の概要　451

を満たす．

補題 C　E のみに（すなわち A, B のみに）依存する定数 d が存在して，すべての $P \in E(\mathbf{Q})$ に対して

$$H(P) \leq d\left(H(2P)\right)^{\frac{1}{4}}$$

を満たす．

最後に必要なのが次の定理である．

モーデル・ヴェイユの弱定理　商群 $E(\mathbf{Q})/2E(\mathbf{Q})$ は有限集合である．

これら 4 つの結果からモーデルの定理が導かれることを示そう．

$Q_1, Q_2, \cdots, Q_n$ を $E(\mathbf{Q})$ における $2E(\mathbf{Q})$ の剰余類の代表元からなる集合とする．すると，$E(\mathbf{Q})$ のどの元 P もどれかの剰余類の元でなければならないから，P に依存する $i(1)$, $1 \leq i(1) \leq n$ が存在して，$P \in Q_{i(1)} + 2E(\mathbf{Q})$ を満たす（群 $E(\mathbf{Q})$ に対して加法的表記を用いる）．したがって，ある $P_1 \in E(\mathbf{Q})$ が存在して

$$P = Q_{i(1)} + 2P_1$$

と書ける．同様に，$i(2)$, $1 \leq i(2) \leq n$ が存在して，$P_1 \in Q_{i(2)} + 2E(\mathbf{Q})$ を満たし，したがってある $P_2 \in E(\mathbf{Q})$ が存在して $P_1 = Q_{i(2)} + 2P_2$ と書ける．

この過程を m 回繰り返すと，方程式の列

$$P = Q_{i(1)} + 2P_1$$

$$P_1 = Q_{i(2)} + 2P_2$$

$$\vdots$$

$$P_{m-1} = Q_{i(m)} + 2P_m$$

が得られる．ここで Q たちはどれも剰余類の代表元であり，必ずしも相異なるわけではない．

2 番目の式を 1 番目に代入すると，$P = Q_{i(1)} + 2Q_{i(2)} + 2^2 P_2$ となる．さらにこれに 3 番目を代入し，その結果に 4 番目を代入し，のように続けると，

$$P = Q_{i(1)} + 2Q_{i(2)} + 2^2 Q_{i(3)} + \cdots + 2^{m-1} Q_{i(m)} + 2^m P_m \tag{2}$$

が得られる．

$E(\mathbf{Q})$ が有限生成であることを示すために，有限集合 S を定義し，どの $P \in E(\mathbf{Q})$ に対しても，$P_m \in S$ となる m が存在するようにする．すると方程式 (2) より，$\{Q_1, Q_2, \cdots, Q_n\} \cup S$ が $E(\mathbf{Q})$ を生成する．

補題 B において $Q = -Q_i$ としたときの定数を $c_i = c(-Q_i)$，補題 C の定数を d，$K = \max(dc_1, \ldots, dc_n)$，$S = \{P \in E(\mathbf{Q}) | H(P) \leq K^2\}$ と置く．補題 A により，S は有限集合である．我々の主張が正しくないとすると，すべての $m \geq 1$ に対して $H(P_m) > K^2$ となるような $P \in E(\mathbf{Q})$ が存在することになる．すると $1 \leq j \leq m$ に対して

$$P_{j-1} + (-Q_{i(j)}) = 2P_j \tag{3}$$

となる（ただし $P = P_0$）ことから，

$$\begin{aligned} H(P_j) &\leq dH(2P_j)^{\frac{1}{4}} & \text{(補題 C による)} \\ &= dH(P_{j-1} + (-Q_{i(j)}))^{\frac{1}{4}} & \text{(等式 (3) による)} \\ &\leq d[c_{i(j)}H(P_{j-1})^2]^{\frac{1}{4}} & \text{(補題 B による)} \\ &\leq KH(P_{j-1})^{\frac{1}{2}} & \text{(K の定義による)} \end{aligned}$$

を得る．

$H(P_{j-1}) > K^2$，すなわち $K < H(P_{j-1})^{\frac{1}{2}}$ と仮定していたので，$1 \leq j \leq m$ に対して

$$H(P_j) \leq KH(P_{j-1})^{\frac{1}{2}} < H(P_{j-1})^{\frac{1}{2}}H(P_{j-1})^{\frac{1}{2}} = H(P_{j-1})$$

となるが，高さは正の整数であるから，$H(P_j) \leq H(P_{j-1}) - 1$ となり，したがって

$$H(P_m) \leq H(P_{m-1}) - 1 \leq H(P_{m-2}) - 2 \leq \cdots \leq H(P_1) - (m-1)$$

を得る．

ここで $m > H(P_1) + 1$ と取れば $H(P_m) < 0$ となり，高さ関数が正であることに反する．よって，ある m に対して $H(P_m) \leq K^2$，すなわち $P_m \in S$ となり，$\{Q_1, Q_2, \ldots, Q_n\} \cup S$ は $E(\mathbf{Q})$ を生成する．

正の整数には無限に減少する数列は存在しないという事実を用いているため，ヴェイユはこれを無限降下法と見ていた．

20.6 いくつかの予備的結果

補題やモーデル・ヴェイユの弱定理を証明する前に，いくつかの予備的な結果が必要である．

初めに，ルッツ・ナゲルの定理の証明のように，E 上のすべての有理点が特別な方法で記述できることを示そう．

補題1 $P = (x, y) \in E(\mathbf{Q})$ ならば，$(X, Z) = 1$, $(Y, Z) = 1$ かつ $Z > 0$ であるような $X, Y, Z \in \mathbf{Z}$ が存在し，

$$x = \frac{X}{Z^2}, \quad y = \frac{Y}{Z^3} \tag{1}$$

と表される．

〔証明〕 $x = \dfrac{X}{M}, y = \dfrac{Y}{N}$ が $M, N > 0$ を満たす既約分数であるとする．これを曲線の方程式 $y^2 = x^3 + Ax + B$ に代入して $M^3 N^2$ 倍すると，

$$M^3 Y^2 = N^2 X^3 + AN^2 M^2 X + BN^2 M^3 \tag{2}$$

となる．

$M^3 = N^2$ であることを証明したい．そうすれば $Z = \dfrac{N}{M}$ と置くことにより $Z^2 = \dfrac{N^2}{M^2} = \dfrac{M^3}{M^2} = M$ であり，$Z^3 = \dfrac{N^3}{M^3} = \dfrac{N^3}{N^2} = N$ となるから，$x = \dfrac{X}{Z^2}$ かつ $y = \dfrac{Y}{Z^3}$ となるからである．

N^2 は式 (2) の右辺の各項の約数であるから，$M^3 Y^2$ の約数である．しかし $(N, Y) = 1$ であるから $N^2 | M^3$ である．また一方再び式 (2) において，M^2 が $M^3 Y^2$, $AN^2 M^2 X$ および $BY^2 M^3$ の約数であることから，$M^2 | N^2 X^3$ であり，$(X, M) = 1$ であるから $M^2 | N^2$ となる．この最後の結果から $M^3 | AN^2 M^2 X$ が得られ，M^3 は $M^3 Y^2$ と $BN^2 M^3$ の約数であるから，$M^3 | N^2 X^3$ となるが，再び $(X, M) = 1$ であるから $M^3 | N^2$ となり，証明が終わる． □

ここで点の和に関するいくつかの公式を導いておこう．

点 P が与えられたとき，$\boldsymbol{x(P)}$ でその点の x 座標を表すことにする．さて，方程式 (5.1) で与えられた我々の曲線 E に対して，P と Q を曲線上の任意の点

とするときの $x(P+Q)$ に対する公式を見出す必要がある．19.6節のように進めることにして，$P=(x_1,y_1)$, $Q=(x_2,y_2)$ そして $P+Q=(x_3,-y_3)$ とする．ここで $P*Q=(x_3,y_3)$ は，点 P, Q を通る直線と E との3つ目の交点である（19.6節の図7を見よ）．つまり $x_3=x(P+Q)=x(P*Q)$ である．

まず $P\neq\pm Q$ と仮定する（もし $P=-Q$ ならば，$P+(-P)$ は E 上の無限遠点で，$E(\mathbf{Q})$ の単位元である）．点 P, Q を通る直線の方程式は

$$y = y_1 + \left(\frac{y_2-y_1}{x_2-x_1}\right)(x-x_1) \tag{3}$$

である．E の方程式 (5.1) にこれを代入すると，x_1, x_2, x_3 を根とする x の3次方程式

$$\left[y_1 + \frac{y_2-y_1}{x_2-x_1}(x-x_1)\right]^2 = x^3 + Ax + B \tag{4}$$

が得られる．根の和 $= -(x^2$ の係数) だから，

$$x_3 = x(P+Q) = \left(\frac{y_2-y_1}{x_2-x_1}\right)^2 - (x_1+x_2)$$

が得られ，$y_1^2 = x_1^3 + Ax_1 + B$, $y_2^2 = x_2^3 + Ax_2 + B$ であるから，これは

$$x(P+Q) = \frac{(x_1+x_2)(x_1x_2+A)+2B-2y_1y_2}{(x_1-x_2)^2} \tag{5}$$

と書くことができる．

のちの証明においては，点の和に関するもうひとつの公式が必要となる．

r_1, r_2, r_3 を $f(x)=x^3+Ax+B=0$ の根とする．任意の根 r に対して，$(x_1-r)(x_2-r)(x_3-r)$ に関する公式を見つけよう．ただしここで x_1, x_2, x_3 は再び式 (4) の根を表す．$\prod(x_i-r)$ を求めるためには，"根を r だけ移動させる" 必要がある．$X=x-r$, $X_1=x_1-r$ と置き，方程式 (4) に代入すると，

$$\left[y_1 + \frac{y_2-y_1}{x_2-x_1}(X-X_1)\right]^2 = X^3 + CX^2 + DX \tag{6}$$

となる．ここで右辺に定数項がないのは $f(r)=0$ だからである．したがって $X=0$ が $f(X+r)$ の根である．x_1, x_2, x_3 は式 (4) の根であるから，

$x_1 - r$, $x_2 - r$, $x_3 - r$ は式 (6) の根であり, 根の積は式 (6) の左辺の定数項, すなわち

$$(x_1 - r)(x_2 - r)(x_3 - r) = \left[y_1 - \frac{y_2 - y_1}{x_2 - x_1} X_1\right]^2 \tag{7}$$

となる. $x(P+Q) = x_3$, $X_1 = x_1 - r$ を後の方程式に代入すると, 我々の最終公式

$$x(P+Q) - r = \frac{1}{(x_1 - r)(x_2 - r)} \left[\frac{y_1(x_2 - r) - y_2(x_1 - r)}{x_2 - x_1}\right]^2 \tag{8}$$

が得られる.

$x(2P) - r$ に対する似たような公式がある. 点 P, Q を通る直線の傾き $\dfrac{y_2 - y_1}{x_2 - x_1}$ を点 P における曲線の接線の傾き $\dfrac{3x_1^2 + A}{2y_1}$ で置き換えると, 式 (7) は

$$(x(2P) - r)(x_1 - r)^2 = \left[y_1 - \frac{(3x_1^2 + A)(x_1 - r)}{2y_1}\right]^2 \tag{9}$$

$$= \left[\frac{2y_1^2 - (3x_1^2 + A)(x_1 - r)}{2y_1}\right]^2$$

となる.

$f(r) = r^3 + Ar + B = 0$ であるから, $x^3 + Ax + B$ を $x - r$ で割ると,

$$x^3 + Ax + B = (x - r)(x^2 + rx + A + r^2)$$

が得られる. したがって式 (9) の右辺の分子は

$$2y_1^2 - (3x_1^2 + A)(x_1 - r) = (x_1 - r)(-x_1^2 + 2rx_1 + A + 2r^2)$$

の 2 乗であり, $r = r_1$, r_2, r_3 のそれぞれについて,

$$x(2P) - r = \left[\frac{-x_1^2 + 2rx_1 + A + 2r^2}{2y_1}\right]^2 \tag{10}$$

となる.

20.7 高さ関数

さて，いよいよ点の高さの概念へと進み，5節の補題A, B, C，そしてモーデルの弱定理を証明しよう．

初めに有理数の高さを定義する．有理数 $x = \dfrac{m}{n} \neq 0$（ただし $(m,n)=1$）の高さとは，

$$H(x) = H\left(\frac{m}{n}\right) = \max\{|m|, |n|\}$$

で与えられる数である．ただし $H(0) = 1$ とする．よって高さはつねに正の整数となる．すべての正の実数 K に対して，$\{x \in \mathbf{Q} \mid H(x) \leq K\}$ は有限集合であることに注意しよう．$P = (x,y)$ を有理点とするとき，点 P の**高さ**を

$$H(P) = H(x)$$

で定義する．ただし $P = O$, すなわち無限遠点に対しては，$H(P) = 1$ とする．

$\{P \in E(\mathbf{Q}) \mid H(P) \leq K\}$ が有限集合であるという5節の補題Aは，今や直ちに示すことができる．なぜなら，$y^2 = x^3 + Ax + B$ 上の有理点のそれぞれの x 座標に対して，y の値は高々2つしかないからである．

補題Bを証明するためには，まず次のことが必要である．

補題1 $P = (x, y) \in E(\mathbf{Q})$ ならば，A と B のみに依存する定数 K が存在して

$$|y| \leq K(H(P))^{\frac{3}{2}}$$

を満たす．

〔証明〕補題6.1により，$P = (x, y) = \left(\dfrac{X}{Z^2}, \dfrac{Y}{Z^3}\right)$ と書くことができる．ただしここで $(X, Z) = (Y, Z) = 1$ かつ $Z \geq 1$ である．P は曲線上の点であるから，

$$Y^2 = X^3 + AXZ^4 + BZ^6$$

である．高さの定義より $|X|$ と Z^2 はどちらも $\leq H(x)$ であるから，三角不等式により

$$Y^2 = |Y^2| \leq |X^3| + |A||X||Z^4| + |B||Z^6|$$

$$\leq H(x)^3 + |A|H(x)H(x)^2 + |B|H(x)^3$$

$$= (1 + |A| + |B|)H(x)^3$$

となる．したがって，

$$|Y| \leq (1 + |A| + |B|)^{\frac{1}{2}} H(x)^{\frac{3}{2}}$$

であり，$H(P) = H(x)$ であるから，$K = (1 + |A| + |B|)^{\frac{1}{2}}$ と取ればよい． □

さて，補題 B を証明しよう．

補題 B　点 $Q = (x_0, y_0) \in E(\mathbf{Q})$ を固定すると，Q および E のみに（すなわち x_0, y_0, A, B のみに）依存する定数 c が存在して，すべての $P \in E(\mathbf{Q})$ に対して

$$H(P + Q) \leq c(H(P))^2$$

を満たす．

〔証明〕　$Q = O$，すなわち無限遠点の場合にはこの補題は明らかに正しい．この点は群 $E(\mathbf{Q})$ の単位元だからである．また，有理点からなるある有限集合 $\{P_1, \ldots, P_n\}$ 以外の P に対してこの補題を証明すれば十分である．なぜなら，定数 c はいつでもどの $i = 1, \ldots, n$ に対する $\dfrac{H(P_i + Q)}{H(P_i)^2}$ よりも大きくなるように増加させることができるからである．そこでここからは，$P \neq Q, -Q, O$ と仮定することにしよう．

補題 6.1 より，P は $P = \left(\dfrac{X}{Z^2}, \dfrac{Y}{Z^3} \right)$ という形で書けることがわかる．また $P + Q = (x, y)$ と置くと，等式 (6.5) より，

$$x = \dfrac{\left(\dfrac{X}{Z^2} + x_0 \right) \left(\dfrac{X x_0}{Z^2} + A \right) + 2B - \dfrac{2Y y_0}{Z^3}}{\left(x_0 - \dfrac{X}{Z^2} \right)^2}$$

となる．右辺の分母と分子に Z^4 を掛けると，

$$x = \frac{aYZ + bX^2 + cXZ^2 + dZ^4}{eX^2 + fXZ^2 + gZ^4} \tag{1}$$

が得られる．ただし $a, b, \cdots, g$ は，x_0, y_0, A および B の関数である．したがって

$$H(x) \leq \max\{|aYZ + bX^2 + cXZ^2 + dZ^4|, |eX^2 + fXZ^2 + gZ^4|\}$$

となる．式 (1) の右辺が約分できても高さは小さくなるだけだからである．

それでは補題 1 の証明と同様に進めていこう．高さの定義と補題 1 より，

$$|X| \leq H(P), \quad Z \leq H(P)^{\frac{1}{2}}, \quad そして \quad |Y| \leq K\left(H(P)^{\frac{3}{2}}\right)$$

が得られる．ここで K は A と B の関数である．三角不等式を用いると

$$|aYZ + bX^2 + cXZ^2 + dZ^4| \leq |a|KH(P)^{\frac{3}{2}}H(P)^{\frac{1}{2}} + |b|H(P)^2$$
$$+ |c|H(P)H(P) + |d|H(P)^2$$
$$= (|a|K + |b| + |c| + |d|)H(P)^2,$$

そして

$$|eX^2 + fXZ^2 + gZ^4| \leq |e|H(P)^2 + |f|H(P)H(P) + |g|H(P)^2$$
$$= (|e| + |f| + |g|)H(P)^2$$

となるから，すべての $P \neq \pm Q, O$ に対して

$$H(P+Q) = H(x) \leq cH(P)^2$$

が得られる．ここで $c = \max\{|a|K + |b| + |c| + |d|, |e| + |f| + |g|\}$ は x_0, y_0, A および B のみに依存する定数である． □

次に補題 C を証明しよう．

補題 C E のみに（すなわち A, B のみに）依存する定数 d が存在して，すべての $P \in E(\mathbf{Q})$ に対して

$$H(P) \leq d\left(H(2P)\right)^{\frac{1}{4}}$$

を満たす．

〔証明〕 r_1, r_2, r_3 が $x^3 + Ax + B = 0$ の根であることを思い起こし，$P \neq O, (r_j, 0)$ と仮定する．補題の定数は，つねにこれら 4 つの場合を考慮して取り直すことができる．

補題 6.1 により，$P = \left(\dfrac{X_1}{Z_1^2}, \dfrac{Y_1}{Z_1^3}\right)$ また $2P = \left(\dfrac{X}{Z^2}, \dfrac{Y}{Z^3}\right)$ と置く．これらの値を等式 (6,10) に代入し，$Z^2 Z_1^4$ を掛けたのち両辺の平方根を取ると，

$j = 1, 2, 3$ に対して

$$(X - r_j Z^2)^{\frac{1}{2}} = \left(\frac{Z}{2Y_1 Z_1}\right)(-X_1^2 + 2r_j X_1 Z_1^2 + AZ_1^4 + 2r_j Z_1^4) \quad (2)$$

が得られる.

右辺の項を r_j のべきで整理して

$$\lambda_1 = (-X_1^2 + AZ_1^4)\frac{Z}{2Y_1 Z_1}, \quad \lambda_2 = \frac{X_1 Z_1 Z}{Y_1}, \quad \lambda_3 = \frac{Z_1^4 Z}{Y_1 Z_1} \quad (3)$$

と置くと，式 (2) は λ_i の3元連立方程式へと変形される:

$$\alpha_j = \lambda_1 + r_j \lambda_2 + r_j^2 \lambda_3 \quad j = 1, 2, 3 \quad (4)$$

ここで $\alpha_j = (X - r_j Z^2)^{\frac{1}{2}}$ である. 式 (2) により α_j は有理数であり，r_j は整数であるから $\alpha_j^2 = X - r_j Z^2$ は整数である. したがって連立方程式 (4) はすべての係数が整数である.

この連立方程式の行列式 D は有名な**ヴァンデルモンドの行列式**

$$D = \begin{vmatrix} 1 & r_1 & r_1^2 \\ 1 & r_2 & r_2^2 \\ 1 & r_3 & r_3^2 \end{vmatrix} = \prod_{i > j}(r_i - r_j) \in \mathbf{Z}$$

である.

根は互いに相異なるため，$D \neq 0$ である. クラメルの公式により，それぞれの $D\lambda_j$ は α_j の整数係数の線形結合である. したがって $D\lambda_j$ は整数である.

P の高さを評価するため，まず我々の結果を用いて X_1^2 と Z_1^4 の評価を求めよう. 式 (3) から直接計算により

$$D(A\lambda_3 - 2\lambda_1) = X_1^2 \frac{DZ}{Y_1 Z_1} \quad (5)$$

そして

$$D\lambda_3 = Z_1^4 \frac{DZ}{Y_1 Z_1} \quad (6)$$

が得られる.

$D\lambda_j$ が整数であることから，式 (5) と (6) の左辺は整数である．よって $X_1^2 \dfrac{DZ}{Y_1 Z_1}$ および $Z_1^4 \dfrac{DZ}{Y_1 Z_1}$ も整数である．したがって

$$(X_1, Z_1) = 1 \implies Z_1 | DZ \quad \text{かつ} \quad (Y_1, Z_1) = 1 \implies Y_1 | DZ$$

が成り立つ．

こうして，$(Y_1, Z_1) = 1$ であることから，$\dfrac{DZ}{Y_1 Z_1} \in \mathbf{Z}$ を得る．式 (5) と (6) の左辺は整数であるから，

$$X_1^2 | D(A\lambda_3 - 2\lambda_1) \quad \text{かつ} \quad Z_1^4 | D\lambda_3$$

あるいは

$$X_1^2 \leq |D(A\lambda_3 - 2\lambda_1)| \quad \text{かつ} \quad Z_1^4 \leq |D\lambda_3| \tag{7}$$

が成り立つ．

$D\lambda_i$ は $\alpha_j = (X - r_j Z^2)^{\frac{1}{2}}$ の線形結合であり，係数は P に依存しない．$\dfrac{x+y}{2} \leq \max\{x, y\}$ を思い起こすと，

$$(X - r_j Z^2)^{\frac{1}{2}} \leq |X| + |r_j|Z^2 \leq 2\max\{|X|, |r_j|Z^2\}$$
$$\leq 2\max\{|r_j||X|, |r_j|Z^2\} = 2|r_j|\max\{|X|, Z^2\}$$
$$= 2|r_j|H(2P)$$

となるから，すべての j に対して

$$\alpha_j = (X - r_j Z^2)^{\frac{1}{2}} \leq C^{\frac{1}{2}} H(2P)^{\frac{1}{2}}$$

であり，$C = \max\{2|r_1|, 2|r_2|, 2|r_3|\}$ は P によらない．したがって式 (7) と $D\lambda_i$ が α_j の線形結合であるという事実から，P によらない適当な定数 C_1 と C_2 によって

$$X_1^2 \leq C_1 H(2P)^{\frac{1}{2}} \quad \text{かつ} \quad Z_1^4 \leq C_2 H(2P)^{\frac{1}{2}}$$

が成り立つ．よって $C_3 = \max\{C_1, C_2\}$ に対して

$$H(P)^2 = \max\{X_1^2, Z_1^4\} \leq C_3 H(2P)^{\frac{1}{2}}$$

であり，$d = \sqrt{C_3}$ に対して

$$H(P) \leq d H(2P)^{\frac{1}{4}}$$

となり，証明が終わる． $\square$

20.8 モーデル・ヴェイユの弱定理

我々は補題 A, B, C を証明してきた．これらとモーデル・ヴェイユの弱定理を合わせるとモーデルの定理が得られるのであるから，あと一歩を残すのみである．

モーデル・ヴェイユの弱定理　商群 $E(\mathbf{Q})/2E(\mathbf{Q})$ は有限集合である．

〔証明〕 0 でない有理数からなる乗法群を $\mathbf{Q}^*$ で，また $\mathbf{Q}^*$ の元の 2 乗からなる部分群を $\mathbf{Q}^{*2}$ で表す．群 $\mathbf{Q}^*$ には乗法的記号を，$E(\mathbf{Q})$ には加法的記号を用いることにする．

証明のアイデアは，$E(\mathbf{Q})$ から商群 $\mathbf{Q}^*/\mathbf{Q}^{*2}$ のコピーの積への準同型 ϕ を構成し，その像 $\phi(E(\mathbf{Q}))$ が有限集合で，その核が $2E(\mathbf{Q})$ となるようにすることである．そうすれば群の準同型の基本定理により，$E(\mathbf{Q})/2E(\mathbf{Q})$ は $\phi(E(\mathbf{Q}))$ に同型であり，したがって有限集合となるのである．

ϕ_j を何段階かに分けて構成していこう．まず $\beta : \mathbf{Q}^* \longrightarrow \mathbf{Q}^*/\mathbf{Q}^{*2}$ を，各 $x \in \mathbf{Q}^*$ をその剰余類へと写す自然な準同型とする．すなわち $\beta(x) = x\mathbf{Q}^{*2}$ とする．

次に $\phi_j : E(\mathbf{Q}) \longrightarrow \mathbf{Q}^*/\mathbf{Q}^{*2}$, $j = 1, 2, 3$ を

$$\phi_j(P) = \begin{cases} 1 & (P = O \text{ のとき}) \\ \beta[(x(P) - r_i)(x(P) - r_k)], \ i \neq j \neq k & (P = (r_j, 0) \text{ のとき}) \\ \beta(x(P) - r_j) & (\text{それ以外のとき}) \end{cases}$$

で定義する．$(r_j, 0), j = 1, 2, 3$ は $E(\mathbf{Q})$ における 2 位の点であることに注意しよう．

最後に $\phi : E(\mathbf{Q}) \longrightarrow \mathbf{Q}^*/\mathbf{Q}^{*2} \times \mathbf{Q}^*/\mathbf{Q}^{*2} \times \mathbf{Q}^*/\mathbf{Q}^{*2}$ を

$$\phi(P) = (\phi_1(P), \phi_2(P), \phi_3(P))$$

で定義する．

最初に ϕ が準同型であることを示そう．そのために $P = (x_1, y_1)$ と $Q = (x_2, y_2)$ を $E(\mathbf{Q})$ の元で，O と $(r_j, 0)$ 以外のものとする．このとき $\phi(P+Q) = \phi(P) \cdot \phi(Q)$ となることを示さなければならない．任意の点 $R = (x, y) \in E(\mathbf{Q})$ に対し，ϕ は定義により，y に依存しない．したがって，$-R$ を $E(\mathbf{Q})$ におけ

る R の逆元とすると,$\phi(-R) = \phi(x,-y) = \phi(R)$ が成り立つ.さらに,$\phi(R)\phi(-R) = \phi(R)^2 = I$,すなわち $\mathbf{Q}^*/\mathbf{Q}^{*2}$ の単位元である.なぜなら,$\mathbf{Q}^*/\mathbf{Q}^{*2}$ の単位元以外のすべての元は位数が 2 だからである.よって,

$$\phi(P+Q) = \phi(P)\phi(Q) \iff \phi(P+Q)\phi(P)\phi(Q) = I$$

座標で見ると,これは

$$\beta(x(P+Q) - r_i)\beta(x(P) - r_i)\beta(x(Q) - r_i) = I$$

あるいは

$$(x_3 - r_i)(x_1 - r_i)(x_2 - r_i) \in \mathbf{Q}^{*2}$$

と同値であるが,これは等式 (6.8) から直ちに言える.なぜなら $\prod_j (x_j - r_i)$ は有理平方数に等しいからである.

少なくとも P, Q のいずれかが $= O$ である場合は明らかであり,少なくともいずれかが $(r_i, 0)$ の形をしている,すなわち $E(\mathbf{Q})$ における位数 2 の元である場合は演習としておく.

命題 ϕ の像 $\phi(E(\mathbf{Q}))$ は有限集合である.

〔証明〕 $P = (x, y) = \left(\dfrac{X}{Z^2}, \dfrac{Y}{Z^3}\right) \in E(\mathbf{Q})$ と置く.ϕ の像が有限集合であることを証明するために,それぞれの $\phi_i(P) = (x - r_i)\mathbf{Q}^{*2}$ が,有限個の値しか取らないこと,そしてその値が P に依存しないことを示す.ここでは ϕ_1 について議論するが,ϕ_2 や ϕ_3 についても論法はまったく同じである.

E の方程式に $x = \dfrac{X}{Z^2}, y = \dfrac{Y}{Z^3}$(ただし $(X, Z) = (Y, Z) = 1$)を代入すると,

$$\frac{Y^2}{Z^6} = \left(\frac{X}{Z^2} - r_1\right)\left(\frac{X}{Z^2} - r_2\right)\left(\frac{X}{Z^2} - r_3\right)$$

$$Y^2 = (X - r_1 Z^2)\left(X^2 - XZ^2(r_2 + r_3) + r_2 r_3 Z^4\right)$$

が得られる.ここで

$$S = X - r_1 Z^2, \quad T = X^2 - XZ^2(r_2 + r_3) + r_2 r_3 Z^4, \quad M = \gcd(S, T)$$

と置くと，$S = MS_1$, $T = MT_1$ と表され，$(S_1, T_1) = 1$ である．したがって $Y^2 = M^2 S_1 T_1$ であり，$S_1 T_1 = \left(\dfrac{Y}{M}\right)^2$ より $\dfrac{Y}{M}$ は整数である．S_1 と T_1 は互いに素で，その積は平方数であるから，それぞれが平方数ということになる．よって，$S_1 = S_2^2$, $T_1 = T_2^2$ と表され，$X - r_1 Z^2 = S = M S_2^2$ となる．

さて，
$$x - r_1 = \dfrac{X}{Z^2} - r_1 = \dfrac{X - r_1 Z^2}{Z^2} = M \left(\dfrac{S_2}{Z}\right)^2$$
となることから，$\phi_1(P) = M\mathbf{Q}^{*2}$ である．M が有限個の値しか取れないこと，そしてその値が P に依存しないことを示せばよい． □

補題 M は $3r_1^2 + A$ の約数である．

$3r_1^2 + A$ という表現は適当に持ち出されたものではない．これは S と T を多項式と見たときの**終結式**と呼ばれるものである（終結式の理論については [Wal] を参照）．しかしここではそのような理論は避け，直接の代数計算を用いることにしよう．

〔補題の証明〕 まず初めに $T = X^2 - XZ^2(r_2 + r_3) + r_2 r_3 Z^4$ を少し違う形に変形しよう．$x^3 + Ax + B = (x - r_1)(x - r_2)(x - r_3) = 0$ の根と係数の関係から，
$$r_1 + r_2 + r_3 = 0 \tag{1}$$
そして
$$r_1 r_2 + r_1 r_3 + r_2 r_3 = A \tag{2}$$
である．

式 (2) より $r_2 r_3 = A - r_1(r_2 + r_3)$ となるが，さらに式 (1) により $-r_1 = r_2 + r_3$ であるから，$r_2 r_3 = A + r_1^2$ で
$$T = X^2 + r_1 X Z^2 + (A + r_1^2) Z^4$$
となる．直接計算（もしくは終結式の理論）により等式
$$-S(X + 2r_1 Z^2) + T = (3r_1^2 + A) Z^4$$
および
$$S\left[(r_1^2 + A)X + (r_1^2 + A)r_1 Z^2\right] = (3r_1^2 + A)X^2$$

が成り立つ. $(X, Z) = 1$ であるから,最大公約数 M をはじめ,S と T のどの公約数も $3r_1^2 + A$ の約数である. □

長い証明もいよいよ最後の行程となった.

命題 $\mathrm{Ker}\,(\phi) = 2E(\mathbf{Q})$

〔証明〕 $2P \in 2E(\mathbf{Q})$ のときは,等式 (6.10) により $x(2P) - r_i$, $i = 1, 2, 3$, は有理数の平方であるから $\phi(2P) = I = \mathbf{Q}^{*2}$ となる. つまり $2E(\mathbf{Q}) \subseteq \ker(\phi)$ が成り立つ.

逆を証明しよう. すなわち,$P = (x, y) \in \ker(\phi)$,すなわち $\phi(P) = I$ ならば $P = 2Q$ となる $Q \in E(\mathbf{Q})$ が存在すること,つまり $P \in 2E(\mathbf{Q})$ であることを示す. 我々の論法には,補題 C の証明において使われたものととてもよく似た部分がある.

そのような点 $Q = (x_1, y_1)$ が存在すれば,x_1 は等式 (6.10)

$$x - r_j = \left[\frac{-x_1^2 + 2r_j x_1 + A + 2r_j^2}{2y_1}\right]^2, \quad j = 1, 2, 3 \tag{3}$$

を満たさなければならない. ここで $x = x(P) = x(2Q)$ である. 一方,$\phi_j(P) = (x - r_j)\mathbf{Q}^{*2} = I = \mathbf{Q}^{*2}$ という仮定は,$x - r_j$ がある有理数の平方であること,つまり

$$x - r_j = \rho_j^2 \tag{4}$$

すなわち $(x - r_j)^{\frac{1}{2}} = \rho_j$ が有理数であることを意味する.

こうして,r_j のべきで整理すると,等式 (3) は

$$\rho_j = \lambda_1 + r_j \lambda_2 + r_j^2 \lambda_3, \quad j = 1, 2, 3 \tag{5}$$

$$\lambda_1 = \frac{-x_1^2 + A}{2y_1}, \quad \lambda_2 = \frac{x_1}{y_1}, \quad \lambda_3 = \frac{1}{y_1} \tag{6}$$

となる.

補題 C の証明と同様に,この連立方程式の行列式はヴァンデルモンド行列式で,その値は $\prod_{i>j}(r_i - r_j) \neq 0$ である. したがって,クラメルの公式により,この連立方程式には唯一の有理数解が存在する. $\lambda_3 = \dfrac{1}{y_1}$ から y_1 が有理数で

あることがわかり，$\lambda_2 = \dfrac{x_1}{y_1}$ から x_1 が有理数であることもわかる．よって，我々の方程式で与えられる点 $Q = (x_1, y_1)$ は，2倍公式 (3) を満たす有理点である．しかしさらに，この点が曲線上にあることを示さなければならない．

等式 (5) を (4) に代入して展開し，関係式 $r_j^3 = -Ar_j - B$ および $r_j^4 = -Ar_j^2 - Br_j$ を用いて r_j^3 と r_j^4 を消去したのち，r_j のべきで整理すると，ベクトル方程式

$$\left(\lambda_1^2 - 2B\lambda_2\lambda_3 - x\right)\boldsymbol{v_0} + \left(1 + 2\lambda_1\lambda_2 - 2A\lambda_2\lambda_3 - B\lambda_3^2\right)\boldsymbol{v_1}$$
$$+ \left(\lambda_2^2 + 2\lambda_1\lambda_3 - A\lambda_3^2\right)\boldsymbol{v_2} = 0 \qquad (7)$$

が得られる．ただし

$$\boldsymbol{v_0} = (1,1,1), \quad \boldsymbol{v_1} = (r_1, r_2, r_3), \quad \boldsymbol{v_2} = \left(r_1^2, r_2^2, r_3^2\right)$$

である．

これらのベクトルから作られる行列の行列式は再び 0 でないヴァンデルモンド行列式となるから，$\boldsymbol{v_i}$ は 1 次独立である．したがって式 (7) における $\boldsymbol{v_i}$ の係数はすべて 0 である．すなわち

$$\lambda_1^2 - 2B\lambda_2\lambda_3 = x$$
$$2\lambda_1\lambda_2 - 2A\lambda_2\lambda_3 - B\lambda_3^2 = -1 \qquad (8)$$
$$\lambda_2^2 + 2\lambda_1\lambda_3 - A\lambda_3^2 = 0 \qquad (9)$$

となる．式 (9) を λ_1 について解いて式 (8) に代入すると，

$$\lambda_2^3 + A\lambda_2\lambda_3^2 + B\lambda_3^3 = \lambda_3 \qquad (10)$$

が得られる．式 (8) と (9) から $\lambda_3 \neq 0$ であるから式 (10) を λ_3^3 で割ると，

$$\frac{1}{\lambda_3^2} = \left(\frac{\lambda_2}{\lambda_3}\right)^3 + A\left(\frac{\lambda_2}{\lambda_3}\right) + B$$

となる．式 (6) より $\dfrac{1}{\lambda_3} = y_1$，$\dfrac{\lambda_2}{\lambda_3} = x_1$ であるから，

$$y_1^2 = x_1^3 + Ax_1 + B$$

である.

したがって我々の有理点 $Q = (x_1, y_1)$ は曲線 E 上にあり,こうして命題の証明,モーデル・ヴェイユの弱定理の証明,そしてモーデルの定理の証明が終わった. □

20.9 有限体上の方程式；曲線のゼータ関数と L 関数

現在非常に活発な楕円曲線の研究について語るためには,これらの曲線のζ関数と L 関数を導入しなければならない.その理論と実例についてのより広範な議論を知るには Ireland and Rosen [Ire-Ros] および Koblitz [Kob 2] を参照せよ.

再び $A, B \in \mathbf{Z}$ で判別式 $D = -4A^3 - 27B^2 \neq 0$ であるような標準形の楕円曲線
$$E : y^2 = x^3 + Ax + B$$
を調べることにする.各素数 p に対して,E に合同式
$$y^2 \equiv x^3 + Ax + B \pmod{p}$$
を対応させると,これはまた有限体 $\mathbf{F_p} = \mathbf{Z}/p\mathbf{Z}$ 上の曲線
$$E_p : y^2 = x^3 + A_p x + B_p$$
の方程式とみなすことができる.ただし $A_p = A \pmod{p}$, $B_p = B \pmod{p}$, $0 \leq A_p, B_p \leq p - 1$ である.

$p \nmid D$ かつ $\mathbf{F}_p$ に座標をもつ点が曲線上に少なくとも1つあるとき,E_p を $\mathbf{F}_p$ 上の**楕円曲線**と呼ぶ.E_p はまた p を法とする E の簡約とも呼ばれる.($p | D$ のときは,p を法とする曲線がひどく退化してしまう可能性がある.)

$E_p(\mathbf{F}_{p^m})$ を $\mathbf{F}_{p^m}$ ($\mathbf{F}_p$ を含み p^m 個の元をもつ唯一の体) に座標をもつ E_p 上の点の集合とし,
$$N_{p^m} = |E_p(\mathbf{F}_{p^m})|$$
と置く.E_p のゼータ関数は
$$Z(E_p, u) = \exp\left(\sum_{m=1}^{\infty} N_{p^m} \frac{u^m}{m!}\right)$$

で定義される．ある整数 a_p が存在して

$$(E_p, u) = \frac{1 - a_p u + p u^2}{(1-u)(1-pu)} \tag{1}$$

となることが示される．ハッセは

$$\left(1 - a_p u + p u^2\right) = (1 - \lambda u)(1 - \overline{\lambda} u)$$

($\overline{\lambda}$ は λ の共役複素数であり，したがって $\lambda \overline{\lambda} = p$ かつ $a_p = \lambda + \overline{\lambda}$ である）で，

$$|\lambda| = |\overline{\lambda}| = \sqrt{p}$$

となることを証明した．

この後者の結果は，「有限体上の楕円曲線に対するリーマン予想」として知られているものである．

式 (1) で $u = p^{-s}$ と置くと，s の関数としてのゼータ関数，すなわち

$$\zeta(E_p, s) = \frac{1 - a_p p^{-s} + p^{1-2s}}{(1 - p^{-s})(1 - p^{1-s})}$$

が得られる．このゼータ関数は，有限体 $\mathbf{F}_{p^m}$ 上の曲線 E の点についての情報を 1 つの関数へと暗号化する方法である．これは古典的なリーマン・ゼータ関数（3.3 節）や代数的数体のゼータ関数（15.4 節）からの類推として導入されたものである．

ゼータ関数を用いて情報を暗号化してから解析の手法を適用することは，オイラーに始まり長い歴史をもっている．詳しくは [Ell, W-Ell, F] および第 3 章を見よ．

便利のため，$p | D$ のとき

$$\zeta(E_p, s) = \frac{1}{(1 - p^{-s})(1 - p^{1-s})}$$

と定義しよう．すべての p に対して，$\zeta(E_p, s)$ は p における E の局所ゼータ関数と呼ばれる．ここですべての素数に関するすべての情報を組み合わせる．E の大域ゼータ関数（あるいは単に E のゼータ関数）は，すべての局所ゼータ関数の積

$$\zeta(E, s) = \prod_p \zeta(E_p, s)$$

で与えられる．簡単な操作により，

$$\zeta(E,s) = \frac{\zeta(s)\zeta(s-1)}{L(E,s)}$$

となることが示される．ここで$\zeta(s)$は古典的なリーマン・ゼータ関数で，

$$L(E,s) = \prod_{p|D} \frac{1}{(1-a_p p^{-s} + p^{1-2s})}$$

はEのL関数である．

ハッセの結果により，$L(E,s)$は複素変数sの関数として，$Re(s) > \frac{3}{2}$のときに収束することが示される．ハッセは$\zeta(E,s)$が，（したがって$L(E,s)$も）有理形関数として$\mathbf{C}$全体に解析接続されると予想した．ヴェイユ，ドイリング，志村の仕事により，このことは「虚数乗法」(次節で定義される) をもつ曲線や，その他の特殊な場合に成り立つことが知られている．

$y^2 = x^3 - ax$の形の曲線に対する広範囲にわたるコンピュータの研究といくつかの発見的議論 ([Kob 2; p.91] を見よ) を組み合わせることで，バーチ (Birch) とスウィンナートン=ダイアー (Swinnerton–Dyer) はいくつかの予想を立て，この主題におけるその後の研究の大きな部分を導くこととなった．ここでは彼らの主要な予想を，Lが$\mathbf{C}$へと解析的に接続できるという仮定の下で，弱い形と強い形で述べる．そうすれば$s=1$におけるLの解析的な振る舞いについて語ることができるからである．

バーチ・スウィンナートン=ダイアー弱予想　Eを$\mathbf{Q}$上で定義された楕円曲線とするとき，

$$L(E,1) = 0 \iff E \text{が無限に多くの有理点をもつ}$$

Eの**階数**とは$E(\mathbf{Q})$の自由生成元の個数であることを思い出そう．

バーチ・スウィンナートン=ダイアー強予想　rank $(E) = L(E,s)$の$s=1$における零点の位数である．

これは驚くべき予想である．何らかの方法で局所的情報 (有限体上の点の個数) を知れば，大域的情報 (有理点の構造) が決まるというのである．これは

9.7 節で議論したハッセの原理ととてもよく似ている．それは p^n を法とする方程式の解が $\mathbf{Q}$ 上の解を定めるというものであった．

我々はこれまで有限体上の方程式を，有理点を調べるという文脈においてのみ議論してきた．しかし有限体上の方程式における点の個数を調べること，とくにいわゆる"ヴェイユ予想"は，20 世紀の数論における主要なテーマであり続けた．ここでこれらのアイデアに関する体系的な議論を提示することはしない．Ireland and Rosen [Ire-Ros] の解説を上回ることは難しいと思われるからである．Silverman and Tate [Sil-Tat] および Chahal [Cha] によるもっと限定的な取扱いもまたお薦めである．これらの話題を知ることは，過去 50 年間における数論と代数幾何学の最も重要な仕事のいくつかを理解するのに不可欠なものである．

20.10 虚数乗法

楕円曲線上の有理点に関する我々の主要な知識は，「虚数乗法」をもつ曲線に対するものである．格子上で定義されたワイエルシュトラスの $\wp$ 関数による楕円曲線のパラメータ化（19.7 節）を思い出そう．それぞれの楕円曲線 E は，群 $E(\mathbf{C})$ が $\mathbf{C}/L$ と同型となるような格子 L を定める．

さて，自己準同型 End $(\mathbf{C}/L)$，すなわち $\mathbf{C}/L$ から $\mathbf{C}/L$ への準同型写像を考えよう．群の同型

$$\text{End } (\mathbf{C}/L) \cong \{\alpha \in \mathbf{C} \mid \alpha L \in L\}$$

を示すのは容易である．すなわち，自己準同型は複素数を掛けること（幾何学的には格子の回転と拡大・縮小）によって与えられるということである．明らかに，いつでも $\mathbf{Z} \subseteq \text{End } (\mathbf{C}/L)$ は成り立つ．重要な疑問は，これより他に自己準同型があるかどうかである．

定義 End $(\mathbf{C}/L) \neq \mathbf{Z}$ であるとき，楕円曲線 $E = \mathbf{C}/L$ は**虚数乗法**をもつ，あるいは **CM 曲線**であると言う．

したがって CM 曲線には，（実数でない）複素数を掛けることで与えられる自己準同型が少なくとも 1 つは存在する．これはとても強い対称条件である．

すなわち L は，回転や拡大・縮小を行い，なおも自分自身の中に収まるようにできるというのである．

1977年にコーツとワイルズが，バーチ・スウィンナートン=ダイアー弱予想の半分，すなわち E が $\mathbf{Q}$ 上の CM 楕円曲線ならば，

$$E(\mathbf{Q}) \text{ が無限集合} \implies L(E,1) = 0$$

となることを証明した．

虚数乗法は，レムニスケートの弧を2倍にすることに関するオイラー・ファニャーノの仕事 (19.9節および [Sie 1] を参照) にまでさかのぼる．またこれは代数的整数論の発展にも深く関係している．19世紀の後半，クロネッカーとウェーバー (Weber) は次の定理を証明した．

クロネッカー・ウェーバーの定理 $\mathbf{Q}$ のすべての有限アーベル拡大 (すなわち可換なガロア群をもつ拡大) は，円分体 $\mathbf{Q}(\zeta)$ の部分体である．ただし $\zeta = e^{2\pi i/m}$ は，ある正の整数 m に対する1の m 次原始根である．

14.4節で我々は，これを二次体 $Q(\sqrt{\pm p})$ (p は素数) に対して証明した．定理全体の証明は [Gol, L 2] を見よ．

クロネッカーは，任意の代数的数体 K に対して ($\mathbf{Q}$ に対する $e^{2\pi i/z}$ のような) 解析関数を見つけ，これらの関数の特殊な値を K に付け加えることで K のすべてのアーベル拡大を生成するという問題を提起した．

この問題を解決することはクロネッカーの 'Jugendtraum' (若き日の夢) であり，ヒルベルトの有名な問題リスト [Hil] の12番目となった．K が虚2次体である場合には，この問題は特殊楕円関数を用いたクロネッカー，ウェーバー，高木，ハッセの仕事 (後の2つは20世紀) により解決された．虚数乗法はこの仕事に対して中心的な役割を果たしている．一般的問題に対するより進んだ最新情報については [Shi] を，より初等的な議論については Silverman and Tate [Sil -Tat; chap. 6] を，またクロネッカーの生涯の概略については Edwards [Edw 3] を参照せよ．

こうして楕円曲線の虚数乗法は，虚2次体の構造と密接な関係があることがわかった．これは最近，2次体の類構造に対する効果的な方法に関する Goldfeld と Gross-Zagier の仕事によって強化された (これらの結果の概説に

ついては Goldfeld [Gol, D] を見よ）.

　本章の多くの話題に関する，より進んだレベルでの広範囲で深い解説については，Cassels [Cas 2] を見よ．

第 21 章

無理数と超越数，ディオファントス近似

本章のタイトルにある3つの話題はとても密接に結びついているので，それらの発展をたどるには全部を一緒に扱わなくてはならない．

21.1 初期の歴史

複素数 α が**無理数**であるというのは有理数でないときであり，**代数的**であるというのは整数係数の代数方程式の根になるときであり（このとき α の**次数**とは，α が満たす既約な方程式の次数のことである），そして**超越的**であるというのは代数的でないときであることを思い出そう．

この主題について知られているもっとも古い結果は，ピタゴラス学派によるものである（紀元前500年ごろ）．ピタゴラス学派の思想は，万物は数であり，自然は自然数とその比で説明されるという考えに基づいて建設された．そのため，プラトンによれば，彼らが正方形の対角線の長さと辺の長さの比が無理数であること，すなわち $\sqrt{2}$ が無理数であることを発見したことは，ピタゴラス学派の最も根本的な信念を破壊し，ギリシャの数学界を驚愕させたのである．

ここで $\sqrt{2}$ が無理数であることの証明を2つ与えよう．$\sqrt{2}$ が有理数であったとしたら，$\sqrt{2} = \frac{a}{b}, (a,b) = 1$ と書くことができる．よって，$\sqrt{2}$ が無理数であることは，$a^2 = 2b^2$ が互いに素な整数解をもたないと言うことと同値である．

1) （実質的には最初の証明と考えられるが，ギリシャの幾何学的な言葉というよりは代数的記法によって示す．）

$$a^2 = 2b^2 \implies a^2 \text{は偶数} \implies a \text{も偶数，よって} a = 2c \text{と置ける}$$

$$\implies (2c)^2 = 2b^2 \implies b^2 = 2c^2 \implies b \text{ も偶数}$$

となり，これは $(a,b) = 1$ と言う仮定に矛盾する．

2) $a^2 = 2b^2$ ならば，a^2 は偶数個の素因数をもつが $2b^2$ は奇数個の素因数をもつことになり，$\mathbf{Z}$ における一意分解性に反する．

演習 m, n が正の整数で，n がある整数の m 乗でなければ，$\sqrt[m]{n}$ は無理数である．

プラトンは彼の著作『テアイテトス』において，彼の師であるテオドロス（紀元前 400 年ごろ）が，$\sqrt{3}, \sqrt{5}, \cdots, \sqrt{17}$ （$\sqrt{4}, \sqrt{9}, \sqrt{16}$ を除く）が無理数であることを証明したと述べている．テオドロスがどのような方法で証明した可能性があるかという議論については [Har-Wri] を見よ．

定数 π は遠い昔に考え出されたものであるが，その超越性についての疑問は間接的に（ギリシャ時代の見方ではなく，現代の我々の観点では）円積問題から起こった．実際には，円と同じ面積をもつ正方形が作図できないことを示すには「π が作図可能でないこと」，すなわち 2 の累乗を次数とする $\mathbf{Q}$ の拡大体の元でないことを示すだけでよい（14.2 節および [Gol, L] を参照）．しかしながら，π が作図可能でないことの証明として知られているのは，π が超越数であるということの系として導く方法だけなのである．

さて，無理数と超越数の研究においてここから少しでも先へ進むためには，2000 年以上の時を飛び越えなければならない．

21.2 オイラーからディリクレまで

最初の真の進歩はオイラーによってもたらされたものである．

数 e は，ネイピアによって導入された対数の理論に由来する（1614 年ごろ）が，オイラーは $e^{ix} = \cos x + i \sin x$ となることを示し，そこからさらに $e^{\pi i} = -1$ という式が生み出された．それ以来，e と π の研究は密接に関連づけられてきた．実際，π が無理数であることおよび超越数であることの証明は，本質的には e に対する証明を一般化したものである．

1737 年にオイラーは，e が無理数であることを証明した．これを示すため

に，テイラー展開 $e = \sum_0^\infty \frac{1}{k!}$ を扱うことにしよう．この級数の剰余項，すなわち

$$e - \sum_0^n \frac{1}{k!} \tag{1}$$

を考え，e が有理数 $e = \frac{a}{b}$, $b > 0$ であると仮定する．ここで b が $n!$ の約数となるような $n \geq b$ を選び，式 (1) に $n!$ を掛けると，ある整数 α となる．しかし

$$0 < \alpha = n!\left(e - \sum_0^n \frac{1}{k!}\right) = \frac{1}{n+1} + \frac{1}{(n+1)(n+2)} + \cdots$$
$$< \frac{1}{(n+1)} + \frac{1}{(n+1)^2} + \frac{1}{(n+1)^3} + \cdots$$
$$= \frac{1}{n} < 1$$

すなわち，α は $0 < \alpha < 1$ を満たす整数ということになり，矛盾であるから，したがって e は無理数である． □

オイラーはさらに，e と π が超越数であると予想した．

1748 年の著作『無限解析入門 (*Introductio in Analysin Infinitorum*)』[Eul 3] の中で，オイラーは $a, b \in \mathbf{Q}$ に対し，b が a の有理数乗でなければ $\log_a b$ は超越数であると予想しているが，このことが証明されたのはようやく 20 世紀になってからのことである．

次はランベルト（〜1770 年）の番である．彼は $x \in \mathbf{Q}$, $x \neq 0$ のとき e^x と $\tan x$ が無理数であることを証明した．$\tan \frac{\pi}{4} = 1$ であるから，このことの系として $\frac{\pi}{4}$ が，したがって π が無理数であることが得られる．e^x に関する証明については [Sie 3] や [Har-Wri] を，また $\tan x$ に関しては [Sie 4] やランベルトの論文の英訳 [Str] を見よ．

オイラーとランベルトから 19 世紀まで，e および有理数による無理数の近似（**ディオファントス近似**）を研究するための主たる手法は連分数であった．これを論じる前に，2 つのとても一般的だが初等的な結果を示そう．

有理数は実数の中で稠密であるから，どんな無理数も有理数によって，いくらでも近く近似できる．このような近似に関する自明でない問いかけをするに

は，分母の関数を近似の尺度として用いる．すなわち，何らかの $f(q)$ と実数 α に対し，

$$\left|\alpha - \frac{p}{q}\right| < f(q) \text{ または } \left|\alpha - \frac{p}{q}\right| > f(q)$$

あるいは $<, >$ の代わりに $\leq, \geq$ としたものの解を求めようとするのである．結果を述べるのに便利なように，特に述べない限り，q はつねに正の整数であると仮定しよう．

定理 $\alpha \in \mathbf{R}$ ならば，

$$\left|\alpha - \frac{p}{q}\right| \leq \frac{1}{q}$$

には無限個の異なる解が存在する．

〔証明〕 $\left|\alpha - \dfrac{p}{q}\right| \leq \dfrac{1}{q}$ は $|q\alpha - p| \leq 1$ と同値である．$\alpha \notin \mathbf{Z}$ ならば，$q\alpha$ が整数にならないような $q \in \mathbf{Z}$ は無限に多く存在する．このような q のそれぞれに対して，p を $q\alpha$ に最も近い整数（$q\alpha = n + \dfrac{1}{2}, n \in \mathbf{Z}$ のときは n を選ぶ）とおけば，$\alpha - \dfrac{p}{q} \neq 0, \left|\alpha - \dfrac{p}{q}\right| \leq \dfrac{1}{q}$ であり，これらの不等式により，無限個の異なる解が存在することがわかる．$\alpha = n \in \mathbf{Z}$ のときは，それぞれの q に対して $\dfrac{p}{q} = n - \dfrac{1}{q} = \dfrac{nq - 1}{q}$ とすればよい． □

我々は異なる型の数（有理数，無理数，代数的数，超越数）を区別できることを望む．第 2 の結果はこのような方向への一歩である．

$\alpha \in \mathbf{Q}, \alpha = \dfrac{a}{b}, (a,b) = 1, b > 0$ とする．$\dfrac{a}{b} \neq \dfrac{p}{q}$（つまり $aq - pb \neq 0$）ならば，

$$\left|\frac{a}{b} - \frac{p}{q}\right| = \left|\frac{aq - pb}{bq}\right| \geq \frac{1}{bq}$$

となり，次の定理を得る．

定理 $\alpha \in \mathbf{Q}$ ならば，α のみに依存する正の有理数 $c(\alpha)$ が存在して，すべての有理数 $\dfrac{p}{q} \neq \alpha$ に対して

$$\left|\alpha - \frac{p}{q}\right| \geq \frac{c(\alpha)}{q}$$

を満たす.

$c(\alpha)$ とは単に $\frac{1}{b}$ であることに注意しよう.我々が単に $\frac{1}{b}$ と書く代わりに $c(\alpha)$ のような策をもちだすのは,この結果を一般化へと導くためである.

したがって有理数 α に対して,α との差が $\frac{1}{q}$ 以内であるような有理数の近似 $\frac{p}{q}$ は無限に多く見つけることができる.しかし決して精度を $\frac{c(\alpha)}{q}$ よりもよくすることはできない.つまり有理数を他の有理数で近似するときの精度には限界があるのである.

しかし無理数 α に対しては,もっと精度をよくすることができる.4.7 節で連分数を用いることにより,次の定理を証明したことを思い出そう.

ラグランジュの定理 α が無理数であるとき,

$$\left| \alpha - \frac{p}{q} \right| < \frac{1}{q^2}$$

には無限に多くの解が存在する.

また証明なしに,次のフルヴィッツの定理も述べた.

無理数 α のそれぞれに対して,

$$\left| \alpha - \frac{p}{q} \right| < \frac{1}{\sqrt{5}q^2}$$

は無限に多くの解をもち,また定数 $\frac{1}{\sqrt{5}}$ は,すべての無理数に対して定理が真となるための最良の定数である.

ラグランジュの定理のもうひとつの証明を示そう.これはディリクレによるもので,次のような原理に基づいている.

ディリクレの箱入れ原理 $n+1$ 個のものが n 個の箱に入れられるとき,2 個以上のものが入る箱が存在する.

この原理は,**鳩の巣原理**という名でも知られているが,ディオファントス近似や他の多くの分野の数学において,たくさんの結果を導くものである.

〔ラグランジュの定理の証明〕 $(x) = x - [x]$ を x の小数部分とすると，$0 \le (x) < 1$ である．Q を正の整数とし，$[0, 1]$ 区間を Q 個の部分区間 $\left[\dfrac{s}{Q}, \dfrac{s+1}{Q}\right]$, $s = 0, 1, \cdots, Q-1$ に分解する．

$α$ は無理数であるから，$Q+1$ 個の数 $0, (α), (2α), \cdots (Qα)$ はすべて異なり，$0 < (nα) < 1$ である．したがって箱入れ原理により，それらのうちの2つ，たとえば $(q_1α), (q_2α)$ は同じ部分区間に入り，その絶対値の差は $< \dfrac{1}{Q}$ （$q_i > 0$ に対して $(q_iα)$ は端点にはならない）となる．すると

$$|(q_2α) - (q_1α)| < \frac{1}{Q}$$

あるいは

$$|(q_2 - q_1)α - ([q_2α] - [q_1α])| < \frac{1}{Q}$$

となる．$q = q_2 - q_1$ および $p = [q_2α] - [q_1α]$ と置くと，$|qα - p| < \dfrac{1}{Q}$ あるいは $\left|α - \dfrac{p}{q}\right| < \dfrac{1}{qQ}$ である．一般性を失わず，$q_2 > q_1$ と仮定すると，$0 < q_1, q_2 < Q$ であることから $0 < q < Q$ である．したがって，

$$\left|α - \frac{p}{q}\right| < \frac{1}{qQ} < \frac{1}{q^2}$$

となる．このようにして，それぞれの Q に対して，$\left|α - \dfrac{p}{q}\right| < \dfrac{1}{qQ} < \dfrac{1}{q^2}$ は解をもつ．

さて，$\left|α - \dfrac{p}{q}\right| < \dfrac{1}{q^2}$ が有限個の解 $\dfrac{p_1}{q_1}, \cdots, \dfrac{p_k}{q_k}$ しかもたないと仮定すると，集合 $\left\{\left|α - \dfrac{p_i}{q_i}\right|\right\}$ は0から一定以上離れている．すなわち，正の整数 Q' が存在して

$$\left|α - \frac{p_i}{q_i}\right| > \frac{1}{Q'} \tag{2}$$

を満たす．

この Q' に対しても p, q が存在し，$\left|\alpha - \dfrac{p}{q}\right| < \dfrac{1}{qQ'} < \dfrac{1}{q^2}$ を満たす．すなわち $\dfrac{p}{q}$ は解である．しかし $\dfrac{1}{qQ'} < \dfrac{1}{Q'}$ だから $\left|\alpha - \dfrac{p}{q}\right| < \dfrac{1}{Q'}$ となり，式 (2) に矛盾する．よって解は無限に多く存在する． □

22.6 節で，ラグランジュの定理のさらにもうひとつの証明を，幾何学的アイデアに基づいて提示する．

21.3 リウヴィルからヒルベルトへ；超越数論の始まり

1844 年にリウヴィルは，任意の代数的数が近似される精度に限界があることを証明し，ディオファントス近似と超越数の間の関連を初めて立証した．

リウヴィルの定理 α が次数 $n \geq 2$ の代数的数ならば，α のみに依存する $c(\alpha) > 0$ が存在し，すべての $\dfrac{p}{q} \in \mathbf{Q}$ に対して

$$\left|\alpha - \frac{p}{q}\right| > \frac{c(\alpha)}{q^n}$$

が成り立つ．

〔証明〕 $f(x) = a_0 + a_1 x + \cdots + a_n x^n, a_i \in \mathbf{Z}$ を，α に対する既約な方程式とする．f を一意的にするため，$a_n > 0$ かつ $\gcd(a_0, \cdots, a_n) = 1$ と仮定する．

f が既約であることから，すべての $\dfrac{p}{q} \in \mathbf{Q}$ に対して $f\left(\dfrac{p}{q}\right) \neq 0$ である．さらに，$a_n p^n + a_{n-1} p^{n-1} q + \cdots + a_0 q^n$ は 0 でない整数だから，

$$\left|q^n f\left(\frac{p}{q}\right)\right| = \left|a_n p^n + a_{n-1} p^{n-1} q + \cdots + a_0 q^n\right| \geq 1$$

となる．よって，

$$\left|f\left(\frac{p}{q}\right)\right| \geq \frac{1}{q^n} \tag{1}$$

である．平均値の定理と $f(\alpha) = 0$ という我々の仮定により，$\dfrac{p}{q}$ と α の間の数 ξ が存在して

$$\left|f\left(\frac{p}{q}\right)\right| = \left|f\left(\frac{p}{q}\right) - f(\alpha)\right| = \left|\left(\alpha - \frac{p}{q}\right)f'(\xi)\right|$$

が成り立つ．また，$\alpha - 1 < \dfrac{p}{q} < \alpha + 1$ と仮定してよい．それ以外の場合は $\left|\alpha - \dfrac{p}{q}\right| > 1$ となり，定理が成り立つからである．

α によって $f(x)$ は一意的に定まるので，閉区間 $[\alpha - 1, \alpha + 1]$ 上で $|f'(\xi)|$ は α のある関数で押さえられる．それを $|f'(\xi)| < d(\alpha)$ で表すことにしよう．すると

$$\left|f\left(\frac{p}{q}\right)\right| < d(\alpha)\left|\alpha - \frac{p}{q}\right|$$

となるから

$$\begin{aligned}\left|\alpha - \frac{p}{q}\right| &> \frac{1}{d(\alpha)}\left|f\left(\frac{p}{q}\right)\right| \\ &> \frac{1}{d(\alpha)} \cdot \frac{1}{q^n} \quad \text{(式(1)による)} \\ &= \frac{c(\alpha)}{q^n}\end{aligned}$$

が得られる．ここで $c(\alpha) = \dfrac{1}{d(\alpha)}$ である． □

この定理のおかげでリウヴィルは，どんな次数の代数的数にもなりえないぐらいよく近似される数を構成することにより，超越数の存在を証明した最初の人となった．

相異なる有理数列 $\dfrac{p_1}{q_1}, \dfrac{p_2}{q_2}, \cdots$ が存在して，ある定数 K に対して

$$\left|\alpha - \frac{p_r}{q_r}\right| < \frac{K}{q_r^r}$$

が成り立つとき，α を**リウヴィル数**と呼ぶ．

q は無限に多く必要であることに注意しよう．なぜなら，ある q がこの数列の中に無限回現れたとすると，対応する p が無限個あることになるが，すると有理数 $\dfrac{p_r}{q_r}$ はいくらでも大きくなりうることになり，不等式を満たさなくなってしまうからである．

21.3 リウヴィルからヒルベルトへ；超越数論の始まり

リウヴィル数 α が n 次の代数的数であるとすると，リウヴィルの定理により $c(\alpha) > 0$ が存在して

$$\frac{c(\alpha)}{q_r^n} < \left|\alpha - \frac{p_r}{q_r}\right|$$

が成り立ち，すべての q_r に対して

$$\frac{c(\alpha)}{q_r^n} < \frac{K}{q_r^r}$$

となる．$r > n$ に対しては，これは

$$\frac{c(\alpha)}{K} < \frac{1}{q_r^{r-n}}$$

を意味するが，q_r は無限個存在することから，いくらでも大きい q_r が存在し，下限 $\frac{c(\alpha)}{K}$ に矛盾する．したがって以下の定理を得る．

定理 すべてのリウヴィル数は超越数である．

例

$$\alpha = \sum_{k=1}^{\infty} \frac{1}{10^{k!}} = .110001000\cdots$$

と置き，

$$\frac{p_r}{q_r} = \sum_{k=1}^{r} \frac{1}{10^{k!}} = \frac{p_r}{10^{r!}}$$

とすると，

$$\left|\alpha - \frac{p_r}{q_r}\right| = \sum_{k=r+1}^{\infty} \frac{1}{10^{k!}}$$

$$= \frac{1}{10^{(r+1)!}} \left(1 + \frac{1}{10^{r+2}} + \cdots\right)$$

$$< \frac{2}{10^{(r+1)!}} = \frac{2}{10^{(r+1)r!}}$$

$$< \frac{2}{(10^{r!})^r} = \frac{2}{q_r^r}$$

となり，すなわち α はリウヴィル数である．よって α は超越数であり，**超越数は存在する**というリウヴィルの重要な結果が得られる．

この構成法を変化させて，超越数が無限に多く存在することを示すのはたやすい（たとえば，10をどんな正の整数に置き換えてもよい）．級数の項が非常に速く0に収束することを確かめさえすればよいのである．

この結果が超越数論の幕開けとなった．超越数論は数学の中でも最も難しい分野のひとつであり，また代数的整数論およびディオファントス方程式と強い関連性をもっている．

リウヴィルの結果からいくつかの疑問が湧いてくる．

1) ほとんどの数が超越数か？
2) すべての超越数がリウヴィル数か？
3) π や e のような「興味深い」数や，古典的関数（たとえば e^x や $\log_e x$）の x が有理数であるときの値は超越数か？

答えが得られたのは長い年月が経ってからのことである．

1) リウヴィルの論文から30年後，カントール(Cantor)(1874年)が「ほとんどの」数が超越数であることを証明した．ここでカントールの手法を簡潔に振り返ってみよう．

カントールが無限基数の概念とそれらの比較方法を導入したことを思い起こそう．カントールは複素数の集合 $\mathbf{C}$ が非可算であることを証明した．さらに彼は，整数係数の1変数多項式の集合（すなわち，すべての n に対する n 組の整数の集合）が可算であることを示した．このような多項式の1つひとつが有限個の根をもち，これらの根の集合が代数的数の集合 Ω となる．よって《代数的数は可算である》．したがって，$\mathbf{C} - \Omega$，《超越数の集合は非可算である》．より詳しくは Birkhoff and MacLane [Bir-Mac] を見よ．

2) そうではない！ 実際，1932年にマーラー(Mahler)は，どれぐらいよく近似されるかによる超越数の分類を提案した．これは大変テクニカルで難しい話題なので，議論しないことにする（[Lev, Vol. 2] を見よ）．

3) に関しては，1873年に e が超越数であることをエルミート [Her, C] が証明するまで，「興味深い数」については何もわからなかった．1882年に，リンデマン(Lindemanm)は π が超越数であることを証明し [Lin]，したがってその

21.3 リウヴィルからヒルベルトへ；超越数論の始まり   483

系として，コンパスと直線定規のみを用いて円を正方形に等積変形することはできないことを証明した（14.2 節および [Gol, L] を見よ）．実際には彼は，以下のようなより一般的な結果を証明した．

リンデマンの定理　$\alpha_1, \cdots, \alpha_n$ が代数的数で，a が整数であれば，

$$a + \sum e^{\alpha_i} \neq 0$$

である．

系　π は超越数である．

〔証明〕 π が代数的数であるとすると，代数的数の積も代数的数であることから，$i\pi$ は代数的数である．しかしそうすると $e^{i\pi} + 1 = 0$ はリンデマンの定理において $n = 1$, $a = 1$, $\alpha_1 = i\pi$ としたものに矛盾する． □

リンデマンの定理から，曲線 $y = e^x$ は，点 $(0, 1)$ を除いて，両方の座標が代数的数であるような点をもたないことがわかる [Kle 3]．

3 年後，ワイエルシュトラスはリンデマンの定理を一般化した．

ワイエルシュトラスの定理　$\alpha_1, \cdots, \alpha_n$ が相異なる代数的数で，$A_1, \cdots, A_n$ が相異なる 0 でない代数的数ならば，

$$\sum A_i e^{\alpha_i} \neq 0$$

すなわち，e^{α_i} は代数的数体上で線形独立である．

いずれわかるように，このような線形独立の結果からは大変多くのことが得られる．

長年にわたって数学者たちはこれらの結果について研究し，これらを簡単にしたり，別証明を見出したりしようとした．ここでは e が超越数であることのヒルベルトによる証明 [Hil] を，フェリックス・クラインの解説 [Kle 3] に従って述べよう．

定理　e は超越数である．

〔証明〕 e が代数的数であるとすると，すべてが 0 ではない $a_1, \cdots, a_n \in \mathbf{Z}$ が存在して，

$$a_0 + a_1 e + \cdots + a_n e^n = 0 \tag{2}$$

を満たすようにできる.

証明のアイデアは,整数 d, I_k と大変小さい実数 $\delta_k, k = 0, \cdots, n$ ($k \neq 0$ に対して $\delta_k \neq 0$) を見つけて $de^k = I_k + \delta_k$ を満たすようにできることを示すことである.すると等式 (2) に d を掛け,de^k を置き換えることにより,

$$(a_0 I_0 + a_1 I_1 + \cdots + a_n I_n) + (a_1 \delta_1 + \cdots + a_n \delta_n) = 0 \tag{3}$$

$$\| \qquad\qquad\qquad \|$$
$$P_1 \qquad\qquad\qquad P_2$$

を得る.さらに I_k や δ_k,d を $0 \neq P_1 \in \mathbf{Z}$ かつ $0 < P_2 < 1$ となるように選ぶことができることを示し,式 (3) に反することになる.

これを実現するためにヒルベルトは,エルミートの証明に動機づけられ,積分

$$J = \int_0^\infty z^p [(z-1)(z-2) \cdots (z-n)]^{p+1} e^{-z} dz$$

を導入した.ここで整数 p はのちに選ぶことになる.被積分関数を $\boldsymbol{g(z)}$ で表す.先の d は $\dfrac{J}{p!}$ となる.

式 (2) に J を掛け,積分区間を分割したのち $p!$ で割ると,

$$\left(a_0 \int_0^\infty \frac{g(z)}{p!} dz + a_1 e \int_1^\infty \frac{g(z)}{p!} dz + \cdots + a_n e^n \int_n^\infty \frac{g(z)}{p!} dz \right)$$
$$+ \left(a_1 e \int_0^1 \frac{g(z)}{p!} dz + \cdots + a_n e^n \int_0^n \frac{g(z)}{p!} dz \right) = 0$$

が得られる.先の P_1 は第一の括弧の中の式であり,P_2 は第二の括弧の中の式である.

ここでヒルベルトは p を,$0 \neq P_1 \in \mathbf{Z}$ かつ $0 < P_2 < 1$ を満たすように選ぶ.そのために,$t = $ 整数 p のときにはガンマ関数 $\Gamma(t)$ の値が

$$\Gamma(p) = \int_0^\infty z^p e^{-z} dz = p! \tag{4}$$

となることを思い出そう.

$k > 0$ に対して, $e^k \int_k^\infty g(z)dz$ において置換 $z = z' + k$ を行うと,

$$e^k \int_0^\infty (z'+k)^p [(z'+k-1)(z'+k-2)\cdots(z'+k-n)]^{p+1} e^{-z'-k} dz'$$

$$= \int_0^\infty (z'+k)^p [\underbrace{(z'+k-1)\cdots(z'+k-k)}_{z'}\cdots(z'+k-n)]^{p+1} e^{-z'} dz'$$

$$= \int_0^\infty (z' \text{ の } p+1 \text{ より大きいべきの和}) \, e^{-z'} dz'$$

となる. 式 (4) により, 各項の積分は $= cr!$ となる. ただし $c \in \mathbf{Z}$ で $r \geq p+1$ である. したがって積分全体は $(p+1)!$ で割り切れる整数となる.

同様に J を評価すると, 被積分関数における z の最小のべきから $((-1)^n n!)^{p+1} p!$ という項が得られ, その他すべての項は $p+1$ で割り切れる整数である. よって P_1 は整数であり, $P_1 \equiv \pm a_0 (n!)^{p+1} \pmod{p+1}$ となる.

p を, たとえば a_0 と n の両方より大きい素数で, $P_1 \not\equiv 0 \pmod{p+1}$ となるように, したがって $P_1 \neq 0$ となるように選ぶことができる.

ここで積分の平均値の定理を適用すると, P_2 の k 番目の積分は, $0 \leq c_k \leq k$ を満たすある定数 c_k によって, c_k^p で置き換えることができて,

$$a_k e^k \int_0^k \frac{g(z)}{p!} dz = \frac{a_k e^k c_k^p}{p!} \leq \frac{a_k e^k k^p}{p!}$$

を得る. これは p を十分大きく (p に対する先の制限に合うように) 選べば, いくらでも小さくすることができる. 以上で証明できた. □

これまで代数的数の近似と超越数の構成に関するリウヴィルの定理, 超越数が非可算であることのカントールによる証明, そして e が超越数であることのヒルベルトによる証明を見てきた.

1900 年にヒルベルトは, パリで行われた世界数学者会議 (ICM) において, 今では有名となった未解決問題のリストを提示した [Hil 3]. これらの問題は 20 世紀の数学に多大な発展をもたらした. ヒルベルトは彼の第 7 問題を次のように述べている.

「7. 種々の数の無理数性と超越性

指数関数に関するエルミートの算術的定理とリンデマンによるそれらの拡張が，あらゆる世代の数学者の称賛の的であることは間違いない．したがって，今入ったこの道をさらに突き進むという仕事が，直ちに姿を現すのである．ちょうどフルヴィッツが2つの興味深い論文『*Über arithmetische Eigenschaften gewisser transzendenter Funktionen*』においてすでに行ったように[1]．

そこで私は，ここで次に挑戦すべきだと私が思う一連の問題の概略を述べてみたい．解析学において重要な，ある種の特殊な超越関数が，ある代数的数の変数に対して代数的数の値を取るということは，とりわけ注目すべき，徹底した研究に値することであるように思われる．実際，超越関数は一般的に，代数的数の変数に対してさえも超越数の値を取るものと我々は思っている．そして，すべての代数的数の変数に対して代数的数の値を取る重要な超越関数も存在することはよく知られているけれども，それでも我々は，たとえば指数関数 $e^{i\pi z}$ が，すべての有理数の変数 z に対して代数的数の値を取ることが明らかである一方，無理数の変数に対してはつねに超越数の値を取ることはほぼ確実だと考えている．この主張には次のような幾何学的な形を与えることもできる：

《二等辺三角形において，頂点の角に対する底角の比が代数的数ではあるが有理数ではないならば，底辺と別の辺の長さの比はつねに超越数である．》

この主張は簡潔で，またエルミートやリンデマンによって解決された問題と似てはいるけれども，私はこの定理の証明は大変難しいと思う．また次のことを証明するのもまた難しい．

《底 α が代数的数で，指数 β が代数的数かつ無理数のとき，式 α^β，たとえば $2^{\sqrt{2}}$ や $e^\pi = i^{-2i}$ は，つねに超越数であるか，少なくとも無理数である．》

これらの似通った問題を解決することにより，我々にまったく新しい手法や特殊な無理数や超越数の性質に対する新しい洞察がもたらされるこ

---

[1] Math. Annalen, vols. 22, 32 (1883, 1888)

とは間違いない.」[Hil 3]

第二の問題はヒルベルトの α^β 予想として知られるようになったものである.ヒルベルトも注意しているように,この予想の系は,$2^{\sqrt{2}}$ や $e^\pi = (e^{\pi i})^{-i} = (-1)^{-i}$ が超越数であるという事実を含んでいる.

この予想に関する愉快な出来事が,C. レイド (Reid) によるヒルベルトの伝記 [Rei, C] に述べられている.1919 年にカール・ルートヴィヒ・ジーゲルは学生としてゲッチンゲンにやってきたが,彼はいつもヒルベルトによるある講義を記憶していた.その講義でヒルベルトは聴衆に,一見簡単だが実際のところはきわめて難しいような数論における問題の例を与えようとして,リーマン予想やフェルマーの最終定理,そして $2^{\sqrt{2}}$ の超越性のことを話した.ヒルベルトは,最近の進歩を考えれば,リーマン予想の証明は自分が生きているうちに見られるだろうと語った.フェルマーの問題はまったく新しい手法を必要とするので,ひょっとすると聴衆の中の最も若い人たちなら,その問題が解かれるのを生きているうちに見るかもしれない.$2^{\sqrt{2}}$ については,そこにいる誰も,生きているうちに証明を見ないだろうと話した.

ところがヒルベルトの言葉は間違いであった! 約 10 年後にジーゲルは $2^{\sqrt{2}}$ が超越数であることを証明し(出版はしなかった),α^β 予想の解決も間もなく得られた.フェルマーの定理については彼の言ったとおりとなったが,リーマン予想はいまだに解決されていない.

レイドの伝記はヒルベルトと彼と同世代の人々(特にミンコフスキー)の魅力的な人物像とともに,19 世紀から 20 世紀への数学の移り変わりに関する歴史的情報や逸話を与えてくれている.彼女によるヒルベルト学派の一人であったクーラント (Courant) の伝記 [Rei, C 2] もまたお薦めである.

21.4 同時近似;クロネッカーの定理

19 世紀の間には,いくつかの実数を(同じ分母をもつ)有理数で同時に近似することに関する研究も進められた.

箱入れ原理を用いた先の議論をわずかに変えることにより,ディリクレは次のことを証明した(証明は [Har-Wri] を見よ).

定理 $\alpha_1, \cdots, \alpha_k \in \mathbf{R}$ ならば，連立不等式

$$\left|\alpha_i - \frac{p_i}{q}\right| < \frac{1}{q^{1+\frac{1}{k}}}, \quad i = 1, \cdots, k$$

は少なくとも1つの解をもつ．少なくとも1つの α_i が無理数ならば，無限に多くの解が存在する．

これらの不等式は $|q\alpha_i - p_i| < \dfrac{1}{q^{\frac{1}{k}}}$ と同値であるから，次の系が成り立つ．

系 少なくとも1つの α_i が無理数であるような $\alpha_1, \cdots \alpha_k$ と任意の $\epsilon > 0$ が与えられたとき，$q \in \mathbf{Z}$ が存在して，すべての i に対して $q\alpha_i$ が，ある整数と ϵ 以内の差にあるようにすることができる．

クロネッカー [Kro] は，これと似ているが，ずっと深い定理を証明した．初めにその1次元版について，2つの同値な方法で述べる．

定理 i) θ を無理数，α を任意の数，$N > 0, \epsilon > 0$ とすると，整数 $n(> N)$ と p が存在して

$$|n\theta - p - \alpha| < \epsilon$$

を満たすようにできる．

ii) $(x) = x - [x]$ が x の小数部分を表すことを思い出そう．θ が無理数ならば，$\{(n\theta), n = 1, 2, \cdots\}$ は $(0, 1)$ において稠密である．

この定理の1つの系はビリヤード問題，あるいはそれと同値な反射光線の問題で，Konig と Szucs によって解決された．ボールがビリヤード台の縁で跳ね返るとき，入射角は反射角に等しい．

正方形のビリヤード台があるとして，ボールに初めのひと撞きを与えるとする（図1）．するとボールの軌道は閉じた周期的なものになるか，あるいは正方形内で稠密となる（すなわち，正方形のすべての点からいくらでも近いところを通る）かのどちらかである．

台の縁と玉の最初の方向との間の角を θ とするとき，玉の軌道が周期的となるのは $\tan\theta$ が有理数のときであり，またこのときに限る．このことの証明については [Har-Wri] を見よ．

それでは定理の全体を，2つの異なる形式で述べよう．

図1

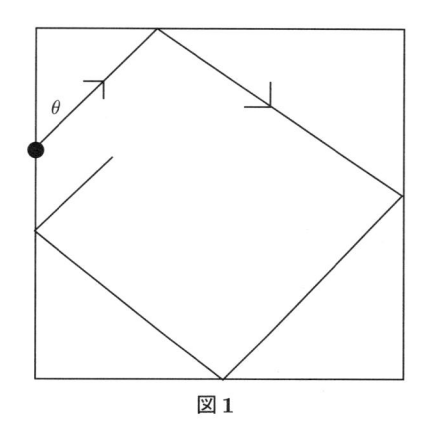

クロネッカーの定理　i)　$1, \theta_1, \cdots, \theta_k$ が $\mathbf{Z}$ 上（$\mathbf{Q}$ 上でも同値）線形独立で，$\alpha_1, \cdots, \alpha_k$ を任意の数，$N > 0, \epsilon > 0$ とするとき，整数 $n (> N)$ および $p_1, \cdots, p_k$ が存在して，すべての i に対して

$$|n\theta_i - p_i - \alpha_i| < \epsilon$$

が成り立つ．

ii)　$1, \theta_1, \cdots, \theta_k$ が $\mathbf{Z}$ 上線形独立ならば，点

$$((n\theta_1), (n\theta_2), \cdots, (n\theta_k)), \quad n = 1, 2, \cdots$$

は，k 次元単位立方体 $(= \{(x_1, \cdots, x_k) \,|\, 0 \leq x_i < 1\})$ において稠密である．

この定理の3つの証明については [Har-Wri] を，またわずかにより一般的な格子論的な定式化については [Sie 5] および [Cas 3] を見よ．

21.5　トゥエ：ディオファントス近似とディオファントス方程式

これで1900年までの主要な仕事について概観したが，20世紀の最初の重要な結果は，アクセル・トゥエ (Axel Thue) によるディオファントス近似とディオファントス方程式の間の関係についての発見であった．

トゥエ (1863–1922) はノルウェーの数学者で，数論と論理学において独創的な貢献をなした．彼は書物をほとんど読まなかったため，多くの再発見をした．彼の論文は厳密に論理的な順序で書かれていて，動機のようなものは書か

なかったため，読みにくいものであった．彼の全集の最初に，トゥエのすばらしい伝記が書かれている [Thue]．

トゥエは任意の次数をもつ2次形式，すなわち2変数の同次多項式

$$\sum_{i=o}^{n} a_i x^{n-i} y^i, \quad a_i \in \mathbf{Z}, \ a_0 \neq 0$$

を研究し，ディオファントス方程式に関する最初の真に一般的な定理を証明した [Thue 2]．その証明法は，定理そのものよりさらにずっと意味のあるものであった．

トゥエの定理　$n \geq 3, a_i \in \mathbf{Z}$ に対して $f(z) = a_n z^n + a_{n-1} z^{n-1} + \cdots + a_0$ と置き，f は $\mathbf{Q}$ 上で既約であると仮定する．

$$F(x,y) = y^n f\left(\frac{x}{y}\right) = a_n x^n + a_{n-1} x^{n-1} y + \cdots + a_0 y^n$$

を，対応する同次既約多項式とする．するとすべての $d \in \mathbf{Z}$ に対して，

$$F(x,y) = d$$

は高々有限個の整数解しかもたない．

〔証明〕　1) $d = 0$ のとき：$y = 0$ ならば $x = 0$ である．$y \neq 0$ のときは $f\left(\dfrac{x}{y}\right) = 0$ であるから $z - \dfrac{x}{y}$ が $f(z)$ の因数となり，既約性に反する．よって $x = y = 0$ がただひとつの解である．

2) $d \neq 0$ のとき：定理が誤りであると仮定する．$y = 0$ のときは，$a_n x^n = d$ となる整数 x は，高々2つしかない．したがって，無限個の解があるとすると，$y \neq 0$ のときに無限個の解があることになる．$y > 0$ に対して無限個の解があると仮定してよい（そうでないときは $F(x, -y)$ について考えればよい．この式も既約である）．

このようなそれぞれの y に対して，(x, y) が解となるような整数 x は最大でも n 個であるから，$y_i > 0, y_i \to \infty$ となるような解の列

$$(x_1, y_1), (x_2, y_2), \cdots$$

がある．つまりいくらでも大きい y をもつ解があることになる．

21.5 トゥエ：ディオファントス近似とディオファントス方程式

さて，
$$f(z) = a_n \prod_{n=1}^{n}(z - \theta_i)$$
と因数分解されるから，
$$F(x,y) = a_n \prod (x - \theta_i y)$$
となる．$F(x,y) = d$ ならば，
$$|a_n| \prod |x - \theta_i y| = |d| \tag{1}$$
を得る．

少なくとも1つの θ，たとえば θ_1 に対して
$$|x - \theta_1 y| \leq \left(\frac{|d|}{|a_n|}\right)^{\frac{1}{n}} = C_1$$
となる．ここで C_1 は y に依存しない数である．また，$j \neq 1$ に対して
$$|x - \theta_j y| = |(\theta_1 - \theta_j)y + (x - \theta_1 y)|$$
$$\geq ||\theta_1 - \theta_j|y - |x - \theta_1 y|| \tag{2}$$
となる．f は既約であるから，f の根は相異なるということに注意しよう．よって $j \neq 1$ に対して $\theta_j \neq \theta_1$ である．$C_2 = \min_{j \neq 1}|\theta_1 - \theta_j| > 0$ と置く．

すると C_2 は $|\theta_1 - \theta_j|$ を下から押さえ，C_1 は $|x - \theta_1 y|$ を上から押さえる．$y > \dfrac{C_1}{C_2}$ に対して，式 (2) より
$$|x - \theta_j y| \geq ||\theta_1 - \theta_j|y - |x - \theta_1 y||$$
$$\geq C_2 y - C_1$$
$$||$$
より小　より大　（すべて正に保ちながら）

またさらに $y > 2\dfrac{C_1}{C_2}$ が必要ならば，$C_2 y - C_1 > \dfrac{1}{2}C_2 y$ であり，よって
$$|x - \theta_j y| > \frac{1}{2}C_2 y$$

となる．式 (1) より，

$$|a_n||x-\theta_1 y|\left|\frac{1}{2}C_2 y\right|^{n-1} < |d|$$

あるいは

$$\left|\frac{x}{y}-\theta_1\right| < \frac{1}{y^n}\left(\frac{|d|}{|a_n|}\left(\frac{2}{C_2}\right)^{n-1}\right)$$

を得る．すべての定数を組み合わせて1つの定数 C_3 にすると，

$$\left|\frac{x}{y}-\theta_1\right| < \frac{C_3}{y^n}$$

となる．

まとめると，それぞれの $y > 2\dfrac{C_1}{C_2}$ に対して $\left|\dfrac{x}{y}-\theta\right| < \dfrac{C_3}{y^n}$ を満たすような θ が存在する．しかしそのような y は無限に存在するのであるから，ある θ に対して $\left|\dfrac{x}{y}-\theta\right| < \dfrac{C_3}{y^n}$ の解が無限個あることになる．

トゥエはこの結果が，彼が証明した次の定理に反するということを示すことにより，証明を終えている． □

定理 θ が次数が 3 以上の整数係数をもつ既約方程式の根であり，$A > 0$ とすると，

$$\left|\frac{x}{y}-\theta\right| < \frac{A}{y^n}$$

は解 $x, y\,(y > 0)$ を有限個しかもたない．

このディオファントス方程式と近似の間の関係はまったく新しいアイデアで，のちの研究にとって大変重要であったことがわかっている．

最後の近似定理は 2 段階で一般化された．初めはジーゲル [Sie 3] が，曲線上の整数点に関する彼の定理を証明するための本質的な道具としてこれを用いた (20.1 節)．次に K. F. ロス (Roth) [Rot 2] が 1955 年に最終的な形を与え，それによりフィールズ賞を得ている（[Dav 3] および [Rot 3] を参照）．最終的な形の定理には，この定理を作った 3 人のすべての名前がつけられている．

トゥエ・ジーゲル・ロスの定理 θ を無理数の代数的数，$\epsilon > 0$ とすると，
$$\left|\frac{x}{y} - \theta\right| < \frac{1}{y^{2+\epsilon}}, \quad y > 0$$
には有限個の解しかない．

注意 (1) θ の次数はこの定理においては無関係である．

(2) $\epsilon = 0$ のときは，無限個の解が存在する．したがって，q のべきを近似の尺度として用いる結果としては，この定理が得られる最良のものである．他の尺度を用いた結果の可能性の議論については，Lang [Lan 1] を見よ．

1970 年にシュミット (Schmidt) は，この定理の多次元版，すなわち同時近似に関する定理を証明した [Sch]．

21.6　20 世紀

1929 年に，ゲルフォント (Gelfond) がヒルベルトの α^β 予想を，β が虚 2 次数のときに証明した．次にクズミン (Kuzmin) がこの結果を，実 2 次無理数である β を含むように拡張した．同じ年にジーゲルは，ベッセル関数の値の超越性を研究する重要な新手法を導入した．1932 年にジーゲルは，ワイエルシュトラスの $\wp(z)$ 関数（19.7 節）についてこのことを証明した．ここで
$$\wp'(z)^2 = 4\wp(z)^3 - g_2\wp(z) - g_3$$
であり，g_2, g_3 は代数的数で，$\wp(z)$ の周期の一方は超越数である．

最後に 1934 年，ゲルフォントとシュナイダー (Schneider) は，ジーゲルの方法を使って独立に α^β 予想を証明した．実際には，彼らが示したのは，以下のような同値な形の定理であった．

定理 $\alpha_1, \alpha_2, \beta_1, \beta_2$ を 0 でない代数的数とする．$\log \alpha_1$ と $\log \alpha_2$ が $\mathbf{Q}$ 上で線形独立ならば，
$$\beta_1 \log \alpha_1 + \beta_2 \log \alpha_2 \neq 0$$
すなわちそれらは代数的数 Ω 上で線形独立である．

対数の枝のどちらを選ぶかについては，証明を通して同じ選択がなされていれば問題にならない．

系 α と β がどちらも代数的数で，$\alpha \neq 0, 1$ かつ β が無理数であるならば，α^β は超越数である．

〔証明〕 $\gamma = \alpha^\beta$ とすると，$\beta \log \alpha - \log \gamma = 0$ である．差し当たり $\log \alpha$ と $\log \gamma$ が，$\mathbf{Q}$ 上で線形独立であると仮定しよう．すると γ が代数的数であれば，定理により，$\beta \log \alpha - \log \gamma \neq 0$ が成り立ち，矛盾が生じる．よって γ は超越数である．

線形独立であることを示すために，$r, s \in \mathbf{Q}, r, s \neq 0$ によって $r \log \alpha + s \log \gamma = 0$ となるとしよう．すると $\beta = \dfrac{\log \gamma}{\log \alpha} = -\dfrac{r}{s} \in \mathbf{Q}$ となり，β が無理数であるという仮定に反する． □

もうひとつの例として，$p \neq q$ を素数とすると，

$$0 \text{でない} r, s \in \mathbf{Q} \text{ によって } r \log p + s \log q = 0$$
$$\implies p^r q^s = 1 \implies r = s = 0$$

すなわち $\log p$ と $\log q$ は $\mathbf{Q}$ 上で線形独立であり，したがって定理により，Ω 上でも線形独立である．

ワイエルシュトラスの定理（3節）にならってゲルフォントは，$\alpha_1, \cdots, \alpha_n$ が 0 でない代数的数で，$\log \alpha_1, \cdots, \log \alpha_n$ が $\mathbf{Q}$ 上で線形独立ならば，Ω 上でも線形独立であると予想した．

この予想自体がもつ興味とは別に，ゲルフォントや他の人々は，$\beta_1, \cdots, \beta_n$ を全部が 0 ではない代数的数とするとき，

$$|\beta_1 \log \alpha_1 + \cdots + \beta_n \log \alpha_n| \tag{1}$$

に対する有効な（計算可能な）下限を見出すことができれば，多くの重要な問題を解決することができることを示した．これらの中には次のような問題が含まれている．

i) 類数が 1 である（すなわち一意分解性をもつ — 17.7 節を見よ）虚 2 次体をすべて見つけること
ii) トゥエの方程式 $F(x, y) = k$（5節）の解に対する計算可能な上限を見つけること

1966年，アラン・ベイカー (Alan Baker) [Bak 2] は，式 (1) に対するそのような有効な下限を見出し，これらの問題を解決した（ただし i）は，他の方法を用いてスターク (Stark) によってそれ以前にすでに解かれていた ([Gol, D] を参照)）．ベイカーは，複素多変数解析関数を用いることを含むこの仕事により，フィールズ賞を受賞した ([Tur] および [Bak] を見よ)．特に彼が示したのが次の定理である：

ベイカーの定理　トゥエの定理の条件の下で，$F(x,y) = k$ の解は
$$\max(|x|, |y|) < e^C, \text{ ただし } C = (nH)^{10^5}$$
を満たす．ここで n は F の次数，H は k および F の係数からなる集合に属する数の最大の絶対値である．

ベイカーの定理における上限は巨大であるが，古典的な意味での特殊な種類のディオファントス方程式にベイカーの方法を適用して，その上限を取り扱い可能な大きさにまで縮小させ，実際にすべての解を見つけることができるのである．

Baker and Coates [Bak-Coa] はベイカーの仕事を一般化させ，「種数 1」の曲線上にある整数点の個数に関する有効な上限を見出した（種数の概念については 19.5 節）が，より大きい種数については問題は未解決のままである．ゲルフォント・ベイカーの仕事に関する議論については [Tij] および [Bak] を見よ．

過去 50 年間に超越数に関して他の多くの仕事がなされたが，私が信ずるところでは，ベイカーの仕事ほど際立った意義をもつものはなかった．

21.7 他の結果と問題

さまざまな問題を議論する前に，いくつかの基礎的な定義を振り返っておかなければならない．複素数 $\alpha_1, \cdots, \alpha_n$ が（**Q 上で**）**代数的に独立**であるとは
$$f(\alpha_1, \cdots, \alpha_n) = 0, \quad f \in \mathbf{Q}[x_1, \cdots, x_n] \implies f \text{ は零多項式}$$
となるときである．体 $E \subseteq \mathbf{C}$ の**超越次数**とは，E における代数的に独立な最大の集合の大きさである．$\boldsymbol{\alpha_1, \cdots, \alpha_n}$ **の超越次数**とは，$\mathbf{Q}(\alpha_1, \cdots, \alpha_n)$ の超越次数のことである．

1) e と π は代数的に独立か？ 特に $e+\pi$ や $e\pi$ は超越数か，あるいは少なくとも無理数か？ これらのうち少なくとも 1 つは無理数でなければならない．そうでなければ $(x-e)(x-\pi) = x^2 - (e+\pi)x + e\pi$ は有理数の係数をもつ方程式でその根は e と π であるが，それは e と π が超越数であるという事実に反するからである．

2) **オイラーの定数** γ，すなわち

$$\gamma = \lim_{n\to\infty}\left(\sum_{i=1}^{n}\frac{1}{i} - \log n\right)$$

は無理数か？ あるいは超越数か？ まだ何もわかっていない．（オイラーの定数に関する議論については [Gra-Knu-Pta] を見よ．）

3) 主要な研究方向はいまだに，微分方程式で定義される古典的関数の値の超越性の問題に向けられている ([Lan 6], [Sie 4])．

4) シャヌエル (Schanuel) 予想：$\alpha_1, \cdots, \alpha_n$ が $\mathbf{Q}$ 上で線形独立ならば，

$$\{\alpha_1, \cdots, \alpha_n, e^{\alpha_1}, \cdots, e^{\alpha_n}\}$$

は，少なくとも超越次数 n をもつ．

この予想からは，α^β 定理のような，すでに証明されたり予想されたりしている主要な結果の多くが導かれる．例として次のものを証明しよう．

命題 シャヌエル予想 $\implies$ e と π は代数的に独立である．

〔証明〕 $\alpha_1 = \pi i$, $\alpha_2 = 1$ と置くと，$\{\pi i, 1, e^{\pi i} = -1, e^1\}$ は少なくとも超越次数 2 をもつ．$\mathbf{Q}(\pi i, 1, -1, e) = \mathbf{Q}(\pi i, e)$ であるから，e と π は代数的に独立であることがわかる．

このことから我々の結果が導かれることを示すために，e と π が代数的に従属であるとする．すなわち $P(e, \pi) = 0$ を満たす $P(x, y) \in \mathbf{Q}[x, y]$ が存在するとする．これに対して

$$R(x, y) = P(x, -iy),$$

$$\overline{R}(x, y) = \overline{P}(x, -iy),$$

と置く．ただし上の線は複素共役を表す．すると

$$R(e, \pi i) = P(e, \pi) = 0,$$

$$\overline{R}(e, \pi i) = \overline{P}(\pm e, \pm \pi) = P(e, \pi) = 0$$

となるから，

$$(R + \overline{R})(e, \pi i) = 0$$

であるが，$R + \overline{R}$ は有理数の係数をもつから，e と πi が代数的に独立であることに反する．これで証明を終わる． □

シャヌエル予想に関するさらなる議論については [Lan 6, pp.30〜] を参照せよ．

5) 1978 年にアペリーは，$\zeta(3) \left(= \sum \dfrac{1}{n^3} \right)$ が無理数であることを証明した．とりわけ驚くべきことは，アペリーの方法がこの主題における他のどの仕事とも関連がなく，もっとずっと以前に見出されていてもよいものだったことである．A. van der Poorten の論説 [Poo] には，その証明とともに興味深い歴史が紹介されている．

アペリーの仕事は，無理数の分類への新しい試みと同時に，ゼータ関数の他の値の無理数性に対する挑戦への道を開くものであった．

21.8 文献

無理数や超越数，またディオファントス近似に関する多くの基礎的な結果が Hardy and Wright [Har-Wri] において証明されている．この主題のより深い側面を理解するための最高の参考書は，多くの最も重要な研究者たちによる書物である．無理数や超越数については Siegel [Sie 5]，Gelfond [Gel]，Baker [Bak 3]，Lang [Lan 6]，そして Mahler [Mah, K] の本が，またディオファントス近似については Cassels [Cas 3] や Lang [Lan 1]，そして Niven [Niv 2] のより初等的な解説がお薦めである．

第22章

数の幾何学

22.1 問題の動機；2次形式

　数の幾何学が扱うのは，幾何学的概念，特に凸体と格子を用いて数論の問題を解くことである．通常は，整数の不等式を解くことによって問題を解決する．その起源は，整数の値を取る変数に対する2次形式の値を最小にする問題にある．

　ガウスののち，2元2次形式の研究は2つの方向に一般化された―1つは代数的整数論（第15–17章）へ，それから任意個数の変数をもつ一般2次形式へである．一般2次形式の理論は，整数の表現，行列の群の下での同値，簡約理論といった概念を，2元の場合（第12, 13章）から一般の場合へと一般化することに始まる．これらの研究の開拓者には，ヤコビ，ディリクレ，アイゼンシュタイン，エルミート，H. J. S. スミス，H. ミンコフスキー，そしてC. L. ジーゲルがいた．この理論は現代に至るまで活発に研究されており，たとえばリー群の算術的部分群の理論といった代数的理論と，モジュラー関数などの解析的理論の両方に深く結びついている．Scharlau and Opolka[Sch-Opo] は現代的視点から簡潔かつほどよく初等的な解説を与え，Borevich and Shafarevich [Bor-Sha] は体系的なよい導入となっている．

　ここでは2次形式を含む不等式のみを考えることにする．というのは，それらを解こうとしてミンコフスキーが数の幾何学を考え出すことになったからである．我々が集中して扱うのは，**n 変数の正の定符号 2 次形式**，すなわち

$$Q(x) = \sum_{i,j=1}^{n} a_{i,j} x_i x_j \tag{1}$$

という形式である．ただしここで，$x = (x_1, \cdots, x_n)$, $a_{i,j} \in \mathbf{R}$, $a_{i,j} = a_{j,i}$

であり，またすべての $x \neq \mathbf{0} = (0, \cdots, 0)$ に対して $Q(x) > 0$ である．$\boldsymbol{D} = \det(\boldsymbol{a_{i,j}})$ は形式の行列式と呼ばれる．

エルミートは先に挙げた次のような問題を考えた：このような形式が与えられたとき，全部は0でないような整数値変数に対する形式の値は，どれだけ小さくすることができるか？

すべての $g_i \in \mathbf{Z}$ であるような点 $g = (g_1, \cdots, g_n) \in \mathbf{R}^n$ を整数点と呼ぶ．また整数点の集合 $\mathbf{Z_n}$ は整数格子と呼ばれる．我々は $\mathbf{Z}^n$ 上における形式の値を研究しようとしているのであり，のちに幾何学から，$\mathbf{Z}^n - \{\mathbf{0}\}$ 上で定義される正の定符号形式は，これらの点の1つで実際に最小値を取ることを示す．エルミートは2変数に対するラグランジュの簡約理論を一般化して，以下の定理を示した．

定理 （1845年ごろ）Q を，行列式が D であるような n 変数の正の定符号2次形式とすると，0 でない整数点 g が存在して，

$$Q(g_1, \cdots, g_n) \leq \left(\frac{4}{3}\right)^{\frac{n-1}{2}} D^{\frac{1}{n}}$$

が成り立つ．

エルミートは，この理論の多くの重要な部分が彼の定理に依存していることを認識していた（[Sch-Opo] に翻訳されている 1845 年のヤコビへの手紙を見よ）．たとえば，エルミートとアイゼンシュタインはこの定理を利用して，行列式が D であるような n 変数の正の定符号2次形式の同値類の個数が，$GL_n(\mathbf{Z})$ の作用の下で有限個であることを証明した．これらの結果は算術的方法と行列の理論の道具を用いて（ただし現代の強力な表記法は用いずに）証明された．

19世紀のその後，ヘルマン・ミンコフスキー (1864–1909) と H. J. S. スミスはこの理論をずっと先へと進めた．この後者の仕事については，ヒルベルトの伝記の中で C. レイドが述べたおもしろい話がある．[Rei, C]

「ミンコフスキーはまだ17歳に過ぎなかったが，深い仕事に取り組んでいて，それでフランス科学アカデミーの数学大賞を取りたいと希望していた．

アカデミーは整数を5つの平方数の和で表現するという問題を提示して

いた．しかしミンコフスキーの考察は，述べられた問題のはるか先にまで及んでいたのである．1882年6月1日の締め切りが来るまでに，彼は自分の仕事をまだフランス語に翻訳できていなかった．それはコンテストが要求する決まりであった．それにもかかわらず彼は提出することに決めた．最後の瞬間，兄マックスの助言により彼は短い序文を書き，翻訳しそこなったのは主題に魅了されたためであると説明して，アカデミーが「もっとたくさん書けたのに」とは思わないでほしいとの希望を表している．（中略）

すると1883年，まだ18歳だったこの少年に，有名なイギリスの数学者ヘンリー・スミスと共同で数学大賞を受賞したとの知らせが届けられた．（中略）

しかししばらくの間，ミンコフスキーは実際には受賞できないかもしれないと思われた．フランスの新聞は，コンテストのルールに，すべての応募はフランス語で行わなければならないと明確に述べられていることを指摘した．イギリスの数学者たちは，数学大賞を少年と分けさせられるのは，その頃すでに亡くなっていた彼らの著名な同胞スミスにとって不名誉なことであるとの考えを明らかにした．（40年ほどのちのイギリスのある数学者は「スミスが死後，当時は無名だったドイツ人数学者と一緒に，彼が生涯でそれまで受けたどの名誉よりも偉大な名誉を受けたとき，イギリスの数学界を揺さぶった憤りの嵐を，今遠くからじっくり考えると興味深い」と述懐している．）そうした圧力にもかかわらず，選考委員会はためらわなかった．パリからカミーユ・ジョルダン (Camille Jordan) はミンコフスキーに宛てて次のように書いている：『さらに努力して，偉大な数学者になられるよう祈ります』」

ミンコフスキーの親友だったヒルベルトもこの仕事について書いている．

「その17歳の学生は，全精力を傾けてこの問題に取り組み，鮮やかに解決し，さらに元の問題をはるかに超えて，2次形式の一般論，特に任意の階数に対する次数や種数による2次形式の分割の理論を発展させたのである．単因子論や，ディリクレ級数，ガウス和といった超越的な道具におけるミンコフスキーの精通ぶりは驚くべきものである．」

502   第 22 章 数の幾何学

([Sch-Opo] からの翻訳)

ミンコフスキーはこれらのアイデアについて研究し続け，1889 年 11 月 6 日にヒルベルトに宛てて書いている．

「おそらくあなたかフルヴィッツは次の定理に興味をもってくれるだろう（半ページで証明できる）：$n(\geq 2)$ に対する行列式 D の正の定符号形式において，形式が $< nD^{\frac{1}{n}}$ となるような値を，つねに変数に割り当てることができる」

([Sch-Opo] からの翻訳)

この定理は幾何学的推論に基づいており，それはこの主題に革命を起こした．それではミンコフスキーの基本的な書物 [Min 1] において初めて体系的に示された，これらのアイデアについて説明しよう．

特に断らない限り，すべての 2 次形式は正の定符号とする．

22.2　ミンコフスキーの基本定理

直観的に明らかな数々の幾何学的性質についてはためらわず仮定することにしよう（読者は最初は $n=2$ または 3 の場合について考えようとしてもよい）．$\mathbf{R}^n$ の集合 S が**原点に関して対称である**（あるいは**原点を中心とする**）とは，$x \in S$ ならば $-x \in S$ が成り立つことをいう．S の体積は $V(S)$ で表す（体積のすべての合理的な定義が一致するような，よい性質をもった集合のみを扱うことにする）．

ミンコフスキーは形式を最小にする問題を幾何学の言葉で定式化し直した．どのような正の定符号形式と正の数 λ に対しても，集合

$$Q_\lambda = \{(x_1, \cdots, x_n) \in \mathbf{R}^n \mid Q(x_1, \cdots, x_n) < \lambda\}$$

は $\mathbf{R}^n$ の集合である．$n=2$ に対してはこれらの集合は楕円であり，$n=3$ に対しては楕円体となるから，一般の Q_λ を **n 次元楕円体**あるいは単に**楕円体**と呼ぶ．$\mathbf{R}^2$ における楕円となる場合を図で説明しよう．これは座標軸に関して対称となる（方程式 1.1 において $n=2$ かつ $a_{12}=a_{21}=0$ としたものである）．いずれ示すように，まさにこの特別な場合を視覚化することによって，失われ

るものは何もない.

λ が変化するとき,Q_λ はすべて相似であり,原点に関して対称である(図1).

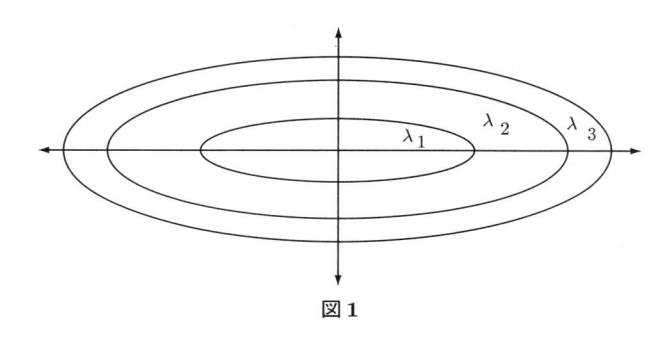

図1

Q を最小にする問題は,「楕円体 Q_λ が 0 でない整数点を含むことを保証するには,λ はどれぐらい大きくなければならないか?」という問題と同値である.

ミンコフスキーは初めに次の定理を証明した.

定理 楕円体の体積 E が 2^n より大きければ,楕円体上に 0 でない整数点が存在する.

この定理からエルミートの定理の新しい証明が生み出され,のちに見るように,はるかに広範囲な一般化へとつながったのである.まずはミンコフスキーの幾何学への道をたどり,そののち 2 次形式へと応用することにしよう.

〔証明〕 E が 0 でない整数点を 1 つも含まないと仮定して,$V(E) \leq 2^n$ となることを示す.

$E' = \frac{1}{2}E = \left\{\frac{1}{2}x \mid x \in E\right\}$ と置くと,$V(E') = \dfrac{V(E)}{2^n}$ である.各整数点 g に対して,g を中心とする楕円体 $E'_g = E' + g$ を考える(図2).

a) これらの楕円体は重なり合わない.

$p \in E'_g \cap E'_{g'}, g \neq g'$ とする(図3)と,$p - g \in E'$ かつ $p - g' \in E'$ となる.そして E' は 0 に関して対称であるから,$g - p \in E'$ でもある.よって,それ

図2

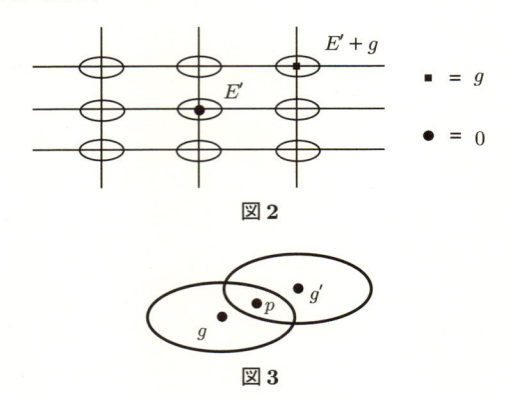

図3

らの中点

$$\frac{1}{2}[(p-g')+(g-p)] = \frac{1}{2}(g-g') \in E'$$

であり，したがって

$$2\left[\frac{1}{2}(g-g')\right] = g - g' \in 2E' = E$$

となって，E が 0 でない整数点をもたないという仮定に反する． □

b) 楕円体 E'_g の「密度」は 1 より小さい．

　直観的には，大きな超立方体 C において，$g \in C$ であるような E'_g 全体の体積の，C の体積に対する比が 1 より小さいということである．C 内に中心をもつそのような E'_g が m 個あり，C が十分に大きいとき，$\dfrac{mV(E')}{V(C)} \leq 1$ となることを示さなければならない．問題は，いくつかの楕円体の一部が C の側面からはみ出すことで，C が大きいとき，これらの部分の体積が大して意味をもたないということを示さなければならない．

　それではこれらのアイデアを厳密にしてみよう．N を正の整数とし，$C = \{x \in \mathbf{R}^n \mid 0 \leq x_i \leq N\}$ と置く．すると，$0 \leq g_i \leq N$ となるような整数座標は $N+1$ 個選ぶことができるから，楕円体 E'_g, $g = (g_1, \cdots, g_n) \in \mathbf{Z}^n$ で，$g \in C$ となるものが $(N+1)^n$ 個存在する．

　a) により，これらの楕円体は重なりあうことがなく，それらの全体積は $(N+1)^n V(E')$ である．

E は有界だから E' も有界で, したがって E' はある超立方体 $\{x\,|\,|x_i| < k\}$ に含まれる (図 4).

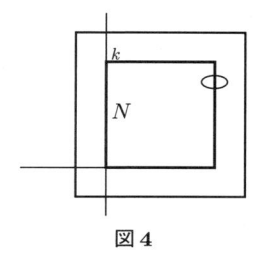

図 4

するとすべての $E'_g, g \in C$ は超立方体 $C' = \{x\,|\,-k \leq x_i \leq N+k\}$ に含まれ, $V(C') = (N+2k)^n$ である.

よって
$$(N+1)^n V(E') \leq (N+2k)^n$$
であり,
$$V(E') \leq \left(\frac{N+2k}{N+1}\right)^n < \left(\frac{N+2k}{N}\right)^n$$
$$= \left(1 + \frac{2k}{N}\right)^n \to 1 \quad (N \to \infty \text{ のとき})$$

したがって $V(E') = \dfrac{V(E)}{2^n} \leq 1$ すなわち $V(E) \leq 2^n$ である. □

ミンコフスキーはこの証明で用いられる E の性質が, 以下のものでしかないことを観察した.

i) E は凸である ― 集合 $S \subseteq \mathbf{R}^n$ が凸であるとは, $x, y \in S$ ならば線分 $\overline{xy} \in S$ となることである. ここで解析的には, $\overline{xy} = \{\lambda x + \mu y\,|\,\lambda, \mu \in \mathbf{R}, \lambda, \mu \geq 0, \lambda + \mu = 1\}$ ということである. 実際には $x, y \in S$ ならば $\dfrac{1}{2}(x+y) \in S$ であるという事実を用いただけだが, これだけからも凸であることが導かれる (演習).

ii) E は **0 を中心とする**, すなわち, E は原点に関して対称である.

iii) E は有界である ― E はある $k > 0$ に対して箱 $\{(x_1, \cdots, x_n)\,|\,|x_i| < k\}$ に含まれる.

（楕円体が凸でありかつ有界であることを証明する方法についてはのちに議論する．）

こうしてミンコフスキーは実際，次の一般的な定理を証明したのである．

ミンコフスキーの定理（第1形式） 原点を中心とし，体積 $V(C) > 2^n$ である $\mathbf{R}^n$ の有界凸集合 C は，0 でない整数点を含む．

しかし実はもっと強い結果が得られるのである．我々の楕円体 $\{Q(x_1, \cdots, x_n) < \lambda\}$ は開集合（Q で定義される $\mathbf{R}^n$ から $\mathbf{R}$ への連続写像の原像）であり，定理は確かに凸である開集合について成り立つ．しかしながら，凸集合 C の内点集合が空でなければ，それは開集合で，やはり体積 $V(C)$ をもつ．よって次のことが得られる．

ミンコフスキーの定理（第2形式） 原点を中心とし，体積 $V(C) > 2^n$ である $\mathbf{R}^n$ の有界凸集合 C は，その内部に 0 でない整数点を含む．

注意 i) 体積が 2^n である超立方体 $|x_i| < 1$ は 0 でない整数点を 1 つも含まないから，我々の定数 2^n は考えられる最良のものである．

ii) 体積が 2^n より小さい凸集合でも格子点を含むようにはできる．たとえば $n = 2$ のとき，原点を中心とする各辺が座標軸に平行な長方形で，幅が k, 高さが $\dfrac{1}{2k}$ であるものを考えよう．k を十分に大きく取れば，この長方形が，x 軸上の格子点を，あらかじめ決めた任意の個数含むようにすることができる．この例は明らかに，どんな次元にも一般化できるものである．

ミンコフスキーの定理（第3形式） 原点を中心とし，体積 $V(C) > 2^n$ である $\mathbf{R}^n$ の有界凸集合 C は，その内部もしくは境界上に 0 でない整数点を含む．

〔証明〕 $C_k = \left(1 + \dfrac{1}{k}\right)C, k = 1, 2, \cdots$ と置くと，$V(C_k) > 2^n$ となり，C_k は整数点 $g^{(k)} \neq \mathbf{0}$ を含む．よって 0 でない整数点の列 $g^{(1)}, g^{(2)}, \cdots$ が得られるが，これらはすべて $2C$ の中になければならない．しかし $2C$ は有界であり，有限個の整数点しか含まない．したがってこの数列は，定数 g を値とする無限部分列をもつが，g は C の内部か境界線上になければならない（C にその境界

を付け加えたものは，すべての C_k の共通部分に等しい）． □

この種の連続性の議論は，具体的に詳細を述べることなしに，我々の応用の中で時おり用いられることになるだろう．

この一見無味乾燥だがとても巧妙な定理は，必ずしも非常に深い定理であるとの印象を与えるものではなかっただろう．この定理および関連する幾何学的アイデアの意味することが，2 次形式の値の範囲への応用をはるかに超えていることを認識したのは，まさにミンコフスキーの天才であった．この定理は彼によって，数論学者たちの実用的な道具となったのである．彼の手により，この定理はたくさんの応用をもつ重要な理論へと開花し，数々のすばらしい未解決問題が解決へと導かれた．この仕事により，ミンコフスキーは凸集合の幾何学にも深い貢献をなした [Min 2]．さて我々は，ミンコフスキーの定理の応用のみを集中して取り上げ，その他の発展については述べるだけにとどめておこう．

1914 年に H. F. ブリヒフェルト (Blichfeldt) がミンコフスキーの定理の新しい証明 [Bli] を与え，より一般的な集合の幾何に関するさらなる研究を可能にした．その証明はより一般的な定理を経由して行われる．

ブリヒフェルトの定理 M を $V(M) > 1$ であるような $\mathbf{R}^n$ の有界集合とする．すると M は，$x - y$ が 0 でない整数点（必ずしも M の中の点でなくてもよい）となるような相異なる 2 点 x, y を含む．

系 ブリヒフェルトの定理 $\Longrightarrow$ ミンコフスキーの定理（第 1 形式）

〔証明〕 $K \in \mathbf{R}^n$ を原点を中心とし，体積 $V(C) > 2^n$ であるような有界凸集合とする．$K' = \dfrac{1}{2} K$ と置くと $V(K') > 1$ である．ブリヒフェルトの定理により，$g = x - y$ が 0 でない整数点となるような $x, y \in K'$ が存在する．すると $2x, 2y \in K$ で，対称性により $-2y \in K$ となる．よって凸性より，$2x$ と $-2y$ の中点 $\dfrac{1}{2}(2x + (-2y)) = x - y$ は，K 内の 0 でない整数点である． □

〔ブリヒフェルトの定理の証明〕 A を超立方体 $\{0 < x_i < 1\}$ とし，各整数点 g に対して $A_g = A + g$ とする．M は有界であるから，$M_g = A_g \cap M$ のう

ち空集合にならないのは有限個だけで，$M = \cup_g M_g$ となる（図5）．

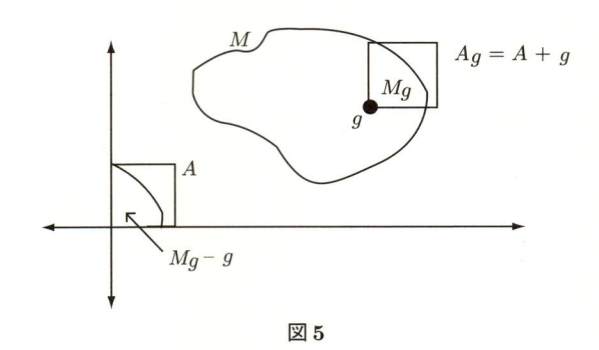

図5

M_g を A の中へ平行移動させて戻す（すなわち $M_g - g$ を考える）と，$V(M_g - g) = V(M_g)$ で，

$$\sum_g V(M_g - g) = \sum_g V(M_g) \geq V(M) > 1$$

したがって，$\cup_g (M_g - g) \subseteq A$ かつ $V(A) = 1$ であることから，これらの集合の少なくとも2つは重なり合わなければならず，整数点 g, g' および点 p が存在して $p \in (M_g - g) \cap (M_{g'} - g')$ を満たす．よって

$$x = p + g \in M_g \quad \text{かつ} \quad y = p + g' \in M_{g'}$$

であり，

$$x - y = g - g'$$

は整数点である． □

さらに M が開集合であるときは証明の中のすべての集合が開集合である．この場合には有理数の座標をもつ p を選ぶことができ，x と y も有理数の座標をもつ．

22.3 格子に対するミンコフスキーの定理

格子

今や我々は，ミンコフスキーの定理を用いて，2次形式を最小にするという

もともとの問題に取り組むことができる（1節）．

例　$n=2$ のとき：行列式 $D=ab$ となるような正の定符号2次形式 $Q(x,y)=ax^2+by^2, a,b \in \mathbf{R}, a,b>0$ の全体を考える．このとき集合 $\{Q<k\}$ はいつでも楕円で，その面積は $\dfrac{k\pi}{\sqrt{ab}}=\dfrac{k\pi}{D^{\frac{1}{2}}}$ である．ミンコフスキーの定理により，

$$\frac{k\pi}{D^{\frac{1}{2}}} \geq 2^2 \text{ すなわち } k \geq \frac{4}{\pi}D^{\frac{1}{2}}$$

ならば，楕円の内部または境界上に整数点 $(g_1,g_2) \neq (0,0)$ が存在する．よって $Q(g_1,g_2) \leq k$ である．このことを言い換えれば，少なくとも一方は0でない整数 g_1,g_2 が存在して，

$$Q(g_1,g_2) \leq \frac{4}{\pi}D^{\frac{1}{2}}$$

を満たす．

こうして $\left(\dfrac{4}{3}\right)^{\frac{1}{2}}$ をより弱い境界 $\dfrac{4}{\pi}$ で置き換えた，エルミートの定理（1節）に似た結果が得られた．

さていよいよ我々は，n 変数の正の定符号2次形式の値の範囲について，楕円体の体積を計算することによって調べることができるようになった．しかしその代わりに，$\mathbf{R}^n$ の格子の言葉でミンコフスキーの定理を述べ直してみよう．これは17.2節における2次元格子を一般化したものであり，それによってこの問題を n 次元の球を調べることに帰着させることができる．これにより，さまざまな数論的結果に対して，ミンコフスキーの定理をより容易な方法で適用することができるようになる．

線形代数の標準的な結果により，正の定符号2次形式 $Q(x)$ は，変数の正則な線形変換 $y=Ax$ によって，平方の和に変換される．すなわち，$\det(A) \neq 0$ である $A=(a_{ij}), a_{ij} \in R$ が存在して，

$$Q'(y)=Q(A^{-1}y)=\sum y_i^2$$

とすることができる．

行列 A は集合 $\mathbf{Z}^n$ を集合 $\{y=Ax \mid x \in \mathbf{Z}^n\}$ へと写す．$\mathbf{Z}^n$ が**整数格子**と呼ばれることを思い出そう．

定義 (I) n 次元格子 Λ とは，$\mathbf{R}^n$ における整数格子の正則な線形変換 $y = Ax$ による像のことである．Λ の点を **Λ 格子点** あるいは混同が起こらない限り，単に**格子点**と呼ぶことにしよう．したがって，たとえば整数点は，恒等変換による $\mathbf{Z}^n$ 格子点である．

x 空間における楕円体 $\{Q < \lambda\}$ は我々の行列 A によって y 空間における球 $\{Q' = \sum y_i^2 < \lambda\}$ へと写されるから，Q を最小にする問題は，格子 Λ 上で $\sum y_i^2$ を最小にする問題へと変換される．こうして，行列式が D であるすべての正の定符号形式 Q を最小にする問題は，球 $\{\sum y_i^2 < \lambda\}$ が Q に対応するそれぞれの格子の点を含むためには，λ はどれぐらい大きくなければならないかを決める問題へと変わるのである．

ある種類の形式を整数格子上で最小にする問題は，今やひとつの形式をある種類の格子上で最小にする問題へと変換されたのであり，そしてこの後者の問題を解くには球の体積を計算するだけでよいことがわかる．

初めに格子を研究し，次にミンコフスキーの定理を $\mathbf{Z}^n$ から任意の格子へと一般化する．格子を定義するには他に 2 つの同値な方法がある：

(II) n 次元格子 Λ とは，

$$\Lambda = \mathbf{Z}\alpha_1 + \cdots + \mathbf{Z}\alpha_n = \{m_1\alpha_1 + \cdots + m_n\alpha_n \,|\, m_i \in \mathbf{Z}, \alpha_i \in \mathbf{R}^n\}$$

という形の集合である．ただし $\alpha_1, \cdots, \alpha_n$ は $\mathbf{R}$ 上で 1 次独立である．α_i は，我々の元の定義における行列 A の列ベクトルとして取ることができる．

(III) n 次元格子 Λ は，$\mathbf{R}$ 上で 1 次独立な n 個の元をもつ $\mathbf{R}^n$ の離散部分群である．**離散**とは，Λ と平面のどんな有界部分集合との交わりも有限集合であるということである．

定義 I – III が同値であることの証明は，基本的には 17.2 節において 2 次元格子の場合に与えた証明と同じであるから省略する．格子をより深く研究するには，Lekkerkerker [Lek] または Cassels [Cas 4] を見よ．

$\mathbf{R}^n$ における格子 Λ の**部分格子**とは，Λ の部分集合で $\mathbf{R}^n$ の格子でもあるものである（したがって，$\mathbf{R}$ 上で 1 次独立な n 個の点を含んでいる）．

(II) の集合 $\{\alpha_1, \cdots, \alpha_n\}$ を Λ の**整基底**あるいは**格子基底**と呼ぶ．Λ には無

限に多くのそうした基底があり，それらについてはすぐに考えることにする．

$\Delta = |\det(A)|$ は格子 $\Lambda : y = Ax$ の**行列式**である．行列式の値が Λ に対する基底の選び方によらないことを証明しよう．幾何学的には Δ は，A の列ベクトル $\alpha_1, \cdots, \alpha_n$ を辺にもつ平行体 $T = \{m_1\alpha_1 + \cdots + m_n\alpha_n \mid m_i \in \mathbf{R}, 0 \le m_i \le 1\}$ の体積である．このことは，T が $y = Ax$ の下での体積 1 の立方体 $\{0 \le x_i \le 1\}$ の像であり，したがって $V(T) = |\det(A)| \times$（立方体の体積）となることから明らかである．（T は，基底 $\alpha_1, \cdots, \alpha_n$ によって与えられる，Λ に対する**基本平行体**と呼ばれる．）

Δ はまた，格子 Λ の「密度」の逆数とも解釈できる．この考えについてごく簡単に説明しよう．

M を体積のある $\mathbf{R}^n$ の有界部分集合として，$f(\Lambda) = |\Lambda \cap M|$ すなわち M の中の Λ 格子点の個数とする．このとき

$$d = \lim_{\lambda \to \infty} \frac{f(\lambda M)}{V(\lambda M)}$$

が存在して，M によらない．この d は Λ の**密度**である．

まず写像 $y = Ax$ によって，y 空間の λM は x 空間の集合 $A^{-1}(\lambda M)$ に対応し，その体積は $\dfrac{V(\lambda M)}{\Delta}$ であること，そして λM 内の格子点は $A^{-1}(\lambda M)$ 内の整数点に対応することに注意しよう．したがって $f(\lambda M)$ は $A^{-1}(\lambda M)$ 内の整数点の個数であり，λ が大きくなるにつれ，$\dfrac{V(\lambda M)}{\Delta}$ に近づいていく（このことの証明はミンコフスキーの定理の最初の証明における密度の議論と似たものである）．よって $\lim_{\lambda \to \infty} \dfrac{f(\lambda M)}{V(\lambda M)} = \dfrac{1}{\Delta}$ であり，Λ は密度をもち，$\Delta = \dfrac{1}{d}$ は基底によらない．

基底の変換

さて，基底を変換する方法を調べることにより，Δ が基底の取り方によらないということに対するもっと厳密な証明を与えよう．

$\{\alpha_1, \cdots, \alpha_n\}$ と $\{\beta_1, \cdots, \beta_n\}$ を Λ の基底とすると，Λ は $\{y = Ax\} = \{y = Bx\}$ で与えられる．ただしここで $A(B)$ は，$\alpha_i(\beta_i)$ を列ベクトルにもつ行列である．それぞれの β_i は $\{\alpha_i\}$ の整数係数の 1 次結合であるから，ある $p_{ik} \in \mathbf{Z}$

に対して $\beta_k = \sum_i \alpha_i p_{ik}$ と表される. すなわち $B = AP$ であり, $P = (p_{ij})$ は整数行列 $(p_{ij} \in \mathbf{Z})$ である. 同様に, ある整数行列 Q に対して $A = BQ$ となる. したがって $A = APQ$ となり, $\det(A) \neq 0$ であることから $PQ = I$ である. しかし $\det(P) = \dfrac{1}{\det(Q)}$ かつ $\det(P), \det(Q)$ は整数である. よって $\det(P) = \det(Q) = \pm 1$ となり, 次の定理を得る.

定理 A と B の列ベクトルがいずれも格子 Λ の基底であるならば, $B = AP$ であり, P は**ユニモジュラー行列**(行列式が ± 1 である整数行列) である.

系 Δ は Λ の基底の取り方によらない.

〔証明〕 $B = AP \implies |\det(B)| = |\det(A)||\det(P)| = |\det(A)|$ である.

最後の定理の逆もまた真である.

定理 A の列ベクトルが Λ の基底で, P がユニモジュラー行列であるとき, $B = AP$ の列ベクトルも Λ の基底である.

〔証明〕 (演習とする. ── ユニモジュラー行列の逆行列もユニモジュラー行列であるということから得られる. またこのことは, 余因子を用いた逆行列の公式を用いて示される.)

再定式化されたミンコフスキーの定理

$\Lambda : y = Ax$ を行列式 Δ の格子とする. すると A は $\mathbf{R}^n$ から $\mathbf{R}^n$ への 1 次変換を定める (これまで同様, A を整数点をもつ x 空間から Λ 点をもつ y 空間への写像と見る). K を原点を中心とし, 体積 $V(K) > 2^n \Delta$ である y 空間の有界凸集合とすると, $A^{-1}K$ は原点を中心とし, 体積 $V(A^{-1}K) > 2^n$ である x 空間の有界凸集合となる (1 次変換は凸性, 対称性, 有界性を保つ). ミンコフスキーの定理により, $A^{-1}K$ は 0 でない整数点 g を含むから, Λ 点 Ag は K の中にある. よって次の定理を得る.

格子に対するミンコフスキーの定理 1) 原点を中心とし, 体積 $V(K) > 2^n \Delta$ である有界凸集合 K は, 行列式が Δ であるどんな格子においても 0 でない格

子点を含む．

2) 同様に，$V(K) \geq 2^n \Delta$ ならば，K の内部または境界上に 0 でない格子点が存在する．

この形式の定理はミンコフスキーに新しい疑問を示唆した．格子 Λ が有界で対称な凸集合 K に対して**許容的**であるとは，K 内に 0 でない Λ 点が存在しないときを言う．ミンコフスキーの定理によれば，

$$\det(K \text{ に対する許容的な格子}) \geq \frac{V(K)}{2^n} \tag{1}$$

K **の臨界行列式** $\boldsymbol{\Delta(K)}$ とは，K に対するすべての許容的な格子において取る $\det(\Lambda)$ の下界の最大値である．$\det(\Lambda) = \Delta(K)$ であるような K に対する許容的な格子 Λ は，K に対する**臨界格子**である．与えられた凸集合 K に対して（そしてより一般の凸でない集合に対して），$\Delta(K)$ を正確に評価して臨界格子を求めることは，数の幾何学における中心的な問題で，強い数論的結果をもつものである．ここでこの問題を追求することはしないが，[Cas 4] や [Lek] を参照するとよい．

22.4　2次形式に戻って

前節の最初に述べたように，行列式 D をもつすべての正の定符号2次形式 $Q(x_1, \cdots, x_n)$ を整数格子上で最小にする問題は，球 $\{\sum y_i^2 < \lambda\}$ がそれぞれの格子 $\Lambda : y = Ax$ の点を含むようにするには λ はどれぐらい大きくなければならないかを定める問題へと変えられる．ただし A は Q を $\sum y_i^2$ へと変換する．

格子に対するミンコフスキーの定理により，2つの情報が必要である．すなわち (i) $\{\sum_{i=1}^{n} y_i^2 < \lambda\}$ の体積および (ii) Λ の行列式である．

(i) $S_\lambda^n = \{\sum y_i^2 < \lambda\}$ と置く．y が $\sum y_i^2 < 1$ を満たすのは，$\sqrt{\lambda}\, y$ が $\sum(\sqrt{\lambda} y_i)^2 = \lambda \sum y_i^2 < \lambda$ を満たすことと同値であるから，$S_\lambda^n = \sqrt{\lambda} S_1^n$ かつ $V(S_\lambda^n) = \lambda^{\frac{n}{2}} V(S_1^n)$ である．ところが

$$V(S_1^n) = \frac{2\pi^{\frac{n}{2}}}{n\Gamma\left(\frac{n}{2}\right)}$$

である．ただし Γ はガンマ関数（Siegel [Sie 5, pp. 25–26] を参照）である．

(ii) $y = Ax$ が $\det(A) = \Delta$ で，Q を $\sum y_i^2$ へと変換する，すなわち $\sum y_i^2 = Q(A^{-1}y)$ となるならば，線形代数 [Bor-Sha, 付録 A] により

$$\det\left(\sum y_i^2\right) = \det(Q) \cdot \left(\det(x = A^{-1}y)\right)^2$$

となることがわかるから，

$$1 = D \cdot (\Delta^{-1})^2$$

であり，

$$\det(\Lambda) = \Delta = D^{\frac{1}{2}}$$

である．したがって，$\dfrac{\lambda^{\frac{n}{2}}\pi^{\frac{n}{2}}}{\Gamma\left(1 + \frac{1}{n}\right)} \geq 2^n D^{\frac{1}{2}}$，言い換えれば

$$\lambda \geq \frac{4}{\pi}\left(\Gamma\left(1 + \frac{1}{n}\right)\right)^{\frac{2}{n}} D^{\frac{1}{n}}$$

ならば，$V(S_\lambda^n) \geq 2^n \Delta = 2^n D^{\frac{1}{2}}$ が得られる．
格子に対するミンコフスキーの定理により，これは行列式が $D^{\frac{1}{2}}$ であるすべての格子は 0 でない格子点 y で

$$\sum y_i^2 \leq \frac{4}{\pi}\left(\Gamma\left(1 + \frac{1}{n}\right)\right)^{\frac{2}{n}} D^{\frac{1}{n}}$$

を満たすものを含むということを意味する．x 空間へと変換すれば，次の定理が得られる．

定理（ミンコフスキー）　係数が実数で行列式 D をもつ n 変数の正の定符号 2 次形式 Q は，ある 0 でない整数点 x で

$$Q(x) \leq \frac{4}{\pi}\left(\Gamma\left(1 + \frac{1}{n}\right)\right)^{\frac{2}{n}} D^{\frac{1}{n}}$$

となる値をとる．

エルミートの定理（1節）における定数は $\left(\dfrac{4}{3}\right)^{\frac{n-1}{2}}$ だったから，$n \geq 4$ に対してはミンコフスキーのものの方がよい．

22.5　2つおよび4つの平方数の和

12.6節で

定理　$p \equiv 1 \pmod 4$ を満たす素数は，2つの整数の2乗の和である．すなわち，ある $\lambda_1, \lambda_2 \in \mathbf{Z}$ で $p = \lambda_1^2 + \lambda_2^2$ と表される．

を証明し，さらにこれを一般化して，どの正の整数が2つの平方数の和となるかを決定した．

ここではこの定理の幾何学的証明を与え，4つの平方数についての対応する定理への原型としよう．

〔証明〕　(i)　しばらくの間，$\mathbf{R}^2$ の整数格子の部分格子 Λ で，$\det(\Lambda) = p$ であり，すべての $(y_1, y_2) \in \Lambda$ に対して

$$y_1^2 + y_2^2 \equiv 0 \pmod p$$

が成り立つようなものがあると仮定しよう．

(ii)　円 $y_1^2 + y_2^2 < 2p$ は面積 $2\pi p$ をもち，

$$2\pi p > 4p = 4 \cdot \det(\Lambda)$$

であるから，格子に対するミンコフスキーの定理により，この円内に Λ 点 $(\lambda_1, \lambda_2) \neq (0, 0)$ が存在する．したがって

$$0 < \lambda_1^2 + \lambda_2^2 < 2p$$

であり，同時に

$$\lambda_1^2 + \lambda_2^2 \equiv 0 \pmod p$$

でもあることになる．$\lambda_1^2 + \lambda_2^2$ は真に 0 と $2p$ の間にある p の倍数であるから，p に等しくなければならない．

さて，Λ を構成すれば証明は終わりである．任意の整数 u に対して Λ_u を格子

$$y_1 = px_1 + ux_2$$
$$y_2 = x_2$$

と置く．ただし $(x_1, x_2) \in \mathbf{Z}^2$ である．すると $\det(\Lambda_u) = p$ となる．$y_1 \equiv uy_2 \,(\mathrm{mod}\, p)$ であるから，すべての $(y_1, y_2) \in \Lambda_u$ に対して

$$y_1^2 + y_2^2 \equiv (u^2 + 1)y_2^2 \,(\mathrm{mod}\, p)$$

が成り立つ．$p \equiv 1 \,(\mathrm{mod}\, 4)$ であるから，-1 は p を法とする平方剰余であり，$w^2 + 1 \equiv 0 \,(\mathrm{mod}\, p)$ となるような整数 w が存在する．したがって $\Lambda = \Lambda_w$ が求める格子である． $\square$

それでは同じアイデアを次の定理を証明するのに用いてみよう．

定理（ラグランジュ） すべての正の整数 m は，4つの整数の平方和

$$m = \lambda_1^2 + \lambda_2^2 + \lambda_3^2 + \lambda_4^2, \quad \lambda_i \in \mathbf{Z}$$

である．

2つの平方数の場合と同様，2つの整数がそれぞれ4つの平方数の和であれば，それらの積もまた4つの平方数の和であることに注意することで，この定理の証明を素数に関する結果へと帰着させることができる．このことは等式

$$(x_1^2 + x_2^2 + x_3^2 + x_4^2)(y_1^2 + y_2^2 + y_3^2 + y_4^2)$$
$$= (x_1y_1 - x_2y_2 - x_3y_3 - x_4y_4)^2 + (x_1y_2 + x_2y_1 + x_3y_4 - x_4y_3)^2$$
$$+ (x_1y_3 - x_2y_4 + x_3y_1 + x_4y_2)^2 + (x_1y_4 + x_2y_3 - x_3y_2 + x_4y_1)^2$$

によりわかる．

2つの平方数の和に関する類似の等式が複素数のノルム（絶対値）の乗法性を表しているのと同様，この等式は四元数に対するノルムの乗法性を表している [Har-Wri]．

さて，それでは次の定理を証明しよう．

定理（ラグランジュ） すべての素数 p は，4つの整数の平方和

$$p = \lambda_1^2 + \lambda_2^2 + \lambda_3^2 + \lambda_4^2, \quad \lambda_i \in \mathbf{Z}$$

である．

〔証明〕 (i) しばらくの間，$\mathbf{R}^4$ の整数格子の部分格子 Λ で，$\det(\Lambda) = p^2$ であり，すべての $(y_1, y_2, y_3, y_4) \in \Lambda$ に対して

$$y_1^2 + y_2^2 + y_3^2 + y_4^2 \equiv 0 \,(\mathrm{mod}\, p)$$

が成り立つようなものがあると仮定しよう．

(ii) 4節の結果から，球 $S_{2p}^{(4)} = \{y_1^2 + y_2^2 + y_3^2 + y_4^2 < 2p\}$ は体積 $\dfrac{1}{2}\pi^2(2p)^2$ をもつが，

$$\frac{1}{2}\pi^2(2p)^2 = 2p^2\pi^2 > 2^4 p^2 = 2^4 \cdot \det(\Lambda)$$

であるから，格子に対するミンコフスキーの定理により，この球の内部に 0 でない Λ 点 $(\lambda_1, \lambda_2, \lambda_3, \lambda_4)$ が存在する．したがって

$$0 < \lambda_1^2 + \lambda_2^2 + \lambda_3^2 + \lambda_4^2 < 2p$$

であり，同時に

$$\lambda_1^2 + \lambda_2^2 + \lambda_3^2 + \lambda_4^2 \equiv 0 \,(\mathrm{mod}\, p)$$

でもあることになる．$\lambda_1^2 + \lambda_2^2 + \lambda_3^2 + \lambda_4^2$ は真に 0 と $2p$ の間にある p の倍数であるから，p に等しくなければならない．すなわち，$p = \lambda_1^2 + \lambda_2^2 + \lambda_3^2 + \lambda_4^2$ である．

さて，Λ を構成すれば証明は終わりである．任意の整数 u, v に対して $\Lambda_{u,v}$ を格子

$$
\begin{aligned}
y_1 &= \phantom{{}+ux_3} + x_3 \\
y_2 &= \phantom{{}+ux_3+vx_4} + x_4 \\
y_3 &= px_1 \phantom{{}+ux_3} + ux_3 + vx_4 \\
y_4 &= px_2 - vx_3 + ux_4,
\end{aligned}
$$

と置く．ただし $(x_1, x_2, x_3, x_4) \in \mathbf{Z}^4$ である．すると $\det(\Lambda_{u,v}) = p^2$ となる．$y_3 \equiv uy_1 + vy_2 \pmod{p}$ および $y_4 \equiv -vy_1 + uy_2 \pmod{p}$ に注意することで，直接計算によりすべての $(y_1, y_2, y_3, y_4) \in \Lambda_{u,v}$ に対して

$$y_1^2 + y_2^2 + y_3^2 + y_4^2 \equiv (u^2 + v^2 + 1)(y_1^2 + y_2^2) \pmod{p}$$

が成り立つことがわかる．$t^2 + w^2 + 1 \equiv 0 \pmod{p}$ となるような整数 t, w を見つけることができれば，$\Lambda = \Lambda_{t,w}$ が求める格子である．

シュヴァレーの定理（9.6節）により，$x^2 + y^2 + z^2 \equiv 0 \pmod{p}$ は 0 でない解 $(a, b, c) \pmod{p}$ をもつ．たとえば $c \not\equiv 0 \pmod{p}$ とすると，p を法として c^{-1} が存在し，$(ac^{-1})^2 + (bc^{-1})^2 + 1 \equiv 0 \pmod{p}$ となる．$t = ac^{-1}$ および $w = bc^{-1}$ と置けば $t^2 + w^2 + 1 \equiv 0 \pmod{p}$ であるから，証明できた． □

この最後の結果には簡単な直接証明も存在する．

$p = 2$ ならば $1^2 + 0^2 + 1 \equiv 0 \pmod{2}$ である．

p が奇数ならば $\{u^2 \mid 0 \leq u \leq \frac{p}{2}\}$ および $\{-1 - v^2 \mid 0 \leq v \leq \frac{p}{2}\}$ は $\frac{p+1}{2}$ 個の整数からなる集合で，各集合の要素は p を法として合同ではない．しかし p を法とする合同類は p 個しかないから，両集合のある整数に合同な整数 s が存在する．すなわち $t^2 \equiv s \equiv -1 - w^2 \pmod{p}$, 言い換えれば $t^2 + w^2 + 1 \equiv 0 \pmod{p}$ となるような整数 t, w が存在する．

二平方定理と四平方定理の証明の背後には，共通のテクニックが存在する．すなわち，整数格子 $\mathbf{Z}^n$ を取り，それぞれ $k_1, \cdots, k_n$ を法とする，座標に関する m 個の同次な線形合同条件を課すと，これらの条件を満たす整数点の集合は，行列式が $\leq k_1 k_2 \cdots k_n$ であるような部分格子となる．したがって，二平方定理に対しては $y_1 \equiv uy_2 \pmod{p}$ を与えて格子 Λ_u を得る．四平方定理に対しては $y_3 \equiv uy_1 + vy_2 \pmod{p}$ および $y_4 \equiv -vy_1 + uy_2 \pmod{p}$ を与える．

このテクニックは，ルジャンドルの定理を証明するのにも用いることができる．そしてそこから円錐曲線上に有理数座標をもつ点が存在するかどうか決定するためのアルゴリズムが生み出される（18.3節および [Cas 4, III.7節]）．しかしながら，このテクニックを用いて 3 つの重要な定理を証明することができるにもかかわらず，整数を 2 次形式によって表すことに関するより一般的な定理を，このテクニックが生み出すことができるかどうかはまだわかっていな

い．そのためこれは今のところ，一般的手法ではなく特殊なトリックにとどまっている．

22.6　1次形式

　ミンコフスキーは数の幾何学を数論学者たちのための貴重な道具へと仕立て上げた．この理論を2次形式に適用したのち，彼は自身の基本定理を1次形式系に適用し，数体における単数のディリクレによる特徴づけや類数の有限性といった代数的整数論の基本的結果を生み出した（[Hec]を参照）．より重要なことに，彼は数体の「判別式」に関するクロネッカーの予想を証明した．これについては次の節で扱うことにして，まず1次形式について論じよう．

　箱 $B = \{|y_1| < \lambda_1, \cdots, |y_n| < \lambda_n\}$ は原点に関して対称な $\mathbf{R}^n$ の凸集合で，$V(B) = 2^n \lambda_1 \cdots \lambda_n$ である．このことは幾何学的に見れば直観的に理解でき，直接証明することも難しくない（演習）．このような結果を証明する一般的方法は8節で与えることにしよう．

　格子に対するミンコフスキーの定理（3節）により，行列式 Δ の格子 Λ は，

$$2^n \lambda_1 \cdots \lambda_n > 2^n \Delta$$

すなわち

$$\lambda_1 \cdots \lambda_n > \Delta$$

のとき箱の内部に点をもつ．

　したがって，格子 $\Lambda : y = Ax$ が x_i の1次形式によって与えられることを思い起こせば，次の定理が得られる．

ミンコフスキーの1次形式定理　$y = Ax$, $A = (a_{ij}), a_{ij} \in \mathbf{R}$, $\Delta = |\det(A)| \neq 0$ で，$\lambda_1, \cdots, \lambda_n > 0$ が $\lambda_1 \cdots \lambda_n > \Delta$ を満たすならば，0でない整数点 $(x_1, \cdots, x_n)$ が存在して

$$|y_1| < \lambda_1, \cdots, |y_n| < \lambda_n$$

すなわち

　　　　すべての i に対して　　$|a_{i1}x_1 + a_{i2}x_2 + \cdots + a_{in}x_n| < \lambda_i$

となる．

$\lambda_1 \cdots \lambda_n \geq \Delta$ のときは,この結果はすべての i に対して $|y_i| < \lambda_i$ を $|y_i| \leq \lambda_i$ で置き換えることで成り立つ.しかしもう少し先まで行くことができる.

系 $\lambda_1 \cdots \lambda_n = \Delta$ ならば,0 でない整数点が存在して

$$|y_1| \leq \lambda_1, |y_2| < \lambda_2, \cdots, |y_n| < \lambda_n$$

および他の λ_i についての同様の関係を満たす.

〔証明〕 箱 $\{|y_1| < (1+\epsilon)\lambda_1, |y_2| < \lambda_2, \cdots, |y_n| < \lambda_n\}$ に第 2 形式のミンコフスキーの定理(2 節)を適用し,$\epsilon \to 0$ とする.これは第 3 形式のミンコフスキーの定理を証明するのに用いたのと同じ連続性の議論である(2 節).

例 ディオファントス近似 — 4.8 節および 21.2 節において,ラグランジュの定理,すなわち無理数 α に対して,不等式 $\left|\alpha - \dfrac{p}{q}\right| < \dfrac{1}{q^2}$ には無限に多くの相異なる有理数の解 $\dfrac{p}{q}$ が存在するという定理を証明した.ここでは 1 次形式定理を用いた,さらにもうひとつの証明を与えよう.

〔証明〕

$$y_1 = x_1 - \alpha x_2$$
$$y_2 = x_2$$

と置くと,$\Delta = 1$ である.ここで $\lambda_1 = \dfrac{1}{k}$ および $\lambda_2 = k$ と置けば $\lambda_1 \lambda_2 = 1$ となる.したがって系により,整数点 $(x_1, x_2) \neq (0, 0)$ が存在して

$$|x_1 - \alpha x_2| < \frac{1}{k}$$
$$|x_2| \leq k$$

を満たす.

ここで $k = 1, 2, \cdots$ と置くと,この不等式の組には無限に多くの整数解が存在する.もしそうでなければ,ある k' および $x_1, x_2 \in \mathbf{Z}$ に対して $|x_1 - \alpha x_2| > k'$ となり,十分に大きい k に対して $|x_1 - \alpha x_2| < \dfrac{1}{k}$ となることに矛盾する.さらに,x_2 が何か決まった値,たとえば m をとるとすると,$|x_1 - \alpha m| < 1$

（あるいは $\leq \frac{1}{k}$）を満たす整数 x_1 は有限個しかないから，有限個の整数解しか存在しないことになる．よって $x_2^{(i)} \to \infty$ となるような列 $\left(x_1^{(2)}, x_2^{(2)}\right), \ldots$ が存在して

$$\left|\frac{x_1^{(i)}}{x_2^{(i)}} - \alpha\right| < \frac{1}{\left|x_2^{(i)}\right| k} \leq \frac{1}{\left(x_2^{(i)}\right)^2}$$

を満たす．$x_2^{(i)} \to \infty$ であるから，$\dfrac{x_1^{(i)}}{x_2^{(i)}}$ の中には異なる有理数が無限個あり，証明が終わる． □

ミンコフスキーはまた，1次形式定理を用いて幾何学的に連分数の理論（およびそれに伴う不定2元2次形式の理論）を導いた（[Min 2] を参照）．平面の格子点を用いたクラインによる連分数の解釈（4.7節）から始めて，彼は1次形式 $|ax + by| = k_1$ および $|cx + dy| = k_2$ で辺が定められる長方形の境界上にある格子点の分布を詳しく研究している．ミンコフスキーは2次無理数の周期性に対する自らの証明にかなりの満足を示しており，この定理の最も自然な証明と考えていた．この幾何学的な手法はまた，ミンコフスキーによる連分数の一般化の基礎をなすものであった [Min 2]．

22.7　1次形式の和と積；八面体

集合

$$K = \left\{\sum_1^n |y_i| < \lambda\right\}$$

は $\mathbf{R}^n$ の有界な凸集合で，原点に関して対称である（証明の方法については次節）．$n = 2$ のときは正方形（図6）で，$n = 3$ のときは八面体となる．一般の n に対しても，K を（一般化された）**八面体**と呼ぶことにしよう．その体積を求めるには，この八面体がそれぞれの象限にある 2^n 個の合同な部分からなることに注意しよう．正の象限（すべての $y_i > 0$）にある部分の体積は

$$\lambda^n \int_0^1 \int_0^{1-y_1} \cdots \int_0^{1-y_1-\cdots-y_{n-1}} dy_n dy_{n-1} \cdots dy_1 = \frac{\lambda^n}{n!}$$

図6

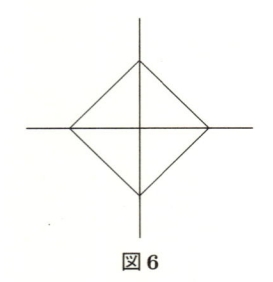

であるから，$V(K) = 2^n \dfrac{\lambda^n}{n!}$ となる．行列式 Δ をもつ格子 Λ が

$$2^n \dfrac{\lambda^n}{n!} \geq 2^n \Delta \quad \text{つまり} \quad \lambda \geq (n!\Delta)^{\frac{1}{n}}$$

を満たすならば，格子に対するミンコフスキーの定理により，K は Λ の 0 でない点を含む．よって，$\lambda = (n!\Delta)^{\frac{1}{n}}$ ととると，次の定理が成り立つ．

定理（1 次形式の和） $y = Ax, A = (a_{ij}), a_{ij} \in \mathbf{R}, \Delta = |\det(A)| \neq 0$ ならば，0 でない整数点 $(x_1, \cdots, x_n)$ で

$$|y_1| + \cdots + |y_n| \leq (n!\Delta)^{\frac{1}{n}}$$

となるものが存在する．

例 $n = 2$ のとき，この定理は，$\Delta = |ad - bc| \neq 0$ であれば

$$|ax_1 + bx_2| + |cx_1 + dx_2| \leq \sqrt{2\Delta}$$

を満たす 0 でない整数点 (x_1, x_2) が存在することを保証する．

ジーゲル [Sie 5] が指摘しているように，$a = \sqrt{7}, b = \sqrt{6}, c = \sqrt{15}, d = \sqrt{13}$ の場合にはこれが自明な結果ではないことがわかる．

1 次形式の積は相加相乗平均の不等式，すなわち

$$|y_1 \cdots y_n|^{\frac{1}{n}} \leq \dfrac{1}{n}(|y_1| + \cdots + |y_n|)$$

あるいは

$$|y_1 \cdots y_n| \leq \dfrac{1}{n^n}(|y_1| + \cdots + |y_n|)^n$$

を用いることにより，和に直すことができる．このことに前の定理を適用すると，次の定理が得られる．

定理（1次形式の積） 前の定理と同じ仮定の下において，0でない整数点 $(x_1,\cdots,x_n)$ で

$$|y_1\cdots y_n|\leq\frac{n!\Delta}{n^n}$$

となるものが存在する．

例 代数的数体の判別式 — 先に述べたように，ミンコフスキーは数の幾何学を用いてクロネッカーの予想，すなわち

$$\text{数体}(\neq\mathbf{Q})\text{の '判別式' は 1 より大きい}$$

を証明した．

この結果を理解するのに必要な概念は2次形式の文脈で定義した（第16，17章）が，そこでは結果は自明なものであった（17.8節）．一般的予想を理解し，ミンコフスキーの結果の特殊な場合を証明するのに必要な基本的アイデアについて，ここで簡単に振り返っておこう．

複素数 θ が（**次数 n** の）**代数的数**であるとは，それが整数係数をもつ既約多項式 $\sum_0^n a_i x^i$ の根となることである．$a_n=1$ のときは，θ は **代数的整数**である．**代数的数体**（あるいは単に**数体**）K は，有理数体から有限次拡大で得られる，すなわち $n=\deg(K/\mathbf{Q})<\infty$ となる $\mathbf{C}$ の部分体である．

$\mathbf{Q}$ 上の n 次数体 K はどれも，次数 n の代数的数 θ によって，

$$K=\mathbf{Q}(\theta)=\{u_0+u_1\theta+\cdots+u_{n-1}\theta^{n-1}|u_i\in\mathbf{Q}\}$$

という意味で**生成される**．すなわち，$\omega\in K$ ならば，$\deg q<n$ であるようなある $q(x)\in\mathbf{Q}[x]$ に対して $\omega=q(\theta)$ となる．$p(x)$ が θ に対する既約な方程式で，根 $\theta^{(0)}=\theta,\theta^{(1)},\cdots,\theta^{(n-1)}$（$\theta$ の**共役数**）をもつならば，$\omega^{(0)}=\omega=q(\theta)$，$\omega^{(1)}=q(\theta^{(1)}),\cdots,\omega^{(n-1)}=q(\theta^{(n-1)})$ は $\mathbf{C}$ における $\boldsymbol{\omega}$ の共役数である（それらは K の生成元の選び方によらない）．

K の代数的整数全体の集合 $\boldsymbol{I_K}$ は，**整基底**をもつ環である．すなわち

$$I_K=\left\{\sum_0^{n-1}v_i\omega_i|v_i\in\mathbf{Z}\right\}$$

となるような $\omega_0,\cdots,\omega_{n-1}\in I_K$ が存在する．

この基底で, $\omega_i^{(j)}$, $j = 0, \cdots, n-1$ を ω_i の n 個の共役数として（ただし $\omega_i^{(0)} = \omega_i$）, 1次形式

$$\xi^{(0)} = x_0 \omega_0^{(0)} + \cdots + x_{n-1} \omega_{n-1}^{(0)}$$

$$\xi^{(1)} = x_0 \omega_0^{(1)} + \cdots + x_{n-1} \omega_{n-1}^{(1)}$$

$$\vdots$$

$$\xi^{(n-1)} = x_0 \omega_0^{(n-1)} + \cdots + x_{n-1} \omega_{n-1}^{(n-1)}$$

を考える.

K の判別式は $d_K = [\det(\omega_i^{(j)})]^2$ で定義される. 以下の性質は役に立つことがわかるだろう.

(i) d_K は 0 でない有理整数で, 整基底の選び方にはよらない.

(ii) $K = \mathbf{Q}(\theta)$ が総実（θ およびその共役数がすべて実数）ならば, d_K は正の整数である.

(iii) どの 0 でない整数点 $(x_0, \cdots, x_{n-1})$ に対しても, 積 $\xi^{(0)} \cdots \xi^{(n-1)}$ は 0 でない整数である.

それでは総実体に対するクロネッカーの予想を, d_K に対する下界を求めることによって証明しよう. 数体全体に対する証明は [Min 1] や [Rib] で与えられているが, はるかに難しいというほどではない.

1次形式の積に関する定理を $\xi^{(i)}$ に適用し, $\Delta = \sqrt{d_K}$ と合わせることにより, 0 でない整数点 $(x_0, \ldots, x_{n-1})$ が存在して

$$|\xi^{(0)} \cdots \xi^{(n-1)}| \leq \frac{n! \sqrt{d_K}}{n^n}$$

が成り立つ. (iii) により左辺は正の整数であり, したがって 1 以上である. よって $1 \leq \dfrac{n! \sqrt{d_K}}{n^n}$, つまり $d_K \geq \left(\dfrac{n^n}{n!}\right)^2$ となるから, $n > 1$ に対して $d_K > 1$ となる ($K \neq \mathbf{Q}$).

系 総実数体 $K(\neq \mathbf{Q})$ の判別式は少なくとも1つの有理素数で割り切れる.

これは2次の場合（17.6, 17.12節）と同じ重要性を, 一般の数体に対して

もっている. すなわち, '分岐素数' の存在である.

注意しなければならないのは, 積が非常に小さくなるような n 個の 1 次形式を求めるために知られている唯一の一般的な構成法は, 我々の例にあるような, ある数体の元を係数とする形式を 1 つとり, その他の形式を共役数をとることによって構成する方法だということである.

22.8 ゲージ関数；凸体の方程式

ミンコフスキーは凸集合のゲージ関数を導入して, 集合の解析的な記述を与えた. どの関数がゲージ関数であるのか特徴づけることによって, 彼はある集合が凸であることを示すのによく用いられる一般的な手順も生み出した. ゲージ関数はまた, 整数点上で関数（または関数の集合）を最小にすることに関する我々の算術的結果を, 幾何から算術へと翻訳することなく直接述べる方法を与えた. 以前と同じように, この新しい観点はミンコフスキーの定理のさらにもうひとつの定式化, そして新しい一般化へとつながるものである.

凸体, すなわち原点を含む有界な凸開集合だけを考えることにしよう（注意：この用語には他の著者の間でいくらかの差異がある）. 凸集合の内部は凸開集合であるから, このことは実際の制限にはならない. ∂B で B の**境界**を意味する.

B を $\mathbf{R}^n$ の凸体とする. B の**ゲージ関数**とは次のように定義される関数 $f : \mathbf{R}^n \to [0, \infty)$ である.

(i) $f(\mathbf{0}) = 0$,

(ii) $x \neq \mathbf{0}$ に対し $f(x) = \dfrac{\|x\|}{\|x'\|}$, ただし x' は $\mathbf{0}$ から x への半直線と B の境界との交点（図 7）で, $\|y\| = \sqrt{\sum y_i^2}$ は $y = (y_1, \cdots, y_n)$ の長さを表す.

これと同じことであるが, $x = \mu x'$, $\mu > 0$, $x' \in \partial B$ であれば $f(x) = \mu$ である.

ここで

(a) $f(x) < 1 \iff x \in B$

図 7

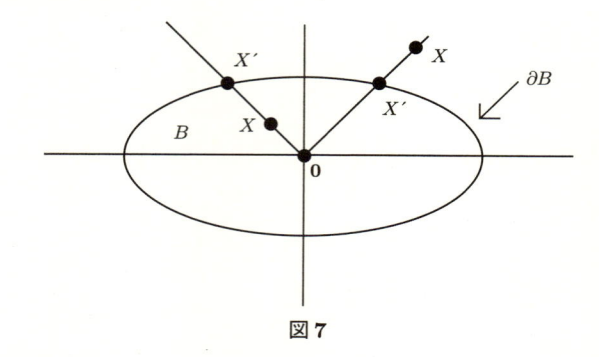

(b) $f(x) = 1 \iff x \in \partial B$
(c) $f(x) \leq 1 \iff x \in \overline{B}$

となることに注意しよう．ただし $\overline{B} = B \cup \partial B$ は B の**閉包**である．

このように，(a) は B に対する方程式（あるいは，より正確には，不等式），そして (b) は境界に対する方程式とみなすことができる．

ゲージ関数は $\mathbf{0}$ から x までの距離を，$\|x'\|$ を単位として測るものである．$\rho(x,y) = \|x - y\|$ と置くと，ρ は $\mathbf{R}^n$ 上の距離となる．これらの距離は'射影距離'と呼ばれるものの特殊な部類であり，これらによって引き起こされる'ミンコフスキー幾何学'は，Busemann and Kelly の [Bus-Kel] において研究されている．

定理 B がゲージ関数 $f(x)$ をもつ凸体であるならば，

(i) $x \neq \mathbf{0}$ に対して $f(x) > 0$, $f(\mathbf{0}) = 0$
(ii) $\lambda \in \mathbf{R}, \lambda \geq 0$ に対して $f(\lambda x) = \lambda f(x)$
(iii) $f(x + y) \leq f(x) + f(y)$

が成り立つ．さらに f は連続である．

〔証明〕 (i) は f の定義から直ちに得られる．(ii) を証明するために，$x = \mu x'$, $\mu > 0$, $x' \in \partial B$，つまり $f(x) = \mu$ としよう．すると $f(\lambda x) = f(\lambda \mu x') = \lambda \mu = \lambda f(x)$ となる．

三角不等式 (iii) はもっと骨が折れる．x または y が $\mathbf{0}$ のときは明らかであ

る．そうでないときは，$x' = \dfrac{x}{f(x)}, y' = \dfrac{y}{f(y)}$ を考えることにより標準化すると，$f(x') = f(y') = 1$ で $x', y' \in \partial B$ となる．$\overline{B}$ は凸である（これを仮定している）から，$r, s > 0$ かつ $r + s = 1$ を満たすすべての実数に対して

$$f(rx' + sy') \leq 1 \tag{1}$$

(1) において $r = \dfrac{f(x)}{f(x) + f(y)}$ および $s = \dfrac{f(y)}{f(x) + f(y)}$ と置くと，

$$f\left(\dfrac{x+y}{f(x)+f(y)}\right) \leq 1 \implies \left(\dfrac{1}{(f(x)+f(y))}\right) f(x+y) \leq 1$$
$$\implies f(x+y) \leq f(x) + f(y)$$

が得られる．

連続性は性質 (i)–(iii) から成り立つが，次の定理の一部として証明される． □

次の命題により，対称性がゲージ関数に導入される．

命題 B が対称である $\iff$ f が偶関数 ($f(x) = f(-x)$) である．

〔証明〕 $\implies$) $x = \lambda x', x' \in \partial B \implies -x = \lambda(-x'), -x \in B$ （対称性により）$\implies f(x) = f(-x) = \lambda$

$\impliedby$) $x \in B \implies f(x) < 1 \implies f(-x) = f(x) < 1 \implies -x \in B$ □

演習 (I) B を $\mathbf{R}^2$ の正方形で，原点を中心とし，辺の長さが 2 で軸に平行であるとする．B のゲージ関数は $f(x) = \max\{|x_1|, |x_2|\}$ であることを示せ．ただし $x = (x_1, x_2)$ である．また一般の箱 $\{|x_1| < \lambda_1, |x_2| < \lambda_2\}$ に対するゲージ関数を求めよ．

(II) B を楕円 $\dfrac{x_1^2}{a^2} + \dfrac{x_2^2}{b^2} = 1$ の内部とする．ゲージ関数は $f(x) = \sqrt{\dfrac{x_1^2}{a^2} + \dfrac{x_2^2}{b^2}}$ であることを示せ．

凸体 B のゲージ関数を求める一般的な考え方は，B の境界の方程式で $g(x) = 1$ という形をしたものを探し，必要ならば g を変形して同次にする（す

なわち定理の (ii) を満たすようにする）ことである．だから演習の (II) において $g(x) = \dfrac{x_1^2}{a^2} + \dfrac{x_2^2}{b^2}$ を得たあと平方根をとって式を同次にしているのである．$\sqrt{g(x)}$ は明らかに定理の (i) の部分を満たしているが，それでも (iii) の三角不等式を確かめることは必要である．

先に述べた応用例の多くにおいて我々は，関数 f から始めて集合 $\{f < \lambda\}$ が凸体であると仮定するというように，反対の方向で話を進めてきた．凸性はしばしば前の定理の逆によって示される．

定理 関数 $f: \mathbf{R}^n \to [0, \infty)$ が条件

(i) $x \neq \mathbf{0}$ に対して $f(x) > 0$, $f(\mathbf{0}) = 0$
(ii) $\lambda \in \mathbf{R}$, $\lambda \geq 0$ に対して $f(\lambda x) = \lambda f(x)$
(iii) $f(x+y) \leq f(x) + f(y)$

を満たせば f は連続で，$B = \{x | f(x) < 1\}$ は凸体であり，f は B のゲージ関数である．

〔証明〕 1) f は連続である —— まず $\mathbf{0}$ における連続性を示す．
$e_1 = (1, 0, \cdots, 0), \cdots, e_n = (0, \cdots, 0, 1)$ で単位ベクトルを表すとき，$\mathbf{R}^n$ の各 x は，形式

$$x = \sum_1^n \lambda_i e_i = \sum_1^n |\lambda_i|(\pm e_i)$$

の形で表すことができる．よって (i) – (iii) により，

$$0 \leq f(x) \leq \sum f(|\lambda_i|(\pm e_i)) = \sum |\lambda_i| f(\pm e_i)$$

となる．したがって $x \to \mathbf{0}$ とするとき，$|\lambda_i| \to 0$ であり，$f(x) \to 0 = f(\mathbf{0})$ となる．したがって f は $\mathbf{0}$ で連続である．

$x \neq \mathbf{0}$ における連続性を示すため，任意の $y \neq \mathbf{0}$ に対して $x = (x+y) + (-y)$ と書く．すると $f(x) \leq f(x+y) + f(-y)$ あるいは $-f(-y) \leq f(x+y) - f(x)$ となる．$f(x+y) \leq f(x) + f(y)$ より，$f(x+y) - f(x) \leq f(y)$ である．これらの不等式を組み合わせると，

$$-f(-y) \leq f(x+y) - f(x) \leq f(y)$$

が得られる. **0** における連続性から, $\lim_{y \to 0} f(y) = \lim_{y \to 0} f(-y) = 0$ となるから, f は x で連続である.

2) B は連続写像 f の下での開集合の原像であるから開集合である.

3) B は凸である — $x, y \in B$ とすると $f(x) < 1, f(y) < 1$ である. $\lambda, \mu > 0, \lambda + \mu = 1$ に対して, $f(\lambda x + \mu y) \leq f(\lambda x) + f(\mu y) = \lambda f(x) + \mu f(y) < \lambda + \mu = 1$ となる. よって $\lambda x + \mu y \in B$ であり, B は凸である.

4) B は有界である — B が有界でないとする. すると B の点列 $x_0, x_1, \cdots$ で

$$n \to \infty \text{ のとき } f(x_n) < 1 \text{ かつ } \|x_n\| \to \infty$$

を満たすものが存在する. Let $\lambda_n = \dfrac{1}{\|x_n\|}$ と置くと, $n \to \infty$ のとき

$$f(\lambda_n x_n) = \frac{f(x_n)}{\|x_n\|} < \frac{1}{\|x_n\|} \to 0$$

となる. しかし $\|\lambda_n x_n\| = 1$ であるから $\lambda_n x_n$ は $\mathbf{R}^n$ の単位球上にあり, それはコンパクト集合である. f はコンパクト集合上の連続関数であるから, この集合上のある点 x' で最小値 $f(x')$ を取り, (i) によって $f(x') > 0$ となるが, これは $f(\lambda_n x_n) \to 0$ に矛盾する.

5) f は B のゲージ関数である (演習). □

演習 $f(x) = \left(\sum |x_i|^r \right)^{\frac{1}{r}}, x \in \mathbf{R}^n, r > 1$ は偶関数のゲージ関数であることを示せ. この関数に対する三角不等式はミンコフスキーの不等式として知られている ([Sie 5] あるいは [Har-Lit-Pol] を参照). この設定がおそらく, ミンコフスキーがこの不等式を研究した理由であろう.

$r = 1$ のときは, 一般化された八面体になる.

$r = 2$ のときは, n 次元単位球になる.

$r \to \infty$ のときは, 立方体の箱 (すべての辺が等しい—なぜか?) になる.

立方体の箱が凸であることからすべての箱が凸であることが導かれるのはなぜか?

それではミンコフスキーの基本定理を，ゲージ関数 f をもつ $\mathbf{R}^n$ の対称な凸体に対して定式化し直そう．すべての $x \in \partial(\lambda B)$ に対して，$f(x) = \lambda$ である．はじめに λ を十分小さくとり，λB が $\mathbf{0}$ でない整数点をひとつも含まないようにする．それから λ を，λB が境界上に整数点を含み，内部にはひとつも含まない（$\mathbf{0}$ 以外には）という状態になるまで大きくする．$\lambda = \mu$ のときにこうなるとしよう．すると，$f(\partial(\lambda B))$ は λ の増加関数であるから，

$$\mu = \operatorname{Min} f(g)$$

となる．ただし最小値は，$\mathbf{0}$ でない整数点 g 全体の上でとるものとする．こうして最小値が実際に整数点で実現されることが示された．この μ を f（または B）の**第一最小**と呼ぶ．$V(\lambda B) = \lambda^n V(B)$ であるから，次の定理を得る．

ミンコフスキーの定理

a) （幾何形式）B が原点を中心とする $\mathbf{R}^n$ の有界で対称な凸体で，μ が第一最小であるならば，
$$\mu^n V(B) \leq 2^n$$
である．

b) （算術形式）$f : \mathbf{R}^n \to [0, \infty)$ が前の定理の条件を満たす関数ならば，$B = \{x | f(x) < 1\}$ の体積 $V(B)$ およびすべての $\mathbf{0}$ でない整数点上における f の最小値 μ のどちらも存在し，$\mu^n V(B) \leq 2^n$ となる．

同じ再定式化は，行列式 Δ の任意の格子 L に関する凸体に対して行うことができる．（L に関する）B の第一最小 μ_L を同様に定義すると，μ_L はすべての $\mathbf{0}$ でない L の点における f の最小値である．すると格子に対するミンコフスキーの定理は $\mu_L^n V(B) \leq 2^n \Delta$ となり，また算術形式も存在する．

ミンコフスキーの定理によって，我々の算術的結果を直接主張することができるようになる．なぜなら，第一最小の限界はつねに我々の算術的目的であったものだからである．たとえば，1 次形式の和に関する定理（7 節）において，L は $y = Ax$ で与えられ，$f(y) = \sum |y_i|$ であり，$B = \{y | f(y) < 1\}$ の体積は $\dfrac{2^n}{n!}$ であるから，$\mu_L \leq \left(\dfrac{2^n \Delta}{V(B)} \right)^{\frac{1}{n}} = (n! \Delta)^{\frac{1}{n}}$ である．

22.9 逐次最小

前節で示されたミンコフスキーの定理の定式化は自然な一般化へとつながるもので，これもまたミンコフスキーによって与えられた．

f を $\mathbf{R}^n$ 上で定義された偶関数であるゲージ関数とし，$B = \{x|f(x) < 1\}$ を対応する対称な凸体とする．B の第一最小を定義したが，しばらくの間それを α_1 で表すことにする．$g^{(1)}$ を $\partial(\alpha_1 B)$ 上の 1 つの整数点とし，最大で k_1 個の整数点が $\partial(\alpha_1 B)$ 上にあるとする．それを $g^{(1)}, \cdots, g^{(k_1)}$ と呼ぶが，これらは $\mathbf{R}$ 上 1 次独立であり（その選び方は必ずしも一通りとは限らない），それらの点における関数 f の値はすべて α_1 である．さて，λ を α_1 からさらに，$\partial(\lambda B)$ が $g^{(1)}, \cdots, g^{(k_1)}$ とは独立な整数点を含むようになるまで大きくする．そのときの $\lambda = \alpha_2$ に対して，$\partial(\alpha_2 B)$ 上に最大個数の整数点 $g^{(k_1+1)}, \cdots, g^{(k_2)}$ をとり，$g^{(1)}, \cdots, g^{(k_2)}$ が 1 次独立であるようにする．新しい点における関数 f の値はすべて α_2 である．再び λ を α_2 から大きくするなど，この手続きを続けよう．十分大きい λ に対しては λB は n 個の 1 次独立なベクトルを含むようになるので，我々の手続きは，n 個の独立な整数点 $g^{(1)}, \cdots, g^{(n)}$ を選んだところで止めなければならない．$\mu_i = f(g^{(i)})$ と置くと，この構成法により，

$$\mu_1 \leq \mu_2 \leq \cdots \leq \mu_n$$

が得られる．μ_i は B の**逐次最小**と呼ばれる（μ_1 が第一最小）．

逐次最小に対するミンコフスキーの定理 $\mu_1, \cdots, \mu_n$ が対称な凸体 B の逐次最小ならば，

$$\mu_1 \mu_2 \cdots \mu_n V(B) \leq 2^n$$

である．

この結果は基本的なミンコフスキーの定理 $\mu_1^n V(B) \leq 2^n$ よりも相当強いもので，それに対応して算術的にもより強いことを意味する（[Min 1]，[Cas 4]，[Lek] を参照）．

ここではこの定理の証明は述べない．ミンコフスキーのもともとの証明 [Min 1] はきわめて難しいものである．Weyl [Wey 4] と Davenport [Dav 4] がのちにより簡単な証明を与えたが，定理自体は深いままである．ジーゲル [Sie

5] は証明を与えるとともに，こうした証明への明白な手法がなぜうまく行かないのかについてわかりやすく議論している．

22.10 他の方向性

　ミンコフスキーの基本定理について，その起こりから証明，そして多くの応用について示してきた．彼の見事な手の下で，これらの結果から20世紀にモーデル，ワイル (Weyl)，マーラー，ダヴェンポートといった英才たちによって引き継がれることになる一般論が導かれた．その理論には今や2次形式（不定形式も含む）のより深い研究，非凸集合へのモーデルの一般化，凸集合による $\mathbf{R}^n$ の敷き詰め，ディオファントス方程式への応用などが含まれ，そこではたとえばトゥエ・ジーゲル・ロスの定理のシュミットによる一般化において重要な役割を果たしている．

　ジーゲルの講義 [Sie 5] は，形式の簡約に関するより深い結果のいくつかとともに，よい導入を与えている．Cassels [Cas 4] や Lekkerkerker [Lek] による本は，広範囲の内容を扱うとともに，参考文献を網羅している．Minkowski [Min 1] はきわめて難解であるが，彼によるより初歩的な『ディオファントス近似』[Min 3] はいくらか読みやすく，この分野の発展を導くことになったアイデアや予想の豊かな源である．Hancock [Han] はミンコフスキーの著書や論文の大部分の英訳を与えている（そのように公言はしていないが）．残念ながら，彼の混乱させるような説明がミンコフスキーの原文と混じり合ってしまっているが．

第23章
p 進数と付値

23.1 歴史

　第15〜17章でクンマーの仕事のデデキントによる一般化を見たが，もう一つの方向での代数的整数論の発展はクロネッカーに始まる．クロネッカーはいろいろな意味でクンマーのアイデアにもっとも忠実であり，デデキントよりも壮大な目標をもっていた．すなわち，代数的整数論と代数幾何学の両方を含む一般論という目標である．クロネッカーの目標はいまだに部分的に実現されただけで，数学者たちにとって課題のままとなっている [Wei 9]．彼の論文は大変読みにくく，早い時期にデデキントの手法の方が優位であったのはそのためだと言えるかもしれないほどであるが，それでも彼の論文はいまだに手つかずの情報の宝庫なのである．

　クロネッカーの仕事は彼の弟子であるヘンゼルによって受け継がれた．そして 20 世紀におけるそのもっとも優れた主導者は，ヘンゼルの弟子のハッセであった．20 世紀には，**R** および **C** 上の数体と幾何学の間の豊かな類似から有限体上の幾何学への拡張がもたらされた．クロネッカーの仕事を拡張する過程において，ヘンゼルは p 進数の創造へと導かれていったが，やがてこれが現代の数論にとって，独立した興味をもつ強力な道具であることが明らかとなったのである．現代の観点からみると，これらのアイデアを統一する概念は，"体上の付値" の概念である．

　2 − 4 節では，まずヘンゼルの視点から，直接構成と付値の両方を用いて p 進数を導入する．5 節では，p 進整数と有理数上の合同の間の関係について議論するが，これは p 進数を作り出すことに対するもっとも初等的な動機づけを与えるものである．6 節では，多項式方程式の p 進数解や有理数解や整数解と

の間のより深い疑問について議論する．最後に7節では，数体における因数分解に関するクンマー・クロネッカーの理論の現代版について，付値に基づいて簡単に議論する．

歴史的発展に関する短い議論が [Ell, W-Ell, F] にある．p 進数に対する全般的なよい参考文献をいくつか挙げると，[Bor-Sha], [Kob 1], [Kob 3], [Bac], [Cas 5] がある．

23.2　p 進数；形式ばらない導入

まず，基礎的な概念がどのようにして発見されたのかというアイデアがある程度わかるやり方で，p 進数を導入しよう．次の節において，これらのアイデアを定式化することにする．

p を有理素数とし，数体 K におけるイデアル (p) の分解を考えているうちにヘンゼルは，整数係数の多項式の，ある $k \geq 1$ に対する p^k を法とする分解に依存する基準を発見した．さらに，これらの多項式の係数を，p を基数として $\pm(a_0 + a_1 p + \cdots + a_n p^n)$，ただし $0 \leq a_i \leq p-1$，のように書くと便利であることを見出した．カギとなる観察は，正の整数

$$x = a_0 + a_1 p + \cdots + a_n p^n, \quad 0 \leq a_i \leq p-1$$

に対して

$$x \equiv a_0 + a_1 p + \cdots + a_i p^i \pmod{p^{i+1}}, \quad i = 0, 1, \cdots, \tag{1}$$

が成り立ち，また後者の条件が x を一意的に特徴づける（もちろん $i \geq n$ に対しては，合同式の右辺には常に同じ式が現れる）ということに留意したことである．

その動機はわからないが，天才のひらめきにより，ヘンゼルは次に新しい研究対象として，すべての形式的な無限式

$$a_0 + a_1 p + a_2 p^2 + \cdots + a_i p^i + \cdots, \quad 0 \leq a_i \leq p-1$$

を考えた．これらの形式的べき級数を彼は **p 進整数**と呼んだ．彼はおそらく，負の整数がこの形の表現をもつことを知って，この考えに至ったのであろう．

たとえば $p=3$ のとき，収束しない等比級数を形式的に足すことにより，

$$\sum_0^\infty 2\cdot 3^i = 2\cdot\left(\frac{1}{1-3}\right) = -1$$

が得られるが，この等式を意味づけるには，式 (1) により

$$2\cdot 1 + 2\cdot 3 + 2\cdot 3^2 + \cdots + 2\cdot 3^i = 2\left(\frac{1-3^{i+1}}{1-3}\right)$$
$$= 3^{i+1} - 1 \equiv -1 \pmod{3^{i+1}}$$

となることに注意すればよい．このとき -1 は 3 進整数 $\displaystyle\sum_0^\infty 2\cdot 3^i$ で表現されると言う．一般的に，

$$x \equiv a_0 + a_1 p + \cdots + a_i p^i \pmod{p^{i+1}}, \quad i = 0, 1, \cdots \tag{2}$$

のとき，有理整数 x は p 進整数 $\sum a_i p^i$ で表現されると言い，$x = \sum a_i p^i$ と表す（等号を用いることについてはすぐに正当化する）．もちろん式 (1) で見たように，正の整数の p を基数とする展開もまた，その整数の p 進整数としての表現である．

2 つの p 進整数 $\alpha = \sum a_i p^i$ と $\beta = \sum b_i p^i, 0 \le a_i, b_i \le p-1$ が等しいとは，

$$\sum_0^i a_k p^k \equiv \sum_0^i b_k p^k \pmod{p^{i+1}}, \quad i = 0, 1, \cdots$$

となることであると定義する．式 (2) よりただちに，$\alpha = \beta$ ならばすべての i に対して $a_i = b_i$ となることが得られる．特に，p 進整数による有理整数の表現は一意的である．

ヘンゼルは次に，(p を固定したときの) p 進整数の和と積を，まず形式べき級数の和と積：

$$\sum a_i p^i + \sum b_i p^i = \sum (a_i + b_i) p^i,$$
$$\sum a_i p^i \cdot \sum b_i p^i = \sum c_i p^i, \quad c_i = \sum a_k b_{i-k}$$

によって導入した. ところが, こうしてできた和や積は, 必ずしも係数が 0 と $p-1$ の間にあるという条件を満たすわけではない. そのためこの級数の係数をずらして, 適切な形式になるようにしなければならない.

例を挙げるのが最高の説明になるだろう. $p=3$ と置くと,

$$\begin{array}{r} 2\cdot 1 + 2\cdot 3 + 2\cdot 3^2 + \cdots + 2\cdot 3^i + \cdots \quad (=-1) \\ +\ 2\cdot 1 + 2\cdot 3 + 2\cdot 3^2 + \cdots + 2\cdot 3^i + \cdots \quad (=-1) \\ \hline 4\cdot 1 + 4\cdot 3 + 4\cdot 3^2 + \cdots + 4\cdot 3^i + \cdots \quad (=-2) \end{array}$$

となる. 係数を 3 より小さくするには次のようにすればよい:

$$4\cdot 1 + 4\cdot 3 + 4\cdot 3^2 + \cdots + 4\cdot 3^i + \cdots$$
$$= (1+3)\cdot 1 + 4\cdot 3 + 4\cdot 3^2 + 4\cdot 3^3 + \ldots$$
$$= 1\cdot 1 + (1\cdot 3 + 4\cdot 3) + 4\cdot 3^2 + 4\cdot 3^3 + \cdots$$
$$= 1\cdot 1 + (2\cdot 3 + 3\cdot 3) + 4\cdot 3^2 + 4\cdot 3^3 + \cdots$$
$$= 1\cdot 1 + 2\cdot 3 + (1\cdot 3^2 + 4\cdot 3^2) + 4\cdot 3^3 + \cdots$$
$$= 1\cdot 1 + 2\cdot 3 + (2\cdot 3^2 + 3\cdot 3^2) + 4\cdot 3^3 + 4\cdot 3^4 + \cdots$$
$$= 1\cdot 1 + 2\cdot 3 + 2\cdot 3^2 + (2\cdot 3^3 + 3\cdot 3^3) + 4\cdot 3^4 + \cdots$$
$$\vdots$$
$$= 1\cdot 1 + 2\cdot 3 + 2\cdot 3^2 + \cdots + 2\cdot 3^i + \cdots.$$

したがって, $-2 = 1\cdot 1 + \sum_{i=1}^{\infty} 2\cdot 3^i$ が得られるが, これは以前に述べた等比級数の和を求める方法, すなわち $1 + \sum_{i=1}^{\infty} 2\cdot 3^i = 1 + 2\cdot \dfrac{3}{1-3} = -2$ と一致している. 少し考えれば, この和が有理整数の十進表示と同じように行われていることがわかる. ただ異なるのは, 各桁の数 (3^i の係数) を左から右へ書き, また各桁の数の和を 10 ではなく 3 を法として小さくしていることである.

つまり我々の例では, -1 は $222\cdots$ という数字の並びで表され, 足し算

$$\begin{array}{r}2\,2\,2\cdots\\+\ 2\,2\,2\cdots\\\hline\end{array}$$

を行っているのである.

1の位（最初の位）の数を足すと，$2+2=4=1+3$ となり，3を1だけ超えるので，1の位には1を入れ，さらに1が繰り上がる.

$$\begin{array}{r}2\,^{1}2\,2\cdots\\+\,2\ \ 2\,2\cdots\\\hline 1\end{array}$$

2番目の位（3の位）を足すと $2+2+1=2+3$ となるが，これは3を2だけ超えるので，2を入れ，1が繰り上がる.

$$\begin{array}{r}2\,^{1}2\,^{1}2\cdots\\+\,2\ \ 2\ \ 2\cdots\\\hline 1\ 2\end{array}$$

あとの位は2番目の位と同じようになり，

$$\begin{array}{r}2\,^{1}2\,^{1}2\,^{1}2\,^{1}2\cdots\\+\,2\ \,2\ \,2\ \,2\ \,2\cdots\\\hline 1\ 2\ 2\ 2\ 2\cdots\end{array}$$

が得られる.

掛け算を説明するために $p=5$ と置き，計算を単純にするために2つの有限級数 $7=2\cdot 1+1\cdot 5$ および $40=0\cdot 1+3\cdot 5+1\cdot 5^2$ を掛けることにしよう．すると

$$(2\cdot 1+1\cdot 5)\cdot(0\cdot 1+3\cdot 5+1\cdot 5^2)$$
$$=0\cdot 1+(2\cdot 3+1\cdot 0)\cdot 5+(2\cdot 1+1\cdot 3)\cdot 5^2+(1\cdot 1)\cdot 5^3$$
$$=0\cdot 1+6\cdot 5+5\cdot 5^2+1\cdot 5^3$$
$$=0\cdot 1+1\cdot 5+6\cdot 5^2+1\cdot 5^3$$

$$= 0 \cdot 1 + 1 \cdot 5 + 1 \cdot 5^2 + 2 \cdot 5^3$$

すなわち $7 \cdot 40 = 280$ となる．桁の表示を用いると，通常の掛け算のように掛けているのだが，左から右へ進み，5を法として各桁の数を小さくする．すなわち

$$
\begin{array}{r}
21 \\
\times 031 \\
\hline
000 \\
14 \\
+\ \ 21 \\
\hline
0112
\end{array}
$$

$\mathbf{Z}_p$ で p 進整数全体を表すと，加法と乗法の下で $\mathbf{Z}_p$ は零因子をもたない可換環となる（演習）．すなわち $\mathbf{Z}_p$ は整域（= 整環）である．

$$n \mapsto n \text{ の } p \text{ 進表現}$$

で与えられる写像 $\varphi : \mathbf{Z} \to \mathbf{Z}_p$ は $\mathbf{Z}$ から $\mathbf{Z}_p$ の部分環への同型写像である．これによって $-1 = \sum 2 \cdot 3^i$ のように等号を用いることが正当化される．つまり -1 をこの同型写像による像 $\varphi(-1) = \sum 2 \cdot 3^i$ と同一視すればよいのである．

整除性はあらゆる可換環に対するのと同じように定義される．すなわち，$\alpha | \beta$ とは，$\beta = \alpha \gamma$ を満たす γ が存在するときを言う．

単元は $a_0 \neq 0$ であるような p 進数 $\sum a_i p^i$ である（演習 — 証明は，可逆な形式べき級数（$\sum a_i x^i$ で，$\sum a_i x^i . \sum b_i x^i = 1$ となる $\sum b_i x^i$ が存在するもの）が，$a_0 \neq 0$ であるようなべき級数とちょうど一致するということの証明と同様である）．

明らかに各 p 進数 $\alpha = \sum a_i p^i$ は，最小の 0 でない係数を a_m とするとき

$$\alpha = p^m(a_m + a_{m+1}p + a_{m+2}p^2 + \cdots) \tag{3}$$

という形に分解される．$\mathbf{Z}_p$ の唯一の素元は p である（演習）から，式 (3) は α を単元と素元のべきへと分解することを表している．p の級数としての表現は一意的であるから，式 (3) は $\mathbf{Z}_p$ における α の唯一の素因数分解であり，$\mathbf{Z}_p$ は p をただひとつの素元にもつ一意分解整域であるとわかる．

$\sum p^i$ が有理整数を表さないことを示すことにより，$\mathbf{Z}_p$ が $\mathbf{Z}$ の真の拡大になっていることを証明しよう．$\sum p^i$ が有理整数 x を表すとすると，正の整数は有限和で表され，しかもその表現は一意的であるから，$x < 0$ である．よって $-x > 0$ は有限和で表されなければならない．しかし

$$(-1)\sum p^i = \sum(-1)p^i$$
$$= -1 \cdot 1 + (-1) \cdot p + (-1) \cdot p^2 + (-1) \cdot p^3 + \cdots$$
$$= (-p + p - 1) \cdot 1 + (-1) \cdot p + (-1) \cdot p^2 + (-1) \cdot p^3 + \cdots$$
$$= (p-1) \cdot 1 + (-2) \cdot p + (-1) \cdot p^2 + (-1) \cdot p^3 + \cdots$$
$$= (p-1) \cdot 1 + (-p + p - 2) \cdot p + (-1) \cdot p^2 + (-1) \cdot p^3 + \cdots$$
$$= (p-1) \cdot 1 + (p-2) \cdot p + (-2) \cdot p^2 + (-1) \cdot p^3 + \cdots$$
$$= (p-1) \cdot 1 + (p-2) \cdot p + (p-2) \cdot p^2 + (-2) \cdot p^3 + \cdots$$
$$\vdots$$
$$= (p-1) \cdot 1 + (p-2) \cdot p + (p-2) \cdot p^2 + (p-2) \cdot p^3 + \cdots$$

のように無限和となり，矛盾が生じる．したがって $\sum p^i$ は有理整数を表さない．

もちろん，ヘンゼルは気づいたはずだが，形式級数としては $\sum p^i = \dfrac{1}{1-p}$ であるから，$\sum p^i$ は，$(1-p)\sum p^i$ が 1 を表すという意味で $\dfrac{1}{1-p}$ を表す．すなわち，$n = 0, 1, \cdots$ に対して

$$(1-p)\sum_{i=0}^{n} p^i = (1-p)\frac{1-p^{n+1}}{1-p}$$
$$= 1 - p^{n+1} \equiv 1 \pmod{p^{n+1}}$$

である．さらに，$-\sum p^i = (p-1) + \sum_{1}^{\infty}(p-2)p^i$ は，$n = 0, 1, \cdots$ に対して

$$(p-1)\left((p-1) + \sum_1^n (p-2)p^i\right) \equiv 1 \; (\mathrm{mod}\; p^{n+1})$$

という意味で $\dfrac{1}{p-1}$ を表す.

より一般的に, p 進整数 $\delta = \sum d_i p^i$ が $\delta b = a$ を満たすとき, あるいは同じことであるが

$$b\left(\sum_{i=0}^n d_i p^i\right) \equiv a \; (\mathrm{mod}\; p^{n+1}), \quad n = 0, 1, \cdots$$

であるとき, **有理数** $\dfrac{a}{b}$ **を表す**と言うことにしよう.

$\gcd(a, b) = 1$ かつ $p \nmid b$ ならば, $\dfrac{a}{b}$ は p 進整数で表される. なぜなら, $p \nmid b$ であれば b は $\mathbf{Z}_p$ における単元であり, 逆元 b^{-1} をもつ. よって $\dfrac{a}{b} = \dfrac{ab^{-1}}{bb^{-1}} = ab^{-1}$, すなわち p 進整数 ab^{-1} は $\dfrac{a}{b}$ を表す (より形式的には $(ab^{-1})b = a(b^{-1}b) = a$).

$\gcd(a, b) = 1$ かつ $p \nmid b$ である有理数 $\dfrac{a}{b}$ は **p 整数**と呼ばれる. p 整数は $\mathbf{Q}$ の部分環 $\mathbf{Z}(p)$ をなし, 唯一の素元 p をもつ一意分解整域である.

$$\frac{a}{b} \mapsto \frac{a}{b} \text{の}\, p\, \text{進表現}$$

で与えられる写像

$$\varphi : \mathbf{Z}(p) \to \mathbf{Z}_p$$

の下で, $\mathbf{Z}(p)$ は $\mathbf{Z}_p$ のある部分環に同型で, 整数に対してと同様, $\dfrac{a}{b}$ をその像 $\varphi\left(\dfrac{a}{b}\right) = \sum_{i=0} d_i p^i$ と同一視して, $\dfrac{a}{b} = \sum_{i=0} d_i p^i$ と書く. $\varphi(\mathbf{Z}(p))$ は係数の数列がやがて周期的になるような p 進整数からなることを示すことができ, したがって p 整数を表さない p 進整数が存在する [Mah, K2].

そこで今度は p 整数でないような有理数 $\dfrac{a}{b}, (a, b) = 1$ を考えよう. すると $p | b$ であり, $(a, b) = 1$ であるから $p \nmid a$ となる. $b = \sum b_i p^i$ と置くと, ある $m > 0$ に対して $b = p^m(b_m + b_{m+1}p + \cdots) = p^m b'$ となる. ここで b' は, 逆

元 b'^{-1} をもつ単元である．したがって，$ab'^{-1} = \sum d_i p^i$ と置くと，

$$\frac{a}{b} = \frac{a}{p^m b'} = \frac{1}{p^m} ab'^{-1}$$

$$= \frac{1}{p^m}(d_0 + d_1 p + d_2 p^2 + \cdots)$$

$$= \frac{d_0}{p^m} + \frac{d_1}{p^{m-1}} + \cdots + \frac{d_{m-1}}{p} + d_m + d_{m+1} p + \cdots$$

が得られる．これは 0 でない p の負のべきを有限個しかもたず，$0 \leq d_i \leq p-1$ となる p に関する形式ローラン級数である．このローラン級数を $\frac{a}{b}$ の p 進表現と呼ぶ．

ヘンゼルはそれから **p 進数 $\mathbf{Q}_p$** を，0 でない負のべきが有限個しかなく，すべての係数が 0 と $p-1$ の間にあるような p に関する形式ローラン級数として定義した．すなわち

$$\mathbf{Q}_p = \left\{ \sum_{i=r}^{\infty} a_i p^i \,\middle|\, r, a_i \in \mathbf{Z} \text{ で } 0 \leq a_i \leq p-1 \right\}$$

である．

$\mathbf{Z}_p$ に対してと同様，加法と乗法を形式ローラン級数上の対応する操作として定義する．ただし係数に対して要求される条件を満たすように，和や積を適当に調整し直すことにする．これらの操作の下で，《$\mathbf{Q}_p$ は体となる》．実際，これは $\mathbf{Z}_p$ の商体である．

$\mathbf{Q}_p$ が除法に関して閉じていることを見るために

$$\alpha = \sum_{i=m}^{\infty} a_i p^i = p^m \sum_{i=0}^{\infty} a_{m+i} p^i = p^m \alpha'$$

$$\beta = \sum_{i=k}^{\infty} a_i p^i = p^k \sum_{i=0}^{\infty} a_{k+i} p^i = p^k \beta'$$

と置く．ただし $k, m \in \mathbf{Z}$ で α' および β' は単元である．したがって $\frac{\alpha'}{\beta'} \in \mathbf{Z}_p$ であり，$\frac{\alpha}{\beta} = p^{m-k} \frac{\alpha'}{\beta'} \in \mathbf{Q}_p$ である．

$\mathbf{Z}$ と $\mathbf{Z}_p$ に対してと同様，それぞれの有理数をその p 進表現に写す同型写像により，$\mathbf{Q}$ を $\mathbf{Q}_p$ に埋め込むことができる．p 進数が有理数を表すことと係数

の列がやがて周期的になることが同値であることは容易に示すことができる．よって $\mathbf{Q}$ は $\mathbf{Q}_p$ に真に含まれている．

我々の構成法を図にまとめておこう（図1）．

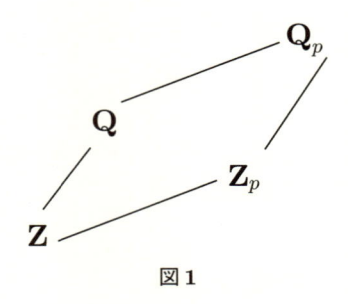

図1

23.3 正式な展開

p 進整数を扱う上で，きれいに処理するための大きな障害は，形式べき級数 $\sum_{i=0}^{\infty} a_i p^i$ の係数に対する $0 \leq a_i < p$ という条件であった．このような級数を足したり掛けたりするとき，この条件を回復するように，合計を操作しなければならなかった．我々の構成法を定式化するために，p に関するすべての（整数係数の）形式級数の集合を扱い，この集合に同値関係を定義して，我々の級数の部分和の列 $\{s_n\} = \left\{\sum_{i=0}^{n} a_i p^i\right\}$ に焦点を当てることにしよう．ここでの扱いは，Borevich and Shafarevich [Bor-Sha] の方法に密接に従ったものである．

$s_n - s_{n-1} = a_n p^n \equiv 0 \pmod{p^n}$，すなわち

$$s_n \equiv s_{n-1} \pmod{p^n} \tag{1}$$

であることに注意しよう．

逆に $\{s_n\}$ が式 (1) を満たす数列であるとして，$a_0 = s_0$ と置く．すると $n = 1$ に対する式 (1) により $s_1 = s_0 + a_1 p = a_0 + a_1 p$ となるような整数 a_1 が存在する．式 (1) で $n = 2$ と置くと，$s_2 = s_1 + a_2 p^2 = a_0 + a_1 p + a_2 p^2$ となるような

整数 a_2 が存在する. $n = 3, 4, \cdots$, と続けることで, $s_n = \sum_{i=0}^{n} a_i p^i$ となるような整数の列が存在すること, つまり $\{s_n\}$ がべき級数 $\sum_{i=0}^{\infty} a_i p^i$ の部分和の列であることがわかる. よって, 式 (1) を満たすすべての整数列を考え, そのような数列を **p 数列**と呼ぶことにする.

2つの p 数列 $\{s_n\}$ と $\{s'_n\}$ が**同値**であるとは
$$s_n \equiv s'_n (\text{mod } p^{n+1}), \quad n = 0, 1, \cdots \tag{2}$$
となることを言い, $\{s_n\} \sim \{s'_n\}$ と書く.

これが同値関係であることは容易に確かめられる. p 数列の同値類として **p 進整数**を定義し, 前のように, p 進整数の集合を $\mathbf{Z}_p$ で表す.

標準数列とは, $0 \leq \overline{a_i} < p$ となるような級数 $\sum_{i=0}^{\infty} \overline{a_i} p^i$ の部分和となる p 数列 $\{\overline{s_n}\}$ のことである. この級数は**標準級数**と呼ばれる. したがって標準数列は 2 節で用いた意味における p 進整数である. 我々の新しい定義と結びつけるために, 次のことを証明しよう.

命題 p 進整数 α (p 数列の同値類) は標準数列をただひとつもつ.

〔証明〕 はじめに $\{\overline{s_n}\}$ が標準数列であることとそれが
$$0 \leq \overline{s_n} < p^{n+1} \tag{3}$$
を満たす p 数列であることが同値であることを示す.

$\{\overline{s_n}\}$ が標準数列ならば, $\overline{s_n} = \sum_{i=0}^{n} \overline{a_i} p^i \leq \sum_{i=0}^{n} (p-1) p^i = p^{n+1} - 1 < p^{n+1}$ となり, $\{\overline{s_n}\}$ は (3) を満たす. 逆に, $\{\overline{s_n}\}$ が (3) を満たすならば, 前に $\{\overline{s_n}\}$ に対応する級数 $\sum_{i=0}^{\infty} \overline{a_i} p^i$ を構成したことにより,
$$0 \leq \overline{s_{n+1}} = \overline{s_n} + \overline{a_{n+1}} p^{n+1} < p^{n+2}$$
を得るが, $\overline{a_{n+1}} > p$ ならば $\overline{a_{n+1}} p^{n+1} > p^{n+2}$ となって矛盾であり, また $\overline{a_{n+1}} < 0$ ならば $p^{n+1} > \overline{s_n} \geq (-\overline{a_{n+1}}) p^{n+1} > p^{n+1}$ となって, これもまた矛盾である. よって $0 \leq \overline{a_i} < p$ であり, $\{\overline{s_n}\}$ は標準的である.

α が標準数列をもつことを見るために, $\{s_n\}$ を, α を定義する任意の p 数列とし, $\overline{s_n}$ を, p^{n+1} を法として s_n と合同な最小の非負整数とする. よって

$$\overline{s_n} \equiv s_n \pmod{p^{n+1}} \tag{4}$$

である. したがって, $\{s_n\}$ は p 数列であるから,

$$\overline{s_n} \equiv s_n \equiv s_{n-1} \equiv \overline{s_{n-1}} \pmod{p^n}$$

を得る. $\{\overline{s_n}\}$ は p 数列で, その作り方から式 (3) を満たす. よって $\{\overline{s_n}\}$ は標準的である. 等式 (4) により, $\{\overline{s_n}\} \sim \{s_n\}$ であるから, α は標準数列 $\{\overline{s_n}\}$ をもつ.

α が 2 つの標準数列 $\{\overline{s_n}\}$ と $\{\overline{t_n}\}$ をもつならば, $\overline{s_n} \equiv \overline{t_n} \pmod{p^{n+1}}$ かつ $0 \le \overline{s_n}$ であるから, $\overline{t_n} < p^{n+1}$ であり, すべての n に対して $\overline{s_n} = \overline{t_n}$ となって証明が終わる. □

したがって, p 数列の同値類としての p 進整数は, 唯一の標準数列をもち, それに対応する級数は 2 節の意味での p 進整数となることがわかった. しばらくの間,「標準級数」という言葉で以前の定義による p 進整数を表し,「p 進整数」と言うときには同値類を用いた新しい定義の方を指すこととする.

加法と乗法は, 今やきわめて自然に定義することができる. $\{s_n\}$ および $\{t_n\}$ が p 数列ならば $\{s_n + t_n\}$ および $\{s_n t_n\}$ が p 数列であることを示すのはたやすい. $\{s_n\}$ および $\{t_n\}$ がそれぞれ p 進整数 α および β を定めるとする. すると和 $\alpha + \beta$ (同じく積 $\alpha\beta$) は p 数列 $\{s_n + t_n\}$ (同じく $\{s_n t_n\}$) によって定まる p 進整数である. 同値の定義からただちに, 和と積が明確に定義されること, つまり p 数列の選び方に依存しないことが得られる. しかしながら我々の和や積が, 2 節で議論した標準数列の和や積と同じものであることを示すのは少し骨が折れる (演習問題).

ここで $\mathbf{Z}_p$ の基本的性質をいくつかまとめておこう. ほとんどは 2 節で標準数列に対して議論したことである. 証明がたやすい演習になるような順番で述べていくことにしよう.

定理

(1) $\mathbf{Z}_p$ は可換環である. [$\mathbf{Z}_p$ における整除性はあらゆる可換環と同様に定義される.]

(2) $\{s_n\}$ が α を定めるとき，α が単元であることは，$s_0 \not\equiv 0 \pmod{p}$ であること，すなわち $p \nmid \alpha$ となることと同値である．

(3) 各有理整数 n に対して定数 p 数列 $\{n, n, \cdots\}$ で定められる p 進整数を対応させる写像は，$\mathbf{Z}$ と $\mathbf{Z}_p$ のある部分環との間の同型写像である．

(4) それぞれの $\alpha \in \mathbf{Z}_p$, $\alpha \neq 0$ は，$\alpha = p^m \epsilon$ という形の表現をただひとつもつ．ただし ϵ は $\mathbf{Z}_p$ の単元，m は正の整数である．

(5) $\mathbf{Z}_p$ はひとつの素元 p をもつ一意分解整域である．

(6) $\mathbf{Z}_p$ は零因子をもたない．よって整域である．

(7) $\mathbf{Z}_p$ における合同は，$\mathbf{Z}$ においてと同様に定義される．すなわち $\alpha, \beta, \gamma \in \mathbf{Z}_p$ のとき，$\gamma \mid (\alpha - \beta)$ ならば $\alpha \equiv \beta \pmod{\gamma}$ である．$\mathbf{Z}$ と同様，$\mathbf{Z}_p$ における γ を法とする合同は同値関係であり，商環 $\mathbf{Z}_p/(\gamma)$ での等式に対応する．ただし (γ) は γ で生成される主イデアルである．各 p 進整数 α は p^n を法として有理整数と合同である（α が $\sum_{i=0}^{\infty} a_i p^i$ の部分和で定められるとき，$\alpha \equiv \sum_{i=0}^{n} a_i p^i \pmod{p^n}$）．有理整数が $\mathbf{Z}$ で p^n を法として合同であるということと，$\mathbf{Z}_p$ で p^n を法として合同であることは同値である．

(8) $\mathbf{Z}_p$ には p^n を法とする p^n 個の剰余類が存在する．すなわち $|\mathbf{Z}_p/(p^n)| = p^n$ である．

p 進数 $\mathbf{Q}_p$ は $\mathbf{Z}_p$ の商体の元として定義される．

2節で議論したように，それらは指定された条件を満たす，p に関する形式ローラン級数の集合 $\left\{ \sum_{i=r}^{\infty} a_i p^i \,\middle|\, 0 \leq a_i \leq p-1, r \in \mathbf{Z} \right\}$ と 1 対 1 対応になっていることが容易に示される．それぞれの $\alpha \in \mathbf{Q}_p$ は $\alpha = p^m \varepsilon$ として一意的に表される．ただし ε は $\mathbf{Z}_p$ の単元で，m は有理整数である．$s \in \mathbf{Q}$ が $s = p^m \left(\dfrac{a}{b} \right)$ と表され，$m \in \mathbf{Z}$, $\gcd(a, b) = 1$ かつ $p \nmid b$ ならば，b は $\mathbf{Z}_p$ の単元で，s に p 進数 $p^m a b^{-1}$ を対応させる写像は，$\mathbf{Q}$ と $\mathbf{Q}_p$ のある部分体の間の同型写像である．$\alpha \in \mathbf{Q}_p$ が $\alpha = \sum_{i=r}^{\infty} a_i p^i, a_r \neq 0$ ならば，

$$\alpha = p^r \left(\sum_{i=r}^{\infty} a_i p^{i-r} \right) = p^r \left(\sum_{j=0}^{\infty} a_{j+r} p^j \right)$$

となるから，それぞれの 0 でない p 進数は，$p^r u$ という形で表される．ただし $r \in \mathbf{Z}$ で u は単元である．

2 節の冒頭で述べたように，ヘンゼルは，数体 K の整数の環 I_K における有理素数 p に対するイデアル (p) の分解について研究することで，p 進数を創り出すに至った．さらに彼は，E を K の有限拡大として，I_K の主イデアルを I_E のイデアルへと分解する研究のために，p 進数を一般化した．この考えを少し示すために，我々の p 進数の構成法を言い換えてみよう．

p 進数は p に関する形式ローラン級数

$$\sum_{i=r}^{\infty} a_i p^i, r \in \mathbf{Z},$$

と見ることができる．ただし係数 a_i は集合 $\{0, 1, \cdots, p-1\}$ から選ぶのだが，この集合は $\mathbf{Z}/p\mathbf{Z}$ の同値類に対する代表元の完全集合とみなすことができる．数体 K へと一般化するために，ヘンゼルは I_K の主イデアル P と，P の元であるが P^2 の元ではない π，そして I_K/P に対する代表元の完全集合 S を取り上げた．彼はさらに π に関する形式ローラン級数の集合

$$\boldsymbol{K_P} = \left\{ \sum_{i=r}^{\infty} a_i \pi^i, \, a_i \in S, \, r \in \mathbf{Z} \right\}$$

を導入した．

K_P は **P 進数**の集合で，P 進数の加法と乗法や，K の元を P 進数によって表現することを適切に定義することで，ヘンゼルは K_P が体であること，K の各元が P 進数によって表現されること，そして K が K_P の適当な部分体と同型であることを証明した．主イデアル分解の研究に P 進数を用いたのに加え，ヘンゼルは当時未解決だった，数体の判別式の約数となる有理素数の最高のべきを見つけるという問題にもそれを用いた．

23.4　収束

特定の分野の研究をしている優れた数学者のほとんどは，孤立して研究して

23.4 収束

いるわけではない．彼らは他の分野の数学における発展も意識していて，自分の研究に有用な類推や結果をもたらしてくれるかもしれないと考えているのである．p 進数の導入から約 10 年後，時を同じくして発展した位相数学のアイデアに刺激され，ヘンゼルは p 進数の収束という概念を導入した．ここでは多くの結果を証明抜きで述べる．詳細は Borevich and Shafarevich [Bor-Sha] を見よ．

p 進数 α をその p 数列のひとつ，つまり $\alpha = \sum_{i=0}^{\infty} a_i p^i$ によって表現することは，実数 r, $0 \leq r < 1$ をその小数展開 $r = \sum_{i=1}^{\infty} r_i \cdot 10^{-i}$ （ただし $r_i \in \mathbf{Z}$, $0 \leq r_i < 10$）によって表現するのに似ている．部分和 $t_n = \sum_{i=1}^{n} r_i 10^{-i}$ は有理数の数列 $t_1, t_2, \cdots$ で，$|t_n - r| < \dfrac{1}{10^n}$ であるから，r に収束する．同様に，p 進数に対する収束の概念を定式化して，有理数の列 $\{s_n\} = \left\{ \sum_{i=0}^{n} a_i p^i \right\}$ が α に収束するようにしたい．このことに対するカギは，n が大きいとき，$\alpha - s_n = \sum_{i=n+1}^{\infty} a_i p^i$ は p の高位のべき，すなわち p^{n+1} で割り切れるという観察である．2 つの p 進数の差が p の高位のべきで割り切れるとき，それらは「p 近接」であると呼ぶ．これらの考えをより正確にするため，近さの尺度を導入しよう．

前に，すべての 0 でない p 進数は $\alpha = p^n \varepsilon$ という形で一意的に表現されるということを見た．ただし $n \in \mathbf{Z}$ で，ε は $\mathbf{Q}_p$ における単元である．指数 n は **α の p 値**あるいは **p における α の位数**であり，**$\mathrm{ord}_p(\alpha)$** で表される．ただし $\mathrm{ord}_p(0) = \infty$ と置く（0 は p のどんなべきによっても割り切れる）．$\alpha \in \mathbf{Z}$ ならば，$\mathrm{ord}_p(\alpha)$ は単に α の素因数分解に現れる p のべきとなることに注意しよう．よって，$\{p_i\}$ を有理素数の列とするとき，数列 $\mathrm{ord}_{p_i}(\alpha)$ は $\mathbf{Z}$ における α の素因数分解を完全に定める．これは代数的数体を構成する新たな手法を与えるのに使うことができる（7 節）．関数 $\mathrm{ord}_p : \mathbf{Q}_p \to \mathbf{Z}$ は $\mathbf{Q}_p$ の **p 進付値**とも呼ばれる．

p 進数の形式ローラン級数による表現を用いれば，p 値に関する次の性質を証明するのは簡単な演習問題である．

(1) $\mathrm{ord}_p(\alpha\beta) = \mathrm{ord}_p(\alpha) + \mathrm{ord}_p(\beta)$

(2) $\mathrm{ord}_p(\alpha+\beta) \geq \min(\mathrm{ord}_p(\alpha), \mathrm{ord}_p(\beta))$

(3) $\mathrm{ord}_p(\alpha+\beta) = \min(\mathrm{ord}_p(\alpha), \mathrm{ord}_p(\beta))$ if $\mathrm{ord}_p(\alpha) \neq \mathrm{ord}_p(\beta)$ ．

p 進付値は，$\mathbf{Z}_p$ における算術に対して有用である．というのは，$\alpha, \beta \in \mathbf{Z}_p$ のとき，$\alpha | \beta$ であることと $\mathrm{ord}_p(\alpha) \leq \mathrm{ord}_p(\beta)$ であることは同値だからである．

いよいよ収束について考えよう．p 進数の列 $\alpha_1, \alpha_2, \cdots$ が p 進数 α に (**p 進的に**) **収束する**とは，$\lim_{n\to\infty} \mathrm{ord}_p(\alpha - \alpha_n) = \infty$ (極限は実数上で取られる) となることで，$\lim_{n\to\infty} \boldsymbol{\alpha_n = \alpha}$ と書く．α を数列 $\{\alpha_i\}$ の **p 進極限**と呼ぶ．α が p 進数 $\alpha = \sum_{i=r}^{\infty} a_i p^i$，$r \in \mathbf{Z}$ で，$s_n = \sum_{i=r}^{n} a_i p^i$，$n \geq r$ とすると，$\mathrm{ord}_p(\alpha - s_n) = \mathrm{ord}_p(\alpha - \sum_{i=r}^{n} a_i p^i) \geq n+1$ だから，望みどおり s_n は α に収束する．したがって，α を表すすべての p 数列は α に収束し，またすべての p 進数は，ある有理数列の p 進極限である

極限が 0 に近づく収束の概念をより親しみやすいものにつなげるため，$\mathbf{Q}_p$ 上にノルムと距離を定義する．実数 ρ, $0 < \rho < 1$ を選び，

$$f_p(\alpha) = \begin{cases} \rho^{\mathrm{ord}_p(\alpha)}, & \alpha \neq 0 \text{ のとき} \\ 0, & \alpha = 0 \text{ のとき} \end{cases}$$

と置く (標準的選択として $\rho = \dfrac{1}{p}$ と取っている著者もいる)．必要のない限り，我々の表記では ρ を示さないことにする．

f_p と ord_p の定義および ord_p の性質 (1) – (3) からただちに，

(4) $\alpha \neq 0$ に対して $f_p(\alpha) > 0$

$f_p(0) = 0$

$$(5)\ f_p(\alpha+\beta) \leq \max\{f_p(\alpha), f_p(\beta)\}$$

$$(6)\ f_p(\alpha\beta) = f_p(\alpha)f_p(\beta)$$

がわかる．性質(5)より，三角不等式

$$(7)\ f_p(\alpha+\beta) \leq f_p(\alpha) + f_p(\beta)$$

が得られる．

体 F 上の**ノルム** f とは，性質 (4), (6), (7) を満たす関数 $f: F \to \mathbf{R}$ である．したがって f_p は $\mathbf{Q}_p$ 上のノルム，**p 進ノルム**であり，

$$\boldsymbol{d_p(\alpha, \beta) = f_p(\alpha - \beta)}$$

と置くと，$(\mathbf{Q}_p, d_p)$ は距離空間になる．定義から明らかに，

$$\lim_{n \to \infty} \mathrm{ord}_p(\alpha - \alpha_n) = \infty \iff \lim_{n \to \infty} f_p(\alpha - \alpha_n) = 0$$
$$\iff \lim_{n \to \infty} d_p(\alpha, \alpha_n) = 0$$

であるから，我々の収束の定義は適当な距離空間上の通常の概念に対応する．

注意 多くの著者が ord_p ではなく f_p を p 進付値と呼んでいる．

通常の絶対値は実数体上のノルムであることに注意しよう．このノルムの p 進ノルムとの違いは，$|r|$ は三角不等式は満たすが，より厳しい不等式 (5) は満たさないことである．(5) を満たすノルムは，**非アルキメデス的**であると呼ばれ，他のすべてのノルムは**アルキメデス的**である．体 F 上のノルム f が非アルキメデス的であることは，すべての正の整数 n に対して $f(\overline{n}) \leq 1$ が成り立つことと同値である．ただし $\overline{n}$ とは，F において 1 を自分自身に n 回加えた結果である（演習）．

我々の収束の定義の下で，実数や複素数上の極限に関する標準的な定理は $\mathbf{Q}_p$ 上でも成り立つ．すなわち，和や積の極限は極限の和や積であり，ノルム f_p で上に有界な p 進数の列は収束部分列を含む．さらに，$\mathbf{Q}_p$ において，収束級数は絶対収束である．たとえば収束する級数 $s = \sum \alpha_n$ の項を並べ替えても，できた級数はまた s に収束する．級数の収束は $\mathbf{R}$ 上よりも容易に決定される．

$$\lim_{n \to \infty} \alpha_n = 0\ \text{ならば}\ \sum \alpha_n\ \text{は収束する．}$$

$\mathbf{Q}_p$ における収束列はコーシー列である:

$$\{\alpha_n\} \text{ が収束するならば} \lim_{m,n \to \infty} f_p(\alpha_m - \alpha_n) = 0$$

逆に,$\mathbf{Q}_p$ においてコーシー列は収束する:

$$\lim_{m,n \to \infty} f_p(\alpha_m - \alpha_n) = 0 \text{ ならば},\alpha \in \mathbf{Q}_p \text{ が存在して} \lim_{n \to \infty} \alpha_n = \alpha \text{ となる.}$$

すなわち $\mathbf{Q}_p$ は完備距離空間である.

コーシーの収束の考えを用いると,$\mathbf{Q}_p$ を別の方法で構成することができる.カントールが有理数からコーシー列の同値類として実数体を構成した方法を振り返ろう.絶対値は $\mathbf{Q}$ 上のノルムである.$\mathbf{Q}$ における数列 $\{r_n\}$ は,$\lim_{m,n \to \infty} |r_m - r_n| = 0$ となるときコーシー列であると言う.また 2 つのコーシー列 $\{r_n\}, \{s_n\}$ は,$\lim_{n \to \infty} |r_n - s_n| = 0$ のとき同値であると言う.実数体は,以下のように定義される加法と乗法をもつ同値類からなる:

$$(8) \quad \overline{\{r_n\}} + \overline{\{s_n\}} = \overline{\{r_n + s_n\}}$$

$$(9) \quad \overline{\{r_n\}} \times \overline{\{s_n\}} = \overline{\{r_n \times s_n\}}$$

ここで,$\overline{\{r_n\}}$ はコーシー列 $\{r_n\}$ の同値類を表す.$(\mathbf{R}, |\,|)$ は完備な距離空間で,$\mathbf{R}$ を,絶対値に関する $\mathbf{Q}$ の完備化と呼ぶ.$\mathbf{Q}$ 上には,たとえば $0 < t < 1$ となる任意の実数 t に対して $|r|^t$ とするような,他のノルムがあるが,これらのノルムのどれに関する $\mathbf{Q}$ の完備化も,$\mathbf{R}$ に同型な体を生み出す.$\mathbf{Q}$ 上の 2 つのノルム f と g が同値であるとは,数列が f に関して収束することと g に関して収束することが同値であることである.f と g が同値であれば,それらの完備化は同型である.

同様に,任意に固定した $\rho, 0 < \rho < 1$ に対して,$f_p(\alpha) = \rho^{\mathrm{ord}_p(\alpha)}$ を $\mathbf{Q}$ に制限すると,$\mathbf{Q}$ 上のノルムが得られる.$\mathbf{Q}$ をこのノルムに関して完備化する(すなわち,このノルムに関するコーシー列の同値類を取り,加法と乗法を (8) や (9) のように定義する)と,$\mathbf{Q}_p$ に同型な体が生まれる.こうしてすべての ρ に対してノルムは同値である.

したがって $\mathbf{Q}$ 上には 2 つの種類のノルムがあり,どちらも $\mathbf{Q}$ を拡張してそのノルムに関して完備な体を作ることができる(図 2).

実は次の定理でわかるように,$\mathbf{Q}$ 上のノルムはこれら 2 つのみである.

```
         R
     |∝|ʳ ↗
  Q ←
     fp ↘
         Qp
```

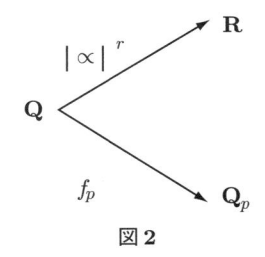

図 2

オストロフスキー (Ostrowski) の定理　$\mathbf{Q}$ 上のノルム f はどれも

$$\text{ある } t \ (0 < t \leq 1) \text{ に対する } f(r) = |r|^t$$

または

$$\text{ある素数 } p \text{ およびある } \rho \ (0 < \rho < 1) \text{ に対する } f(r) = f_p(r) = \rho^{\text{ord}_p(r)}$$

のいずれかの形である.

　F が $\mathbf{Q}$ の拡大体で, かつノルム f に関して完備であるならば, f を $\mathbf{Q}$ に制限したものは $\mathbf{Q}$ 上のノルムであり, したがって F は $\mathbf{R}$ もしくはある素数 p に対する $\mathbf{Q}_p$ を含むものでなければならない.

　さて, $\mathbf{Q}_p$ が完備距離空間であることがわかったので, 今度は連続関数の概念やより一般的な解析の手法を導入することができる. そこでは, たとえば多項式は連続関数である. p 進解析関数の強力な理論があり [Bor-Sha], また p 進微分方程式は大変活発な研究領域である. これらの考えは数論, 代数幾何, そして代数関数体において中心的である. たとえばトゥエの定理 (21.5 節) は p 進解析関数を用いて証明することができる [Bor-Sha, 6.3 節] し, Dwork は, ある代数的超平面上のゼータ関数は有理的であるという最初のヴェイユ予想 (20.9 節) を証明したのを皮切りに, p 進解析発展の道を開いた [Kob 1]. 楕円曲線上の有限位数の有理点を特徴づけるという, ルッツ・ナゲルの定理に対する我々の証明 (20.2 節) は, 明らかに p 進数の考えを用いており, p 進数の言葉で完全に作り直すことができる.

　$\mathbf{Q}$ についての定理を, $\mathbf{Q}$ の完備化である $\mathbf{Q}_p$ や $\mathbf{R}$ への $\mathbf{Q}$ のすべての埋め込みを用いて証明することを含む手法をしばしば**局所的方法**と呼び, その完備化を**局所体**と呼ぶ.

前節の最後で議論された P 進数も付値とノルムを用いて構成することができる．数体 K の整数環 I_K における素イデアル P を取り，K 上の **P 進付値** ord_P を定義する．$\beta \in I_K, \beta \neq 0$ に対して，

$$\mathrm{ord}_P(\beta) = イデアル (\beta) の約数であるような P の最大のべき$$

とし，さらに $\mathrm{ord}_P(0) = \infty$ と置く．すべての $\alpha \in K$ は $\alpha = \dfrac{\beta}{\gamma}$, $(\beta, \gamma \in I_K$, $\gamma \neq 0)$ の形で書けるから，

$$\mathrm{ord}_P(\alpha) = \mathrm{ord}_P(\beta) - \mathrm{ord}_P(\gamma)$$

と置く．実数 ρ $(0 < \rho < 1)$ を選んで，

$$f_P(\alpha) = \rho^{\mathrm{ord}_P(\alpha)}$$

と置く．すると f_P は K 上のノルムで，このノルムに関して K を完備化すれば，P 進数の体が得られる．

それでは初等整数論における p 進数の手法のとても重要な応用，すなわち合同の理論へと話を進めることにしよう．

23.5 　合同と p 進数

のちに見るように，p 進整数と有理数上の合同式との関係はあまりに自然であるため，これこそ p 進整数を考え出した主要な動機なのではないかと思ってしまいかねないほどである．しかし数学上の新しい概念というものは，最も簡単な文脈の中で生まれないことがしばしばである．たとえば，カントールが無限基数を導入したのは，フーリエ級数の収束に関する研究が動機であり，無限集合の性質を理解しようとあらかじめ考えていたものではない．そして p 進整数も，数体におけるイデアルの分解について研究するために導入されたものであって，合同式を解くために導入されたわけではない．

9.4 節の例を思い起こそう．そこではすべての $n > 1$ に対する

$$x^2 \equiv 2 \pmod{7^n} \tag{1}$$

の解を，$n = 1$ に対する解から構成した．

すなわち解 $x \equiv 3 \pmod{7}$ からただひとつの数列 $a_0 = 3, a_1 = 1, a_2 = 2,$ $a_3, \cdots, 0 \leq a_i < 7$ が導かれ, $s_n = \sum_{i=0}^{n} a_i 7^i$ が $s_n \equiv 3 \pmod{7}$ および

$$s_n^2 \equiv 2 \pmod{7^{n+1}} \tag{2}$$

を満たすようにすることができた.

つまり数列を p 進数 $a = \sum_{i=0}^{\infty} a_i 7^i$ に変えて, 部分和が式 (1) の解となるようにすることができたことになる.

多項式 $x^2 - 2$ は 7 進位相における連続関数で, $s_n \to \alpha$ であるから, $s_n^2 - 2$ は 7 進数的に $\alpha^2 - 2$ へと収束する. 式 (2) により

$$f_7(s_n^2 - 2) \leq \rho^{n+1} \to 0$$

であるから, $s_n^2 - 2$ は 7 進数的に 0 へと収束する. したがって 7 進整数において $\alpha^2 - 2 = 0$ あるいは $\alpha^2 = 2$ である.

p を法とする解から $p^n, n > 1$ を法とする一般合同式の解を構成する我々の方法 (9.4 節) を注意深く分析し, $\mathbf{Z}_p$ における合同の初等的な性質を考え合わせることで, 次の補題の証明が直ちに得られる.

ヘンゼルの補題 (1 変数) $f(x) \in \mathbf{Z}_p[x]$ とする. a が有理整数で, $f(a) \equiv 0 \pmod{p}$ かつ $f'(a) \not\equiv 0 \pmod{p}$ を満たすならば,

$$f(\alpha) = 0 \quad \text{かつ} \quad \alpha \equiv a \pmod{p}$$

となるような p 進整数 α がただひとつ存在する.

この補題は方程式の実根を近似するニュートン法に類似しており, p 進ニュートンの補題と呼ばれることがある (詳しくは [Kob 1] を見よ). この補題は次の補題へと一般化される:

ヘンゼルの補題 $f(x_1, \cdots, x_n) \in \mathbf{Z}_p[x_1, \cdots, x_n]$ とする. $a_1, \cdots, a_n$ が有理整数で $f(a_1, \cdots, a_n) \equiv 0 \pmod{p}$, かつある i に対して, x_i に関する f の偏微分が $f_{x_i}(a_1, \cdots, a_n) \not\equiv 0 \pmod{p}$ を満たすならば,

$$f(\alpha_1, \cdots, \alpha_n) = 0 \quad \text{かつ} \quad 1 \leq i \leq n \text{ に対して} \alpha_i \equiv a_i \pmod{p}$$

となるような p 進整数 $\alpha_1, \cdots, \alpha_n$ が存在する.

注 この補題に関する解説の中には，a_i が有理整数であるという我々の仮定を，a_i が p 進整数であるという仮定と置き換えているものがある．この仮定からは，一般化するのに有用な，同値な形の補題が生み出される．

ヘンゼルの補題により，p を法とする合同式の解を方程式の p 進数解へと持ち上げることができるが，一方 $\mathbf{Z}_p$ に解をもつ方程式と $\mathbf{Z}$ に解をもつ合同式の間の，もっと基本的な関係が次の定理で与えられる．

定理 $f(x_1, \cdots, x_n) \in \mathbf{Z}_p[x_1, \cdots, x_n]$ とすると，すべての $k \geq 1$ に対して $f(x_1, \cdots, x_n) \equiv 0 \pmod{p^k}$ が有理整数に解をもつことは，$f(x_1, \cdots, x_n) = 0$ が p 進整数に解をもつことと同値である．

f が形式であるときは，この定理を次のように改良することができる．

定理 $f(x_1, \cdots, x_n) \in \mathbf{Z}_p[x_1, \cdots, x_n]$ が形式であるとすると，$f = 0$ が $\mathbf{Z}_p$ において非自明な解をもつことは，すべての $m \geq 1$ に対して $f \equiv 0 \pmod{p^m}$ が，すべての項が p^m で割り切れるわけではない有理整数解をもつことと同値である．

p 進数の収束と連続性に基づく証明については [Bor-Sha] を見よ．これらの結果は，合同式と p 進数の間の関係を明らかにし，方程式の p 進整数解が無限個の連立合同式の解を求めるのに便利な方法であるとの考えを強くするものである．

23.6 ハッセの原理；ハッセ・ミンコフスキーの定理

それでは，多項式の合同式の解と多項式方程式の有理数解や整数解の間の関係というより深い問題に取りかかろう．9.7 節では簡単な議論をして，ハッセの原理を導入した．ここでは p 進数の概念に基づく，より精密な定式化を導入しよう．有理数の係数をもつ多項式の類 C が**ハッセの原理**（または**局所大域原理**）を満たすとは，すべての局所体において $f = 0, f \in C$ の解が存在する（すなわち $\mathbf{R}$ およびすべての p に対する $\mathbf{Q}_p$ において解が存在する）ならば大域解（$\mathbf{Q}$ における解）が存在するということである．もちろん前節の結果か

ら，**R**における解およびすべてのpと$m \geq 1$に対するp^mを法とする解が存在すれば，大域解も存在する．

例 $C = \{x^2 - r \mid r \in \mathbf{Q}\}$とする．$x^2 - r = 0$がすべての局所体で解をもつと仮定する．ただし$r = \dfrac{c}{d}, (c,d) = 1$とする．$\mathbf{Q}_p$における解$\alpha$は$\alpha^2 = r$あるいは$\mathrm{ord}_p(r) = 2\,\mathrm{ord}_p(\alpha)$を意味し，したがって$p$は$c$または$d$のいずれかの素元分解において偶数べき（0でもよいが）で現れるが，その両方ではない．よって，ある$s \in \mathbf{Q}$に対して$r = \pm s^2$である．しかし$x^2 - r$は**R**に解をもつから，rは非負でなければならず，$r = s^2$となり，$x^2 - r = 0$は大域解$x = s$をもつ．

形式に対しては自明な解$f(0, \cdots, 0) = 0$がつねに存在するので，この場合には非自明な解のみが問題であり，ハッセの原理を定式化するときには，すべての解に「非自明の」という限定句をつけ加えなければならない．Rを可換環とし，形式$f \in R[x_1, \cdots, x_n]$が$r \in R$を**表現する**とは，$f(r_1, \cdots, r_n) = r$となるようなすべてが$0$ではない元$r_1, \cdots, r_n \in R$が存在するということとする．数論の中心的な定理のひとつによれば，2次形式に対してはハッセの原理が成り立つ．ここではその中心的な定理を3つの同値なやり方で述べよう．

ハッセ・ミンコフスキーの定理 (I) fが$\mathbf{Z}[x_1, \cdots, x_n]$に属する2次形式のとき，$f$が**Z**で0を表現することは，$f$が**R**およびすべての素数$p$と正の整数$m$に対する$\mathbf{Z}/p^m\mathbf{Z}$で（すなわち$p^m$を法として）0を表現することと同値である．

(II) fが$\mathbf{Z}[x_1, \cdots, x_n]$に属する2次形式のとき，$f$が**Z**で0を表現することは，$f$が**R**およびすべての素数$p$に対する$\mathbf{Z}_p$で0を表現することと同値である．

(III) fが$\mathbf{Q}[x_1, \cdots, x_n]$に属する2次形式のとき，$f$が**Q**で0を表現することは，$f$が**R**およびすべての素数$p$に対する$\mathbf{Q}_p$で0を表現することと同値である．

(I)と(II)が同値であることは，5節の最後の定理によって示される．(II)と

(III) が同値であることを見るために，有理数の係数をもつ $f = 0$ を解くことは，f の係数における分母の最小公倍数を $f = 0$ に掛けることによって，整数係数をもつ方程式を解くことに帰着されるということに注意しよう．さらに，整数係数をもつ $f = 0$ が $\mathbf{Q}$ 上で（あるいは $\mathbf{Q}_p$ 上で）解をもつことは，それが $\mathbf{Z}$ 上で（あるいは $\mathbf{Z}_p$ 上で）解をもつことと同値である．なぜなら，$\mathbf{Q}$ 上の解の各項は共通の分母 b で書くことができ，方程式に b^2 を掛けるとその解は整数になるからである．

2次形式 $f = \sum a_{i,j} x_i x_j$, $a_{i,j} \in \mathbf{Q}$ は行列を使って $f = X^t A X$ と表せることを思い出そう．ただし $X^t = (x_1, \cdots, x_n)$, $A = (a_{i,j})$ で, t は行列の転置を表す．$\det A \neq 0$ のとき f は**非特異な2次形式**と呼ばれ，$\det A = 0$ のとき f は**特異な2次形式**と呼ばれる．体 K に係数をもつ非特異な2次形式が K で 0 を表現するならば，K のすべての元を表現する [Bor-Sha, suppl. 1]．よって次の系が成り立つ．

系 f が $\mathbf{Q}[x_1, \cdots, x_n]$ に属する非特異な2次形式であるとき，f がすべての $r \in \mathbf{Q}$ に対して r を表現することは，f が $\mathbf{R}$ およびすべての素数 p に対する $\mathbf{Q}_p$ において 0 を表現することと同値である．

ここでハッセ・ミンコフスキーの定理を証明することはしない（[Bor-Sha] を参照）が，一般的な場合を特殊なクラスの方程式へと帰着させることに関する注意は役に立つことがわかるであろう．変数の非特異な線形変換 $X = BY$, $B = (b_{i,j})$, $b_{i,j} \in \mathbf{Q}$, $\det(B) \neq 0$ によって，形式 $f = X^t A X$ は対角形式

$$g(y_1, \cdots, y_n) = \sum_{i=1}^n b_i y_i^2$$

へと変換される．ただし $b_i \in \mathbf{Q}$ である．この変換は $\mathbf{Q}^n$ から $\mathbf{Q}^n$ への全単射であるから，f が $\mathbf{Q}$ で 0 を表現することは g が $\mathbf{Q}$ で 0 を表現することと同値である．したがってハッセ・ミンコフスキーの定理は対角形式に対して証明すれば十分である．f が特異な形式であるときは，いくつかの b_i が 0 となるから明らかに f は 0 を表現する．よって一般のハッセ・ミンコフスキーの定理は，非特異な対角形式へと帰着されるのである．

3変数の場合には，さらに次の形式

$$f(x_1, x_2, x_3) = ax_1^2 + bx_2^2 + cx_3^2 \tag{1}$$

へと容易に帰着させることができる．ただし $a, b, c \in \mathbf{Z}$ は 0 ではなく，平方因子をもたず，どの 2 つも互いに素であり，すべて同符号ではない．これはルジャンドルが有理円錐曲線が有理点をもつかどうか定める問題を帰着させたのと同じ種類の多項式である（18.3 節）．

ルジャンドルの定理 a, b, c が有理整数で 0 ではなく，平方因子をもたず，どの 2 つも互いに素であり，すべてが同符号でないとき，

$$f(x_1, x_2, x_3) = ax_1^2 + bx_2^2 + cx_3^2$$

が $\mathbf{Z}$ で 0 を表現することは，$-bc, -ca, -ab$ がそれぞれ a, b, c を法とする平方剰余であることと同値である．

明らかにこの成立条件は有限回のステップでチェックすることができる．式 (1) で与えられる形式に対して，ルジャンドルの定理とハッセ・ミンコフスキーの定理（第 2 バージョン）が同値であり，したがって，すでに注意したように，3 変数の一般的なハッセ・ミンコフスキーの定理と同値であることを証明しよう．

〔ルジャンドル $\Longrightarrow$ ハッセ・ミンコフスキーの証明〕

f が式 (1) で与えられた型の形式で，ハッセ・ミンコフスキーの定理の条件を満たすと仮定する．このとき f がルジャンドルの定理の条件を満たし，したがって $\mathbf{Z}$ において 0 を表現することを示す．

仮定により，すべての素数 p に対して

$$ax^2 + by^2 + cz^2 \equiv 0 \pmod{p} \tag{2}$$

となるような整数の組 $(x, y, z) \not\equiv (0, 0, 0) \pmod{p}$ が存在する．p を a の素因数とすると，

$$by^2 + cz^2 \equiv 0 \pmod{p} \tag{3}$$

であり，c を掛けると

$$-bcy^2 \equiv c^2 z^2 \pmod{p} \tag{4}$$

となる．

$p|y$ ならば, $(p,c) = 1$ であるから式 (3) により $p|z$ である. しかし $p|y, z$ であり, よって $p^2|by^2, cz^2$ であるならば, 式 (2) により $p^2|ax^2$ となるが, a が平方因子をもたないことから $p|x$ となる. すると $p|y$ ならば $p|x,z$ であることになるが, これは $(x,y,z) \not\equiv (0,0,0) \pmod{p}$ に矛盾する. したがって $y \not\equiv 0 \pmod{p}$ であり, $yy' \equiv 1 \pmod{p}$ となる y' が存在する. 式 (4) の両辺に y'^2 を掛けると

$$-bc \equiv (czy')^2 \pmod{p}$$

が得られ, よって $-bc$ は p を法とする平方剰余となる.

a は平方因子をもたないから, a の約数であるすべての p に対して, 中国剰余定理を用いて, $-bc \equiv u^2 \pmod{p}$ の解を組み合わせて $-bc \equiv u^2 \pmod{a}$ の解を得ることができる. よって $-bc$ は a を法とする平方剰余である. 文字を入れ替えることで, $-ca$ と $-bc$ がそれぞれ b と c の平方剰余となり, 証明が終わる. □

ハッセ・ミンコフスキーの条件のうち我々が用いたのは, 係数の約数である p を法とする解の存在のみであることに注意しよう. しかしながら次の証明に示すように, 式 (1) の型のすべての形式に対して, その他の条件は係数の条件から導かれる.

[ハッセ・ミンコフスキー $\Longrightarrow$ ルジャンドルの証明]

f が式 (1) の型の形式で, ルジャンドルの定理の条件を満たすと仮定する. このとき f がハッセ・ミンコフスキーの定理の条件を満たし, したがって $\mathbf{Z}$ において 0 を表現することを示す. 実際には, 2 が abc の約数でないときのみ証明する (この場合は特別な議論が必要である).

仮定により, $-bc \equiv u^2 \pmod{a}$ を満たす u が存在する. すると, a の約数である素数 p に対して,

$$-bc \equiv u^2 \pmod{p}$$

となる. $(a,c) = 1$ であるから $c \not\equiv 0 \pmod{p}$ であり, $cz' \equiv u \pmod{p}$ となるような z' が存在して,

$$c^2 z'^2 \equiv u^2 \pmod{p}$$

となる. よって $-bc \equiv c^2 z'^2 \pmod{p}$ であり,

$$-b \equiv cz'^2 \pmod{p}$$

を得る．したがって
$$b(1)^2 + c(z')^2 \equiv 0 \pmod{p}$$
であり，$p|a$ であるから，
$$f(1,1,z') = a(1)^2 + b(1)^2 + c(z')^2 \equiv 0 \pmod{p}$$
が得られる．

$\mathbf{Z}_p$ における解を見つけるためには，$f = ax_1^2 + bx_2^2 + cx_3^2$ にヘンゼルの補題を適用する．$p \nmid b$ かつ $p \neq 2$ より $f'_{x_2}(1,1,z') = 2b \not\equiv 0 \pmod{p}$ であり，ヘンゼルの補題により p 進整数 α, β, γ が存在して，$(\alpha, \beta, \gamma) \equiv (1, 1, z') \not\equiv (0, 0, 0) \pmod{p}$ であるとともに
$$f(\alpha, \beta, \gamma) = a\alpha^2 + b\beta^2 + c\gamma^2 = 0$$
を満たす．よって f は，a の約数であるすべての p に対して，$\mathbf{Z}_p$ において 0 を表現する．文字を入れ替えることにより，a, b, c のいずれかの約数である p に対して，$\mathbf{Z}_p$ において 0 を表現する．

$p \nmid abc$ ならば，Chevally の定理（9.6 節）により，$f = 0$ は p を法とする非自明な解をもつので，再びヘンゼルの補題を用いて，この解を $\mathbf{Z}_p$ における非自明な解へと持ち上げることができる．したがってすべての $\mathbf{Z}_p$ に対してハッセ・ミンコフスキーの条件が成り立つ．

$\mathbf{R}$ における条件を示すには，a, b, c が同符号ではないことを思い出して，たとえば $a, b > 0$，$c < 0$ としよう．すると，
$$z = \sqrt{\frac{a+b}{-c}}$$
と置くことにより，
$$a(1)^2 + b(1)^2 + c(z)^2 = 0$$
が得られる．すなわち f は $\mathbf{R}$ において 0 を表現する． $\square$

ハッセの原理はすべての多項式の集合に対しては成り立たない．たとえば，$3x^3 + 4y^3 + 5z^3$ や $x^4 - 17 - 2y^2$ はハッセ・ミンコフスキーの成立条件をすべて満たすが，有理数解をもたない [Cas 2]．ハッセの原理の真の適用範囲は，大変な未解決問題として残されたままである．

23.7 付値と代数的整数論

1節で議論したように，代数的整数論の創設には，デデキントのイデアル論に対するもうひとつの発展の道筋がある．こちらの発展の方が，クンマーによるもともとの仕事の考えをよりよく受け継いだもので，付値の概念に基づいている．クンマーの理論の現代版のひとつは，代数的数体における因子に関する公理的理論を通じて発展した．ここではこの理論の簡単なあらすじを提示することにして，あえてすべての条件を完全な正確さで述べることはしないでおこうと思う．

因子論は，可換環 R（たとえば有理整数環や任意の代数的数体における整数環など）および R^*（R のゼロでない元の全体）から半群 S への準同型写像から成り立っている．この半群 S の元は素元への一意分解性をもち，いくつかの簡単な条件を満たす．ある代数的数体におけるイデアルの半群は，その体の 0 でない整数をそれらが生成する主イデアルに対応させる写像とともに，そのような因子論の一例となっている．しかし，ここでは付値を用いた別のアプローチを示したいと思う．

まず R が因子論をもてばそれは一意的であること，すなわち R に対する 2 つの因子論は同型であることを証明することができる．したがって，異なる構成法は単に同じ分解理論の 2 つの見方に過ぎないのだが，それぞれのアプローチはより深い理論への異なる洞察を与えるのである．

次に，因子論がどのようなときに存在し，それをどのように構成するのか示す必要がある．R が半群 S とともに因子論をもち，$\alpha \to (\alpha)$ が R^* から S への写像で，P が S の素元であるとき，任意の $\alpha \in R^*$ に対する（非アルキメデス的）**付値 $v_P(\alpha)$** を，(α) の因子 P の最大のべきとして定義する．したがって，

$$P^{v_P(\alpha)} \mid (\alpha) \text{ かつ } P^{v_P(\alpha)+1} \nmid (\alpha)$$

である．また $v_P(0) = \infty$ と定める．この付値は

$$v_P(\alpha\beta) = v_P(\alpha) + v_P(\beta) \tag{1}$$

および

$$v_P(\alpha + \beta) \geq \min(v_P(\alpha), v_P(\beta)) \tag{2}$$

を満たす．この付値から R の商体 K の付値が次のように定められる：$k = \alpha/\beta \in K$, $\alpha, \beta \in R$ のとき，$v_P(k) = v_P(\alpha) - v_P(\beta)$ とする．この場合も条件 (1) および (2) はそのまま成立する．

任意の (α) の素元分解は
$$(\alpha) = \prod_i P_i^{v_{P_i}(\alpha)}$$
で与えられる．ただし積は $v_{P_i}(\alpha) > 0$ であるようなすべての i にわたって行われる．このことから因子論は，すべての素元 P に対する付値 v_P を拡張した，K のすべての付値の集合から完全に定まることが示される．

有理整数のすべての（非アルキメデス的）付値は容易に表現することができる；それぞれの素数 p に対して，$v_p(n)$ は n の約数となる p の最大のべきである．このすべての p に対する付値の集合から，因子論が生み出される．$\mathbf{Z}$ における分解は一意的であるから，ここでは新しい元を加える必要はない．するとある数体 F（$\mathbf{Q}$ の有限次拡大）の整数環 I のすべての付値を，$\mathbf{Z}$ の付値の拡張を構成することによって作ることができる．したがって I に対する因子論が得られる．すなわち，I のすべての非零元が，対応する半群において一意的な素元分解をもつのである．

数体 K 上の付値 v_P が与えられると，体をその「完備化」K_P へと拡大することができる．この構成法は，有理整数から p 進数体への完備化を一般化したものである（このことは 3 節と 4 節で少しだけ議論した）．すると今度は完備化についての情報を集めて F の性質を調べることができる．これはハッセの原理（6 節）の類似である．

ここで説明したことは，現実にはひとつひとつが証明するのにそれなりの手間がかかることばかりである．ここでの説明は，この理論への最も明快な入門である Borevich and Shafarevich [Bor-Sha] による展開を追ったものである．

付値とその完備化によって発展した代数的整数論はしばしば代数的数の「局所理論」と呼ばれ，一方イデアルによるアプローチは「大域理論」と呼ばれる．理論のより深い定理の中には，一方のアプローチによる方が容易に証明されるものもあれば，他方による方がよいものもある．代数的整数論に熟達するには，両方の理論を知ることが必要不可欠である．Borevich and Shafarevich によって述べられる局所理論を Hecke [Hec] が示す大域理論と対比させてみると

おもしろい．

　曲線の算術や有限体上の方程式（方程式の解の個数）の研究にも，関数体上の付値を通じて迫ることができる．これは2つの領域と代数的整数論の間に非常に強い類似を生み出し，また3つの領域すべてにおいてゼータ関数が中心的役割を果たすことをある程度説明するものである．これらの類似は，20世紀の数論の多くの発展においてカギとなる役割を果たしてきたものである．

参考文献

[Ada-Gol]   W. W. Adams and L. J. Goldstein. *Introduction to Number Theory* (Englewood Cliffs, NJ: Prentice Hall), 1976.

[Ahl]   L. V. Ahlfors. *Complex Analysis*, Third Edition (New York: McGrawHill), 1979.

[And 1]   G. Andrews. *The Theory of Partition, Encyclopedia of Mathematics and its Applications,* Vol. 2 (Reading, MA: Addison-Wesley), 1976.

[And 2]   G. Andrews. *Number Theory* (Philadelphia: Saunders), 1971.

[Apo I]   T. M. Apostol. *Modular Functions and Dirichlet Series in Number Theory,* Second Edition (New York: Springer-Verlag), 1990.

[Art, M]   Michael Artin. *Algebra* (Englewood Cliffs, NJ: Prentice Hall), 1991.

[Ati]   M. Atiyah "The Role of Algebraic Topology in Modem Mathematics," *Jour. London Math. Soc.* **41**(1996), 63–69.

[Bac]   G. Bachman. *Introduction to p-adic Numbers and Valuation Theory* (New York: Academic Press), 1964.

[Bak]   A. Baker. "Effective Methods in the Theory of Numbers," in *Actes du Congrès International des Mathématicians 1970* (Paris: Gauthier–Villars), 1971, 19–26.

[Bak 2]   A. Baker. "Linear Forms in the Logarithms of Algebraic Numbers I, II, III, IV," *Mathematika* **13** (1966), 204–216; **14**(1967), 120–127, 220–228; **15**(1968), 204–216.

[Bak 3]   A. Baker. *Transcendental Number Theory* (Cambridge: Cambridge University Press), 1975.

[Bak-Coa] A. Baker and J. Coates. "Integer Points on Curves of Genus 1," *Proc. Camb. Phil. Soc.* **67**(1970), 595–602.

[Bas] I. Bashmakova "Arithmetic of Algebraic Curves from Diophantus to Poincaré," *Historica Mathematica* **8**(1981), 417–438.

[Bax] R. J. Baxter. *Exactly Solved Models in Statistical Mechanics* (Boston: Academic Press), 1982.

[Bel 1] E. T. Bell. *Men of Mathematics* (New York: Simon & Schuster), 1937.

[Bel 2] E. T. Bell. *The Last Problem* (New York: Simon & Schuster), 1961.

[Ber] L. Bers. *Riemann Surfaces*, notes by E. Rodlitz and R. Pollack, Courant Institute of Mathematical Sciences, New York University, 1957–58.

[Bir-Mac] G. Birkhoff and S. Mac Lane. *A Survey of Modern Algebra,* Fourth Edition (New York: Macmillan), 1977; Fifth Edition (Wellesley, MA: A K Peters, Ltd.), 1997.

[Bli] H. F. Blichfeldt. "A New Principle in the Geometry of Numbers with Some Applications," *Trans. Amer. Math. Soc.* **15**(1914), 227–235.

[Bor-Sha] Z. I. Borevich and I. R. Shafarevich. *Number Theory* (New York: Academic Press), 1966.

[Bri-Kno] E. Brieskom and H. Knörrer. *Plane Algebraic Curves*, English translation by J. Stillwell (Boston: Birkhäuser), 1986.

[Bue] D. A. Buell. *Binary Quadratic Forms: Classical Theory and Modern Computation* (New York: Springer-Verlag), 1989.

[Bus-Kel] H. Busemann and P. J. Kelly. *Projective Geometry and Projective Metrics* (New York: Academic Press), 1953.

[Cas] J. W. S. Cassels. "Mordell's Finite Basis Theorem Revisited," *Math. Proc. Camb. Phil. Soc.* **100**(1986), 31–41.

[Cas 2] J. W. S. Cassels. "Diophantine Equations with Special Reference to Elliptic Curves," *Jour. London Malh. Soc.* **41**(1966), 193–291.

[Cas 3] J. W. S. Cassels. *An Introduction to Diophantine Approximation* (Cambridge: Cambridge University Press), 1957; Reprint (New York:

Hafner), 1972.

[Cas 4]   J. W. S. Cassels. *An Introduction to the Geometry of Numbers*, Second Corrected Reprint (New York: Springer-Verlag), J971.

[Cas 5]   J. W. S. Cassels. *Local Fields*, London Mathematical Society Student Texts, Vol. 3 (Cambridge: Cambridge University Press), 1986.

[Cha]   J. S. Chahal. *Topics in Number Theory* (New York: Plenum Press), 1988.

[Che]   C. Chevalley. "Démonstration d'une Hypothèse de M. Artin," *Abhand. Math. Sem. Hamburg* **11**(1936), 73–75.

[Cho]   S. Chowla. *The Riemann Hypothesis and Hilbert's Tenth Problem* (New York: Gordon and Breach), 1965.

[Chr]   G. Chrystal. *A Textbook of Algebra*, 2 Vols. (Adam and Charles Black), 1900; Reprint (New York: Dover Publications), 1961.

[Cip]   Barry Cipra. "Big Number Breakdown," *Science* **148**(1990), 1608.

[Coh]   Harvey Cohn. *A Second Course in Number Theory* (New York: John Wiley and Sons), 1962.

[Cohe]   H. Cohen. "Elliptic Curves," in [W-M-L-I], 212–237.

[Con]   J. Conway. "An Enumeration of Knots and Links and Some of Their Related Properties," in *Computational Problems in Abstract Algebra*, edited by J. Leech (New York: Pergamon Press), 1970, 329–358.

[Coo]   R. Cooke. "Abel's Theorem," in *The History of Modern Mathematics*, Vol. 1, edited by D. E. Rowe and J. McCleary (Boston: Academic Press), 1989, 388–421.

[Cox 1]   D. A. Cox. *Primes of the Form $x^2 + ny^2$: Fermat, Class Field Theory, and Complex Multiplication* (New York: Wiley-Interscience), 1989.

[Cox 2]   D. Cox. "The Arithmetic-Geometric Mean of Gauss," *L'Enseign. Math.* **30**(1984), 275–330.

[Cox, H]   H. S. M. Coxeter. *Introduction to Geometry*, Second Edition (New York: John Wiley and Sons), 1969.

[Cox, H 2]   H. S. M. Coxeter. *The Real Projective Plane*, Second Edition (Cambridge: Cambridge University Press), 1955.

[Cre] L. Cremona. *Elements of Projective Geometry* (London: Oxford at the Clarendon Press), 1893.

[Dav] H. Davenport. *The Higher Arithmetic: An Introduction to the Theory of Numbers* (London: Hutchinson University Library), 1952; Reprint (New York: Dover Publications), 1983.

[Dav 2] H. Davenport. "L. J. Mordell," *Acta Arith.* **IX**(1964), 3–12.

[Dav 3] H. Davenport. "The Work of K. F. Roth," in *Proceedings of the International Congress of Mathematicians*, edited by J. A. Todd (Cambridge: Cambridge University Press), 1960, lvii-lx.

[Dav 4] H. Davenport. "Minkowski's Inequality for the Minima Associated with a Convex Body," *Quart. Jour. Math. Oxford* **10**(1939), 119–121.

[Dav-Mat-Rob] M. Davis, Y. Matijasevič, and J. Robinson. "Hilbert's Tenth Problem. Diophantine Equations: Positive Aspects of a Negative Solution," in *Mathematical Developments Arising from Hilbert Problems*, Proceedings of Symposia in Pure Mathematics, Vol. 28 (Providence: American Mathematical Society), 1976, 323–378.

[Den] J. Denef. "The Rationality of the Poincaré Series Associated to the p-adic Points on a Variety" *Invent. Math.* **77**(1984), 1–23.

[Dic 1] L. E. Dickson.*History of the Theory of Numbers*, 3 Vols.(Washington, DC: Carnegie Institute), 1919–1923; Reprint (New York: Chelsea), 1971.

[Dic 2] L. E. Dickson. *Introduction to the Theory of Numbers* (Chicago: University of Chicago Press), 1929.

[Dir] P. G. L. Dirichlet. *Werke*, 2 Vols., edited by L. Kronecker and L. Fuchs (Berlin: George Reimer), 1894; Reprint (New York: Chelsea).

[Dir-Ded] P. G. Lejeune-Dirichlet and R. Dedekind. *Vorlesungen über Zahlentheorie*, Fourth Edition (Braunschweig: Friedrich Vieweg und Sohn), 1894; Reprint (New York: Chelsea), 1968.

[Dun] G. W. Dunnington. *Carl Friedrich Gauss: Titan of Science* (New York: Hafner), 1955.

[Edw 1]   Harold M. Edwards. *Fermat's Last Theorem: A Genetic Introduction to Algebraic Number Theory* (New York: Springer-Verlag), 1977.

[Edw 2]   H. M. Edwards. *Galois Theory* (New York: Springer-Verlag), 1984.

[Edw 3]   H. M. Edwards. "An Appreciation of Kronecker," *Math. Intelligencer* **9**,1(1987), 28–35.

[Eis]   G. Eisenstein. "Eisenstein's Geometrical Proof of the Fundamental Theorem for Quadratic Residues," English translation by A. Cayley, *Quart. Jour. Pure Appl. Math.* **1**(1857), 186–191.

[Eis 2]   G. Eisenstein. *Mathematische Werke* (New York: Chelsea), 1976.

[Ell, W-Ell, F]   W. and F. Ellison. "Théorie des Nombres," in *Abrégé d'Histoire des Mathématiques, 1700–1900*, 2 Vols., edited by J. Dieudonné (Paris: Hermann), 1978, Chapter 5.

[Euc]   Euclid. *The Thirteen Books of Euclid's Elements*, 3 Vols., Second Edition (Cambridge: Cambridge University Press), 1926; Reprint (New York: Dover Publications), 1956.

[Eul 1]   L. Euler. Extracts from "Theoremata Circa Residis ex Divisione Potestatum Relicta," in *Opera Omnia*, Series I, Vol. 2 (Basel: Birkhäuser), 493–518; English translation by R. J. Stroeker as *Euler Power Residue* with commentaries in [Str].

[Eul 2]   L. Euler. *Elements of Algebra*, Fifth Edition, English translation by J. Hewlett (Longmann, Orme and Co.), 1840; Reprint (New York: Springer-Verlag), 1984.

[Eul 3]   L. Euler. *Introduction to Analysis of the Infinite*, English translation by J. D. Blanton (New York: Springer-Verlag), 1988.

[Eul 4]   L. Euler. "Observationes circa Divisionen Quadratorum per Numeros Primos," in *Opera Omnia*, Series I, Vol. 3 (Basel: Birkhäuser), 497–512.

[Fal]   G. Faltings. "Endlichkeitssätze für Abelsche Varietäten über Zahlkörpern," *Invent. Math.* **73**(1983), 349–366.

[Fer]   P. Fermat. *Oeuvres de Fermat*, 3 Vols., edited by P. Tannery and C. Henry (Paris: Gauthier-Villars), 1891-1896.

[Fla]   D. Flath. *Introduction to Number Theory* (New York: John Wiley and Sons), 1989.

[For] Otto Forster. *Lectures on Riemann Surfaces*, English translation by B. Gilligan (New York: Springer-Verlag), 1981.

[Fow] D. H. Fowler. *The Mathematics of Plato's Academy: A New Reconstruction* (Oxford: Clarendon Press), 1987.

[Ful] W. Fulton. *Algebraic Curves: An Introduction to Algebraic Geometry* (Reading, MA: W. A. Benjamin), 1969.

[Gau 1] C. F. Gauss. *Disquisitiones Arithmeticae* (Lipsia in commissis apud Gerh. Fleischer Iun), 1801; English translation by A. Clarke (New York: Springer-Verlag), 1986.

[Gau 2] C.F. Gauss. "Theoria Residuorum Biquadraticorum: Commentatio Prima," in *Werke*, Vol.2 (Göttingen: Königliche Gesellschaft der Wissenschaft), 1876, 65–92.

[Gau 3] C. F. Gauss. "Theoria Residuorum Biquadraticorum: Commentatio Sequnda," in *Werke*, Vol. 2 (Göttingen: Königliche Gesellschaft der Wissenschaft), 1876, 93–148

[Gel] A. O. Gelfond. *Transcendental and Algebraic Numbers*, English translation from the Russian by L. Boron (New York: Dover Publications), 1960.

[Gol, D] D. Goldfeld. "Gauss' Class Number Problem for Imaginary Quadratic Fields," *Bull. Amer. Math. Soc.* **13**,1(1985),23–37.

[Gol, J 1] J. R. Goldman. "Hurwitz Sequences, The Farey Process, and General Continued Fractions," *Adv. in Math.* **72**,2(Dec. 1988), 239–260.

[Gol, J 2] J. R. Goldman. "Numbers of Solutions of Congruences: Poincaré Series for Strongly Non-Degenerate Forms," *Proc. Amer. Math. Soc.* **87**,4(1983), 586–590.

[Gol, J 3] J. R. Goldman. "Numbers of Solutions of Congruences: Poincaré Series for Algebraic Curves," *Adv. in Math.* **2**,1(1986), 68–83.

[Gol-Kau 1] J. R. Goldman and L. H. Kauffman. "Knots, Tangles, and Electrical Networks," *Adv. in Appl. Math.* **14**(1993), 267–306.

[Gol-Kau 2] J. R. Goldman and L. H. Kauffman. "Rational Tangles," *Adv. in Appl. Math.* **18**(1997), 300–332.

[Gol, L]	L. J. Goldstein. *Abstract Algebra: A First Course* (Englewood Cliffs, NJ: Prentice Hall), 1973.
[Gol, L 2]	L. J. Goldstein. *Analytic Number Theory* (Englewood Cliffs, NJ: Prentice Hall), 1971.
[Gra]	J. J. Gray. "A Commentary on Gauss's Mathematical Diary, 1796–1814" (with English translation), *Expos. Math.* **2**(1984), 97–130.
[Gro]	E. Grosswald. *Topics from the Theory of Numbers*, Second Edition (Boston: Birkhäuser), 1984.
[Gra-Knu-Pat]	R. Graham, D. E. Knuth, and O. Patashnik. *Concrete Mathematics* (Reading, MA: Addison-Wesley), 1989.
[Had]	C. R. Hadlock. *Field Theory and Its Classical Problems*, Carus Mathematical Monograph of the Mathematical Association of America, Vol.17 (Washington, DC: Mathematical Association of America), 1978.
[Hal, M]	M. Hall, Jr. "On the Sum and Product of Continued Fractions," *Math. Annalen* **48**(1947), 966–993.
[Hal, T]	T. Hall. *Carl Friedrich Gauss: A Biography*, English translation by A. Froderberg (Cambridge, MA: MIT Press), 1970.
[Han]	H. Hancock. *Development of the Minkowski Geometry of Numbers* (New York: Macmillan), 1939; Reprint in 2 Vols. (New York: Dover Publications), 1964.
[Har]	R. Hartshorne. *Algebraic Geometry* (New York: Springer-Verlag), 1977.
[Har 2]	R. Hartshorne. *Foundations of Projective Geometry* (New York: W A. Benjamin), 1967.
[Har-Lil-Pol]	G. H. Hardy, J. E. Littlewood, and G. Pólya. *Inequalities* (Cambridge: Cambridge University Press), 1964.
[Har-Wri]	G. H. Hardy and E. M. Wright. *An Introduction to the Theory of Numbers* (Oxford: Clarendon Press), 1938; Fifth Edition, 1979.
[Hea]	Sir Thomas L. Heath. *Diophantus of Alexandria: A Study in the History of Greek Algebra* (Cambridge: Cambridge University Press), 1910; Reprint (New York: Dover Publications), 1964.

[Hec]	E. Hecke. *Vorlesungen über die Theorie der algebraischen Zahlen* (Leipzig: Academische Verlagsgesellschaft), 1923; English translation by G. U. Brauer and J. R. Goldman with R. Kotzen as *Lectures on the Theory of Algebraic Numbers* (New York: Springer-Verlag), 1981.
[Her]	I. N. Herstein. *Topics in Algebra*, Second Edition (Lexington, MA: Xerox College Publishers); 1975.
[Her, C]	C. Hermite. "Sur la Fonction Exponentielle," *Comptes Rend.* **77**(1873), 18–24, 74–79, 226–233, 285–293; Reprinted in *Oeuvres*. Vol. III, 150–181.
[Hil]	David Hilbert. "Die Theorie der algebraischen Zahlkörper," in *Gesammelte Abhandlungen*, Vol. I (Berlin: Springer-Verlag), 1932,63–539; Reprint (New York: Chelsea), 1965.
[Hil 2]	D. Hilbert. "Über die Transcendenz der Zahlen e und π," *Math. Annalen* **43**(1893), 216–220; Reprinted in *Gesammelte Abhandlungen*, Vol. 1 (Berlin: Springer-Verlag), 1932, 1–4.
[Hil 3]	D. Hilbert "Mathematical Problems," English translation by M. Newson, *Bull. Amer. Math. Soc.* **8**(1902), 437–479; Reprinted in *Mathematical Developments Arising from Hilbert's Problems*, Proceedings of Symposia in Pure Mathematics, Vol. 28 (Providence: American Mathematical Society) 1976, 1–34.
[Hil-Coh]	D. Hilbert and S. Cohn-Vossen. *Geometry and the Imagination*, English translation by P. Nemenyi (New York: Chelsea), 1952.
[Hil-Hur]	D. Hilbert and A. Hurwitz. "Über die diophantischen Gleichungen vom Geschlecht Null," *Acta Math.* **14**(1890), 217–224.
[Hor]	T. Horowitz. "On Jargon: Elliptic Curves," *UMAP Jour.* **2**(Summer 1987), 161–181.
[Hou]	C. Houzel. "Fonctions Elliptiques et Intégrales Abéliennes," in *Abrégé d'Histoire des Mathématiques, 1700–1900*, 2 Vols., edited by J. Dieudonné (Paris: Hermann), 1978, Chapter 7.
[Hua]	L. K. Hua. *Introduction to Number Theory*, English translation by Peter Shiu (New York: Springer-Verlag), 1982.
[Hum]	G. Humbert. "Sur les Fractions Continues Ordinaires et les Formes Quadratiques Binaires Indéfinies," *Jour. Math. Pures Appl.* **7**(1916),

104–157.

[Hur 1]　　A. Hurwitz. "Über die Reduktion der binären quadratischen Formen," *Math. Annalen* **45**(1894); Reprinted in *Werke*, Vol. 2 (Basel: Birkhäuser), 1933, 1963, 157–190.

[Hur 2]　　A. Hurwitz. "Über die Kettenbrüche, deren Teilnenner arithmetische Reihen bilden," in *Werke*, Vol.2 (Basel: Birkhäuser), 1896, 276–302.

[Hur-Kri]　A. Hurwitz and N. Kritikos. *Lectures on Number Theory*, English translation by W. Schulz (New York: Springer-Verlag), 1986.

[Hus]　　D. Husemöller. *Elliptic Curves* (New York: Springer-Verlag), 1987.

[Igu]　　J. I. Igusa. "Complex Powers and Asymptotic Expansions I," *Jour. Reine Angew. Math.* **268/269**(1974), 110–130; "Complex Powers and Asymptotic Expansions II," *Jour. Reine Angen. Math* **278/279**(1975), 307–321.

[Inc]　　E. L. Ince. *Cycles of Reduced Ideals in Quadratic Fields, Mathematical Tables IV* (London: British Association for the Advancement of Science), 1934.

[Ire-Ros]　K. Ireland and M. Rosen. *A Classical Introduction to Modern Number Theory*, Second Edition (New York: Springer-Verlag), 1990.

[Ita 1]　　J. Itard. "Joseph Louis Lagrange," in *Dictionary of Scientific Biography*, Vol. VII (New York: Charles Scribner's Sons), 1972, 559–573.

[Ita 2]　　J. Itard. "Adrien-Marie Legendre," in *Dictionary of Scientific Biography*, Vol. VIII (New York: Charles Scribner's Sons), 1972, 135–143.

[Jac]　　C. G. J. Jacobi. "De Usu Theoriae Integralium Ellipticorum et Integralium Abelianorum in Analysi Diophantea," *Jour. Reine Angew. Math.* **13**(1835), 353–355; Reprinted in *Gesammelte Werke*, Vol. 2, 53–55.

[Jen]　　W. E. Jenner. *Rudiments of Algebraic Geometry* (New York: Oxford University Press), 1963.

[Jon]　　F. Jones, Jr. *Rudiments of Riemann Surfaces*, Lecture Notes in Mathematics, Vol. 2 (Houston: Rice University), 1971.

[Jon-Thr]　W. Jones and W. J. Thron. "Continued Fractions: Analytic Theory and Applications," in *Encyclopedia of Mathematics and Its Applica-*

[Kat]   N. Katz. "An Overview of Deligne's Proof of the Riemann Hypothesis for Varieties over Finite Fields," in *Mathematical Developments Arising from Hilbert Problems*, Proceedings of Symposia in Pure Mathematics, Vol.28 (Providence: American Mathematical Society), 1976, 279–306.

[Kau]   W. K. Bühler. Gauss: *A Biographical Study* (New York: SpringerVerlag), 1981.

[Ken]   K. Kending. *Elementary Algebraic Geometry*, Graduate Texts in Mathematics, Vol. 44 (New York: Springer-Verlag), 1977.

[Kir]   F..Kirwan. *Complex Algebraic Geometry*, London Mathematical Society Student Texts, Vol. 23 (Cambridge: Cambridge University Press), 1992.

[Kle 1] F. Klein. *Elementary Mathematics from an Advanced Viewpoint*, Third Edition, Vol. 1: *Arithmetic, Algebra, Analysis* and Vol. 2: *Geometry*, English translation by E. A. Hedrick and C. A. Noble, 1908; Reprint (New York: Dover Publications), 1945.

[Kle 2] F. Klein. *Vorlesungen über die Entwicklung der Mathematik im 19. Jahrhundert* (Berlin: Springer-Verlag), 1928; English translation by M. Ackerman as *Development of Mathematics in the 19th Century* (Brookline, MA: Mathematical Sciences Press), 1979.

[Kle 3] F. Klein. *Lectures on Mathematics*, edited by A. Ziwet (New York: American Mathematical Society), 1911.

[Kle 4] F. Klein. "Famous Problems of Elementary Geometry," in *Famous Problems and Other Monographs*, Reprint (New York: Chelsea), 1962.

[Kli]   M. Kline. "Euler and Infinite Series," *Math. Mag.* **56**,5(1983), 307–315 (special issue on Euler).

[Kna]   A. V. Knapp. *Elliptic Curves* (Princeton, NJ: Princeton University Press), 1992.

[Knu]   D. E. Knuth. *Seminumerical Algorithms*, The Art of Computer Programming, Vol. 2: (Reading, MA: Addison-Wesley), 1969.

[Kob 1] N. Koblitz. *p-adic Numbers, p-adic Analysis, and Zeta-Functions*, Second Edition (New York: Springer-Verlag), 1984.

参考文献　573

[Kob 2]　　　N. Koblitz. *Introduction to Elliptic Curves and Modular Functions* (New York: Springer-Verlag), 1984.

[Kob 3]　　　N. Koblitz. "p-adic Analysis: A Short Course on Recent Work," in *London Mathematical Society Lecture Notes*, Vol. 46 (Cambridge: Cambridge University Press), 1980.

[Kro]　　　　L. Kronecker. "Näherungsweise ganzzahlige Auflösung linearer Gleichungen," *Berliner Sitzungsberichte* (1894); Reprinted in *werke*, Vol. 3, 47–109.

[Lag]　　　　J L. Lagrange. *Oeuvres de Lagrange*, 14 Vols., edited by J-A. Serret (Paris: Gauthier-Villars), 1867–1892.

[Lan 1]　　　S. Lang. *Introduction to Diophantine Approximation* (Reading, MA: Addison-Wesley), 1966.

[Lan 2]　　　S. Lang. *The Beauty of Doing Mathematics: Three Public Dialogues* (New York: Springer-Verlag), 1985.

[Lan 3]　　　S. Lang. *Algebraic Number Theory*, Second Edition (New York: Springer-Verlag), 1994.

[Lan 4]　　　S. Lang. *Fundamentals of Diophantine Geometry* (New York: Springer-Verlag), 1983.

[Lan 5]　　　S. Lang. *Elliptic Curves: Diophantine Analysis* (New York: SpringerVerlag), 1978.

[Lan 6]　　　S. Lang. *Introduction to Transcendental Numbers* (Reading, MA: Addison-Wesley), 1966.

[Lan-Ost]　　E. Landau and A. Ostrowski. "On the Diophantine Equation $ax^2 + by + c = dx^n$," *Proc. London Math. Soc.* **19**,2(1920), 276–280.

[Leg]　　　　Adrien-Marie Legendre. *Essai sur la Théorie des Nombres*, 1798; Fourth Edition as *Théorie des Nombres*, 1830; Reprint (Paris: Albert Blanchard), 1955.

[Lek]　　　　C. G. Lekkerkerker. *Geometry of Numbers*, Second Edition (Amsterdam: North-Holland), 1969.

[LeV]　　　　W. J. LeVeque. *Topics in Number Theory*, 2 Vols. (Reading, MA: Addison-Wesley), 1956.

[LeV 2] W. J. LeVeque, Editor. *Studies in Number Theory*, MAA Studies in Mathematics, Vol. 6 (Washington, DC: Mathematical Association of America),1969.

[Lin] F. Lindemann. "Über die Zahl π," *Math. Annalen* **20**(1882), 213–225.

[Lut] E. Lutz. "Sur l'Equation $y^2 = x^3 - Ax - B$ dans les Corps p-adic," *Jour. Reine Angew. Math.* **177**(1937), 237–247.

[Mac] G. Mackey. "Harmonic Analysis as the Exploitation of Symmetry: A Historical Survey," *Bull. Amer. Math. Soc.* **3**,1(1980),543–697.

[Mah] M. S. Mahoney. *The Mathematical Career of Pierre de Fermat (1601–1665)* (Princeton, NJ: Princeton University Press), 1973.

[Mah, K] K. Mahler. *Lectures on Transcendental Numbers*, Lecture Notes in Mathematics, Vol. 546 (New York: Springer-Verlag), 1976.

[Mah, K 2] K. Mahler. *g-adic Numbers and Roth's Theorem, Lectures on Diophantine Approximations*, Part 1 (Notre Dame, IN: University of Notre Dame), 1961.

[Mar] D. A. Marcus. *Number Fields* (New York: Springer-Verlag), 1977.

[Mas] W. S. Massey. *Algebraic Topology: An Introduction*, Fourth Corrected Printing (New York: Springer-Verlag), 1977.

[Mat] G. B. Mathews. *Theory of Numbers*, Second Edition (New York: Chelsea).

[May] K. O. May. "Carl Friedrich Gauss," in *Dictionary of Scientific Biography*, Vol. V, (New York: Charles Scribner's Sons), 1972, 298–315.

[Maz 1] B. Mazur. "Modular Curves and the Eisenstein Ideal," *Inst. Hautes Études Sci. Publ. Math.* **47**(1977), 33–186.

[Maz 2] B. Mazur. "Rational Isogenies of Prime Degree," *Invent. Math.* **44**(1978), 129–162.

[Meu] D. Meuser. "On the Poles of a Local Zeta Function for Curves," *Invent. Math.* **73**(1983), 445–465.

[Min 1] H. Minkowski. *Geometrie der Zahlen* (Leipzig: Teubner), 1896; Second Edition, 1910; Reprint (New York: Chelsea), 1953.

[Min 2]	H. Minkowski. *Gesammelte Abhandlungen*, 2 Vols., edited by A. Speiser and H. Weyl (Leipzig: Teubner), 1911; Reprint (New York: Chelsea), 1967.
[Min 3]	H. Minkowski. *Diophantische Approximationen* (Leipzig: Teubner), 1907; Reprint (New York: Chelsea), 1957.
[Moe]	R. Moeckel. "Geodesics on Modular Surfaces and Continued Fractions," *Erg. Theory Dyn. Sys.* **2**(1982), 69–83.
[Mor 1]	L. J. Mordell. *A Chapter in the Theory of Numbers* (Cambridge: Cambridge University Press), 1947.
[Mor 2]	L. J. Mordell. *Diophantine Equations* (London: Academic Press), 1969.
[Mor 3]	L. J. Mordell. *Reflections of a Mathematician*, Canadian Mathematical Congress (Cambridge: Cambridge University Press), 1959.
[Mor 4]	L. J. Mordell. "Reminiscences of an Octogenarian Mathematician," *Amer. Math. Monthly* **78**(Nov. 1971), 952–961.
[Mor 5]	L. J. Mordell. "Indeterminate Equations of the Third and Fourth Degrees," *Quart. Jour. Pure Appl. Math.* **45**(1914), 170–186.
[Mum]	D. Mumford. *The Red Book of Varieties and Schemes* (New York: Springer-Verlag), 1988.
[Nag]	T. Nagell. *Introduction to Number Theory*, Second Edition (New York: Chelsea), 1964.
[Nag 2]	T. Nagell. "Solution de Quelques Problèmes dans la Théorie Arithmétiques des Cubiques Planes du Premier Genre," *Wid. Akad. Skrifter Oslo* **1**,1(1935).
[Nar]	W. Narkiewicz. *Elementary and Analytic Theory of Numbers*, Second Edition (New York: Springer-Verlag), 1990.
[Neu]	O. Neugebauer. *The Exact Sciences in Antiquity*, Second Edition (Providence: Brown University Press), 1957.
[Neu-Sac]	O. Neugebauer and A. Sachs. *Mathematical Cuneiform Texts*, American Oriental Series, Vol. 29 (New Haven, CT: American Oriental Society), 1945.

[New, J] James R. Newman. "The Rhind Papyrus," in *The World of Mathematics,* Vol. 1, edited by James R. Newman (New York: Simon & Schuster), 1956.

[New] *Newton's Mathematical Papers,* edited by D. T. Whiteside (Cambridge: Cambridge University Press), 1967–1981.

[Niv] I. Niven. "Formal Power Series," *Amer. Math. Monthly* **76**(1969), 871–889.

[Niv 2] I. Niven. *Irrational Numbers,* Carus Monograph of the Mathematical Association of America, Vol. II (New York: John Wiley and Sons), 1956.

[Ped] D. Pedoe. *Geometry and the Visual Arts* (New York: Dover Publications), 1983.

[Per] O. Perron. *Die Lehre von den Kettenbrüchen,* 2 Vols., Third Edition (Stuttgart: Teubner), 1954.

[Poi] H. Poincaré. "Sur une Généralisation des Fractions Continues," *Comptes Rend.* **99**(1884), 1014–1016; Reprinted in *Oeuvres,* Vol. 5, 185–188.

[Poi 2] H. Poincaré. "Sur les Propertiétés Arithmétiques des Courbes Algébriques," *Jour. Math. Pures Appl.* **7**,Ser.5(1901), 161–233; Reprinted in *Oeuvres,* Vol. 5, 483–548.

[Pol] G. Polya. *Induction and Analogy in Mathematics,* Mathematics and Plausible Reasoning, Vol.1(Princeton, NJ: Princeton University Press), 1954.

[Poo] A. van der Poorten. "A Proof that Euler Missed ... Apéry's Proof of the Irrationality of $\zeta(3)$: An Informal Report," *Math. Intelligencer* **1**,4(1979), 195–203.

[Poo 2] A. van der Poorten. *Notes on Fermat's Last Theorem* (New York: John Wiley and Sons), 1996.

[Rad 1] H. Rademacher. *Higher Mathematics from an Elementary Point of View,* edited by D. Goldfeld (Boston: Birkhäuser), 1983.

[Rad 2] H. Rademacher. *Lectures on Elementary Number Theory* (New York: Blaisdall), 1964.

[Ran]	G. Rancy. "On Continued Fractions and Finite Automata," *Math. Annalen* **206**(1973), 265–283.
[Ree]	E. G. Rees. *Notes on Geometry*, Universitext (New York: SpringerVerlag), 1983.
[Rei, C]	C. Reid. *Hilbert* (New York: Springer-Verlag), 1970; Reprint (New York: Springer-Verlag, Copernicus Imprint), 1996.
[Rei, C 2]	C. Reid. *Courant in Göttingen and New York: The Story of an Improbable Mathematician* (New York: Springer-Verlag), 1976.
[Rei, L]	L. W. Reid. *The Elements of the Theory of Algebraic Numbers* (New York: Macmillan), 1910.
[Rei, M]	M. Reid. *Undergraduate Algebraic Geometry* (Cambridge: Cambridge University Press), 1988.
[Rib]	P. Ribenboim. *Algebraic Numbers* (New York: John Wiley and Sons), 1972.
[Rob-Shu]	Gay Robins and Charles Shute. *The Rhind Mathematical Papyrus: An Ancient Egyptian Text* (New York: Dover Publications), 1987.
[Rob-Roq]	A. Robinson and P. Roquette. "On the Finiteness Theorem of Siegel and Mahler Concerning Diophantine Equations," *Jour. Num. Theory* **7**(1975), 121–176.
[Ros]	M. Rosen. "Abel's Theorem on the Lemniscate," *Amer. Math. Monthly* **86**,6(1981), 387–395.
[Ros, H]	H. E. Rose. *A Course in Number Theory* (Oxford: Clarendon Press), 1988.
[Rot]	K. F. Roth. *Rational Approximations to Irrational Numbers* (London: H. K. Lewis & Co. Ltd.), 1962.
[Rot 2]	K. F. Roth. "Rational Approximations to Algebraic Numbers," *Mathematika* **4**(1955), 1–20; corrigendum, ibid, 168.
[Rot 3]	K. F.Roth. "Rational Approximations to Algebraic Numbers," in *Proceedings of the International Congress of Mathematicians*, edited by J. A. Todd (Cambridge: Cambridge University Press), 203–210.
[Row]	D. Rowe. "Gauss, Dirichlet, and the Law of Biquadratic Reciprocity," *Math. Intelligencer* **10**,2(1988), 13–25.

[San-Ger] G. Sansone and J. Gerretsen. *Lectures on the Theory of Functions of a Complex Variable*, Vol. 2 (Groningen: P. Noordhoff), 1960.

[Sar] G. Sarton. "Lagrange's Personality (1736–1813)," *Proc. Amer. Phil. Soc.* **88**(1944), 457–496.

[Sch] W. M. Schmidt. "Simultaneous Approximation to Algebraic Numbers by Rationals," *Acta Math.* **125**(1970), 189–201.

[Sch-Opo] W. Scharlan and H. Opolka. *From Fermat to Minkowski: Lectures on the Theory of Numbers and Its Historical Development* (New York: Springer-Verlag), 1985.

[Sch-Spe] O. Schreier and E. Sperner. *Projective Geometry of n Dimensions, Introduction to Modern Algebra and Matrix Theory*, Vol. 1, English translation by C. A. Rogers (New York: Chelsea), 1961.

[Ser] J.-P. Serre. *A Course in Arithmetic* (New York: Springer-Verlag), 1973.

[Ser, C] C. Series. "The Geometry of Markoff Numbers," *Math. Intelligencer* **7**,3(1985), 20–29.

[Ses] Jacques Sesiano. *Books IV to VIII of Diophantus' Arithmetica: In the Arabic Translation Attributed to Qusṭā Ibn Lūqā*, Sources in the History of Mathematics and Physical Sciences, Vol. 3 (New York: Springer-Verlag), 1982.

[Sha] I. R. Shafarevich. *Basic Algebraic Geometry*, Second Edition (New York: Springer-Verlag), 1994.

[Shi] G. Shimura. *Automorphic Forms and Number Theory*, Lecture Notes in Mathematics, Vol. 54 (New York: Springer-Verlag), 1968.

[Sie 1] C. L. Siegel. *Topics in Complex Function Theory*, 3 Vols., English translation from the German by A. Shenitzer and D. Solitar (New York: Wiley-Interscience), 1969–1973.

[Sie 2] C. L. Siegel. "On the History of the Frankfurt Mathematics Seminar," *Math. Intelligencer* **1**,4(1979), 223–230.

[Sie 3] C. L. Siegel. "Über einige Anwendungen diophantischer Approximationen," *Abh. Preuss. Akad. Wiss.* **1**(1929); Reprinted in *Gesammelte Abhandlungen*, Vol. 1 (Berlin: Springer-Verlag), 209–266.

[Sie 4]   C. L. Siegel. *Transcendental Numbers* (Princeton, NJ: Princeton University Press), 1949.

[Sie 5]   C. L. Siegel. *Lectures on the Geometry of Numbers* (New York: Springer-Verlag), 1989.

[Sil]   J. H. Silverman. *The Arithmetic of Elliptic Curves* (New York: Springer-Verlag), 1986.

[Sil-Tat]   J. Silverman and J. Tate. *Rational Points on Elliptic Curves* (New York: Springer-Verlag), 1992.

[Smi, D]   D. E. Smith. *A Source Book in Mathematics* (New York: Mc-Graw-Hill), 1929; Reprinted in 2 Vols. (New York: Dover Publications), 1959.

[Smi, H 1] H. J. S. Smith. "Note on Continued Fractions," *Messeng. Math.* **6**,Ser.2(1876), 1–14; Reprinted in [Smi, H 2], ii, 135–147.

[Smi, H 2] H. J. S. Smith. *The Collected Mathematical Papers of H. J. S. Smith*, 2 Vols., edited by J. W. L. Glaisher; Reprint (New York: Chelsea), 1965.

[Smi, H 3] H. J. S. Smith. *Report on the Theory of Numbers*, 1894; Reprint (New York: Chelsea), 1965; Also in [Smi, H 2], Vol. 1.

[Spr]   G. Springer. *Introduction to Riemann Surfaces*, Second Edition (New York: Chelsea), 1981.

[Sta]   H. M. Stark. *An Introduction to Number Theory* (Chicago: Markham), 1970; Reprint (Cambridge, MA: MIT Press), 1978.

[Sta 2]   H. Stark. "Galois Theory, Algebraic Number Theory, and Zeta Functions," in [W-M-L-I], 313–393.

[Sta-Whi]   D. Stanton and D. White. *Constructive Combinatorics* (New York: Springer-Verlag), 1986.

[Ste-Tal]   I. Stewart and D. Tall. *Algebraic Number Theory*, Second Edition (London: Chapman and Hall), 1987.

[Str]   D. J. Struik. *A Sourcebook in Mathematics 1200–1800* (Cambridge, MA: Harvard University Press), 1969.

[Str, R]   R. J. Stroeker. "Aspects of Elliptic Curves: An Introduction," *Nieuw*

Arch. Voor Wis. **XXVI**, 3(1978), 371–412.

[Tat] J. Tate. "Problem 9: The General Reciprocity Law," in *Proceedings of Symposia in Pure Mathematics*, Vol. 28 (Providence: American Mathematical Society), 1976, 311–322.

[Tat 2] J. Tate. *Rational Points on Elliptic Curves*, Phillips Lectures, Haverford College, April-May, 1961.

[Tat 3] J. Tate. "The Arithmetic of Elliptic Curves," *Invent. Math.* **23**(1974), 179–206.

[Thu] W. Thurston. *Three-Dimensional Geometry and Topology*, Vol. 1, edited by S. Levy (Princeton, NJ: Princeton University Press), 1997.

[Thue] A. Thue. *Selected Mathematical Papers of Axel Thue*, edited by T. Nagell et al. (Oslo: Universitetaforlaget), 1977.

[Thue 2] A. Thue. "Über die Unlösbarkeit der Gleichung $ax^2 + bx + c = dy^n$ in grossen ganzen Zahlen," *Arch. Math. Naturv., Kristiania* **34**,16(1917); Reprinted in [Thue], 561–564.

[Tid] R. Tijdeman. "Hilbert's Seventh Problem: On the Gelfand-Baker Method and Its Applications," in *Mathematical Developements Arising from Hilbert Problems*, Proceedings of Symposia in Pure Mathematics, Vol.28 (Providence: American Mathematical Society), 1976, 241–268.

[Tru] C. Truesdell. "Leonard Euler: Supreme Geometer," in *1972 American Society for 18th Century Studies* (Madison, WI: University of Wisconsin Press), 1972; Reprinted in part in [Eul 2], vii-xxxix.

[Tur] P. Turan. "On the Works of Alan Baker," in *Actes du Congrès International des Mathématicians 1970* (Paris: Gauthier-Villars), 1971, 3–5.

[van L-Wil] J. H. van Lint and R. M. Wilson. *A Course in Combinatorics* (Cambridge: Cambridge University Press), 1992.

[Veb-You] O. Veblen and J. W. Young. *Projective Geometry*, 2 Vols. (Boston: Ginn), 1910, 1918.

[Wae] B. L. Van der Waerden. *Algebra*, 2 Vols., Seventh Edition (New York: Friedrich Ungar), 1970.

[Wal] R. J. Walker. *Algebraic Curves* (Princeton, NJ: Princeton University

Press), 1950.

[Wan]　　　P. L. Wantzel. "Recherches sur les Moyens de Reconnaître si un Problème de Géométrie se Résoudre avec la Règle et le Compas," *Jour. Math. Pures Appl.* **2**(1837), 366–372.

[Wee]　　　J. R. Weeks. *The Shape of Space* (New York: Marcel Dekker), 1985.

[Wei]　　　A. Weil. *Number Theory: An Approach through History from Hammurapi to Legendre* (Boston: Birkhäuser), 1984.

[Wei 2]　　A. Weil. "Fermat et l'Équation de Pell," in [Wei 12], Vol. 3, 413–419.

[Wei 3]　　A. Weil. "Two Lectures on Number Theory, Past and Present," *L'Enseign. Math.* **20**(1974), 87–110; Reprinted in [Wei 12], Vol. 3, 279–302.

[Wei 4]　　A. Weil. "Une Lettre et un Extrait de Lettre à Simone Weil," in [Wei 12], Vol. 1, 244–255.

[Wei 5]　　A. Weil. "Gauss et la Composition des Formes Quadratiques Binaires," in *Aspects of Mathematics and its Applications*, edited by Frei and Imfeld (New York: North Holland), 1986.

[Wei 6]　　A. Weil. "La Cyclotomie Jadis et Naguère," *L'Enseign. Math.* **XX**(1974), 247–263; Reprinted in [Wei 12], Vol. 3, 311–328.

[Wei 7]　　A. Weil. *Elliptic Functions According to Eisenstein and Kronecker* (Berlin: Springer-Verlag), 1976.

[Wei 8]　　A. Weil. "Book review: *Mathematische Werke* by Gotthold Eisenstein," *Bull. Amer. Math. Soc.* **82**(976), 658–663; Reprinted in [Wei 12], Vol. 3, 398–403.

[Wei 9]　　A. Weil. "Number Theory and Algebraic Geometry," in *Proceedings of the International Congress of Mathematicians* (Providence: American Mathematical Society), 1952; Reprinted in [Wei 12], Vol. 1, 442–453.

[Wei 10]　　A. Weil. "Book review: *Mathematische Werke* by Gotthold Eisenstein," *Bull. Amer. Math. Soc.* **82**(976), 658–663; Reprinted in [Wei 12], Vol. 3, 398–403.

[Wei 11]　　A. Weil. "Sur un Théorème de Mordell," *Bull. Sci. Math.* **54**(1930), 182–191; Reprinted in [Wei 12], Vol. 1, 47–56.

[Wei 12]　　　　A. Weil. *Oeuvres Scientifiques: Collected Papers*, 3 Vols. (New York: Springer-Verlag), 1980.

[Wei 13]　　　　A. Weil. "L'Arithmétique sur les Courbes Algébriques," *Acta Math.* **52**(1928), 281–315; Reprinted in [Wei 12], Vol. 1, 11–45.

[Wein]　　　　　S. Weinberg. *Not. Amer. Math. Soc.* **33**, 5(1986), 731.

[Wey 1]　　　　H. Weyl. *Algebraic Theory of Numbers*, Annals of Mathematical Studies, Vol. 1 (Princeton, NJ: Princeton University Press), 1940.

[Wey 2]　　　　H. Weyl. "David Hilbert and His Mathematical Work," *Bull. Amer. Math. Soc.* **50**(1944), 612–654.

[Wey 3]　　　　H. Weyl. *The Concept of the Riemann Surface*, Third Edition, English translation from the German by G. R. MacLane (Reading, MA: Addison-Wesley), 1964.

[Wey 4]　　　　H. Weyl. "On Geometry of Numbers," *Proc. London Math. Soc.* **47** (1942), 268–289.

[Wil]　　　　　　H. Wilf. *generatingfunctionology*, Second Edition (Boston: Academic Press), 1994.

[Wile]　　　　　A. Wiles. "Modular Elliptic Curves and Fermat's Last Theorem," *Annals Math.* **141**, Ser.2,1(1995),443–551.

[Wile-Tay]　　　R. Taylor and A. Wiles. "Ring-Theoretic Properties of Certain Hecke Algebras," *Annals Math.* **141**, Ser.2,3(1995), 553–572.

[Wym]　　　　　B. Wyman. "What is a Reciprocity Law?," *Amer. Math. Monthly* **79**,6(1972), 571–586.

[W-M-L-I]　　　M. Waldschmid, P. Moussa, J.-M. Luck, and C. Itzykson, Editors. *From Number Theory to Physics* (New York: Springer-Verlag), 1992.

[You]　　　　　　A. P. Youschkevitch. "Euler," in *Dictionary of Scientific Biography*, Vol. IV (New York: Charles Scribner's Sons), 1971, 467–484.

[Zag]　　　　　　D. B. Zagier. *Zetafunktionen und quadratische Körper* (Berlin: Springer-Verlag), 1981.

訳者あとがき

　現代の数学は巨大で複雑な構造物となり，専門家ですらその一分野でも全貌を知るのが難しくなってしまっている．ましてやこれから勉強しようと思う人にとっては，あまりにも建物が壮麗すぎて，どこから入ってどこを見たらよいのか，途方に暮れてしまうであろう．そのため学校で教えられる数学は，せいぜいニュートンやライプニッツの時代の微積分止まりで，確率など一部の内容を除いては，19世紀の数学にも到達しない程度となっている．理科の方は数学と全く異なり，高校でも20世紀の分子生物学の知見や素粒子物理学の内容が教えられているというのに！

　世に数学書は数多く出版されているが，一般向けの啓蒙書となると，話はおもしろくても肝心の数学的内容は乏しく物足りないものが多い．一方，大学の教科書や専門書となると，「入門」「基礎」などと書かれていてもたいていは不親切で，容易に読みこなせないだけでなく，内容も一部の素養ある人にしか楽しめないような書物ばかりである．

　しかしそこに現れたのが Jay Goldman 先生．まだ数学の全体像が見渡せた頃の，フェルマー，オイラー，ガウスといったさまざまな主人公たちの人生模様を描きながら，とりわけ多くの人々を魅了してきた「数論」の分野を縦横無尽に案内してくれている．読者は数学者たちの人間味あふれる姿に触れつつ数学発展の歴史をその源流からたどり，やがてヴェイユやワイルズに至るまでの現代数学が，その延長線上に現れてくる様を見ることができる．またそこには古代ギリシャのディオファントスという天才の姿も息づいていて，数学という学問を数千年のつながりとして描く壮大な試みとなっている．これを実際に遂行して成功を収めることは至難であり，著者の力量と情熱のなせる業と言わざるを得ない．

もちろん単なる啓蒙書ではないので，すべてを理解するのは困難であるが，そこは著者の言う「賢明な飛ばし読み」でもよいから，最後まで読み進んでほしい．そうすればGoldman先生が描こうとした美しい世界が目の前にあるのを知るだろう．

　当初は1・2年の予定だった翻訳作業であるが，訳者の怠慢と環境の変化等により，思いのほか長い年月がかかってしまった．その間辛抱強く待ってくださった共立出版の石井徹也氏ほか編集部の方々には本当にお世話になった．翻訳の遅延にもかかわらず，著者の深い思いの詰まった本書が，その魅力を持ち続けていることを願うばかりである．

　2013年1月吉日

訳　者

索　引

■記号/英数字
α^β 予想　487, 493
π　474
1次形式の積　523
1次形式の和　522
1次合同式　124
1次分数変換　206, 210, 211
1の原始根　241
2次形式　89, 179
2次合同式　153
2次数　75, 290
2次整数　292
2次体　290
2次のガウス和　244
2次の無理数　75
2平方数定理　189
2平方数問題　265
3次曲線　365
4次剰余　258, 269
4次剰余記号　269
4次剰余の相互法則　270
4平方数定理　89

CM 曲線　469

e　474, 483

k 次剰余　149

L 関数　468

n 次近似分数（連分数の）　52

n 次元格子　510
n 次元射影空間　385
n 次元楕円体　502

$p(n)$　32
p 進極限　548
p 進数　541
p 進整数　534, 543
（p 進的）に収束する　548
p 進ノルム　549
p 進表現　541
p 進付値　441, 547, 552
p 数列　543
p 整数　540
p 値　547

■ア行
アイゼンシュタイン　173, 278, 288
アイゼンシュタインの相互法則　354
アフィン n 次元空間　384
アフィン円　379
アフィン座標　372
アフィン双曲線　379
アフィン点　375
アフィン部分　375
アフィン平面　372
アペリー　41, 497
アーベル　427
アーベル拡大　353
アーベル多項式　353
アルキメデス　6, 23
アルキメデス的　549

586　索　引

アルティン　286
アルティンの相互法則　353

位数　441, 547
位数（pを法とする）　146
位数rの特異点　405
一意分解性　6, 319
一意分解整域（UFD）　299, 323
一意分解定理　265
一般線形群　181
一般相互法則　352
イデアル　118, 306, 307
イデアルの積　308
イデアル類　329
イデアル類群　330
イデアル類の積　330
イデアル論の基本定理　321

ヴァンデルモンドの行列式　459
ヴィエト　4
ウィルソンの定理　121, 141
ヴェイユ　31, 254, 434
ヴェイユ予想　255
ウェーバー　470
ウォリス　22
埋め込み　375

エドワーズ　326
エルミート　482
円錐曲線上の有理点　94
円積問題　239
円分体　243
円分多項式　241
円分方程式　241
円分論　235

オイラー　26, 29, 31, 43, 51, 122, 128,
　　　257, 423, 474
オイラーのφ関数　44
オイラーの積公式　42
オイラーの『代数学の初歩』　31, 51
オイラーの定数　496
オイラーの判定条件　96, 151
オイラーの平方剰余判定条件　155

オイラーの法則　61
オイラーの『無限解析入門』　35, 51
黄金定理　105
オストロフスキーの定理　551

■カ行
階数　437, 468
解析的整数論　35
ガウス　99, 200, 235, 257, 278, 427
ガウス周期　244
ガウス整数　260
ガウス素数　264
ガウスの『整数論』　105, 109, 174, 229,
　　　235
ガウスの補題　156
ガウス和　244, 253
カタルディ　59
角の三等分　239
加法定理　418
可約な円錐曲線　387
ガロア群　244, 353
ガロア理論　244, 353
完全商　57
完全剰余系　117
完全数　26
完全分解　352
完全連分数　84
簡約定理　184

基底の変換　511
基本解　82
基本漸化式　62
基本単元　298
基本判別式　197, 338
基本平行四辺形　311
基本平行体　511
基本領域　212
既約　264, 299
既約イデアル　319
既約剰余系　128
既約剰余類　127, 128
既約な曲線　405
逆元　119
境界　525
狭義に同値　339

狭義の同値　339
狭義類群　339
狭義類数　199, 339
共役　230, 289, 291, 316
共役数　79, 523
共役複素数　262
局所解　144
局所ゼータ関数　467
局所大域原理　554
曲線の算術　357
極大（イデアルが）　319
虚数乗法　469
虚2次体　291
許容的　513

クライン　74, 203
クラインの4元群　412
クロネッカー　285, 470, 488
クロネッカー・ウェーバーの定理　470
クロネッカーの定理　489
群の法則　393, 409
クンマー　278, 282, 306, 326, 332

形式　179
形式的ベキ級数　33
形式の行列式　500
形式の合成　345
形式の同値　205
ゲージ関数　525
ゲルフォント　493
原始解　9, 19
原始元定理　278
原始根　145, 252
原始的形式　197, 223, 229

格子　296, 310
格子基底　311, 510
高次合同式　132, 138
高次剰余の相互法則　257, 284, 353
格子点　509, 510
格子の行列式　511
合成　229
合成数　118
交点の重複度　385, 391

合同　10, 111, 116, 139, 250, 268
合同式の根（解）　132
合同類　117, 269
コーシー　281
コーツ　436, 470
固定部分群　214, 222
ゴルトバッハ　30
ゴルトバッハ予想　30
ゴレニシェフ・パピルス　2
根号による可解性　239

■サ行
最小根　224
最小剰余　112
最小正剰余　117
最小非負剰余　117
最大公約数　13, 320
最大整数関数　55, 159
最良近似　73
作図可能性　235, 239
算術幾何平均　104
算術的代数幾何　357
算術の基本定理　6

敷き詰め　219, 227
敷き詰める　311
ジーゲル　433, 492
自己同型　222, 345
指数　149, 313
次数　140, 277, 289, 358, 389, 473, 523
実射影平面　370, 372, 374
実数点　359
実2次体　291
指標　276
射影円　379
射影幾何学　369
射影座標　377
射影直線　374, 384
射影点　374, 384
射影特殊線形群　212
射影平面　370, 384
射影平面代数曲線　383
射影方程式　378
シャヌエル予想　496
種　232

周期　243, 415
周期格子　415
周期的（連分数が）　76
周期平行四辺形　418
終結式　463
収束（連分数の）　68
重複度　390
種数　401, 403
種数 0　407
種数 1　396, 407
シュナイダー　493
主表現　227
主要　270
主要根　204, 209
純周期的（連分数が）　79
商環　334
小数部分　478
上半平面　208
剰余　111
剰余の記号　154
剰余類　116, 117
剰余類環　334
剰余類群　230
除法定理　6
除法のアルゴリズム　263
シルヴェスター　34
真の約数　26, 316

数体　277, 523
数の幾何学　499
スターク　495

正 n 角形　240
整基底　295, 311, 510, 523
正式同値　192
正式同値類　192, 229
正式表現可能　187
正式変換　199
整数（代数的数体の）　290
整数格子　262, 500, 509, 510
整数点　73, 359, 500
整数点定理　435
生成指標　232
正則（曲線が）　367

正則（素数が）　332
正則な点　404
正則連分数　53
正多角形　239
正の定符号形式　194, 195, 209, 220
正の定符号 2 次形式　499
整列可能性　6
ゼータ関数　41, 46, 272, 466, 467
接線　405
接線-割線法　367
漸近的　94

素　299
素イデアル　319
相互法則　178
総実　524
双対原理　386
双対性　385
双有理同値　398
素数　13, 42
素数の分布　94
孫子　130

■タ行
第 1 の根　204
第 2 の根　204
大域解　144
大域ゼータ関数　467
対応定理　343
対称　502
対称な連分数　79
代数多様体　385
代数的数　257, 277, 473, 523
代数的数体　277, 523
代数的整数　278, 288, 289, 523
代数的に独立　495
楕円関数　408, 415
楕円関数体　415
楕円曲線　408, 417, 466
楕円積分　424
楕円体　502
互いに素　13
高さ　456
多項式関数　138
惰性　326

単位イデアル　308
単元　129, 262, 297, 345
単項イデアル　307
単純連分数　53

逐次最小　531
中間近似分数　83
中国剰余定理　130
中心　502, 505
超越次数　495
超越的　473
超立方体　507
直積　131
直和　131

通常の特異点　405
通常の二重点　405

ディオファントス　2, 421
ディオファントス近似　71, 475
ディオファントスの『算術』　3
ディオファントス方程式　3, 65, 120
定符号　194
テイラー　18
ディリクレ　199, 278, 354, 477
ディリクレ級数　273
ディリクレの L 関数　275
ディリクレの単元定理　355
ディリクレの定理　123
ディリクレの箱入れ原理　477
デザルグの定理　369
デデキント　285, 288, 304, 321, 326
テート　357

トゥエ　431, 489
トゥエ・ジーゲル・ロスの定理　493
トゥエの定理　490
同型　132
同次化　382
同時近似　487
同次座標　212, 377
同次多項式　382
同次方程式　378
同値（p 整数が）　543

同値（イデアルが）　329
同値（形式が）　181
同値（無理数が）　70
同値関係　116
同値な形式　91
同値類　116
同伴（素数が）　265
等方部分群　214
特異点　367
特異な2次形式　556
特殊線形群　192, 211
凸体　525
凸である　505
トレース　291

■ナ行
ナゲル　436

二重周期的　415
二重点　405

ノーデ　32
ノルム　230, 262, 291, 333

■ハ行
箱　519
バシェ　4
バスカラ　23
パスカルの定理　387
バーチ・スウィンナートン＝ダイアー
　　予想　468
八面体　521
ハッセ　232, 533
ハッセの原理　144, 554
ハッセ・ミンコフスキーの定理　364,
　　555
パップスの定理　386
鳩の巣原理　477
判別式　183, 337, 438, 524

非アルキメデス的　549, 560
非一意分解性　303
非合同　111
非剰余　111
非正式同値　193

ピタゴラス 2
ピタゴラス数 2, 9
非同次化 380, 382
非特異な点 404
非特異な2次形式 556
等しい（連分数が） 68
被約形式 184, 196, 209, 220
被約な不定符号形式 226
表現可能 181, 229
表現する 555
標準級数 543
標準数列 543
ビリヤード問題 488
ヒルベルト 286, 483, 485, 487, 501

ファニャーノ 424
ファルティングス 18
フェルマー 15, 422
フェルマー曲線 406, 407
フェルマー素数 28
フェルマーの最終定理 18, 49, 279, 401
フェルマーの小定理 26, 119
複素数点 359
複素整数 260
複素トーラス 416
不定符号 194
不定符号形式 225
負の定符号形式 194
負の連分数 83
部分 32
部分格子 312, 510
部分商 53
部分剰余 57
フライ 401
ブラウンカー 22, 58
ブラーマグプタ 23
ブリアンションの定理 387
ブリヒフェルトの定理 507
フルヴィッツの定理 477
フルヴィッツ列 84
分解体 353
分割 32
分岐 326

分裂 326

ベイカーの定理 495
平方剰余 95, 122, 149, 151, 153, 188
平方剰余の相互法則 96, 164, 168, 244, 351, 353
平方数の和 24, 35, 89, 120, 189, 225, 265, 276
平方非剰余 95
平面代数曲線 358, 383
ベズーの定理 389
ベルヌーイ 29
ベルヌーイ数 40
ペル方程式 23, 80, 298
変曲点 409
ヘンゼル 284, 533
ヘンゼルの補題 553

ポアンカレ 428
ポアンカレ級数 138
ポアンカレ予想 429, 431
ホイヘンス 64
法 111
包絡線 388
母関数 33
ボンベリ 59

■マ行
マーラー 482

密度 511
ミンコフスキー 232, 286, 332, 335, 499, 501, 514
ミンコフスキー幾何学 526
ミンコフスキーの1次形式定理 519
ミンコフスキーの定理 506, 512, 530, 531

向きつき基底 339
無限遠直線 370, 373
無限遠点 360, 370, 373
無限遠の有理点 366
無限降下法 17
無限乗積 33
無限連分数 52, 67

索　引　591

無理数　473

メイザーの定理　437
メルセンヌ素数　26

モジュラー群　212
モジュラー領域　209
モデル　375
モーデル　432
モーデル・ヴェイユの弱定理　461
モーデル・ヴェイユの定理　434
モーデルの定理　367, 395, 429, 450

■ヤ行
ヤコビ　34, 199, 278, 427, 428
ヤコビの記号　177

有限体　384
有限な点　375
有限部分　375
有限連分数　52, 63
有理因子　435
有理円錐曲線　360
有理曲線　407
有理形関数　415
有理集合　435
有理整数　262
有理素数　262
有理直線　359
有理点　358, 359
有理点の加法　394
ユークリッド　2
ユークリッド環　263
ユークリッド整域　300
ユークリッドの『原論』　2
ユークリッドの互除法　7
ユークリッド平面　372
ユニタリー連分数　83
ユニモジュラー　75, 512
ユニモジュラー行列　181

■ラ行
ライプニッツ　35
ラグランジュ　87, 516
ラグランジュの定理　76, 140, 477

ラメ　279

リウヴィル　280, 479
リウヴィル数　480
リウヴィルの定理　479
離散的　310, 510
理想複素数　282, 283
立体射影　211
立方剰余　150, 152
立法剰余の相互法則　271
立方体倍積問題　239
リベット　401
リーマン球面　211
リーマン面　416
リーマン予想　467
臨界行列式　513
臨界格子　513
リンデマンの定理　483
リンド・パピルス　2

類群　330, 345
類数　198, 330, 344
類数公式　199, 224, 355
類体論　354
ルジャンドル　3, 93
ルジャンドル記号　96, 158, 169, 267
ルジャンドルの『整数論』　3, 105, 109, 174, 229, 235
ルジャンドルの定理　364, 518, 557
ルッツ　436
ルッツ・ナゲルの定理　438

レムニスケート　424
連分数　51, 52, 226
連分数のアルゴリズム　56

ロス　492
ローラン級数　541

■ワ行
ワイエルシュトラスの定理　483
ワイエルシュトラスの $\wp$（ペエ）関数　416
ワイエルシュトラス標準形　400, 408
ワイル　286

ワイルズ　18, 401, 470
ワインバーグ　35

割り切る　129, 262, 297, 310, 316

訳者略歴

鈴木 将史(すず き まさ し)

1959年生まれ
東京大学理学部数学科卒業,同大学院博士課程単位取得満了退学
愛知教育大学数学教育講座助手・助教授を歴任
2007年より創価大学教育学部児童教育学科教授,現在に至る
国際協力機構(JICA)数学教育専門家としてカンボジアへ渡航多数
専門:確率論,発展途上国の数学教育

数学の女王	著 者 Jay R. Goldman(ゴールドマン)
―歴史から見た数論入門―	訳 者 鈴木将史 © 2013
(原題:*The Queen of Mathematics: A Historically Motivated Guide to Number Theory*)	発行者 南條光章
	発行所 共立出版株式会社
2013年2月25日 初版1刷発行	東京都文京区小日向 4-6-19 電話 03-3947-2511(代表) 〒112-8700/振替口座 00110-2-57035 URL http://www.kyoritsu-pub.co.jp/
	印 刷 啓文堂
	製 本 ブロケード
検印廃止 NDC 412 ISBN 978-4-320-11032-8	NSPA 一般社団法人 自然科学書協会 会員 Printed in Japan

JCOPY <(社)出版者著作権管理機構委託出版物>
本書の無断複写は著作権法上での例外を除き禁じられています。複写される場合は,そのつど事前に,(社)出版者著作権管理機構(電話 03-3513-6969,FAX 03-3513-6979, e-mail: info@jcopy.or.jp)の許諾を得てください。

総合的な"世界の数学通史書"といえる名著の翻訳本！

カッツ 数学の歴史

A history of mathematics : an introduction（2nd ed.）

Victor J. Katz 著／上野健爾・三浦伸夫 監訳
中根美知代・髙橋秀裕・林 知宏・大谷卓史・佐藤賢一・東 慎一郎・中澤 聡 翻訳

本書は、北米の数学史の標準的な教科書と位置付けられ、ヨーロッパ諸国でも高い評価を受けている名著の翻訳本。古代、中世、ルネサンス期、近代、現代と全時代を通して書かれており、地域も西洋は当然として、古代エジプト、ギリシア、中国、インド、イスラームと幅広く扱われており、現時点での数学通史の決定版といえる。日本語版においては、引用文献に対して原語で書かれている文献にまで立ち返るなど精密な翻訳作業が行われた。また、邦訳文献、邦語文献もなるべく付け加えるようにし、読者が、次のステップに躊躇なく進めるように配慮されている。さらに、索引を事項索引、人名索引、著作索引の3種類を用意し、読者の利便性を向上させた。数学史を学習・教授・研究する全ての人に必携の書となろう。

CONTENTS

≪日本図書館協会選定図書≫

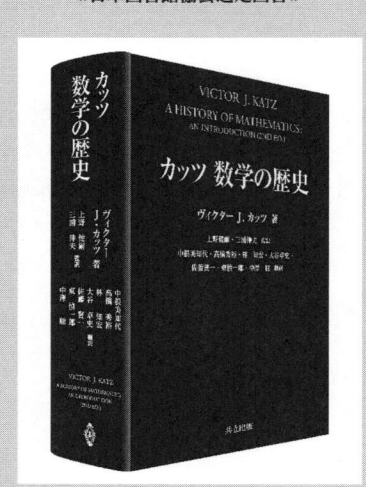

第Ⅰ部 6世紀以前の数学
 第1章 古代の数学
 第2章 ギリシア文化圏での数学の始まり
 第3章 アルキメデスとアポロニオス
 第4章 ヘレニズム期の数学的方法
 第5章 ギリシア数学の末期

第Ⅱ部 中世の数学：500年－1400年
 第6章 中世の中国とインド
 第7章 イスラームの数学
 第8章 中世ヨーロッパの数学
 間 章 世界各地の数学

第Ⅲ部 近代初期の数学：1400年－1700年
 第9章 ルネサンスの代数学
 第10章 ルネサンスの数学的方法
 第11章 17世紀の幾何学、代数学、確率論
 第12章 微分積分学の始まり

第Ⅳ部 近代および現代数学：1700年－2000年
 第13章 18世紀の解析学
 第14章 18世紀の確率論、代数学、幾何学
 第15章 19世紀の代数学
 第16章 19世紀の解析学
 第17章 19世紀の幾何学
 第18章 20世紀の諸相

B5判・1,024頁
上製ハードカバー
定価19,950円（税込）
ISBN 978-4-320-01765-8

http://www.kyoritsu-pub.co.jp/　　**共立出版**　　（価格は変更される場合がございます）